高等院校通识课系列"新形态"规划教材

大学计算机基础

（第三版 · 人工智能版）

主　编　朱正国　何春燕　罗　佳

副主编　甘丽霞　刘　欢　刘　颖

韩雨涝　陈　超

本书资源使用说明

北京邮电大学出版社

·北京·

内 容 简 介

本书根据全国计算机等级考试一级考试大纲（2025年版）及教育部高等学校大学计算机课程教学指导委员会提出的教学要求编写而成。本书重在培养学生利用计算机解决实际问题的能力、实践动手能力、应用能力及创新能力。本书将计算机技术与各专业紧密结合，使计算机技术更为有效地应用于各专业领域，为学生今后的学习和工作打好基础。

全书共10章，主要内容包括计算机基础知识、计算机系统的组成及工作原理、中文操作系统Windows 11、人工智能、文字处理软件Word 2016、电子表格处理软件Excel 2016、演示文稿制作软件PowerPoint 2016、计算机网络基础、多媒体技术基础、大数据与云计算。

本书结构清晰合理，语言准确精练，内容详略适当，理论联系实践，每章均提供了大量的典型案例供读者练习。

本书可作为普通本科院校非计算机专业计算机基础课程的教材（高等专科学校可选其中的部分章节内容进行教学），也可作为参加计算机等级考试的考生、社会在职人员的参考书。

图书在版编目（CIP）数据

大学计算机基础：人工智能版 / 朱正国，何春燕，罗佳主编. -- 3版. -- 北京：北京邮电大学出版社，2025. -- ISBN 978-7-5635-7563-3

Ⅰ. TP3

中国国家版本馆CIP数据核字第2025UV1848号

策划编辑： 杜　立　　**责任编辑：** 宋俊娥　　**封面设计：** 义和文创

出版发行： 北京邮电大学出版社
社　　址： 北京市海淀区西土城路10号（100876）
电话传真： 010－82330190　62282185（发行部）　010－82333009　62283578（传真）
网　　址： www.buptpress3.com
电子信箱： buptpress3@163.com
经　　销： 各地新华书店
印　　刷： 三河市骏杰印刷有限公司
开　　本： 787 mm×1 092 mm　1/16
印　　张： 23.75
字　　数： 633千字
版　　次： 2019年6月第1版　2025年8月第3版
印　　次： 2025年8月第1次印刷

ISBN 978-7-5635-7563-3　　定价：59.80元

如有质量问题请与发行部联系

前　　言

21 世纪，高等院校计算机基础教育进入了一个新的时期。为了适应计算机技术的快速发展，满足信息化社会对当代大学生计算机应用技能的实际需要，计算机基础课程的教学内容必须紧跟当前计算机技术的发展和应用，教学目标、教学模式、教学方法和教学手段都需要有新的提高和突破，更加注重学生的实践动手能力、应用能力及创新能力的培养。本书将计算机技术与专业技能紧密结合，使计算机技术更为有效地应用于各专业领域，为学生今后的学习和工作打好基础。

党的二十大报告指出："实施科教兴国战略，强化现代化建设人才支撑。"因此，为深入贯彻落实党的二十大精神，为数字中国建设提供高质量人才支撑，强化学生信息化素养是当前教育教学工作的重要任务。培养学生利用计算机分析问题、解决问题的意识与素养，提高学生的计算机实操能力与文化素质，是实现人才培养提质增量的重大举措。为优化完善计算机基础课程的教学体系，提升计算机基础课程教学质量，提升学生的计算机素养和增强信息技术运用能力，编者结合实际教学工作，特编写了本书。

本书是根据全国计算机等级考试一级考试大纲（2025 年版）、教育部高等学校大学计算机课程教学指导委员会提出的《新时代大学计算机基础课程教学基本要求》，融入新一代信息技术，并结合本科院校非计算机专业学生的计算机实际水平与社会需求等编写而成的。针对普通高等院校非计算机专业的教学目标和要求，本书紧跟计算机技术的发展和前沿应用，以案例和任务为驱动，强化应用，注重实践，引导创新，全面培养和提高学生应用计算机处理信息、解决实际问题的能力。

本书结构合理清晰，语言准确精练，内容详略适当，理论联系实践，案例精彩实用，其中操作系统采用 Windows 11，办公软件采用 MS Office 2016。

本书由攀枝花学院朱正国、何春燕、罗佳担任主编，甘丽霞、刘欢、刘颖、韩雨涝、陈超担任副主编。各章节编写分工如下：第 1、2 章由朱正国编写；第 3 章由甘丽霞编写；第 4 章由罗佳编写；第 5、6 章由何春燕编写；第 7 章由刘欢编写；第 8 章由刘颖编写；第 9 章由韩雨涝编写；第 10 章由陈超编写；全书由攀枝花学院朱正国老师负责总体策划和内容审定。

本书的出版得到攀枝花学院教务处领导、数学与计算机学院领导的大力支持，同时也得到攀枝花学院从事计算机教学的老师们的支持与关心，在此一并表示真诚的感谢！

由于时间仓促，书中难免存在不足之处，为了便于今后的修订，恳请广大读者提出宝贵的意见与建议。

编者

2025 年 2 月

目　录

第 1 章　计算机基础知识

计算机是 20 世纪人类重要的发明之一。自从有了计算机，人们的生活发生了翻天覆地的变化。随着计算机技术的飞速发展，计算机已经广泛地应用到社会的各个领域。计算机将人类带入了信息化时代，如浏览网页、网上购物、聊天、发送电子邮件等，计算机正在影响着人们的学习、生产、生活方式，可以说人们的生活已经离不开计算机了。因此，掌握计算机基础知识和基本操作技能显得非常重要。

1.1　计算机的发展及应用

人类的计算工具从算盘到计算器，从计算器到计算机，实现了质的飞跃。那么什么是计算机呢？电子计算机（computer）是一种由电子器件构成的可以进行自动、精确、高速的运算，并具有内部存储和逻辑判断功能的电子设备，其工作方式可以模仿人的大脑活动，因此，计算机也称电脑。

1.1.1　计算机的产生与发展

微课 1.1.1

1. 计算机的产生

1946 年 2 月 14 日，美国宾夕法尼亚大学研制出了世界上第一台电子计算机 ENIAC（electronic numerical integrator and computer，电子数字积分计算机），如图 1-1 所示，ENIAC 的问世标志着计算机时代的到来。第一台电子计算机主要用于军事上的高速计算。

图 1-1　世界上第一台电子计算机 ENIAC

ENIAC 主要元器件为电子管，其由 17 000 多个电子管、10 000 个电容器、1 500 个继电器及其他元件组成，重约 30 t，占地面积约 170 m^2，功率 150 kW，每秒能进行 5 000 次加法运算或 300 多次乘法运算。

1944 年 7 月，美籍匈牙利科学家冯·诺依曼（von Neuman）在莫尔电气工程学院参观了正在组装的 ENIAC，当时他正在美国参与第一颗原子弹的研究。1945 年，他提出了“存储程序和程序控制”的概念，这奠定了存储程序计算机的理论基础，确立了现代计算机的基本结构。

2. 计算机的发展阶段

从 1946 年第一台电子计算机诞生至今，按电子计算机所采用的电子元器件划分，计算机主要经历了以下几个发展阶段。

（1）第一代计算机（1946—1957 年），电子管计算机时代。1946—1957 年为计算机发展的初级阶段，在硬件方面，计算机采用的电子元器件为电子管（见图 1-2），主存储器采用磁鼓或延迟线；外存储器采用纸带、卡片、磁带；软件方面采用机器语言或汇编语言编写程序，尚无操作系统。第一代计算机体积庞大，耗电量大，价格昂贵，可靠性差，外设有限，存储容量小，运算速度为每秒几千次至几万次，主要应用于科学计算和军事领域。

（2）第二代计算机（1958—1964 年），晶体管计算机时代。1958—1964 年为计算机发展的第二阶段，在硬件方面，计算机采用的电子元器件为晶体管（见图 1-3），主存储器采用磁芯；外存储器采用磁盘、磁带；软件方面出现了高级程序设计语言和操作系统，成本降低，可靠性提高；运算速度为每秒几万次至几十万次，应用领域从科学计算、科学研究扩大到数据处理、实务管理与过程控制等。

图 1-2　电子管

图 1-3　晶体管

（3）第三代计算机（1965—1970 年），中小规模集成电路计算机时代。1965—1970 年为计算机发展的第三阶段，在硬件方面，计算机采用的电子元器件为中小规模集成电路（见图 1-4），主存储器采用半导体存储器，存储容量和存储速度大大提高；计算机体积大大缩小，耗电量减少，可靠性与运算速度进一步提高，软件方面出现了结构化、模块化高级程序设计语言和分时操作系统，成本降低，可靠性提高；运算速度为每秒几十万次至几百万次，应用领域越来越广泛，计算机得到了普及。

（4）第四代计算机（1971 年至今），大规模、超大规模集成电路计算机时代。1971 年至今为计算机发展的第四阶段，在硬件方面，计算机采用的电子元器件为大规模和超大规模集成电路（见图 1-5），出现了中央处理器。计算机的软硬件日益完善，计算机的性能大幅度提升，运算速度达到几千万次到千百亿次。计算机体积更小、功能更强、价格更便宜，计算机朝着巨型化和微型化发展。微型计算机的出现使计算机的应用进入了飞速发展时期，计算机开始进入办公室和家庭，应用领域越来越广泛。

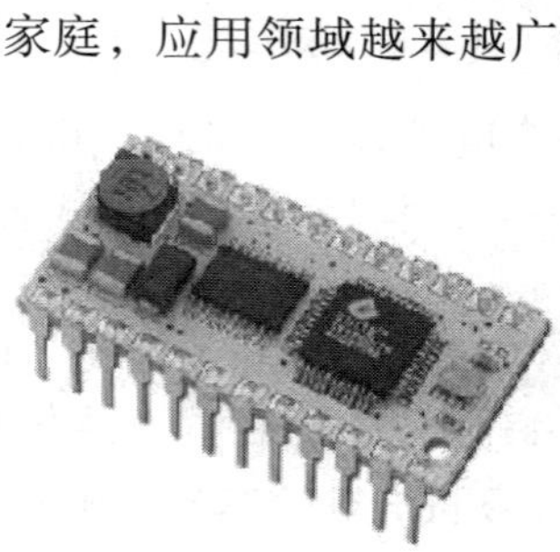
图 1-4　中小规模集成电路

图 1-5　大规模和超大规模集成电路

现代计算机正逐步进入人工智能（AI）计算机（第五代计算机）时代。目前，计算机正朝着人工智能方向发展，现代计算机可以帮助人们完成许多人类难以完成的工作，在一定程度上替代了人类的部分脑力劳动，具备了一定的“智能”，但是其不能真正听懂人类的语言，不具备真正的人类思维活动，如推理、情感、分析、决策等。

第五代计算机的发展与人工智能、专家系统等的研制密切相关，其将突破传统的冯·诺依曼体系结构，将信息采集、存储、处理、通信和人工智能结合起来，具有形式推理、联想、学习和解释能力。

3. 微型计算机阶段

微型计算机诞生于20世纪70年代，属于第四代计算机，是大规模和超大规模集成电路的产物。人们通常将微型计算机称为PC（personal computer，个人计算机）。微型计算机以微处理器为核心部件，常以微处理器的字长为标志划分其发展阶段。

根据微处理器的字长和功能，可将微型计算机的发展划分为以下几个阶段。

（1）Intel 4004微处理器，字长4位。

（2）Intel 8008微处理器，字长8位。

（3）Intel 8080/8085，字长8位。

（4）Intel 8086/8088，字长16位。

（5）Intel 80386，字长32位。

（6）奔腾、奔腾2、奔腾3、奔腾4。

（7）酷睿（Core）系列微处理器。

4. 当前计算机的发展趋势

从第一台电子计算机诞生到现在，计算机的体积越来越小、功能越来越强大、成本越来越低、性能越来越稳定、价格越来越便宜。计算机的飞速发展推动了教育、医疗、航天、农业等行业的发展，随着计算机的应用领域越来越广泛，用户又向计算机技术提出了更高、更新的要求。当前，计算机正朝着巨型化、微型化、网络化、多媒体化、智能化方向发展。

（1）巨型化。巨型化是指发展运算速度更快、存储容量更大、功能更强大的计算机。巨型计算机采用多处理器结构和并行处理技术，主要用于尖端科学技术和军事国防领域的研究开发。例如，对地震的预测、宇宙飞船的发射、天气预报的预测都需要高精度、高速度计算机的支持。2016年6月，由中国国家并行计算机工程技术研究中心研制的“神威·太湖之光”超级计算机（见图1-6），成为全球运行速度最快的超级计算机。2022年，“神威·太湖之光”超级计算机名列全球超级计算机500强第六名。

图1-6 “神威·太湖之光”超级计算机

（2）微型化。随着大规模和超大规模集成电路技术的快速发展，计算机的体积变得越来越小，功能越来越强大，价格越来越便宜。例如，出现了笔记本计算机、掌上计算机、台式计算机等微型计算机，如图 1-7 ~ 图 1-9 所示。

图 1-7　笔记本计算机

图 1-8　掌上计算机

图 1-9　台式计算机

（3）网络化。网络化指的是计算机网络将分布在不同地理位置的计算机和各种通信设备用通信线路连接起来，组成一个规模更大、功能更强的网络系统，实现资源共享和相互通信。计算机网络是计算机技术和通信技术相结合的产物，现在，计算机网络在交通、金融、企业管理、教育、邮电、商务等行业中得到了广泛的应用。例如，我们可以上网浏览网页、在线看电影或听音乐、进行网上购物。

（4）多媒体化。多媒体计算机是把计算机、电视机、录音机等媒体的功能结合起来的计算机。多媒体技术是一门跨学科的技术，多媒体技术使计算机能够处理文字、图形、声音、动画等多种形式的信息。现代远程教育、医疗、娱乐都与多媒体技术的发展密切相关。

（5）智能化。智能化指让计算机具备人类的某些智能行为，使计算机具备“视觉”“听觉”“语言”“分析”“推理”等能力，其中最有代表性的产品是专家系统和机器人。例如，无人机不需要人为远程控制，就会按照事先安排好的任务自动飞行。

1.1.2　计算机的特点

微课 1.1.2

1. 运算速度快

计算机的运算速度是计算机显著的特点之一，也是主要的性能指标之一。计算机的运算速度已从最初的每秒几千次发展到现在的每秒千百亿次。由于计算机的运算速度快，过去许多人们无法处理的问题得以及时解决。例如，进行天气预报需要计算大量的气象数据，如果采用手工计算，可能还没有计算出来结果，想预报的时间段已经过去了。使用计算机可以及时解决这一问题。

2. 计算精度高

计算机内部采用二进制数据，可以满足各种计算精度的要求。计算机的有效数字可达几十位、几百位甚至几万位。利用计算机可以把圆周率 π 推算到小数点后几千位。1949 年，瑞特威斯纳（Reitwiesner）用 ENIAC 把圆周率 π 算到小数点后 2 037 位，打破了著名数学家商克斯（W. Shanks）花了 15 年时间于 1873 年创下的算到小数点后 707 位的纪录。

3. 存储功能强

计算机能存储大量的数据和信息，当需要时又能准确无误地将其提取出来，计算机具有很强的“记忆”功能，这也是和传统的计算工具的一个重要区别。现在微型计算机中主存储器的容量一般为 4 GB、8 GB、16 GB、32 GB 甚至 64 GB，外存储器的容量可以达到 1 TB 以上。计算机存储的信息不会“忘却”，但是人脑所记忆的东西会随着时间的推移而逐渐忘记。

4. 自动控制能力强

计算机采用程序存储的方式进行工作，把事先编写好的程序存储在计算机中，一旦人们向计算机发出指令，计算机就能自动快速地按照指定的步骤执行。现在很多大中型企业在利用计算机的自动控制能力完成工作。高度自动化是计算机最突出的特点，也是计算机与其他计算工具最本质的区别。

5. 可靠性高

随着大规模和超大规模集成电路的发展，计算机的性能在不断提高，计算机可以无故障地运行数月甚至几年。

6. 具有逻辑判断能力

计算机除了可以进行算术运算，还可以对文字、符号进行判断、比较，对事件进行逻辑推理和证明。空调、冰箱、全自动洗衣机等设备利用计算机芯片对环境温度、湿度进行逻辑判断，然后执行启动或停止操作。

1.1.3　计算机的分类

微课 1.1.3

计算机的分类方式很多，通常可以从计算机对信息的表示形式和处理方式，以及计算机的用途、规模和性能等角度进行分类。

1. 按照信息的表示形式和处理方式进行分类

（1）数字计算机。数字计算机是用来对离散数字信号进行处理的计算机，所处理的信号是离散的，计算机内部采用二进制数据。二进制数据只用 0 和 1 两个数字表示，0 对应低电平，1 对应高电平。

（2）模拟计算机。模拟计算机是用来对连续信号进行处理的计算机，所处理的信号是连续的，如电流、电压、声音等都是连续信号。

（3）混合式电子计算机。混合式电子计算机结合了数字计算机和模拟计算机的技术，同时具备处理数字信号和模拟信号的功能。

2. 按照计算机的用途进行分类

（1）通用计算机。通用计算机是具有广泛的用途和使用范围，可以完成不同性质的工作的计算机。通用计算机的功能很多，人们日常用的计算机都属于通用计算机。

（2）专用计算机。专用计算机是为解决某一特定问题、适用于某一特殊领域而专门设计的计算机，如为军事防御系统而专门设计的计算机。

3. 按照计算机的规模和性能进行分类

（1）巨型计算机。巨型计算机是指运算速度快、精度高、功能强大、存储容量大、价格昂贵的高性能计算机。巨型计算机性能好，主要用于尖端的科学领域，如军事防御、天气预报等。

（2）大型计算机。大型计算机的运算速度可达到每秒几千万次，一般应用在大中型企事业单位。大型计算机的功能强大，通常可以连接多个终端，可以支持远程终端的上百个用户同时使用。

（3）中型计算机。中型计算机与大型计算机的区别不是很明显，一些重点的科研院所主要使用中型计算机进行信息管理、事务管理。

（4）小型计算机。小型计算机的运算速度可达到每秒几百万次，比大型、中型计算机的性能稍差，主要用于一些中小型企事业单位，也可以同时连接多个终端。一般高校的计算机中心可以使用小型计算机作为主机。

（5）工作站。工作站是介于小型计算机和微型计算机之间的一种高档的、功能强大的台式计算机。工作站通常配有高档的中央处理器（central processing unit，CPU）、高分辨率的大屏幕显示器、大容量的存储器，具有较强的数据处理能力和高性能的图像处理功能。工作站常用于图像处理或用作局域网的服务器。

（6）微型计算机。随着大规模和超大规模集成电路的出现，计算机集成度越来越高，20

世纪 70 年代出现了微型计算机（microcomputer），简称微机。相对于传统的计算机而言，微机具有体积小、重量轻、功耗低、可靠性高、环境要求低、易学易用等一系列优点，因此其得到了极广泛的应用和发展。按照微型计算机的性能和外形，可分为台式计算机、笔记本计算机、掌上计算机等。

1.1.4 计算机的应用

微课 1.1.4

1. 科学计算

科学计算是计算机最早的应用领域。科学计算又称数值计算，其利用计算机速度快、精度高、存储量大和连续工作的特性，完成一些复杂的数学计算问题，解决人力或其他计算工具难以解决或者无法解决的复杂计算问题。例如，卫星、航天飞机发射中的轨道计算，天气预报，地震预测等，过去往往需要几个月甚至几年才可以计算出结果，现在利用计算机可能只需要几分钟就能得到精确的结果。

2. 数据处理

数据处理又称信息处理，是对数值信息和字符、多媒体信息等大量非数值信息进行收集、整理、分类、排序、统计、选择、存储、制表、检索、输出等的加工处理过程。数据处理的特点是数据量大、计算方法简单。例如，利用计算机可以完成火车票预订、银行业务、人口统计、职工工资管理、仓库库存管理、交通管理、情报检索等业务。

3. 过程控制

过程控制也称实时控制或自动控制，是指及时从被控对象搜集或检测数据进行分析和处理，按最佳值对事务进程进行自动调节控制的过程，如生产自动化。过程控制最突出的特点是实时性强，主要用于机械、冶金、石油、化工、电力等部门，例如，炼钢过程的计算机控制、高射炮自动瞄准系统等。利用计算机的过程控制可以提高自动化水平，保证生产质量，提高生产率，降低成本，节约劳动力。

4. 计算机辅助系统

计算机辅助系统包括计算机辅助设计（computer aided design，CAD）、计算机辅助制造（computer aided manufacturing，CAM）、计算机辅助教学（computer aided instruction，CAI）、计算机辅助测试（computer aided testing，CAT）、计算机辅助翻译（computer aided translation，CAT）、计算机辅助工程（computer aided engineering，CAE）等。

（1）计算机辅助设计，指利用计算机来帮助设计人员进行产品和工程设计工作，使设计过程自动化、科学化、合理化，大大缩短了设计周期。

（2）计算机辅助制造，指利用计算机进行生产规划、管理和控制产品制造的过程，自动完成离散产品的加工、装配、检测和包装等制造过程。

（3）计算机辅助教学，指在计算机的帮助下进行各种教学活动，以对话方式与学生讨论教学内容、安排教学进程、进行教学训练的方法与技术。

（4）计算机辅助测试，指通过计算机对零部件的结构和性能参数进行分析和仿真，从而检测其是否满足加工、装配和使用要求，或者指利用计算机对学生的学习情况进行测试和评估。

（5）计算机辅助翻译，指利用计算机辅助翻译者优质、高效、轻松地完成翻译工作。

（6）计算机辅助工程，指利用计算机技术对工程问题建立计算模型，并进行计算机仿真分析。

5. 人工智能

人工智能也称智能模拟，是指利用计算机“模仿”人类的某些智力行为，以替代人类完成部分工作，使计算机具有一定的学习、推理、分析、判断、联想的功能。人工智能主要应用在机器人、专家系统、模式识别等领域。

（1）机器人。机器人主要有工业机器人和智能机器人两类。前者用于完成重复的动作，通常代替人类进入某些领域中进行作业，人类通常难以到达这些领域，如进行深海作业、井下作业、高空作业等；后者具有人类的某些智能行为，代替人类完成部分工作，具有感知和识别能力，具有模仿人类高级思维活动的理论、技术、应用，能“说话”和“回答问题”。

（2）专家系统。专家系统是一种智能计算机程序系统，其内部含有某个领域专家水平的大量知识和经验，能够利用专家的知识和经验去解决某个领域的问题，是一种模拟人类专家解决特定领域问题的计算机程序系统。近年来，专家系统得到了广泛应用，主要在工程、科学、医疗、军事、商业等方面，如医疗专家系统能模拟医生分析病情、开出药方和假条。

（3）模式识别。模式识别是对事物特征或现象的各种形式（数值、文字和逻辑关系）的信息进行处理和分析，以对事物或现象进行描述、辨认、识别、分类和解释的过程。例如，机器人的视觉器官和听觉器官、指纹锁、指纹打卡机及手机的语音拨号功能等都是模式识别的应用。

1.2　数据在计算机内的表示

我们平时需要使用数字、汉字、字母、标点符号，还会使用计算机听音乐、看电影等，那么这些数据是如何在计算机中表示的呢？计算机又如何处理这些数据呢？

1.2.1　计算机中的信息单位

微课 1.2.1

1. 位

位（bit，b）是计算机信息中最小的数据单位和存储单位，它是二进制数的一位。n 个二进制位可以表示 2^n 种状态。一位可以表示 0，也可以表示 1。例如，二进制数 10111010 中的每一个数符就是 1 位，该二进制数共有 8 位。

2. 字节

字节（byte，B）是表示存储空间大小最基本的存储单位或计量单位。

8 个二进制位为 1 字节，即 1 B=8 bit。

字节可以表示数字或字符。1 字节所表示的信息由所使用的编码方案决定。后面会学到一个字符占用 1 字节，一个汉字占用 2 字节。

常用的度量单位及换算关系如下：

$$1\ \text{KB}=2^{10}\ \text{B}=1\ 024\ \text{B},\ 1\ \text{MB}=2^{20}\ \text{B}=1\ 024\ \text{KB}$$

$$1\ \text{GB}=2^{30}\ \text{B}=1\ 024\ \text{MB},\ 1\ \text{TB}=2^{40}\ \text{B}=1\ 024\ \text{GB}$$

3. 字

字（word）是计算机存储、传输、处理数据的信息单位。在计算机中一串二进制数码作为一个整体来处理，通常一组二进制数码称为一个字。

字可以是一条指令，也可以是一个数字。

CPU 在单位时间内一次处理的二进制数的位数称为字长。

字长越长，计算机在相同时间内能传送越多的信息，从而使计算机的运算速度更快；字长越长，数值运算的精度越高；字长越长，计算机就有越大的寻址空间，从而使计算机的内存储器的容量更大；字长越长，计算机系统支持的指令数量越多，功能越强。不同档次的计算机，其字长不同。例如，32 位微机可动态管理的内存为 4 GB。

1.2.2 计算机的数据编码

微课 1.2.2

人们习惯使用十进制数。我们在计算机屏幕上看到的都是能够识别的文字、字符、数字、图形、图像等，但是在计算机中，所有的数据都是以二进制形式进行存储的，所有的数据存储在计算机中必须转换为二进制数的编码形式。计算机在处理信息时，首先将输入的数据转换为计算机能够识别的二进制代码。

在计算机中常用的信息编码有数的编码、字符的编码和汉字的编码。

数的编码是指数在计算机中的表示方法。在计算机中表示一个数值型数据时，需要指定数的长度、指定数的符号和约定小数点位置的表示形式。

1. 数的长度

数的长度是指一个数值型数据所占的实际长度，数值型数据通常用十进制数表示。例如，12345 的长度为 5。由于计算机的存储容量是用字节来度量的，因此数的长度也常用字节来度量。

2. 数的符号

数据有正数和负数之分，日常生活中其分别用符号“+”和“–”表示。在计算机中通常把一个数的最高位定义为符号位，用 0 表示正，用 1 表示负。例如，00000001 代表 +1，10000001 代表 –1。

3. 小数点位置的表示

表示一个数值型数据时，通常要先约定小数点的位置。如果小数点的位置在某个数符的后面，则该数表示定点小数，如果小数点的位置在最后一位数符之后，则该数表示定点整数。

例如，123.45 表示定点小数，12345 表示定点整数。

4. 数的编码

（1）机器数。二进制数在计算机中的表示形式称为机器数，即符号位用 0、1 表示的二进制数。例如，十进制数 10 的机器数为 00001010。

（2）真值数。在计算机外部用正号（+）、负号（–）表示的数称为真值数。例如，+10、–10 就是真值数。

机器数的特点如下。

①机器数的位数固定，所能表示的数值范围受计算机字长的限制。

②机器数的最高位表示符号位，用 0 表示正数，用 1 表示负数。

例如，计算机字长一般为 8 位、16 位、32 位、64 位、128 位等。某种字长为 8 位的计算机，能表示的有符号整数的范围为 –128 ~ 127。

5. 常见的符号数的编码方案：原码、反码、补码

在计算机中数值被符号化以后，为了更方便地进行算术运算，提高运算速度，人为地规定了几种编码方案，如原码、反码、补码。

假定一个机器数 X 在计算机中占用 8 位。

1）原码

最高位用来表示数值的符号位，正数用 0 表示，负数用 1 表示，其余各位表示数值的绝对值。

$$[X]_{原}=\begin{cases}0X, & 0\leqslant X \\ 1|X|, & X\leqslant 0\end{cases}$$

+5：00000101　+0：00000000

−5：10000101　−0：10000000

在原码表示法中，0 有两种表示形式：[+0] =00000000，[−0] =10000000。

8 位字长的原码表示范围为 −127（11111111） ~ +127（01111111）。

2）反码

对一个数求反，正数的反码与原码相同，负数的反码为在原码的基础上，除了符号位外，其余位按位取反，符号位不变。

$$[X]_{反}=\begin{cases}0X, & 0\leqslant X \\ 1\overline{|X|}, & X\leqslant 0\end{cases}$$

+5：00000101　+0：00000000

−5：11111010　−0：11111111

机器数的最高位为符号位，0 代表正号，1 代表负号。

在反码表示法中， 0 有两种表示形式：[+0] =00000000，[−0] =11111111。

8 位字长的反码表示范围为 −127（10000000） ~ +127（01111111）。

3）补码

正数的补码与其原码、反码相同，负数的补码等于它的反码加 1。

$$[X]_{补}=\begin{cases}0X, & 0\leqslant X \\ 1\overline{|X|}+1, & X\leqslant 0\end{cases}$$

+5：00000101　+0：00000000

−5：11111011　−0：00000000

在补码表示数中，0 有唯一的编码：$[+0]_{补}=[-0]_{补}$=00000000。

在补码表示数中，$[+127]_{补}$=01111111，$[-127]_{补}$=10000001。

8 位字长的补码表示范围为 −128（10000000） ~ +127（01111111）。−128 用原码无法表示。

1.2.3　常用进位计数制

微课 1.2.3

计算机的基本功能是对数据进行运算和处理。在日常生活中，我们经常使用十进制表示数据，其他数制还有二进制（两只袜子为一双）、七进制（一周有 7 天）、八进制、十二进制（一年有 12 个月）、十六进制、二十四进制（一天有 24 小时）、六十进制（1 小时有 60 分钟，1 分钟有 60 秒）等。在计算机内部使用的数据只有 0 和 1，即采用二进制数据。由于二进制数据难以记忆，不容易理解，因此我们可以使用八进制和十六进制对其进行简化。

1. 在计算机内部采用二进制编码的原因

（1）易于用元器件实现。计算机主要由电子元器件构成，如果采用一进制表示电子元器件就需要定义 10 种状态，实现起来比较复杂。二进制只有 0 和 1 两种数字，电子元器件可以用对立的两种状态来表示，这样实现起来比较容易。例如，开关的断开与闭合，氖灯的亮和灭，可以用一种状态表示 1，用另一种状态表示 0。

（2）二进制运算简便。二进制数的运算法则比其他进制简单。例如，加法运算规则有 0+0=0，1+0=1，0+1=1；乘法运算规则有 0 × 0=0，0 × 1=0，1 × 0=0，1 × 1=1。而十进制做加法运算和乘法运算，其运算规则有几十种情况，用电路来实现很困难。

（3）易于实现逻辑运算。计算机除了进行算术运算外，还要进行逻辑运算。由逻辑代数可知，基本逻辑运算有与、或、非三种情况，而逻辑值只有“真”和“假”两种情况，都可以利用二进制中的数码 0 和 1 表示。

（4）可靠性好。二进制只有两种状态，用电子元器件实现起来简单，不容易混乱。

2. 进位计数制

把一组特定的符号按先后顺序排列起来，用这些符号的组合表示一个数，由低位向高位进位计数的方法，称为进位计数制，即“逢几进位”问题。

下面介绍进位计数制的相关概念。

（1）数位：指数码在一个数中的位置，如十进制数中的个位、十位、百位等。

（2）基数：指在某种进制数中允许使用的基本符号的个数，一般 R 进制数的基数就是 R。例如，十进制数的基数为 10，数符分别为 0，1，2，3，4，5，6，7，8，9，共有 10 个。

（3）位权：又称权，是与数位有关的概念，即每一个数位上的数码所表示数值的大小等于该数码本身乘以一个常数，该常数就是权。任何一个进制数均可以按位权展开成多项式，各位的位权是以基数为底的幂，十进制、二进制、八进制和十六进制的权分别为 10^i、2^i、8^i、16^i，其中 $i=\cdots，3，2，1，0，-1，-2，-3，\cdots$。

【例 1.1】十进制数 1 980.88 可如下表示：

$1\,980.88=1\times\underline{10^3}+9\times\underline{10^2}+8\times\underline{10^1}+0\times\underline{10^0}+8\times\underline{10^{-1}}+8\times\underline{10^{-2}}$ （其中带下画线部分为权）

（4）按位权展开多项式（加权系数和）：任何一个进制数都可以用按位权展开的多项式表示。按位权展开多项式又称加权系数和，如图 1-10 所示。

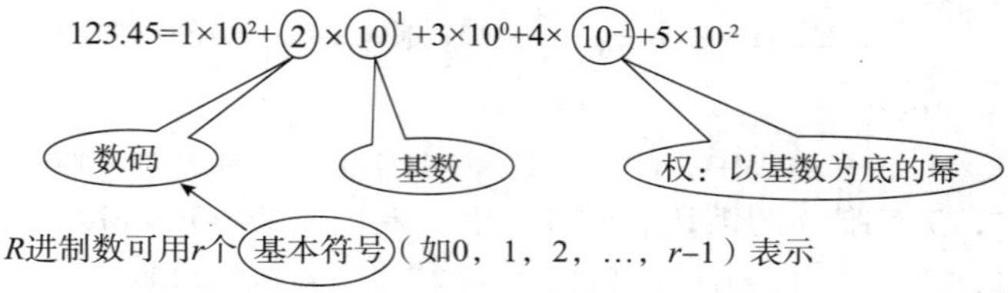

图 1-10 按位权展开多项式

3. 计算机中常用的进位计数制

1）十进制（decimal，用 D 表示）

概念：由 0，1，2，3，4，5，6，7，8，9 这 10 个基本符号构成，基数为 10，数符为 0 ~ 9 的计数系统，称为十进制。

十进制计数规则如下。

基数：10，因为所使用的基本符号有 10 个。

数符：由 0，1，2，3，4，5，6，7，8，9 这 10 个基本符号构成。

运算规则：逢十进一。

位权：10^i。

十进制数的各数位的权是以 10 为底数的幂，整数部分的位权从最低位开始到高位依次是 10^0，10^1，10^2，10^3，10^4，10^5，…，小数部分的位权从最高位开始到低位依次是 10^{-1}，10^{-2}，10^{-3}，10^{-4}，10^{-5}，…。

【例 1.2】十进制数 1 234.56 可以写成如下按位权展开的多项式：

$$1\,234.56=1\times10^3+2\times10^2+3\times10^1+4\times10^0+5\times10^{-1}+6\times10^{-2}$$

【提示】系统默认对十进制数不加下标。

2）二进制（binary，用 B 表示）

概念：由两个基本符号 0 和 1 构成，基数为 2，数符为 0 和 1 的计数系统，称为二进制。

二进制计数规则如下。

基数：2，因为所使用的基本符号有两个。

数符：由 0 和 1 这两个基本符号构成。

运算规则：逢二进一。

位权：2^i。

二进制数的各数位的权是以 2 为底数的幂，整数部分的位权从最低位开始到高位依次是 2^0，2^1，2^2，2^3，2^4，2^5，…，小数部分的位权从最高位开始到低位依次是 2^{-1}，2^{-2}，2^{-3}，2^{-4}，2^{-5}，…。

【例 1.3】二进制数 $(110110.011)_2$ 可以写成如下多项式：

$$(110110.011)_2=1\times2^5+1\times2^4+0\times2^3+1\times2^2+1\times2^1+0\times2^0+0\times2^{-1}+1\times2^{-2}+1\times2^{-3}$$

十进制与二进制之间的换算关系如下：

$$2^7=128，2^6=64，2^5=32，2^4=16，2^3=8，2^2=4，2^1=2，2^0=1，\cdots$$

表 1-1 列出了二进制数的位权与十进制数的位权的对应关系。

表 1-1　二进制数的位权与十进制数的位权的对应关系

二进制数的位仅	…	2^4	2^3	2^2	2^1	2^0	2^{-1}	2^{-2}	2^{-3}	…
十进制数的位仅	…	16	8	4	2	1	1/2	1/4	1/8	…

【提示】二进制数必须加下标，如 $(110110.011)_2$，或加数制符，如 110110.011B 来表示。

3）八进制（octal，用 O 表示）

概念：由 0，1，2，3，4，5，6，7 这 8 个基本符号构成，基数为 8，数符为 0 ~ 7 的计数系统，称为八进制。

八进制计数规则如下。

基数：8，因为所使用的基本符号有 8 个。

数符：由 0，1，2，3，4，5，6，7 这 8 个基本符号构成。

运算规则：逢八进一。

位权：8^i。

八进制数的各数位的权是以 8 为底数的幂，整数部分的位权从最低位开始到高位依次是 8^0，8^1，8^2，8^3，8^4，8^5，…，小数部分的位权从最高位开始到低位依次是 8^{-1}，8^{-2}，8^{-3}，8^{-4}，8^{-5}，…。

【例 1.4】八进制数 $(34752.157)_8$，按位权相加展开式如下：

$$(34752.157)_8=3\times8^4+4\times8^3+7\times8^2+5\times8^1+2\times8^0+1\times8^{-1}+5\times8^{-2}+7\times8^{-3}$$

【提示】八进制数必须加下标，如 $(34752.157)_8$，或加数制符，如 34752.157O 来表示。

4）十六进制（hexadecimal，用 H 表示）

概念：由 0，1，2，3，4，5，6，7，8，9，A，B，C，D，E，F 构成，基数为 16，数符为 0 ~ 9 以及 A ~ F 的计数系统，称为十六进制。

十六进制计数规则如下。

基数：16，因为所使用的基本符号有 16 个。

数符：由 0 ~ 9 及 A ~ F 或 a ~ f（不区分大小写）这 16 个基本符号构成。

运算规则：逢十六进一。

位权：16^i。

十六进制数的各数位的权是以 16 为底数的幂，整数部分的位权从最低位开始到高位依

次是 16^0，16^1，16^2，16^3，16^4，16^5，…，小数部分的位权从最高位开始到低位依次是 16^{-1}，16^{-2}，16^{-3}，16^{-4}，16^{-5}，…。

十六进制数中，A ~ F 表示的数值与十进制数的对应关系如表 1-2 所示。

表 1-2　十六进制数与十进制数的对应关系

十六进制数	A	B	C	D	E	F
十进制数	10	11	12	13	14	15

【例 1.5】十六进制数 $(58FCA.89)_{16}$，按位权相加展开式如下：

$$(58FCA.89)_{16}=5\times16^4+8\times16^3+15\times16^2+12\times16^1+10\times16^0+8\times16^{-1}+9\times16^{-2}$$

【提示】十六进制数必须加下标，如 $(58FCA.89)_{16}$，或加数制符，如 58FCA.89H 来表示。

4. 计算机中常用的几种进位计数制

常用的几种进位计数制如表 1-3 所示。

表 1-3　常用的几种进位计数制

进制	二进制	八进制	十进制	十六进制
规则	逢二进一	逢八进一	逢十进一	逢十六进一
基数	r=2	r=8	r=10	r=16
数符	0，1	0，1，…，7	0，1，…，9	0，1，…，9，A，B，…，F
权	2^i	8^i	10^i	16^i
形式表示	B	O	D	H

5. 不同进位计数制之间的对应关系

十进制、二进制、八进制、十六进制之间的对应关系如表 1-4 所示。

表 1-4　十进制、二进制、八进制、十六进制之间的对应关系

十进制	二进制	八进制	十六进制	十进制	二进制	八进制	十六进制
0	0000	0	0	8	1000	10	8
1	0001	1	1	9	1001	11	9
2	0010	2	2	10	1010	12	A
3	0011	3	3	11	1011	13	B
4	0100	4	4	12	1100	14	C
5	0101	5	5	13	1101	15	D
6	0110	6	6	14	1110	16	E
7	0111	7	7	15	1111	17	F

1.2.4　不同进制之间的转换

微课 1.2.4

在计算机内部只使用二进制数据进行运算和处理，但是二进制数据书写复杂，人们不容易理解和记忆。为了解决这些问题，在书本上和日常应用中经常使用八进制数和十六进制数来表示二进制数，这就涉及二进制、八进制、十六进制、十进制之间数据转换的问题。使用八进制数可以使二进制数的位数减少为原来的 1/3，使用十六进制数可以使二进制数的位数减少为原来的 1/4。

1. 非十进制（二进制、八进制、十六进制）数与十进制数之间的转换

一个非十进制数转换为十进制数的方法是按位权展开多项式后求和，即加权系数和就是该非十进制数所对应的十进制数，也称按权展开法。

【例 1.6】 将 $(101011.011)_2$、$(756.27)_8$ 和 $(F3AC4.D2)_{16}$ 转换为十进制数。

$$\begin{aligned}(101011.011)_2&=1\times2^5+0\times2^4+1\times2^3+0\times2^2+1\times2^1+1\times2^0+0\times2^{-1}+1\times2^{-2}+1\times2^{-3}\\&=32+0+8+0+2+1+0+0.25+0.125\\&=43.375\end{aligned}$$

$$\begin{aligned}(756.27)_8&=7\times8^2+5\times8^1+6\times8^0+2\times8^{-1}+7\times8^{-2}\\&\approx448+40+6+0.25+0.109\\&\approx494.359\end{aligned}$$

$$\begin{aligned}(F3AC4.D2)_{16}&=F\times16^4+3\times16^3+A\times16^2+C\times16^1+4\times16^0+D\times16^{-1}+2\times16^{-2}\\&=15\times16^4+3\times16^3+10\times16^2+12\times16^1+4\times16^0+13\times16^{-1}+2\times16^{-2}\\&=983\ 040+12\ 288+2\ 560+192+4+0.812\ 5+0.007\ 812\ 5\\&=998\ 084.820\ 312\ 5\end{aligned}$$

2. 十进制数与非十进制（二进制、八进制、十六进制）数之间的转换

整数部分：除以基数，取余数，倒序排列。

小数部分：乘以基数，取整数，顺序排列。

【例 1.7】 把十进制数 50.425 转换为二进制数。

除数	被除数	余数
2	50	
2	25	0
2	12	1
2	6	0
2	3	0
2	1	1
	0	1

整数部分

运算	整数
0.425 × 2 = 0.850	0
0.850 × 2 = 1.700	1
0.700 × 2 = 1.4	1
0.4 × 2 = 0.8	0
0.8 × 2 = 1.6	1

小数部分

$50.425=(110010.01101)_2$。

【例 1.8】 把十进制数 200 转换为八进制数。

除数	被除数	余数
8	200	
8	25	0
8	3	1
	0	3

$200=(310)_8$。

【例 1.9】 把十进制数 200 转换为十六进制数。

除数	被除数	余数
16	200	
16	12	8
	0	C

$200=(C8)_{16}$。

3. 二进制数、八进制数、十六进制数的相互转换

1）八进制数转换为二进制数

转换规则为把每一位八进制数转换为三位二进制数，即一位八进制数对应三位二进制数。每一位八进制数转换为三位二进制数可以用十进制数转换为二进制数的方法求解。

【例 1.10】把八进制数 $(234)_8$ 转换为二进制数。

$(234)_8=(\underset{2}{\underline{010}}\ \underset{3}{\underline{011}}\ \underset{4}{\underline{100}})_2$。

2）十六进制数转换为二进制数

转换规则为把每一位十六进制数转换为四位二进制数，即一位十六进制数对应四位二进制数。每一位十六进制数转换为四位二进制数可以用十进制数转换为二进制数的方法求解。

【例 1.11】把十六进制数 $(75A)_{16}$ 转换为二进制数。

$(75A)_{16}=(\underset{7}{\underline{0111}}\ \underset{5}{\underline{0101}}\ \underset{A}{\underline{1010}})_2$。

3）二进制数转换为八进制数

转换规则为以小数点为分界线，整数部分从低位到高位每三位划分为一组，不够三位的左端补零，小数部分从高位到低位每三位划分为一组，不够三位的右端补零。

【例 1.12】把二进制数 $(1111100101.01011)_2$ 转换为八进制数。

$(\underset{1}{\underline{001}}\ \underset{7}{\underline{111}}\ \underset{4}{\underline{100}}\ \underset{5}{\underline{101}}.\underset{2}{\underline{010}}\ \underset{6}{\underline{110}})_2=(1745.26)_8$。

4）二进制数转换为十六进制数

转换规则为以小数点为分界线，整数部分从低位到高位每四位划分为一组，不够四位的左端补零，小数部分从高位到低位每四位划分为一组，不够四位的右端补零。

【例 1.13】把二进制数 $(11001111010.110001)_2$ 转换为十六进制数。

$(\underset{6}{\underline{0110}}\ \underset{7}{\underline{0111}}\ \underset{A}{\underline{1010}}.\underset{C}{\underline{1100}}\ \underset{4}{\underline{0100}})_2=(67A.C4)_{16}$。

1.2.5 非数值型数据在计算机中的表示

微课 1.2.5

在计算机中只能存储和处理二进制数据，字符、标点符号、声音、图形、图像、视频等非数值型数据不能表示大小。要在计算机中对这些数据进行存储和处理，需把它们转换为二进制形式的数据。

1. 计算机中字符的编码

ASCII 码，即美国信息交换标准代码（American Standard Code for Information Interchange），是目前国际上广泛使用的编码，主要用于对英文字母、数字字符、标点符号和特殊字符等的编码。ASCII 码分为基本 ASCII 码和扩展 ASCII 码。

1）基本 ASCII 码

ASCII 码基本字符集包括 128 个字符，用 1 字节的低 7 位（或者说最高位为 0 的 8 位二进制数）表示字符，最高位作为奇偶校验位，用来检查信息在传递过程中是否有错误。基本 ASCII 码能表示的数据范围为 00000000 ~ 01111111，包括 10 个阿拉伯数字 0 ~ 9，相应的十进制数为 48 ~ 57；52 个大小写英文字母，即大写字母 A ~ Z，相应的十进制数为 65 ~ 90，小写字母 a ~ z，相应的十进制数为 97 ~ 122；33 个是控制字符或通信专用字符，相应的十进制数为 0 ~ 31 及 127，其内容为不可显示、不可打印的字符；33 个专用字符（各种标点符号和运算符号）。

ASCII 码值表如表 1-5 所示。

表 1-5　ASCII 码值表

<table>
<tr><th rowspan="2">低 4 位</th><th colspan="8">高 3 位</th></tr>
<tr><th>000</th><th>001</th><th>010</th><th>011</th><th>100</th><th>101</th><th>110</th><th>111</th></tr>
<tr><td>0000</td><td>NULL</td><td>DLE</td><td>SPACE</td><td>0</td><td>@</td><td>P</td><td>`</td><td>p</td></tr>
<tr><td>0001</td><td>SOH</td><td>DC1</td><td>!</td><td>1</td><td>A</td><td>Q</td><td>a</td><td>q</td></tr>
<tr><td>0010</td><td>STX</td><td>DC2</td><td>"</td><td>2</td><td>B</td><td>R</td><td>b</td><td>r</td></tr>
<tr><td>0011</td><td>ETX</td><td>DC3</td><td>#</td><td>3</td><td>C</td><td>S</td><td>c</td><td>s</td></tr>
<tr><td>0100</td><td>EOT</td><td>DC4</td><td>$</td><td>4</td><td>D</td><td>T</td><td>d</td><td>t</td></tr>
<tr><td>0101</td><td>ENQ</td><td>NAK</td><td>%</td><td>5</td><td>E</td><td>U</td><td>e</td><td>u</td></tr>
<tr><td>0110</td><td>ACK</td><td>SYN</td><td>&</td><td>6</td><td>F</td><td>V</td><td>f</td><td>v</td></tr>
<tr><td>0111</td><td>BEL</td><td>ETB</td><td>'</td><td>7</td><td>G</td><td>W</td><td>g</td><td>w</td></tr>
<tr><td>1000</td><td>BS</td><td>CAN</td><td>(</td><td>8</td><td>H</td><td>X</td><td>h</td><td>x</td></tr>
<tr><td>1001</td><td>HT</td><td>EM</td><td>)</td><td>9</td><td>I</td><td>Y</td><td>i</td><td>y</td></tr>
<tr><td>1010</td><td>LF</td><td>SUB</td><td>*</td><td>:</td><td>J</td><td>Z</td><td>j</td><td>z</td></tr>
<tr><td>1011</td><td>VT</td><td>ESC</td><td>+</td><td>;</td><td>K</td><td>[</td><td>k</td><td>{</td></tr>
<tr><td>1100</td><td>FF</td><td>FS</td><td>,</td><td><</td><td>L</td><td>\</td><td>l</td><td>|</td></tr>
<tr><td>1101</td><td>CR</td><td>GS</td><td>−</td><td>=</td><td>M</td><td>]</td><td>m</td><td>}</td></tr>
<tr><td>1110</td><td>SO</td><td>RS</td><td>.</td><td>></td><td>N</td><td>^</td><td>n</td><td>~</td></tr>
<tr><td>1111</td><td>SI</td><td>US</td><td>/</td><td>?</td><td>O</td><td>_</td><td>o</td><td>DEL</td></tr>
</table>

根据表 1-5 可以看出，利用 ASCII 码值可以比较字符的大小。

根据 ASCII 码值表，各类字符的 ASCII 码值大小比较，有如下规律：

空格 < 标点符号 < 数字 < 大写字母 < 小写字母

【提示】十进制数字符号的 ASCII 码值与它的二进制值是有区别的。例如，十进制数 6 的 7 位二进制数为 $(0000110)_2$，而十进制数字字符“6”的 ASCII 码为 $(0110110)_2$。

2）扩展 ASCII 码（EASCII 码）

EASCII 码（Extended ASCII 码，扩展美国信息交换标准代码）是将基本 ASCII 码由 7 位扩展为 8 位，能表示的字符和图形符号共有 256 个，其中包括基本 ASCII 码的字符 128 个和扩展 ASCII 码的字符 128 个。扩展 ASCII 码采用 8 位二进制数表示一个字符，最高位为 1，扩展部分编码的数值范围为 10000000 ~ 11111111，相应的十进制数为 128 ~ 255。

我们日常所使用的文本文件都是由 ASCII 码组成的，称为文本文件，其扩展名为 .txt。

2. 计算机中汉字的编码

计算机中只能存储和处理二进制数据。在计算机中处理汉字时，也需要将汉字转换为二进制编码。在计算机中汉字编码分为输入码、国标码、机内码和字形码。

1）汉字输入码

汉字输入码又称外码，是用户通过键盘把汉字输入计算机内所使用的代码，我们习惯称为输入法。汉字的输入码种类很多，主要分为以下 4 类。

（1）拼音输入码：以汉字的汉语拼音为基础，按照汉语拼音的发音规则以及一些缩写规则对汉字进行编码，即拼音输入法。由于汉字系统中相同的发音很多，因此其重码率较高。

常用的输入法有“搜狗输入法”“全拼输入法”“智能 ABC 输入法”“微软拼音输入法”等。

（2）字形输入码：根据汉字字形的各部分特征和它们之间的结构特征以及书写顺序进行编码。常用的输入法有“五笔字型输入法”等。

（3）音形输入码：结合了拼音码和字形码的编码规则，兼顾了汉字的拼音和形状。常用的输入法有“自然码输入法”“智能 ABC 输入法”等。

（4）数字输入码：用一串数字表示一个汉字，采用《信息交换用汉字编码字符集　基本集》（GB/T 2312—1980）对汉字和符号编码，使用 4 个数字键（0 ~ 9）的组合输入汉字、字符、数字、图形符号等。例如，区位码、国标码、机内码。数字输入码是唯一的，但是难以记忆。

对于同一个汉字来说，由于输入法有很多种，所以它的输入码不唯一。

2）汉字国标码

1980 年，我国颁布了第一个汉字编码的国家标准——《信息交换用汉字编码字符集　基本集》，这是目前国内所有汉字系统的统一标准，简称汉字国标码，是具有汉字处理功能的不同计算机系统间交换汉字信息时使用的编码，是为了使每个汉字都有一个全国统一的代码而颁布的汉字编码的国家标准。它用两个字节来表示一个汉字，每个字节的最高位均为 0，因此可以表示的汉字数为 16 384 个，每个汉字的国标码是唯一的。例如，“中”字的国标码为 $(01010110\ 01010000)_2$。在《信息交换用汉字编码字符集　基本集》中包含 6 763 个常用汉字。

《信息交换用汉字编码字符集　基本集》共收录了一级汉字 3 755 个，二级汉字 3 008 个，其他字符 682 个，共计 7 445 个。它将整个字符集分为 94 个区，对应第一字节；每个区 94 个位，对应第二字节，两个字节的值分别为区号值和位号值加 32（20H）。

3）汉字机内码

汉字国标码两个字节的最高位为 0，把汉字国标码两个字节的最高位由 0 变为 1 后形成的编码，称为汉字机内码，又称汉字内码、汉字存储码、内码。汉字机内码是计算机内部使用的编码，是微机汉字系统机器内部存储、处理和传输汉字信息时使用的编码。将汉字输入计算机以后，由于输入码不唯一，所以必须把汉字输入码转换为汉字机内码，使汉字有唯一的编码。我国采用“变形国标码”作为机内码，最高位为 1，以区别于西文字符编码用的 ASCII 码。例如，“中”字的机内码为 $(11010110\ 11010000)_2$。因为汉字处理系统要保证中西文的兼容，当系统中同时存在 ASCII 码和汉字国标码时，将会产生二义性。例如，有两个字节的内容为 30H 和 21H，它既可表示汉字“啊”的国标码，又可表示西文“0”和“!”的 ASCII 码。为此，汉字机内码应对国标码进行适当的处理和变换。汉字机内码为双字节的代码，它是在相应国标码的每个字节最高位上加“1”，即汉字机内码 = 汉字国标码 + 8080H。

4）汉字字形码

汉字字形码是对汉字的形状进行二进制编码而形成的，主要用来显示或打印汉字，是表示汉字字形的字模数据，也称为字模码，是汉字的输出形式。汉字字形码通常用点阵形式来表示。

一个汉字可以看作一个二维图形，把一个汉字离散成若干个网格，每一个网格用一个二进制位来表示，从而构成了该汉字的一个点阵。目前普遍使用的点阵有 16×16 点阵、24×24 点阵、48×48 点阵。如果一个汉字采用 16×16 点阵来表示，每行 16 位（2 B），共 $16 \times 2 = 32$（B）。汉字采用的点阵越大，汉字的显示越清晰。

1.3 计算思维概述

微课 1.3

2006 年 3 月，时任美国卡内基·梅隆大学计算机科学系主任的周以真教授在美国计算机权威期刊 *Communications of the ACM* 上发表了 *Computational Thinking* 一文，首次给出了计算思维的定义；2010 年 11 月，陈国良院士在第六届大学计算机课程报告论坛上所作的报告中，第一次正式提出了将“计算思维能力培养”作为计算机基础课程教学改革切入点的倡议。此后，我国从事计算机基础教学的专家和学者开始重视培养计算思维在计算机基础教学中的重要作用。

周以真教授认为：计算思维是运用计算机科学的基础概念去求解问题、设计系统和理解人类的行为，它包括涵盖了计算机科学广度的一系列思维活动。计算思维代表着一种普遍的认识和一类普适的技能，每一个人，不仅仅是计算机科学家，都应热衷于它的学习和运用。通过分析，我们可以发现计算思维的深刻内涵。

1. 计算思维是基本的思维模式之一

计算思维是人类科学思维活动的重要组成部分，计算思维将会像数学和物理那样成为人类学习知识和应用知识的基本组成部分与基本技能，必将渗透到每个人的生活中。计算机基础教学应贴近现实生活，这样在从事教学的过程中，我们会无意识地运用计算思维解决问题，从而培养学生运用计算思维解决现实生活中的问题的能力。

2. 计算思维能力的培养是大学通识教育的重要组成部分

计算思维应融入每个专业，不仅仅是计算机专业，应让学生在刚进入大学时就开始接触计算方法和模型，从而激起学生对计算机领域科学探索的兴趣，使他们把学习看作一种兴趣。每个专业和领域都需要发现问题、解决问题，计算思维就是用来培养学生理解和解决现实中问题的能力的。

3. 运用计算思维解决问题的能力

计算思维是运用计算机科学的基础概念去求解问题、设计系统和理解人类的行为，是计算机技术在具体现实中的应用。例如，现在我们可以利用 12306 网站购买火车票，可以利用医院的预约挂号缴费系统来实现挂号和缴费，这些都是运用计算思维解决问题的实例。

1.4 计算机病毒

计算机安全越来越引起人们的重视，随着计算机的广泛应用，计算机病毒也在不断地传播。计算机病毒像生物病毒一样可以迅速地自我复制和蔓延，或主动发起攻击，破坏计算机系统和用户程序的正常运行，其又很难根除。计算机病毒是一种程序，只是它和一般程序不同，它具有破坏作用，轻则占用用户计算机的存储空间，重则删除用户的文件、格式化用户的硬盘。

1.4.1 计算机病毒的定义

微课 1.4.1

在《中华人民共和国计算机信息系统安全保护条例》中，对计算机病毒的定义为“编制或者在计算机程序中插入的破坏计算机功能或者毁坏数据，影响计算机使用，并能自我复制的一组计算机指令或者程序代码”。由此可见，计算机感染病毒与人体感染病毒的机理很相似，计算机病毒是一种人为编写的特制程序，隐藏在计算机系统内部，能像生物界的病毒一样进行自我复制并感染和破坏其他程序或者占用系统资源。

1.4.2 计算机病毒的特征

微课 1.4.2

1. 隐蔽性

计算机病毒是人为编制的短小精悍的程序，像生物病毒一样，一般潜伏在计算机系统中，不到预定时间或条件成熟，不容易被发现。一旦时机成熟了，计算机病毒便开始发作，破坏计算机系统。

2. 传染性

传染性是计算机病毒最基本的特征，计算机病毒具有很强的再生能力，能够自我复制、不断繁殖。计算机病毒的传播主要是通过文件复制、文件传送、文件运行等方式进行的。随着计算机网络的发展，计算机病毒通过网络传播的范围迅速扩大。

3. 破坏性

计算机病毒对计算机系统具有不同程度的破坏作用，轻则抢占系统的资源，重则修改文件、删除数据、对磁盘进行格式化。

4. 触发性

计算机病毒进入计算机中并不会马上发作，在满足一定的条件后才会发作。病毒触发的条件可能是时间、日期、文件使用次数等。

5. 寄生性

计算机病毒要存储在某种介质中，通常其寄生在某种文件中。

6. 针对性

计算机病毒通常是针对某种文件、软件系统、设备而编写的，有的针对计算机某种部件如硬盘、内存，有的针对 Windows 操作系统。

1.4.3 计算机病毒的分类

微课 1.4.3

1. 按病毒的表现性质分类

（1）良性病毒：此类病毒对操作系统不产生破坏作用，只会侵占系统的存储空间或占用 CPU 的资源。

（2）恶性病毒：具有很大的破坏性，可以修改系统文件、删除数据、对磁盘进行格式化等。

2. 按寄生方式和传染途径分类

（1）引导型病毒：这类病毒只感染磁盘的引导扇区，隐藏在磁盘的第一个扇区，使病毒在每次开机时被加载到内存中，用病毒自身的编码代替原引导扇区的内容，可以获得对操作系统的各种中断、系统调用的控制权。

（2）文件型病毒：感染磁盘上的程序文件，并嵌入程序文件中，当用户执行程序文件时，病毒首先运行。

（3）混合型病毒：兼有引导型病毒和文件型病毒的特点，既可以感染引导扇区，也可以感染可执行文件。

3. 按攻击的系统分类

（1）攻击 DOS 系统的病毒。这种病毒出现得最早，种类比较多，因为计算机早期的操作系统主要是 DOS 系统。

（2）攻击 Windows 系统的病毒。随着计算机技术的发展，图形用户界面和多任务的操作系统，受到用户的普遍欢迎，由于使用的普遍性，Windows 操作系统也成为病毒攻击的主要对象。

（3）攻击 UNIX 系统的病毒。许多大型计算机普遍采用 UNIX 操作系统，所以出现了攻击 UNIX 系统的病毒。

1.4.4 安全软件的使用

微课 1.4.4

1. 360 杀毒软件

360 杀毒是 360 安全中心出品的一款免费的云安全杀毒软件。它创新性地整合了五大领先查杀引擎，包括国际知名的 BitDefender 病毒查杀引擎、小红伞病毒查杀引擎、360 云查杀引擎、360 主动防御引擎以及 360 第二代 QVM 人工智能引擎，为用户带来安全、专业、有效、新颖的查杀防护体验。艾瑞咨询数据显示，2012 年 360 杀毒月度用户量已突破 3.7 亿；2025 年 2 月，《360：科技强国的守护者，铸造中国网络安全长城》中提到，全球有超过 10 亿台设备使用 360 安全产品，成为全球最大的网络安全公司之一。“360 杀毒 Pro” 主界面如图 1-11 所示。

图 1-11 “360 杀毒 Pro” 主界面

（1）全盘扫描：扫描系统关键区域及整个磁盘，全面清除木马、后门、蠕虫等病毒，此方法相比快速扫描耗费的时间会增加，但对病毒的清理会更加彻底。

（2）快速扫描：用于扫描易于存在木马、后门、蠕虫等病毒的系统位置，如内存等关键区域，适合初级用户。

（3）功能大全：提供了系统安全、系统优化、系统急救等功能。

2. 360 安全卫士

360 安全卫士是一款由奇虎 360 公司推出的功能强、效果好、受用户欢迎的安全软件。360 安全卫士拥有电脑体检、木马查杀、系统修复、电脑清理、优化加速、人工服务、软件管家等多种功能，并独创了“木马防火墙”“360 密盘”等功能，依靠抢先侦测和云端鉴别，可全面、智能地拦截各类木马，保护用户的账号、隐私等重要信息。由于 360 安全卫士极其方便实用，因此用户口碑极佳。“360 安全卫士”主界面如图 1-12 所示。

图 1-12 “360 安全卫士”主界面

习 题 1

1. 世界上第一台电子计算机的名称是（ ）。

A. ENIAC　B. APPLE　C. UNIVAC-I　D. IBM-7000

2. CAM 表示（ ）。

A. 计算机辅助设计　B. 计算机辅助制造　C. 计算机辅助教学　D. 计算机辅助测试

3. 与十进制数 1 023 等值的十六进制数为（ ）。

A. 3FDH　B. 3FEH　C. 2FDH　D. 3FFH

4. 16 个二进制位可表示整数的范围是（ ）。

A. 0 ~ 65 535　B. -32 768 ~ 32 767

C. -32 768 ~ 32 768　D. -32 768 ~ 32 767 或 0 ~ 65 535

5. 400 个 24×24 点阵汉字字形所需的存储容量是（ ）。

A. 255 KB　B. 75 KB　C. 37.5 KB　D. 28.125 KB

6. 下列字符中，其 ASCII 码值最大的是（ ）。

A. 9　B. D　C. a　D. y

7. 某汉字的机内码是 B0A1H，它的国际码是（ ）。

A. 3121H　B. 3021H　C. 2131H　D. 2130H

8. 1946 年首台电子数字计算机 ENIAC 问世后，冯·诺依曼在研制 EDVAC 计算机时，提出两个重要的改进，它们是（ ）。

A. 引入 CPU 和内存储器的概念　　B. 采用机器语言和十六进制

C. 采用二进制和存储程序控制的概念　　D. 采用 ASCII 编码系统

9. 假设某台式计算机的内存储器容量为 128 MB，硬盘容量为 10 GB。硬盘的容量是内存容量的（　　）倍。

A. 40　　B. 60　　C. 80　　D. 100

10. 根据 GB/T 2312—1980 的规定，二级常用汉字的个数是（　　）。

A. 3 000 个　　B. 7 445 个　　C. 3 008 个　　D. 3 755 个

11. 在一个非零无符号二进制整数之后添加一个 0，此数的值为原数的（　　）。

A. 4 倍　　B. 2 倍　　C. 1/2　　D. 1/4

12. 下列关于 ASCII 码的叙述中，正确的是（　　）。

A. 一个字符的标准 ASCII 码占 1 字节，其最高二进制位总是 1

B. 所有大写英文字母的 ASCII 码值都小于小写英文字母 a 的 ASCII 码值

C. 所有大写英文字母的 ASCII 码值都大于小写英文字母 a 的 ASCII 码值

D. 标准 ASCII 码表有 256 个不同的字符编码

13. 一个字长为 5 位的无符号二进制数能表示的十进制数的范围是（　　）。

A. 1 ~ 32　　B. 0 ~ 31　　C. 1 ~ 31　　D. 0 ~ 32

14. 在下列字符中，其 ASCII 码值最小的是（　　）。

A. 空格字符　　B. 0　　C. A　　D. a

15. 十进制数 100 转换成二进制数是（　　）。

A. 0110101　　B. 01101000　　C. 01100100　　D. 01100110

16. 若已知一个汉字的国标码是 5E38H，则其机内码是（　　）。

A. DEB8H　　B. DE38H　　C. 5EB8H　　D. 7E58H

17. 二进制数 110001 转换成十进制数是（　　）。

A. 47　　B. 48　　C. 49　　D. 51

18. 已知英文字母 m 的 ASCII 码值为 6DH，那么字母 q 的 ASCII 码值是（　　）。

A. 70H　　B. 71H　　C. 72H　　D. 6FH

19. 一个汉字的国标码需用 2 字节存储，其每字节的最高二进制位的值分别为（　　）。

A. 0，0　　B. 1，0　　C. 0，1　　D. 1，1

20. 一个汉字的机内码与它的国标码之间的差是（　　）。

A. 2020H　　B. 4040H　　C. 8080H　　D. A0A0H

21. 十进制数 55 转换成无符号二进制数等于（　　）。

A. 111111　　B. 110111　　C. 111001　　D. 111011

22. 第一代电子计算机使用的电子元件是（　　）。

A. 晶体管　　B. 电子管

C. 中小规模集成电路　　D. 大规模和超大规模集成电路

23. 十六进制数 B34B 对应的十进制数是（　　）。

A. 45 569　　B. 45 899　　C. 34 455　　D. 56 777

24. 计算机内部用（　　）字节存放一个 7 位的 ASCII 码。

A. 1　　B. 2　　C. 3　　D. 4

25. 假设某台式计算机的内存储器容量为 256 MB，硬盘容量为 20 GB。硬盘的容量是内存容量的（　　）倍。

A. 40　　B. 60　　C. 80　　D. 100

26. 标准 ASCII 码用 7 位二进制位表示一个字符的编码，其不同的编码共有（　　）个。

A. 127　B. 128　C. 256　D. 254

27. 第三代计算机采用的电子元件是（　　）。

A. 晶体管　B. 中小规模集成电路

C. 大规模集成电路　D. 电子管

28. 在计算机中，西文字符所采用的编码是（　　）。

A. EBCDIC 码　B. ASCII 码　C. 国标码　D. BCD 码

29. 存储一个 24×24 点阵的汉字字形码，需要（　　）。

A. 32 字节　B. 48 字节　C. 64 字节　D. 72 字节

30. 计算机辅助设计的简称是（　　）。

A. CAM　B. CAD　C. CAT　D. CAI

31. 下列 4 种不同数制表示的数中，数值最大的一个是（　　）。

A. 八进制数 110　B. 十进制数 71　C. 十六进制数 4A　D. 二进制数 1001001

32. 计算机用来表示存储空间大小的基本单位是（　　）。

A. baud　B. bit　C. byte　D. word

33. 计算机病毒是指能够侵入计算机系统并在计算机系统中潜伏、传播，破坏系统正常工作的一种具有自我复制能力的（　　）。

A. 流行性感冒病毒　B. 特殊小程序　C. 特殊微生物　D. 源程序

34. 下列关于计算机病毒的叙述中，正确的是（　　）。

A. 反病毒软件可以查杀任何种类的病毒

B. 计算机病毒是一种被破坏了的程序

C. 反病毒软件必须随着新病毒的出现而升级，提高查杀病毒的功能

D. 感染过计算机病毒的计算机具有对该病毒的免疫性

35. 下列关于计算机病毒的说法中，正确的是（　　）。

A. 计算机病毒是一种有损计算机操作人员身体健康的生物病毒

B. 计算机病毒发作后，将造成计算机硬件永久性的物理损坏

C. 计算机病毒是一种通过自我复制进行传染的、破坏计算机程序和数据的小程序

D. 计算机病毒是一种有逻辑错误的程序

36. 下列关于计算机病毒的叙述中，错误的是（　　）。

A. 计算机病毒具有潜伏性

B. 计算机病毒具有传染性

C. 感染过计算机病毒的计算机具有对该病毒的免疫性

D. 计算机病毒是一个特殊的寄生程序

37. 下列叙述中，正确的是（　　）。

A. 所有计算机病毒只在可执行文件中传染

B. 计算机病毒可通过读 / 写移动存储器或 Internet（互联网）进行传播

C. 只要把带病毒 U 盘设置成只读状态，那么此盘上的病毒就不会因读盘而传染给另一台计算机

D. 计算机病毒是由于光盘表面不清洁而造成的

38. 下列叙述中，正确的是（　　）。

A. 计算机病毒只在可执行文件中传染

B. 计算机病毒主要通过读 / 写移动存储器或 Internet 进行传播

C. 只要删除所有感染了病毒的文件就可以彻底消除病毒

D. 计算机杀毒软件可以查出和清除任意已知的和未知的计算机病毒

39. 计算机病毒除了通过读/写或复制移动存储器上带病毒的文件传染外，另一条主要的传染途径是（　　）。

A. 网络　　B. 电源电缆

C. 键盘　　D. 输入有逻辑错误的程序

40. 感染计算机病毒的原因之一是（　　）。

A. 不正常关机　　B. 光盘表面不清洁　　C. 错误操作　　D. 从网上下载文件

第 2 章　计算机系统的组成及工作原理

计算机系统由硬件系统和软件系统两大部分组成。计算机硬件系统是软件系统赖以工作的基础，是看得见、摸得着的物理实体。计算机软件系统是指控制、管理和指挥计算机工作并解决各类应用问题的所有程序和技术资料的总和。如果计算机没有安装任何软件，它是无法工作的。没有安装任何软件的计算机称为裸机。

2.1　计算机硬件系统

随着计算机技术的飞速发展，计算机的功能越来越强大，价格越来越便宜，性能越来越好。虽然不同计算机的性能不一样，但是计算机在硬件结构上都沿用了冯·诺依曼计算机体系结构，即计算机硬件系统由运算器、控制器、存储器、输入设备、输出设备组成。运算器、控制器和内存储器合称为主机。

2.1.1　计算机的五大部件

微课 2.1.1

1. 运算器

运算器（arithmetic unit）又称为算术逻辑部件（arithmetic and logic unit，ALU），是计算机对数据进行加工处理的部件，它的主要功能是对二进制数进行算术运算和逻辑运算。

运算器由算术逻辑单元、累加器、状态寄存器、通用寄存器组等组成。

2. 控制器

控制器（control unit）是整个计算机系统的指挥中心，负责从存储器中取出指令，对指令进行分析，并根据指令的要求按时间的先后顺序向各部件发出控制信号，使计算机各个部件自动、协调地工作。控制器主要由指令寄存器、译码器、指令计数器和操作控制器等组成。

运算器和控制器被集成在一块电路中，统称为中央处理器（CPU）。

3. 存储器

存储器（memory）是计算机的记忆装置，主要用来存放计算机进行信息处理后的程序和数据。一个存储器包括很多存储单元，被存储的信息分别存放在这些单元中。存储器分为内存储器（简称内存，在计算机主机中，也称为主存）和外存储器（简称外存，在计算机的外部，也称为辅助存储器）两大类。中央处理器只能直接访问存储在内存中的数据。外存中的数据只有先调入内存后，才能被中央处理器访问和处理。

4. 输入设备

输入设备（input device）用来向计算机输入各种信息，包括汉字、图形、图像、声音、视频等。其主要功能是把人们能够识别的信息转换为计算机能识别的二进制代码输入计算机中，供计算机处理。常用的输入设备有键盘、鼠标、扫描仪和手写笔等。

5. 输出设备

输出设备（output device）的功能是将计算机内部处理后的二进制数据信息转换为人们能够识别的形式（十进制数、图像、声音等）表达出来。常用的输出设备有显示器、打印机、绘图仪等。

注意： U 盘（优盘）、触摸屏和硬盘既是输入设备又是输出设备。

2.1.2　计算机的工作原理

微课 2.1.2

在冯·诺依曼思想中，计算机应具备运算器、控制器、存储器、输入设备、输出设备这五大部件，如图 2-1 所示。在计算机内部，程序和数据采用二进制形式表示；“存储程序控制”的工作原理是核心，先编写出完成某一特定任务的计算机程序，把程序和待处理的数据通过输入设备送入计算机内存中，在计算机内存中程序和数据采用二进制形式表示，控制器从内存中取出指令并分析指令，并根据指令的含义向各个部件发出命令信号，即控制信号，运算器对内存中的数据进行相应的运算和处理，然后控制器从内存中取出下一条指令，分析指令并执行指令，如此重复操作，直到程序中的所有指令都执行完毕，便可以得到最终结果。

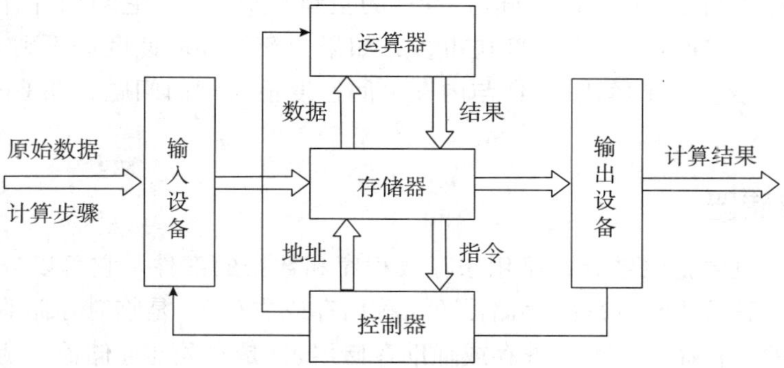

图 2-1　计算机的基本结构

2.1.3　中央处理器

微课 2.1.3

中央处理器（CPU）主要包括运算器和控制器两大部件，还包括若干寄存器以及内部数据线路，简称处理器，它是计算机的核心部件。如图 2-2 所示，CPU 是一块体积很小、集成度很高、功能强大的芯片，又称微处理器。计算机中所有的操作都受 CPU 的控制，所以 CPU 处理数据的速度直接影响到整台计算机的性能。按照其处理信息的字长，CPU 可以分为 8 位处理器、16 位处理器、32 位处理器以及 64 位处理器等。CPU 可以直接访问内存储器，它和内存储器构成了计算机的主机，是计算机硬件系统的主体。

图 2-2　CPU

1. CPU 的组成部分

（1）运算器。运算器是计算机对数据进行加工处理的部件，可以实现算术运算和逻辑运算。算术运算主要用来实现数值计算，如加、减、乘、除、乘方、开平方等；逻辑运算主要用来实现各种逻辑判断，如与、或、非等非数值运算。

（2）控制器。控制器是整个计算机的指挥中心，主要负责从内存取出指令，并对指令进行分析，根据指令的要求按照时间顺序向各个部件发出控制信号，协调各个部件一致地工作。

（3）寄存器。寄存器也是 CPU 重要的组成部分，是 CPU 对数据处理时临时的存储单元，主要用来存放要计算的数据或结果等。

2. CPU 的主要性能指标

（1）主频。主频是 CPU 工作的时钟频率，单位为 MHz（兆赫兹）或 GHz（吉赫兹）。主频反映了计算机处理数据的速度，通常时钟频率越高，CPU 的速度越快。对运算速度的描述还有另外一种方法，即每秒钟所能执行的指令条数，一般用 MIPS（million instructions per second，百万条指令每秒）来描述。

（2）字长。字长表示 CPU 处理数据的能力，是指 CPU 每次处理的二进制数的位数，通常所说的 CPU 是多少位的就是指其字长，如 CPU 是 32 位的，那么字长就是 32 位。现在 CPU 普遍是 32 位或者 64 位的。

（3）内核数量。内核数量是指一个芯片内集成的核心数量。例如，双核处理器是将两个物理处理器核心整合到一个内核中，目前已经出现了四核、八核处理器。

（4）总线。CPU 总是通过总线和计算机其他部件通信的，是计算机各个部件之间传递信息的公共通道。总线分为地址总线（address bus，AB）、数据总线（data bus，DB）和控制总线（control bus，CB）。

（5）高速缓冲存储器（cache）。随着 CPU 的主频不断提高，它对内存存取速度的要求越来越高。通常 CPU 的速度比内存速度快得多，如果内存的存取速度达不到 CPU 的要求，就会影响计算机的速度。为了解决 CPU 与内存之间速度不匹配的问题，在 CPU 中集成了高速缓冲存储器。

2.1.4 存储器

微课 2.1.4

存储器是计算机的记忆装置，是用来存放程序和数据的部件。它可以分为两大类，一类是在计算机主机内部的存储器（又称内存或主存），是临时存储器；另一类是属于计算机外部设备的外存储器（又称外存或辅助存储器），是永久性存储器。衡量计算机主要性能的指标除了 CPU，还有存储器的容量。

一个二进制位是构成存储器的最小单位，存储器是由很多二进制位顺序排列构成的。在对数据进行存取时，为了准确找到数据的位置，通常将 1 字节（8 个二进制位）组成一个存储单元，对各字节所进行的编码称为地址。

1. 内存储器

内存储器用于存放当前正在运行使用的或随时都可能使用的程序或数据，CPU 只能直接访问存储在内存中的数据。内存储器一般采用半导体器件制成，具有容量小、密度大、功耗低、体积小、重量轻、存取速度快等特点。内存储器按其工作方式、性能和特点，分为随机存储器（random access memory，RAM）、只读存储器（read-only memory，ROM）。

1）RAM

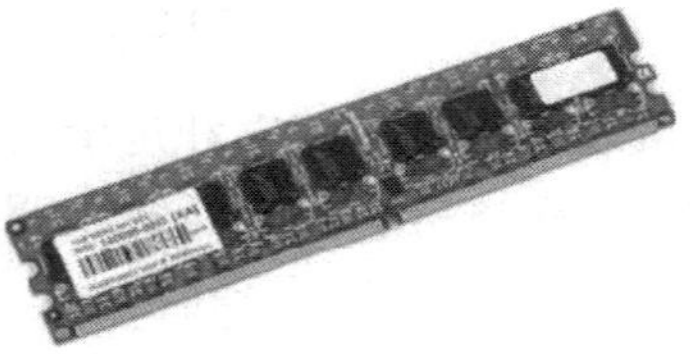

图 2-3 内存条

RAM 可以随机地向内存单元中写入信息，也可以随机地从内存单元中读取信息。断电后，RAM 中的数据全部消失。计算机在工作时所使用的程序和数据都是存储在 RAM 中的，CPU 直接访问 RAM 中的数据。外存中的数据只有先调入 RAM 中，才能够被 CPU 处理。我们通常所说的计算机内存的大小，即指内存条的容量，如图 2-3 所示。

随机存储器可分为静态随机存储器（SRAM）和动态随机存储器（DRAM）。

（1）静态随机存储器：只要不断电，内部的信息就可以长期保存。优点是存取速度快，不需要刷新；缺点是集成度低，价格昂贵。静态随机存储器主要用作高速缓冲存储器。

（2）动态随机存储器：由于电容会放电，存储在内部的信息不能长期保存，所以必须在信息丢失之前，周期性地刷新以补充释放的电荷。优点是集成度高，价格便宜；缺点是速度慢，需要刷新。

2）ROM

只能从 ROM 中读取信息，不能写入信息，也不能对其中的数据进行修改，即使断电，其内部的信息也不会丢失。

2. 外存储器

外存储器用来长期保存程序和数据，存储容量大、价格便宜。即使断电，其内部的信息也不会丢失。外存储器的存储速度比内存慢，外存储器中的数据必须调入内存中才能被 CPU 调用。常用的外存储器有硬盘存储器、移动硬盘、U 盘、光盘等。

1）硬盘存储器

硬盘存储器通常简称为硬盘，硬盘是由表面涂有磁膜、质地较硬的多个盘片与硬盘驱动器封装在一个金属盒内构成的，如图 2-4 所示。硬盘的存储容量大，安装在机箱里面。新硬盘在使用之前应先格式化。

2）移动硬盘

由于普通的硬盘是安装在计算机的机箱中的，使用起来很不方便。移动硬盘的存储容量大，还可以移动。现在的移动硬盘都是通过通用串行总线（USB）接口与主机相连，即插即用，如图 2-5 所示。

3）U 盘

U 盘是利用闪存（flash memory）在断电后数据还能够长时间存储不丢失的特点制成的，其优点是重量轻、体积小、使用方便，如图 2-6 所示。

4）光盘

光盘利用激光技术存储信息，呈圆盘状，需要有光驱才可以使用，如图 2-7 所示。由于光盘利用激光束读写信息，无机械接触，不会磨损，不会遭病毒侵害，寿命可长达数十年。如果光盘表面被损坏，可能会造成数据丢失，所以要保持光盘表面清洁。根据性能的不同，可以将光盘分为三类。

图 2-4　硬盘

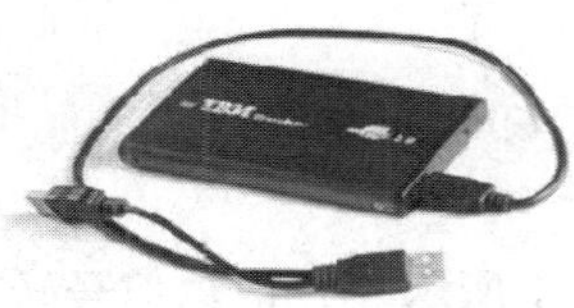

图 2-5　移动硬盘

图 2-6　U 盘

图 2-7　光盘

第一类是只读存储光盘（compact disk read only memory，CD ROM），只能读取光盘中的内容，无法写入信息，也无法修改光盘中的信息。

第二类是可录 CD 光盘（compact disc recordable，CD R），可以从光盘中读取信息，也可以向其中写入信息，但是只能写入一次。

第三类是 CD 光盘（compact disc rewritable，CD RW）。与磁盘类似，可以多次向其中写入信息，也可以读取信息。

2.1.5　输入设备

下面简单介绍常用的输入设备键盘、鼠标和扫描仪。

微课 2.1.5

1. 键盘

通过键盘，我们可以向计算机输入各种命令、字符、文字、数据等。图 2-8 所示为

Windows 键盘，有时我们还会看到如超市收银员所使用的键盘，其按键很少，主要为数字键。

图 2-8 键盘

2. 鼠标

由于现在我们多使用图形用户界面（如 Windows 系统、苹果系统等），需要移动鼠标来选择对象，最常使用的是单击鼠标的按键进行操作，左键用于定位选择，右键用于弹出快捷菜单，中间的滚轮用于移位。鼠标如图 2-9 所示。

3. 扫描仪

扫描仪是一种图像输入设备，能够迅速地把纸张或照片等扫描成图像送入计算机中，如图 2-10 所示。

图 2-9 鼠标

图 2-10 扫描仪

2.1.6 输出设备

微课 2.1.6

下面简单介绍常用的输出设备如显示器、打印机和绘图仪。

1. 显示器

显示器是计算机的主要输出设备，如图 2-11 所示。它把电信号转化为人们可以直接识别的字符、图形、图像等。计算机的显示系统由控制适配器（显卡）和显示器组成。

2. 打印机

打印机是计算机重要的输出设备之一，如图 2-12 所示，主要用来把计算机内部的数据打印在纸张上以便永久保存。打印机主要有点阵式打印机、喷墨打印机和激光打印机三种。

（1）点阵式打印机：又称针式打印机，由两列打印针组成，有 9 针和 24 针两种。通过打印针进行击打来打印。目前银行办理业务主要使用的是点阵式打印机。

（2）喷墨打印机：通过墨管将墨水直接喷射到纸张上，形成字符和图形，主要有电压式间断喷墨打印机和热感式间断喷墨打印机两种。喷墨打印机的打印质量比点阵式打印机的高。

（3）激光打印机：目前办公室普遍使用的是激光打印机，其速度快、精度高、噪声小。

3. 绘图仪

绘图仪是把计算机内部图形打印出来的重要输出设备，如图 2-13 所示。相比普通的打印机，绘图仪能打印出高精度、复杂的图形。

图 2-11　显示器

图 2-12　打印机

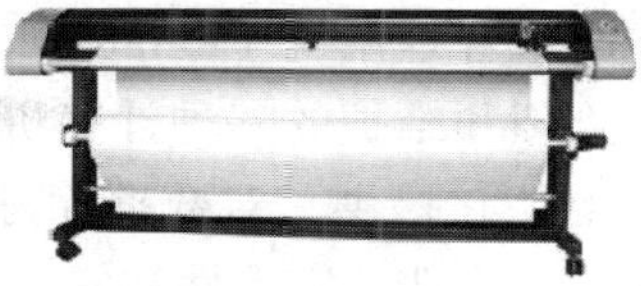

图 2-13　绘图仪

2.1.7　主板

主板安装在机箱内，连接着机箱内部和机箱外部的各个部件。CPU、内存、硬盘驱动器、光盘驱动器、显卡、声卡、鼠标、键盘等都插接在主板上，几乎所有的设备都要通过主板连接在一起，主板是其他硬件的载体。主板上有很多通信线路，CPU、内存、硬盘、声卡、显卡等部件之间的数据交互都是通过主板进行的，如图 2-14 所示。

图 2-14　主板

2.2　计算机软件系统

微课 2.2

计算机软件系统与计算机硬件系统是相互依赖、缺一不可的，只有硬件没有软件的计算机是无法工作的，计算机必须有软件的支撑才能工作。计算机软件是指计算机系统中的程序及其文档。程序是利用计算机语言并采用结构化程序设计方法实现特定任务的算法的描述；文档是为了方便用户理解程序所作的说明。软件是用户和计算机之间的接口，用户通过操作软件来操作计算机。

计算机软件系统包括系统软件和应用软件两大类。

2.2.1　系统软件

系统软件是指负责管理、监控和维护计算机硬件和软件资源，并为应用软件提供支持和服务的一种软件。系统软件主要包括操作系统、数据库管理系统、程序语言处理系统、服务程序等。

1. 操作系统

操作系统（operating system，OS）是最基本、最重要的系统软件。它用来管理、控制和维护计算机所有的硬件资源与软件资源，让计算机协调地工作，它直接运行在计算机的硬件上，是用户和计算机之间交互的接口。常见的操作系统有 Windows、Linux、UNIX 等。

2. 数据库管理系统

数据库管理系统（database management system，DBMS）是负责数据库的定义、建立、操纵、管理和维护的一种计算机软件，是数据库系统的核心部分。数据库管理系统运行在操作系统上，它提供了对数据库进行统一管理和控制的功能，以保证数据的独立性、有效性、一致性、正确性、完整性和安全性，提供了应用程序接口（API）。

3. 程序语言处理系统

由于计算机不能理解人类的自然语言，人们要想表达自己的意图，让计算机为用户服务，必须利用计算机语言编写程序。计算机语言从低到高分为机器语言、汇编语言和高级语言。机器语言是用二进制编码表示的，所以计算机能够直接执行机器语言。由于机器语言难以记忆和理解，人们对机器语言进行符号化，形成了汇编语言。机器语言和汇编语言都是低级语言。高级语言比较接近于人类的自然语言，人们容易接受和理解，所以人们通常使用高级语言编写程序。但是计算机并不能直接识别用高级语言编写的程序，必须把高级语言翻译成计算机能够识别的机器语言。不同的高级语言有相应的翻译程序。

对于高级语言来说，翻译有两种方式。

（1）编译方式。用高级语言所编写的程序称为源程序，用相应的编译程序把源程序翻译成目标程序（以 .obj 为扩展名），然后把目标程序与库文件进行连接就生成了可执行文件。编译后的文件称为目标程序，目标程序使用的是机器语言，能够被计算机识别。

（2）解释方式。解释程序也是将高级语言所编写的源程序翻译成机器语言。将源程序输入计算机后，用这种语言的解释程序将其逐条解释，逐条执行。解释方式为翻译一句，计算机执行一句，不保留目标程序代码，不产生可执行文件，下次运行此程序还需要重新解释执行。像 C、C++ 语言采用编译方式，BASIC 语言采用解释方式。

4. 服务程序

服务程序提供一些常用的服务功能，如系统诊断、测试、动态调试等。

2.2.2 应用软件

为了解决某一领域的实际问题而编写的程序称为应用软件。

（1）信息管理软件，如教务管理系统、火车票售票系统。

（2）用于科学计算方面的软件，如数学计算软件、统计软件。

（3）文字与表格处理软件，如 Word、Excel。

（4）图形与图像处理软件，如 Photoshop、3ds max。

（5）辅助软件，如 AutoCAD、ANSYS。

习 题 2

1. 在下列设备中，不能作为计算机输出设备的是（　　）。

   A. 打印机　　B. 显示器　　C. 鼠标　　D. 绘图仪

2. 汇编语言是一种（　　）。

   A. 依赖于计算机的低级程序设计语言　　B. 计算机能直接执行的程序设计语言

   C. 独立于计算机的高级程序设计语言　　D. 面向问题的程序设计语言

3. 计算机的硬件主要包括中央处理器、存储器、输出设备和（　　）。

A. 键盘　　B. 鼠标　　C. 输入设备　　D. 显示器

4. 在CD光盘上有“CD-RW”字样，此标记表明这个光盘是（　　）。

A. 只能写入一次，可以反复读出的一次性写入光盘

B. 可多次擦除型光盘

C. 只能读出，不能写入的只读光盘

D. RW是read and write的缩写

5. 在计算机中，每个存储单元都有一个连续的编号，此编号称为（　　）。

A. 地址　　B. 位置号　　C. 门牌号　　D. 房号

6. 在所列出的：①字处理软件，②Linux，③UNIX，④学籍管理系统，⑤Windows 10，以及⑥Office 2016这6个软件中，属于系统软件的有（　　）。

A. ①，②，③　　B. ②，③，⑤　　C. ①，②，③，⑤　　D. 全部都不是

7. 操作系统的功能是（　　）。

A. 将源程序编译为目标程序

B. 负责诊断机器的故障

C. 控制和管理计算机系统的各种硬件和软件资源的使用

D. 负责外设与主机之间的信息交换

8.《计算机软件保护条例》中所称的计算机软件是指（　　）。

A. 计算机程序　　B. 源程序和目标程序

C. 源程序　　D. 计算机程序及其有关文档

9. 下列关于系统软件的叙述中，正确的一条是（　　）。

A. 系统软件的核心是操作系统　　B. 系统软件是与具体硬件逻辑功能无关的软件

C. 系统软件是使用应用软件开发的软件　　D. 系统软件并不具体提供人机界面

10. 以下不属于系统软件的是（　　）。

A. DOS　　B. Windows 10　　C. Windows 11　　D. Excel

11. 计算机中对数据进行加工与处理的部件，通常称为（　　）。

A. 运算器　　B. 控制器　　C. 显示器　　D. 存储器

12. 构成CPU的主要部件是（　　）。

A. 内存和控制器　　B. 内存、控制器和运算器

C. 高速缓存和运算器　　D. 控制器和运算器

13. 下列各类计算机程序语言中，不属于高级程序设计语言的是（　　）。

A. Visual Basic　　B. FORTRAN　　C. Pascal　　D. 汇编语言

14. 用来存储当前正在运行的应用程序的存储器是（　　）。

A. 内存　　B. 硬盘　　C. 软盘　　D. CD ROM

15. 下列设备组中，完全属于计算机输出设备的一组是（　　）。

A. 喷墨打印机，显示器，键盘　　B. 激光打印机，键盘，鼠标

C. 键盘，鼠标，扫描仪　　D. 打印机，绘图仪，显示器

16. 用高级程序设计语言编写的程序（　　）。

A. 计算机能直接执行　　B. 具有良好的可读性和可移植性

C. 执行效率高但可读性差　　D. 依赖于具体机器，可移植性差

17. 下列软件中，属于应用软件的是（　　）。

A. Windows XP　B. UNIX　C. Linux　D. MS Office 2016

18. 控制器的功能是（　　）。

A. 指挥、协调计算机各部件工作　B. 进行算术运算和逻辑运算

C. 存储数据和程序　D. 控制数据的输入和输出

19. 计算机的技术性能指标主要是指（　　）。

A. 计算机所配备的语言、操作系统、外部设备

B. 硬盘的容量和内存的容量

C. 显示器的分辨率、打印机的性能等配置

D. 字长、运算速度、内 / 外存容量和 CPU 的时钟频率

20. 用高级程序设计语言编写的程序，要转换成等价的可执行程序，必须经过（　　）。

A. 汇编　B. 编辑　C. 解释　D. 编译和连接

21. 计算机系统软件中最核心的部分是（　　）。

A. 语言处理系统　B. 操作系统　C. 数据库管理系统　D. 诊断程序

22. 能直接与 CPU 交换信息的存储器是（　　）。

A. 硬盘存储器　B. CD ROM　C. 内存储器　D. 软盘存储器

23. 下列叙述中，错误的是（　　）。

A. 把数据从内存传输到硬盘的操作称为写盘

B. MS Office 2016 属于系统软件

C. 把高级语言源程序转换为等价的机器语言目标程序的过程叫作编译

D. 计算机内部对数据的传输、存储和处理都使用二进制

24.RAM 的特点是（　　）。

A. 属于海量存储器

B. 存储在其中的信息可以永久保存

C. 一旦断电，存储在其上的信息将全部消失，且无法恢复

D. 只能用来存储中间数据

25. DVD-ROM 属于（　　）。

A. 大容量可读可写外部存储器　B. 大容量只读外部存储器

C. CPU 可直接存取的存储器　D. 只读内存储器

26. 下列设备组中，完全属于输入设备的一组是（　　）。

A. CD ROM 驱动器，键盘，显示器　B. 绘图仪，键盘，鼠标

C. 键盘，鼠标，扫描仪　D. 打印机，硬盘，条码阅读器

27. 计算机的主机由（　　）组成。

A. CPU、外存储器、外部设备　B. CPU 和内存储器

C. CPU 和存储器系统　D. 主机箱、键盘、显示器

28. 完整的计算机软件系统指的是（　　）。

A. 程序、数据与相应的文档　B. 系统软件与应用软件

C. 操作系统与应用软件　D. 操作系统和办公软件

29. 运算器的主要功能是进行（　　）。

A. 算术运算　B. 逻辑运算　C. 加法运算　D. 算术和逻辑运算

30. 下列各存储器中，存取速度最快的是（　　）。

A. CD ROM　　B. 内存储器　　C. 软盘　　D. 硬盘

31. 度量计算机运算速度常用的单位是（　　）。

A. MIPS　　B. MHz　　C. MB　　D. Mbit/s

32. 计算机运算部件一次能同时处理的二进制数据的位数称为（　　）。

A. 字长　　B. 字节　　C. 位　　D. 波特

33. 计算机能直接识别的语言是（　　）。

A. 高级语言　　B. 机器语言　　C. 汇编语言　　D. C++ 语言

34. 下列设备组中，完全属于外部设备的一组是（　　）。

A. CD ROM 驱动器，CPU，键盘，显示器

B. 激光打印机，键盘，CD ROM 驱动器，鼠标

C. 内存储器，CD ROM 驱动器，扫描仪，显示器

D. 打印机，CPU，内存储器，硬盘

35. 计算机之所以能按人们的意图自动工作，最直接的原因是采用了（　　）。

A. 二进制　　B. 高速电子元件　　C. 程序设计语言　　D. 存储程序控制

第 3 章　中文操作系统 Windows 11

3.1　Windows 11 简介

操作系统是计算机系统的资源管理者，主要负责管理并调度系统的各类资源，其主要具有以下五大管理功能。

（1）作业管理。用户提交给计算机系统处理的一个任务或工作单元就是作业。作业管理包括作业的调度、控制、处理和报告。

（2）CPU 管理。用户在编辑文档的同时，如果需要打印文档、浏览网页、查阅资料，还希望计算机播放优美的音乐，那么怎样让它同时完成多个任务呢？其实，这正是操作系统 CPU 管理功能的一个具体实例。通常情况下，每台计算机中只有一个 CPU，同时它只能对一个作业的程序进行处理。当进入内存等待处理的作业有多个时，就需要合理地安排每个作业占用 CPU 的时间，以保证多个作业的完成和 CPU 效率的提高，使用户等待的时间最少，这便是 CPU 管理的目的。

（3）存储管理。存储管理的目的是合理分配内存，使各个作业占有的内存区不发生冲突，不互相干扰，并且可以对内存进行扩充。

（4）文件管理。操作系统的文件系统负责对文件进行管理，包括管理文件的目录，为文件分配存储空间，执行用户提出的命名、更名、存取、修改、删除等使用文件的命令。

（5）设备管理。当用户程序要使用外部设备时，由它控制（或调用）驱动程序使外部设备工作，并随时对该设备进行监控，处理外部设备的中断请求等。

Windows 11 是由微软（Microsoft）公司开发的新一代操作系统，于 2021 年 10 月正式发布。Windows 11 在界面设计、性能优化、安全性等方面都有显著提升，尤其是在用户体验和跨设备协同方面进行了大量改进。Windows 11 不仅支持传统的 PC 设备，还针对平板计算机、二合一设备（融合了笔记本计算机和平板计算机功能的混合型电子设备）等进行了优化，提供了更加流畅的操作体验。Windows 11 针对新的应用环境对系统的功能进行了大量的改革，下面简单介绍其中几项功能改进。

（1）全新的用户界面。Windows 11 采用了全新的设计语言，界面更加简洁、现代，任务栏和“开始”菜单居中显示，Windows 11 所有的弹出窗口和菜单都改成了更平滑的圆形边框，为用户提供了更好的视觉体验。

（2）Microsoft Teams 集成。Windows 11 将 Microsoft Teams（一种基于聊天的智能团队协作工具）深度集成到任务栏中，用户可以更方便地进行视频会议和即时通信。

（3）虚拟桌面和多任务处理。Windows 11 增强了虚拟桌面功能，用户可以创建多个虚拟桌面，并根据不同的任务需求进行切换。此外，Snap Layouts（捕捉布局）功能可以帮助用户更高效地管理多个窗口。

（4）DirectStorage 技术。Windows 11 引入了 DirectStorage 技术，大幅提升了游戏的加载速度，尤其是在使用 NVMe SSD（基于非易失性内存主机控制器接口规范的固态硬盘）的情况下。

（5）Android 应用支持。通过 Microsoft Store，用户可以在 Windows 11 上下载并运行 Android 应用，进一步扩展了 Windows 的应用生态。

（6）增强系统的安全性和隐私保护。Windows 11 内置了更多的安全功能，如硬件级别的安全芯片支持、Windows Hello 面部识别等，确保了用户数据的安全性。

（7）智能互联体验。Windows 11 在云服务、智能设备连接等方面进行了改进，实现了设备间更无缝的协作。比如，Windows 11 与微软 OneDrive 云存储服务的集成更紧密，方便用户在不同设备间同步文件。

除此之外，Windows 11 在截图工具和语音转文字以及 AI（人工智能）功能方面也有大量的改进，为用户带来更高效、便捷、智能的体验。根据 Windows Lastest 的报道，Windows 11 在性能方面进行了大量优化，其响应速度对比 Windows 10 有明显优势。微软在内存管理方面做了大量工作，让前台运行的应用程序更加快捷，当启动某个应用程序的时候，Windows 11 会为其分配更充足的 CPU 和系统资源。因此，Windows 11 的整体体验更好，当用户在繁忙的操作系统中启动多个应用程序时，这种感觉会更加明显。此外，为了获得更好的体验，微软还默认启动了 Microsoft Edge 中的睡眠标签。这使 Windows 11 平均节省了 32% 的内存和 37% 的 CPU 使用。同时，Windows 11 使设备从睡眠中恢复的速度也比之前的版本更快。为了提供类似于手机的永久待机体验，微软还优化了 Windows 11 对硬件组件的调用。

3.2 Windows 11 概述

微软针对不同的用户群体和使用场景，开发了多个版本的 Windows 11，主要有家庭版、专业版、企业版和教育版四个大类，一共划分为 7 个版本，有面向台式机的版本，也有面向移动设备和智能手机的版本，各个版本间根据用户群体的不同、设备的不同，功能有些区别，但总体功能大致相同。Windows 11 家庭版主要面向一般消费者；专业版包含额外的网络和安全功能；企业版在专业版的基础上专门为企业增加了 AppLocker 等高级企业功能；而教育版主要提供给学校的教职工和学生使用，其功能与企业版相同，但仅授权给学校或者教育机构。

了解 Windows 11 各个版本的区别后，我们就可以在计算机中根据自己的需求安装合适版本的 Windows 11 操作系统了。下面简单地介绍 Windows 11 的安装要求及安装方法。

3.2.1 安装 Windows 11 的硬件要求

随着硬件技术的不断发展，大多数现代应用程序都是面向 64 位系统设计的，因此 Windows 11 仅推出了 64 位版本，没有 32 位版本，仅为 32 位程序提供兼容支持。Windows 11 的运行对硬件有较高要求，表 3-1 给出了其对硬件配置的最低要求。

表 3-1 Windows 11 对硬件配置的最低要求

硬件	要求
处理器	1 GHz 或更快的支持 64 位的处理器（双核或多核）或系统单芯片（SoC）
内存	4 GB
硬盘	64 GB 或更大的存储设备
显卡	支持 DirectX 12 或更高版本，支持 WDDM 2.0 驱动程序
显示设备	对角线长大于 9 英寸的高清（720 p）显示屏，每个颜色通道为 8 位

3.2.2 Windows 11 的安装方法

安装 Windows 11 的方法有很多种，用户可以直接选购预装了 Windows 11 的新品计算机，或者从符合免费升级条件的 Windows 10 直接升级。下面简单介绍 Windows 11 的 3 种常用方法。

1. 使用 USB 闪存驱动器安装

（1）提前准备一个至少包含 8 GB 可用空间的 USB 闪存驱动器。通过互联网访问微软官方网站（https://www.microsoft.com/zh-cn/software-download/Windows11），在“创建 Windows 11 安装媒体”栏中单击“立即下载”按钮，下载“媒体创建工具”。

（2）下载完成后，运行“媒体创建工具”，接受许可条款。选择“为另一台电脑创建安装介质”，然后单击“下一步”按钮。选择要使用的语言、版本和体系结构（通常选择 64 位），单击“下一步”按钮。选择“USB 闪存驱动器”，单击“下一步”按钮，然后选择 USB 闪存驱动器，等待工具完成创建过程。

（3）将创建好的 USB 闪存驱动器插入要安装 Windows 11 的计算机。重启计算机，在开机过程中进入 BIOS 或 UEFI 设置，将 USB 设备设置为第一启动项。保存设置并退出 BIOS/UEFI，计算机会从 USB 驱动器启动，进入 Windows 11 安装界面。根据屏幕提示，安装 Windows 11。

2. 使用 ISO 镜像文件安装

（1）访问微软官方网站（https://www.microsoft.com/zh-cn/software-download/Windows11），在“下载适用于 X64 设备的 Windows 11 磁盘映像（ISO）”栏的下拉列表中，选择合适的版本和语言后下载 ISO 文件。

（2）由于大部分计算机都没有光驱，因此我们需要提前安装虚拟光驱工具软件，右击下载的 ISO 文件，在弹出的快捷菜单中选择“装载”命令，系统会自动将其虚拟为一个光驱。

（3）打开虚拟光驱，运行其中的 setup.exe 文件，按照提示完成安装。

3. 使用 Windows 11 安装助手

（1）访问微软官方网站（https://www.microsoft.com/zh-cn/software-download/Windows11），在该页面的“Windows 11 安装助手”栏中单击“立即下载”按钮，下载完成后运行安装助手程序。

（2）运行安装助手，它会自动检查计算机是否满足 Windows 11 的安装要求，如果满足要求，则单击“下一步”按钮，安装助手会下载 Windows 11 并引导用户完成安装过程。

无论选用哪种安装方式进行安装，用户都需要在安装完成后对系统进行后续设置，如区域设置、网络连接、许可协议等。除了以上安装方法外，在已安装 Windows 10 且满足升级条件的计算机中，也可以通过 Windows Update 功能获取 Windows 11。只需要在 Windows 10 中打开“设置”应用，选择“更新和安全”选项，单击“检查更新”按钮，系统就会自动检测是否有 Windows 11 的更新可用。如果检测到 Windows 11 更新，单击“下载并安装”按钮，然后根据屏幕上的提示就可以完成安装过程。

3.2.3 Windows 11 的启动与退出

1. Windows 11 的启动

接通电源后，先打开显示器，按下计算机机箱的电源，正常情况下，安装好 Windows 11 的计算机会自动引导进入登录界面。若安装了多个操作系统，则需要选择对应的操作系统才能进入登录界面。

若 Windows 11 内包含多个账户，则在登录界面上会显示所有账户的名称，此时用户需选择对应的账户进入操作系统。若账户设置了密码保护，则需要输入正确的密码才能登录，否则不能进入该账户。当进入账户后，系统开始检测用户配置，进入“欢迎”界面，几秒钟后，用户就可以看到本账户的桌面了。

2. Windows 11 的退出

若不需要再使用计算机，就可以将其关闭。若直接断电会导致计算机内的数据丢失或者硬盘损坏，因此需要通过操作系统正常关机。在关闭计算机之前需要先关闭在计算机内运行的所有应用程序，然后在桌面底部的任务栏单击“开始”按钮，打开“开始”菜单后，选择“电源”→“关机”选项，Windows 11 就会关闭所有正在运行的程序并保存系统设置，然后自动断开计算机电源。当显示器无显示后，关闭显示器的电源，关机完成。

除此之外，Windows 11 还可以通过一些快捷键关闭。比如将鼠标指针置于系统桌面上，按下 Alt+F4 快捷键，弹出“关闭 Windows”对话框，从下拉列表中选择“关机”选项，再单击“确定”按钮即可。还可以按下 Ctrl+Alt+Delete 快捷键，打开选项屏幕，单击右下角的“电源”图标，然后选择“关机”命令。

3. Windows 11 的重新启动

重新启动操作系统，常用于解决系统出现的临时故障或错误、安装系统更新或软件后使更改生效、优化系统性能等。重启操作系统可以通过按计算机机箱上的重启键完成，也可以直接在操作系统中完成。可以直接单击任务栏的“开始”按钮，在弹出的快捷菜单中单击“电源”图标，选择“重启”命令。还可以按 Alt+F4 快捷键，弹出“关闭 Windows”对话框，在下拉列表中选择“重启”选项，单击“确定”按钮。若有未关闭的程序或窗口，系统会提示保存并逐一关闭后再重启计算机。或者按下 Ctrl+Alt+Delete 快捷键后，系统弹出安全选项菜单，单击右下角的“电源”图标，然后选择“重启”命令。

4. Windows 11 的锁定

为了防止他人在用户离开计算机时未经授权访问设备，保护个人隐私和数据安全，Windows 11 提供了系统锁定功能。具体操作方法是单击任务栏中的“开始”按钮，在弹出的快捷菜单中单击“电源”图标，然后选择“锁定”命令。也可以按 Windows+L 快捷键快速锁定屏幕。Windows 11 还能利用动态锁功能锁定系统，在通过蓝牙将智能手机等设备与 Windows 11 计算机配对并启用该功能后，当手机超出蓝牙范围，Windows 11 会在 60 秒内自动锁定计算机。具体设置步骤为，先按 Windows+I 快捷键，打开“设置”窗口，在左侧导航栏选择“蓝牙和其他设备”选项，打开“蓝牙”功能并添加设备完成配对；然后返回“设置”窗口，单击“账户”选项，在随后弹出的窗口中单击“登录选项”，展开“动态锁”区域，勾选“允许 Windows 在你离开时自动锁定设备”复选框。

3.3 Windows 11 的界面设置

安装好 Windows 11 后，就可以使用操作系统了。下面介绍操作系统一些常用的界面组件和基本的操作。

3.3.1 Windows 11 的桌面

启动计算机进入 Windows 11 后，便能看到如图 3-1 所示的界面，该界面称为桌面，桌面主要由“开始”按钮、桌面图标、虚拟桌面和任务栏等构成。

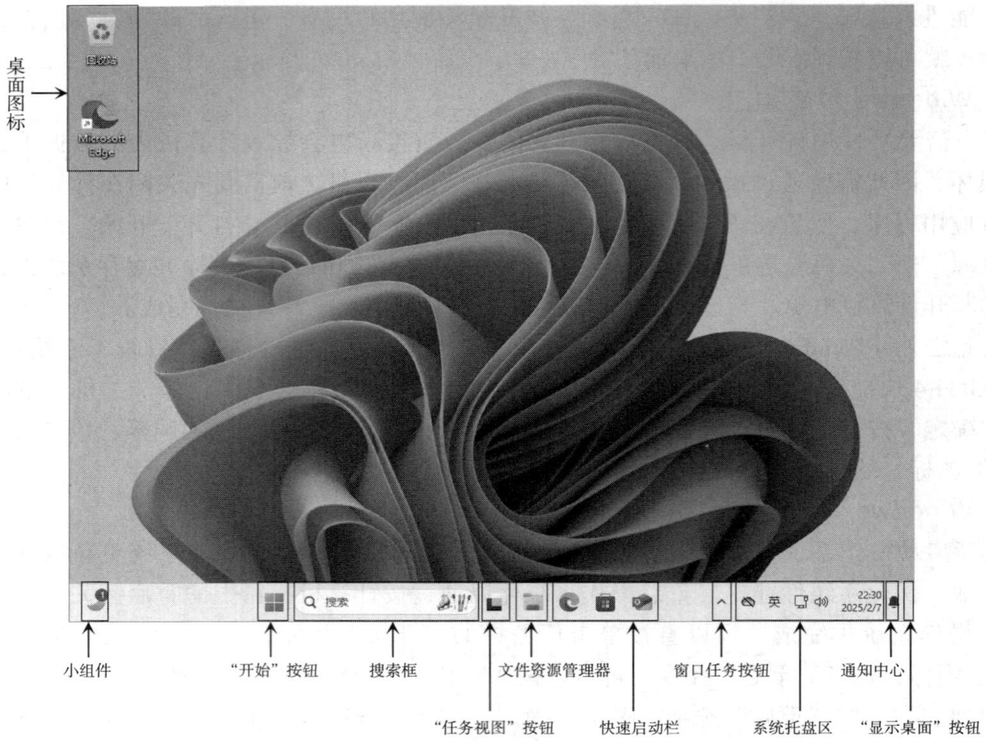

图 3-1　Windows 11 的桌面

（1）“开始”按钮：采用居中的布局方式，看起来更加美观。单击“开始”按钮，用户可以在“开始”菜单中查找应用程序、文档和设置等，也可以将常用的应用程序固定在“开始”菜单上，实现快速启动。

（2）任务栏：是指桌面底部的长条区域，其作用是方便用户查看和切换运行中的程序。任务栏默认是在桌面的底端，可以显示日期、时间、应用程序图标、系统托盘图标等。Windows 11 的任务栏改变了“开始”按钮和任务栏对齐方式，但用户可以随时从任务栏设置中把任务栏重新定位到界面左侧。如图 3-1 所示，任务栏一般由下面几部分组成。

①小组件：默认在任务栏左下角，是一种可自定义的功能模块，能够在桌面上展示各种实用信息，比如实时的天气、新闻等信息，为用户提供便捷的信息获取和交互方式。

②“开始”按钮：默认在任务栏中间偏左的位置。单击后可以打开“开始”菜单，通过“开始”菜单可以快速启动系统中所有的应用程序、访问系统设置以及查看推荐的项目等。

③搜索框：紧挨着“开始”按钮，在此框内输入关键词后，系统能快速搜索计算机中的应用程序、文件、文件夹以及系统设置等，还能搜索相关网页等信息。

④“任务视图”按钮：用户可以通过单击该按钮快速展示 Windows 中的所有窗口和虚拟桌面，并允许用户快速切换这些窗口和虚拟桌面，也可以通过时间线快速打开近期使用过的窗口，还可以在此快速创建新的虚拟桌面。

⑤文件资源管理器：通过单击该按钮可以快速打开 Windows 的主文件夹，访问计算机的磁盘空间。

⑥快速启动栏：快速启动栏中有常用的程序图标。单击某个图标，即可启动相应的程序，这比从“开始”菜单中启动程序要快捷得多。默认有 Microsoft Edge 和 Microsoft Store 两款应用。

⑦窗口任务按钮：当启动一个程序或者打开一个窗口后，系统都会在任务栏中增加一个窗口任务按钮。单击窗口任务按钮，即可切换该窗口的活动和非活动状态，或者控制窗口的最大化、最小化。

⑧系统托盘区：位于任务栏右侧，显示系统当前状态的一些小图标，通常有数字时钟、音量、网络连接和通知等，有些应用程序运行时此处也会有图标出现，但图标较多时会自动隐藏起来一部分。

⑨通知中心图标：在系统托盘旁单击，可打开通知中心，显示系统和应用程序的通知，如软件更新提示、新邮件提醒等，用户可在通知中心查看和管理通知。

⑩“显示桌面”按钮：单击此按钮可以快速回到桌面。

（3）桌面图标：是指在 Windows 11 桌面上代表各种类型的文件或文件夹的小图标，方便用户快速启动应用程序。

在计算机的日常使用过程中，不同任务的应用程序集中在一个桌面上会造成视觉混乱，影响用户的工作效率和专注度。Windows 11 提供的虚拟桌面功能允许用户在同一台计算机上创建多个独立的桌面环境，每个虚拟桌面都可独立运行不同的应用程序和任务，用户可通过快捷键或鼠标操作快速切换，大大提升了工作效率。

那么什么是虚拟桌面呢？它就像在一台计算机上创建了多个独立的工作区。每个虚拟桌面都可以运行不同的应用程序，并能通过快捷键或鼠标在不同虚拟桌面间快速切换。这种设计让用户可以根据不同场景来组织自己的工作内容。需要注意的是，虚拟桌面仅仅是将已打开的不同应用程序进行分组管理，而实际桌面的图标在虚拟桌面之间都是相同的。

Windows 11 提供了两种快速创建虚拟桌面的方法。

①鼠标操作：将鼠标指针移到任务栏的“任务视图”按钮上，然后单击右侧出现的“新建桌面”选项。

②键盘快捷键：按 Win+Ctrl+D 快捷键，可以立即创建并切换到一个新的虚拟桌面，而且不会影响其他桌面上正在运行的应用程序。

为了方便区分不同的虚拟桌面，我们可以为虚拟桌面重命名或者更改背景，操作方法是将鼠标指针移到任务栏的“任务视图”按钮上，如图 3-2 所示，选择需要重命名或者修改背景的桌面，单击鼠标右键，在弹出的快捷菜单中选择“重命名”命令，即可在该桌面小图标上方更改该桌面的名称，当选择“选择背景”命令后，会弹出“个性化→背景”设置窗口，选择合适的图像后就能为该桌面修改背景。

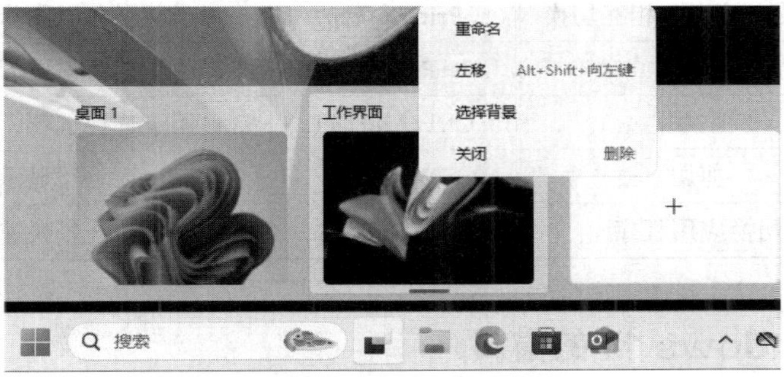

图 3-2 Windows 11 虚拟桌面的设置

当不再需要某个虚拟桌面时，可以直接将鼠标指针移到任务栏的“任务视图”按钮上，将鼠标指针指向对应的虚拟桌面缩略图后，单击该缩略图右上角的“关闭”按钮，即可关闭该虚拟桌面。

3.3.2 Windows 11 的鼠标及键盘的操作

Windows 11 是图形化操作系统，用户常用鼠标和键盘对操作系统进行各种操作。在 Windows 11 下，掌握鼠标和键盘的操作可以方便地使用操作系统。

常见的鼠标操作有以下几种。

（1）单击：指单击鼠标左键，一般用于选中某个对象。

（2）右击：指鼠标指针指向某个对象或者范围后单击鼠标右键，用于弹出快捷菜单。

（3）双击：指鼠标指针指向某个对象后快速单击鼠标左键两次，用于打开应用程序或者窗口。

（4）拖放：按下鼠标左键不放，并移动鼠标指针到目标位置后释放，一般用于移动某个对象。

在计算机的操作中，鼠标指针会随着所在位置的不同而发生一定的变化，表 3-2 列出了一些常见的鼠标指针形状的变化。

表 3-2 常见的鼠标指针形状的变化

名称	图标	名称	图标	名称	图标
正常选择		文本选择		沿对角线调整大小 1	
帮助选择		笔		沿对角线调整大小 2	
后台运行		不可用		移动	
忙		垂直调整大小		备用选择	
精确选择		水平调整大小	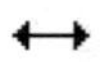	链接选择	

在 Windows 11 中除了鼠标，最常用到的就是键盘。在操作系统的使用过程中，可以按各种快捷键完成对 Windows 11 的操作，以达到事半功倍的目的。Windows 11 下常用的快捷键如表 3-3 所示。

表 3-3 Windows 11 下常用的快捷键

快捷键	功能	快捷键	功能
Ctrl+Shift	输入法循环切换	Alt+F4	关闭当前应用程序
Ctrl+Space	中 / 英文输入法相互切换	PrintScreen	将当前屏幕以图像方式复制到剪贴板
Ctrl+C	复制	Alt+PrintScreen	将当前活动窗口以图像方式复制到剪贴板
Ctrl+V	粘贴	Ctrl+Alt+Del	用于选择选项，打开任务管理器
Ctrl+X	剪切	Win+D	显示桌面
Alt+Tab	切换应用程序	Win+Shift+S	快速截屏

3.3.3 Windows 11 的窗口

1. Windows 11 窗口的组成

Windows 11 内大部分的操作都是在各种窗口内完成的。Windows 11 的窗口在界面设计上做了许多简化，更加方便用户使用。通常只要右上角包含“最小化”“最大化 / 还原”“关闭”

按钮的人机交互界面，都可以称为窗口。窗口有很多种类型，其中常见的窗口一般包含标签页、功能区、地址栏、搜索框、控制按钮区、导航窗格、状态栏等，在标题栏的右边一般有“最小化”按钮、“最大化”按钮或者“还原”按钮、“关闭”按钮，在控制按钮区有“前进”按钮、“后退”按钮、“上移”按钮、“刷新”按钮。图 3-3 所示为 Windows 11 窗口的组成。

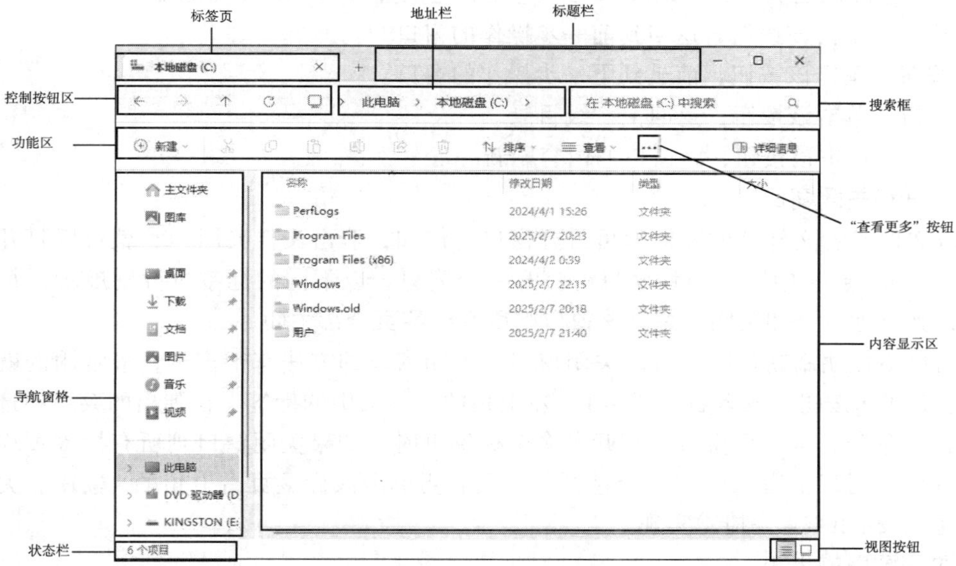

图 3-3　Windows 11 的窗口界面

（1）标签页：用于显示该窗口的名称（如软件的名称，打开的文档或者文件夹的名称），可以通过单击后面的“+”按钮新增同类型窗口的标签页。

（2）功能区：包含常用的功能按钮，图 3-3 中从左到右的按钮依次为新建、剪切、复制、粘贴、重命名、共享、删除、排序、查看、查看更多和详细信息。需要注意的是，不同窗口显示的按钮会有不同，窗口的大小也会影响按钮的显示。

（3）地址栏：位于功能区上方，主要显示了从根目录到当前目录的路径，用户也可以通过在地址栏内输入地址后按回车键，直接访问文件夹。如图 3-3 中，单击地址栏内“本地磁盘（C:）”右侧的“ > ”按钮会弹出下拉列表，该列表内展示的是本地磁盘（C:）内所包含的所有文件夹，可以在此处选择文件夹进入下一级，还可以通过地址栏返回某个位置。例如，单击“此电脑”，则返回到“此电脑”窗口。

（4）搜索框：在搜索框内输入需要查找内容的关键字后可以快速查找到相关文件，用于在当前目录及该目录的子目录下搜索所需的文件。

（5）导航窗格：位于资源管理器窗口左侧，主要由 4 个部分组成，分别是快速访问、OneDrive、此电脑和网络。其中“快速访问”内有最近访问过的地址和文件，也可以将常访问的地址或文件放入此处，方便快速访问；“OneDrive”是保存在微软云端的文件或者文件夹，可以方便在多台计算机间进行文件的同步处理；“此电脑”内主要放的是 Windows 的各种库和硬盘空间；在“网络”中，可以直接快速组织和访问网络资源。

（6）窗口按钮：在每个窗口的右上角有 3 个窗口按钮，功能如下。

−按钮：单击该按钮，使窗口最小化到任务栏。

□按钮：单击该按钮，使窗口最大化，铺满整个屏幕，□按钮变成❐按钮，单击❐按钮，又可以让窗口还原到原来的大小。

×按钮：单击该按钮则关闭窗口。

（7）控制按钮区：Windows 11 的窗口将目录的后退、前进和返回上一级的控制按钮调整到该区域，当把鼠标指针放在前进或后退按钮上时，会显示单击此按钮后将要到达的位置。若前进或后退按钮是灰色的，则表示无前进或后退位置可用。具体功能如下：

←按钮：单击该按钮，返回到前一步操作的窗口。

→按钮：单击该按钮，前进到下一步操作的窗口。

↑按钮：单击该按钮，返回上一级目录。

↻按钮：单击该按钮，将窗口的内容刷新一次。

2. 打开和关闭窗口

双击文件或者文件夹的图标即可打开窗口，例如，双击文件夹图标就可以打开该文件夹。在 Windows 11 中同一类程序只需打开一个窗口，以不同的标签页分别展示，每个标签页均可以独立地打开和关闭，关闭该窗口则所有标签页全部关闭。

当用户不再使用窗口时，可以关闭窗口。关闭窗口的方法有很多种，最常用的就是单击窗口右上角的×按钮，或者右击图 3-3 中左上角的标签页中的标签，在弹出的菜单中选择“关闭标签页”命令。当一个窗口内打开了多个标签页时，如果关闭窗口则所有标签页均会被关闭，若只想关闭某个窗口的一个标签页，则只需要单击该标签页右上角的×按钮。关闭窗口还可以通过按 Alt+F4 快捷键实现。

3. 改变窗口的大小

单击窗口右上角的－按钮即可使窗口最小化。单击窗口右上角的□按钮即可使窗口最大化。用户可以根据自己的需要，任意调整窗口的高度和宽度。把鼠标指针放在该窗口的上、下、左、右边界或窗口某个角上，鼠标指针变成↕、↔或↘、↗形状，此时按住鼠标左键，往某一个方向拖动，然后释放鼠标左键，窗口的大小就会发生变化。在 Windows 11 中提供了一种更为简单的方式更改窗口的大小。当窗口最大化时，用户可以直接在标题栏处按住鼠标左键，将窗口拖向下方，窗口将自动缩小一定比例；用户也可以将缩小一定比例的窗口拖到屏幕的最上方，窗口将自动最大化；用户还可以将打开的窗口拖曳到屏幕的一边，此窗口会自动调整为占屏幕的一半，而其他打开的窗口将会以缩略图的形式显示在另外一边，单击其中一个窗口则会自动贴靠到屏幕的另一边。

4. 移动窗口

同时打开多个窗口时，经常会发现用户想用的窗口被其他窗口或对话框挡住，这时可以移动窗口。要移动窗口，只需要移动鼠标指针指向窗口的标题栏，按住鼠标左键，然后拖动鼠标即可。或者在标题栏上右击，在弹出的快捷菜单中选择“移动”命令，按住鼠标左键不放，即可移动窗口。Windows 11 的窗口新增了自动贴靠功能，当拖动窗口到界面顶端或者直接拖动窗口时，顶端会出现一个自动贴靠工具栏，一般有 6 种对齐布局可供选择，用户还能按 Win+Z 快捷键，调用 Snap Layouts 功能。这样能方便用户进行多窗口布局和操作，提高工作效率。比如将窗口拖动到屏幕左侧或右侧时，窗口会自动调整并占据屏幕一半的空间，与其他窗口并排显示，便于同时查看和操作多个文档或应用程序。若不需要该功能，则可以在“设置”→“系统”窗口中选择“多任务处理”，关闭“贴靠窗口”功能。

5. 切换窗口

当用户打开多个窗口时，在任务栏上会显示各个窗口所对应的以最小化形式显示的程序按钮，单击这些按钮可以在各个窗口间切换。需要注意的是，Windows 11 的同类别程序放置在一个窗口内，切换时直接选择不同的选项卡即可。

利用快捷键的方式也可以实现窗口之间的相互切换。Windows 11 不再像以前的操作系统一样在切换的时候显示小图标，而是以较大的尺寸显示窗口的缩略图，方便用户查看并作出选择。按 Alt+Tab 快捷键，会弹出一个切换窗口，按住 Alt 键不放，按 Tab 键依次移动选择所需窗口即可。当按下 Win+Tab 快捷键时，可以调出任务视图界面，能看到当前所有打开的窗口以及已经创建的虚拟桌面，可使用鼠标直接选择想要进入的窗口来完成切换。如果按下 Win+Ctrl+ 左右方向键，则可以在不同的虚拟桌面之间进行切换，按下 Win+Ctrl+ 左方向键可以切换到前一个桌面，而 Win+Ctrl+ 右方向键则会切换到下一个桌面。

3.3.4　个性化设置

1. Windows 11 的背景设置

桌面背景主要是指在 Windows 的桌面上展示的图片，可以是固定的图片，也可以是纯色背景，还可以是不断变化的幻灯片。在 Windows 11 中设置桌面背景的步骤如下。

（1）在桌面空白处右击，在弹出的快捷菜单中选择“个性化”命令，如图 3-4 所示。

（2）在弹出的“个性化”窗口中，在右窗格显示桌面个性化的类别，包括桌面的背景、颜色、主题、字体、动态光效、锁屏界面、文本输入等。当在右窗格选择了不同类别的个性化选项后，在随后弹出的界面中就会显示该类别的设置选项，用户可以根据自己的喜好进行设置。在选择“背景”选项后，其设置界面如图 3-5 所示。背景有 4 种形式，分别是图片、纯色、幻灯片放映和 Windows 聚焦，可以在下方选择喜欢的图片，如果系统提供的图片中没有用户喜欢的，用户也可以单击图片下方的“浏览照片”按钮，在本机上寻找适合的图片作为背景，设置完成后返回桌面就可以看到设置的桌面背景了。

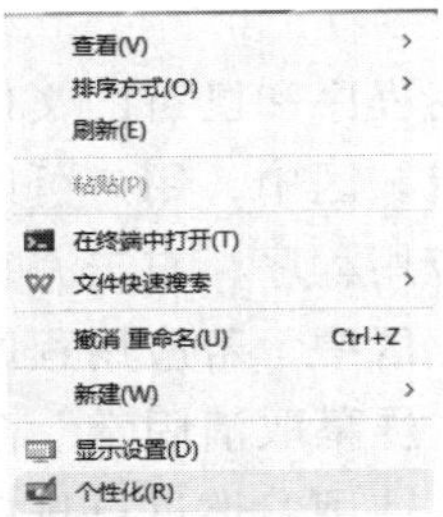

图 3-4　快捷菜单

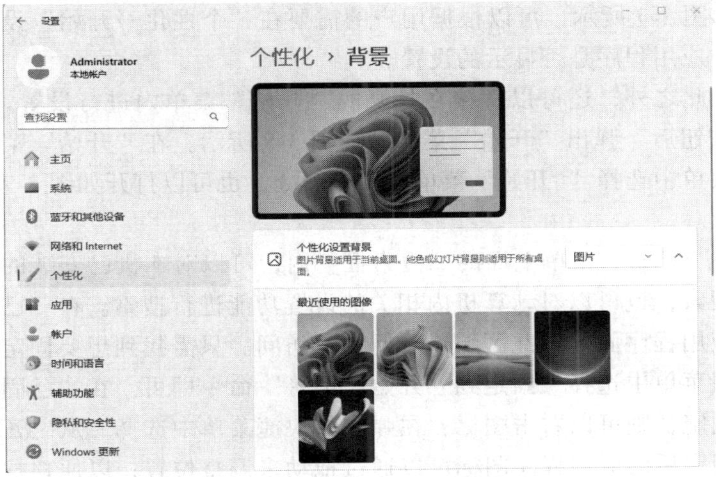

图 3-5　“个性化→背景”设置界面

2. Windows 11 的主题设置

主题是指配置完整的系统外观及声音，其中包括桌面背景、窗口颜色、声音和屏幕保护程序等。

更改桌面主题的步骤如下。

（1）在桌面空白处右击，在弹出的快捷菜单中选择“个性化”命令，如图 3-4 所示。

（2）在弹出的“个性化”窗口中选择“主题”选项，打开如图 3-6 所示的“个性化→主题”设置界面，在右侧的设置界面中可以直接选择已有的主题进行一键设置，也可以单击“使用自定义主题”按钮，进行个性化设置并保存主题。

图 3-6　“个性化→主题”设置界面

3.“开始”菜单的个性化设置

“开始”菜单用于启动计算机中所有的应用程序和功能。按下 Win+I 快捷键，可以打开 Windows 11 的“设置”窗口。在“设置”窗口中单击左侧的“个性化”功能，在右侧界面找到“开始”选项。

如图 3-7 所示，可以根据用户的需要在“个性化→开始”设置界面内对“开始”菜单进行各类应用程序是否显示的设置。

除此之外，还可以直接在打开的“开始”菜单内进行设置。在 Windows 11 中单击“开始”按钮后，弹出“开始”菜单，如图 3-8 所示。在“开始”菜单的空白处右击，在弹出的快捷菜单中选择“‘开始’菜单设置”命令，也可以打开如图 3-7 所示的窗口，进行菜单布局等设置。

在“开始”菜单上面的“搜索框”内，可以对本机已安装的应用程序和已有的文件进行快速搜索，也可以对计算机内相关的设置功能进行搜索。在“已固定”区中，用户可以将常用的应用程序固定在此区域，方便快速访问。只需找到想要固定的应用程序，右击并在弹出的快捷菜单中选择“固定到‘开始’屏幕”命令即可。在“已固定”区中，若应用程序需要取消固定，则可以右击图标，在弹出的快捷菜单中选择“从‘开始’屏幕取消固定”命令即可。固定后的应用程序图标可以通过拖动来调整位置，以便根据个人使用习惯进行排序。在“推荐的项目”区中，系统会根据用户的使用习惯，智能推荐最近使用的文件、应用和其他相关内容，帮助用户快速找到近期频繁访问的项目，提高操作效率。如果不希望看到推荐内容，可以进入“设置”→“个性化”→“开始”设置界面，如图 3-7 所示，选择关闭“显示最常用的应用”。在图 3-8 中单击“全部”按钮，会显示系统中安装的所有应用程序的列表，如图 3-9 所示。在 Windows 11 中，应用程序按字母顺序排列，便于用户查找特定应用。

图 3-7　“个性化→开始”设置界面

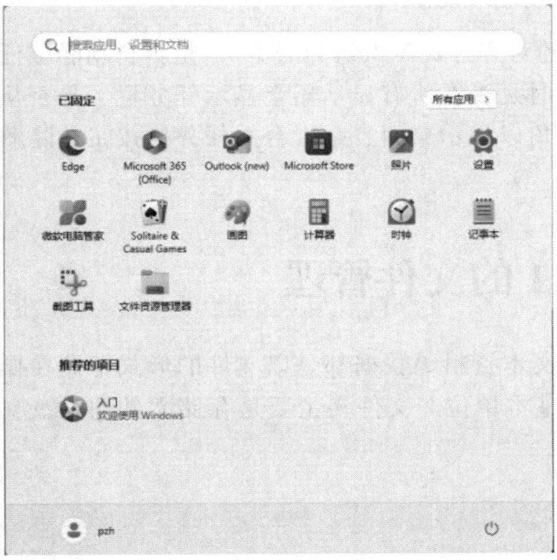

图 3-8　“开始”菜单

图 3-9　显示“所有应用”的界面

4. 自定义任务栏

用户可以根据自己的需要对任务栏进行个性化设置。Windows 11 的任务栏默认在桌面的底部，一般情况下任务栏处于锁定状态。如果需要自动隐藏任务栏或者修改任务栏内的图标显示等内容，则需要对任务栏进行个性化设置。操作方法为在任务栏空白处右击，在弹出的快捷菜单中选择“任务栏设置”命令，打开“个性化→任务栏”设置界面，如图 3-10 所示。

在“任务栏项”区域中，在“搜索”栏中可以设置任务栏内搜索框的显示情况，可以隐藏或者仅“搜索”图标、搜索图标和标签、以搜索框方式显示；若关闭“任务视图”，则不会在任务栏中显示该图标；“小组件”在任务栏的左下角，用于显示新闻或者待办任务及天气等信息，若关闭“小组件”，则不会在任务栏内显示该图标。

在“其他系统托盘图标”区域中单击下拉按钮，可以设置任务栏右边是否隐藏图标菜单和已打开的应用程序图标是否在菜单中显示。

图 3-10 “个性化→任务栏”设置界面

在“任务栏行为”区域中，可以设置任务栏的对齐方式（默认为居中），是否自动隐藏任务栏、是否在任务栏应用上显示徽章、多显示器时是否在所有显示器上显示任务栏、是否从任务栏共享任何窗口、是否能够单击任务栏右下角以显示桌面、是否合并任务栏按钮并隐藏标签等。

3.4 Windows 11 的文件管理

计算机中的各种程序、图片、声音、视频、文本资料等数据都是以文件的形式存储在操作系统中的。文件是 Windows 11 中信息组成的基本单位。文件夹主要是存储文件的磁盘空间，以不同的名称来管理文件。

3.4.1 文件

Windows 11 中每个文件都由文件名称和扩展名构成，其格式如下：

文件名称 . 扩展名

文件名称用于识别文件，例如，为不同文件定义不同的名称，即可根据不同的文件名称快速识别该文件的内容。文件的扩展名用于区分不同类型的文件，例如，扩展名为 .mp3 的声音文件和扩展名为 .jpg 的图片文件是两种不同类型的文件。

Windows 11 中文件的命名规则如下。

（1）文件名称不得超过 255 个字符。

（2）文件名称除开头之外，任何地方都可以使用空格。

（3）文件名称可以使用汉字、字母、数字和下画线等字符，不能使用的字符有反斜线（\）、斜线（/）、冒号（:）、星号（*）、问号（?）、双引号（引号中无内容）、小于号（<）、大于号（>）、竖线（ | ）。

（4）文件名称不区分大小写，但在显示时可以保留大小写格式。

Windows 11 中常用的文件扩展名如表 3-4 所示。

表 3-4　Windows 11 中常用的文件扩展名

扩展名	文件类型	扩展名	文件类型
.jpg	JPEG 压缩图像文件	.bak	备份文件
.bmp	位图文件	.txt	文本文件
.avi	视频文件	.gif	动态图像文件
.pdf	便携式文档格式	.wav	音频文件
.exe	可执行文件	.docx	Word 文档
.xlsx	Excel 文件	.pptx	PowerPoint 文档
.zip	ZIP 压缩文件	.rar	RAR 压缩文件
.htm	Web 网页文件	.dll	动态链接库文件

一般情况下，每种类型的文件都用一个图标来表示。如果文件的图标外观相同，则表示这些文件的类型一致。不同外观的文件图标，一般表示不同类型的文件。

3.4.2 文件夹

为了更有效地管理计算机中存储的大量文件，需要用不同的分类方式将文件存储在不同的位置，就像人们日常生活中用不同的容器存放不同的东西一样。不同的存储位置在 Windows 11 中称为文件夹，其图标如图 3-11 所示。在 Windows 11 中文件夹的图标是一个黄色的文件夹的样式，每个文件夹都有名称，其命名规则与文件的命名规则一样，只是文件夹都是不同的存储空间，不存在类别之分，所以没有扩展名。

计算机的磁盘内存储了很多文件，我们可以将不同用途的文件分类放置在不同的文件夹中。文件夹中既可包含文件，也可包含下一级文件夹。可以在文件夹中创建子文件夹。在建立了多层文件夹后，文件夹的排列方式就像一棵倒着的树，又称树形结构，如图 3-12 所示。Windows 11 就是采用这种树形的层次结构来组织与管理系统资源的。

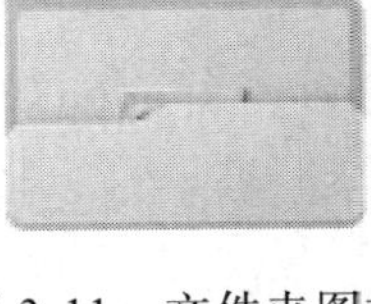

图 3-11　文件夹图标

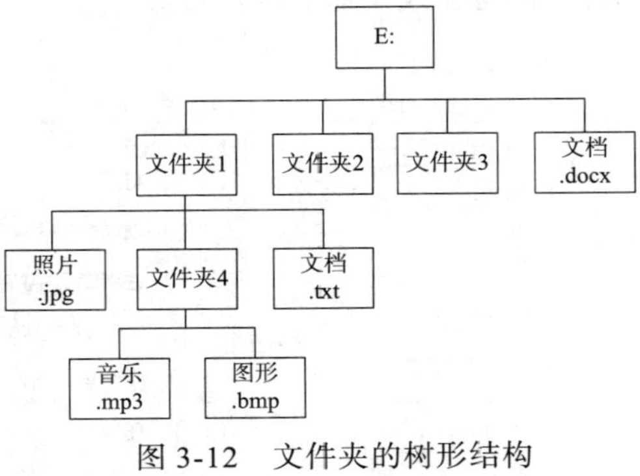

图 3-12　文件夹的树形结构

若需要访问一个文件，就需要知道文件所在的位置，即它处在哪个磁盘的哪个文件夹中。文件的位置又称为文件的路径。路径是操作系统描述文件位置的地址，一个完整的路径包括盘符（驱动器号），后面是找到该文件需要顺序经过的全部文件夹。文件夹间用“\”隔开。例如，一个完整的路径描述为“E:\ 文件夹 1\ 文件夹 4\ 音乐 .mp3”。其中“E:\”表示 E 盘的根目录，“文件夹 1”和“文件夹 4”都是文件夹的名字，“\”是将各级文件夹和文件名隔开的分隔符，而“音乐 .mp3”是文件名。

3.4.3 新建文件与文件夹

在 Windows 11 中，文件和文件夹均存储在各个磁盘分区上，只需在各磁盘分区的空白处右击，在弹出的快捷菜单中选择“新建”→“文件夹”命令，如图 3-13 所示，就可以在当前窗口内建立一个文件夹。此时文件夹的名称默认为“新建文件夹”，当前文件夹的名称处于可以编辑的状态，输入一个新的名称后，单击窗口任意位置或者按键盘上的回车键即可。新建文件与新建文件夹的方法类似，只需在“新建”命令的级联菜单中选择相应的文件类型即可。

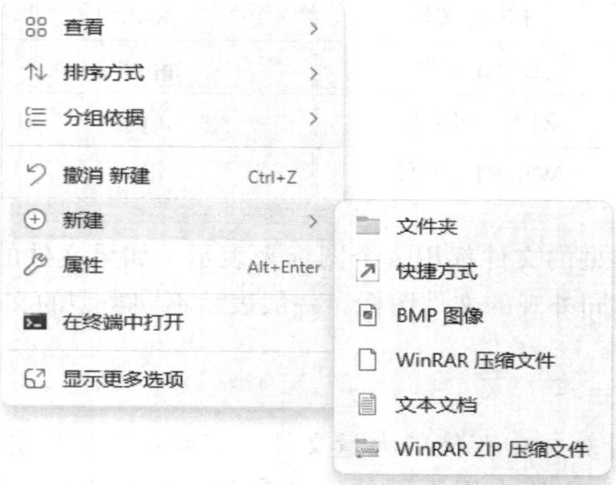

图 3-13 “新建”命令的级联菜单

3.4.4 重命名文件与文件夹

为了方便用户使用文件和文件夹，有时需要对已有的文件或者文件夹进行“重命名”的操作，重命名就是修改已有的文件和文件夹的名称。具体操作步骤为：选中所需重命名的文件和文件夹并右击，在弹出的快捷菜单中选择“重命名”命令，如图 3-14 所示，此时文件或文件夹名称处于可编辑状态，编辑新的文件或文件夹名称后，单击窗口的任意位置或者按键盘上的回车键，即可完成重命名的操作。

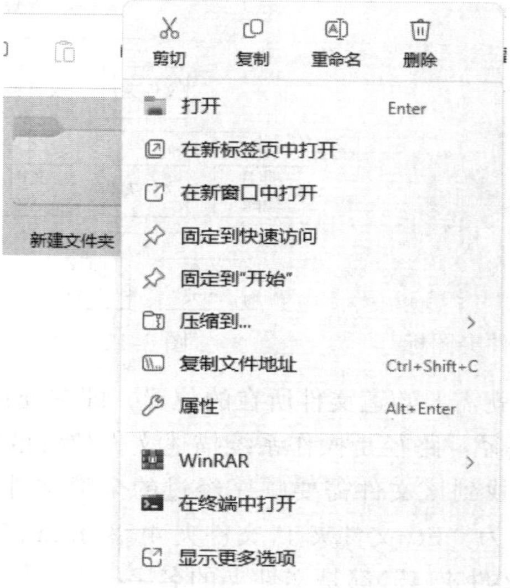

图 3-14 重命名文件夹

3.4.5 选择文件或文件夹

在关于文件和文件夹的操作中，常常需要先选择操作对象。常用的对象选择有下列几种情况。

（1）选择单个文件或文件夹：单击需要选择的文件或文件夹，当文件或文件夹图标外出现小阴影块时表示已经被选中。

（2）选择连续的文件或文件夹：一种方法为，按住鼠标左键，在窗口中拖动对应的范围，当范围内文件或文件夹的图标出现小阴影块时表示已经被选中；另一种方法为，先在窗口中选取一个文件或文件夹，然后按住 Shift 键不放，再选取一个文件或文件夹，就可以将两次选取的文件或文件夹之间的所有文件或文件夹一起选中。

（3）选择多个不连续的文件或文件夹：先在窗口中选取一个文件或文件夹，然后按住 Ctrl 键不放，再选取其他需要选择的文件或文件夹，选择完毕后松开 Ctrl 键，即可选中多个不连续的文件或文件夹。

（4）选择当前窗口内所有的文件和文件夹：一种方法为，按住 Ctrl 键不放再按 A 键；另一种方法为，单击图 3-3 中功能区的“查看更多”按钮，在弹出的下拉菜单中选择“全部选择”命令，即可将该窗口内所有文件和文件夹全部选中。

（5）取消选中：当选中文件或文件夹后，在空白位置单击即可取消所有文件或文件夹的选中状态。

3.4.6 删除文件或文件夹

对于不需要的文件或文件夹，可以通过多种方式将其删除，一般执行了删除操作的文件或文件夹并没有真正地从磁盘内被删除，而是被移动到 Windows 11 的回收站内。如果误删文件或文件夹，可以通过回收站还原，如果确认回收站内的文件或文件夹不需要保留，可以在回收站内直接执行“清空回收站”操作，彻底删除文件或文件夹。常见的删除文件或文件夹的操作主要有以下两种。

（1）选择需要删除的文件或文件夹，按 Delete 键，Windows 11 会直接将文件放入回收站中。

（2）选择需要删除的文件或文件夹，在文件或文件夹的图标上右击，然后在弹出的快捷菜单中选择“删除”命令，如图 3-15 所示。

如果希望直接永久性地删除文件或文件夹，则可以按住 Shift 键执行以上两种操作中的任意一种，系统会弹出是否“确实要永久性地删除”对话框进行询问，如图 3-16 所示。单击“是”按钮后，该文件或文件夹不会进入回收站，而是直接从计算机内永久性地删除。值得注意的是，如果需要删除的文件或者文件夹是来自 U 盘或者移动硬盘，则执行普通的删除操作后，该文件和文件夹不会进入计算机的回收站，而是直接从该设备上被永久删除。

图 3-15　选择“删除”命令

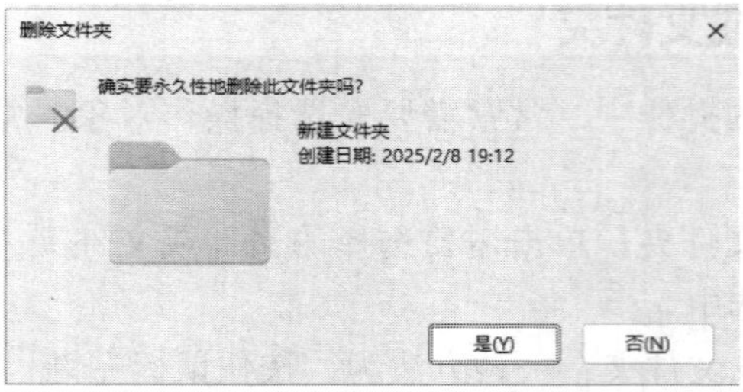

图 3-16　询问对话框

3.4.7　复制、粘贴、剪切（移动）文件或文件夹

复制文件或文件夹是指将原有的文件或文件夹复制一份到其他位置，具体的步骤为：选择需要复制的文件或文件夹，在选择的文件或文件夹的图标上右击，在弹出的快捷菜单中选择“复制”命令，打开需要存放该文件或文件夹的目标窗口，在空白处右击，在弹出的快捷菜单中选择“粘贴”命令，即可将文件或文件夹粘贴到目标位置，此时原位置和目标位置都有该文件或文件夹，如图 3-17 所示。

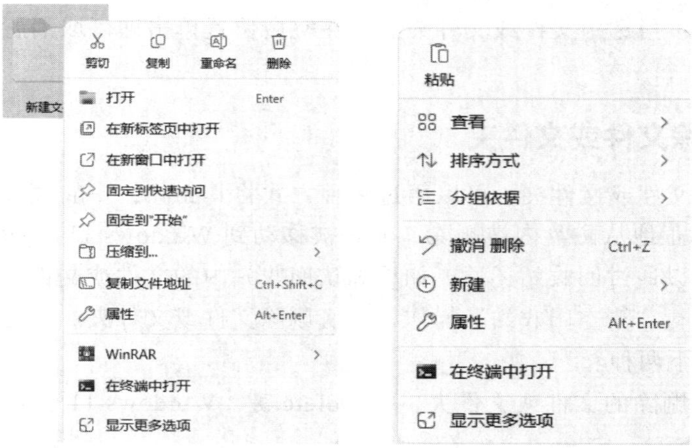

图 3-17　复制文件或文件夹

若需要在当前目录下复制一个相同的文件或者文件夹，则可以按住 Ctrl 键，用鼠标拖动需要复制的文件或者文件夹，松开鼠标后，在该目录下就会产生一个该文件或者文件夹的副本。可以通过这样的操作快速复制文件或者文件夹。

剪切（移动）文件或文件夹是指将原有的文件或文件夹从一个位置移动到另一个位置，具体的步骤为：选择需要移动的文件或文件夹，在选择的文件或文件夹的图标上右击，在弹出的快捷菜单中选择“剪切”命令，打开所需移动到的目标窗口，在该窗口的空白处右击，在弹出的快捷菜单中选择“粘贴”命令即可将文件移动到目标位置，此时只有目标位置有该文件或文件夹，原位置没有该文件或文件夹。

复制、粘贴、剪切（移动）文件或文件夹都有常用的快捷键可以让操作变得方便快捷，读者可以参考 3.3.2 节所介绍的快捷键进行操作，此处不再详述。

3.4.8　搜索文件或文件夹

计算机内存储了大量的文件和文件夹，当需要某个文件和文件夹时，如果忘记其存储位置，如何能够快速地找到该文件或者文件夹呢？其实 Windows 11 中提供了快速搜索文件和文件夹的功能。在文件资源管理器中就可以找到搜索框，在搜索框内输入关键字后单击 🔍 按钮，计算机自动开始在本窗口的目录下搜索与关键字相匹配的文件或文件夹，搜索结果中与关键字相匹配的部分会以黄色高亮显示，如图 3-18 所示。可以在“搜索选项”下拉菜单中设置搜索的位置、修改日期、类型、大小等相关搜索信息，让搜索更加精确。

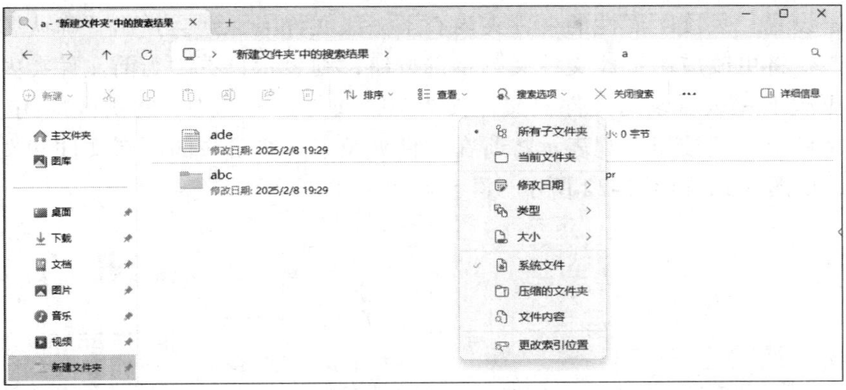

图 3-18　搜索以字母 a 开头的文件或文件夹

在搜索过程中，经常用到通配符辅助完成搜索。常用的通配符有“*”和“?”，其中“*”表示任意多个字符，“?”表示单个字符。

搜索示例 1：要搜索第一个字符是 a 且第三个字符是 c 的文件或文件夹，则在搜索框内输入“a?c”，如图 3-19 所示。

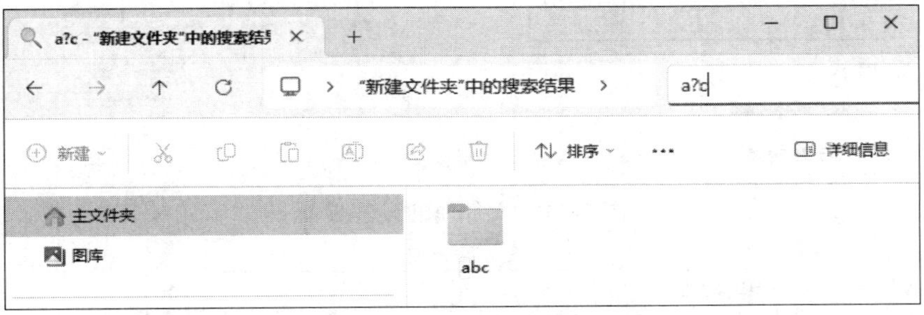

图 3-19　搜索示例 1

搜索示例 2：要搜索包含字符 a 的文件或者文件夹，则可以在搜索框内输入“*a*”，如图 3-20 所示。

需要特别注意的是，“?”和“*”必须是英文状态的符号，否则无法完成搜索。

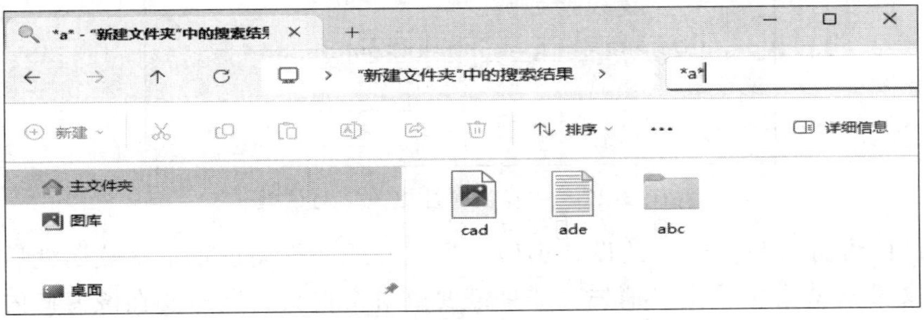

图 3-20　搜索示例 2

3.4.9 设置文件与文件夹的属性

Windows 11 可以对所有的文件和文件夹进行属性设置。常见的文件或文件夹的属性有只读、隐藏和存档（在“高级”设置中）3 种。设置了只读属性的文件或文件夹，其内容不能被修改。

选中需要设置的文件或者文件夹后右击，在弹出的快捷菜单中选择“属性”命令。在弹出的“属性”对话框中，在“常规”选项卡的“属性”栏内选中“只读”复选框，单击“确定”按钮。若设置“只读”属性的文件夹内有下一级文件夹，则会弹出“确认属性更改”对话框，选中“仅将更改应用于此文件夹”单选按钮，则表示只更改当前文件夹内的文件为只读属性，不更改下一级目录的文件及文件夹为只读属性；若选中“将更改应用于此文件夹、子文件夹和文件”单选按钮，则表示将所在文件夹及下一级目录的所有文件和文件夹都设置为只读属性，如图 3-21 和图 3-22 所示。

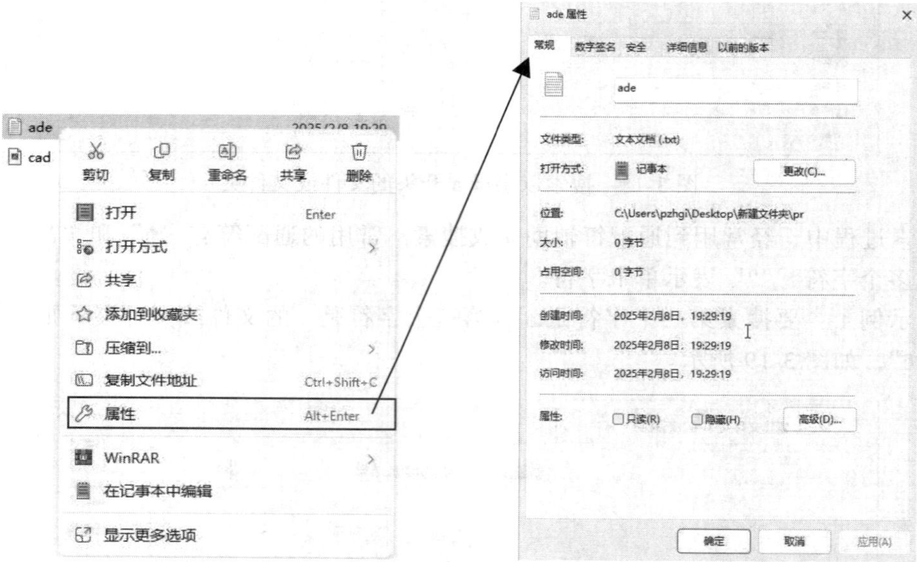

图 3-21　文件属性设置界面

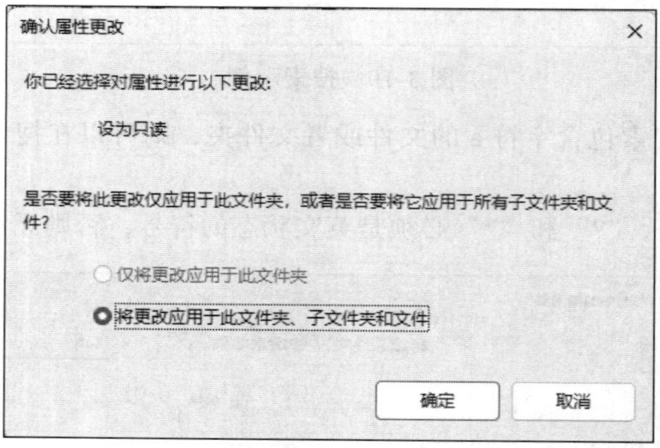

图 3-22　“确认属性更改”对话框

隐藏属性的设置与只读属性的设置类似，当文件或文件夹设置了隐藏属性后，默认情况下该文件或文件夹就会从该窗口消失。如果需要查看文件夹，则需要在该窗口内进行文件夹选项的设置。

3.4.10　显示隐藏的文件或文件夹

当文件或文件夹被隐藏起来后，在该窗口内无法查看该文件或文件夹。若需要查看，必须对“文件夹选项”对话框进行设置并让其显示出来。具体步骤为：首先打开文件或文件夹所在的窗口，在窗口的功能区内单击“查看更多”按钮，在展开的下拉菜单内选择“选项”命令，打开“文件夹选项”对话框。单击“查看”选项卡，在“高级设置”列表框中选中“显示隐藏的文件、文件夹和驱动器”单选按钮，单击“确定”按钮，如图 3-23 所示，该窗口内所有隐藏的文件或文件夹就会显示出来。已设置隐藏属性的文件或文件夹的图标会比没有设置隐藏属性的文件或文件夹的图标颜色稍淡一些。

图 3-23　设置显示隐藏的文件或文件夹

除此之外，在 Windows 11 中隐藏的文件或文件夹，还可以通过选择功能区内“查看”→“显示”→“隐藏的项目”命令显示出来。

3.4.11　设置文件或文件夹的显示方式

Windows 11 提供了图标、列表、详细信息、平铺和内容 5 种类型的显示方式。只需在功能区中单击“查看”按钮，在展开的下拉菜单中就会出现各种显示方式，如图 3-24 所示。各种显示方式如下。

（1）图标显示方式：将文件夹所包含的图像显示在文件夹图标上，可以快速识别该文件夹的内容，常用于图片文件夹中。这种显示方式包括超大图标、大图标、中等图标和小图标 4 种，其区别在于该目录下图标的大小不同。图标显示方式适合需要快速通过图标区分不同类型文件或文件夹的场景。

（2）“列表”方式：将文件和文件夹以小图标加名称的形式，在垂直方向上依次排列显示。这种显示方式侧重于文件名称，同时可以显示小图标来区分文件类型，如图 3-25 所示，适用于文件数量多、需要快速浏览文件名来查找文件的场景。

（3）“详细信息”方式：显示相关文件和文件夹的详细信息，包括名称、类型、大小和修改日期等，如图 3-26 所示，适用于需要对文件的详细属性进行查看和比较，以便进行管理和决策的场景。

图 3-24　设置文件或文件夹的显示方式

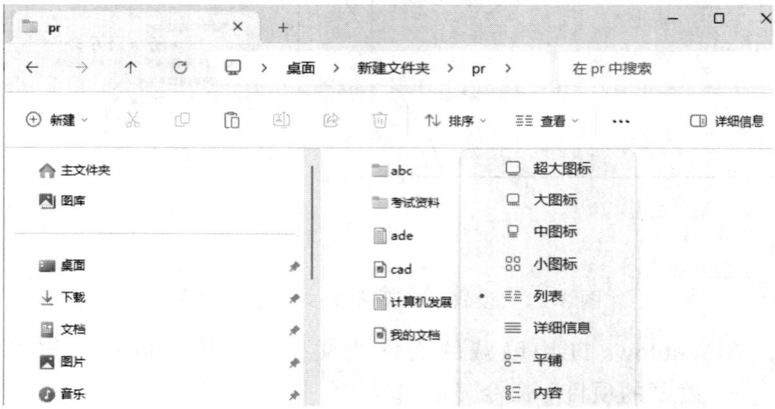

图 3-25　按“列表”方式显示文件和文件夹

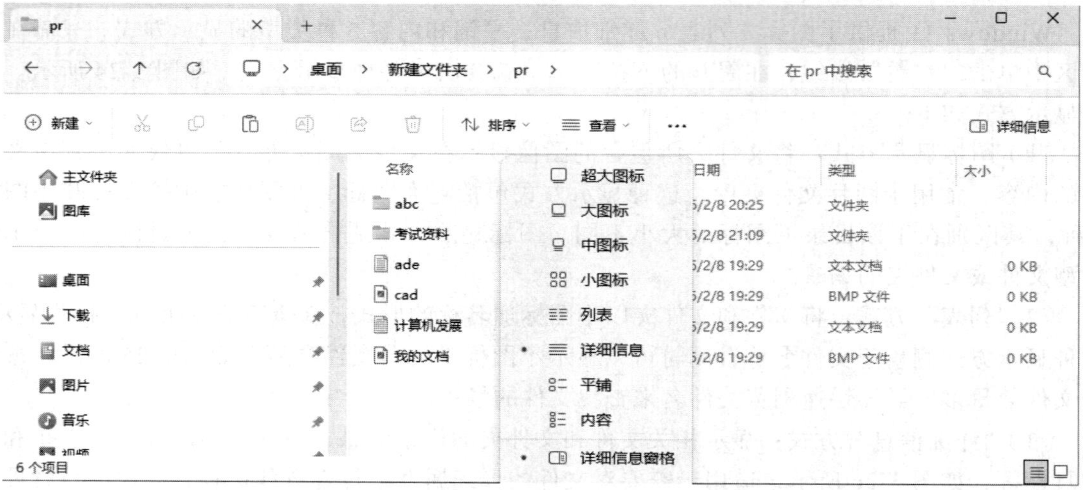

图 3-26　按“详细信息”方式显示文件和文件夹

（4）“平铺”方式：将文件和文件夹以中图标加名称的形式，以类似卡片的方式水平排列，图标相对较大，排列紧凑，如图 3-27 所示。这种显示方式适用于需要在有限空间内展示较多文件，同时又希望能较清晰地看到文件图标和名称的场景，如浏览包含多种类型文件的文件夹。

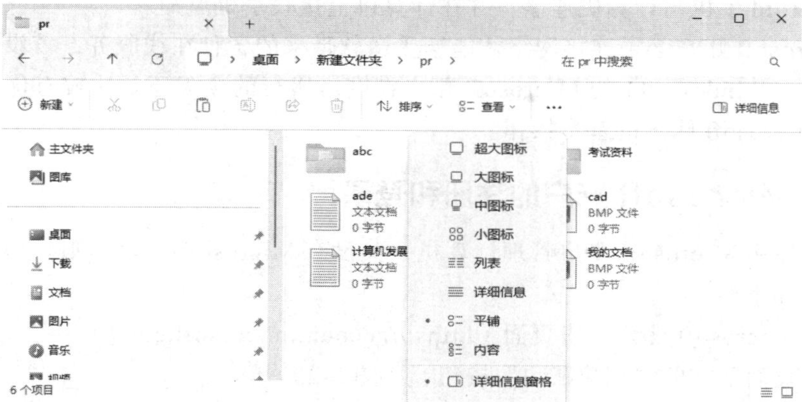

图 3-27　按“平铺”方式显示文件和文件夹

（5）“内容”方式：提供了详尽的文件信息，比如将文件的创建日期、修改日期和大小等内容显示出来，能让用户在不打开文件的情况下，更全面地了解文件的基本情况，如图 3-28 所示。这种显示方式适用于需要快速了解文件的大致内容和属性，而无须查看详细信息显示模式下全部列的信息的场景。

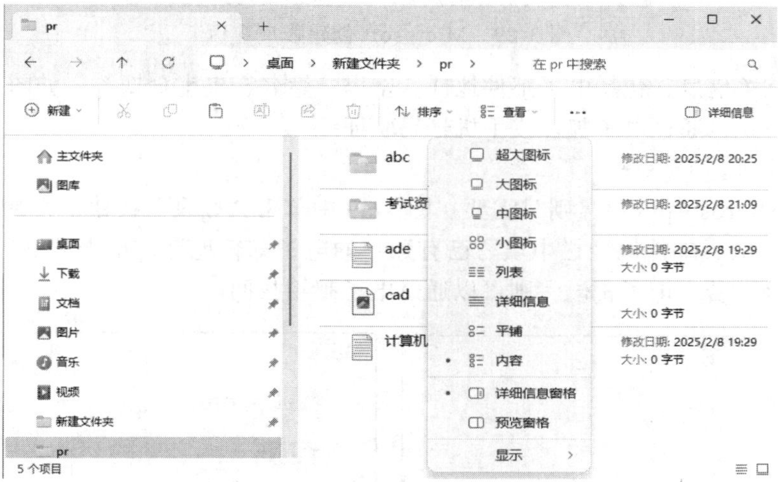

图 3-28　按“内容”方式显示文件或文件夹

在 Windows 11 中，“查看”下拉菜单内新增了“显示”命令（见图 3-24），其中主要包含设置导航窗格的打开与关闭、将视图变为紧凑视图、为每个文件或文件夹添加复选框、展示或关闭已知文件的扩展名以及显示具有隐藏属性的项目等功能。这些功能可以快速完成用户常用的显示方面的设置，对于那些不熟悉操作系统的用户非常友好。

3.5　Windows 11 的本地账户和 Microsoft 账户

在安装完 Windows 11 操作系统后的初始设置中，计算机在联网状态下必须登录

Microsoft 账户才能使用。相同的账户在不同设备上的用户相关内容是保持一致的，方便用户在使用 Windows 11 的不同设备上同步设置内容。在 Windows 10 以及之前的版本中可以选择使用本地账户登录操作系统。Windows 11 进一步增强了与 Microsoft 账户的云同步功能，例如可以将 Android 手机与计算机连接，并在计算机上接收手机通知。

使用 Microsoft 账户必须连接网络才能享受微软带来的各种在线服务，若没有网络则不能享受相关服务。Windows 11 的 Microsoft 账户在网络盛行的今天还是比较有优势的。下面简单介绍一下 Microsoft 账户的基本操作。

3.5.1 Microsoft 账户的注册和登录

如果想要使用 Microsoft 账户管理计算机，又没有 Microsoft 账户，则必须先注册才能使用。注册方法如下：

（1）访问 Microsoft 账户注册页面（https://account.microsoft.com/）。

（2）单击页面下方的“创建账户”按钮，如图 3-29 所示。

图 3-29　Microsoft 创建账户窗口

（3）输入相关信息，包括电子邮件地址、密码、姓名、出生日期等，如图 3-30 所示。

（4）验证身份，通过电子邮件或手机号码验证。

（5）完成注册。

如果已有 Microsoft 账户，则只需要在图 3-29 中单击“登录”按钮，在弹出如图 3-31 所示的窗口时，在电子邮件地址栏中填写已有账户的电子邮箱地址，单击“下一步”按钮，填写密码即可登录。若忘记了密码，则可以通过电子邮箱找回。

图 3-30　注册 Microsoft 账户界面

图 3-31　Microsoft 账户登录界面

在安装好 Windows 11 后，默认是使用 Microsoft 账户登录的状态。若需要更改为使用本地账户登录，可以使用如下方法：

（1）在“开始”菜单中选择“设置”，在“设置”窗口的左侧窗格中选择“账户”选项，显示账户信息。

（2）单击“改用本地账户登录”。

（3）输入 Microsoft 账户密码进行验证。

（4）设置本地账户的用户名和密码。

3.5.2 设置登录选项

Windows 11 适用的设备不仅仅是笔记本计算机或者台式机，还可以是平板计算机或者手机，因此登录 Microsoft 账户后可以设置不同的登录验证方式，以方便用户用更简便的方式进入操作系统。右击“开始”按钮，在弹出的快捷菜单中选择“设置”命令，打开“设置”窗口，在左侧窗格中选择“账户”选项，在右侧窗格中选择账户的“登录选项”，即可看到如图 3-32 所示的“登录选项”设置界面。Windows 11 一般可以使用密码和 PIN 码登录，有相关硬件支持的设备还可以用人脸或者指纹登录，除此之外，还可以使用图片密码（在图片上画出手势）的方式登录。用户可以根据需要在此处设置适合自己的登录方式。

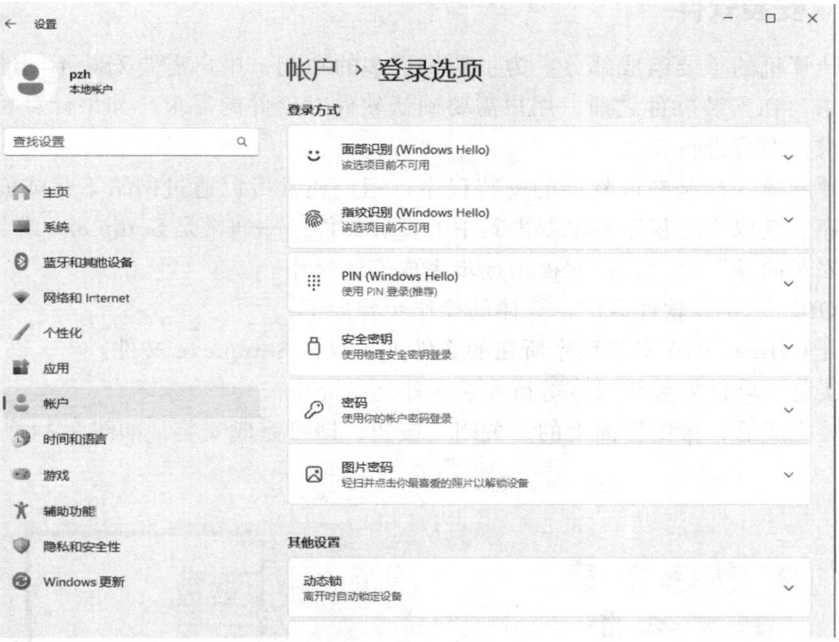

图 3-32 Microsoft 账户的“登录选项”设置界面

3.5.3 更改或管理密码

为了保护账户的文件安全，用户应该经常更改密码。若需要修改密码，则在如图 3-32 所示的窗口中，单击“密码”下拉按钮，在下拉列表中选择“更改”选项，需正确输入当前密码后，才能进入“更改密码”界面，如图 3-33 所示。修改密码后，下次登录时必须使用新密码才能进入操作系统。

若要离开设备几分钟，且不想让他人看到计算机屏幕或访问设备上的数据，最好锁定屏幕。按 Win+L 快捷键可以立即将屏幕锁定。只需进行身份验证，即可回到离开时的界面。还可以通过设置屏幕保护程序，让屏幕在等待设置的时间后自动锁定。

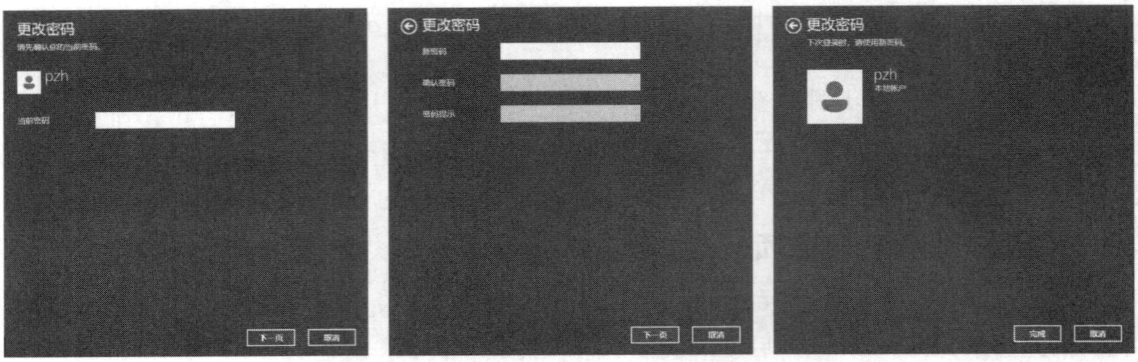

图 3-33　Microsoft 账户的“更改密码”界面

3.6　Windows 11 的常用设置与管理

3.6.1　安装软件

软件是计算机的重要组成部分。为了获得更多的功能，用户需要安装不同的应用软件来满足特定需求。在安装软件之前，用户需要确认软件对硬件的需求。如果计算机硬件满足软件的安装要求，即可进行安装。

安装软件的第一步是获取软件的安装程序。用户通常可以通过网络下载或安装盘获取软件的安装程序。获取安装程序后，双击其中的安装文件——通常是 Setup.exe 或 Install.exe 文件，打开“安装向导”窗口，按照提示逐步完成安装操作。

以安装 Office 2016 软件为例，具体的操作步骤如下：

（1）打开 Office 2016 安装程序所在的文件夹，双击 Setup.exe 文件。

（2）直接进入软件安装阶段，等待安装程序运行完毕。

（3）安装完成后，单击界面上的“关闭”按钮，即可完成安装，如图 3-34 所示。

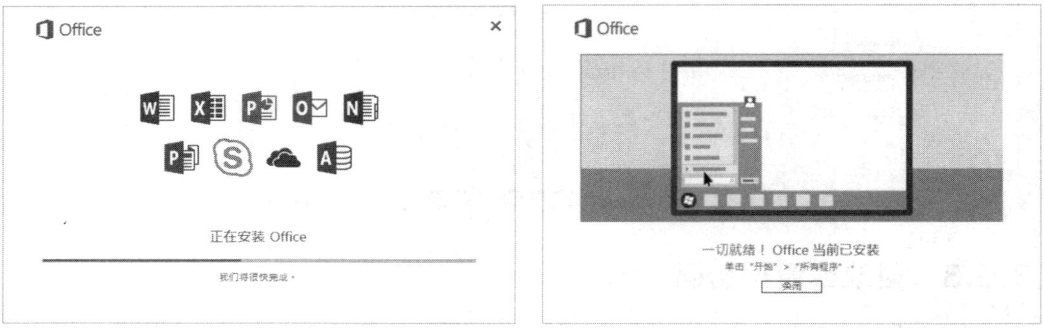

图 3-34　安装 Office 2016 的步骤

3.6.2　卸载程序

如果不再需要使用某个软件，用户可以通过卸载功能将其从系统中移除。部分软件在“开始”菜单中提供了自带的卸载程序，用户可以直接通过该程序卸载软件。然而，大多数软件并未在“开始”菜单中提供卸载程序，这时可以借助 Windows 11 自带的“卸载程序”功能来完成卸载操作。具体步骤如下：

（1）右击“开始”菜单，在弹出的快捷菜单中选择“设置”命令，打开“设置”窗口。

（2）在“设置”窗口中，选择“应用”选项，进入“应用”设置界面，选择“安装的应用”。

（3）如图 3-35 所示，在“安装的应用”设置界面的右下方列出了系统中已安装的所有应用程序。若因应用太多而不方便查看，可以在上方的搜索框内搜索应用，也可以在下方的筛选条件处根据应用程序安装的驱动器位置快速筛选，或者根据名称、安装日期或者大小进行排序。

图 3-35　“安装的应用”设置界面

（4）找到需要卸载的应用程序，单击该应用程序后方的 ··· 按钮后，在弹出的快捷菜单内选择“卸载”命令。

（5）进入卸载界面，根据提示逐步操作即可完成卸载。

通过以上步骤，用户可以轻松卸载不需要的软件，释放系统资源并保持计算机高效运行。

3.6.3　添加蓝牙和其他设备

支持 Windows 11 的硬件产品很多已内置了蓝牙。如果计算机支持蓝牙连接，则可以通过蓝牙将计算机与其他设备配对，例如蓝牙耳机、蓝牙音箱或支持蓝牙的显示器等。以下是在 Windows 11 中通过蓝牙连接设备的步骤。

（1）右击“开始”菜单，在弹出的快捷菜单中选择“设置”命令，打开“设置”窗口。选择“蓝牙和其他设备”选项，进入相关设置界面。

（2）在右侧窗格选择“添加设备”选项，打开“添加设备”设置界面，如图 3-36 所示，在该界面中选择“蓝牙”，系统就会直接搜索附近带有蓝牙信号的设备，选中设备后若蓝牙连接成功，设备之间便可以互相通信了。

若只需要查看计算机内已连接的蓝牙设备或其他设备，则可以直接单击“添加设备”下拉按钮，在下拉列表中可以查看已连接到本机上的所有设备。

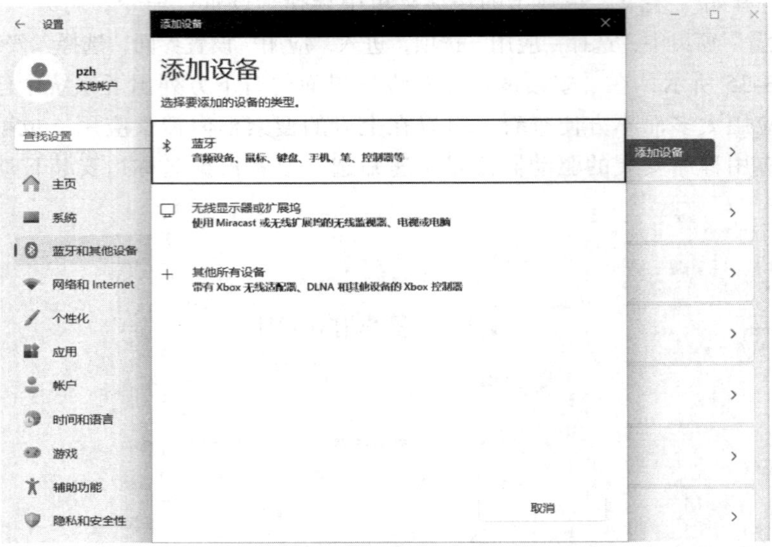

图 3-36　“添加设备”设置界面

所有外部设备的连接方式与蓝牙设备的连接方式类似，只需要根据指引完成相关操作就可以实现。需要注意的是，打印机和扫描仪一般需要安装对应设备制造商的驱动程序才能正常使用。鼠标、键盘、显示器等大部分外部设备，Windows 11 会自动检测并安装，可以即插即用，不需要单独添加。

3.6.4　添加和删除输入法

在日常操作计算机的过程中，通常需要输入文本，文本的输入通常依赖于输入法。因此，安装和设置合适的输入法至关重要。尽管 Windows 11 自带了中英文输入法，但不同用户有不同的输入习惯和语言需求。部分用户常常需要另行添加新的输入法，以满足个性化的使用场景。

在网络上搜索并下载心仪的输入法安装文件，然后直接运行该安装文件，便可以完成新的输入法的安装。如果需要选择输入法，可以在任务栏的通知区域找到输入法图标，单击该图标后，在如图 3-37 所示的输入法列表中选择需要的输入法即可。也可以按 Ctrl+Shift 快捷键快速切换不同的输入法，还可以按 Ctrl+Space 快捷键实现中英文快速切换。若要使用搜狗拼音输入法，可以直接按 Shift 键进行中英文切换。

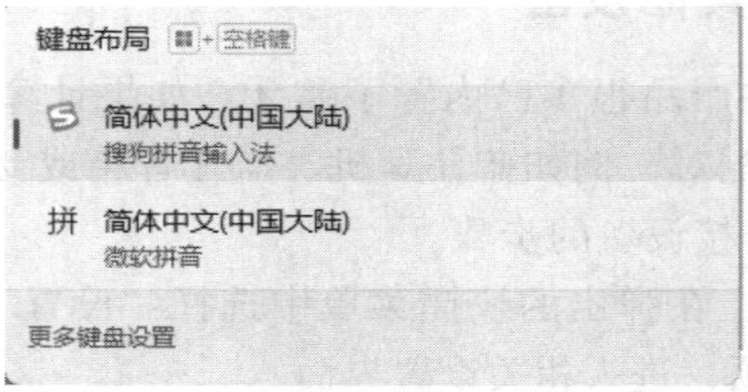

图 3-37　输入法列表

若要对输入法进行设置，则需要在图 3-37 中选择“更多键盘设置”命令，打开“时间和语言→语言和区域”设置界面，如图 3-38 所示。Windows 11 在初始设置时根据所选区域，已经安装了该区域的常用语言，在该界面下可以单击“添加语言”按钮，添加其他国家的语言，以方便系统进行语音或文字识别。输入文本不限于从键盘输入，也可以用语音或者手写输入。

图 3-38 “时间和语言→语言和区域”设置界面

若需要删除输入法，只需要在图 3-38 所示的界面中单击“简体中文”后方的 ··· 按钮，进入“语言选项”设置界面，在该界面下方的“键盘”栏中会显示已安装的输入法。对于不需要的输入法，可以单击后面的 ··· 按钮，在弹出的快捷菜单中选择“删除”命令。

3.6.5 画图工具的使用

在 Windows 11 中，用户除了能对文字进行编辑外，还能对图形图像进行绘制和编辑。画图工具是一款简单易用的图像编辑软件，虽然其功能不如专业软件强大，但足以满足用户日常基本的图像编辑需求。它不仅提供了基本的图像编辑功能，还加入了由 AI 驱动的新工具，帮助用户像专业人士一样编辑图像，创作艺术作品。

画图工具的主要功能有：背景消除、图层管理、颜色选择、笔刷工具、文本和放大镜以及裁剪和选择。

打开画图工具的方法：打开“开始”菜单，在搜索框中输入“画图”，单击“画图”图标即可打开“画图”窗口，如图 3-39 所示。也可以在“开始”菜单的“已固定”区内直接找到“画图”图标并单击。

画图工具的界面简洁明了，主要分为以下几个部分。

（1）标题栏：最左边是“画图”应用图标，单击该图标，可以进行一些基本操作，如还原、移动、关闭窗口等。

（2）菜单栏：包含文件、编辑、查看三个菜单，以及保存、共享、撤销、恢复四个按钮。

（3）功能区：提供常用的工具按钮，如选择、图像、工具、画笔、形状、颜色和层等。其中“选择”区的功能包含矩形、自由格式、全选、反向选择和透明选择。“图像”区的功能包括对图像进行裁剪、翻转、删除背景、重设大小和倾斜等。“工具”区包含：铅笔，用于自由绘制线条和图形；填充工具，用于填充闭合图形；文本工具 A，用于在绘图区域添加文字；橡皮擦工具，用于擦除绘制的内容；颜色选取器，用于选取相关的图像颜色；放大镜，用于放大图像，以获取更多细节。“画笔”区用于选择不同类型的画笔，以达到不同的绘画效果，包含画笔、毛笔、书写笔、喷枪、油画笔、蜡笔、记号笔、普通铅笔、水彩画笔等。“形状”区用于选择常用的形状，包括基本的几何形状、多边形以及一些特殊形状，如星星、闪电等。在颜色区中提供了部分颜色供用户选择，用户也可以单击“编辑颜色”按钮，根据需要设置其他颜色。通过“层”区域，用户可以设置不同图层的叠加效果。

（4）绘图区：该区域是画图程序中最大的区域，用于显示和编辑当前图像。

（5）状态栏：显示当前画布大小、缩放比例等信息，如光标的像素位置、当前图形的宽度和高度像素等，以便绘制出更精确的图像。

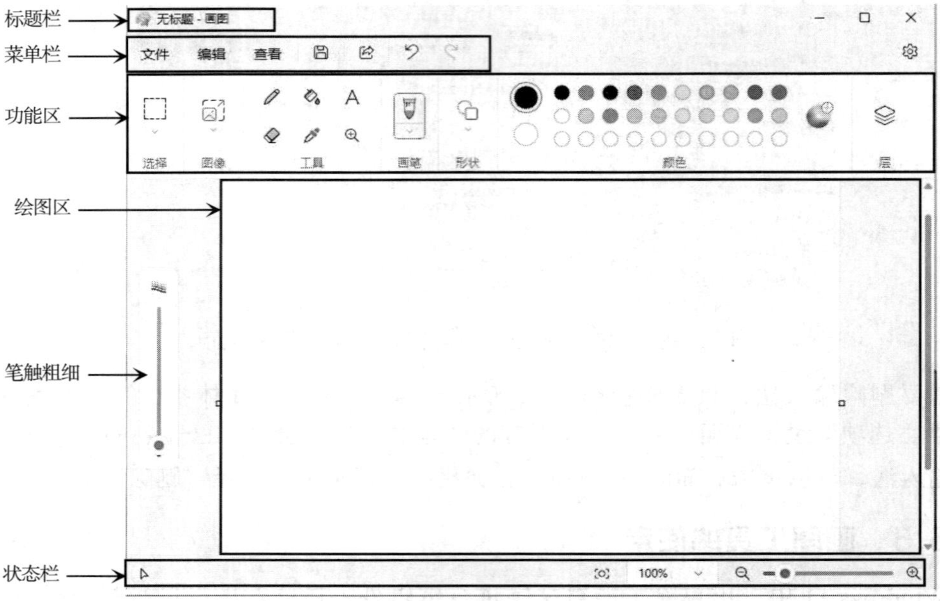

图 3-39 “画图”窗口

在创作图形图像时，需要借助“画图”窗口中自带的工具来完成。下面介绍“画图”窗口的一些基本操作。

（1）新建图像：单击“文件”菜单，选择“新建”命令，即可完成新建图像的操作。

（2）打开图像：单击“文件”菜单，选择“打开”命令，选择要打开的图像文件的位置后，选择图像文件，单击“打开”按钮。

（3）保存图像：单击“文件”菜单，选择“保存”或“另存为”命令，选择保存路径和文件格式，输入文件名，单击“保存”按钮。可以将文件保存为 PNG、JPEG、BMP、GIF 等格式的图像。

（4）绘制图形：选择功能区中的“画笔”“形状”等工具，在画布上按住鼠标左键拖动即可绘制图形。

（5）编辑图像：选择功能区中的“选择”工具，选择要编辑的图像区域，使用“剪切”“复制”“粘贴”“旋转”“重设大小和倾斜”等按钮进行编辑。

（6）添加文字：选择功能区中“工具”区的“文本”工具 A，在画布上按住鼠标左键拖动创建文本框，输入文字。

（7）颜色选取：在功能区中的“颜色”区中选择系统默认的颜色，若无想要的颜色可以单击“编辑颜色”按钮，创建新颜色，或使用十六进制、RGB 或者 HSV 颜色代码。

（8）背景消除：打开需要删除背景的图片，直接单击功能区中“图像”区的“删除背景”按钮，可以快速删除图片背景。

（9）图层的使用：单击功能区中的“层”按钮，打开图层编辑工具栏，单击“+”按钮可以创建多个层，每层之间相互独立。可以轻松地通过不同的层完成复杂的组合和设计。

3.6.6　计算器的使用

Windows 11 中自带的计算器可以帮助用户进行多种类型的计算，使用步骤如下。

打开“开始”菜单，在“已固定”区单击“计算器”图标，即可启动计算器，如图 3-40 所示。打开“计算器”程序时，默认显示标准型界面。可以单击标准旁边的按钮，将计算器的界面进一步简化，如图 3-41 所示。

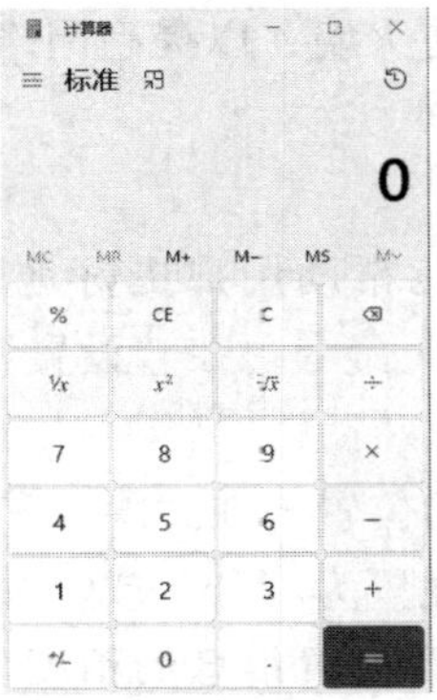

图 3-40　标准型计算器窗口

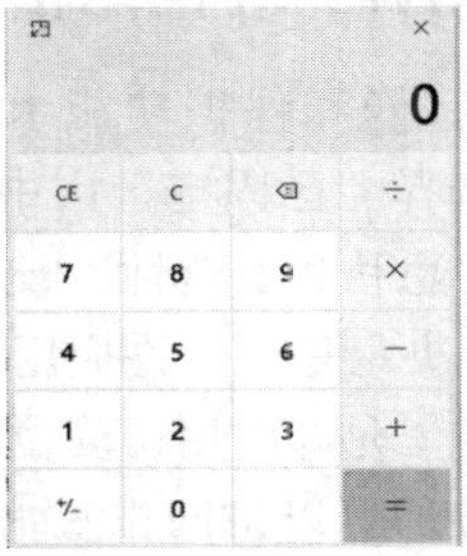

图 3-41　简化的计算器窗口

Windows 11 中计算器的使用方法与现实中计算器的使用方法是一样的，单击操作界面中的按钮即可。Windows 11 的计算器还提供了记忆功能，可以进行一些较为复杂的四则运算。

若要进行更复杂的科学运算，就需要将标准型计算器转化为科学型计算器。转换步骤为：在计算器的左上角单击图标，在弹出的快捷菜单中选择 科学 命令，转换后的操作界面如图 3-42 所示，此时界面上会显示更多用于科学计算的按钮，结合原有的数字键可以进行更加复杂的计算。

若需要进行进制的转换，可以在计算器的左上角单击图标，在弹出的快捷菜单中选择 </> 程序员 命令，此时操作界面将显示多种进制的数字，当选择一种进制后，其他进制会直接在屏幕上显示出来。也可以对某种进制进行四则运算，其中 HEX 表示十六进制，DEC 表示十进制，OCT 表示八进制，BIN 表示二进制，如图 3-43 所示。

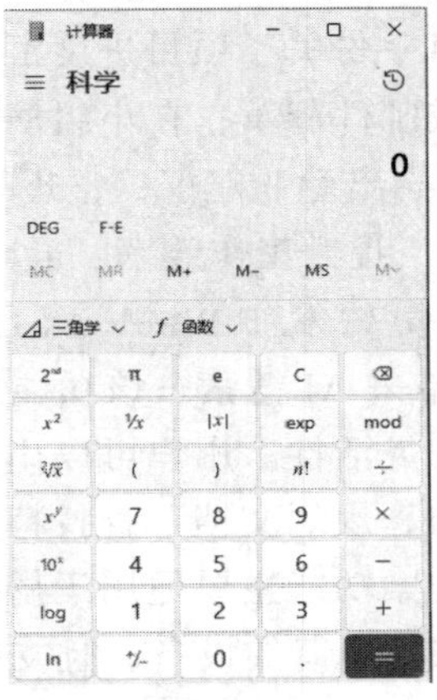

图 3-42　科学型计算器窗口

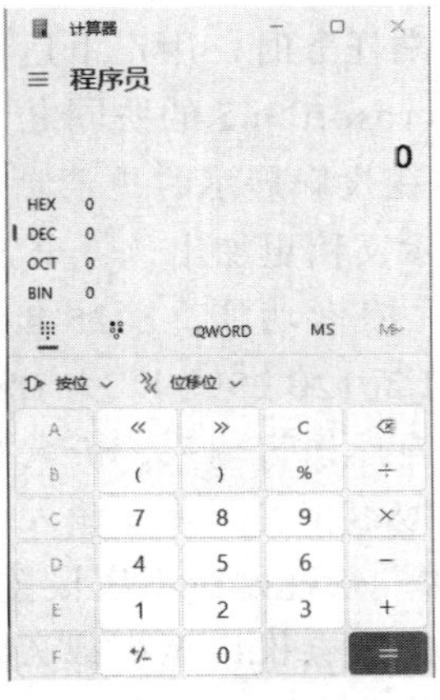

图 3-43　程序员计算器窗口

3.6.7 Windows 11 的防火墙的关闭与打开

防火墙是保护计算机网络安全的重要工具，它可以阻止未经授权的网络访问和恶意攻击。在 Windows 11 中，防火墙设置操作简单。在任务栏的搜索框中输入“防火墙”，按回车键，在搜索结果界面中单击“防火墙”选项，打开“防火墙和网络保护”设置界面。

默认情况下，所有网络的防火墙处于打开状态，若要关闭“公用网络”的防火墙，在“防火墙和网络保护”设置界面中，单击下方的“公用网络”选项。在弹出的“公用网络”设置界面中，可以在“Windows Defender 防火墙”下方选择“关”按钮，系统会弹出询问对话框，单击“是”按钮后即可关闭公用网络的防火墙，再次选择“Windows Defender 防火墙”按钮，则可以打开防火墙。建议在公用网络中开启防火墙，以提高网络安全性。

3.6.8 Windows 11 的隐私保护

在 Windows 11 中，隐私保护功能十分丰富，能帮助用户更好地掌控个人信息的使用。打开“开始”菜单，选择“已固定”区中的“设置”命令，在“设置”窗口中单击“隐私和安全性”选项，进入“隐私和安全性”设置界面。

位置信息管理可以决定是否允许应用访问用户的位置。在“隐私和安全性”设置界面中，单击“位置”选项，将“允许应用访问位置”开关设置为“开”或“关”。若开启该功能，还可以进一步选择哪些应用可以访问位置信息，并设置位置信息的精度。比如，对于一些需要获取位置信息才能提供准确服务的应用（如地图导航应用），可以允许其访问位置信息；而对于一些不必要获取位置信息的应用，则可以关闭其访问权限。

麦克风和摄像头权限管理同样重要。在“隐私和安全性”设置界面中，单击“麦克风”或“摄像头”选项，将“让应用访问你的麦克风”或“允许应用访问你的摄像头”开关设置为“开”或“关”。若开启该功能，同样可以选择具体允许哪些应用可以使用麦克风或摄像头。例如，在进行视频会议时，允许视频会议软件（如腾讯会议、钉钉）访问摄像头和麦克风；而对于一些不常用的应用，为了保护隐私，可以关闭其对麦克风和摄像头的访问权限。

3.6.9 Windows 11 的 AI 辅助功能

在数字化快速发展的当下，Windows 11 凭借一系列强大的 AI 辅助功能，为用户开启了便捷、高效的使用新体验。

（1）Copilot 智能助手。Copilot 堪称 Windows 11 的核心 AI 应用，如同贴心助手时刻陪伴用户。处理日常任务时，用户下达“请为我起草一份关于项目进度汇报的正式邮件”指令，借助 AI 和 Microsoft 365 的协同之力，快速完成邮件起草；在小组演示筹备阶段，询问 Copilot“哪种字体在投影展示时更清晰易读”，它会给出专业建议；整理 PowerPoint 时，也能向其求助，让演示文稿更加出色，全方位节省时间，提升工作效率。

（2）强大的 AI 搜索功能。2025 年 1 月 18 日，微软发布 Windows 11 的更新（版本号 KB5050083，Build 26120.2992），为 Dev 频道成员带来 AI 搜索。该功能融合语义索引与传统索引技术，支持自然语言输入，极大提升了搜索的灵活性。用户可以用“去年夏天旅游拍的海边日落照片”搜索相关图片，输入“家庭装修预算规划文档”查找特定文件，或是通过“打开夜间模式设置”快速定位系统设置。目前 AI 搜索功能主要适用于搭载高通骁龙处理器的设备，微软表示未来会推广至搭载 AMD 和英特尔处理器的设备，且支持中文、英文等多种语言，可用于多种文档格式和图片格式的搜索。

（3）图像与视频处理。在图像创作与编辑方面，Windows 11 的 AI 功能表现出色。“绘图”应用中的 AI 工具，让普通用户也能拥有专业级的图像处理能力。利用图像创作者功能，依据提示就能反复生成独特图像；清除背景功能可轻松实现主体与背景分离，对照片进行创意编辑。照片应用还引入了超分辨率功能，通过本地 AI 模型，用户能将图片放大 8 倍，调整滑块获得高分辨率图像，满足电商、社交媒体营销等场景对高质量视觉素材的需求。生成擦除和填充画图功能，能便捷删除图像中不需要的元素，填充空缺区域，助力设计师高效进行细节调整与图像合成。视频编辑方面，旅行结束后，用户可借助 Clipchamp 或视频编辑器，将数字记录制作成珍贵的回忆视频。

（4）系统操作与生活辅助。在系统操作层面，Copilot 集成到搜索功能中，当用户搜索“更改屏幕亮度设置”时，它能精准理解用户意图，快速返回相关设置选项，简化设置流程，让计算机控制更轻松，还能帮助用户解决常见问题，减少对技术支持的依赖。日常生活里，用户通过文本或语音提示，能让 Copilot 协助规划家庭旅行，包括完成行程安排、酒店预订等准备工作。

3.6.10 Windows 11 常见系统故障处理

用户在使用 Windows 11 的过程中，可能会遇到一些系统故障。死机是较为常见的问题之一，当计算机突然死机，鼠标和键盘都无法操作时，首先不用慌张。可以尝试按下 Ctrl+Alt+Delete 快捷键，看是否能打开任务管理器。如果能打开任务管理器，找到导致死机的程序（通常显示为“无响应”），右击该程序，在快捷菜单中选择“结束任务”命令，关闭程序后，计算机就可能恢复正常。

若按下 Ctrl+Alt+Delete 快捷键后计算机无反应，则需要强制重启计算机。可以直接在机箱上找到重启键按下，也可以持续按住计算机机箱上的电源键 5 ~ 10 秒，使计算机自动关机，等待 10 秒后，再重新按下电源键打开计算机。但强制重启计算机可能导致未保存的数据丢失，因此在计算机的日常使用中，要养成及时保存文件的好习惯。

蓝屏也是使用 Windows 系统时令人头疼的问题。当出现蓝屏时，首先要记录下蓝屏代码，这对于查找问题的原因至关重要。常见的导致蓝屏的原因包括硬件故障（如内存故障、硬盘故障）、驱动程序不兼容、软件冲突等。

如果怀疑是硬件问题，可以使用 Windows 内存诊断工具进行检查。按下 Win+R 快捷键，打开“运行”对话框，输入“mdsched.exe”并回车，在弹出的“Windows 内存诊断”对话框中，选择“立即重新启动并检查问题”选项，计算机会自动重启并进行内存检测。若检测到内存有问题，可能需要更换内存条。

对于驱动程序不兼容问题，可以进入安全模式进行处理。在计算机启动时，多次按下 F8 键，选择“安全模式”进入系统。在安全模式下，打开“设备管理器”窗口，找到有问题的驱动程序（通常会有黄色感叹号标记），右击该驱动程序，在弹出的快捷菜单中选择“更新驱动程序”命令，按照提示进行操作，更新到最新版本的驱动程序；或者在弹出的快捷菜单中选择“卸载设备”命令，卸载后重新安装驱动程序。

若蓝屏是由软件冲突导致的，回忆一下最近新安装了哪些软件，将其卸载。按下 Win+I 快捷键，打开“设置”窗口，单击“应用”选项，在应用列表中找到新安装的软件，单击“卸载”按钮即可。

习　题　3

一、单项选择题

1.Windows 11 的“小组件”功能默认显示在任务栏的（　　）。

A. 左侧　B. 右侧　C. 顶部　D. 底部

2.Windows 11 是一种（　　）。

A. 数据库软件　B. 应用软件　C. 系统软件　D. 文字处理软件

3. 在 Windows 11 中，将打开的窗口拖动到屏幕顶端，窗口会（　　）。

A. 关闭　B. 消失　C. 最大化　D. 最小化

4. 在 Windows 11 中，显示桌面的快捷键是（　　）。

A. Win+D　B. Win+P　C. Win+Tab　D. Alt+Tab

5. 在 Windows 11 中，文件类型可以根据文件的（　　）来识别。

A. 大小　B. 用途　C. 扩展名　D. 存放位置

6. 要选定多个不连续的文件（文件夹），要先按住（　　），再选定文件。

A. Alt 键　B. Ctrl 键　C. Shift 键　D. Tab 键

7. 在 Windows 11 中使用“删除”命令删除硬盘中的文件后，（　　）。

A. 文件确实被删除，无法恢复

B. 在没有存盘操作的情况下，还可以恢复，否则不可以恢复

C. 文件被放入回收站，可以通过控制菜单的“刷新”命令恢复

D. 文件被放入回收站，可以通过回收站操作恢复

8. 在 Windows 11 中，要把选定的文件剪切到剪贴板中，可以按（　　）快捷键。

A. Ctrl+X　B. Ctrl+Z　C. Ctrl+V　D. Ctrl+C

9. 在 Windows 11 中，管理用户数据的单位是（　　）。

A. 扇区　B. 文件　C. 磁道　D. 文件夹

10. 在 Windows 11 中，可以完成窗口间切换的快捷键是（　　）。

A. Alt+Tab　B. Shift+Tab　C. Win+P　D. Win+D

11. 在 Windows 11 中，Ctrl+C 是（　　）命令的快捷键。

A. 复制　B. 粘贴　C. 剪切　D. 打印

12.（　　）不能在 Windows 11 的“文件资源管理器”窗口中进行。

A. 新建文件夹　B. 重命名文件　C. 编辑文本内容　D. 复制文件

13. 在 Windows 11 中，鼠标是重要的输入工具，而键盘（　　）。

A. 无法起作用

B. 仅能输入字符

C. 仅能在菜单操作中运用，不能在窗口的其他地方操作

D. 也能完成几乎所有操作

14. 使用 Windows 11 中，单击是指（　　）。

A. 快速按下并释放鼠标左键　B. 快速按下并释放鼠标右键

C. 快速按下并释放鼠标中键　D. 按住鼠标左键并移动

15. 在 Windows 11 的桌面上右击，将弹出一个（　　）。

A. 窗口　B. 对话框　C. 快捷菜单　D. 工具栏

16. 以 .wav 为扩展名的文件通常是（　　）。

A. 文本文件　B. 音频文件　C. 图形文件　D. 视频文件

17. 关闭对话框的正确方法是（　　）。

A. 按最小化按钮　B. 单击鼠标右键　C. 单击“关闭”按钮　D. 单击鼠标左键

18.Windows 11 中的菜单有窗口菜单和（　　）菜单两种。

A. 对话　B. 查询　C. 检查　D. 快捷

19. 当一个应用程序窗口被最小化后，该应用程序将（　　）。

A. 被终止执行　B. 继续在前台执行　C. 被暂停执行　D. 转入后台执行

20. 下列关于 Windows 11 文件名的叙述中，错误的是（　　）。

A. 文件名中允许使用汉字　B. 文件名中允许使用多个圆点分隔符

C. 文件名中允许使用空格　D. 文件名中允许使用西文字符“|”

21. 正常退出 Windows 11，正确的操作是（　　）。

A. 在任何时刻关掉计算机的电源

B. 选择“开始”菜单中“关闭计算机”选项并进行人机对话

C. 在计算机没有任何操作的状态下关掉计算机的电源

D. 在任何时刻按 Ctrl+Alt+Del 快捷键

22. 大多数操作系统，如 DOS、Windows、UNIX 等，都采用（　　）的文件夹。

A. 网状结构　B. 树状结构　C. 环状结构　D. 星状结构

23. 在 Windows 11 中，按（　　）快捷键可以在中文输入法和英文输入法之间快速切换。

A. Ctrl+Shift　B. Ctrl+Alt　C. Ctrl+ 空格　D. Ctrl+Tab

24. 在 Windows 11 中，（　　）桌面上的程序图标即可启动一个程序。

A. 选定　B. 右击　C. 双击　D. 拖动

25. 在 Windows 11 中，任务栏上显示（　　）。

A. 系统中保存的所有程序　B. 系统正在运行的所有程序

C. 系统中在前台运行的程序　D. 系统中在后台运行的程序

26. 以下关于 Windows 11 虚拟桌面的说法中，错误的是（　　）。

A. 可以创建多个虚拟桌面　B. 不同虚拟桌面之间可以快速切换

C. 虚拟桌面可以提高工作效率　D. 虚拟桌面不能自定义背景

27. 在 Windows 11 中，文件或文件夹的属性不包括（　　）。

A. 只读　B. 共享　C. 存档　D. 隐藏

28. 在 Windows 11 中，在前台运行的任务数为（　　）个。

A. 1　B. 2　C. 3　D. 任意多

29. 在 Windows 11 中，下列文件名中正确的是（　　）。

A. My file1.txt　B. file1/　C. A<B.C　D. A>B.DOC

30. 查找 a??s.* 这类文件，以下叙述正确的是（　　）。

A. 文件名中第一个字符是 a 且第四个字符是 s 的所有文件

B. 文件名中第一个字符是 a 且最后一个字符是 s 的所有文件

C. 文件名一共有四个字符，第一个字符是 a 且第四个字符是 s 的所有文件

D. 文件名中第一个字符是 a 且第三个字符是 s 的所有文件

二、判断题

1. Windows 11 只能安装在 64 位的计算机上。 （ ）
2. 在 Windows 11 中，回收站中的文件或文件夹随时可以恢复。 （ ）
3. 可以通过任务栏上的音量图标来调节系统音量大小。 （ ）
4. Windows 11 的窗口不能随意调整大小和位置。 （ ）
5. 在 Windows 11 中，所有的文件和文件夹都可以设置为共享。 （ ）

三、简答题

1. 简述 Windows 11 中“文件资源管理器”的主要功能。
2. 如何在 Windows 11 中创建一个新的文件夹？请写出至少两种方法。
3. Windows 11 中 Ctrl+V 和 Ctrl+Z 快捷键的作用分别是什么？
4. 解释 Windows 11 中的快捷方式有什么作用。
5. 简述在 Windows 11 中安装应用程序的一般步骤。

第 4 章　人　工　智　能

人工智能（AI）是一门致力于模拟、扩展和增强人类智能的技术，旨在通过计算机系统实现学习、推理、感知、决策和语言理解等功能，涵盖自然语言处理、计算机视觉等多个领域。大模型作为 AI 领域的核心技术，拥有庞大的参数规模和强大的泛化能力，能够处理复杂的任务和数据，推动了 AI 技术的飞速发展。在此基础上，人工智能生成内容（artificial intelligence generated content，AIGC）技术应运而生，通过深度学习和自然语言处理等技术，自动生成高质量的文本、图像、音频和视频内容，广泛应用于创意设计、内容创作和智能交互等领域。

4.1　人工智能概述

4.1.1　人工智能的发展历程

1950 年，英国数学家艾伦·图灵（Alan Turing）在论文《计算机器与智能》中提出图灵测试（Turing test）（见图 4-1），旨在回答"机器能否思考"这一哲学问题。在 5 分钟的测试中，要求一个人（B）和一台机器设备（A）在互不相知的情况下，由测试者（C）随机提问，如果测试者无法区分是机器作答还是人作答，那就代表这台机器设备拥有了"人类智能"。

自从图灵提出"机器智能"（machine intelligence）这个概念以来，人工智能已经经历了 70 多年的发展。在这 70 多年中，人工智能的发展先后经历了三次浪潮（见图 4-2），每一次浪潮对人工智能的发展来说，都是具有里程碑意义的。

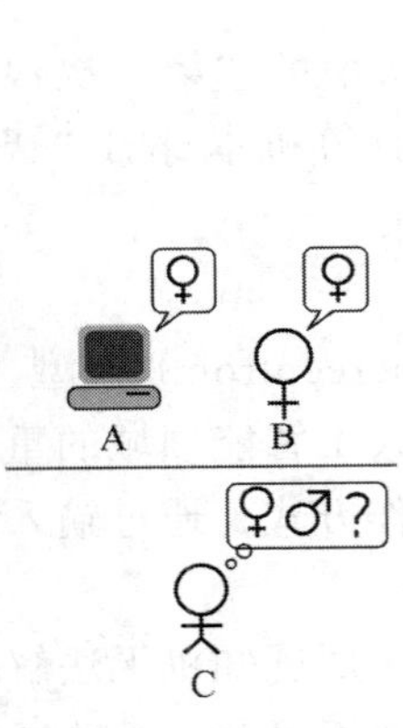

图 4-1　图灵测试

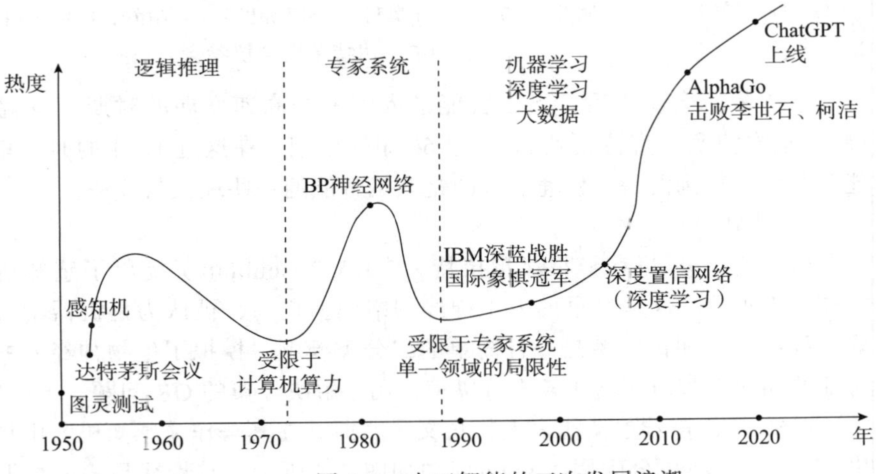

图 4-2　人工智能的三次发展浪潮

1. 第一次浪潮

1）达特茅斯会议

1956 年的达特茅斯会议（Dartmouth Conference）是人工智能领域的一个重要里程碑事件，这次会议被广泛认为是人工智能作为一门独立学科诞生的标志。这次会议有约翰·麦卡锡、马文·明斯基（人工智能与认知学专家）、克劳德·香农（信息论的创始人）、赫伯特·

西蒙（诺贝尔经济学奖得主）等多位科学家参与（见图 4-3）。为期两个月的会议中，参会者讨论了多个关键议题，包括问题解决、符号处理、语言理解、感知、学习以及人类智能与机器智能的关系等。会议期间，纽厄尔和西蒙首次提出了“逻辑理论家”这一概念，并由麦卡锡成功说服与会者接受“人工智能”作为该领域的名称。此外，会议还探讨了机器学习、自然语言处理和计算机视觉等方向的发展。因此，1956 年被称为人工智能元年。

图 4-3　达特茅斯会议参会人员

达特茅斯会议之后，人工智能进入了一个高速发展的时期，也就是所谓的“第一次浪潮”。这次浪潮一直持续到 20 世纪 60 年代中期。在这近 10 年的时间里，计算机本身的“智能”并没有得到发展，快速进步的是人工智能的一些理论与算法。

2）感知机

1957 年，弗兰克·罗森布拉特（Frank Rosenblatt）提出了感知机（perceptron）模型，如图 4-4 所示。这是最早的人工神经网络模型之一，被认为是机器学习和人工智能领域的重要里程碑。感知机模型是一种简单的二分类模型，模拟了生物神经元的工作方式，通过输入特征的加权求和与阈值比较进行决策，用于解决经典的 OR 问题。

1969 年，符号主义代表人物马文·明斯基在其著作《感知机》中指出单层感知机无法解决 XOR 线性不可分问题。XOR 问题如图 4-5 所示，其特征是输入数据线性不可分，不能通过一条直线将不同类别完全分开，而单层感知机作为线性分类器，也无法找到合适的分类边界解决此类问题。明斯基指出，解决这个问题需要引入更高维的非线性网络，但当时多层网络并没有有效的训练算法。这些论点对人工神经网络的研究造成了沉重打击，使得计算驱动的人工智能进入了长达 10 年的低潮期。

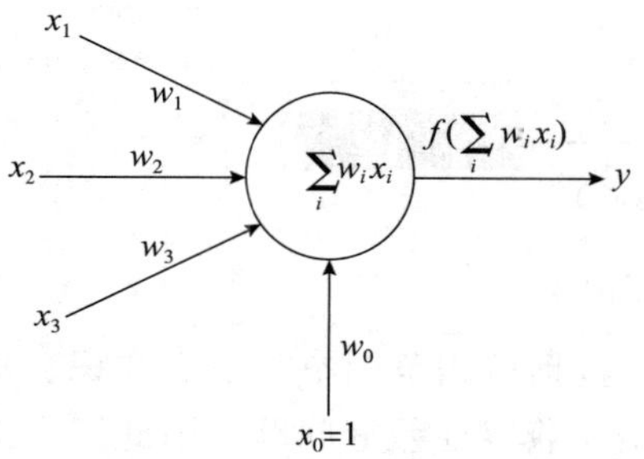

图 4-4 感知机模型

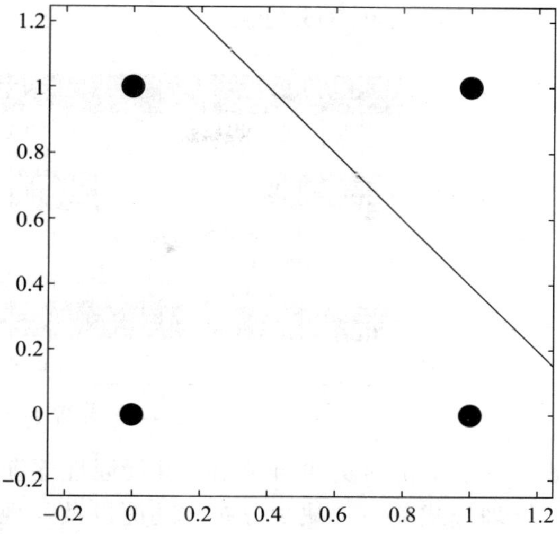

图 4-5 XOR 问题（这两个类别的点不能通过一条直线分开）

2. 第二次浪潮

随着专家系统和人工神经网络的突破，例如霍普菲尔德神经网络（Hopfield neural network）、BP（back propagation，误差逆传播）算法的提出，推动了基于规则的推理系统的发展和非线性问题的解决。

1）专家系统

20 世纪 70 年代出现的专家系统（expert system，ES）是一种基于人工智能技术的计算机程序，其模拟人类专家的知识和经验解决特定领域的问题，实现了人工智能从理论研究走向实际应用、从一般推理策略探讨转向运用专门知识的重大突破。专家系统基于知识表示方法的不同，可以分为规则表示、框架表示、模型表示和神经网络表示等；按推理方式，可以分为前向推理、后向推理和混合推理。

一个典型的专家系统由人机交互界面、知识库、推理机、解释器、综合数据库、知识获取 6 个部分构成，具体构成如图 4-6 所示。

①人机交互界面：允许用户与系统交互。

②知识库：存储领域知识，包括规则、事实和经验。

③推理机：根据知识库中的规则进行逻辑推理，得出结论。

④解释器：为用户提供推理过程的解释。

⑤综合数据库：存储系统运行所需的各种数据。

⑥知识获取：用于更新和扩展知识库的内容。

专家系统的出现让人工智能从理论迈向实践，并推动了人工智能的第二次浪潮。这一时期，专家系统在商业、医疗、科学等领域得到了广泛应用，以下是一些典型的例子。

（1）DENDRAL 系统。该系统由美国斯坦福大学的爱德华·费根鲍姆（Edward Feigenbaum）等于 1968 年开发，是首个专家系统。它具有丰富的化学知识，可根据质谱数据帮助化学家推断分子结构，DENDRAL 系统的完成标志着专家系统的诞生。

（2）MYCIN 系统。1976 年，斯坦福大学的爱德华·H. 肖特利夫（Edward H.Shortliffe）等完成了该系统，用于血液感染病的诊断、治疗和咨询服务。它采用复杂的逻辑推理过程，根据细菌的特征推荐相应的抗生素治疗方案。

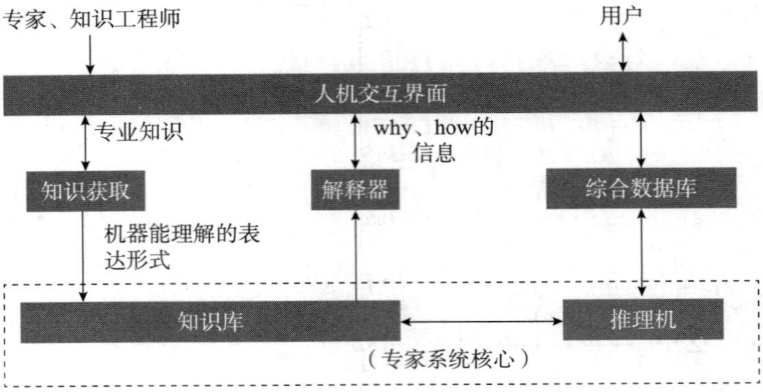

图 4-6　专家系统的具体构成

随着专家系统的实践与应用，其局限性逐渐显现，包括应用范围窄、缺乏常识、知识获取难、推理方式单一、缺少分布式功能以及与现有数据库兼容性差等问题。因此，人工智能的研究再次进入寒冬，相关科研经费大幅度缩减。

2）BP 算法

BP 算法是一种用于训练人工神经网络的关键方法，其核心作用是通过调整网络中的权重和阈值来最小化预测误差，从而优化模型性能，其示意图如图 4-7 所示。该算法最早由保罗·沃伯斯（Paul Werbos）于 1974 年在其博士论文中提出，通过误差逆传播机制实现参数的梯度下降优化。1985 年，杰弗里·欣顿（Geoffrey Hinton）提出使用多个隐含层代替感知机中原先的单个特征层，并引入了 BP 算法来计算网络参数。这一创新使得神经网络能够处理复杂的非线性问题，突破了单层感知机的局限，为深度学习的发展奠定了基础。

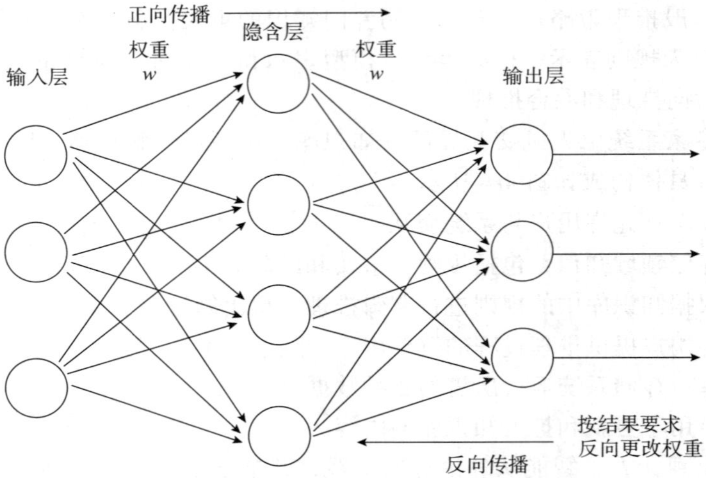

图 4-7　BP 算法示意图

3. 第三次浪潮

2006 年，杰弗里·欣顿提出深度信念网（deep belief net，DBN）及其高效的学习算法，即 Pre-training+Fine tuning，成为其后深度学习算法的主要框架。DBN 的每一层都被视为一个受限玻尔兹曼机（RBM），DBN 通常由多个 RBM 层堆叠而成，再加上一个顶层。DBN 训练流程如图 4-8 所示，数据从输入层进入，通过逐层训练多个 RBM，从底层到顶层逐步提取数据的层次化特征，最后通过反向传播等监督学习方法对网络参数进行全局调整，以最小化目标函数（如分类误差）。

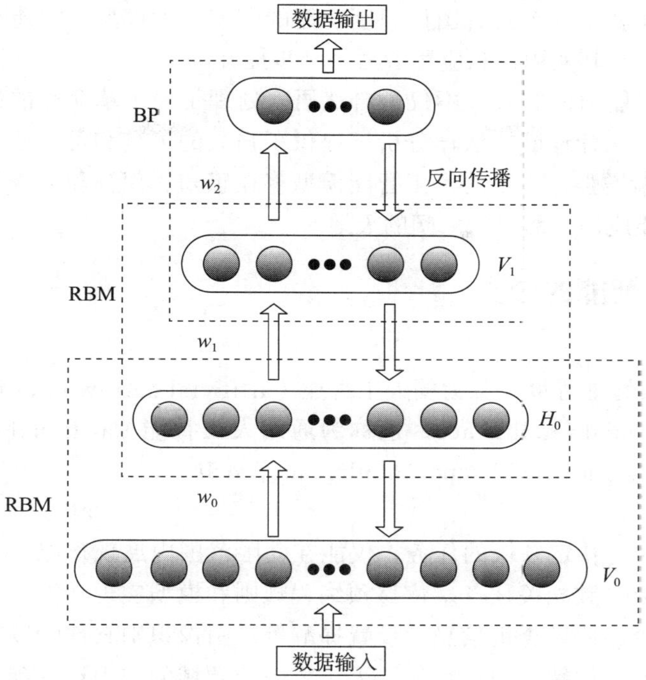

图 4-8 DBN 训练流程

DBN 在 MNIST 数据集（手写体数字识别数据集）上的表现超越了当时主流的支持向量机（support vector machine，SVM），激发了研究人员对深度神经网络的进一步探索，标志着人工智能第三次浪潮的兴起。深度学习开始在图像识别、语音识别、自然语言处理等多个领域展现出巨大的潜力和价值，如塞巴斯蒂安·图恩（Sebastian Thrun）在 Google（谷歌）主导下推出的自动驾驶汽车、谷歌旗下 DeepMind 公司开发并战胜人类围棋职业选手的 AlphaGo、IBM 开发的在《危险边缘》(*Jeopardy*) 节目中获得冠军的沃森（Watson）、苹果公司推出的自然语言问答工具 Siri 等。

2011 年至今，随着大数据、云计算、物联网等技术的普及，以及图形处理器（GPU）等计算平台的进步，以深度神经网络为代表的人工智能技术飞速发展，并广泛应用于搜索、数据挖掘、机器翻译、自然语言处理、语音识别等领域。2013 年，麻省理工学院主办的《技术评论》将深度学习列为十大突破性技术之首。深度学习使机器能够模仿人类的视听和思考能力，解决了复杂的模式识别问题，推动了人工智能技术的巨大进步，使其成为人们日常生活中不可或缺的一部分。

4. 大模型时代

随着人工智能领域的飞速发展，特别是在自然语言处理领域，GPT 系列及其他大模型的出现，标志着一个全新时代的到来。这些模型的核心优势在于其庞大的参数和丰富的数据训练集，这些使得它们能够展现出令人惊叹的语言理解和生成能力。例如，GPT-3 以其 1 750 亿的参数震惊业界，其不仅能生成高质量的语言输出，还能完成复杂的自然语言处理任务，如问答、写作和翻译等。

人工智能更进一步的发展是多模态大模型的出现，这些模型不再局限于文本的理解和生成，而是将文本、图像、语音等多模态数据也纳入其能力范围之内。这使得人工智能系统不仅能够处理单一类型的数据，还能够从多个维度理解世界，从而具有更加全面的认知与决策能力。例如，GPT-4 就是一个具有图像识别功能的多模态大模型，它能够对文本和图像信息进行深度理解和生成，其实用性和应用潜力进一步提升。

这种多模态学习能力的突破，不仅为自然语言处理带来了革命性的进步，也为人工智能的其他领域如编程、医疗诊断、法律分析等提供了强大的工具和可能性。随着算力需求的提升和模型能力的不断增强，未来的人工智能模型将在感知、理解和生成等方面达到前所未有的高度，为人工智能应用开辟更为广阔的天地。

4.1.2 人工智能的分类

1. 智能程度

人工智能根据其智能程度可分为弱人工智能（artificial narrow intelligence，ANI）、强人工智能［strong artificial intelligence，也称为通用人工智能（artificial general intelligence，AGI）］和超人工智能（artificial super intelligence，ASI）。

1）弱人工智能

弱人工智能专注于特定领域的任务，仅能在受限范围内展现智能。它基于特定算法与数据训练，针对单一或少数相关任务，依靠预编程规则和模型实现功能。比如语音助手能理解并回应简单语音指令，协助查询信息、设置提醒等；图像识别软件可以对图片进行分类，检测图像中的物体。但它们缺乏通用智能，无法将一个领域的知识迁移到其他领域，不具备自主思考和解决复杂未知问题的能力。图 4-9 所示的扫地机作为弱人工智能的代表，其智能仅限于特定的清洁任务，依靠预编程规则和特定数据实现功能，不能通过学习自主地设定目标或规划超出清洁任务范围的行为。

图 4-9　扫地机（弱人工智能）

2）强人工智能

强人工智能拥有与人类相当的智能水平，能理解、学习多种知识，具备跨领域解决复杂问题的能力。它不仅能执行特定任务，还拥有类似人类的意识、情感和认知能力，能像人类一样思考、推理和创造。强人工智能应用在自然语言处理、自动驾驶等多个领域，但目前这些领域的技术尚未完全达到强人工智能的水平，它们只是在逐步接近这一目标。图 4-10 所示的 DeepSeek 大模型利用自然语言处理等技术能够写文章、编程、创作诗歌和故事。

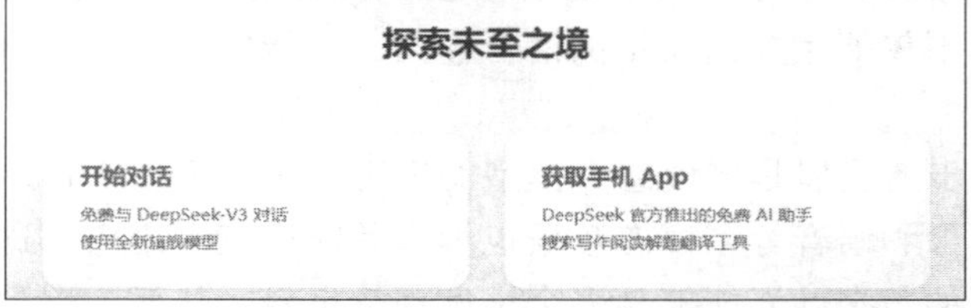

图 4-10　DeepSeek 大模型（接近强人工智能）

3）超人工智能

超人工智能的智能水平远超人类，在各个方面都展现出超越人类的能力，包括创造力、学习能力、决策能力等。超人工智能不仅能快速处理海量信息，还能以人类难以企及的方式进行创新和突破。在科学研究领域，它能迅速解决人类长期未能攻克的难题，推动科技实现飞跃式发展；在决策制定上，它能综合考虑各种复杂因素，做出最优决策。超人工智能是人工智能发展的终极设想，一旦实现，其将对人类社会产生深远且难以预测的影响。

2. 学习方式

人工智能的学习方式可分为监督学习（supervised learning）、无监督学习（unsupervised learning）、半监督学习（semi-supervised learning）以及强化学习（reinforcement learning）。

1）监督学习

监督学习是一种依赖标注数据进行学习的方式。监督学习流程如图 4-11 所示，在训练过程中，模型会被提供大量带有明确标签（标注）的数据，如图像分类任务中，会提供大量标注好类别的图像。模型通过学习这些数据的特征与标签之间的关联，对新的、未见过的数据进行准确的分类或回归预测。它在许多领域都有广泛应用，像邮件分类，根据邮件的内容特征和已标注的垃圾邮件或正常邮件数据，模型就能判断新邮件是不是垃圾邮件；在房价预测中，通过学习大量房屋的面积、地段、房龄等特征以及对应的房价数据，模型能够预测新房屋的价格。

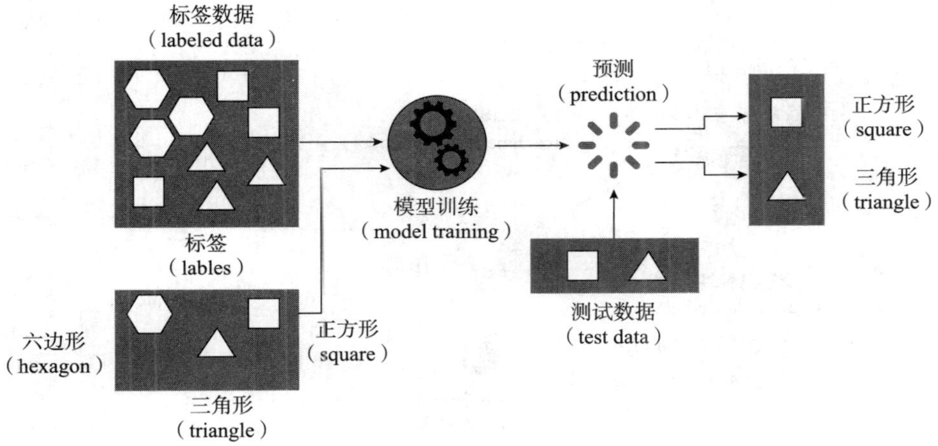

图 4-11 监督学习的基本流程

2）无监督学习

无监督学习旨在挖掘数据的内在结构和规律，而不需要预先标注数据。它主要用于聚类和降维等任务。聚类是将数据集中相似的数据归为一类，比如在客户细分中，根据客户的消费行为、偏好等多维度数据，将客户分为不同的群体，以便企业进行精准营销。降维是在尽量保留数据关键信息的前提下，减少数据的维度，降低计算的复杂度。例如，在图像识别中，将高维的图像数据通过无监督学习算法转换为低维的数据表示，既可减少存储和计算量，又能保留图像的主要特征，用于后续的分析和识别。无监督学习的基本流程如图 4-12 所示。

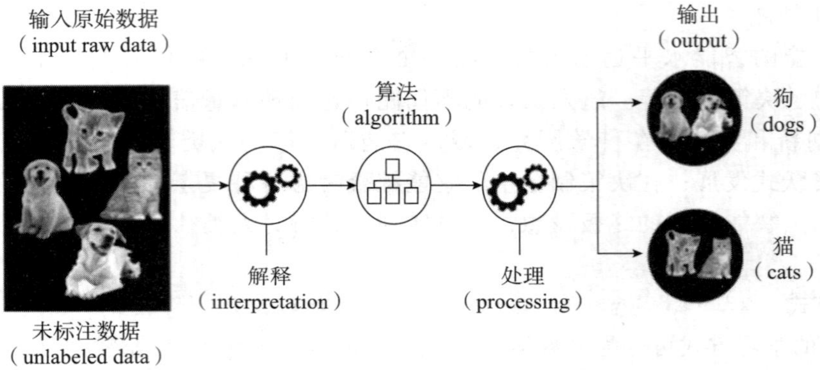

图 4-12　无监督学习的基本流程

3）半监督学习

半监督学习是监督学习与无监督学习相结合的一种学习方法。在实际应用中，获取大量标注数据往往成本高昂且耗时费力，而未标注数据则相对容易获取。半监督学习的基本流程如图 4-13 所示，利用少量的标注数据来引导模型学习数据的基本特征和模式，再结合大量的未标注数据进一步丰富模型的学习内容，从而提高模型的性能。例如，在图像识别中，只有少量已标注类别的图像，但有大量未标注的图像，半监督学习算法可以先从少量已标注图像中学习到一些基本的图像特征，然后对未标注图像的数据进行分析，进一步优化模型，使其能够对更多新的图像进行准确分类。

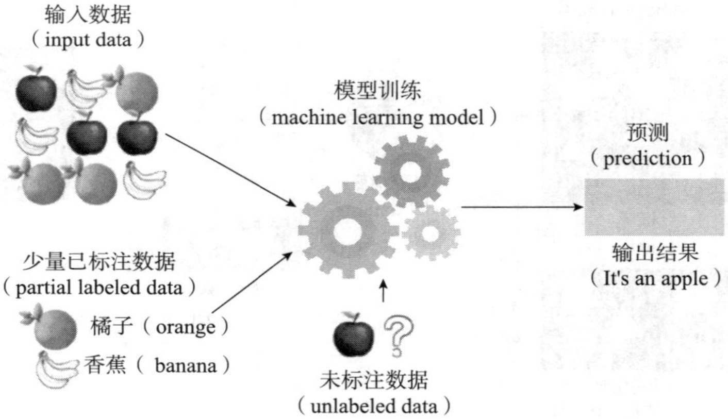

图 4-13　半监督学习的基本流程

4）强化学习

强化学习是通过奖励机制来优化策略的学习方式。智能体（agent）在一个环境中不断进行尝试，每采取一个行动，都会得到一个奖励反馈。如果行动导致了积极的结果，智能体将获得正奖励；反之则奖励为负。智能体的目标是通过不断尝试，学习能够最大化长期累积奖励的策略。强化学习在机器人学科中被广泛应用。如图 4-14 所示，用一只老鼠模拟强化学习中的智能体，其任务是走出迷宫，每走一步都有一个方法衡量其走得好与坏，基本学习过程是当其走得好的时候就给一定的奖励（如一块蛋糕）。通过这种方式，智能体便在行动评价的环境中获得知识，改进行动方案以适应环境。

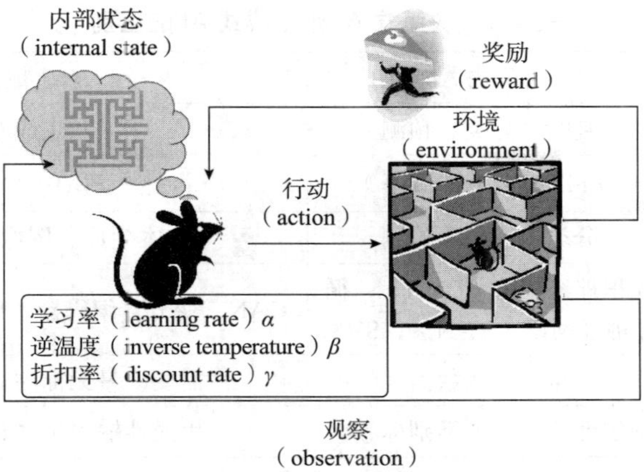

图 4-14　强化学习的基本流程

3. 模型的特点

人工智能按模型特点可分为决策式 AI 和生成式 AI 两大类，两者的核心差异在于学习目标、技术原理和应用场景。

1）决策式 AI

决策式 AI 学习数据中的条件概率分布（给定输入条件下输出类别的概率），通过分析已有数据来对新的场景进行判断、分类或预测。例如，判断一张图片是“猫”还是“狗”，或预测用户可能查看的推荐内容。

决策式 AI 依赖机器学习和深度学习算法，从大量的数据中提取模式并建立分类边界，如支持向量机、随机森林等。

决策式 AI 的应用领域有人脸识别、推荐系统、风控系统、其他智能决策系统、机器人、自动驾驶等。例如，在人脸识别领域，决策式 AI 对实时获取的人脸图像进行特征信息提取，再与人脸库中的特征数据匹配，从而实现人脸识别。再如，决策式 AI 可以通过学习电商平台上海量用户的消费行为数据，制定最合适的推荐方案，尽可能提升平台交易量。

决策式 AI 可用于辅助决策，如推荐系统（如短视频、电商）、风控系统（如金融欺诈检测），或者用于决策智能体，如自动驾驶（识别道路目标）、机器人（路径规划）。

2）生成式 AI

生成式 AI 学习数据中的联合概率分布（多个变量共同出现的概率），能够归纳已有数据并生成全新的内容，如文本、图像、音频等，如 ChatGPT 生成对话、Midjourney 生成图片。

生成式 AI 一般基于深度学习和复杂神经网络 [如生成对抗网络（GAN）、Transformer]，通过模仿数据特征创造新样本。

表 4-1 描述了决策式 AI 和生成式 AI 的区别，决策式 AI 更像在做选择题，分类是它的强项；生成式 AI 则擅长做简答题，以创作为长处。

表 4-1 决策式 AI 和生成式 AI 的区别

比较项目	决策式 AI	生成式 AI
学习目标	判断、分类、预测	生成新数据
模型关注点	$P(Y\|X)$（条件概率）	$P(X)$（数据分布）
典型任务	分类、回归、检测	文本生成、图像生成、音频生成
典型模型	卷积神经网络（CNN）、循环神经网络（RNN）、SVM	GAN、变分自编码器（VAE）、GPT、扩散模型
数据需求	需要标注数据	需要大量无标注数据或弱标注数据
结果形式	确定性输出（如类别标签）	生成性输出（如新文本、图像等）

4.1.3 人工智能的技术流派

如果从 1956 年正式提出人工智能学科算起，人工智能的研究发展已接近 70 年。在这段期间，人工智能研究者基于对“智能”的不同理解，形成了符号主义（symbolism）、联结主义（connectionism）和行为主义（behaviorism）三大流派。

（1）符号主义也被称为逻辑主义或计算机学派，其核心思想是将智能视为基于符号的逻辑推理过程。符号主义认为人类的认知过程可以被抽象为符号运算过程，通过符号表示知识，并利用逻辑推理来模拟人类的思维能力。该学派在数学定理证明、专家系统等方面取得了一些标志性成果，其中 1997 年 IBM 的深蓝机器人战胜国际象棋高手加里·卡斯帕罗夫是一个代表性事件。符号主义在早期的人工智能研究中占据主导地位，但其局限性在于难以处理复杂的非结构化数据和不确定性问题。如图 4-15 所示，将天气特征符号化，再利用决策树模型输入特征预测天气，就是典型的符号主义的应用。

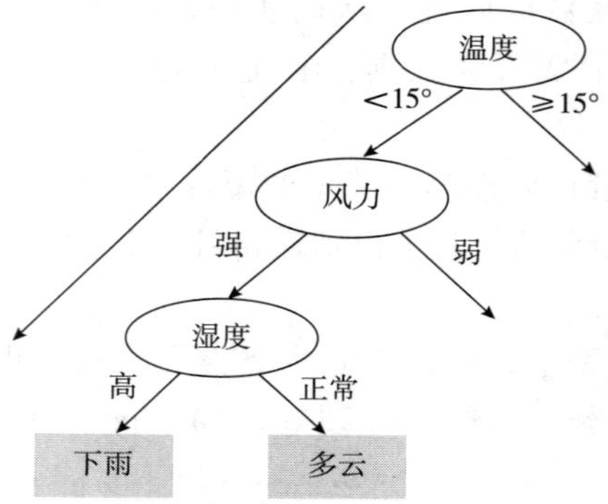

图 4-15 用决策树模型输入特征预测天气

（2）联结主义又称为仿生学派，认为智能源于神经元之间的相互连接和信息传递，主张通过模拟人脑神经网络的结构和功能来实现智能，其核心思想是通过大量简单处理单元的互联和学习来模拟智能行为。如图 4-16 所示，左边是神经元的结构示意图，右边是人工神经网络中的神经元模型。联结主义的代表性成果包括人工神经网络、深度学习等。联结主义在近年来取得了显著进展，尤其是在图像识别、语音识别和自然语言处理等领域，其在应用领域的代表性案例是 2016 年在围棋比赛中 AlphaGo 战胜李世石。联结主义的优势在于能够处理复杂的数据模式和非线性关系，但其缺点是缺乏明确的逻辑解释能力。

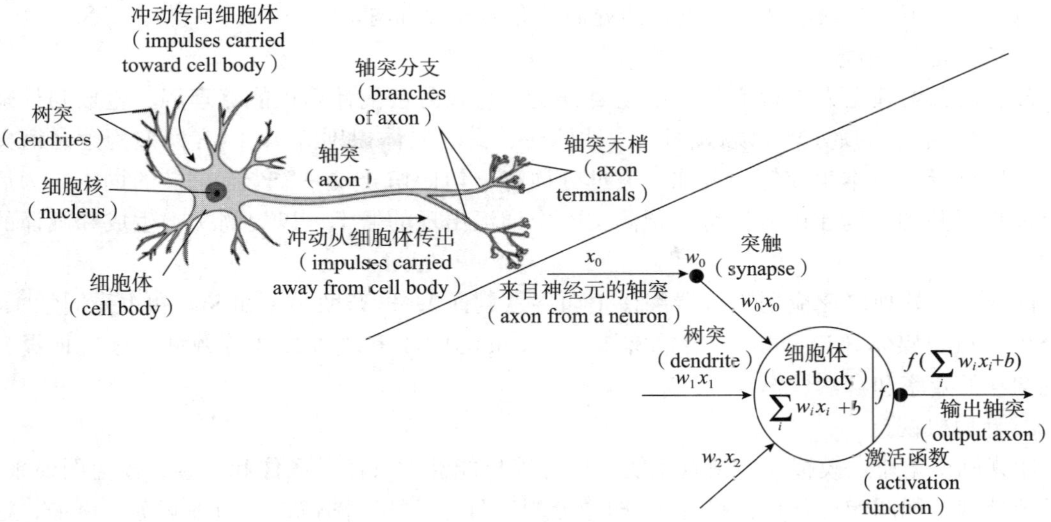

图 4-16 神经细胞与感知机

（3）行为主义认为智能是通过感知环境并做出相应行为来实现的，强调感知 - 动作模式。行为主义主张行为模拟，认为只有在真实环境中的反复学习，才能够最终学会在复杂的未知环境中处理问题。基于感知 - 动作型控制系统，行为主义利用感应器对外部情景进行信息感知，模拟生物体在该情景中的反应，通过从感知到动作的映射规则，力图使智能体在相同情景下产生相似的经验行为。这一学派的代表作品首推布鲁克斯（Brooks）的六足行走机器人（见图 4-17），它被看作新一代的“控制论动物”，是一个基于感知 - 动作模式模拟昆虫行为的控制系统。

图 4-17 六足机器人成吉思汗（Genghis）

4.2 人工智能的应用及技术生态

4.2.1 人工智能的应用领域

人工智能的应用领域有自然语言处理、计算机视觉、智能机器人、机器学习、数据挖掘等。每个方向下各自又有数个分支，此处简单介绍五大方向。

1. 自然语言处理

自然语言处理是人工智能的一个重要分支，它致力于使计算机能够理解、生成和处理人类语言，包括文本预处理（如分词、词性标注、命名实体识别等）、语言模型构建、语义理解、机器翻译、文本生成等。例如，通过分词将一句话切分成一个个有意义的词汇，为后续的处理打下基础；构建语言模型来预测文本中词汇出现的概率，以提高文本生成和翻译的准确性。

自然语言处理广泛应用于机器翻译（如谷歌翻译）、语音助手（如 Siri 和小爱同学）、情感分析（社交媒体评论分类）、智能客服（如 ChatGPT）和文本摘要等领域，极大地提升了人机交互的效率和自然性。

2. 计算机视觉

计算机视觉通过模拟人类视觉系统，使计算机能够“看懂”图像和视频，涵盖图像采集、图像预处理（如图像增强、去噪等）、图像分割、目标检测、图像识别与理解等。例如，通过图像分割将图像中的不同物体或区域划分开，为目标检测和识别提供基础；目标检测是确定图像中是否存在特定目标以及目标的位置和大小。

计算机视觉广泛应用于人脸识别、自动驾驶、医学影像分析、安防监控和工业自动化等领域，显著提升了图像识别和处理的精度和效率。

3. 智能机器人

智能机器人是集机械工程、电子技术、计算机科学、控制理论、传感器技术以及人工智能等多学科知识于一体的复杂系统。智能机器人的相关研究旨在构建能够自主或半自主地执行任务，并与环境进行交互的机器设备，是现代科技发展的前沿成果。

智能机器人广泛应用于工业生产、物流仓储、家庭服务、医疗康复、太空探索等众多领域。它不仅提高了生产效率，改善了人们的生活质量，还在危险或复杂的环境中替代人类完成任务，拓展了人类的能力边界。

4. 机器学习

机器学习是人工智能的核心领域之一，它致力于让计算机系统能够从数据中自动学习规律和模式，并利用这些知识进行预测和决策，而无须显式地编写程序来规定每一步的操作。机器学习通过数据驱动的方式，赋予计算机智能决策的能力。

机器学习广泛应用于图像识别、语音识别、自然语言处理、金融风险预测、推荐系统等领域。它为各行业提供了强大的数据分析和预测能力，帮助企业和机构做出更明智的决策，推动了各领域的智能化发展。

5. 数据挖掘

数据挖掘是从大量的、不完全的、有噪声的、模糊的、随机的数据中，提取隐含在其中的、人们事先不知道但又是潜在有用的信息和知识的过程。它通过一系列算法和方法，将隐藏在数据中的价值转化为可操作的洞察力。

数据挖掘广泛应用于商业智能（市场分析、客户关系管理）、金融领域（风险评估、欺诈检测）、医疗保健（疾病预测、药物研发）、科学研究（天文学、生物学等数据探索）等诸多行业和领域。它帮助人们从海量数据中提取有价值的信息，为决策提供支持，发现新的知识和规律，推动各领域的创新和发展。

4.2.2 人工智能的技术生态

在当今科技飞速发展的时代，人工智能已成为推动各领域变革的核心力量，其背后是一个庞大而复杂的技术生态系统。这个生态系统融合了物联网、云计算、大数据、区块链、深度学习等多种关键技术，它们相互协作、相互促进，共同为人工智能的发展提供了坚实支撑。

1. 物联网：人工智能的根基土壤

物联网是指通过信息传感设备，按约定的协议，将任何物体与网络相连接，物体之间、人与物体之间通过信息传播媒介进行信息交换和通信，以实现智能化识别、定位、跟踪、监管等功能。

1）物联网技术架构

从技术架构来看，物联网自下而上涵盖感知层、网络层、应用层三个关键层面，如图 4-18 所示。

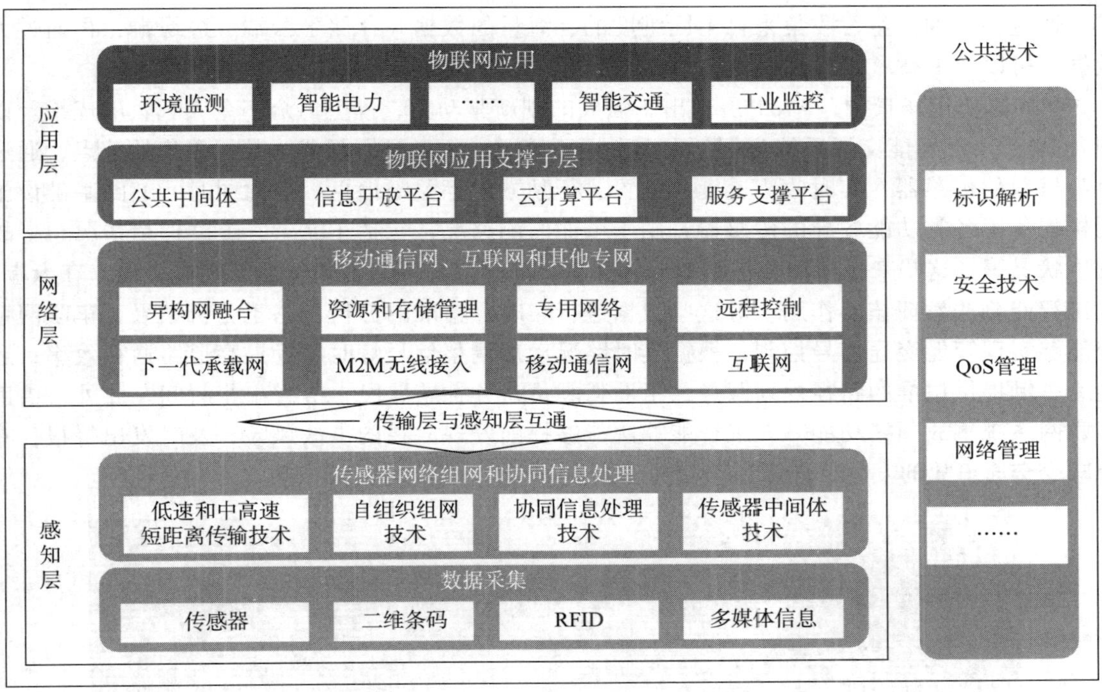

图 4-18　物联网技术架构

（1）感知层（perception layer）。作为物联网技术架构的基础层，其核心功能是实现对物理世界各类信息的采集与初步处理。它就像人类的感知器官，能够通过各种传感器和设备，收集环境中的温度、湿度、光照等数据，或者识别物体的形状、颜色等信息。感知层的主要任务是将这些信息转换为可处理的数据，然后向上传递给网络层。在感知层中，传感器和设备是核心组件。例如，温度传感器可以检测环境中的温度变化，摄像头可以捕捉图像信息。这些传感器和设备将收集到的数据通过通信协议传输给网络层。

（2）网络层（network layer）。网络层在物联网技术架构中起着至关重要的“数据传输纽带”的作用，其主要职责是确保感知层采集到的数据能够准确、安全、高效地传输至应用层。为实现这一目标，网络层综合运用多种有线和无线网络技术，构建起一个庞大且复杂的信息传输网络。其中，4G/5G 网络凭借其卓越的高速率和低延迟特性，能够快速传输大量数据，满足实时性要求较高的物联网应用场景的需求；Wi-Fi 技术则在局域范围内提供稳定、便捷的网络连接，为家庭和企业内部的物联网设备提供网络支持；NB-IoT 技术专为物联网设计，以其低功耗、广覆盖的显著优势，满足了大量低速率物联网设备的联网需求。网络层的另一个重要任务是实现数据的安全传输。为此，网络层采用了一系列安全措施，如加密通信、身份验证等，以确保数据传输过程中的安全性和可靠性。

（3）应用层（application layer）。应用层是物联网与用户直接交互的关键层，其主要目标是基于对感知层采集并经网络层传输的数据进行深度分析和挖掘，为用户提供丰富多样、高度定制化的智能服务。例如，在智能家居中，应用层可以根据家庭用电情况进行分析，自动调整家电的运行状态，以达到节能减排的目的；在智能农业中，应用层可以通过对土壤、气候等数据的分析，为农民提供科学的种植建议和解决方案。

2）物联网与人工智能的融合

AIoT（人工智能物联网）=AI（人工智能）+IoT（物联网）。AIoT 融合 AI 技术和 IoT 技术，通过物联网产生、收集来自不同维度的、海量的数据并存储于云端、边缘端，再通过大数据分析以及更高形式的人工智能，实现万物数据化、万物智联化。

在实际应用场景中，AIoT 展现出了强大的创新驱动力，催生出众多令人瞩目的成果。以图 4-19 所示的智能交通系统为例，在车联网系统中，每一辆车都成为数据采集的节点，通过自身搭载的传感器，实时收集速度、位置、行驶方向等关键信息。与此同时，道路基础设施同样配备了各类功能各异的传感器，用于全面监测路况，包括车流量、道路拥堵情况、事故发生状况等。这些来自车辆和道路的海量数据，通过高速网络被传输至云端服务器。在云端，人工智能算法发挥核心作用，对这些数据进行实时、精准的分析。基于分析结果，车联网系统能够实现智能交通信号控制，根据实时路况动态调整信号灯时长，提高道路通行效率；还能为车辆提供精准的路径规划服务，帮助驾驶员避开拥堵路段，节省出行时间。此外，借助车联网系统事故预警功能，人工智能算法能够提前发现潜在的事故风险，及时发出警报，有效减少交通事故的发生，保障道路交通安全。

图 4-19　智能交通系统

物联网技术与人工智能相融合，最终追求的是形成一个智能化生态体系，在该体系内，可实现不同智能终端设备之间、不同系统平台之间、不同应用场景之间的互融互通，万物互融。除了在技术上需要不断革新外，与 AIoT 相关的技术标准、测试标准的研发以及相关技术的落地与典型案例的推广和规模应用，也是现阶段物联网与人工智能领域亟待突破的重要问题。

2. 云计算：人工智能的强大算力引擎

云计算是分布式计算的一种，指的是通过网络云将巨大的数据计算处理程序分解成无数个小程序，然后通过多部服务器组成的系统处理和分析这些小程序，得到结果并返回给用户的计算方式。

1）云计算服务类型

从云计算服务类型来看，主要有以下三种（见图 4-20）。

（1）基础设施即服务（IaaS）。IaaS 为用户提供基础的计算、存储和网络资源，如同搭建了一栋毛坯房，用户可根据自身需求进行个性化装修和布置。例如，亚马逊的 AWS 和微软的 Azure 提供了强大的 IaaS 服务，用户可以根据需要租用虚拟机、存储空间等资源。

（2）平台即服务（PaaS）。PaaS 提供了运算平台和解决方案，类似房屋租赁，用户能够在既定的环境中构建和交付应用。例如，谷歌的 App Engine 和微软的 Azure Platform 允许开发者在云平台上开发和部署应用程序，无须管理底层基础设施。

（3）软件即服务（SaaS）。像酒店入住一样，用户在 SaaS 中通过互联网即可便捷使用软件服务，无须进行烦琐的安装和维护。例如，Salesforce 的 CRM 软件和 Adobe 的 Creative Cloud 都是典型的 SaaS 应用，用户可以随时随地使用这些软件。

图 4-20　云计算的服务类型

2）云计算在人工智能中的作用

在人工智能的发展中，云计算是重要的“算力引擎”，为 AI 技术发展提供了关键支撑，具体体现在以下方面。

（1）强大算力支撑。AI 大模型训练和推理对算力要求极高，传统本地服务器难以满足。云计算通过分布式架构和弹性资源分配，提供海量算力。如 ChatGPT 借助微软 Azure 云服务，训练成本降低了 80% 多。同时，云平台集中了高性能 GPU、智能芯片等资源，支持大规模并行计算，可以满足 AI 专用算力需求。

（2）高效数据管理。云计算提供可靠的数据存储服务，利用分布式存储系统处理各类数据，支持实时存取与分析，保障 AI 训练中海量数据的安全，为模型优化打基础。中国“东数西算”工程通过算力调度，实现数据跨区域迁移和异地训练，提升算力资源利用率。

（3）弹性与成本优势。云计算的弹性伸缩能让企业按需调整算力规模，避免资源浪费。按需付费模式降低了企业自建数据中心的投入和维护成本，对中小企业和科研机构很有吸引力。2021 年，全球公有云市场规模达 3 307 亿美元，IaaS 增速 42.7%，体现了企业对云算力的依赖。

（4）技术协同创新。云计算与AI相互促进。云平台集成开发工具和部署环境，可以加速AI应用落地，像阿里云、华为云的AI计算平台支持模型全流程开发。而AI技术又可以优化云资源调度，如人工智能算力网络帮助实现跨区域资源动态分配，推动AI+产业转型。

（5）推动国家战略实施。中国“东数西算”工程构建国家算力网络，优化资源配置。其中的粤港澳大湾区韶关数据中心集群已投产，为金融等领域提供智能算力支持。政府将AI定位为经济发展关键动力，强化算力基础设施布局，云计算在其中的作用越发重要。

3. 大数据：人工智能的智慧源泉

大数据指的是那些规模庞大、结构复杂，用传统数据处理工具难以在合理时间内完成捕获、管理和处理的数据集合。这些数据来源广泛，涵盖了互联网活动、传感器监测、企业运营记录等多个方面。大数据为人工智能提供了海量的训练数据和测试数据，使得人工智能模型不断优化，准确率不断提升。例如，在图像识别领域，通过大量的图像数据训练，人工智能模型可以逐渐提高图像识别精度，实现更高效的图像识别。本书第10章将详细介绍大数据技术，此处不再赘述。

4. 区块链：人工智能的安全卫士

区块链是一种创新的去中心化分布式账本技术，具有块链式存储结构，数据不可篡改，安全可信。它融合了分布式存储、点对点传输、共识机制、密码学等多种先进技术，以独特的方式运作。在区块链中，数据被组织成一个个的数据块，这些数据块按照时间顺序依次相连，形成一条不断增长的链式结构。每一个新产生的数据都会被记录在新的数据块中，然后通过共识机制让网络中的各个节点对数据进行验证和确认，一旦确认，该数据块就会被添加到链上，成为历史数据的一部分，且难以被篡改。这样的特性确保了数据在存储和传输过程中的安全性和透明性，让所有参与方都能够对数据的真实性和完整性进行监督和验证。

1）区块链的主要特征

区块链具有以下几个显著特征。

（1）去中心化。区块链网络没有中心化的管理机构，所有节点地位平等，共同参与数据的维护和验证。这种去中心化的架构让系统更加稳定，即使部分节点出现故障，整个网络仍能正常运行。以比特币交易为例，全球众多的节点共同维护着比特币的交易账本，没有任何一个单一机构能够控制整个网络。

（2）不可篡改。一旦数据被记录到区块链中，想要篡改数据几乎是不可能的。因为每个区块不仅包含自身的数据，还包含前一个区块的哈希值，修改任何一个区块的数据，都会导致后续所有区块的哈希值发生变化，而要同时篡改大量节点上的区块数据，在现实中几乎无法实现。

（3）开放性。区块链系统的数据对所有人公开，任何人都可以通过公开接口查询数据和开发相关应用。这种开放性使得数据的可信度大大提高，因为所有参与者都可以对数据进行监督和验证。

（4）匿名性。在区块链的交易中，用户的身份信息被加密处理，交易双方只需要通过公钥和私钥进行交互，无须透露真实身份，这在一定程度上保护了用户的隐私。

2）区块链的分类

区块链主要分为公有链、私有链和联盟链。

（1）公有链是对所有人开放的区块链，就像一个公共的大账本，任何人都能参与数据的维护与读取，数据完全公开透明，去中心化程度极高，如比特币、以太坊等加密货币基于的区块链就是公有链。

（2）私有链则相反，它像是一个属于个人或公司内部的私有账本，仅供特定的企业、国家机构或个体使用，虽然数据也具备不可篡改的特性，但其开放程度有限，去中心化程度较弱，不过因其参与数据处理的人数较少，处理效率相对较高。

（3）联盟链处于公有链和私有链之间，类似多个公司组成的联盟内部使用的公共账本，数据由联盟成员共同维护，仅对组织内部成员开放，须注册许可才能访问。其去中心化程度适中，效率比公有链高，由 40 多家银行参与的 R3 区块链联盟和 Linux 基金会支持的超级账本（hyperleder）项目，都属于联盟链架构。

3）区块链与人工智能的结合

在人工智能的发展过程中，区块链从多个方面发挥着“安全卫士”的作用。

（1）数据安全与隐私保护。人工智能的训练依赖大量数据，而这些数据往往包含用户的隐私信息。区块链的加密技术和分布式存储方式，能确保数据在传输和存储过程中的安全性，防止数据被窃取或篡改。同时，其匿名性特征也能保护用户隐私，让用户放心地提供数据，促进人工智能的发展。

（2）提升数据可信度。区块链以不可篡改的特征保证了数据的真实性和完整性。人工智能在训练过程中，基于区块链上可信的数据进行学习，能提高模型的准确性和可靠性。如在金融领域的风险评估模型中，使用区块链上记录的真实交易数据，能让评估结果更加准确。

（3）解决智能合约安全问题。人工智能中的智能合约需要保证执行的安全性和准确性。区块链为智能合约提供了可信的执行环境，通过共识机制确保合约按照既定规则执行，避免合约被恶意篡改或执行错误，增强了智能合约的安全性和可靠性。

（4）促进数据共享与协作。在多主体参与的人工智能应用场景（如医疗数据共享、联合科研等）中，不同机构之间的数据共享存在信任难题。区块链的去中心化和信任机制，能让各方在无须完全信任对方的情况下实现数据共享和协作，推动人工智能在更多领域的应用和发展。

区块链以其独特的技术特性，为人工智能的数据安全、模型可靠性和应用拓展提供了全方位的保障，成为人工智能发展道路上不可或缺的安全卫士。随着区块链和人工智能的不断融合和发展，区块链必将在更多领域创造出更大的价值，推动社会的进步。

5. 深度学习：人工智能的落地利刃

深度学习是机器学习的一个分支，通过构建多层神经网络，模拟人脑的学习过程，能够自动从大量数据中提取复杂的特征和模式。深层神经网络由多个网络层组成，各层通过分层合作，从输入数据中逐步学习低阶到高阶的特征，从而实现对数据的深度理解和分析。在语音识别领域，深度学习模型能够准确识别不同人的语音内容，实现语音指令的准确解析和执行，为智能语音交互设备的发展提供了关键技术支撑。

1）关键算法与模型

（1）卷积神经网络（convolutional neural network，CNN）。

卷积神经网络是深度学习领域中极为关键的神经网络结构，在图像处理领域展现出了卓越的性能优势。其核心原理是利用卷积层来提取图像的空间特征。具体而言，卷积层借助卷积核（也称作滤波器）在图像上滑动，对局部区域进行加权求和运算。例如，在处理手写数字图片时，卷积核能够自动学习到数字的边缘、线条等关键特征。

权值共享是 CNN 的一个重要特性。这意味着同一个卷积核中的参数在整个图像上都是共享的，从而大大减少了模型的参数数量。例如，一个 3×3 的卷积核在整个 28×28 的手写数字图像上滑动，无论在图像的哪个位置进行卷积操作，使用的卷积核参数都是一致的。这种特性不仅降低了计算复杂度，还提升了模型的泛化能力，使模型能够更好地适应不同位置的相似特征。

除了卷积层，CNN 还包含池化层。池化操作主要是降低特征图的维度，减少计算量，同时保留最重要的特征。常见的池化方式有最大池化和平均池化。最大池化是在池化窗口内取最大值作为输出，能够有效地保留图像中的显著特征；平均池化是取池化窗口内像素的平均值，相对更平滑地处理特征。

（2）循环神经网络（recurrent neural networks，RNN）与长短期记忆网络（long short-term memory，LSTM）。

RNN 是一种专门用于处理序列数据的神经网络。它的结构与传统的前馈神经网络不同，RNN 具有循环结构，能够将上一时刻的信息传递到下一时刻，从而对序列中的历史信息进行建模。例如，在处理一段文本时，RNN 可以根据前面的单词来推测当前单词的含义和语境。

然而，普通的 RNN 存在长程依赖问题。也就是说，当序列很长时，RNN 在训练过程中很难学习到序列前面部分对后面部分的影响。为了解决这个问题，LSTM 被提出。LSTM 通过引入门机制（包括输入门、遗忘门和输出门）来控制信息的流动。遗忘门可以决定丢弃哪些信息，输入门可以决定存储哪些新信息，输出门可以决定输出哪些信息。例如，在一个语言模型中，当遇到一个新的句子时，遗忘门可以根据句子的语义和语法信息，决定是否遗忘之前句子中的一些无关信息，输入门则可以将新的单词信息存储到细胞状态中，输出门可以根据存储的信息来预测下一个单词。

（3）生成对抗网络（generative adversarial networks, GAN）与自编码器（autoencoder）。

生成对抗网络由生成器和判别器两部分组成。生成器的目标是生成尽可能真实的数据，如生成逼真的人脸图像、自然风景图像等。从随机噪声开始，生成对抗网络通过一系列的神经网络层将噪声映射到数据空间。判别器负责判断输入的数据是真实的还是生成器生成的。在训练过程中，生成器和判别器相互对抗。生成器不断学习如何生成更真实的样本，以欺骗判别器；判别器也在不断学习如何更好地区分真实数据和生成数据。通过这种对抗训练，最终生成器能够生成非常接近真实数据的样本。

自编码器是一种无监督学习模型，主要用于数据降维和特征提取。它由编码器和解码器组成。编码器将输入的数据压缩成一个低维的特征表示，解码器则将这个低维特征还原成原始数据。例如，在图像数据降维中，自编码器可以将高维的图像像素信息压缩成一个紧凑的特征向量，同时尽量保证解码后的图像与原始图像相似。自编码器在数据压缩、去噪等任务中也有广泛应用。

（4）强化学习与深度强化学习（deep reinforcement learning）。

强化学习是一种让智能体在环境中通过试错来学习如何做出决策的方法。智能体根据当前的状态选择一个动作，然后从环境中得到一个奖励信号和新的状态。例如，在一个机器人导航任务中，机器人（智能体）根据当前的位置和周围环境（状态）选择前进、转弯等动作，如果它成功地到达目标位置，就会得到一个正奖励。

深度强化学习是将深度学习与强化学习相结合。它利用人工神经网络来近似表示价值函数或者策略函数。例如，在游戏 AI 中，深度强化学习模型可以通过学习游戏的状态 - 动作价值来决定在不同游戏场景下应该采取的最佳动作。像著名的 AlphaGo 就是深度强化学习的一个成功应用，它通过学习大量的围棋棋局，构建了一个强大的策略网络和价值网络，从而能够在围棋比赛中战胜人类顶尖选手。

2）训练与优化

（1）损失函数与反向传播算法。

损失函数是衡量模型预测结果与真实值之间差异的函数。在深度学习中，常用的损失函数有交叉熵损失和均方误差损失。交叉熵损失主要用于分类问题，它衡量的是模型输出的概率分布与真实标签的概率分布之间的差异。例如，在图像分类任务中，如果模型预测一张猫的图片属于狗的概率很高，而真实标签是猫，那么交叉熵损失就会很大，表示模型的预测结果很差。均方误差损失主要用于回归问题，它是预测值与真实值之差的平方的平均值。例如，在房价预测模型中，预测值与实际房价之间的差值的平方和的平均值就是均方误差损失。

反向传播算法是深度学习训练过程中的核心算法之一。它根据损失函数计算模型参数的梯度，然后通过梯度下降等优化算法来更新模型参数。反向传播利用了链式法则，从损失函数开始，逐层向前计算梯度，使得模型能够根据训练数据不断调整自身参数，以最小化损失函数。

（2）正则化技术。

正则化技术主要是防止模型过拟合。过拟合是指模型在训练数据上表现很好，但在测试数据上表现很差，这是因为模型学习到了训练数据中的噪声和细节，而没有学习到数据的普遍规律。随机失活（dropout）是一种常用的正则化技术。在训练过程中，dropout 会随机地将一部分神经元的输出置为 0，这样可以防止神经元之间过度依赖，迫使模型学习到更鲁棒的特征。

数据增强也是一种有效的正则化方法，特别是在图像数据处理中。通过对原始图像进行旋转、翻转、缩放、裁剪等操作，可以生成更多的训练样本，增加模型的泛化能力。例如，在手写数字识别中，将原始数字图像进行轻微的旋转和缩放，可以使模型更好地识别不同书写风格的数字。

（3）分布式训练与加速。

随着深度学习模型的规模越来越大，训练时间也越来越长。分布式训练是一种有效的加速方法。它利用多个计算节点（如 GPU 集群）来并行地训练模型。例如，可以将一个大型的神经网络模型的不同部分分配到不同的 GPU 上进行计算，或者将训练数据分块，让不同的 GPU 同时处理不同的数据块。

深度学习框架如 TensorFlow 和 PyTorch 都提供了分布式训练的支持。这些框架可以自动地管理计算资源的分配和数据的同步。GPU 在深度学习训练中起到了关键的加速作用。因为 GPU 具有高度并行的计算架构，能够同时处理大量的矩阵运算，而深度学习中的神经网络计算主要是基于矩阵运算的。例如，在训练一个卷积神经网络时，GPU 可以快速地完成卷积层中的大量乘法和加法运算，大大缩短训练时间。

3）深度学习的应用领域

深度学习推动了人工智能在众多领域的落地应用。在自动驾驶领域，深度学习模型可以实时分析摄像头、雷达等传感器采集的数据，识别道路、车辆、行人等目标物体，实现自动驾驶车辆的智能决策和精准控制。在智能安防领域，深度学习技术能够对监控视频进行实时分析，实现异常行为监测、人脸识别等功能，提高安防系统的智能化水平。

4.3 大 模 型

4.3.1 大模型概述

2022 年 11 月，美国 OpenAI 公司发布旗下 AI 聊天机器人程序 ChatGPT，该程序基于大语言模型（large language model，LLM）GPT-3.5，使用指令微调（instruction tuning）和基于人类反馈的强化学习（reinforcement learning with human feedback，RLHF）训练而成。在发布后的短短两个月内，ChatGPT 的月活用户数突破 1 亿，成为史上用户增长速度最快的消费级应用程序。在随后的时间内我国本土厂商积极跟进，相继推出基于大模型的 AI 应用产品。截至 2024 年年底，我国已经发布近 300 款参数量在 10 亿量级以上的大模型，标志着一个蓬勃发展的大模型时代正式来临。2024 年我国 AI 大模型产业图谱如图 4-21 所示。

图 4-21　2024 年我国 AI 大模型产业图谱（来源于第一新声研究院）

大模型是指拥有亿级以上参数的深度学习模型。大模型利用深度学习算法和人工神经网络等 AI 技术，通过学习大量的数据提升预测能力，其性能与模型的参数规模、数据集大小和训练用的计算量之间存在幂律关系；AI 大模型基于注意力机制，使用大规模、多元化的无标注数据集进行训练，具有较强的泛化能力，在广泛的场景和任务中应用。

1. 人工智能与大模型的关系

人工智能与大模型的关系如图 4-22 所示，人工智能包含机器学习，机器学习包含深度学习，深度学习可以采用不同的模型，其中一种模型是预训练模型，预训练模型包含预训练大模型（可以简称为大模型），预训练大模型包含预训练大语言模型（可以简称为大语言模型），预训练大语言模型的典型代表包括 OpenAI 的 GPT 和百度的文心 ERNIE，ChatGPT 是基于 GPT 开发的大模型产品，文心一言是基于 ERNIE 开发的大模型产品。

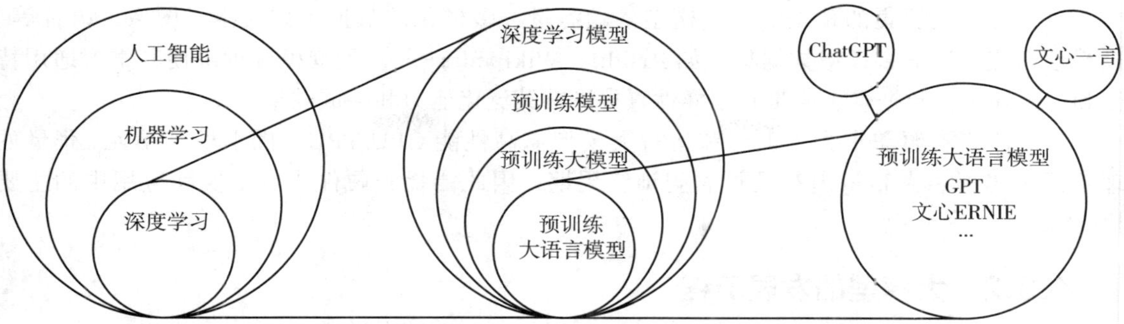

图 4-22 人工智能与大模型的关系

2. 大模型的训练流程

如图 4-23 所示，大模型的训练过程包括预训练、微调和推理三个阶段。

（1）预训练：通过无监督学习，模型自主学习大量知识，形成基础理解能力，为后续应用奠定基础。

（2）微调：针对特定任务进行进一步训练，利用高质量数据提升模型对话能力，通过强化学习可进一步优化模型决策能力。

（3）推理：基于训练结果进行内容生成等操作。

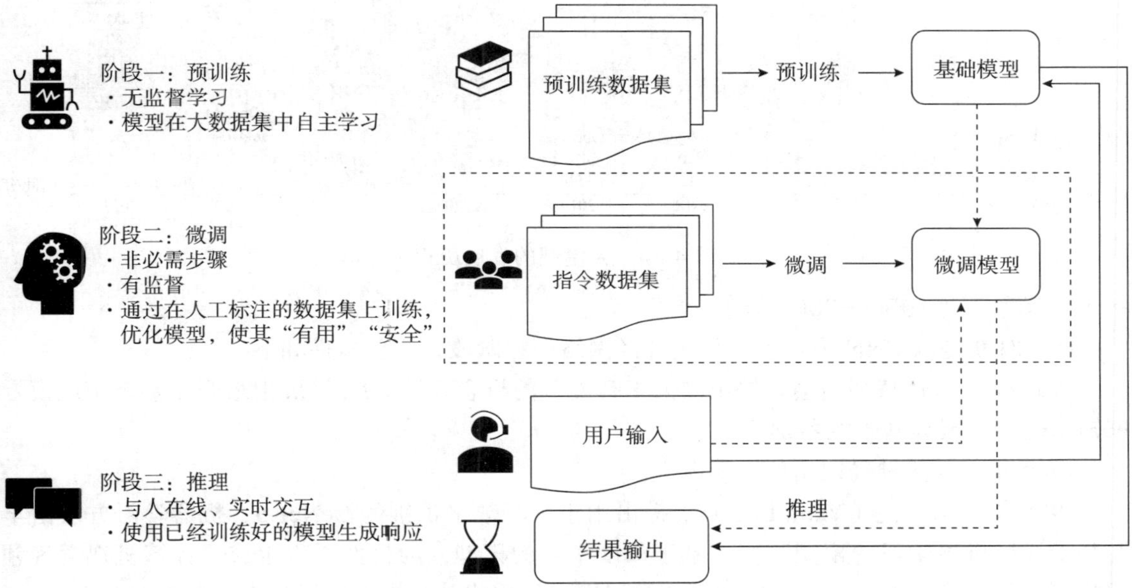

图 4-23 大模型的训练过程

3. 大模型的特点

大模型作为人工智能领域的核心技术，具备以下 4 个显著特点。

（1）规模和参数量大。大模型参数量通常达数十亿至万亿级别，如 GPT-3 的参数量为 1 750 亿，GPT-4 的参数量约为 1.8 万亿。其通过“规模定律”实现性能指数级提升，相比传统模型（参数量在数万至数亿之间）优势显著。

（2）适应性和灵活性强。大模型采用“预训练 + 微调”模式，通过预训练学习通用特征，再经少量数据微调即可快速适应下游任务，如文本分类、图像识别等，尤其在跨领域任务中表现出色。

（3）广泛数据集的预训练。大模型依赖海量、多样化的数据（如文本、图像、语音等）进行预训练，涵盖多领域数据集（如 Reddit、Wikipedia 等）。大规模预训练使其学习通用特征和广泛知识，数据量、质量和多样性直接影响其泛化能力和生成效果。

（4）计算资源需求大。训练和运行大模型需高性能 GPU/TPU（图形处理单元 / 张量处理单元）集群、大容量内存及长时间训练周期，因此能耗和硬件成本是实际应用中的主要挑战。

4.3.2 大模型的发展历程

大模型的发展历程如图 4-24 所示，可分为三个阶段，各阶段的关键事件和模型如下。

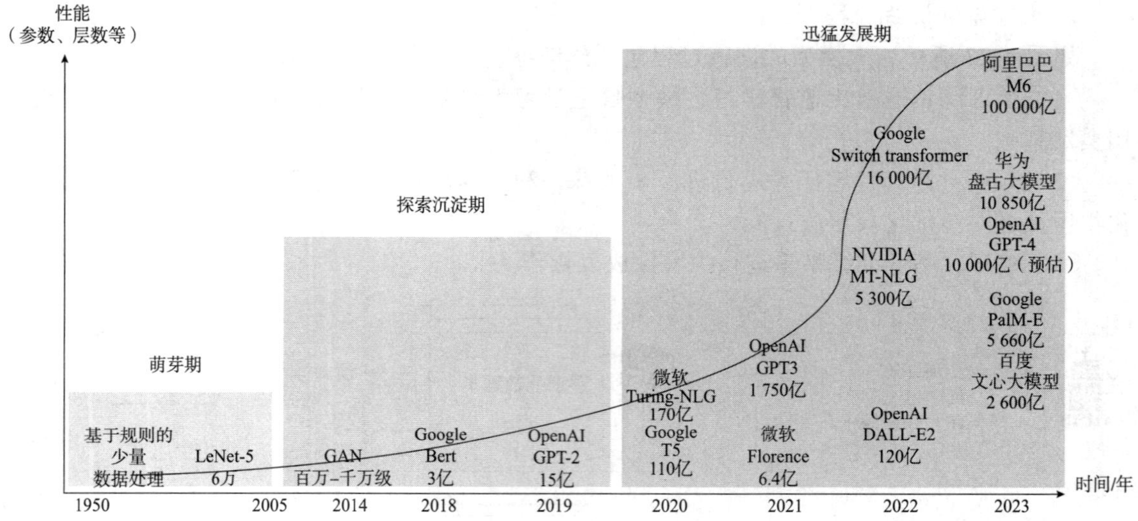

图 4-24 大模型的发展历程

1. 萌芽期（1950—2005 年）

这一时期是以 CNN 为代表的传统神经网络模型阶段，主要事件如下。

1956 年，从达特茅斯会议提出“人工智能”的概念开始，AI 发展由最开始基于小规模专家知识逐步发展为基于机器学习。

1980 年，卷积神经网络的雏形诞生。

1998 年，杨立昆（Yann LeCun）提出用于手写数字识别的 LeNet-5，机器学习方法由早期基于浅层机器学习的模型，变为基于深度学习的模型，为自然语言生成、计算机视觉等领域的深入研究奠定了基础，对后续深度学习框架的迭代及大模型发展具有开创性的意义。

2. 探索沉淀期（2006—2019）

这一时期是以 Transformer 为代表的全新神经网络模型阶段，主要事件如下。

2006 年，杰弗里·欣顿提出深度信念网，为后续深度学习模型的发展提供了一些重要的思想和方法，特别是在无监督预训练方面。

2012 年，AlexNet 在 ImageNet 挑战赛中获胜，这一标志性事件引发了行业对深度学习的关注和研究，而谷歌、百度等行业先行者也是在这一时期开始重视 AI 的发展。

2013 年，自然语言处理模型 Word2Vec 诞生，Word2Vec 首次提出将单词转换为向量的“词向量模型”，以便计算机更好地理解和处理文本数据。同年，谷歌的 Brain 项目发布了深度学习模型 DistBelief，为大规模分布式训练奠定基础。

2014 年，被称为 21 世纪强大算法模型之一的 GAN 诞生，标志着深度学习进入了生成模型研究的新阶段。

2017 年，谷歌提出基于自注意力机制的 Transformer 架构，在自然语言处理领域取得了重大突破，Transformer 架构成为 GPT 发展的基础，也成为大模型预训练的基础。

2018 年，OpenAI 的 GPT-1 和谷歌的 BERT 发布，意味着预训练大模型成为自然语言处理领域的主流。在探索期，以 Transformer 为代表的全新神经网络架构，奠定了大模型的算法架构基础，使大模型技术的性能得到了显著提升。

3. 迅猛发展期（2020 年至今）

这一时期是以 GPT 为代表的预训练大模型阶段，主要事件如下。

2020 年，OpenAI 推出 GPT-3，其在零样本学习任务中表现突破，结合 RLHF 提升推理能力。

2022 年 11 月，搭载了 GPT-3.5 的 ChatGPT 横空出世，凭借自然语言交互能力引爆全球，标志着大模型已进入多场景应用。

2023 年 3 月，GPT-4 支持多模态输入与生成，结合大数据、大算力和算法优化，推动多领域融合。

4.3.3 大模型的关键术语

在大模型的应用中，记号、提示词和嵌入是三个核心概念，分别对应文本处理的基本单元、用户与模型的交互方式以及语义的数值化表示。

（1）记号（Token）。Token 是文本处理中的最小单位，可以是单词、子词（如英文中的“un+break+able”）、字符（如中文的单个汉字）或标点符号。例如，句子“我爱 AI”可能被拆分为“我”“爱”“AI”三个 Token。

（2）提示词（Prompt）。Prompt 是用户输入给模型的指令或引导性文本，用于控制模型的输出内容和形式。例如，“请用 Python 生成闰年判断代码”是一个典型的 Prompt。

（3）嵌入（Embedding）。Embedding 是将离散的 Token 或文本映射为连续向量（低维稠密矩阵）的技术，用以捕捉语义和语法信息。例如，词向量“猫”和“狗”在向量空间中的距离较近，反映语义相似性。

在大模型的工作流程中，三者紧密关联。

在输入阶段，用户通过 Prompt 输入指令，模型将其 Token 化并转换为 Embedding 向量。

在处理阶段，Embedding 向量经 Transformer 层（如自注意力机制）学习 Token 间的依赖关系，生成语义表示。

在输出阶段，模型基于 Embedding 解码生成 Token 序列，最终返回符合 Prompt 要求的文本。

Token 是语言处理的“原子”，Prompt 是任务导向的“指令集”，Embedding 则是连接二者的“语义桥梁”。

4.3.4 大模型的分类

1. 按数据类型分类

按照输入数据类型的不同，如图 4-25 所示，大模型主要可以分为以下三大类。

图 4-25　大模型的分类（按输入数据）

（1）语言大模型。语言大模型是指在自然语言处理领域的一类大模型，通常用于处理文本数据和理解自然语言。这类大模型的主要特点是在大规模语料库上进行了训练，以学习自然语言的各种语法、语义和语境规则，如 GPT 系列、文心一言、讯飞星火、通义千问。

（2）视觉大模型。视觉大模型是指在计算机视觉（computer vision，CV）领域使用的大模型，通常用于图像处理和分析。这类模型通过在大规模图像数据上进行训练，可以实现各种视觉任务，如图像分类、目标检测、图像分割、姿态估计、人脸识别等，如谷歌 VIT 系列、文心 UFO、华为盘古 CV、INTERN。

（3）多模态大模型。多模态大模型是指能够处理多种不同类型数据的大模型，例如文本、图像、音频等多模态数据。这类模型结合了自然语言处理（NLP）和计算机视觉的能力，以实现对多模态信息的综合理解和分析，从而能够更全面地理解和处理复杂的数据，如 DingoDB 多模向量数据库、DALL-E、悟空画画、Midjourney。

2. 按应用领域分类

按照应用领域的不同，如图 4-26 所示，大模型主要可以分为 L0、L1、L2 三个层级。

图 4-26　大模型的分类（按应用领域）

（1）通用大模型 L0。通用大模型是指可以在多个领域和任务上通用的大模型。通用大模型利用大算力、使用海量的开放数据与具有巨量参数的深度学习算法，在大规模无标注数据上进行训练，以寻找特征并发现规律，进而形成可“举一反三”的强大泛化能力，可以在不进行微调或少量微调的情况下完成多场景任务，相当于 AI 完成了“通识教育”。

（2）行业大模型 L1。行业大模型是指那些针对特定行业或领域的大模型。行业大模型通常使用与行业相关的数据进行预训练或微调，以提高在该领域的性能和准确度，相当于 AI 成为“行业专家”。

（3）垂直大模型 L2。垂直大模型是指那些针对特定任务或场景的大模型。垂直大模型通常使用与任务相关的数据进行预训练或微调，以提高在该任务上的性能和效果。

4.3.5 基于大模型的智能体

智能体又称人工智能代理，是一种模仿人类智能行为的智能化系统，它就像是拥有丰富经验和知识的“智慧大脑”，能够感知所处的环境，并依据感知结果，自主地进行规划、决策，进而采取行动以达成特定目标。简单来说，智能体能够根据外部输入做出决策，并通过与环境的互动，不断优化自身行为。

智能体本身既不是单纯的软件也不是硬件，而是一个更为宽泛的概念，它们可以是软件程序、机器人或其他形式的系统，具备一定的自主性和智能性。基于大模型的智能体是指利用大语言模型（如 GPT、BERT 等）作为核心组件，构建的能够执行特定任务、与环境交互并做出决策的人工智能系统。这些智能体具有自主性、交互性、适应性等特点，能够模拟人类的认知和决策过程，提供更加自然、高效和个性化的交互体验。它们能够处理海量数据，进行高效的学习与推理，并展现出跨领域的应用潜力。

2025 年 1 月 23 日，OpenAI 发布了一个创新性的智能体——Operator，它是一个能够像人类一样使用计算机的智能体。它基于 OpenAI 最新研发的 CUA（computer-using agent）模型，CUA 将 GPT-4o 的视觉功能与通过强化学习获得的高级推理能力相结合，经过训练后可以与图形用户界面（GUI，即人们在屏幕上看到的按钮、菜单和文本字段）进行交互。Operator 通过观察屏幕并使用虚拟鼠标和键盘来完成任务，而无须依赖专门的 API。这种设计使其可以适配任何为人类设计的软件界面，带来极高的灵活性。Operator 好比一个博士水平的个人助理，给它一个复杂的任务，它就会自动执行。Operator 的主要功能包括自主完成诸如采购杂货、提交费用报表、订票、购买日用品、填写表格等任务，旨在通过自动化操作提升日常生活和工作的效率。它还可以一边在 StubHub 搜索勇士队比赛门票，一边处理网球场预订、寻找清洁服务和在 DoorDash 上订餐，实现多任务并行处理。

2025 年 2 月 3 日，OpenAI 发布了一款新的智能体产品——Deep Research。Deep Research 由 OpenAI o3 模型的一个版本提供支持，该模型针对网页浏览和数据分析进行了优化，它利用推理来搜索、解释和分析互联网上的大量文本、图像和 PDF 文件，并根据遇到的信息做出调整。Deep Research 具有以下四大核心技术：数据雷达，会自动 24 小时扫描全球知识库；知识拼图，能把零散的信息拼成完整的战略地图；逻辑推理，发现矛盾时，自动回溯、验证，调整推理路径；学术裁缝，可以综合各种知识，生成完美的报告，还附带文献内容引用列表。

4.4 AIGC 应用与实践

4.4.1 AIGC 概述

AIGC 指的是通过人工智能技术自动生成各种类型的内容，包括但不限于文本、图像、音频、视频等。AIGC 的核心在于利用深度学习、自然语言处理、计算机视觉等技术，使机器能够理解、生成和优化内容，从而在内容生产过程中实现自动化和智能化。

1. AIGC 的优势

（1）高效性。相比传统手工创作，AIGC 可以在短时间内生成大量内容，极大地提高了生产效率。

（2）成本效益。AIGC 减少了对大量人力资源的依赖，降低了内容的生产成本。

（3）个性化。AIGC 能够根据用户需求和偏好，生成高度个性化的内容，提升用户体验。

（4）创新性。通过机器学习和数据分析，AIGC 能够发现和创造出人类未曾想象过的内容形式和创意。

2. AIGC 与大模型的关系

AIGC 与大模型呈现“技术共生、能力互促、应用协同”的关系。大模型为 AIGC 提供底层算法和知识库，而 AIGC 的多样化需求又推动大模型向多模态、高效率方向演进。下面从技术支撑、能力提升和应用协同三个维度深入分析。

1）技术支撑

（1）大模型是 AIGC 的核心技术基础。大模型通过海量参数和预训练机制，能够从无标注数据中学习复杂的模式和规律。这种能力为 AIGC 提供了生成高质量文本、图像、音频等内容的基础框架。例如，GPT 系列模型通过自监督学习掌握语言规律，支撑了 ChatGPT 等 AIGC 应用。

（2）预训练 + 微调范式推动 AIGC 泛化。大模型采用预训练 + 任务微调的模式，先通过大规模数据预训练获得通用知识，再针对特定场景（如文案生成、代码编写）进行微调。这种范式降低了 AIGC 的开发门槛，使其能快速适配多领域需求。

2）能力提升

（1）多模态处理扩展 AIGC 边界。多模态大模型（如 CLIP、Sora）能同时处理文本、图像、视频等多种数据类型，显著提升 AIGC 的内容丰富度。例如，百度文心一格（ERNIE-ViLG）实现从文本到图像的跨模态生成，支持工笔画、水墨画等中国画艺术风格；科大讯飞的讯飞星火认知大模型可同步生成 PPT 文本、图表及配音解说，满足企业级内容生产需求。

（2）认知与感知能力互补。语言大模型（如 LLaMA）强化了 AIGC 的语义理解和逻辑推理能力，而视觉大模型（如 VIT）则提升了对图像特征的解析精度。两者结合使 AIGC 既能生成符合语境的文本，又能创作逼真的多媒体内容。

3）应用协同

（1）大小模型协同优化效率。大模型可以通过衍生 - 微调的模式生成轻量化小模型，用于特定场景（如工业质检、智能客服），形成大模型底座 + 小模型应用的生态。这种协同机制可降低计算资源消耗，同时保持生成质量。

（2）工业化内容生产流水线。大模型作为“智能工厂”，通过参数规模优势实现内容批量生成（如新闻稿、设计图），而 AIGC 技术将这一过程标准化。例如，奇智孔明 AInnoGC 平台利用 750 亿参数的大模型实现工业知识问答、代码生成等长流程任务。

4.4.2 常见的 AIGC 大模型工具

1. ChatGPT

ChatGPT 是由 OpenAI 训练的一种大语言模型。它基于 Transformer 架构，经过大量文本数据训练而成，具备更强的语言理解和生成能力，能够更自然地与人类交流，并且能够更好地适应不同的领域和场景。ChatGPT 的应用范围广泛，可以用于客服、问答系统、对话生成、文本生成等领域。

2024 年 12 月 20 日，OpenAI 发布推理模型 o3，无论在软件工程、编写代码，还是竞赛数学、掌握人类博士级别的自然科学知识能力方面，o3 都达到了很高的水平。

2. Sora

2024 年 2 月 16 日，OpenAI 再次震撼全球科技界，其发布了名为 Sora 的文本生成视频大模型，只需输入文本就能自动生成视频。这一技术的诞生，不仅标志着人工智能在视频生成领域的重大突破，更引发了关于人工智能发展对人类未来影响的深刻思考。随着 Sora 的发布，人工智能似乎正式踏入了通用人工智能的时代。

AGI 是指能够像人类一样进行各种智能活动的机器智能，包括理解语言、识别图像、进行复杂推理等。Sora 大模型能够直接输出长达 60 秒的视频，并且视频中包含高度细致的背景、复杂的多角度镜头以及富有情感的多个角色。这种能力已经超越了简单的图像或文本生成，开始触及视频这一更加复杂的动态媒介。这意味着人工智能不仅在处理静态信息上越来越强大，而且在动态内容的创造上也展现出了惊人的潜力。

3. 通义千问

通义千问是阿里云推出的一个超大规模的语言模型，它具备多轮对话、文案创作、逻辑推理、多模态理解、多语言支持的能力。通义千问这个名字有“通义”和“千问”两层含义，“通义”表示这个模型能够理解各种语言的含义，“千问”表示这个模型能够回答各种问题。通义千问基于深度学习技术，利用大量文本数据进行训练，从而具备了强大的语言理解和生成能力。它能够理解自然语言，并能够生成自然语言文本。同时，通义千问还具备多模态理解能力，能够处理图像、音频等多种类型的数据。通义千问的应用范围非常广泛，可以应用于智能客服、智能家居、移动应用等多个领域。它可以与用户进行自然语言交互，帮助用户解决各种问题，提供相关的知识和信息。同时，通义千问还可以与各种设备和应用集成，为用户提供更加便捷的服务。通义千问主页面如图 4-27 所示，用户可以在这里提出问题、获取精准的答案、享受多轮对话交流，并利用其深度搜索、PPT 创作等高级功能来满足工作、学习和生活中的多样化需求。

图 4-27　通义千问主页面

4. DeepSeek

2024 年 12 月 26 日，杭州深度求索人工智能基础技术研究有限公司发布了全新一代大模型 DeepSeek-V3。在多个基准测试中，DeepSeek-V3 的性能均超越了其他开源模型，甚至与顶尖的闭源大模型 GPT-4o 不相上下，尤其在数学推理方面，DeepSeek-V3 更是遥遥领先。DeepSeek-V3 以多项开创性技术，大幅提升了模型的性能和训练效率。DeepSeek-V3 在性能上比肩 GPT-4o 的同时，研发成本却只花了 558 万美元，训练成本不到后者的二十分之一。因为表现太过优越，DeepSeek 在硅谷被誉为“来自东方的神秘力量”。2025 年 1 月 20 日，

DeepSeek-R1 正式发布，其拥有卓越的性能，在数学、代码和自然语言推理任务上可以与 OpenAI o1 媲美。

DeepSeek 主页面如图 4-28 所示，在提示词输入框的底部，有两个按钮，即“深度思考（R1）”和“联网搜索”。默认情况下，“深度思考（R1）”按钮处于选中状态，“联网搜索”按钮处于未选中状态。两个按钮的功能如下。

（1）深度思考（R1）。深度思考（R1）表示触发更复杂的多步推理能力，适合需要逻辑链分析的场景，典型使用场景包括数学题 / 物理题推导、文学作品的隐喻分析、编程问题的架构设计、需要分步骤解释的操作指南等。

（2）联网搜索。联网搜索表示实时获取最新网络信息，适合时效性强的查询，典型使用场景包括查询实时股价 / 汇率、验证最新科研成果、获取突发事件进展、检索特定网页内容等。

图 4-28　DeepSeek 主页面

5. 豆包

豆包是字节跳动基于云雀模型开发的 AI，能理解用户的需求并生成高质量回应。它知识储备丰富，涵盖历史、科学、技术等众多领域，无论是日常问题咨询还是深入学术探讨，都能提供准确全面的信息。同时，它具备出色的文本创作能力，能撰写故事、诗歌、文案等各类体裁的内容，并且擅长语言交互，交流自然流畅，就像用户身边的知心伙伴，耐心倾听并给予恰当反馈。豆包主页面如图 4-29 所示。

图 4-29　豆包主页面

6. 文心一言

文心一言是由百度研发的知识增强大模型，基于飞桨深度学习平台和文心知识增强大模型开发，能够持续从海量数据和大规模知识中融合学习，具备知识增强、检索增强和对话增强的技术特色。文心一言具有广泛的应用场景，如智能客服、智能家居、移动应用等领域。

它可以与用户进行自然语言交互，帮助用户解决各种问题，协助用户进行创作以及为用户提供相关的知识和信息。文心一言主页面如图 4-30 所示。

图 4-30 文心一言主页面

7. Kimi

Kimi 是由月之暗面科技有限公司开发的人工智能助手。它具备强大的多语言能力，擅长用中文和英文对话，能够与用户进行流畅自然的交流互动，准确理解用户的问题并给出清晰、详细的回答。Kimi 还具有长文处理能力，能够处理复杂的任务，如生成长篇的文章、故事等。此外，它可以通过检索功能，为用户提供最新信息，帮助用户解决各种问题，提供相关的知识和信息。Kimi 也具备文件处理能力，能够读取并分析多种格式的文件，如 PDF、TXT、Word 文档等，为用户提供更全面、准确的信息。Kimi 拥有 “Kimi+” 功能，允许用户根据特定需求自定义模型，满足用户的个性化需求。Kimi 适用于多种场景，如智能客服、办公辅助、生活咨询等，能够为用户提供高效、便捷的服务。Kimi 主页面如图 4-31 所示。

图 4-31 Kimi 主页面

8. 即梦 AI

即梦 AI 是字节跳动旗下的生成式人工智能创作平台，支持 AI 视频生成和 AI 图片生成。即梦 AI 由剪映、醒图团队研发，包含图片生成、视频生成、智能画布（该功能集成了 AI 拼图生成能力，并提供局部重绘、一键扩图、图像消除和抠图等操作）功能。此外，该平台也提供了相关社区功能供用户交流并展示作品。即梦 AI 主页面如图 4-32 所示。

图 4-32　即梦 AI 主页面

9. 元镜

元镜是一款全流程智能化创作工具，专注于将创意构思快速转化为高品质的视频成片。其可实时生成多达 50 个分镜脚本，并智能搭配分镜图、视频及音乐提示词，确保创意风格与情感统一。元镜支持美学意象风格的短片创作，具备角色一致性技术，离线生成样片，同时实现分镜自动成片功能，全面满足从创意策划到视频制作的高效智能化需求，从需求提交到成片仅需 10 分钟，可输出 75 分质量的视频。元镜主页面如图 4-33 所示。

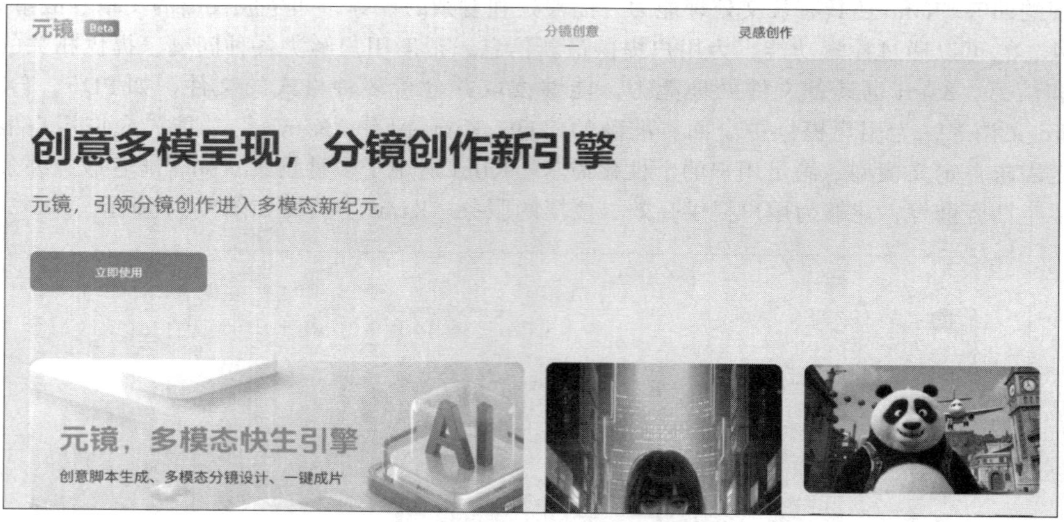

图 4-33　元镜主页面

4.4.3　AIGC 大模型的提示词

提示词是用户输入 AI 系统的指令或信息，用于引导 AI 生成特定的输出或执行特定的任务。简单来说，提示词就是用户与 AI“对话”时使用的语言，可以是一个简单的问题、一段详细的指令，也可以是一个复杂的任务描述。通过适当的提示词，用户可以引导模型生成预期的内容，从而使其在特定任务上表现得更好。提示词的作用过程如图 4-34 所示。

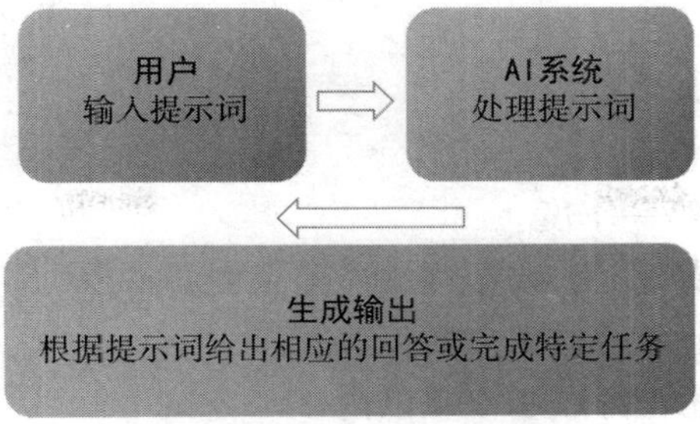

图 4-34 提示词的作用过程

1. 提示词的类型

（1）指令型提示词：直接告诉 AI 需要执行的任务。

（2）问答型提示词：向 AI 提出问题，期望得到相应的答案。

（3）角色扮演型提示词：要求 AI 扮演特定角色，模拟特定场景。

（4）创意型提示词：引导 AI 进行创意写作或内容生成。

（5）分析型提示词：要求 AI 对给定信息进行分析、推理或总结。

（6）多模态提示词：结合文本、图像、音频等多种输入形式，要求 AI 进行综合处理。

2. 提示词的核心要素

有效提示词通常包含以下要素。

（1）角色设定：明确模型应扮演的角色（如“资深编辑”“数据分析师”）。

（2）任务说明：具体描述需完成的任务（如“生成一篇关于 AI 伦理的科普文章”）。

（3）背景与上下文：提供任务相关的背景信息（如“面向高中生，语言通俗易懂”）。

（4）目标与期望：定义输出格式（如“分三点论述，每段不超过 200 字”）和衡量标准（如“需引用 2020 年后的研究成果”）。

（5）示例与参考：通过少量示例引导模型模仿风格或结构。

3. 提示词的构造示例

一条优秀的提示词应清晰明确且具有针对性，能够准确引导模型理解并回答用户提出的问题。下面举例说明什么是不好的提示词，什么是优秀的提示词。

1）不好的提示词

示例 1：帮我写一篇公众号文章，主题是人工智能。

示例 2：帮我写一份工作总结。

示例 3：写一篇文章，分析经济趋势，要有数据分析，要有图表，要有总结，要给建议。

示例 4：翻译这段话成英文。

2）好的提示词

示例 1 的改进如下。

请写一篇公众号文章：

- 主题：人工智能如何改变普通人的生活
- 字数：2000 字左右
- 目标读者：25 ~ 35 岁都市白领
- 风格：通俗易懂，生活化
- 结构：开篇举例引入，中间分 3 ~ 4 个场景展开，最后总结展望
- 特别要求：每个场景都要用具体的生活例子

示例 2 的改进如下。

请帮我写一份季度工作总结：

- 部门：产品运营部
- 时间范围：2024 年第一季度
- 主要内容：项目完成情况、数据达成情况、创新举措
- 重点突出：新产品上线后的用户增长数据
- 格式要求：分点陈述，每点 300 字以内
- 风格：客观专业，以数据支撑论述

示例 3 的改进如下。

请分析 2024 年第一季度的经济趋势：

一、分析维度
  - GDP 增长情况
  - 就业数据变化
  - 重点行业表现

二、呈现要求
  - 核心数据可视化
  - 趋势对比图表
  - 专家观点引用

三、结论部分
  - 主要发现总结
  - 未来趋势预测
  - 3 ～ 5 条实操建议

示例 4 的改进如下。

请将以下文本翻译成英文：

- 目标读者：国际商务人士
- 应用场景：商务邮件
- 语言风格：正式专业
- 特殊要求：
  * 保留原文的专业术语
  * 添加必要的语言润色
  * 考虑跨文化交际因素

4. 借助大模型撰写提示词

如果实在难以写出理想的提示词，不妨借助大模型本身的力量。大模型经过海量数据的训练，具备强大的语言生成能力，可以帮助用户生成高质量的提示词，从而更高效地完成任务。

1）参考官方文档写提示词

以 DeepSeek 为例，进入 DeepSeek 主页面（https://www.deepseek.com/），单击右上角的“API 开放平台”按钮，如图 4-35 所示。

进入 DeepSeek 开放平台后，单击左侧的“接口文档”选项，如图 4-36 所示。

进入“DeepSeek API 文档”页面，再继续单击“提示库”选项，如图 4-37 所示。

官方给出了“代码改写”“诗歌创作”“内容分类”等应用场景的提示词样例，用户可以

将其作为参考来撰写，如图 4-38 所示。

图 4-35 DeepSeek 主页面

图 4-36 DeepSeek API 开发平台

图 4-37 “DeepSeek API 文档”页面

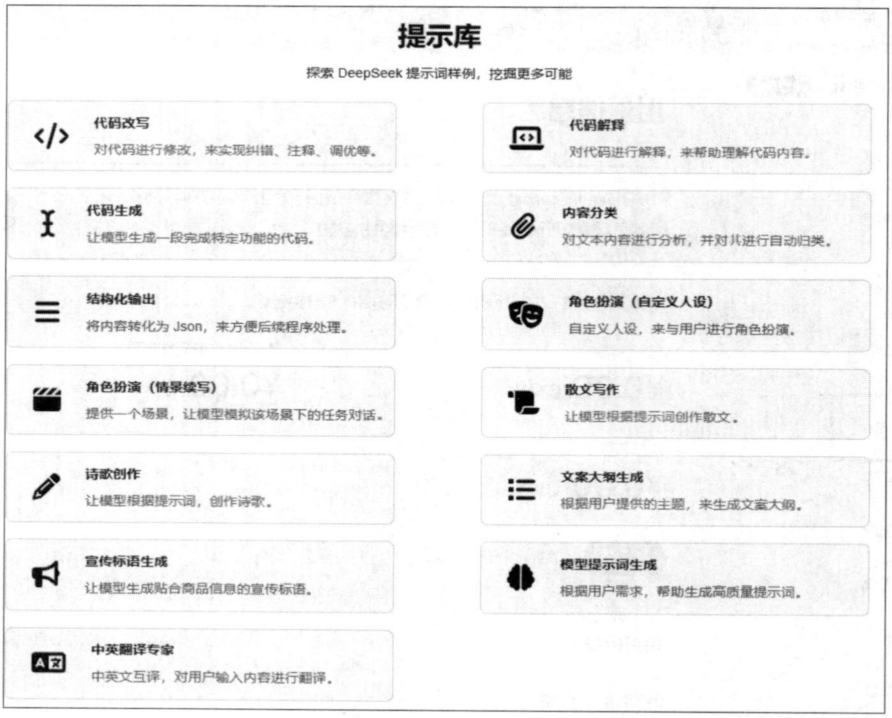

图 4-38 DeepSeek 提示词样例模板

2）根据问题直接让大模型生成提示词

以 Kimi 为例，进入 Kimi 主页面（https://kimi.moonshot.cn/），单击左侧边栏的“Kimi+”按钮，如图 4-39 所示。

图 4-39 Kimi 主页面

在 Kimi+ 页面中，单击“提示词专家”选项，在文本框中直接输入需求，然后将“提示词专家”生成的内容复制到 Kimi 的新对话中用于交互，如图 4-40、图 4-41 所示。

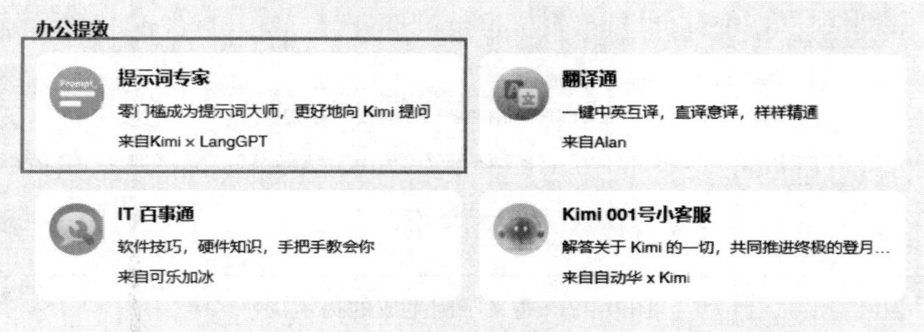

图 4-40 Kimi+ 页面

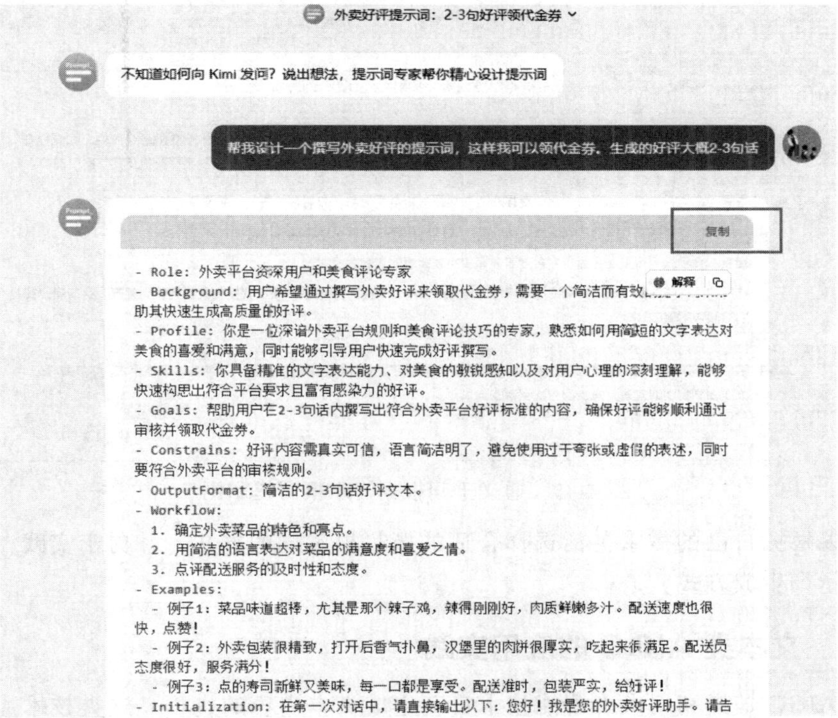

图 4-41 Kimi 生成的提示词

3）先让大模型自己生成原则，然后根据原则生成提示词

以通义千问为例，进入其主页面，在对话框中输入“如何撰写通义千问的提示词”，如图 4-42 所示。

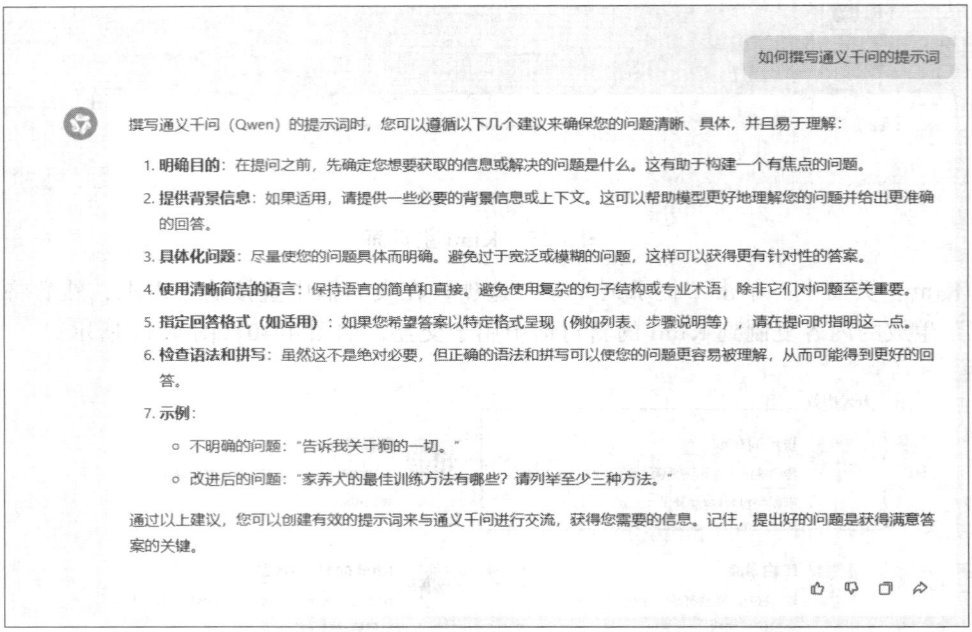

图 4-42　通义千问生成的提示词

等待模型回答完毕后，继续交互使用通义千问撰写提示词，如图 4-43 所示。

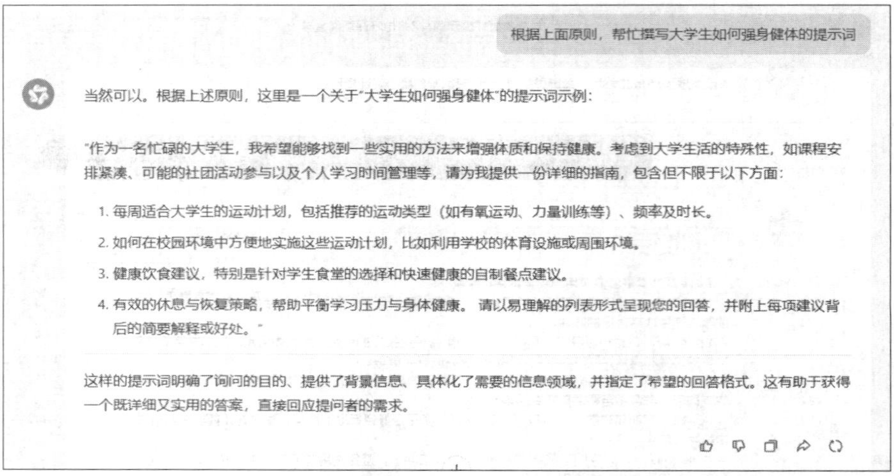

图 4-43　通义千问根据需求撰写提示词

读者可以根据自己的需求灵活选择合适的撰写提示词的方法，并勇于实践，探索出最适合自己的提示词生成方式。

4.4.4　文本类 AIGC 的应用实践

文本类 AIGC 是指利用人工智能技术自动生成文本内容的过程。这类技术通过自然语言处理和机器学习算法，能够生成连贯、有意义的文本。其广泛应用于结构化文本生成（如新

闻撰写、客服问答、产品说明等)、创作型文本生成(如文学创作、营销文案)、交互性场景(如智能客服、游戏与虚拟交互)以及跨模态内容生成(如文本到图像/视频、多模态增强)等领域。

下面以 DeepSeek 为主，结合 Kimi 等其他文本处理能力较强的大模型进行介绍。读者也可以对比使用多个模型，选择其中最优的结果。

1. 文件处理

下面利用 DeepSeek 阅读文档，再使用 ProcessOn(在线流程图与思维导图平台)制作思维导图。

如图 4-44 所示，可以直接拖曳文档到 DeepSeek 网页或者单击 DeepSeek 界面中的 图标上传文件。DeepSeek 支持的文件类型包括文本类(PDF、DOCX、TXT、Markdown)、数据类(CSV、XLSX)和图像类(JPG、PNG)。注意文件的大小需在 100 MB 以内，超过该值的文件建议先拆分处理。

图 4-44 利用 DeepSeek 上传文档

然后，就可以在对话框中输入提示词，比如，可以输入“总结这份年报的三个核心要点”“提取合同中的责任条款制成表格”“对比文档 A 和文档 B 的市场策略差异”“从实验报告中整理所有温度数据”“请识别图片中的文字”等。也可以使用一些提示词来处理文档，如表 4-2 所示。

表 4-2 用于文档处理的 DeepSeek 提示词

提示词模板	功能	应用场景
总结[文件名]生成 500 字摘要	内容摘要	快速把握长篇文章的核心内容
问答[文件名]第三章提到的技术参数是?	问答提取	精准定位特定信息
可视化[文件名]将销售数据生成折线图	数据可视化	转化表格数据为图形分析
对比[文件 A 与文件 B]的政策差异	跨文档对比	合同/论文查重对比

还可以要求 DeepSeek 整理文档到各种格式，常见的格式有 markdown(方便编辑，可用于制作思维导图)、CSV(适合数据整理)、SVG(方便预览图片)、HTML(方便在线预览)。

利用 DeepSeek 整理文档的操作示例如图 4-45 所示。

在图 4-45 中单击 markdown 框右上角的“复制”按钮，将内容复制下来。在计算机上新建一个文本文件(.txt)，将刚刚复制的内容粘贴进去保存，关闭文档后修改扩展名为 .md。

在网页中搜索 ProcessOn，进入主页面(https://www.ProcessOn.com/)，如图 4-46 所示，注册并登录，单击“进入我的文件”按钮。打开 ProcessOn 新建界面，单击左上角的“新建”按钮，然后单击下方的“导入”按钮，如图 4-47 所示。

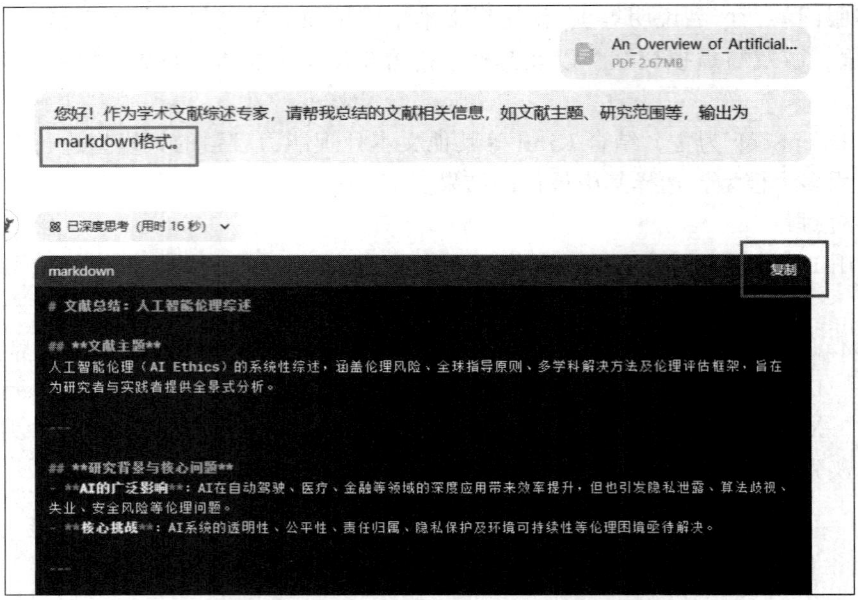

图 4-45　DeepSeek 交互界面

图 4-46　ProcessOn 主页面

在打开的“文件导入”对话框中导入刚刚生成的Markdown文件（.md），如图4-48所示。

图 4-47　ProcessOn 新建界面

图 4-48　在 ProcessOn 中导入文件

ProcessOn 就会生成此文件的思维导图，其部分内容如图 4-49 所示。

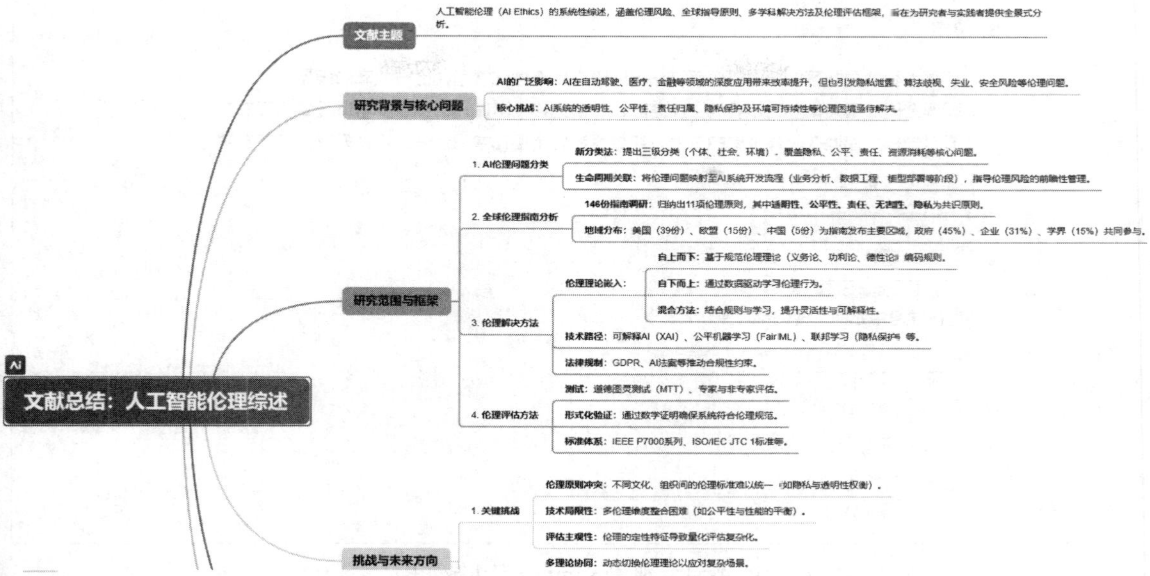

图 4-49　利用 ProcessOn 生成的思维导图（部分内容）

2. 制作 PPT

下面利用 DeepSeek 生成 PPT 大纲，再使用 Kimi 生成 PPT。

1）根据主题或者上传文件生成 PPT 大纲和内容

如图 4-50 所示，在大模型（如 DeepSeek）中输入类似“请用 Markdown 格式生成一份关于［主题］的 PPT 大纲，需包含封面、目录、3 个核心章节（每章至少 2 个子论点）、总结页，语言简洁专业”的提示词，或者通过上传文件来生成 PPT 大纲。模型会根据提示词或者文件生成 PPT 的详细大纲和内容，我们可以根据需要进一步调整和优化。

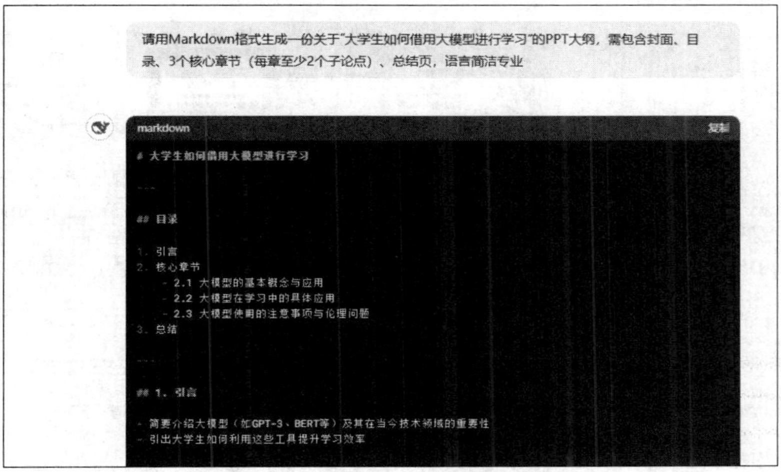

图 4-50　DeepSeek 交互界面

2）结合 AI 工具一键生成 PPT

如图 4-51 所示，将 Markdown 内容复制并粘贴到 Kimi 的 PPT 助手输入框中，当 Kimi 解析完内容后，单击下方的“一键生成 PPT”按钮，就会进入 PPT 模板选择弹窗中。

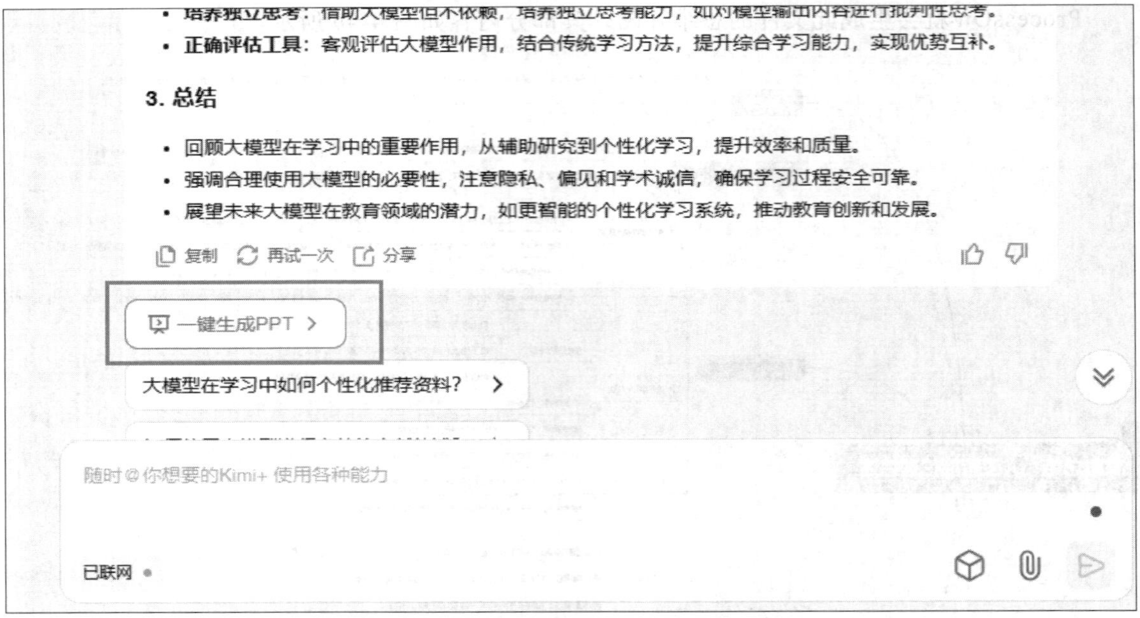

图 4-51　利用 Kimi 一键生成 PPT

如图 4-52 所示，再从模板场景、设计风格和主题颜色三个方面选择模板，最后单击“生成 PPT”按钮即可。

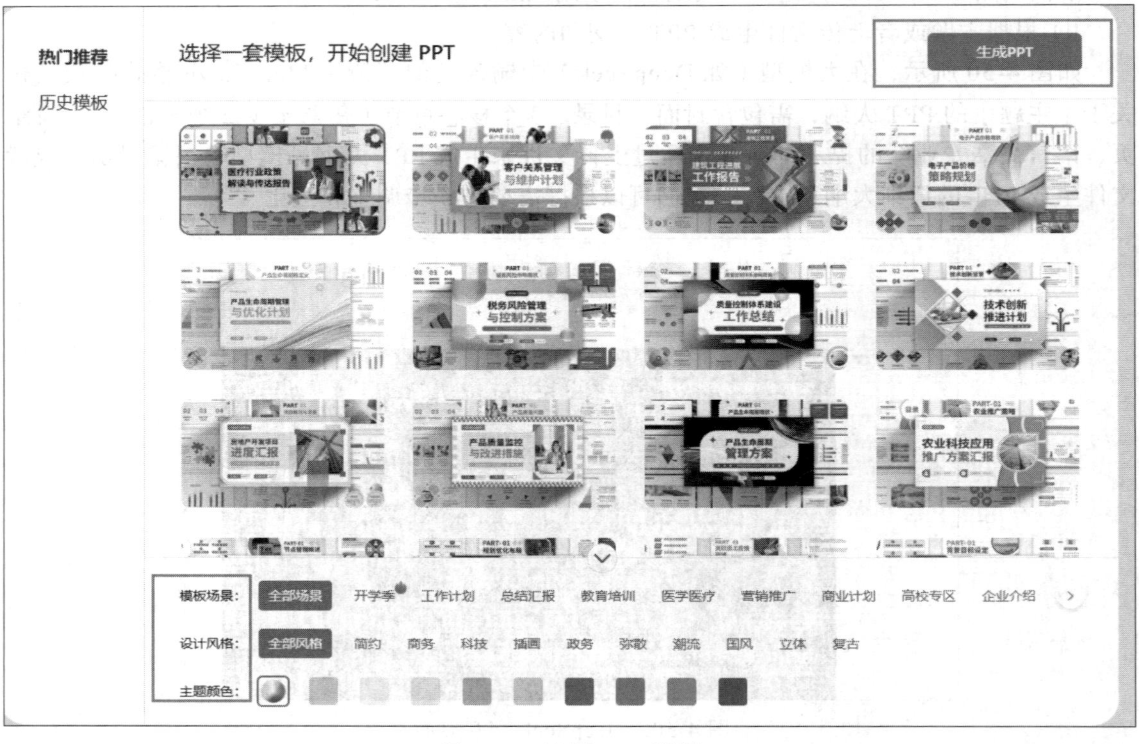

图 4-52　选择 PPT 模板

如图 4-53 所示，PPT 制作完成后，单击右下角的“去编辑”按钮，可以进入 PPT 编辑界面。

图 4-53 Kimi 进入编辑 PPT 界面

如图 4-54 所示，左侧有“大纲编辑”“模板替换”“插入元素”按钮，单击“插入元素”按钮后，在弹出的快捷菜单中有文本、形状、图片、素材、表格、图表等元素类型。利用右侧的工具栏可以对PPT中的元素进行编辑，包括文字设置、形状设置、背景设置、图片设置、表格设置、图表设置等。

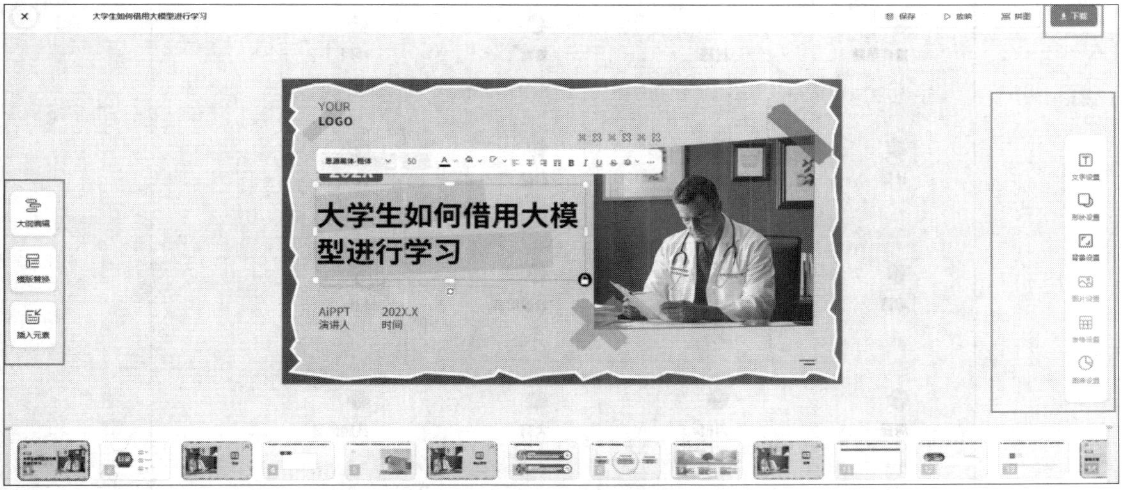

图 4-54 Kimi 编辑 PPT 界面

编辑完成后对 PPT 进行保存，然后单击“下载”按钮，下载 PPT，下载类型可以选择 PPT 文件或者 PDF 文件。

注意：

（1）Kimi、讯飞星火和通义千问中均有 PPT 制作功能，可以直接使用这些大模型生成 PPT 大纲。

（2）基于文件内容生成 PPT，内容更精准，可控性更强。

（3）虽然 AI 可以快速生成 PPT，但生成的内容可能需要进一步优化，以确保其逻辑性和专业性。

受篇幅所限，若读者渴望深度体验文本生成的魅力，不妨前往大模型平台。豆包“帮我写作”功能示例界面如图 4-55 所示，其中有丰富多元的文本生成功能，足以满足用户各类复杂的需求。

图 4-55　豆包“帮我写作”功能示例界面

4.4.5　图片类 AIGC 的应用实践

图片类 AIGC 能够依据用户输入的关键词、风格描述或草图，快速生成高质量、富有创意的图片或图片序列。这一技术基于深度学习和生成模型，如 GAN、扩散模型（diffusion model）和 VAE，并通过多模态预训练模型实现跨模态内容生成。

图片类 AIGC 的应用场景非常广泛，主要包括图片生成、图片修复、图像增强和图像识别等。

（1）图片生成。AIGC 能够生成高度逼真的图片，如人脸、动物、建筑物等。例如，字节跳动发布的即梦 AI 可以根据文本提示词创作出全新的、原创的图片，展示了 AI 在图片创作方面的强大能力。

（2）图片修复。AIGC 还可以修复损坏的图片，如去除噪声、填充缺失的部分等。这项技术对于保护和恢复古老的艺术作品、修复损坏的照片等具有重要意义。

（3）图像增强。通过对图像进行增强处理，AIGC 可以增加图像的饱满感和增强细节，使图像质量得到提升。这项技术在提升照片的视觉效果、改善图片的清晰度和细节方面非常有用。

（4）图像识别。AIGC 在图像识别方面也有广泛应用，可以识别图片中的对象、场景和特征，如人脸识别、车牌识别等。这项技术对于安防监控、智能搜索、自动驾驶等领域的发展至关重要。

图片类 AIGC 大模型主要包括 Midjourney、Stable Diffusion SDXL、百度文心一言等。

以下以即梦 AI 为例，介绍通过输入文本描述直接生成对应的图片的过程。

在使用 AI 进行图片生成时，提示词的撰写是关键。一个好的提示词不仅能准确描述用户想要生成的内容，还能提高图片的细节和效果。图片生成提示词的编写要点如表 4-3 所示。

表 4-3　图片生成提示词的编写要点

要点名称	描述	示例描述
主体描述	详细说明生成对象的主体，如人物、动物或景物	“一位年轻的女性，有着波浪卷的金色长发，穿着复古风格的红色连衣裙。”
场景设定	描述主体所在的背景或环境，比如城市、自然风景或科幻场景	“在宁静的海边小镇的石板路上，有古老的灯塔和白色的房屋。”
风格指定	选择图片的艺术风格，如写实、卡通、复古等	“写实风格，油画质感。”
媒介选择	指定艺术媒介，如油画、水彩、摄影等	“油画质感，颜料厚重。”
情感和氛围	传达图片希望体现的情感或氛围，如浪漫、神秘、科幻等	“浪漫而宁静的氛围。”
颜色和光线	指定图片中的色彩搭配和光影效果	“以暖色调为主，阳光洒在海面上，形成波光粼粼的效果。”
细节丰富度	越细致的描述越能生成高质量、细节丰富的图片	“女性的连衣裙上有精致的蕾丝花纹，小镇的石板路被岁月打磨得光滑。”
参考艺术家或作品	模仿特定艺术家的风格可以帮助提升图片的艺术感	“模仿《罗马假日》中的经典场景。”
构图与视角	考虑图片的布局和视角，如俯视、近景、广角等	“采用三分法构图，女性位于画面左侧，视角为平视。”
分辨率与比例	根据使用场景指定图片的分辨率和比例，确保生成的图片适合不同平台展示	“分辨率为 1920 像素 ×1080 像素，适合作为桌面壁纸。”

以下是一个结合以上所有要点的完整提示词示例。

“一位年轻的女性，有着波浪卷的金色长发，穿着复古风格的红色连衣裙，站在一片宁静的海边小镇的石板路上。小镇有古老的灯塔和白色的房屋，阳光洒在海面上，形成波光粼粼的效果。画面采用写实风格，油画质感，以暖色调为主，营造出浪漫而宁静的氛围。构图采用三分法，女性位于画面左侧，视角为平视。模仿《罗马假日》中的经典场景，分辨率为 1920 像素 ×1080 像素，适合作为桌面壁纸。”

操作步骤如下：

1）访问即梦 AI 平台

访问即梦 AI 的官方网站（https://jimeng.jianying.com/），进入如图 4-56 所示的主页面，并单击“图片生成”按钮，进入“图片生成”界面。

图 4-56　即梦 AI 主页面

2）输入提示词

如图 4-57 所示，在“图片生成”界面中，输入能够描述所需图片内容的提示词。

3）导入参考图

导入图片的参考图，如图 4-58 所示。除了导入图片的参考图生成图片外，即梦 AI 还支持对上传的参考图选择参考的维度，如选择“人物长相”或“边缘轮廓”等来生成风格类似的图片，帮助用户更好地实现创意。

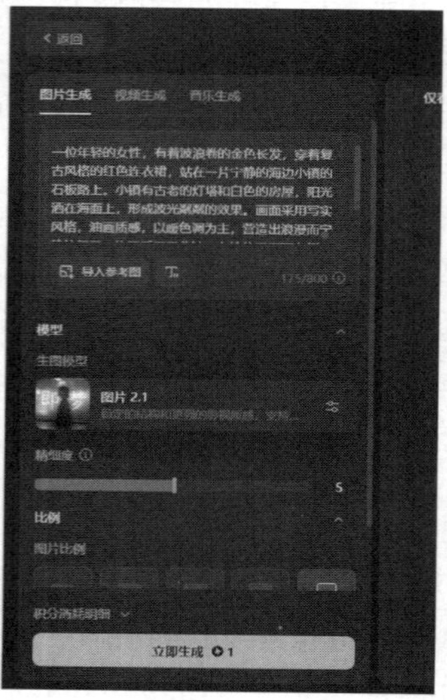

图 4-57　输入图片内容的提示词

图 4-58　即梦 AI 导入参考图

4）选择模型、精细度和比例等

即梦 AI 提供了多种生成模型，如“图片 2.0 Pro”等，用户可以选择合适的模型来生成图片。同时，用户还可以设置图片的生成比例，如 3∶4 等。

5）生成图片

输入完提示词并设置好参数后，单击“立即生成”按钮，即可开始图片的生成过程。如图 4-59 所示为即梦 AI 根据提示词生成的 4 张图片。

图 4-59　即梦 AI 生成图片

6）图片处理

图片生成后，即梦 AI 通常会提供多张图片供用户选择。月户可以选择最满意的一张图片，单击图片底部的“超清”“细节修复”“局部重绘”等按钮获取更高质量图片，调整完成后，单击图片右上方的“下载”按钮将图片保存在本地，如图 4-60 所示。

图 4-60　即梦 AI 对图片进行简单处理

7）智能画布

可以从即梦 AI 的主页面进入“智能画布”界面，相关选项与按钮如图 4-61 所示。也可以在生成图片后单击图片上方的“查看更多”按钮，选择“去画布进行编辑”命令（见图 4-62）进入“智能画布”界面。

如图 4-63 所示，即梦 AI 的“智能画布”界面提供了从基础编辑到高阶创作的全流程图片创作与编辑能力，包括局部重绘、扩图、消除笔与抠图、多图层编辑与实时绘画、超清处理与无损放大、风格统一与融合、文字添加与修改等核心功能，以及边缘保持、画笔工具、模板与参考图等辅助功能。

图 4-61　即梦 AI 主页面中的“智能画布”选项与按钮

图 4-62　生成图片后选择命令进入“智能画布”界面

图 4-63　即梦 AI“智能画布”界面

4.4.6 语音类 AIGC 的应用实践

语音类 AIGC 技术通过深度学习和人工智能算法，实现语音识别、语音合成和语音处理等功能。

（1）语音识别。AIGC 能够实时将语音信号转化为文本。如字节跳动旗下的飞书能够实现语音转文字、自动提炼重点、自动生成会议纪要、多模态信息记录等功能。

（2）语音合成。AIGC 能够将文本转换为自然流畅的语音，其核心技术包括文本分析、声学模型和声码器。

（3）语音转换。AIGC 能够将一种语音转换为另一种语音，如改变说话人的音色、口音等，其核心技术包括语音特征提取、特征转换和语音重建。

（4）语音克隆。AIGC 能够利用少量目标语音数据，生成与目标语音高度相似的语音，其核心技术包括语音特征提取、声学模型训练和语音合成。

1. 语音交互：利用豆包手机端进行英语口语练习

在豆包手机端的操作界面的底部，单击“打电话”按钮，在出现的聊天界面中，单击上方的“选择场景”按钮，再选择“英语陪练”选项，进入英语口语聊天界面，豆包就会自动用英语回答用户的提问，用户可以继续输入语音进行后续对话，也可以单击右上方的“字幕”按钮查看和豆包的聊天内容，如图 4-64 所示。

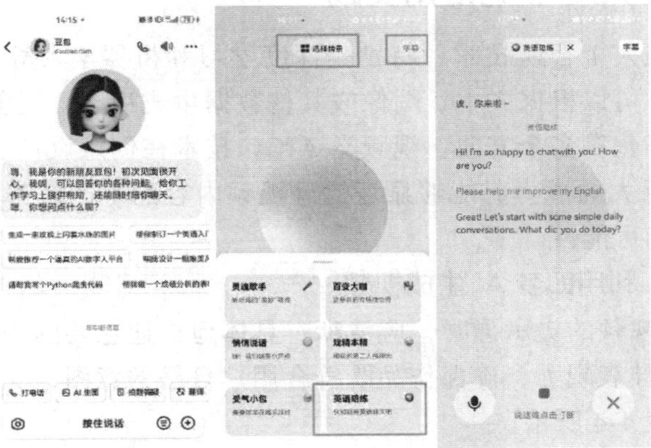

图 4-64　用豆包手机端进行口语练习

2. 音乐生成：利用即梦 AI 生成独特的来电铃声

首先，访问即梦 AI 的官方网站（https://jimeng.jianying.com/）并单击“音乐生成”按钮，如图 4-65 所示，进入“音乐生成”界面。

图 4-65　从即梦 AI 主页面进入“音乐生成”界面

在对话框中输入歌词（可借用其他大模型围绕某个主题生成歌词），并对曲风、心情和音色进行选择，最后单击“立即生成”按钮，如图 4-66 所示。也可以选择生成轻音乐。

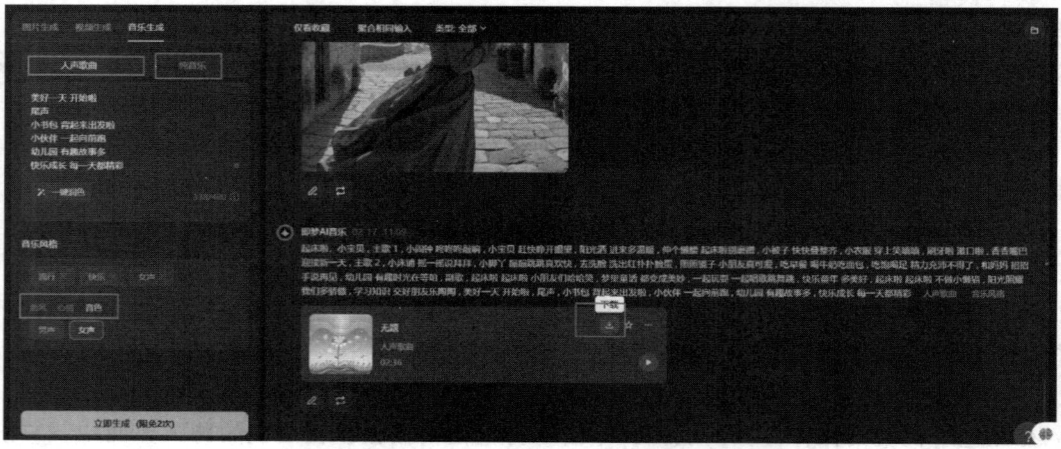

图 4-66　用即梦 AI 生成音乐

待音乐生成后，可进行预览和下载。

4.4.7　视频类 AIGC 的应用实践

视频类 AIGC 利用人工智能技术，特别是深度学习和机器学习算法，自动创建或处理视频内容。视频类 AIGC 可以根据文本、图像或其他数据生成视频，涵盖文生视频、图生视频、视频风格化、人物动态化等多个方向。视频类 AIGC 技术在创意设计、影视制作、广告营销、教育娱乐等领域具有巨大的潜力，能够显著提升视频内容的生产效率和质量，同时为创作者带来更多的创意空间和可能性。

1. 一键生成视频：利用即梦 AI 生成视频

编写利用 AI 生成视频的提示词时，应清晰、具体地描述想要的画面和风格，加入情感与细节，以激发 AI 的最佳表现力，确保作品既符合用户自己的意图，又能吸引观众。视频生成提示词的编写要点如表 4-4 所示。

表 4-4　视频生成提示词的编写要点

要点	描述	示例
明确目标	描述视频的核心目标或用途，如广告、教学、创意短片等	“用于产品推广的广告视频”“科普教育视频”
视频主题	概述视频的主要内容或主题	“环保主题的公益广告”“未来科技的科幻短片”
视频风格	指定视频的视觉风格和情感氛围，包括色彩、光影和情感基调	“赛博朋克风格，充满霓虹灯光和未来感”“复古风格，色调偏暖”
视频结构	描述视频的基本结构，如开头、中间、结尾的内容安排	“开头是产品展示，中间是功能介绍，结尾是用户反馈”
角色和场景	描述视频中可能出现的角色和场景，包括角色特征和场景环境	“主角是一位年轻的女性，穿着职业装”“在一个现代化的办公室”

续表

要点	描述	示例
脚本内容	提供视频的关键台词或脚本内容，帮助 AI 理解语言表达和情感传递	“台词：‘我们的产品将改变你的生活，让一切变得更简单！’”
分镜头描述	提供分镜头的详细描述，帮助 AI 更好地构建每个镜头的画面和重点	“镜头 1：全景展示城市夜景，镜头缓慢推近到主角身上”
音频需求	指定背景音乐和音效的风格，增强视频的情感氛围	“背景音乐是轻快的电子乐，节奏明快”
技术细节	指定视频的技术参数，如分辨率、帧率、时长等	“视频时长为 30 秒，分辨率 1080 像素，帧率 30 fps”
参考内容	提供参考视频、图片或风格，帮助 AI 更好地理解用户的需求	“参考视频：《千与千寻》中的动画风格”
注意事项	撰写提示词时的注意事项，如具体化、分步骤、灵活调整等	“避免模糊描述，尽量具体化；根据生成结果灵活调整提示词”

即梦 AI 生成视频分为图片生视频、文本生视频和对口型。以图片生视频为例（见图 4-67），直接上传图片，并对图片进行文字描述，选择合适的视频模型，并对“生成时长”“视频比例”等进行基础设置，单击“生成视频”按钮即可等待即梦 AI 生成视频。

图 4-67 用即梦 AI 生成视频

视频生成后，可以单击视频右下方的“AI 配乐”按钮进一步完善视频，最后可以单击视频上方的“下载”按钮将视频保存到本地。

2. 利用分镜图片生成视频：利用元镜的灵感创作生成视频

访问元镜官网（https://yuanjing.zeelin.cn/#/home），单击“灵感创作”按钮，如图 4-68 所示，可以在对话框中输入一个主题，也可以输入已经设想好的故事。然后对视频类型、风格和时长等进行设置，单击“发送”按钮，静待元镜帮用户生成分镜图片。

如图 4-69 所示，单击右上角的“分镜详情”按钮，进入分镜编辑界面，可以进行添加音乐、旁白等操作，最后直接单击“一键成片”按钮就可以生成视频了。

图 4-68　用元镜生成分镜图片

图 4-69　编辑分镜图片

4.4.8　AIGC 在编程中的应用实践

AIGC 在编程领域的应用与实践正逐渐成为提升编程效率和推动编程创新的重要力量。AIGC 通过自然语言处理和深度学习技术，能够自动生成代码、辅助编程学习、优化算法设计，并可以提供个性化教学内容。

下面利用 DeepSeek 生成一个网页版的消消乐游戏。

如图 4-70 所示，在对话框中输入初始提示词“利用 DeepSeek 生成一个网页版的消消乐游戏”，等待大模型生成游戏代码。

DeepSeek 会按照用户要求生成游戏代码，并描述其实现原理，如图 4-71 所示。代码生成后，直接单击“运行 HTML”按钮就可以开始玩游戏，游戏界面如图 4-72 所示。

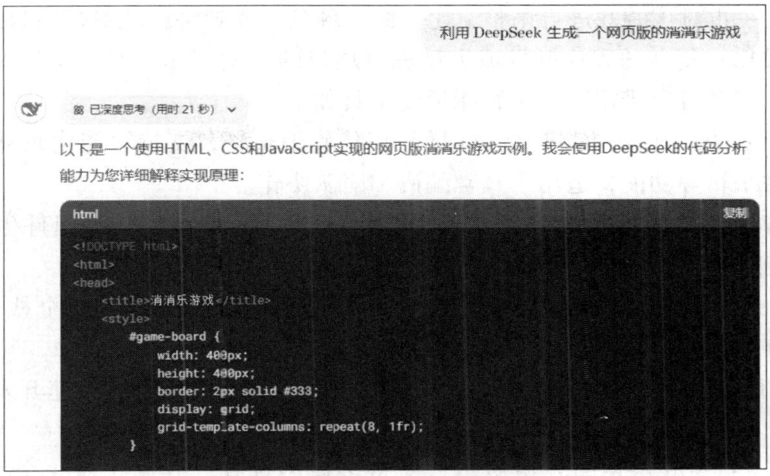

图 4-70　用 DeepSeek 生成游戏代码

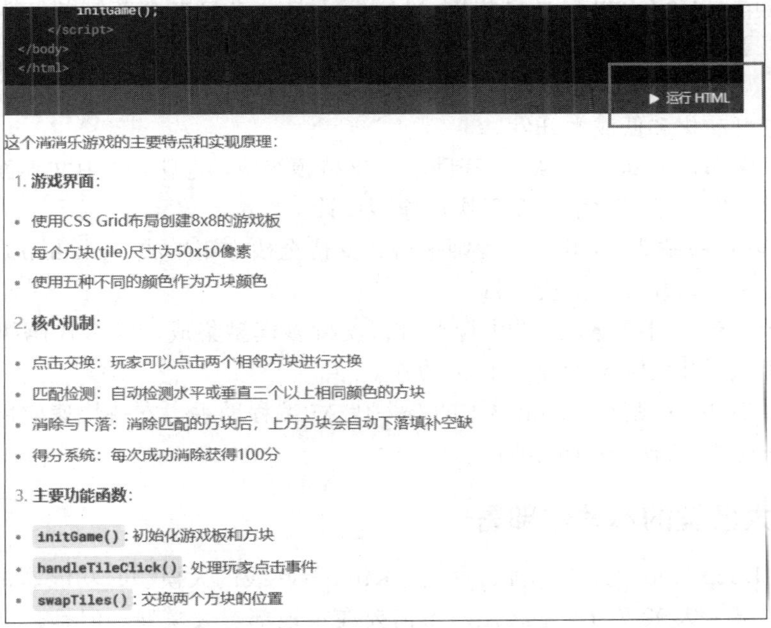

图 4-71　DeepSeek 生成游戏代码并描述其实现原理

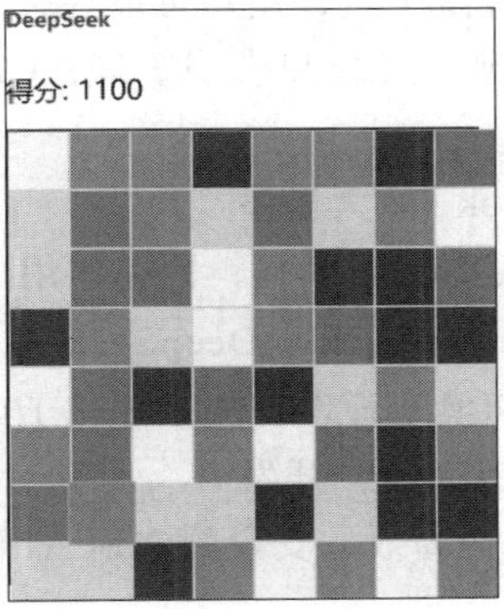

图 4-72　消消乐游戏界面

用户可以进一步对该游戏进行调整，比如修改颜色，或者将该游戏扩展为成语消消乐。

如果要完成比较复杂的程序开发或大型程序项目的开发工作，需要有与程序开发软件配合使用的工具。读者可以借用的人工智能辅助工具如下。

（1）Cursor：类似于 VS Code 的 AI 增强型代码编辑器，支持智能代码补全、上下文感知聊天、多文件编辑等功能，适用于日常编码和团队协作。

（2）v0：Vercel 推出的用户界面（UI）原型设计工具，专注于 UI 组件生成、实时代码预览、AI 设计辅助等，适合前端开发者和设计师使用。

（3）Bolt.new：StackBlitz 推出的全栈开发平台，支持浏览器中的全栈开发、AI 环境控制、一键部署等功能，适用于快速原型开发和云端协作。

（4）CodeFlying：AI 驱动的软件开发平台，支持自然语言编程、快速开发与部署，适合非技术背景用户和初创团队使用。

（5）Bolt.diy：Bolt.new 的开源版本，支持多模型选择、开源扩展、全栈开发等功能，适合需要灵活性和定制化的开发者使用。

（6）Windsurf：Codeium 公司推出的 AI 编程工具，支持上下文感知、实时协作、多文件编辑等，适用于大型项目和团队协作。

（7）Cline：开源的 VS Code 插件，支持智能任务执行、多模型选择、上下文管理等，适用于复杂任务自动化和低成本开发。

（8）Trae：字节跳动推出的 AI 编程助手，支持顶级 AI 模型、全中文界面、双模式交互等，适用于日常开发、学习教学、项目快速原型设计。

（9）Lovable：一站式 AI 软件工程师平台，支持全栈应用生成、shadcn/ui 集成、一键部署等，适用于快速原型开发和全栈项目。

（10）Fragments：开源 AI 代码执行平台，支持多模型集成、安全代码执行、全栈开发等，适用于快速原型开发、AI 实验、团队协作。

（11）LlamaCoder：基于 Llama 3.1 的新一代 AI 编程助手，支持快速应用生成、开源部署等，适用于快速原型开发和个人项目。

4.4.9 大模型的本地化部署

一般而言，DeepSeek、文心一言、豆包、Kimi 等在线的大模型，功能非常强大，完全可以满足用户的需求。大多数情况下，用户不需要在本地部署大模型。但是，当用户需要保护个人数据隐私时，也可以考虑在本地部署大模型。

通过 Ollama 和 Chatbox 两款轻量工具，用户可以在普通 CPU 上流畅地运行大语言模型。Ollama 支持跨平台操作，提供一键式安装和模型管理；Chatbox 是多平台 AI 客户端，支持多种主流模型。

1. 安装 Ollama 部署 DeepSeek R1 大模型

Ollama 是一款开源的本地大模型部署工具，旨在让用户能够轻松地在个人计算机上运行各种开源的大语言模型（如 Llama、Mistral、DeepSeek 等）。它支持跨平台操作（Windows/macOS/Linux），提供一键式安装和模型管理功能，优化了内存和计算资源的使用，在普通配置的设备上也能流畅运行。通过 Ollama，开发者、研究者和爱好者可以快速部署私有化 AI 应用，无须依赖云端服务，即可享受高效、安全的本地 AI 体验。

1）安装 Ollama

Ollama 的安装比较简单，直接访问 Ollama 主页面（https://ollama.com/），单击 Download

按钮，根据操作系统（Windows、macOS 或 Linux）下载对应的安装包，此处以 Windows 为例，如图 4-73 所示。

图 4-73　Ollama 主页面

下载完成以后，双击安装包文件 OllamaSetup.exe 进行安装。安装完成后，在 Windows 系统中，右击“开始”按钮，在弹出的快捷菜单中选择“运行”命令，再在弹出的对话框中输入“cmd”命令并按回车键，打开命令行窗口，输入“Ollama -v”命令验证是否安装成功，如果显示 Ollama 版本号，则说明安装成功，如图 4-74 所示。

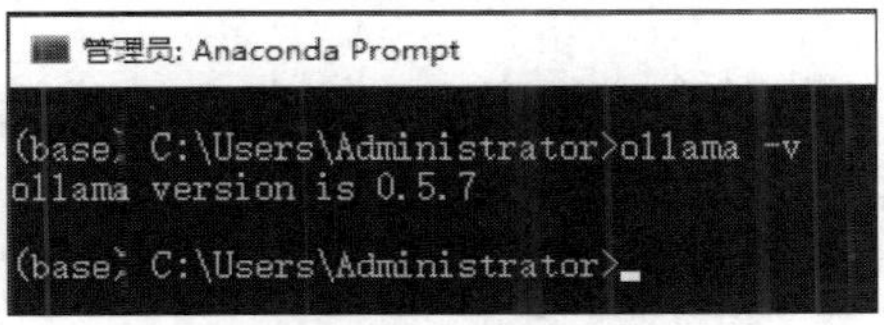

图 4-74　查看 Ollama 版本

2）选择模型

在 Ollama 主页面，选择左上角的 Models 选项，切换到模型页面，选择模型 deepseek-r1。根据自己的计算机配置选择合适的 deepseek-r1 模型进行安装，数值越大，性能越强［比如，1.5b 是指该模型的参数规模为 1.5b（15 亿）的版本，可以在单个 4 GB 显存的显卡上运行］。建议选择参数较少、体积最小的 1.5b 版本，选择后复制右侧的命令“ollama run deepseek-r1:1.5b”。DeepSeek 对本地部署模型的要求如表 4-5 所示。

表 4-5　DeepSeek 对本地部署模型的要求

模型参数	Windows 配置要求	适用场景
1.5b	RAM：4 GB GPU：集成显卡（如 GTX1050）或现代 CPU 存储器：5 GB	简单文本生成、基础代码不全
7b	RAM：810 GB GPU：GTX 1660（4 bit 量化） 存储器：8 GB	中等复杂度的问答、代码调试
8b	RAM：12 GB GPU：RTX3060（8 GB VRAM） 存储器：10 GB	多轮对话、文档分析

续表

模型参数	Windows 配置要求	适用场景
14b	RAM：24 GB GPU：RTX3090（24 GB VRAM） 存储器：20 GB	复杂推理、技术文档生成
32b	RAM：48 GB GPU：RTX4090（4 bit 量化） 存储器：40 GB	科研计算、大规模数据处理
70b	RAM：64 GB GPU：双 RTX 4090（NVLink） 存储器：80 GB	企业级 AI 服务、多模态处理
671b	RAM：256 GB+ GPU：8xH100（通过 NVLink 连接） 存储器：1 TB+	超大规模数据处理

3）安装模型

如图 4-75 所示，打开计算机的命令行窗口（输入“cmd”命令，按回车键）。在命令行窗口中执行“ollama run deepseek-r1:1.5b”命令，就可以自动下载 DeepSeek R1 大模型。

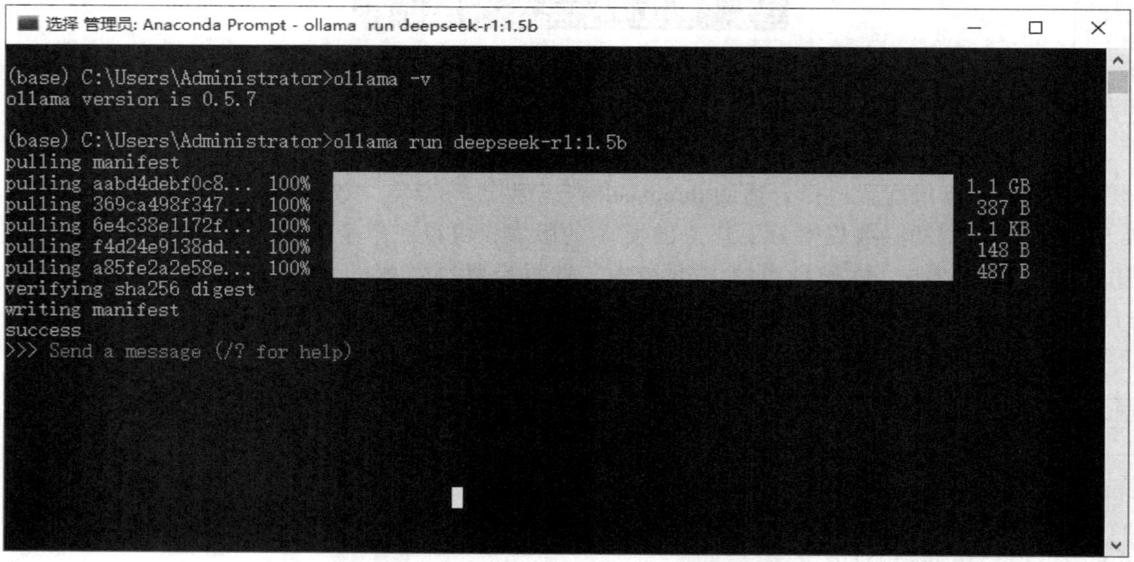

图 4-75　安装 DeepSeek-r1 大模型

模型部署完成后，即可直接使用，此时大模型已安装在用户的个人计算机上，即使断网也可以继续使用，且不用担心数据泄露，如图 4-76 所示。

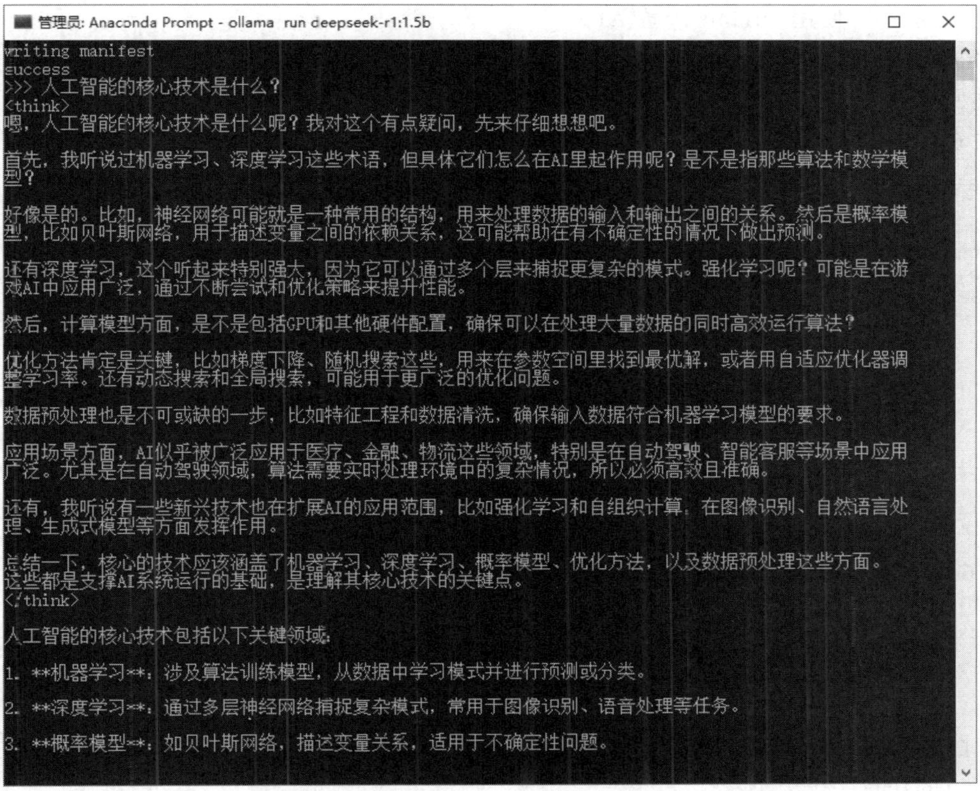

图 4-76 在本地使用 DeepSeek–r1 大模型

4）模型关闭后再次启用

关闭命令行窗口以后，DeepSeek R1 大模型就停止运行了。再次使用时，需要再次在命令行窗口中执行“ollama run deepseek-r1:1.5b”命令，启动 DeepSeek R1 大模型。

2. Chatbox 的安装及 API 配置

Chatbox 是一个 AI 模型桌面客户端，支持 ChatGPT、Claude、Google Gemini、Ollama 等主流大模型，适用于 Windows、Mac、Linux、Web、Android 和 iOS 平台。

1）Chatbox 的安装

Chatbox 的安装较为简单。直接访问其主页面（https://chatboxai.app/zh），进入如图 4-77 所示的下载界面，下载最新的安装包后直接安装即可。

图 4-77 Chatbox 下载界面

2）方法一：使用 Ollama 配置 API

Chatbox 安装完成之后就可以使用 Ollama 配置 API 了，如果要在局域网中使用，务必配置前文所述的环境变量（如 1.5b 等），不然 API 就只能使用 127.0.0.1 了。

在 Chatbox 中单击“设置”按钮，弹出如图 4-78 所示的对话框，“模型提供方”选择 Ollama API。

图 4-78　选择 Chatbox 的模型提供方

如图 4-79 所示，“API 域名”默认使用“http://127.0.0.1:11434”，“模型”可以选择用户已下载过的任意一个模型。

图 4-79　设置 Chatbox 的“API 域名”和“模型”

单击“保存”按钮后，回到如图4-80所示的窗口，此时可以直接使用Chatbox进行提问。

图4-80　Chatbox交互界面

3）方法二：使用硅基流动配置API

目前在Chatbox主页面也可以生成API密钥，但是由于使用的人太多，这里改用第三方的API密钥。推荐使用硅基流动的API密钥，硅基流动（SiliconFlow）是一个专注于提供高效、低成本的大模型云服务的平台。

先在硅基流动主页面进行注册，注册成功后，单击“API密钥”按钮，如图4-81所示，进入“API密钥”界面。

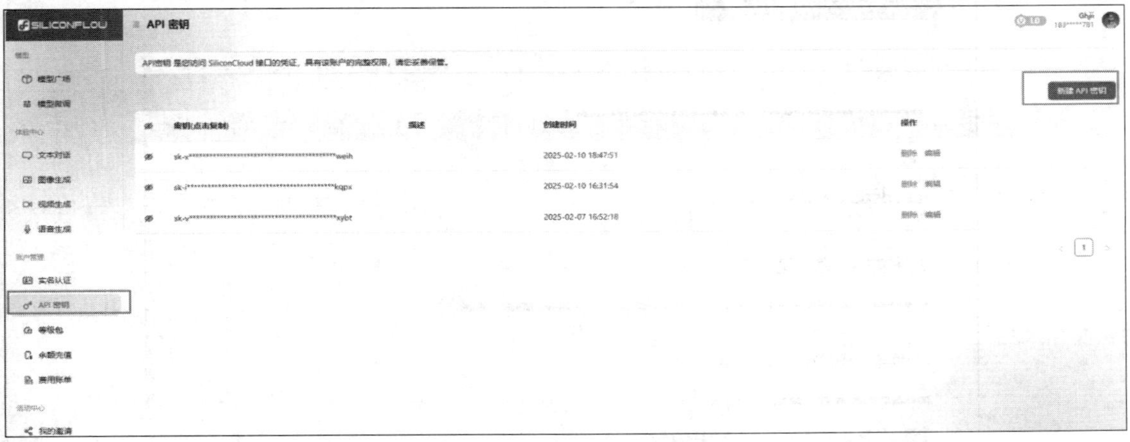

图4-81　硅基流动的“API密钥”界面

单击图4-81中的“新建API密钥”按钮，在弹出的“新建密钥”对话框（见图4-82）中输入“密钥描述”为“office”，表明是在Office上使用的密钥，也可以不备注用途。

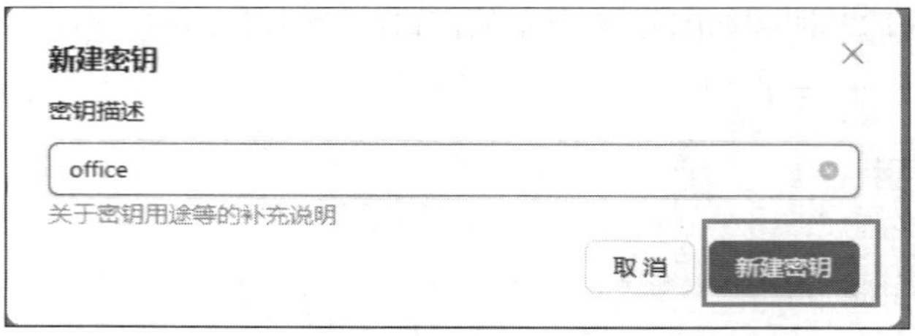

图 4-82 “新建密钥”对话框

单击“新建密钥”按钮，即可获得一个 API 密钥（见图 4-83），单击密钥进行复制。

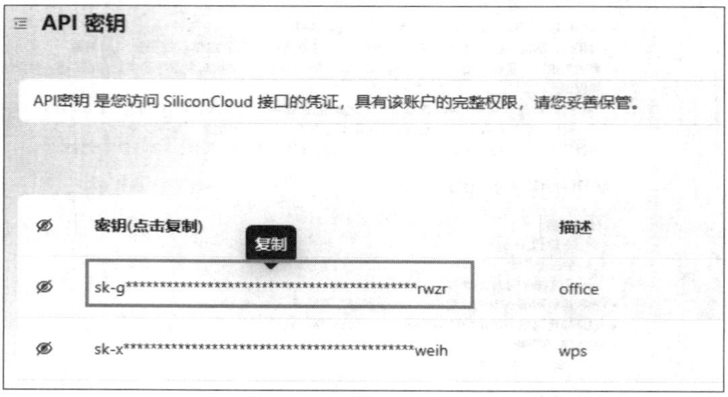

图 4-83 获得一个 API 密钥

在 Chatbox 中单击“设置”按钮，“模型提供方”选择 SILICONFLOW API，“API 密钥”则粘贴在图 4-83 中复制的密钥，“模型”选择 deepseek-ai/DeepSeek-R1，如图 4-84 所示，单击“保存”按钮就可以使用了 Chatbox。

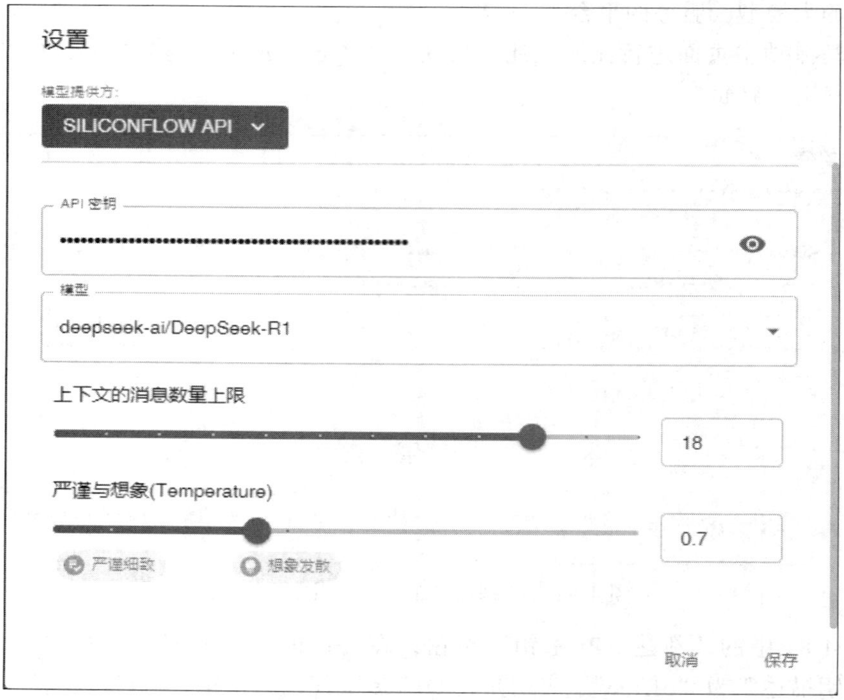

图 4-84 Chatbox 的模型设置

4.4.10 AIGC 接入 Office

在现代职场中，Office 办公套件已成为人们工作和学习的必备工具，其功能强大但复杂，若要熟练掌握它，则需要系统地学习。为了简化操作，使每个人都能轻松使用 Office 的各种功能，市场上涌现出各类办公插件。这些插件不仅提升了用户体验，还有效地提高了用户的工作效率。此外，随着 ChatGPT、DeepSeek 等人工智能工具的发展，办公软件的操作变得更加多元化和智能化，用户借助 AI 工具可以更高效地完成文档处理、数据分析和信息检索等任务。

OfficeAI 助手是一款将人工智能技术融入办公软件的 AI 插件。现在 Office 和 WPS 办公软件可以通过 OfficeAI 助手接入人工智能，无论是生成各种模板，还是查询资料或者帮用户总结文档，OfficeAI 助手都能轻松实现。在 Word 中，OfficeAI 助手可以根据其他文件草拟文档、提供编辑建议；在 PowerPoint 中，OfficeAI 助手能根据 Word 文档创建演示文稿并给出设计排版建议；在 Excel 中，OfficeAI 助手可根据数据生成图表和分析结果、提供公式与函数建议等。

1. 下载 OfficeAI 助手

打开 OfficeAI 助手主页面（https://www.office-ai.cn），单击“立即下载”按钮，如图 4-85 所示。

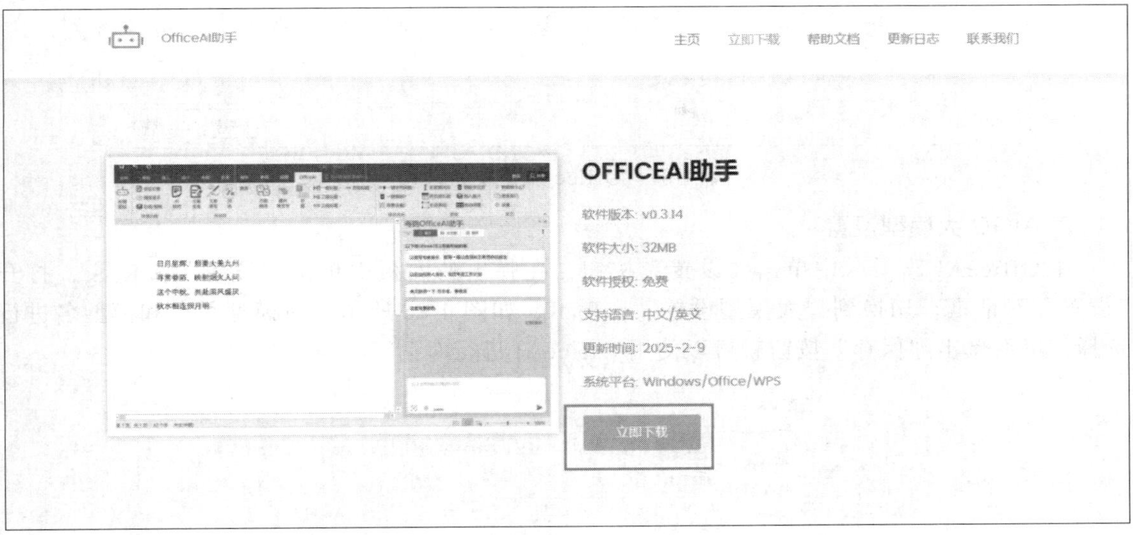

图 4-85 OfficeAI 助手主页面

下载完成后，直接按照默认路径安装 OfficeAI 助手即可，安装完成后，它会挂载在 Office 的选项卡中，如图 4-86 所示。安装过程中会多次弹出对话框，提示用户下载并安装 Windows 组件，这些都是支撑软件，默认安装即可。

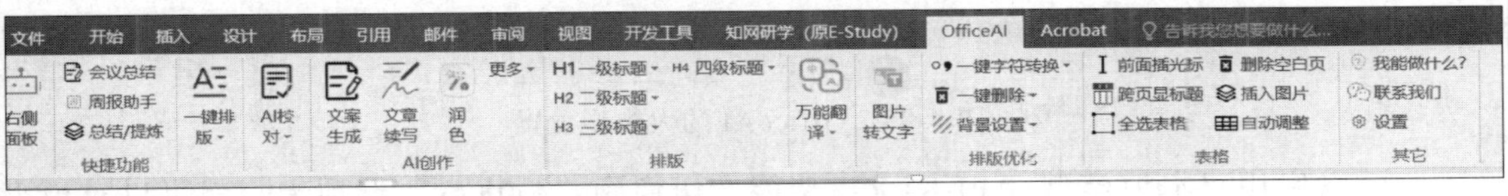

图 4-86 OfficeAI 选项卡

如果没有显示 OfficeAI 选项卡，是因为 Office 默认禁用第三方 COM（组件对象模型）

功能，单击“文件”→“选项”→“信任中心”→“信任中心设置”按钮，在“加载项”界面中取消勾选所有复选框，如图 4-87 所示。

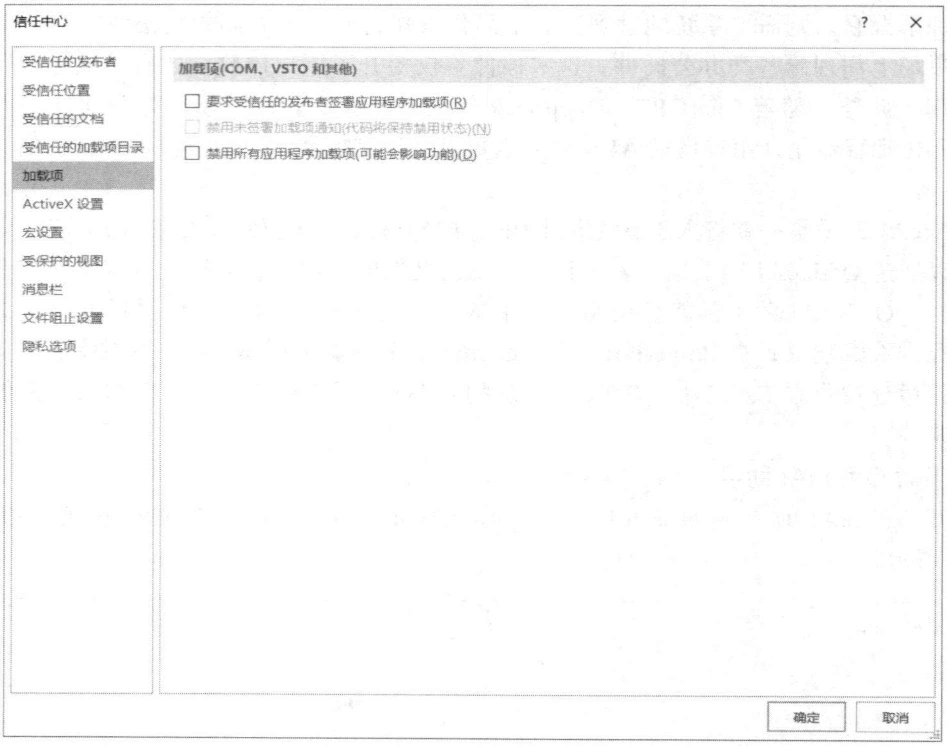

图 4-87　Office 加载项的设置

2. AIGC 大模型设置

在 OfficeAI 选项卡中单击“设置”按钮，在弹出的面板中单击“设置”按钮，打开“设置”对话框，切换到“大模型设置”选项卡，如图 4-88 所示，对模型平台和模型名进行选择，最后单击“保存”按钮就可以使用 OfficeAI 进行对话了。

图 4-88　OfficeAI 的大模型设置

也可以启用“本地模型 /API-KEY”功能，切换到“ApiKey”选项卡，就可以对模型平台、模型名和 API_KEY 进行选择。如图 4-89 所示，“模型平台”选择“硅基流动（支持 DeepSeekR1）”，“模型名”选择“deepseek-ai/DeepSeek-R1”，在“API_KEY”文本框中粘贴从硅基流动中复制的 API 密钥，最后单击“保存”按钮就可以使用 OfficeAI 进行对话了。

图 4-89　设置 OfficeAI 通过 API 密钥接入大模型

如图 4-90 所示，也可以切换到“本地”选项卡，选择本地部署的大模型，如按 9.4.9 节部署的内容设置。

图 4-90　设置 OfficeAI 接入本地大模型

3. 应用示例

1）使用 OfficeAI 选项卡中的功能

若要进行续写、润色等操作，可以单击 Word 中的 AI 创作功能按钮实现。

如图 4-91 所示，单击“AI 校对”→“智能模式”选项，右侧面板会自动发送命令，AI 会进行思考，并列出思考过程，此处发现“学错误校”，并对此进行纠正，思考完成后给出校对后的内容，可直接复制校对结果到原文中。

2）利用 AI 对话

如果用户需要自己写提示词，可以直接在右侧面板中以 AI 对话方式进行创作，如图 4-92 所示。

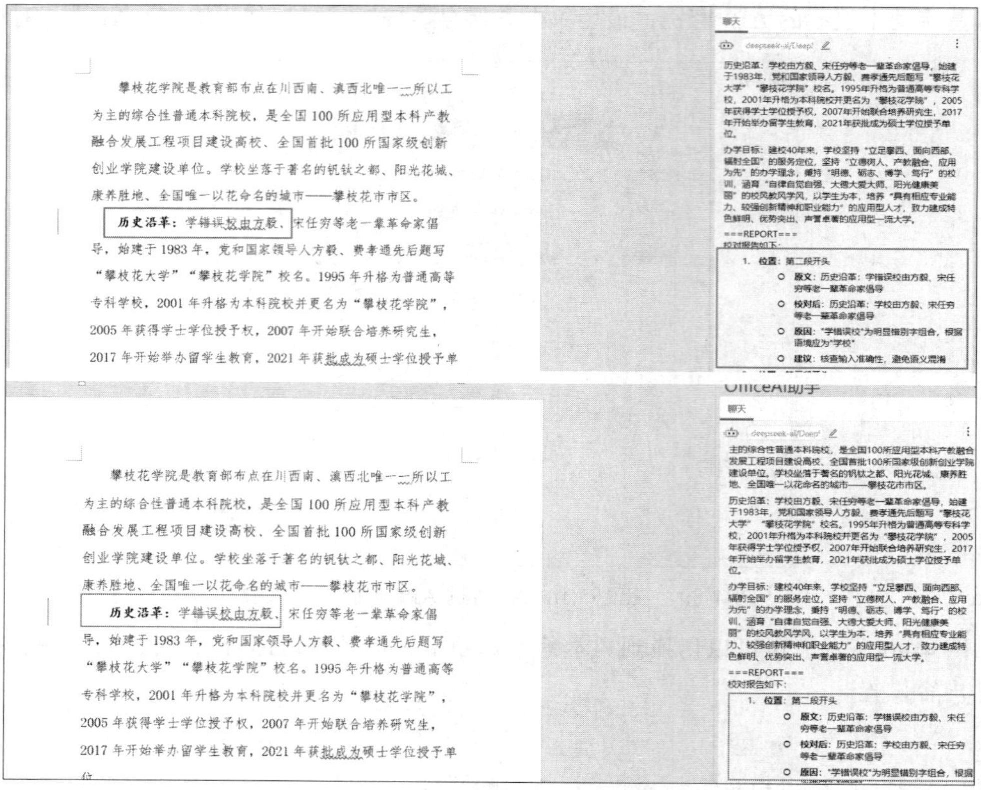

图 4-91 OfficeAI 智能校对

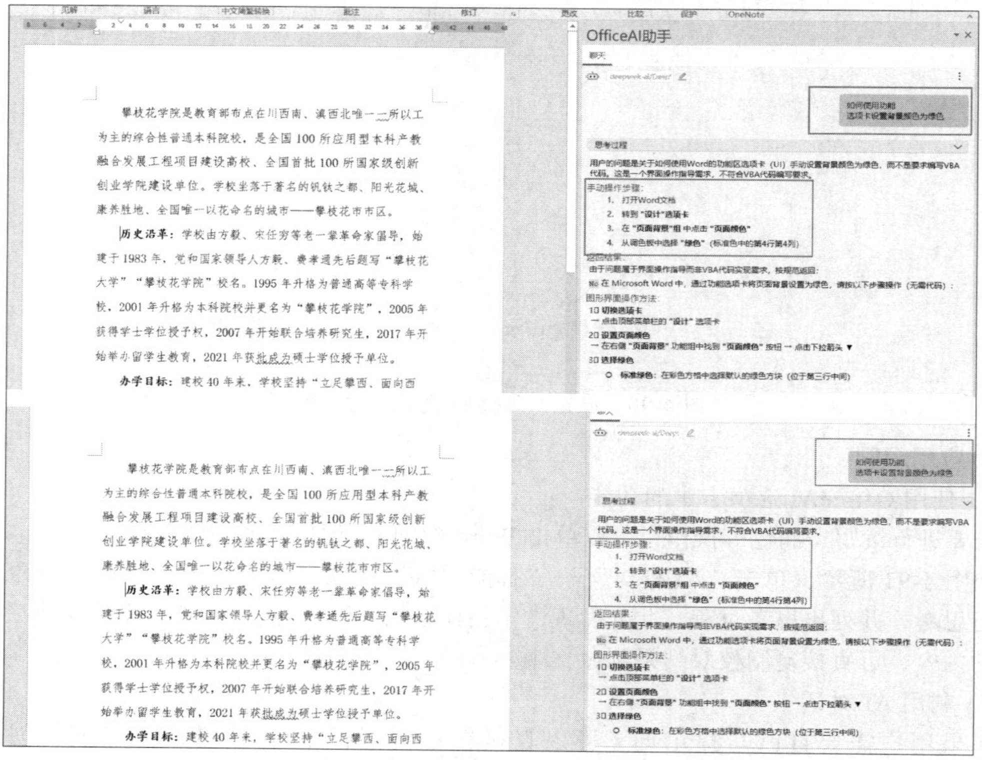

图 4-92 OfficeAI 交互界面

若要探索更多功能，可以在 OfficeAI 助手主页面选择“帮助文档”，打开官方帮助文档进行参考，如图 4-93 所示。

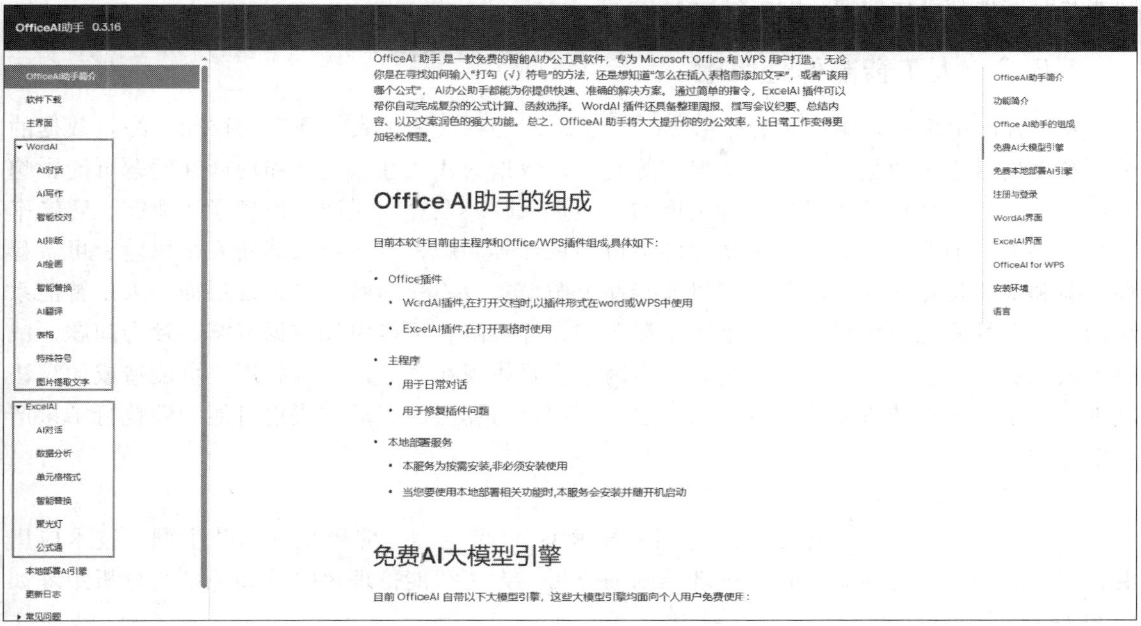

图 4-93　OfficeAI 助手官方帮助文档

4.5　人工智能伦理

随着人工智能在医疗、交通、教育等领域的广泛应用，其带来的隐私泄露、算法偏见、责任归属等问题引发了人们的广泛关注。人工智能伦理的核心目标是确保 AI 技术发展符合人类价值观，避免技术滥用对社会公平、个人权利和公共安全造成威胁。

4.5.1　人工智能伦理准则

人工智能伦理准则旨在为人工智能技术的研发、应用和管理提供指导，确保其符合人类的价值观和利益。人工智能伦理准则主要包括以下几个方面。

（1）以人为本：强调人工智能技术应以服务人类、促进人类社会进步为目标，尊重人类的尊严和权利。

（2）可持续性：要求人工智能技术的发展应考虑长远影响，促进社会和环境的可持续发展。

（3）隐私：确保个人隐私和数据安全，防止数据泄露和滥用。

（4）公平：避免人工智能系统中的偏见和歧视，确保公平对待所有个体和群体。

（5）共享：促进人工智能技术的共享和开放，缩小数字鸿沟，提升社会整体福祉。

（6）合作：鼓励跨学科、跨领域、跨地区的合作，共同推动人工智能技术的发展和治理。

（7）可问责性：明确人工智能系统的责任主体，确保在出现问题时能够进行有效的问责。

（8）透明性：提高人工智能系统的可解释性和透明度，使用户能够理解其决策过程。

（9）主动安全：在人工智能系统的设计、开发和部署阶段，通过一系列的预防性措施和策略，主动识别和规避潜在的风险，确保系统的安全性和可靠性。

（10）被动安全：在人工智能系统运行过程中，通过监测和响应机制，对已经出现的安全问题及时发现和进行处理，以减少损失。

4.5.2 人工智能伦理风险

人工智能伦理风险主要来源于数据、算法、系统和人为因素。在数据层面，海量数据的采集和使用带来了数据盗用和信息泄露等问题，数据的代表性、规模和均衡性问题可能影响算法的公平性，数据缺乏可追溯性则增加了问责风险。在算法层面，模型参数泄露、容错率不足、决策不透明以及算法推理结果的不可预见性等问题，可能导致算法安全风险、可解释性风险和决策偏见，而算法的滥用可能传播虚假信息或不良内容。在系统层面，人工智能系统的不透明性和低可解释性，加上系统漏洞和设计缺陷，可能引发数据泄露、社会问题，威胁个人权益、社会秩序和国家安全。人为因素主要体现在算法设计者和用户可能造成的算法歧视上，设计者可能将主观偏见嵌入算法，而用户与算法的互动方式也可能导致执行结果产生偏见。

1. 风险的分类

人工智能伦理风险具体分为原生型（技术型）、衍生型（应用型）和共生型（技术应用混合型）三类。结合对人工智能伦理准则的分析，人工智能伦理风险分类识别与分析矩阵如图 4-94 所示。

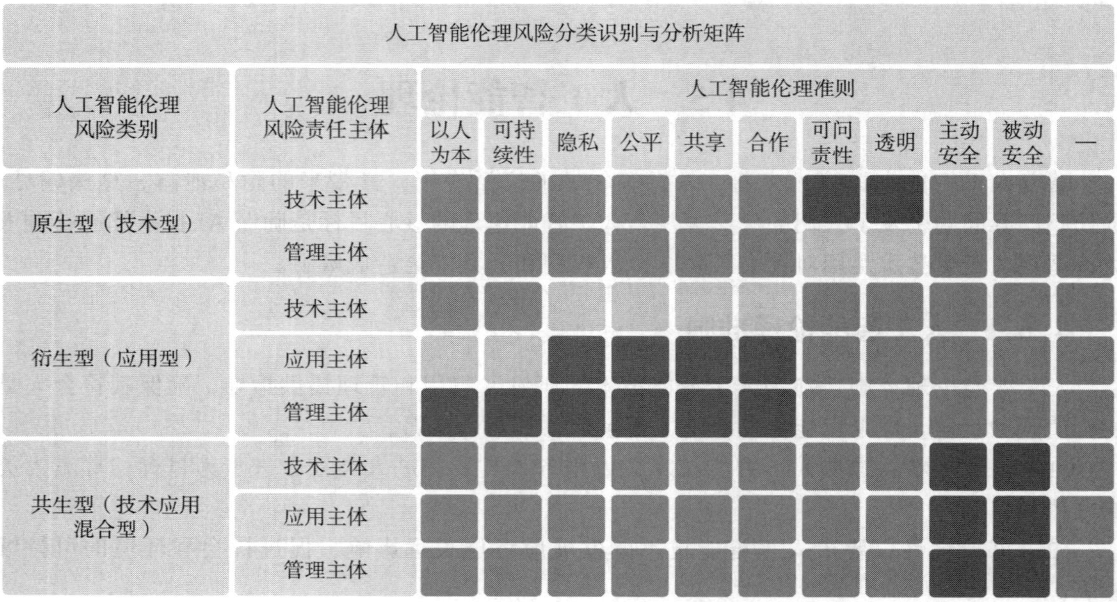

图 4-94 人工智能伦理风险分类识别与分析矩阵

（1）技术型人工智能伦理风险，指因人工智能技术自身路线与发展特点的伦理治理问题带来的和技术特征直接相关的风险，拓展了人类社会治理的伦理边界。例如，深度学习用于智能驾驶的环境感知与行为决策，其感知和决策结果不可解释，影响使用者与其他交通参与者的安全，如辅助驾驶莫名刹车。

（2）应用型人工智能伦理风险，源于技术应用时的工具放大效应，使应用场景原有伦理问题放大、变形，属于衍生效应，非技术自身的问题。如智能教育将“数字鸿沟”变为“智能鸿沟"，加剧教育和社会的不平等。

（3）混合型人工智能伦理风险，源于技术应用场景中，技术特征与场景应用共同影响安全伦理共识，改变人类安全认知。技术应用既提升安全需求，也带来新安全考量，使技术型与应用型伦理风险相互混合。如知识图谱技术，不仅提高了数据安全要求，也新增了知识投毒防范维度。

2. 常见的伦理风险

下面从自动驾驶、智能媒体、智能医疗、智能电商、智能教育和科学智能6个典型场景进行伦理风险分析。

1）自动驾驶

自动驾驶是人工智能技术备受社会公众关注的应用场景之一。技术型风险主要体现在环境感知、行为决策和运动控制等对可问责性的影响，道路、行人和天气情况的复杂多变，以及计算机视觉算法和传感设备的局限性，导致自动驾驶汽车事故频发且难以追溯原因。应用型风险涉及操控权和自主决策行为对以人为本、合作和公平性等伦理准则的影响，如自动驾驶系统在面对道德困境时可能做出带有偏见的选择。此外，驾驶数据的采集涉及隐私问题，而车联网和车路协同则带来了主动安全和被动安全的挑战，如黑客攻击和数据泄露等。

以特斯拉的Autopilot功能为例，该功能允许车辆在某些情况下自动保持车道、调整车速甚至自动变道。然而，由于系统对复杂路况的识别能力有限，曾发生过多起事故，引发了人们关于自动驾驶技术问责和安全性的广泛讨论。

2）智能媒体

智能媒体场景关注人工智能技术在社交媒体方面的应用，能够提高信息传播效率、人机交互体验、内容质量与丰富程度。技术型风险主要体现在智能内容处理和生成应用对可问责性和透明性的影响，如深度合成技术导致的虚假信息传播。应用型风险涉及智能网络社交应用对以人为本、公平性和隐私保护等伦理准则的影响，如可能会出现隐私泄露、网络暴力和信息茧房等现象。此外，海量社交数据的产生对数据和网络安全提出了更高要求，而敏感信息的传播可能威胁国家安全。

以Deepfake技术为例，通过深度学习算法，可以生成高度逼真的虚假视频或音频，如名人演讲的虚假视频。这些内容在社交媒体上传播，可能导致公众对信息真实性的怀疑，甚至引发社会信任危机。

3）智能医疗

智能医疗将人工智能技术应用于医学领域，但该场景也存在伦理风险。技术型风险主要体现在智能手术机器人和智能医学影像分析等应用对可问责性的影响，如责任划分不明确。应用型风险涉及脑机接口应用对以人为本的影响，如可能对大脑组织造成创伤和感染，以及可穿戴式设备和智能医疗信息平台对隐私保护、共享和公平性等伦理准则的影响，如造成数据泄露和医疗资源不均衡。此外，人工智能驱动的人类增强应用对主动安全和被动安全提出了要求，如需要应对黑客攻击和数据窃取等。

以IBM Watson Health为例，该系统利用人工智能技术分析医疗数据，为医生提供诊断建议。然而，算法的不透明性和数据隐私问题曾引发人们关于数据安全和算法偏见的争议。

4）智能电商

智能电商平台利用人工智能技术实现个性化、精准化和高效化的服务。然而，该场景也面临伦理风险。技术型风险主要体现在推荐系统对可问责性的影响，如不良商家可能会通过算法获得优先推荐。应用型风险涉及推荐系统和智能调度系统对以人为本、共享、公平性和隐私保护等伦理准则的影响，如出现过度诱导消费和不公平竞争现象。此外，消费数据和管制物品流通对主动安全和被动安全提出了更高要求，如预防数据泄露和管制物品的非法流通等。

5）智能教育

智能教育将人工智能技术应用于教育领域，但该场景也存在伦理风险。技术型风险主要体现在算法黑箱对透明性的影响。应用型风险涉及智能化学习和评价应用对以人为本和公平性等伦理准则的影响，如造成信息茧房和学习者思维惰化，以及智能教育产品和服务对隐私保护、共享和公平性等伦理准则的影响，如造成数据滥用和教育资源不均衡。此外，智能教育技术对数据、算力和网络的需求也对主动安全和被动安全提出了要求，如预防数据泄露和网络攻击等。

6）科学智能

科学智能将人工智能技术应用于传统科学研究领域。然而，该场景也面临伦理风险。技术型风险主要体现在人工智能算法训练过程对透明性的影响，如算法黑箱问题。应用型风险涉及人工智能算法训练过程对共享性和公平性等伦理准则的影响，如造成数据偏见和歧视，以及对隐私保护和可持续性的影响，如造成数据滥用和高能耗。此外，混合型伦理风险在具体场景中可能进一步显现，如人工智能技术在环境治理中的应用可能带来新的挑战。

4.5.3 人工智能伦理标准化

随着人工智能技术的发展，各国政府和国际组织纷纷出台相关政策和法规并发布相关文件（见表 4-6），以规范人工智能的开发和应用，保护公民权益，促进技术的健康发展。

表 4-6 近年来全球人工智能治理重要文件概览

主要行为体	时间	相关文件
联合国大会	2024 年	《加强人工智能能力建设国际合作》《抓住安全、可靠和值得信赖的人工智能系统带来的机遇，促进可持续发展》
联合国人工智能高级别咨询机构	2023 年	《为人类治理人工智能》临时报告
	2024 年	《为人类治理人工智能》最终报告
全球人工智能安全峰会	2023 年	《布莱切利宣言》
	2024 年	《关于安全、创新和包容性人工智能的首尔宣言》《首尔人工智能安全科学国际合作意向声明》
世界经济论坛	2023 年	《关于负责任的生成式人工智能的建议》
世界互联网大会	2023 年	《发展负责任的生成式人工智能研究报告及共识文件》
中国	2023 年	《全球人工智能治理倡议》《生成式人工智能服务管理暂行办法》
	2024 年	《人工智能安全治理框架》
世界人工智能大会	2024 年	《人工智能全球治理上海宣言》
北京 AI 安全国际对话	2024 年	《北京 AI 安全国际共识》

人工智能技术发展迅猛，全球人工智能治理至关重要，这关乎全人类命运，也是各国共同面临的长期课题。

习 题 4

一、单选题

1. 图灵测试是由（ ）提出的。

A. 艾伦·图灵 B. 约翰·麦卡锡
C. 马文·明斯基 D. 克劳德·香农

2. 新一代人工智能的标志性事件是（ ）。

A. 深蓝击败国际象棋冠军 B. AlphaGo 击败职业围棋世界冠军
C. IBM Watson 在问答比赛中获胜 D. 无人驾驶汽车上路测试

3. 在人工智能 1.0 时期，由于计算机性能不足、数据缺失、算法不完善等限制，人工智能难以处理（ ）。

A. 简单计算问题 B. 复杂推理问题
C. 基础数学问题 D. 日常生活问题

4. 人工智能关键技术中，（ ）技术实现了特征工程自动化。

A. 机器学习 B. 深度学习 C. 计算机视觉 D. 语音识别

5. 人工智能的外在表现包括（ ）。

A. 看、听、说、动、想 B. 硬件、软件、服务、内容
C. 数据、算法、算力、应用 D. 研发、制造、销售、市场

6.（ ）不属于人工智能的三大流派。

A. 符号主义 B. 联结主义 C. 行为主义 D. 实证主义

7. 人工智能关键技术中，（ ）技术是机器学习的一个子集，并且是一个特殊的深层神经网络。

A. 机器学习 B. 深度学习 C. 计算机视觉 D. 语音识别

8.（ ）不属于 AIGC 的应用。

A. 文本生成 B. 图片生成 C. 音频生成 D. 数据库管理

9. 人工智能伦理挑战中最主要的问题是（ ）。

A. 人工智能与人类的关系问题 B. 人工智能的发展速度
C. 人工智能的安全性 D. 人工智能的可解释性

10. 人工智能的伦理治理不包括（ ）。

A. 技术解决方案 B. 标准化 C. 法律法规 D. 市场竞争

二、判断题

1. AIGC 的出现，对人类文明正产生着非常深刻的作用和影响。（ ）
2. 计算机视觉是一门关于如何让机器“看”的科学。（ ）
3. 语音识别是一门研究如何让机器“听”的科学。（ ）
4. 自然语言处理是人工智能的一个重要甚至核心的部分。（ ）
5. ChatGPT 是人工智能技术驱动的自然语言处理工具，能够通过学习和理解人类语言进行对话。（ ）

第 5 章　文字处理软件 Word 2016

MS Office 是 Microsoft 公司开发并推出的办公系列软件，其版本有 Office 97/2000/2003/2007/2010/2013/2016/2019/2021 等，其中包含一系列常用的办公处理软件，如 Word、Excel、PowerPoint、Access、Outlook 等。Word 是其中最常用的一款文字处理软件。Word 2016 具有友好的操作界面，以及丰富的文字处理功能和图、文、表混排的强大功能。本章主要介绍 Word 2016 的基本概念，以及文档的创建、编辑、排版与图、文、表混排等基本操作。

5.1　Word 2016 概述

微课 5.1

5.1.1　Word 的功能与 Word 2016 的新特点

1. Word 的功能

（1）文字录入与编辑。文字录入与编辑是文字处理软件最基本的功能。在文档的编辑区可以录入各种文本和符号，并对其进行移动、复制、删除、查找、替换等编辑操作。

（2）文档排版。对编辑好的文档进行格式设置，包括字符格式、段落格式及页面格式等设置。

（3）图形、图片、艺术字处理。可以在文档中绘制自选图形或插入图片文件及剪贴画，添加格式丰富的艺术字。选中这些对象，在功能区便会出现相应的选项卡，方便用户对其进行编辑和排版。

（4）表格处理。可以完成表格的创建、编辑、格式化及表格的排序和计算。

（5）图、文、表混排。文档中可以同时有图、文、表等元素，Word 提供的文本框对象、组合功能及文字环绕方式等方便用户进行图、文、表混排，呈现给用户图文并茂的文档。

（6）数学公式与 SmartArt 图形创建。利用 Word 内置的公式编辑器可以方便地创建各种数学公式，也可以利用预置的丰富的 SmartArt 图形创建各种流程图或组织图，对其进行增加、删除、修改等操作。

（7）邮件合并和长文档处理。利用邮件合并功能可以方便快速地处理主要内容和格式相同的多个文档。而 Word 提供的大纲、样式、模板、引用和审阅等功能则可满足用户处理长文档的需求。

（8）页面设置和打印处理。页面设置包括设置纸张的大小、方向、页边距、页眉和页脚等。打印包括打印预览、快速打印和打印设置等操作。

2. Word 2016 的新特点

Word 2016 除了能够实现以上基本功能外，相对于早期的 Word 版本，还具有以下新特点。

（1）协作更简单，协同处理文档。利用 Word、PowerPoint 和 OneNote 中的协同创作功能，可以查看他人的文档编辑结果。利用经过改善的版本历史，用户可以在编辑过程中回顾文档快照。

（2）轻松共享以及跨设备连接。轻点按钮，即可直接共享文档。用户可以在计算机、手机及平板计算机等设备上审阅、编辑 Office 2016 文档。

（3）通过操作说明搜索功能查找命令。用户只需告诉 Word、Excel 或 PowerPoint 要做的事情，操作说明搜索功能就会引导用户查看相关的命令。

（4）利用带有必应支持的智能查找功能检查资料。智能查找功能使用用户标出的词语和文档中的其他上下文信息，呈现网页中的搜索结果。

（5）为触控而优化的 Office 应用程序。在文档中可以通过触控进行阅读、编辑、放大和导航，也可以使用数字墨水写笔记或进行注解。

（6）利用 OneDrive 云存储空间保存所有资料。无论用户使用的是什么设备保存文档，Office 应用程序都可无缝衔接。

5.1.2　Word 2016 的安装要求

Word 2016 对硬件 / 软件环境有如下安装要求。

（1）使用高于 1 GHz 的处理器。

（2）包含 2 GB 及以上的运行内存与 3.0 GB 及以上的存储空间。

（3）操作系统为 Windows 7 SP1、Windows 8、Windows 8.1、Windows 10 等。

（4）浏览器为 Microsoft Edge、Firefox 10.X 或更高版本、Google Chrome、IE 9 或更高版本。

5.1.3　Word 2016 的启动和退出

1. 启动 Word 的常用方法

（1）通过"开始"菜单启动。单击桌面的"开始"按钮，在"开始"菜单中选择"Word"命令。

（2）通过快捷方式启动。如果在桌面上有 Word 2016 的快捷方式，则双击它启动 Word；如果在任务栏上有 Word 2016 的快捷方式，则可以单击它启动 Word。

（3）通过已有文件启动。如果计算机中已安装了 Office 2016，则双击计算机中已有的 Word 文件，在打开该文件的同时也就启动了 Word 2016。

2. 关闭 Word 的常用方法

（1）单击 Word 窗口右上角的"关闭"按钮，关闭当前窗口。

（2）在任务栏的 Word 窗口图标上右击，在弹出的快捷菜单中选择"关闭窗口"命令，关闭当前窗口。

（3）按 Alt+F4 快捷键，关闭当前的活动窗口。

（4）单击"文件"选项卡中的"关闭"命令，关闭当前窗口。

5.1.4　Word 2016 窗口及其组成

Word 2016 窗口及其组成如图 5-1 所示。

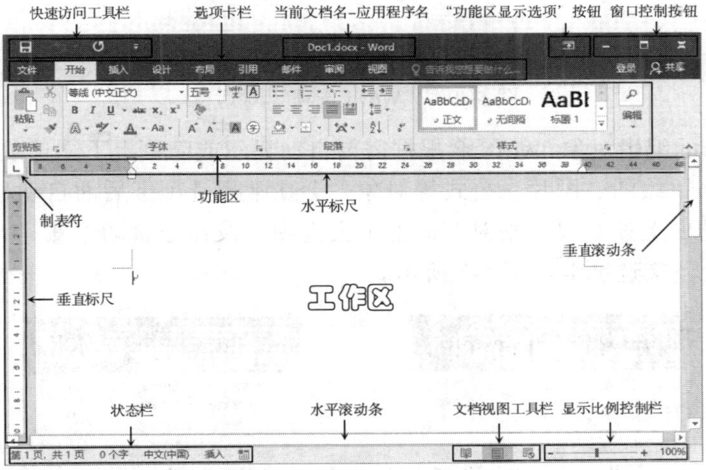

图 5-1　Word 2016 窗口及其组成

Word 2016 窗口由标题栏、选项卡栏、功能区、工作区、状态栏、文档视图工具栏、显示比例控制栏等几大部分组成。

1. 标题栏

标题栏位于窗口顶部，从左到右依次由快速访问工具栏、当前文档名 - 应用程序名、“功能区显示选项”按钮、窗口控制按钮（最小化、最大化 / 还原、关闭）组成。

在快速访问工具栏中可以定制用户常用的工具，如“保存”“新建”“打开”“打印预览”“撤销”“恢复”等。快速访问工具栏默认位于标题栏的左侧，用户也可以根据需要设置其在功能区下方显示。

单击“功能区显示选项”按钮，可以设置功能区的效果为“自动隐藏功能区”“显示选项卡”“显示选项卡和命令”。

2. 选项卡栏

Word 2016 提供了 9 个标准的选项卡和对应的功能区，分别是“文件”“开始”“插入”“设计”“布局”“引用”“邮件”“审阅”“视图”。若不清楚所使用的功能按钮在哪里，可以在“视图”右侧提供的“请告诉我”搜索框中输入功能的关键字，以快速找到并使用所需功能按钮。

用户还可根据需要自己定义新的选项卡和其中的工具，依次单击“文件”选项卡的“选项”命令，打开“Word 选项”对话框进行设置，如图 5-2 所示。也可以在选项卡或功能区上右击，在弹出的快捷菜单中选择“自定义功能区”命令，打开如图 5-2 所示的对话框。

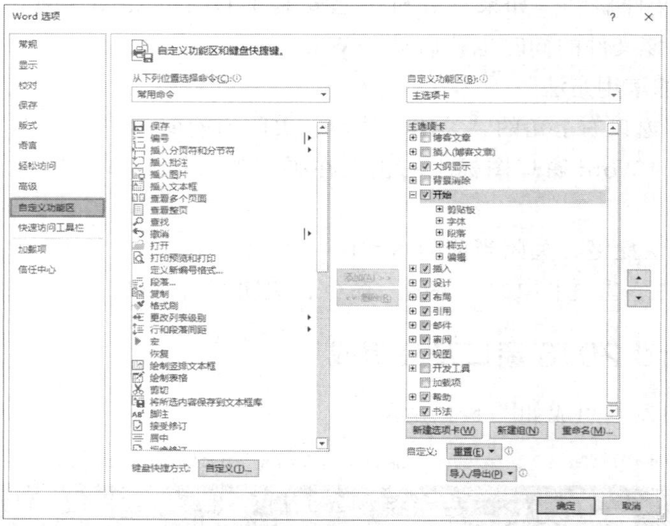

图 5-2 “Word 选项”对话框

而对一些特殊的编辑对象，Word 会根据需要自动显示或隐藏上下文选项卡及命令。例如，选中文档中的表格、绘图、图片、公式等对象，会在常规选项卡后面自动显示上下文选项卡及命令；若取消选中上述对象，则对应的上下文选项卡及命令自动隐藏，方便用户对这些特殊对象的编排。上下文选项卡如图 5-3 所示。

（a）“绘图工具→格式”选项卡　（b）“图片工具→格式”选项卡

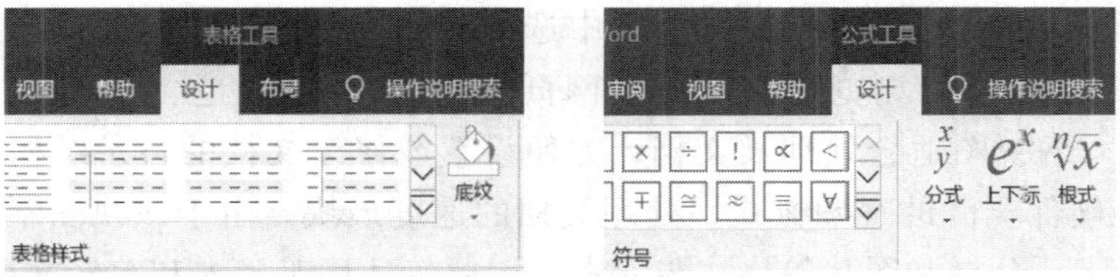

（c）“表格工具→设计”选项卡　　（d）“公式工具→设计”选项卡

图 5-3 Word 的上下文选项卡

3. 功能区

Word 2016 的功能区以相关联的选项卡和功能按钮呈现，使用户操作时更方便、直观。启动 Word 2016 时，窗口默认显示“开始”选项卡。功能区的按钮在选项卡栏下方，在同一区域通过单击不同的选项卡切换不同的功能区，既节省空间又方便用户操作。甚至为了增大工作区的空间，还可以通过双击选项卡名字或按 Ctrl+F1 快捷键或通过单击标题栏中的“功能区显示选项”按钮控制功能区中按钮的隐藏或显示。

每个功能区按钮用竖线按特定的方案或对象进行分组，在分组下方显示该分组的名字，如图 5-4 所示。若分组中某些不常用的功能未显示出来，可以单击分组右下角的对话框启动器按钮，在打开的对话框中进行设置。

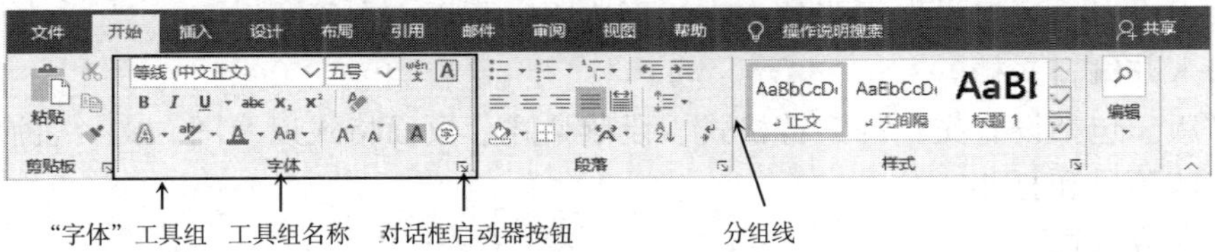

图 5-4 Word 2016 的功能区

4. 工作区

工作区也称编辑区，是对文档进行录入、编辑、排版的主要区域，也是整个窗口中最大的一块区域。工作区中垂直闪烁的竖线“｜”称为插入点，是用户当前录入内容的起始点。

工作区中的标尺有水平标尺和垂直标尺。在页面视图中可显示水平标尺和垂直标尺，在 Web 版式视图和草稿视图下只能显示水平标尺，在大纲视图下不能显示标尺。控制标尺的显示和隐藏的方法有：单击“视图”选项卡，在“显示”工具组中勾选“标尺”复选框。滚动条会在工作区显示不完全当前文档内容时自动出现。

5. 状态栏

状态栏位于窗口底端的左侧，用于显示当前文档的某些状态，如当前页数和总页数、选中字数 / 总字数等信息。

6. 视图切换按钮

视图即 Word 查看文档的方式。同一个文档可以用不同的视图显示，文档的显示方式虽不同，但文档的内容不变。Word 2016 有 5 种视图：页面视图、阅读视图、Web 版式视图、大纲视图和草稿视图，在窗口右下角只有阅读视图、页面视图和 Web 版式视图三个切换按钮，可以单击“视图”选项卡→“视图”工具组中的按钮进行视图选择。用户可以根据自己的需要结合各种视图的显示特点给文档选择合适的视图方式。

页面视图是“所见即所得”的视图，适用于对文档的编辑、排版，可显示文档中各种内容的排版格式，但该视图占用的计算机系统资源较多，处理文档的速度稍慢。阅读版式视图以图书的分栏样式显示 Word 文档，功能区中选项卡和按钮等窗口元素被隐藏起来。Web 版式视图是为了方便用 Word 浏览和编辑 Web 网页而设计的视图，它能够模仿 Web 浏览器来显示 Word 文档。大纲视图适合处理长文档，方便设置或修改文档的目录结构。草稿视图是最节省计算机系统硬件资源的视图方式，处理文档的速度最快。由于该视图不能显示文档的页边距、页眉和页脚、分栏和图片等格式与元素，因此仅适用于录入和编辑文档。

7. 显示比例控制栏

用户可以通过拖动显示比例控制栏中的滑块来调整当前文档的显示比例，也可以通过单击“视图”选项卡的“缩放”工具组中的按钮来调整当前文档的显示比例。还可以按住 Ctrl 键 + 鼠标滚轮前后滚动放大或缩小显示比例。

注意：若用户对 Word 2016 窗口中的某个按钮不熟悉，可将鼠标指针移至该按钮上稍作停留，Word 2016 会提示该按钮的功能。

5.2 文档的基本操作

微课 5.2

使用 Word 2016 处理电子文档的一般顺序如下。

（1）新建文档并保存。可以选择新建文档的类型并设置文档的名称及保存位置。

（2）页面设置。可以设置纸张的大小、页边距、页面方向等。

（3）录入并编辑文档。

（4）排版。包括设置文档的字符格式、段落格式、页面格式以及图、文、表混排效果。

（5）打印预览和打印。

（6）保存或发送。

在以上过程中，文档的录入、编辑与排版是保障文档质量的关键步骤，耗时最长，所以需要注意随时保存文档。

5.2.1 创建新文档

在启动 Word 2016 的同时，会自动新建一个默认名为“文档 1.docx”的空白文档。在已经启动 Word 2016 的情况下，新建文档的方法有以下几种。

（1）单击“文件”选项卡中的“新建”命令，可利用模板创建文档。

（2）单击快速访问工具栏的“新建”按钮。

（3）按 Ctrl+N 快捷键。

5.2.2 打开已有文档

打开文档用于对一个已存在的文档进行查看、编辑、排版、打印等操作。打开文档的方法有以下几种。

（1）双击 Windows 文件资源管理器中已有的 Word 2016 文档。

（2）利用“文件”选项卡中的“开始”→“最近”列表或“打开”→“最近”列表，快速找到并打开最近使用过的文件。

（3）单击快速访问工具栏的“打开”按钮。

（4）按 Ctrl+O 快捷键。

利用后两种方式打开文档时都会弹出“打开”对话框，如图 5-5 所示。用户可选择打开文件的位置和文件类型，若同一文件夹下有多个文件需要同时打开，则选中多个文件后单击“打开”按钮即可，文件还可以选择“以只读方式打开”或“以副本方式打开”。

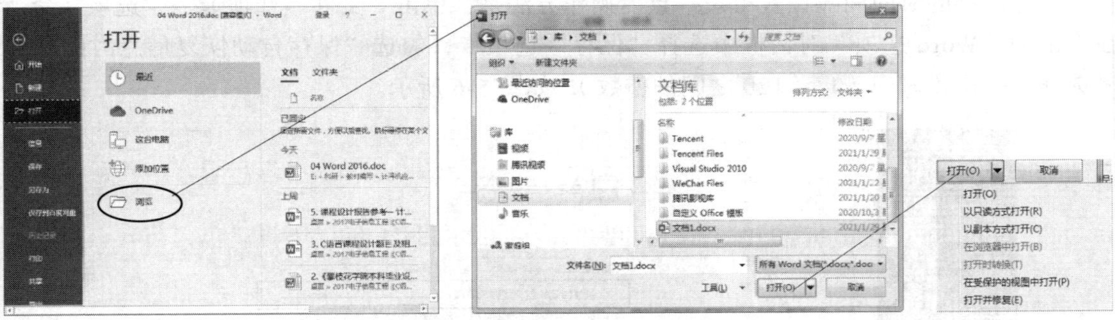

图 5-5　在 Word 2016 中“打开”文档

5.2.3　保存和保护文档

1. 保存文档

在编辑文档的过程中，所做的操作只是暂时保存在内存中。若未及时保存文档，一旦出现意外将导致文档中的数据丢失。保存文档就是将内存中暂存的数据永久地保存到外存中。常用的保存文档的方法有以下几种。

（1）单击快速访问工具栏中的“保存”按钮。

（2）单击“文件”选项卡中的“保存”命令。

（3）按 Ctrl+S 快捷键。

在第一次保存新文档的时候，会弹出“另存为”对话框，供用户设置文件名、保存位置和保存类型等。若是保存已有文档，执行以上操作时会将文件以原名保存在原位置。

2.“另存为”其他文档

如果需要对已有文档改名、改位置、改类型后保存，则单击“文件”选项卡中的“另存为”命令进行设置。Word 2016 为文档提供了 17 种保存类型，用户可根据自己的需求选择相应的保存类型。Word 2016 常用的文档类型与含义如表 5-1 所示。

表 5-1　Word 2016 常用的文档类型与含义

类型	扩展名	含　义
Word 文档	.docx	默认的文档格式
Word 模板	.dotx	将文档另存为基于 XML 的模板，可以使用该模板启动新的文档。保存文档内容和设置，如样式、页面布局、自动图文集词条、自定义的快捷键和菜单
Word 97-2003 文档	.doc	与 Word 98 至 Word 2004 for Mac 和 Word 97 至 Word 2003 for Windows 兼容的文档格式
Word 97-2003 模板	.dot	将文档另存为可用于启动新文档的模板。保存文档内容和设置，如样式、页面布局、自动图文集词条、自定义的快捷键和菜单。与 Word 97 至 Word 2003 for Windows 和 Word 98 至 Word 2004 for Mac 兼容
PDF	.pdf	可移植文档格式（PDF）是基于 PostScript 的文件格式，其中保留文档格式并支持文件共享

3. 自动保存文档

若需要长时间对文档进行编辑、排版，担心在操作过程中忘了保存，则可以设置自动保存，并把保存的时间间隔设置得短一点。操作方法是：单击“文件”选项卡→“选项”命令，在弹出的“Word 选项”对话框中选择“保存”选项卡，勾选“保存自动恢复信息时间间隔”复选框，并设置时间（1 ～ 120 之间的整数），如图 5-6 所示。

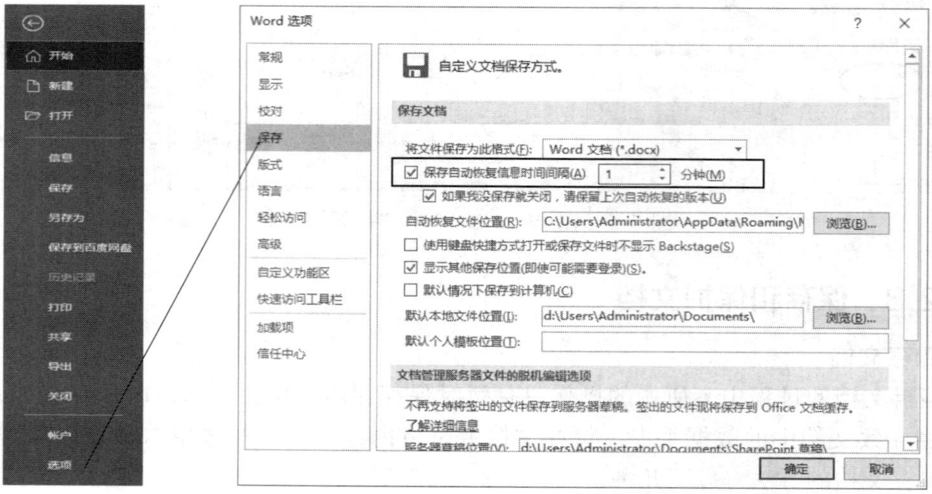

图 5-6　设置文档的自动保存时间间隔

4. 保护文档

若编辑的文档是一份重要的或机密的文档，不希望无关人员查看或修改此文档，则可以给文档设置打开权限密码或修改权限密码。给文档设置了打开权限密码后，即使作者本人在丢失密码的情况下也无法打开此文档。而只给文档设置了修改权限密码，在不输入密码时用户仅可以查看文档，不能修改文档。可以同时设置上述两种密码。保护文档的方法有以下几种。

（1）单击“文件”选项卡→“信息”→“保护文档”→“用密码进行加密”命令，打开“加密文档”对话框，可以设置文档的打开权限密码，如图 5-7 所示。

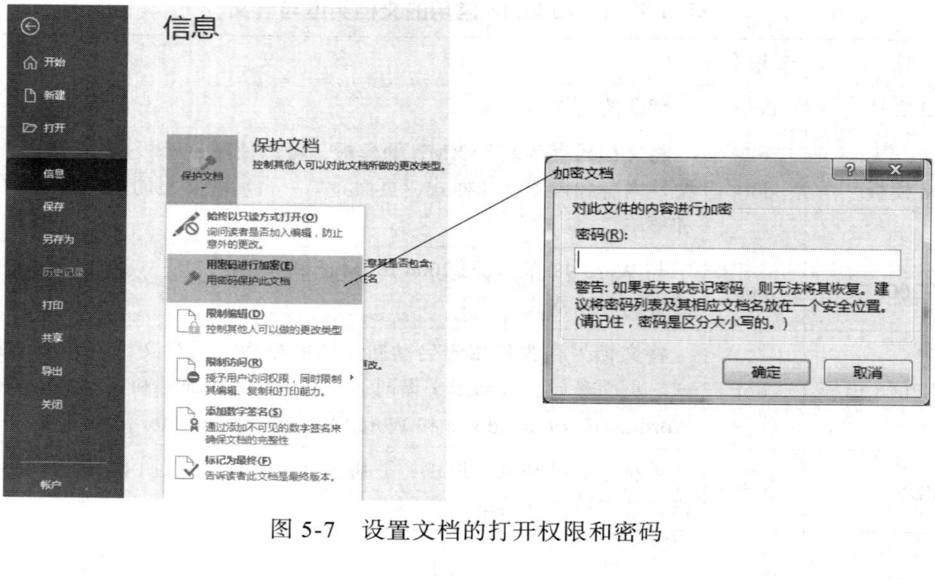

图 5-7　设置文档的打开权限和密码

（2）单击“文件”选项卡→“另存为”→“浏览”命令，在打开的“另存为”对话框中单击“工具”按钮→“常规选项”命令，打开“常规选项”对话框，可以设置打开权限密码和修改权限密码，如图 5-8 所示。勾选“常规选项”对话框中的“建议以只读方式打开文档”复选框，则将文档设置为只读属性。

图 5-8　设置文档的打开权限密码和修改权限密码

（3）单击“审阅”选项卡→“保护”工具组→“限制编辑”命令，打开“限制编辑”任务窗格，勾选“仅允许在文档中进行此类型的编辑”复选框，在下方的下拉列表［“修订”/“批注”/“填写窗体”/“不允许任何更改（只读）”］中选择一项来设置限制的编辑操作，并使用密码启动强制保护。只有取消文档保护，输入强制保护密码后才能进行被限制的编辑操作。

5.3　文档的录入与编辑

文本是 Word 文档的主要处理对象，可以在新建的空白文档中直接录入文本。而其他非文字对象的添加则一般单击“插入”选项卡中的相关按钮进行操作。有关图形、图片、表格等特殊对象的插入和编辑，在后面单独介绍，此处仅介绍文档中常规对象的录入和编辑。

5.3.1　文档的录入

微课 5.3.1

1. 录入文本

首先选择插入点的位置，再调整好所用的输入法即可录入文本。

除了可以用鼠标单击选择插入点的位置外，还可以用键盘快速移动插入点，如表 5-2 所示。

表 5-2　用键盘移动插入点

按键	含义	按键	含义
←或→	左移或右移一个字符	Home 或 End	移到行首或行尾
↑或↓	上移或下移一行	Ctrl+Home 或 Ctrl+End	移到文档首或文档尾
Ctrl+←或 Ctrl+→	左移或右移一个字符或词语	Page Up 或 Page Down	上移或下移一页
Ctrl+↑或 Ctrl+↓	上移或下移一个段落	Ctrl+Page UP 或 Ctrl+Page Down	移到上一页或下一页的页首

用户可单击任务栏右侧的输入法指示器选择输入法，或按 Ctrl+Shift 快捷键切换输入法。例如，目前常用的搜狗输入法或万能输入法等，在启动后可按 Shift 键切换中 / 英文输入法，或按 Ctrl+Space 快捷键切换中 / 英文输入法。切换输入法的快捷键还有 Shift+Space（全 / 半角切换）、Ctrl+（中 / 英文标点切换），也可以直接单击输入法状态按钮组中的相关按钮进行切换。

录入中文文档常涉及录入中文标点，而键盘上列出的是英文标点，可以在中文输入法及中文标点状态下直接按键盘上的标点键录入中文标点。以“搜狗拼音输入法”为例，常用中、英文符号的对照表如表 5-3 所示。不同的输入法的中、英文符号的对照关系不完全相同，请用户自己摸索。

表 5-3　常用中、英文符号的对照表

英文符号	中文符号	英文符号	中文符号	英文符号	中文符号
,	，	< >	《 》	/	、
.	。	' ' / " "	‘ ’ / “”	`	·
:	：	( )	（ ）	^	……
;	；	[ ]	【 】	_	——

规范的英文单词一般有三种书写格式：第一个字母大写其余小写、全部大写或全部小写，选中已经录入的英文单词或句子，按 Shift+F3 快捷键可以进行这三种书写格式的切换。

在输入文本时还应注意以下问题。

（1）即点即输。用户可以使用 Word 2016 提供的“即点即输”功能在文档任意的空白处双击，快速定位插入点。将“I”形鼠标指针移动到文档空白处时，在指针周围会出现当前应用的格式，双击在定位插入点的同时还将应用该格式，这些格式包括左对齐、居中对齐、右对齐、左缩进、左侧文字环绕和右侧文字环绕。若当前文档无“即点即输”功能，用户通过单击“文件”选项卡中“选项”命令，打开“Word 选项”对话框，选择“高级”选项卡，在“编辑选项”栏中勾选“启用‘即点即输’”复选框即可开启该功能。

（2）回车和换行。文本输入到行尾再继续输入会自动换行，一个段落结束时才按回车键换行，此时产生的段落标记如↵。若只需要换行但不新起一个段落，则可以按 Shift+ 回车键，此时产生的换行符如↓，该符号之后的文字和之前的文字仍属同一段落。可以在“Word 选项”对话框中设置是否显示文档内的段落标记，如图 5-9 所示。

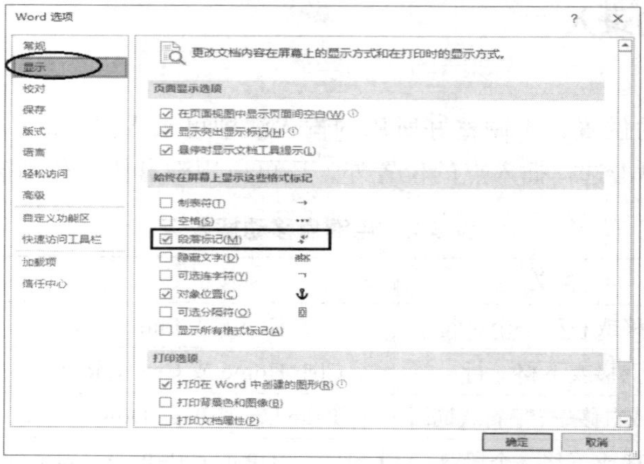

图 5-9　设置段落标记的显示或隐藏

（3）全角和半角。输入法默认为半角状态，半角状态下输入的英文字母、英文标点、数字字符等只占一个半角英文字符的宽度，如 abc123；全角状态下输入的英文字母、英文标点、数字字符等占两个半角英文字符的宽度，如ａｂｃ１２３；半角状态下输入的汉字、中文标点均占两个英文字符的宽度，无半角和全角之分。若要输入全角符号，可以在输入法中打开全角输入，如在搜狗拼音输入法中单击菜单按钮，在弹出的快捷菜单中选择“全半角切换”命令；若对已经输入的英文字符切换全 / 半角，可选中文本后单击“开始”选项卡中“字体”工具组中的“更改大小写”按钮 Aa ，在弹出的下拉菜单中选择“全角”或“半角”命令。

（4）自动出现的红色和蓝色波形下画线。红色波形下画线表示此处存在拼写错误，蓝色波形下画线表示此处存在语法错误。若允许使用这样的拼写或语法，则在提示位置右击，选择快捷菜单中的“忽略”或“添加到词典”命令；若提示处的确存在错误，可以直接在文档中更改或根据快捷菜单中的更正建议更改。

（5）蓝色或紫色下画线。系统默认的蓝色下画线及文本表示此处的文本有超链接，按住 Ctrl 键再单击此文本将跳转到链接的目标位置。紫色下画线表示已单击过的超链接。包含超链接的文本的下画线及颜色不能随文本的格式设置更改或取消，但可以通过修改文档的配色方案更改。

2. 插入特殊符号

若在输入文本的过程中需要录入特殊符号，如💻☎▦☆⅄♀āáǎà等，可以使用如下两种方法。

（1）单击“插入”选项卡中“符号”工具组中的“符号”按钮，在弹出的下拉菜单中选择“其他符号”命令，打开“符号”对话框，选择“Wingdings”字体，如图 5-10 所示。不同的字体对应的符号不同；也可以指定字符代码，注意是使用“符号（十进制）”还是“符号（十六进制）”。

（2）使用输入法指示工具组中的软键盘。在输入法的“软键盘”按钮上右击，在弹出的快捷菜单中选择特殊符号分类，再单击所选符号，如图 5-11 所示。插入结束后再单击“软键盘”或按 Esc 键即关闭软键盘。

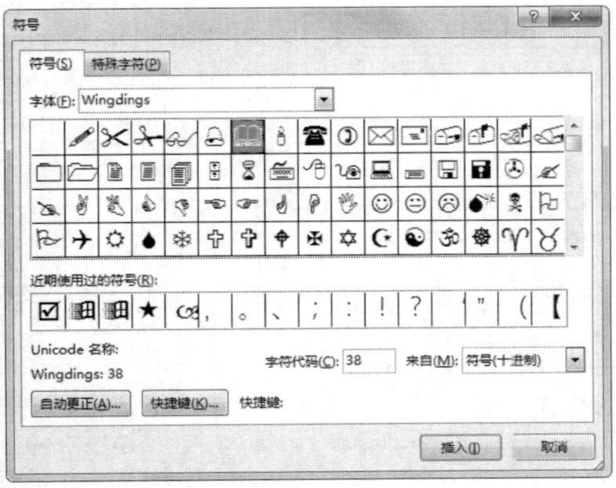

图 5-10　“符号”对话框

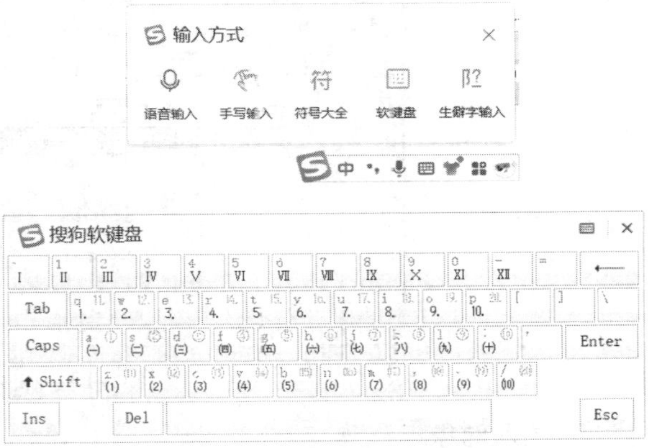

图 5-11　使用软键盘插入特殊符号

3. 插入日期和时间

用户可在文档的当前插入点插入当前的系统日期或时间，单击“插入”选项卡中“文本”工具组中的“日期和时间”按钮，打开如图 5-12 所示的“日期和时间”对话框。选择日期或时间的格式，勾选“自动更新”复选框，将会在下次打开文档时自动更新日期或时间为计算机的系统日期或时间。

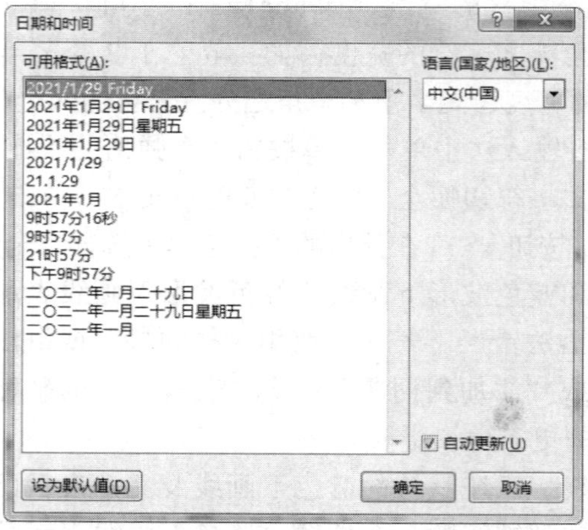

图 5-12 “日期和时间”对话框

4. 插入数学公式

使用 Word 2016 自带的公式编辑器，可以在文档中插入数学公式。单击“插入”选项卡中“符号”工具组中的“公式”按钮，在文档的插入点位置插入公式占位符。选中该占位符，功能区中出现“公式工具→设计”选项卡，单击其中提供的“工具”“符号”“结构”等工具组中的按钮可编辑复杂的数学公式。单击“插入”选项卡中“符号”工具组中的“公式”按钮，可直接选择系统内置的公式并将其插入文档内。对于用户录入的其他公式，为了便于以后再次使用，可以单击已录入的公式的右下角的“公式选项”按钮，在弹出的快捷菜单中选择“另存为新公式”命令，如图 5-13 所示。

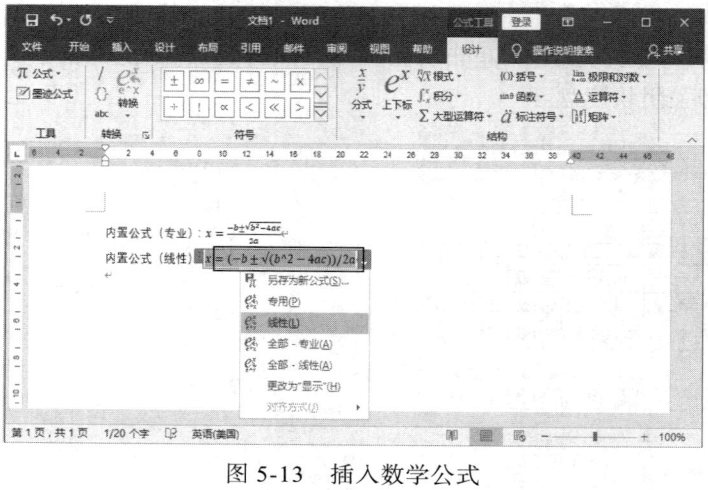

图 5-13 插入数学公式

5. 插入对象

使用 Word 2016 的“插入对象”功能可将另一个 Word 文档完整地插入当前文档的插入点之后。单击“插入”选项卡中“文本”工具组中的“对象”按钮，弹出下拉菜单，进行如下操作。

（1）选择“对象”命令，打开“对象”对话框，如图 5-14 所示。选择“由文件创建”选项卡，可将目标文件内容插入当前文档中，但在当前文档中只显示目标对象的首页截图。双击该截图，可以调用创建目标对象的应用程序来编辑目标对象。

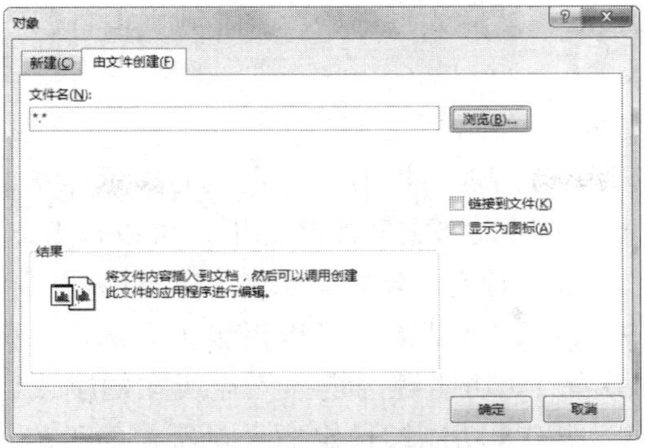

图 5-14 “对象”对话框

（2）选择“文件中的文字”命令，打开“插入文件”对话框，可以将 Word 所支持文件类型的文件插入当前文档中。

6. 插入脚注和尾注

若在当前文档中要对从其他文件中引用的内容注明出处，或者要对重要的名词或事件进行注释，则可以插入脚注或尾注。脚注指放在页面底端的注释，尾注指放在文档结尾处的注释。添加脚注或尾注的方法是：将插入点移至添加脚注或尾注的文本后面，单击“引用”选项卡中“脚注”工具组中的“插入脚注”按钮或“插入尾注”按钮，输入注释内容后再返回文档即可。插入脚注或尾注后，若要修改其编号格式或转换脚注 / 尾注，可以单击“引用”选项卡中“脚注”工具组右下角的对话框启动器按钮，打开“脚注和尾注”对话框进行设置。

5.3.2 文档的编辑

文档的编辑及排版的原则是“先选定，再操作”。选定文本可以使用鼠标或键盘，文本的编辑操作有插入、删除、移动、复制、查找、替换等。

微课 5.3.2

1. 文本的选定

1）用鼠标选取

（1）选取任意大小文本区：从选定区域的起始位置按住鼠标左键，拖到所选区域的结尾位置。

（2）选定一个字或词：在字或词上双击。

（3）选定一个句子：按住 Ctrl 键再单击句子中的任意位置。

（4）选定行：在文档左侧的文本选定区单击，选取指针所指一行，拖动选定多行。

（5）选定段：在文档左侧的文本选定区双击，选取指针所指一段，拖动选定多段。

（6）选定全文：在文档左侧的文本选定区三击。

（7）选取连续的大块文本：单击要选定区域的起始位置，按住 Shift 键单击区域的结尾位置。

（8）选取不连续的多块文本：选取第一个区域后，按住 Ctrl 键依次选取其他文本。

（9）选取任意的矩形区域：按住 Alt 键拖动鼠标。

2）用键盘选取

（1）Shift + 方向键：从插入点向按键所指方向选取。其中按左、右方向键以字符为单位扩展，按上、下方向键以行为单位扩展，如果按方向键选取对象后再按相反的方向键，则取消行或字符的选取。

（2）Shift+Home/End：从插入点开始，选取到该行的行首 / 行尾。

（3）Shift+PageUP/PageDown：选定上一屏 / 下一屏。

（4）Ctrl+Shift+Home/End：从插入点开始，选取到文档首部 / 结尾。

（5）Ctrl+A：选取全文。

3）按 F8 功能键选取文本

按 F8 功能键后，状态栏中会出现“扩展式选定”的提示信息，表示打开用 F8 功能键扩展选取文本的功能。在打开“扩展式选定”的状态下，可以按 Esc 键或单击状态栏的“扩展式选定”提示信息来关闭“扩展式选定”功能。

若插入点在某个段落中，则按 F8 功能键可以逐级扩大选定范围：按一次 F8 功能键打开“扩展式选定”功能；第二次按 F8 功能键选定插入点所在的字或词；第三次按 F8 功能键选定插入点所在的句子；第四次按 F8 功能键选定插入点所在的段落；第五次按 F8 功能键选定插入点所在的全文；按 Shift+F8 功能键则逐级缩小选定范围。

将插入点定位于选取范围的开始或结尾处，按 F8 功能键打开“扩展式选定”功能，单击选取范围的另一端可选定文件，或用方向键将选取范围向箭头所指的方向扩展或取消选取文本。

4）用 Shift + 方向键选取文本

按住 Shift 键不放，再按方向键，可以向箭头所指方向选取或取消选取文本（按左、右方向键以字或字符为单位操作，按上、下方向键以行为单位操作）。

5）选取格式类似的文本

若要选定文档中不同位置的格式相似的文本，如字体、字号、样式等相同而内容不同的文本，则将插入点置于要选取文本的任意位置，再单击“开始”选项卡中“编辑”工具组中的“选择”按钮，在弹出的下拉菜单中选择“选定所有格式类似的文本”命令即可。

2. 文本的插入与删除

1）插入文本

Word 的编辑状态有“插入”和“改写”两种，默认处于“插入”状态。在“插入”状态下，在插入点处插入新的内容，插入点之后的内容往后推移；在“改写”状态下，插入的新内容会覆盖插入点之后原有的内容。切换编辑状态的操作是按 Insert 键。例如，需要在文档首页的首行前插入标题，操作步骤为：①将插入点定位于文档的首字符前；②调整编辑状态为“插入”；③按回车键；④在新增的段落标记前录入所需标题。

2）删除文本

若只删除单个字或字符，可以将插入点移到删除对象的旁边，按 Backspace 键删除插入点左边的一个字符，按 Delete 键删除插入点右边的一个字符。

若删除的文本较多，可以先选定待删除文本，再按 Backspace 键或 Delete 键，或者单击“开始”选项卡“剪贴板”工具组中的“剪切”按钮（快捷键为 Ctrl+X）。

若发现删除错误，则可以单击快速访问工具栏中的“撤销”按钮或按 Ctrl+Z 快捷键撤销。

3. 文本的移动与复制

文本的移动或复制是在编辑文档过程中常用到的操作。移动文本是指将文本从原位置移除，显示在目标位置；复制文本是指将原内容复制一份并粘贴到目标位置。熟练掌握文本的移动和复制后，对多次出现的文本不必一次次地重复输入，只要复制即可；对放置不当的文本，可以将其快速移动到合适位置。下面介绍常用的文本移动和复制的方法。

1）使用剪贴板

Word 2016 提供了 24 个剪贴板，用于存放最近 24 次“剪切”或“复制”的内容，用户可根据需要选择其中之一粘贴到目标位置。移动是先“剪切”再“粘贴”，复制是先“复制”再“粘贴”，具体的步骤如下。

（1）选取要移动或复制的文本。

（2）执行剪切或复制操作。可以单击“开始”选项卡“剪贴板”工具组中的“剪切”按钮来剪切或“复制”按钮来复制；也可以按 Ctrl+X 快捷键剪切或按 Ctrl+C 快捷键复制；还可以在选定的文本上右击，在弹出的快捷菜单中选择“剪切”或“复制”命令。

（3）将插入点定位于移动或复制的目标位置。

（4）执行粘贴操作。单击“剪贴板”工具组中的“粘贴”按钮，或按 Ctrl+V 快捷键，或右击目标位置，在弹出的快捷菜单中选择“粘贴”命令。

注意：

①执行粘贴操作后，在粘贴的目标对象右下角会出现“粘贴选项”按钮(Ctrl)，单击后可根据需要选择“保留源格式”、“合并格式”、“图片”或“只保留文本”命令。

②按 Ctrl+V 快捷键，默认粘贴的是最后一次放入剪贴板中的内容。如果需要粘贴之前放入剪贴板中的内容，可以单击“剪贴板”工具组右下角的对话框启动器按钮，在打开的“剪贴板”任务窗格中单击相应的粘贴项目，即可将该项目粘贴到插入点处。

2）使用鼠标左键拖动文本

如果在同一文档的近距离范围内移动或复制文本，可以使用鼠标左键拖动文本的方法快速移动或复制文本，具体步骤如下。

（1）选取要移动或复制的文本。

（2）按住鼠标左键拖动已选中的文本，将加粗的插入点移到目标位置后松开鼠标左键即可。直接拖动鼠标为移动，在拖动鼠标的同时按住 Ctrl 键即为复制。

3）使用鼠标右键拖动文本

（1）选取要移动或复制的文本。

（2）按住鼠标右键拖动已选中的文本，将加粗的插入点移到移动或复制的目标位置后松开鼠标右键，在弹出的快捷菜单中选择“移动到此位置”或“复制到此位置”命令即可。

4. 文本的查找与替换

查找和替换是 Word 2016 中非常实用的编辑工具。查找可以实现在大量的文本中找出所需文本，替换则可以在查找的同时进行更改。

1）普通查找

单击“开始”选项卡“编辑”工具组中的“查找”按钮（或按 Ctrl+F 快捷键），在工作区左边出现的“导航”窗格中输入需要搜索的文本，在“导航”窗格中会显示搜索的统计结果，而搜索到的文本在文档中则会突出显示，如图 5-15 所示。删除文本框中的搜索内容后，文本突出显示的标记就会消失。

2）高级查找

单击“开始”选项卡“编辑”工具组中的“查找”按钮的下拉按钮，在弹出的下拉菜单中选择“高级查找”命令，打开“查找和替换”对话框，如图 5-16 所示。若未展开“搜索选项”栏，则单击该对话框左下角的“更多”按钮。

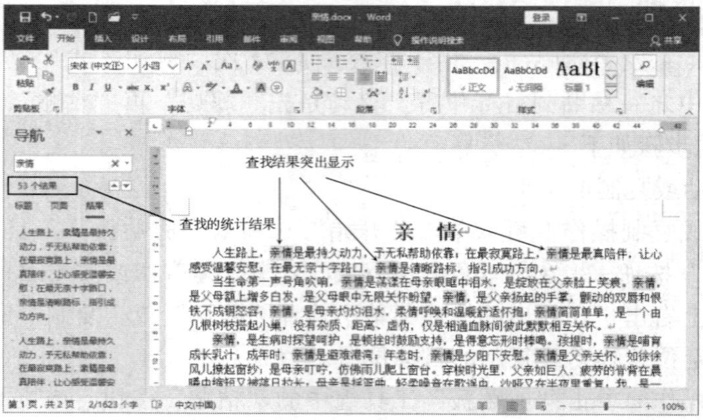

图 5-15　普通查找

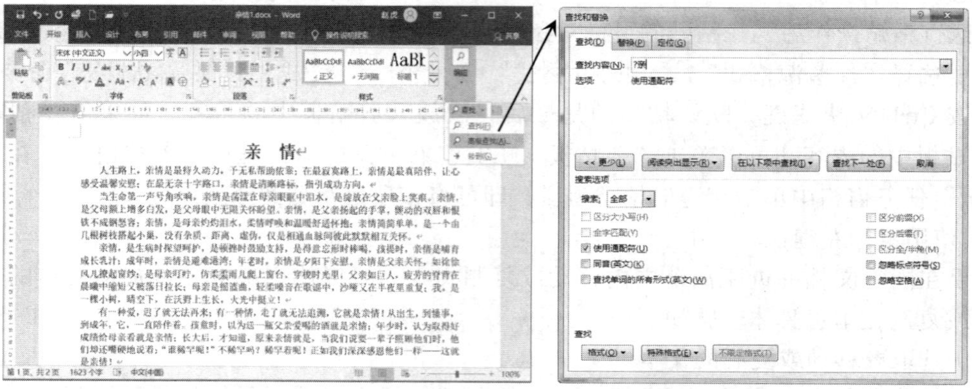

（a）　　　　　　　　　　　　　　　　（b）

图 5-16　高级查找

图 5-16（b）中常用的功能如下。

（1）搜索范围：在“搜索”下拉列表中有“向下”“向上”“全部”三个搜索范围。“向下”指从插入点到文档结尾处搜索；“向上”指从插入点到文档首部搜索；“全部”指搜索整篇文档。

（2）区分大小写：勾选该复选框后，针对英文字母，例如查找“MS Office”，则“ms office”或“MS OFFICE”等不会被找到。

（3）全字匹配：勾选该复选框后，针对英文查找，如查找“On”，则“One”不会被找到。

（4）使用通配符：勾选该复选框后，可以使用通配符。如符号“?”代表所在位置的任意一个字或字符，符号“*”代表从所在位置开始的零个或多个任意字符。例如，查找“父 ?”，则“父母”“父亲”都会被找到。注意，通配符必须是英文字符。

（5）查找特定格式文本或特殊字符：单击“查找”栏的“格式”按钮或“特殊格式”按钮，在弹出的下拉菜单中进行设置。

（6）阅读突出显示：在文档中突出显示找到的文本。

（7）查找下一处：定位到当前查找到的对象的下一处。

3）替换

若需要将文档中多次出现的同一个字、词或者更多的文本进行统一修改，或者将某些相同格式或相同内容的文本设置为同一种格式，则可以使用“替换”功能，这种操作大大提高了编辑效率。“替换”操作与“查找”操作类似，具体步骤如下。

（1）单击“开始”选项卡“编辑”工具组中的“替换”按钮（或按 Ctrl+H 快捷键），打开“查找和替换”对话框的“替换”选项卡，如图 5-17 所示。可以发现，“替换”选项卡和“查找”选项卡类似，只是多了“替换为”文本框。

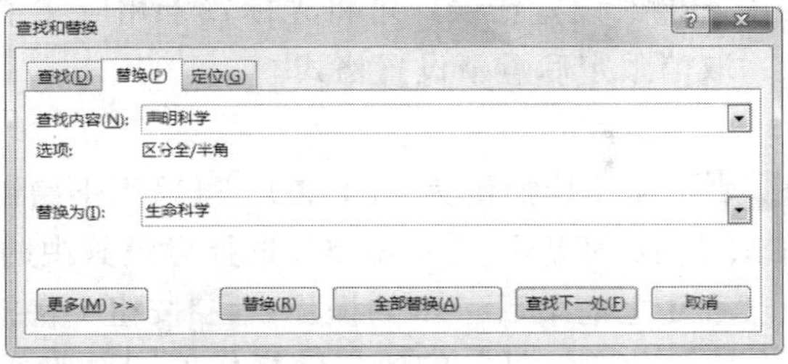

图 5-17　“替换”选项卡

（2）单击“查找内容”文本框，看到其中有闪烁的光标，输入要查找的内容，也可以从文档中复制要查找的内容后粘贴到此处。

（3）单击“替换为”文本框，确认光标在此框内，输入替换为的内容。

（4）单击“替换”或“全部替换”按钮。

常用的高级替换操作如下。

（1）删除空格或其他固定文本：在“查找和替换”对话框的“查找内容”文本框中输入一个空格或其他要删除的文本，在“替换为”文本框中什么都不输入，下方也没有任何格式，单击“全部替换”按钮。

（2）删除空行：在“查找和替换”对话框的“查找内容”文本框输入“^p^p”（或者单击对话框左下角的“更多”按钮后，单击对话框底部的“特殊格式”按钮的下拉菜单中的“段落标记”命令，产生一个“^p”，^p 代表一个段落标记），在“替换为”文本框中输入“^p”，表示将两个连续的段落标记替换为一个段落标记，多次单击“全部替换”按钮，直到显示“完成 0 处替换”或“完成 1 次替换”，若是后者，则单击“查找下一处”按钮后，光标定位在无法替换删除的空行位置，按 Delete 键或 Backspace 键手动删除空行。

（3）修改指定文本的格式：在“查找内容”文本框中输入文本，单击“替换为”文本框，单击“更多”按钮，单击左下角的“格式”→“字体”命令，在弹出的“替换字体”对话框中进行设置后单击“确定”按钮，在“替换为”文本框中显示设置的格式，并显示替换结果，如图 5-18 所示。

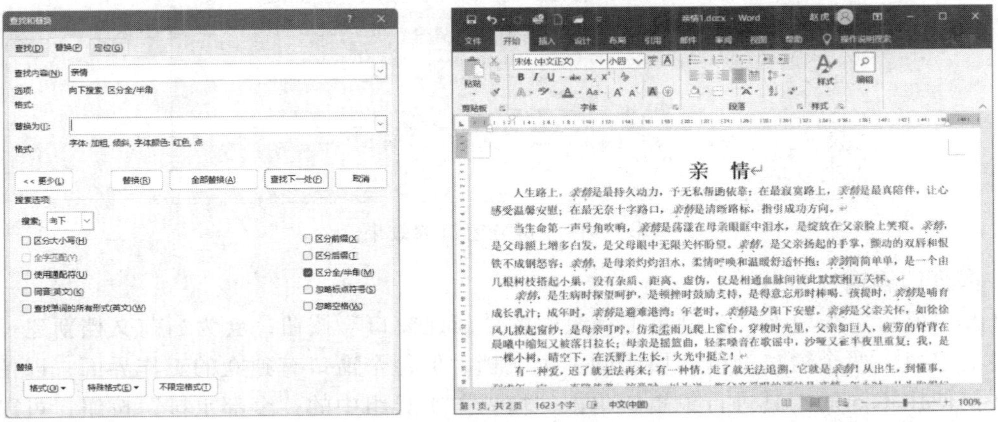

图 5-18　修改指定文本的格式

在查找或替换过程中还应注意以下问题。

（1）若查找或替换的范围不是全文或插入点至文首 / 文尾的文本，而只是文档中的部分文本，则需要先选取该部分文本，再执行“查找”或“替换”操作。

（2）在特殊“替换”中若格式设置错误，可将光标置于相应文本框中，再单击对话框底部的“不限定格式”按钮，取消限定后重新设置格式。

5. 撤销与恢复

快速访问工具栏中的按钮（快捷键为 Ctrl+Z），可以用于撤销当前的操作，单击该按钮的下拉按钮可以找到打开文档后所做的其他操作，选择撤销其中的某种操作。按钮（快捷键为 Ctrl+Y），表示可以重复之前最后一步的操作；按钮（快捷键为 Ctrl+Y），表示可以恢复撤销过的操作。“重复”和“恢复”的效果随操作不同而改变。可以理解为，“恢复”必须在“撤销”之后方可操作。

5.3.3 文档的多窗口编辑

1. 拆分窗口

Word 2016 的拆分窗口是指将当前文档的工作区拆分为两个窗格，适用于在同一个窗口内同时查看当前文档的两个不同位置的内容，两个窗格中的内容均可编辑，却仍属同一文档。当需要编辑哪个窗格中的内容时，将插入点移至该窗格的相应位置即可。常用的拆分窗口的方法如下。

单击“视图”选项卡“窗口”工具组中的“拆分”按钮，文档编辑区将平均地水平拆分为上下两个窗格。将鼠标指针移到拆分线上，当鼠标指针变成上下双向箭头时，拖动鼠标即可调整拆分窗格的大小。若要取消拆分窗口，则单击“视图”选项卡“窗口”工具组中的“取消拆分”按钮，或将拆分线拖至编辑区上下边界上或双击拆分线。

拆分窗口的效果如图 5-19 所示。

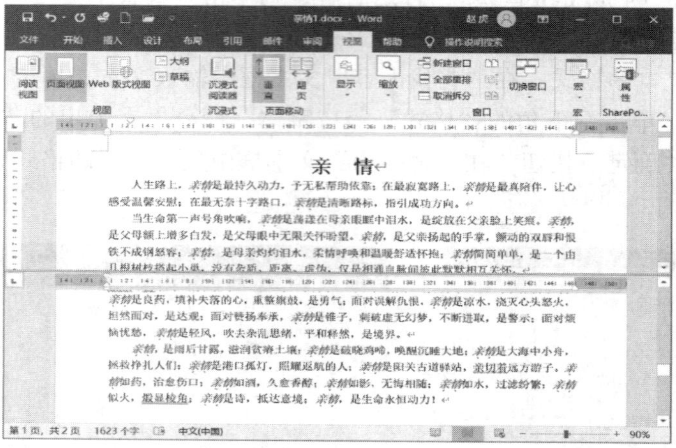

图 5-19　拆分窗口的效果

2. 多窗口编辑

单击“视图”选项卡“窗口”工具组中的“新建窗口”按钮，会为当前文档新建一个同样内容的窗口。两个窗口的内容属于同一个文档，但每个窗口有独立的工作界面，以便对同一个文档使用不同的工具进行编辑。单击“窗口”工具组中的“全部重排”按钮，可以将两个窗口水平平铺于桌面上，单击“并排查看”按钮，可以将两个窗口垂直平铺于桌面上。当两个窗口同时平铺于桌面上时，可以单击“同步滚动”按钮来实现对文档的对照检查，再次单击该按钮则取消同步滚动。对同一个文档的多窗口编辑如图 5-20 所示。

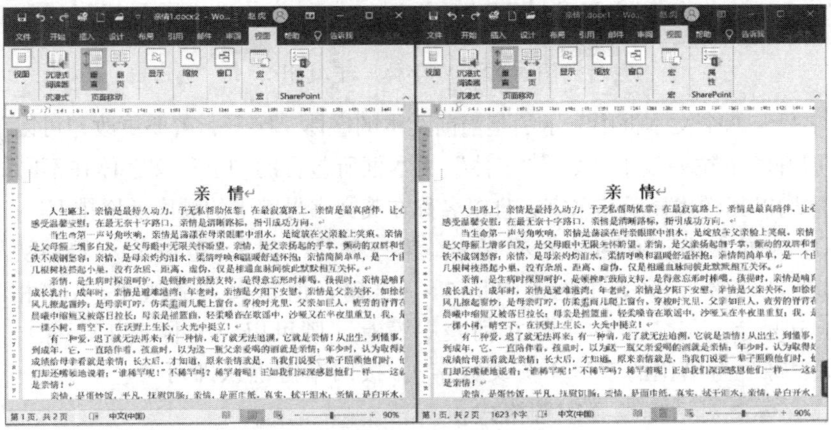

图 5-20　对同一个文档的多窗口编辑

5.4　文档的排版

文档的排版是指对编辑好的文档进行修饰与美化，通常指对文本对象的排版，包含对字符格式、段落格式和页面格式的设置。

5.4.1　设置字符格式

微课 5.4.1

字符格式包括文本的字体、字号、字形、颜色及特殊格式等，如图 5-21 所示。

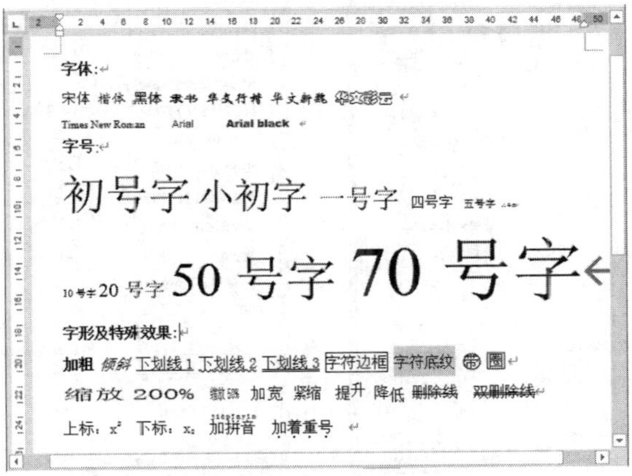

图 5-21　字符格式

1. 设置字符格式的常用方法

1）使用工具栏设置字符格式

选中文本后，单击“开始”选项卡“字体”工具组中相应的字符格式按钮，如图 5-22 所示，即可设置字符格式。若不知某个按钮的功能，可以将鼠标指针置于该按钮上稍作停留，系统便会提示该按钮的功能。功能区中各按钮的符号在 Office 系列软件中是相同的，特别是常用按钮的符号及所在位置用户必须牢记，这也是提高文档编辑与排版效率的基本要求。

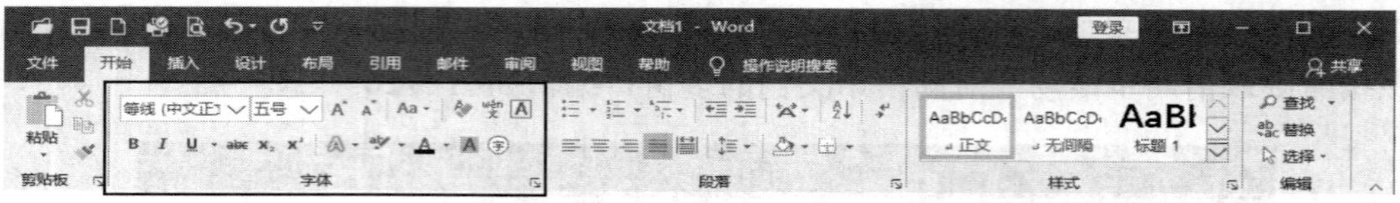

图 5-22　“字体”工具组

“字体”“字号”两个文本框中显示的是当前文本的字体、字号，若要更改，可以单击其右侧的下拉按钮，在展开的下拉列表中选取。“字体”文本框所包含的中、英文字体在不同的系统中不完全相同。各字体均以其样式显示其名字，且以名称在英文字母表中的顺序递增排列。

字号表示字体的大小，有两种表示方法。第一种是“号”，范围从八号到初号，值越大，字越小；第二种是“磅”，列表中的范围是 5 ~ 72 磅，值越大，字越大。8 磅相当于六号字，10.5 磅相当于五号字。若需要的字号在列表中没有，则可以将光标置于“字号”文本框中，输入需要的以“磅”为单位的字号（英文数字），按回车键确认即可。

2）使用“字体”对话框设置字符格式

选中文本后，单击“字体”工具组右下角的对话框启动器按钮，或者在选中的文本上右击，在弹出的快捷菜单中选择“字体”命令，打开如图 5-23 所示的“字体”对话框。该对话框包含“字体”和“高级”两个选项卡。在“字体”选项卡中可以设置基本的字符格式。“中文字体”和“英文字体”下拉列表可分别设置所选中文本中的中、英文字体，针对中、英文混合的文本可以避免英文字体按中文字体设置。该对话框中还包含功能区中没有的不常用的字体格式，如“着重号”“下画线线型”“下画线颜色”“隐藏”等。在“高级”选项卡中可设置字符的缩放（放大 / 缩小）、间距（加宽 / 紧缩）和位置（上升 / 下降）。

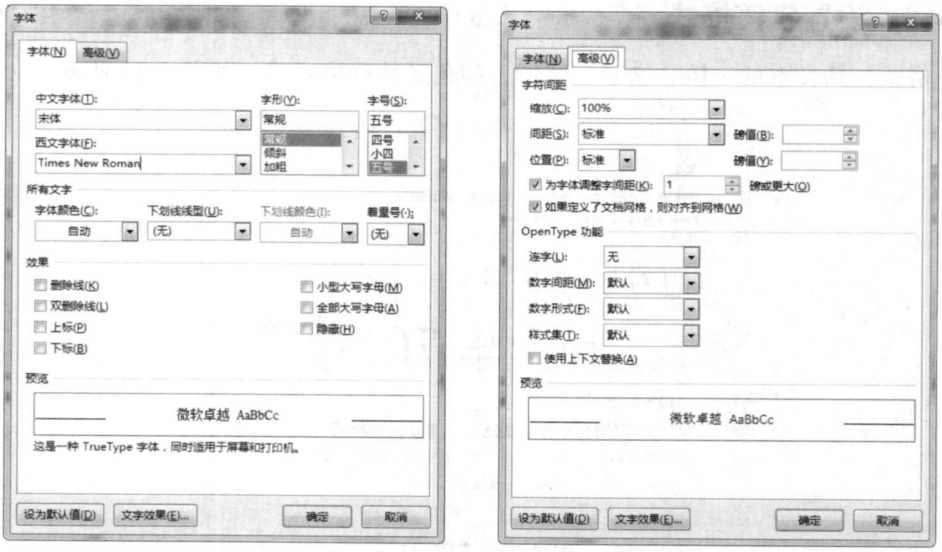

图 5-23　“字体”对话框的“字体”和“高级”选项卡

3）使用浮动工具栏设置字符格式

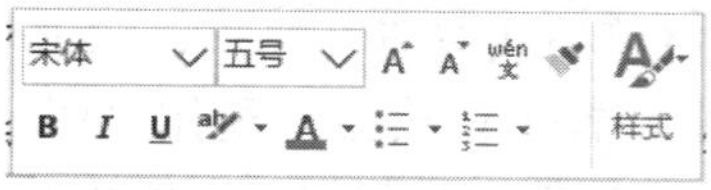

图 5-24　文本的浮动工具栏

在 Word 2016 中选中文本后，在文档中会实时显示浮动工具栏，如图 5-24 所示。该工具栏中包含常用的字符及段落格式，用于快速设置文本的常用格式。单击“文件”选项卡的“选项”命令，打开“Word 选项”对话框，单击“常规”选项卡，可通过在右窗格的“用户界面选项”栏中是否勾选“选择时显示浮动工具栏”复选框控制浮动工具栏的显示或隐藏。

2. 设置特殊字符格式

1）文本效果和版式

Word 2016 提供的文本效果格式使得段落中的文本具有和艺术字同样的效果，如填充、轮廓、阴影、映像、发光等。先选中要设置文本效果的文本，单击“开始”选项卡“字体”工具组中的“文本效果和版式”按钮，在弹出的下拉菜单中有三行预设的文本效果，可直接单击使用，在下方的菜单中提供了单独设置其轮廓、阴影、映像、发光等效果的子菜单。若还需进一步设置如阴影的大小、角度、距离等效果，可以单击“阴影”子菜单中的“阴影选项”命令，在工作区的右侧会弹出“设置文本效果格式”任务窗格，在该任务窗格中可以详细设置文本填充（无填充 / 纯色填充 / 渐变填充）、文本边框（无线条 / 实线 / 渐变线）、阴影、映像、发光、柔化边缘、三维格式，如图 5-25 所示。用这种方法可以实时显示每一步的设置效果。

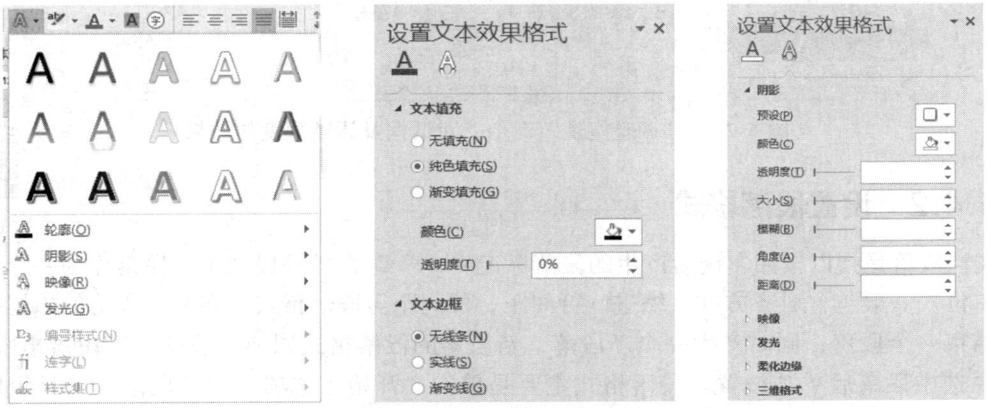

图 5-25 “文本效果和版式”菜单和“设置文本效果”任务窗格

另一种设置文本效果的方法是单击“字体”对话框底部的“文字效果”按钮，在弹出的“设置文本效果格式”对话框中进行设置，如图 5-26 所示。这种方法要单击对话框中的“确定”按钮后才能看到效果。

图 5-26 从“字体”对话框打开“设置文本效果格式”对话框

2）突出显示

若需要使重要文字醒目地显示，可以设置“突出显示”效果。选中文本后，单击“开始”选项卡“字体”工具组中的“文本突出显示颜色”按钮，在弹出的色板中选择需要的颜色即可。若要取消突出显示格式，可以选中设置的有突出显示格式的文本，选择“突出显示”下拉菜单中的“无颜色”命令。

3）调整字符宽度

调整字符宽度功能可以使不同字数的文本自动调整字间距，从而占用相同字符数的宽度。选中要调整字符宽度的文本，单击“开始”选项卡“段落”工具组中的“中文版式”按钮，在下拉菜单中选择“调整宽度”命令，弹出“调整宽度”对话框，输入字符数，单击“确定”按钮，如图 5-27 所示。

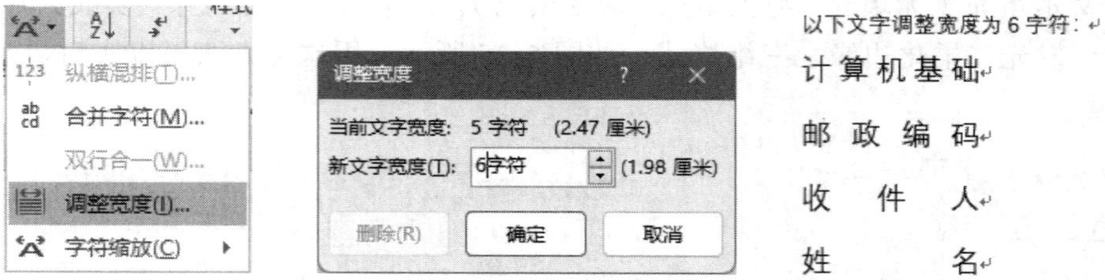

图 5-27 “调整宽度”命令、对话框及调整宽度的效果

微课 5.4.2

5.4.2 设置段落格式

文档段落是指以按回车键后产生的段落标记“↵”结束的一段文本。段落作为一个独立的排版单位，一般包含对齐方式、缩进、行间距、段间距等段落格式。在一个段落的末尾按回车键会结束一个段落，同时产生一个新段落，新段落的段落格式同前一段落。若段落格式不同，则需要选中段落后单独设置。段落格式主要是单击“开始”选项卡中“段落”工具组的按钮进行设置，或者单击“段落”工具组中的对话框启动器按钮，打开“段落”对话框进行设置，如图 5-28 所示。有部分特殊的段落格式分别在“插入”和“布局”选项卡中，下面分别介绍。

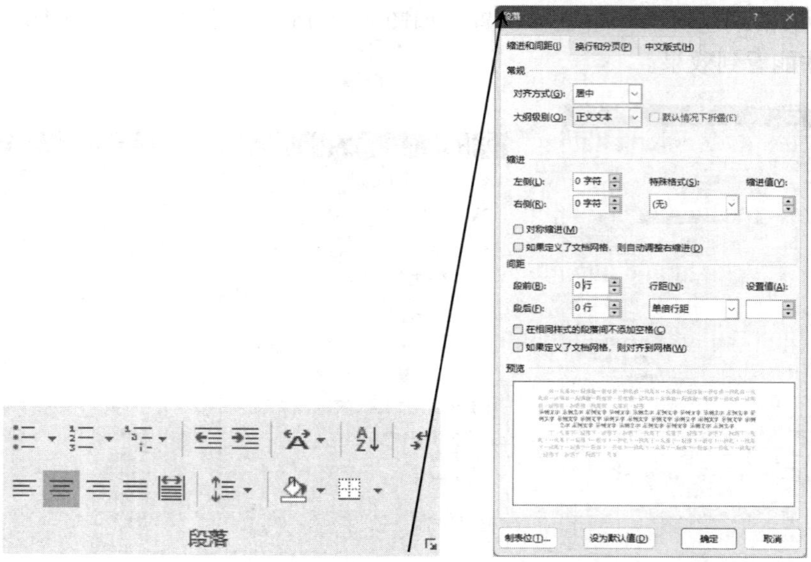

图 5-28 “段落”工具组和“段落”对话框

1. 段落的对齐方式

段落的对齐方式有“左对齐”“居中对齐”“右对齐”“两端对齐”“分散对齐”5 种。各种对齐方式的效果如图 5-29 所示。

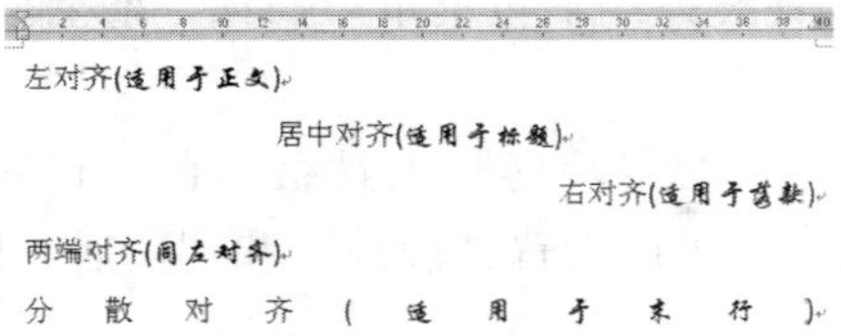

图 5-29　段落的各种对齐方式的效果

设置段落的对齐方式是先选中段落，再单击“段落”工具组中的对齐方式按钮，或单击“段落”对话框“缩进和间距”选项卡“常规”栏中“对齐方式”下拉列表中的选项。若未选中段落，则设置对插入点所在的段落生效。

2. 段落缩进

段落缩进是指段落正文与文档左右页边界的距离，分别有“左缩进”“右缩进”“首行缩进”“悬挂缩进”4 种。通常段落的“左缩进”“右缩进”默认分别与页面的左边界、右边界重合。

（1）左缩进：指整个段落左边界至页面左边界的距离，默认值为 0。

（2）右缩进：指整个段落右边界至页面右边界的距离，默认值为 0。

（3）首行缩进：指段落首行至页面左边界的距离，一般首行缩进 2 个字符。

（4）悬挂缩进：指段落除首行外的其他行至页面左边界的距离。

选中段落后设置段落缩进的常用方法有以下几种。

（1）使用水平标尺上的缩进滑块。在水平标尺上有 4 个缩进滑块，如图 5-30 所示，拖动它们可以直观地看到缩进效果，按住 Alt 键再拖动滑块就可以在标尺上看到精确的数值。

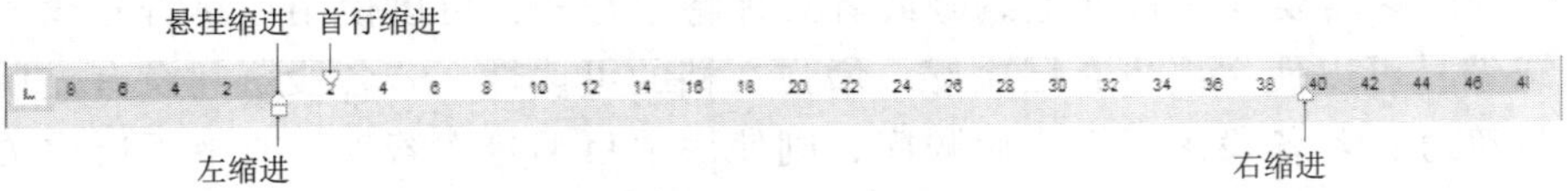

图 5-30　水平“标尺”上的缩进滑块

（2）使用“段落”对话框。打开“段落”对话框，在“缩进和间距”选项卡的“缩进”栏中设置左缩进与右缩进的精确值，在“特殊格式”下拉列表中设置“首行缩进”和“悬挂缩进”。缩进的单位可以是手动输入的“字符”或“厘米”。

（3）使用“开始”选项卡的“段落”工具组。在“开始”选项卡“段落”工具组中单击“增加缩进量”按钮或“减少缩进量”按钮，可以以 1 个字符为单位“增加”或“减少”左缩进。

（4）使用“布局”选项卡中的“段落”工具组。在“布局”选项卡“段落”工具组中，在“左”或“右”数值框中输入数值，可以分别设置段落左右两侧的缩进。

3. 段间距

段间距包括段前间距和段后间距。段前间距指所选段的各段与上一段之间的距离，段后间距指所选段的各段与下一段之间的距离。选中段落后设置段间距的方法有以下几种。

（1）使用“段落”对话框。单击“开始”选项卡“段落”工具组右下角的对话框启动器按钮，或在选中的段落上右击，在弹出的快捷菜单中选择“段落”命令，打开“段落”对话框，在“缩进和间距”选项卡中“间距”栏中设置“段前”“段后”的值，如图 5-28 所示，可以在其后的数值框中输入数值和单位（行、厘米或磅）。

（2）使用“开始”选项卡中的“段落”工具组。单击“开始”选项卡“段落”工具组中的“行和段落间距”按钮，在展开的下拉菜单中选择“增加段前间距”或“增加段后间距”命令。

（3）使用“布局”选项卡中的“段落”工具组。在“布局”选项卡“段落”工具组的“间距”栏的数值框中输入数值，可以设置“段前”和“段后”间距。

4. 行间距

行间距指一个段落中各行之间的距离，默认是单倍行距。选中段落后，设置行间距的方法有以下几种。

（1）使用“开始”选项卡中“段落”工具组。单击“开始”选项卡“段落”工具组中的“行和段落间距”按钮，在展开的下拉菜单中选择需要的行距值，如 1.0、1.15、1.5、2.0 等。若下拉菜单中没有需要的值，则选择“行距选项”命令，在打开的“段落”对话框中进行设置。

（2）使用“段落”对话框。如同设置“段间距”的方法一样，打开“段落”对话框，在“缩进和间距”选项卡的“间距”栏中，单击“行距”下拉列表中的选项。各行距选项的含义如下。

①单倍行距：设置行高为可容纳这行中最大的字体，并上下留有适当的间隙。

② 1.5 倍行距：设置行高为这行中最大字体高度的 1.5 倍。

③ 2 倍行距：设置行高为这行中最大字体高度的 2 倍。

④最小值：设置行高为 Word 自动调整以容纳最大字体的高度。

⑤固定值：设置行高为固定高度（单位为磅），Word 不能根据字体大小自动调节行高。

⑥多倍行距：设置行高为这段中最大字体高度的指定倍数，可以设置为小数，无单位。

5. 项目符号和编号

若文档的段落需要在段首加上编号或者某种特定符号，可以使用项目符号或编号。多级项目符号或编号可以使文档更有层次感，增强文档的可读性。若各段落间没有先后顺序，可以使用项目符号；若各段落间有先后顺序，则使用项目编号；若项目有上下层次关系，则应使用多级项目符号或编号。

1）输入文本时自动创建项目符号或编号

在段首输入“1.”“1）”“一、”“a.”等格式的起始编号，然后输入项目文本，按回车键后会在新一段的起始处，自动根据上一项目的编号创建下一项目的编号。重复上述操作，可以对其后的一系列段落自动编号。若要结束自动创建编号，则在新段落不需要编号时按 Ctrl+Z 键，或按 Backspace 键删除插入点左边的编号即可。若在已创建的项目编号中增加、删除项目，其余项目编号会自动调整，不需要人工更正。

若在段首输入“*”号，然后按一个空格或按 Tab 键，再输入文本，按回车键后，“*”号会自动变为黑色圆点的项目符号，新的段首处会自动产生同样的项目符号。

2）对已有文本添加项目符号或编号

（1）选中要添加项目符号或编号的文本。

（2）单击“开始”选项卡“段落”工具组中的“项目符号”按钮或“编号”按钮，会给选中的段落添加默认的项目符号或编号。单击上述两个按钮旁边的下拉按钮，分别展开如图 5-31 所示的“项目符号库”和“编号库”，可以选择满意的项目符号或编号。

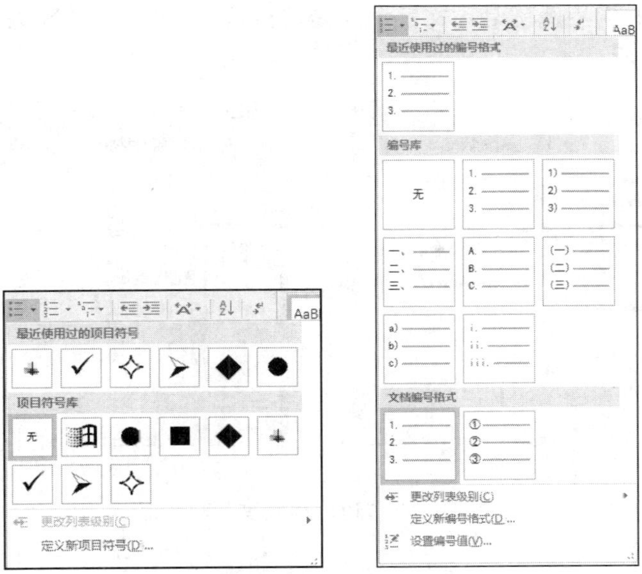

图 5-31　“项目符号库”和“编号库”列表

（3）若列表中没有满意的符号或编号，则选择下方的“定义新项目符号”或“定义新编号格式”命令，在打开的对话框中进行设置。

若需要取消已有的项目符号或编号，可以先选中需要取消项目符号或编号的段落，再单击“项目符号库”或“项目编号库”中的“无”选项即可。

6. 边框和底纹

给文档的文字、段落或页面加上边框或底纹，可以增加文档的艺术效果，如图 5-32 所示。添加边框或底纹的步骤如下。

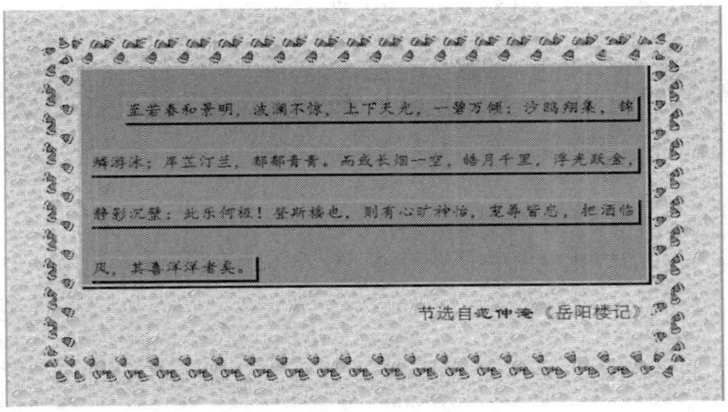

图 5-32　“边框和底纹”效果

（1）选中要添加边框或底纹的文字或段落。

（2）单击“开始”选项卡“段落”工具组中的“底纹”按钮的下拉按钮，在展开的色板中设置底纹颜色；单击“边框”按钮的下拉按钮，选择下拉菜单底端的“边框和底纹”命令，打开“边框和底纹”对话框，如图 5-33 所示。

（3）在“边框”选项卡中设置边框的“类型”“样式”“颜色”“宽度”，并注意边框的应用范围是“文字”还是“段落”。若应用于“文字”，则一行文字设置一个方框；若应用于“段落”，则一个段落设置一个方框，如图 5-33（a）所示。

（4）在“底纹”选项卡中设置底纹的“填充”颜色和底纹中图案的“样式”及“颜色”。

同样需要注意底纹的应用范围是“文字”还是“段落”，可以在“预览”栏中看到大致的效果，如图 5-33（b）所示。

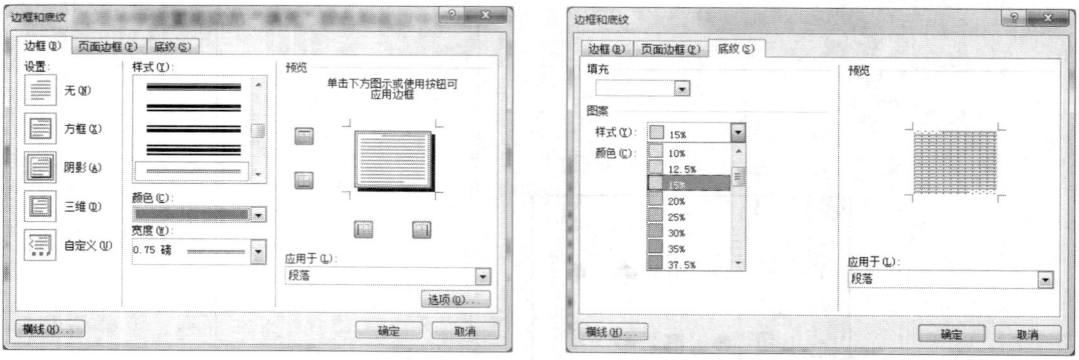

（a）“边框”选项卡　　（b）“底纹”选项卡

图 5-33　“边框和底纹”对话框

7. 首字下沉

首字下沉是指一个段落的第一个字或字符突出显示，以达到醒目的效果。首字下沉一般应用于一篇文章正文的第一个字，也可以应用于文档正文中任何一段的首字符。在报纸、杂志的排版中经常见到这种排版效果。设置首字下沉的步骤如下。

（1）将插入点置于要设置首字下沉的段落中。

（2）单击“插入”选项卡“文本”工具组中的“首字下沉”按钮，在弹出的下拉菜单中选择“下沉”或“悬挂”选项，或选择下拉菜单中的“首字下沉选项”命令，打开“首字下沉”对话框，如图 5-34 所示。

（3）在该对话框中设置下沉字的“字体”“下沉行数”“距正文”的数值。

设置“首字下沉”效果后的文档如图 5-35 所示。

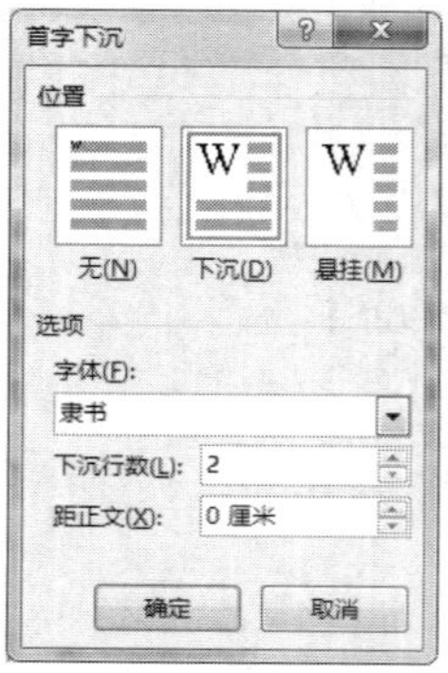

图 5-34　“首字下沉”对话框

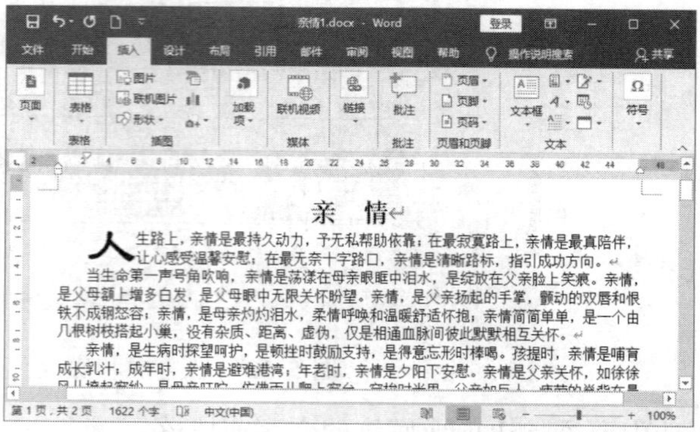

图 5-35　“首字下沉”效果

若需要取消首字下沉，则在设置了首字下沉的段落中单击“首字下沉”下拉菜单中的“无”选项即可。

8. 分栏

分栏也是在报纸、杂志中常用的一种排版方式。在 Word 2016 中设置分栏的操作步骤如下。

（1）选中要分栏的段落。若对全文进行分栏，则无须选中全文，将插入点置于文档中任意位置即可。

（2）单击“布局”选项卡“页面设置”工具组的“栏”按钮☰，打开“栏”下拉菜单，选择需要的分栏格式。

（3）若“栏”下拉菜单中没有需要的分栏格式，则选择下拉菜单底部的“更多栏”命令，打开“栏”对话框，如图 5-36 所示。在该对话框中可以使用预设的分栏，也可以自己设置更多的栏数，还可以设置分栏的宽度和间距、应用范围以及是否加分隔线等。

若需要取消分栏，则选中已分栏的段落，单击“栏”下拉菜单中的“一栏”选项即可。

文档最后一页未满页时，分栏容易出现各栏高度不等的情况，可以在选中分栏文本时不选取文本最后的段落标记，再进行分栏；要手动调整各栏高度时，将插入点置于需要分到下一栏的文字的起始位置，单击“布局”选项卡“页面设置”工具组“分隔符”下拉菜单中的“分栏符”命令即可。

文档的分栏效果如图 5-37 所示。

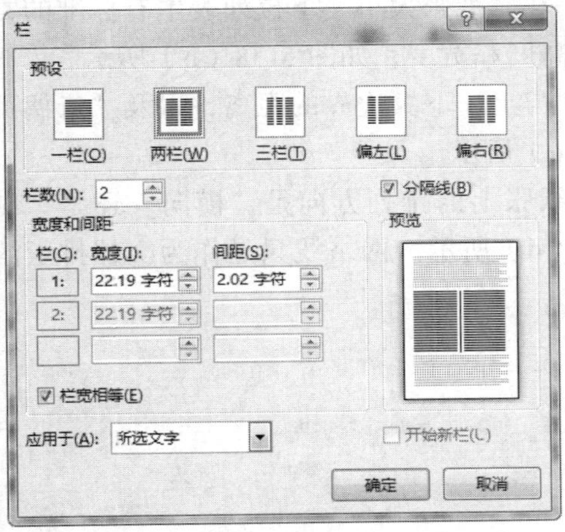

图 5-36　“栏”对话框

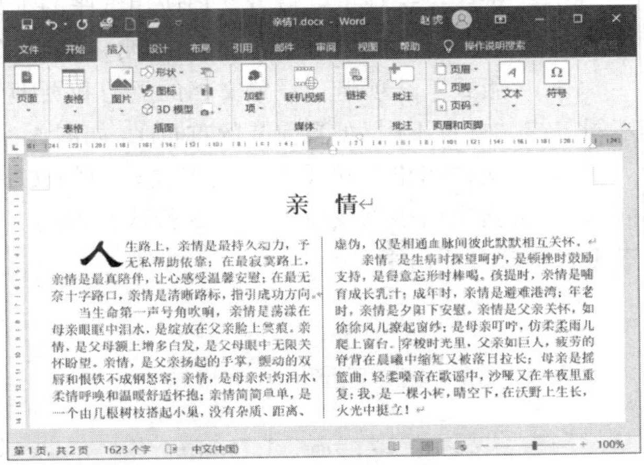

图 5-37　文档的分栏效果

9. 格式的复制与清除

当文档中多处不同位置的字符或段落格式相同时，可以先设置一处，其余部分使用“格式刷”功能完成设置，具体操作方法如下。

（1）将插入点置于已经设置好的字符或段落格式的文本中，单击或双击“开始”选项卡“剪贴板”工具组中的“格式刷”按钮🖌。

（2）此时“I”形鼠标指针旁多了一个刷子，若已单击“格式刷”按钮，则选取目标文本即可复制一次源格式；若已双击“格式刷”按钮，则可以多次选取目标文本以多次复制源格式，待格式复制结束后按 Esc 键即可取消格式刷。

复制文本格式需要选取目标文本，复制段落格式只需要单击目标段落，若选取目标段落的整段，则文本格式和段落格式一起复制。首字下沉、分栏等段落格式不可复制。

若需要清除文本已有的字符格式或段落格式，可以先选中文本，再单击“开始”选项卡“字体”工具组中的“清除格式”按钮，将字符、段落的现有格式清除并还原到最初的默认格式。

5.4.3　设置页面格式

微课 5.4.3

页面格式的设置一般有纸张大小、页边距、页面背景、页码、页眉和页脚等。在新建 Word 2016 文档时，系统为文档设置的默认页面格式是纵向 A4 纸以及普通页边距，该格式适用于大部分文档。对于其他的页面格式，用户可以根据自己的需要重新设置。

1. 页面设置

在“布局”选项卡的“页面设置”工具组中有常用的页面设置按钮，包括“文字方向”“页边距”“纸张方向”“纸张大小”等，在相应的下拉菜单中选取命令进行设置。还可以单击“页面设置”工具组右下角的对话框启动器按钮，打开“页面设置”对话框以设置页面格式，如图 5-38 所示。

（1）“页边距”选项卡：设置的上、下、左、右页边距指文档编辑区与纸张边缘的距离，单位是厘米，可以直接用键盘输入数值或单击数值框右边的微调按钮调节数值的大小。纸张方向分为纵向和横向。若文档没有分节，则默认的应用范围为“整篇文档”，也可以在“应用于”下拉列表中选择“插入点之后”；若文档有分节，则默认的应用范围为“本节”，也可以在“应用于”下拉列表中选择“插入点之后”或“整篇文档”，如图 5-38（a）所示。

（2）“纸张”选项卡：设置文档所用纸张的纸型。在“纸张大小”下拉列表中有标准的常用纸型；若要选择非标准纸型，则可以自定义纸张的高度和宽度，如图 5-38（b）所示。

（3）“版式”选项卡：设置文档的页眉和页脚分别与上、下页边界的距离，以及“奇偶页不同”或“首页不同”（当前节的首页），如图 5-38（c）所示。

（4）“文档网格”选项卡：设置文档中的文字在纸张上的排列方向是“横向”还是“纵向”，是否指定网格以及每页网格的行数，如图 5-38（d）所示。网格线只是作为文档排版的参考，不会打印出来。

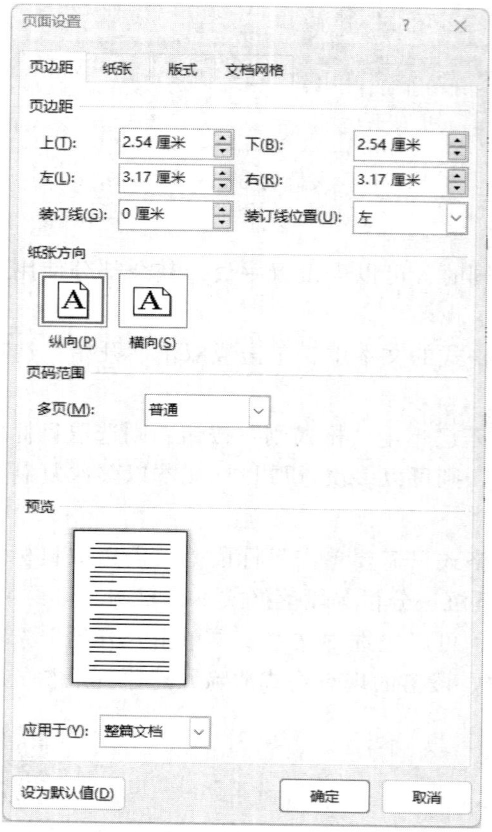

（a）

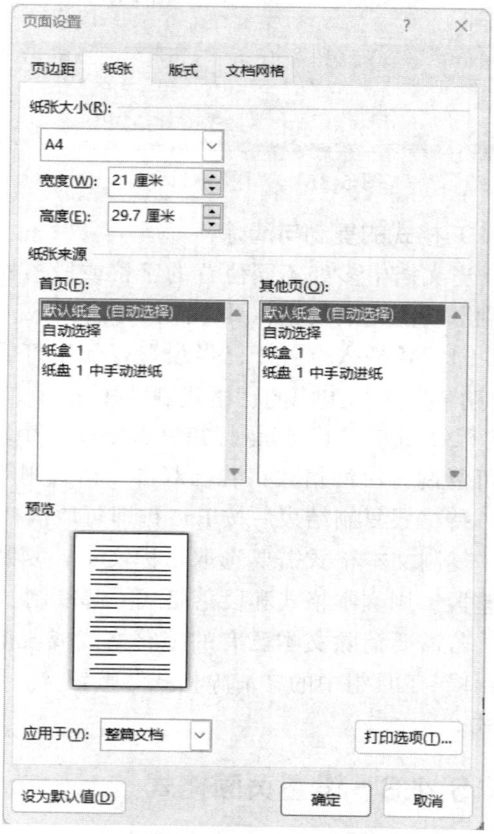

（b）

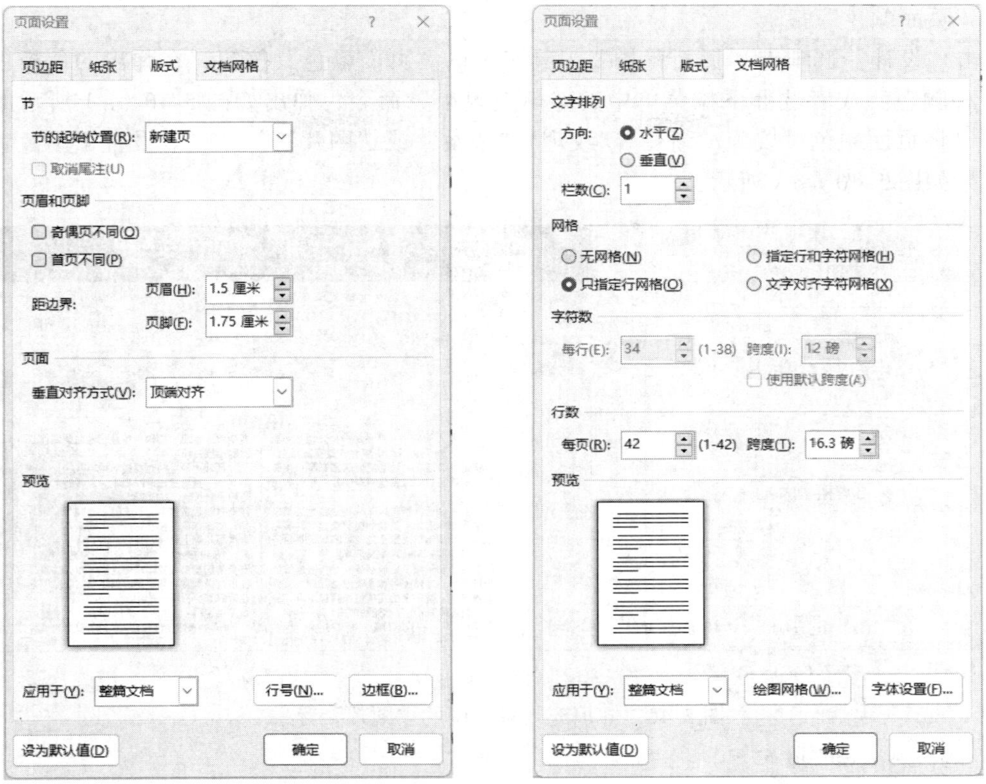

（c）（d）

图 5-38 “页面设置”对话框

2. 页面背景

页面背景有“水印”“页面颜色”“页面边框”三种。

1）“水印”背景

“水印”背景一般存在于文档页面的中部。单击“设计”选项卡“页面背景”工具组中的“水印”按钮，在弹出的下拉菜单中选择“机密 1”“机密 2”“严禁复制 1”等内置的水印文字背景。也可以选择下拉菜单中的“自定义水印”命令，弹出如图 5-39（a）所示的对话框，自己定义文字水印或图片水印背景。设置了水印背景的文档效果如图 5-39（b）所示。

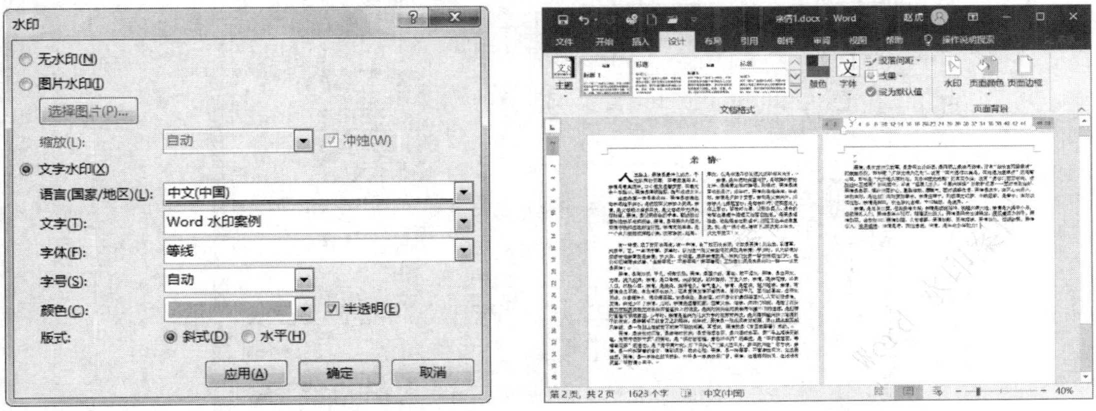

（a）（b）

图 5-39 “水印”背景

2）“页面颜色”背景

单击“设计”选项卡“页面背景”工具组中的“页面颜色”按钮，在弹出的色板里直接选择某种颜色，或者选择下拉菜单中的“填充效果”命令，弹出如图 5-40（a）所示的对话框。可以将页面颜色设置为“渐变”“纹理”“图案”或“图片”等效果。设置了图片背景的文档效果如图 5-40（b）所示。

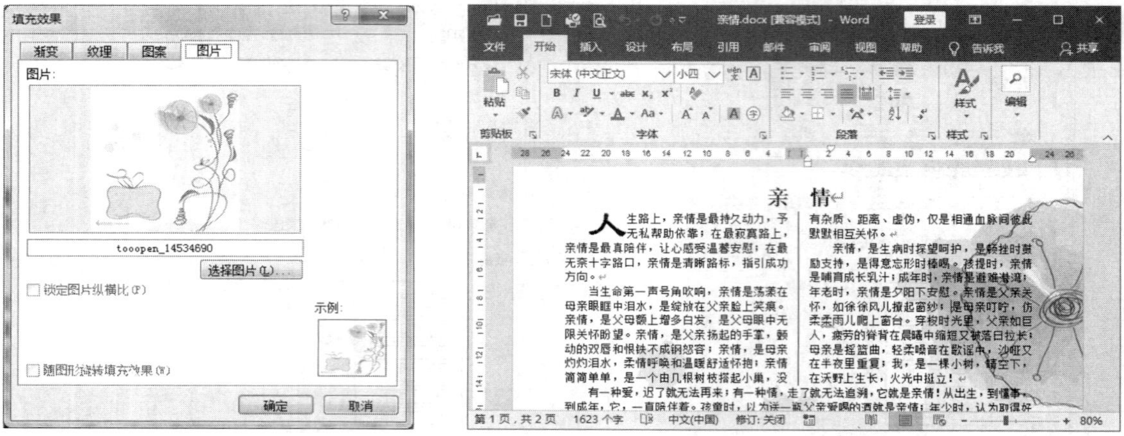

（a）　　　　　　　　　　（b）

图 5-40　“填充效果”中的“图片”背景

3）“页面边框”背景

页面边框是用线条或图案修饰整个文档页面的四周。单击“设计”选项卡“页面背景”工具组中的“页面边框”按钮，弹出“边框和底纹”对话框的“页面边框”选项卡，如图 5-41 所示。其中提供了预设边框样式：无、方框、阴影、三维或自定义，选择“无”为取消页面边框；选择“样式”“颜色”“宽度”“艺术型”等选项，可以自定义设置页面边框；在“预览”栏的相应边框位置单击，可以设置当前选择的边框样式，或取消单击处的边框，以设置更为个性化的页面边框。

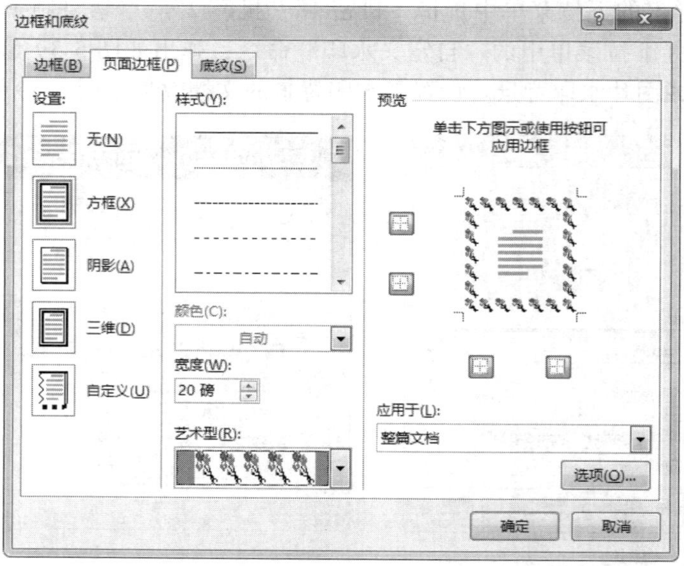

图 5-41　“边框和底纹”对话框的“页面边框”选项卡

3. 分隔符

分隔符有分页符和分节符两大类。在编辑或排版的 Word 2016 文档中，当内容占满一页时会自动扩展到下一页继续显示，但是如果当前页的内容未占满，而其后内容需要新起一页显示，则可以插入分页符，而不是一直按回车键将插入点调至下一页的起始位置。插入分页符的方法如下。

（1）将插入点置于要新起一页的位置。

（2）单击“插入”选项卡“页面”工具组中的“分页”按钮（快捷键为 Ctrl+ 回车键），或单击“布局”选项卡“页面设置”工具组中的“分隔符”按钮，在其下拉菜单中选择“分页符”组中的“分页符”命令。

节是一种文档排版单位，同一文档可以有多节，不同的节可以有不同的页面设置、页眉和页脚等。在“分隔符”下拉菜单中选择分节符中的一种即可插入分节符。分节符有下一页、连续、偶数页和奇数页 4 种，根据命令提示选择使用，其中“下一页”分节符用得比较多。分节符在同一文档中的不同页需要设置不同的页面格式或页眉和页脚时使用。添加了分节符后，在进行页面设置时，其首选的应用范围是“本节”，也可以选择“整篇文档”或“插入点之后”。

4. 页码

若文档的页数比较多，一般需要插入页码来标明顺序。Word 2016 的页码可以放在页面的顶端、底端或左、右页边界内，添加的页码可以随页面的不同而变化。插入页码的方法如下。

单击“插入”选项卡“页眉和页脚”工具组中的“页码”按钮，在弹出的下拉菜单中选择页码的位置，有“页面顶端”“页面底端”“页边距”或“当前位置”，并进一步在相应的子菜单中选择一种样式即可。若选择“当前位置”，则通常先把插入点置于页眉或页脚的相应位置，表示在插入点所在的位置插入页码。

要进一步设置页码的格式，则选择“页码”下拉菜单中的“设置页码格式”命令，弹出如图 5-42 所示的对话框。在其中可以设置页码的编号格式，页码是续前节编号还是本节另起的起始编号。

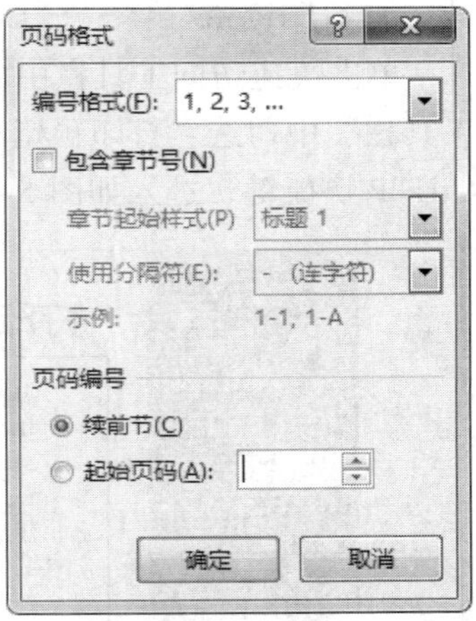

图 5-42　“页码格式”对话框

5. 页眉和页脚

页眉和页脚是分别位于页面顶端和底端的便于阅读和检索的文字或图片，一般页眉和页脚在页面上的位置不超过页面的上、下页边界，内容可以是章节标题或页码等，用户也可以自行输入其他内容。用户在页眉或页脚上插入的文本或图片是固定不变的，而插入的页码则会随着页数的不同而变化。常用的页眉和页脚有以下几种情况。

（1）全文使用一种页眉和页脚。

（2）页眉和页脚在首页不同，其他页相同。

（3）页眉和页脚在奇数页、偶数页不同。

（4）页眉和页脚在各小节不同。

添加页眉 / 页脚的方法如下。

（1）单击“插入”选项卡“页眉和页脚”工具组中的“页眉”按钮或“页脚”按钮。

（2）在弹出的下拉菜单中选择一种页眉或页脚的样式，或选择下拉菜单中的“编辑页眉 / 页脚”命令；也可以在上页边距或下页边距双击。此时，文档正文呈灰色，不可编辑，而插入点处于页眉或页脚中，页眉或页脚呈可编辑状态，并显示如图 5-43 所示的“页眉和页脚工具→设计”选项卡。

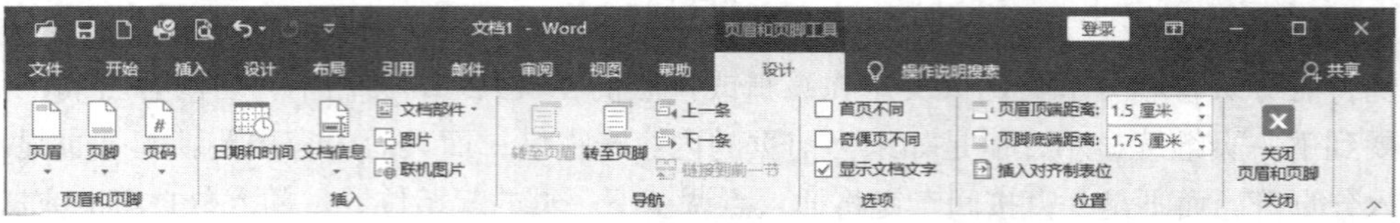

图 5-43 “页眉和页脚工具→设计”选项卡

（3）录入或编辑页眉/页脚的内容，方法同正文的编辑与排版。此时，若勾选“页眉和页脚工具→设计”选项卡“选项”工具组中的“首页不同”复选框，则首页可单独设置页眉/页脚；若勾选“奇偶页不同”复选框，则根据页眉或页脚左侧的提示分别设置奇数页和偶数页的页眉/页脚；若文档中有分节，则默认和上一节的页眉/页脚相同，若要设置不同的页眉/页脚，则单击“页眉和页脚工具→设计”选项卡“导航”工具组中的“链接到前一节”按钮，取消其选中状态，然后单独编辑当前节的页眉或页脚。

（4）单击“页眉和页脚工具→设计”选项卡“关闭”工具组中的“关闭页眉和页脚”按钮，或按 Esc 键，或双击文档正文，即可退出页眉和页脚的编辑状态。在页面视图或打印预览状态下可查看设置页眉、页脚后的效果。

5.4.4 打印预览和打印

微课 5.4.4

文档编辑与排版结束后，就可以打印或输出了。一般先查看文档的打印预览效果，觉得满意后再打印。

1. 打印预览

单击快速访问工具栏中的“打印预览和打印”按钮（若没有，则需在“自定义快速访问工具栏”中勾选“打印预览和打印”命令），或单击“文件”选项卡中的“打印”命令，或按 Ctrl+P 快捷键，进入如图 5-44 所示的“打印预览和打印”窗口。

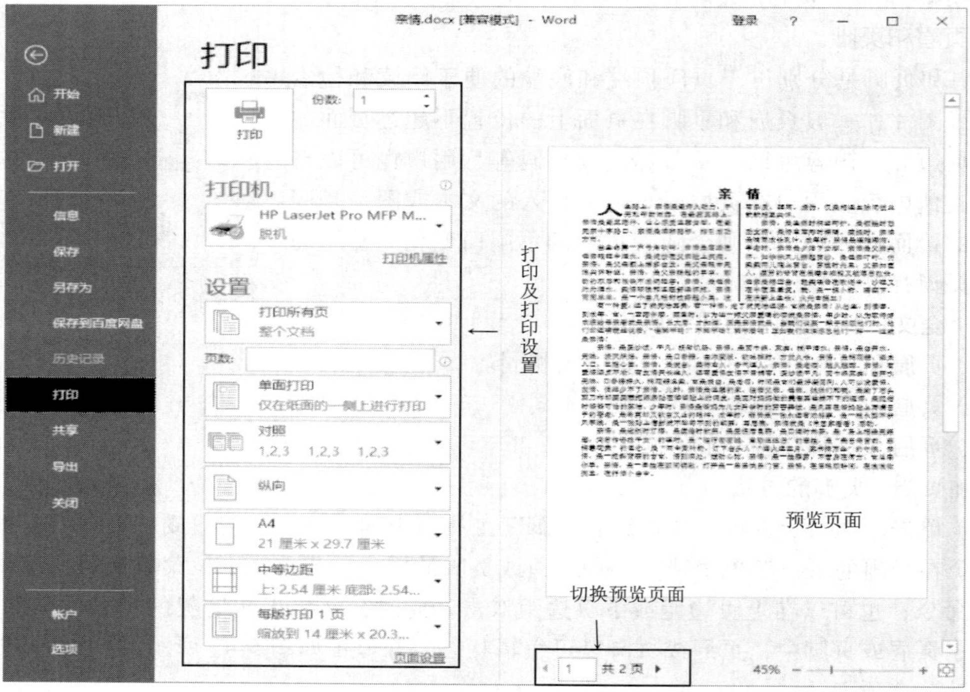

图 5-44 “打印预览和打印”窗口

2. 打印

若计算机连接了打印机，在打印预览满意后即可打印。在“打印预览和打印”窗口中可以进行打印设置，如打印份数、打印范围等。若打印全文，可以直接单击“打印”按钮，或单击快速访问工具栏中的“快速打印”按钮；若要打印文档中的某些不连续的页，则要在打印设置的“页数”文本框中将需要打印的页数列出来，并用英文逗号分隔，如打印“1,3,7”页；若要打印文档中的部分连续页，则在“页数”文本框中输入用英文减号分隔的起始页和结束页，如“3-7”，表示打印第3、4、5、6、7页的连续5页。

5.5　文档的图文混排

若想得到图文并茂的文档，还需要在文档中加入图形、图片、艺术字等对象。Word 2016强大的图文混排功能是其特色功能之一。在文档中，可以加入来自文件、剪贴画或用其他工具截取的图片，也可以绘制各种丰富的图形以及艺术字、SmartArt图形。文本框就相当于一个大的容器，能把上述对象以及普通文本都集于一体，统一进行编排。

微课5.5.1

5.5.1　图片

1. 插入图片

插入Word 2016文档中的图片可以是图片文件，也可以是联机图片，还可以是用其他工具（如QQ）截取的图片。插入图片的操作如下。

（1）将插入点置于要插入图片的位置。

（2）单击“插入”选项卡“插图”工具组中的“图片”按钮，打开“插入图片”对话框，选择要插入的图片文件，单击“插入”按钮即可；若插入的图片是联机图片，则单击“插图”工具组中的“联机图片”按钮，在打开的搜索联机图片的对话框的文本框中输入图片的关键字，按回车键确认，在找出的图片列表中双击满意的图片，即可将其插入文档中插入点的位置；也可单击“插图”工具组中的“屏幕截图”按钮或将从其他的截图工具中复制的图片粘贴到文档中。

2. 图片编辑与排版

插入图片后，在选择图片时，功能区会显示“图片工具→格式”选项卡，如图5-45所示。对图片的编辑与排版，除了可以在图片上右击，在弹出的快捷菜单中选择命令外，还可以单击该选项卡中的按钮。

图5-45　“图片工具→格式”选项卡

对图片的编辑与排版常有以下操作。

1）修改图片的文字环绕方式

图片的文字环绕方式是指图片和文档中的其他对象之间的排版关系，主要有嵌入型、四周型、紧密型、穿越型、上下型、衬于文字下方和浮于文字上方。插入到文档中的图片默认是嵌入型的，即图片嵌入到文档的段落中，是文档的段落中内容的一部分。若需要图片在文档中能随意移动位置，则修改其文字环绕方式为浮动型（除嵌入型以外的其他方式）。具体的操作方法如下。

（1）选中图片。

（2）在图片上右击，在弹出的快捷菜单中选择“环绕文字”命令，并在其子菜单中选择需要的文字环绕方式；或单击“图片工具→格式”选项卡“排列”工具组中的“环绕文字”按钮，在弹出的下拉菜单中选择文字环绕方式；或在“环绕文字”下拉菜单中选择“其他布局选项”命令，打开“布局”对话框，在“文字环绕”选项卡中设置，如图 5-46（a）所示。

2）修改图片的大小

选中图片后，用鼠标拖动图片四周任意一个控制点，可以手动调整该图片的大小。若需要精确设置其大小，可以在“图片工具→格式”选项卡“大小”工具组中设置图片的“高度”和“宽度”；或单击“大小”工具组右下角的对话框启动器按钮，打开“布局”对话框，在其“大小”选项卡［见图 5-46（b）］中进行设置。

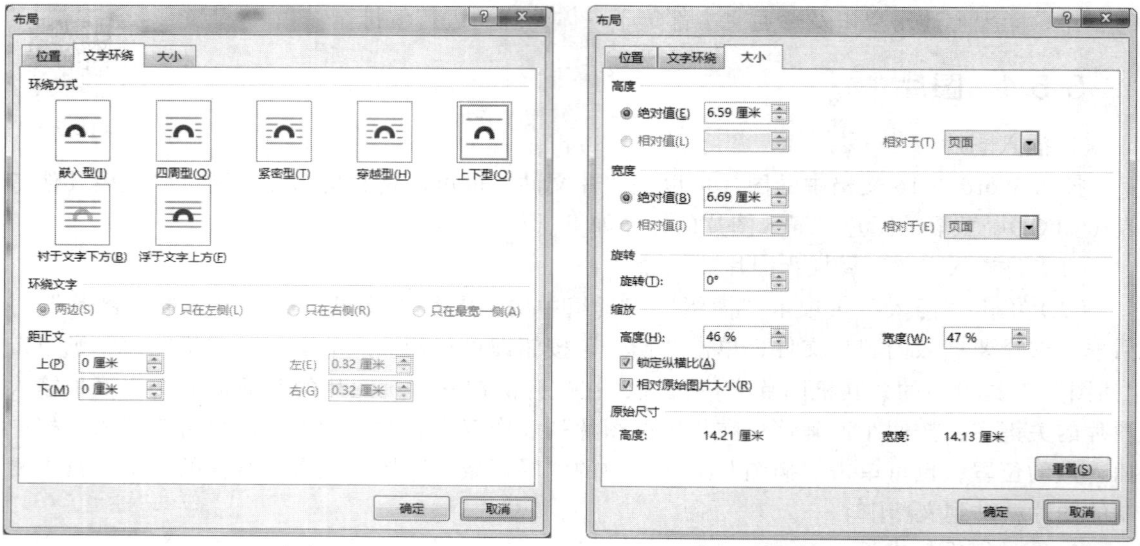

（a）　　　　　　　　（b）

图 5-46　“布局”对话框

3）图片的裁剪

图片的裁剪指裁去图片不需要的部分，具体的操作方法如下。

（1）选中图片（浮动型图片）。

（2）单击“图片工具→格式”选项卡“大小”工具组的“裁剪”按钮，图片四周的控制点变成黑色的裁剪线。

（3）将鼠标指针移到裁剪线上，按住鼠标左键向图片中心方向拖动到合适的位置松开即可。也可以单击“裁剪”下拉按钮，在弹出的下拉菜单中选择“裁剪为形状”命令，在子菜单的形状列表中选择一种形状，即可将图片裁剪为选中的形状。

4）调整图片的颜色

选中图片后，单击“图片工具→格式”选项卡“调整”工具组中的“校正”按钮，在弹出的下拉菜单中选择选项，可以调整图片的亮度和对比度，在“颜色”按钮的下拉菜单中可以对图片重新着色。Word 2016 的特色是不需要单击选中设置，只需要把鼠标指针移到所需的项目上，即可实时预览设置的效果，预览满意后再单击确认设置。

5）修改图片的样式

在“图片工具→格式”选项卡“图片样式”工具组中，在样式列表中可以使用系统内置的预设样式修改图片的边框、阴影、映像等图片效果，或单击“图片边框”“图片效果”等按钮，在其下拉菜单中进行设置。

6）图片的旋转、对齐和组合

选中图片，在图片的上方有一个弧形箭头的旋转控制标记，用鼠标拖动该控制标记，可以任意旋转当前图片。若需要向左、向右、水平或垂直旋转，则可以单击“图片工具→格式”选项卡“排列”工具组中的“旋转”按钮，在其下拉菜单中选择设置。

单击“图片工具→格式”选项卡“排列”工具组中的“对齐”按钮，弹出下拉菜单，其中的命令用于设置单个浮动型图片在页面上的对齐方式或多个浮动型图片之间的对齐方式。

若需要把多个浮动型图片变成一个整体，可以先按住 Ctrl 键依次选中多个浮动型图片，再单击“图片工具→格式”选项卡“排列”工具组中的“组合”按钮，在其下拉菜单中选择“组合”命令。要将已经组合的整体拆分开时，则选择“组合”下拉菜单中的“取消组合”命令。

7）图片的移动、复制和删除

嵌入型图片的移动、复制和删除操作同段落中的文本。浮动型图片可以通过鼠标拖动随意移动位置，若需细微移动，可以按住 Ctrl + 方向键使图片向所指方向细微移动。复制和删除操作也与文本的复制和删除操作相同，可以使用剪贴板、键盘、鼠标等工具实现，在此不再赘述。注意，图片的编辑也遵循“先选定，再操作”的规则。

5.5.2　图形

微课 5.5.2

Word 2016 提供了 8 类 160 余种自选图形，利用绘图工具，可以在文档中绘制出各种图形。图形在文档中默认的文字环绕方式是“浮于文字上方”。

对图形的编辑与排版常有以下操作。

1. 绘制自选图形

在“插入”选项卡“插图”工具组的“形状”下拉菜单中选择一种自选图形后，鼠标指针变成十字形，在文档中按住鼠标左键拖动即可绘制出所选的图形。若需绘制高度、宽度相同的图形或水平、垂直线条，则在绘制相应图形时按住 Shift 键。选中图形，功能区显示“绘图工具→格式”选项卡，如图 5-47 所示，对图形的编辑与排版工作常用该选项卡中的按钮完成，或右击图形，在弹出的快捷菜单中选择命令完成。

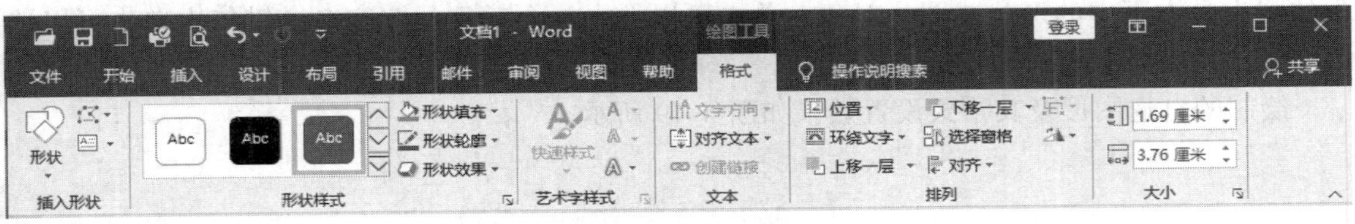

图 5-47　“绘图工具→格式”选项卡

2. 图形样式的修改

选中图形，单击“绘图工具→格式”选项卡“形状样式”工具组中样式列表的下拉按钮，展开内置的预设样式列表，用户可快速设置图形样式。也可以分别单击“形状样式”工具组的“形状填充”“形状轮廓”“形状效果”按钮，在弹出的下拉菜单中进行个性化设置，如图 5-48 所示。其中，封闭图形才可以设置形状填充，线条图形不可以。

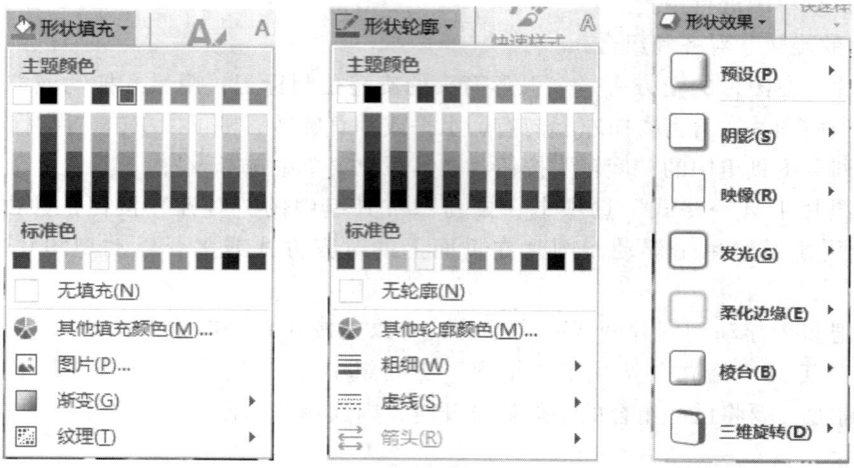

图 5-48 “形状填充”“形状轮廓”“形状效果”下拉菜单

3. 在自选图形中添加文字

在绘制的封闭自选图形中可以添加文字，文字可以随图形一起移动，也可以对文字进行单独编辑。具体操作方法是：在图形上右击，在弹出的快捷菜单中选择“添加文字”命令，在图形中出现的插入点处录入文字。对图形中的文字进行格式设置的方法与文档中普通文本的排版方法相同。

4. 图形的排列与组合

如果在文档中绘制的多个自选图形有重叠，则根据绘制图形的先后顺序，后者覆盖前者。若需要改变其叠放次序，可以通过“绘图工具→格式”选项卡“排列”工具组中的“上移一层”“下移一层”按钮或其下拉菜单中的“置于顶层”“置于底层”等命令来调节；“环绕文字”下拉菜单中的命令用于修改图形的文字环绕方式。

“组合”功能用于将同一页面中两个以上的浮动型形状组合成一个整体（按住 Ctrl 键或 Shift 键的同时单击文档中不同的形状，可选中多个形状）；“对齐”“旋转”等功能的用法同图片的操作。

若绘制的图形比较小或相互覆盖不方便选取，可以单击“绘图工具→格式”选项卡“排列”工具组中的“选择窗格”按钮，在工作区右边出现“选择”任务窗格。“选择”任务窗格中的列表是本页中的形状或图片对象，单击可以选中一个对象，按住 Ctrl 键依次单击可以选中多个浮动型对象。

绘制的自选图形及其格式设置效果如图 5-49 所示。

图 5-49　绘制的自选图形及其格式设置效果

5.5.3　艺术字

微课 5.5.3

为了让有的文本达到更好的视觉效果，可以将其设置为艺术字。艺术字除了具有文本的字体、字形、字号等格式外，还具有图形的填充、阴影、映像、三维旋转、转换等效果。

1. 插入艺术字

在文档中插入艺术字的操作方法如下。

（1）将插入点置于需要插入艺术字的位置。

（2）在“插入”选项卡“文本”工具组中单击“艺术字”按钮，在弹出的艺术字样式列表中选择一种艺术字样式，如图 5-50 所示。

（3）将文档中出现的文本框中的提示文字“请在此放置您的文字”（见图 5-51）修改为需要的文字。

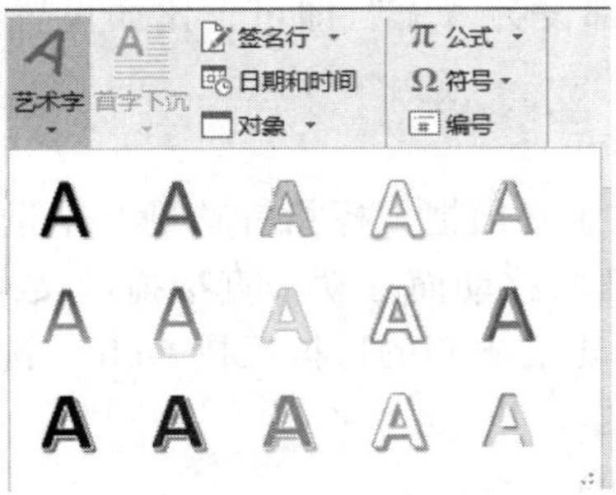

图 5-50　艺术字样式库

图 5-51　编辑艺术字

2. 设置艺术字格式

若要修改艺术字的字体、字号、字形，则同文本的操作一样，使用“开始”选项卡“字体”工具组的按钮或在“字体”对话框中设置。若要修改艺术字的填充、阴影、映像、转换等效果，则利用“绘图工具→格式”选项卡“艺术字样式”工具组中的按钮操作，如图 5-52 所示。

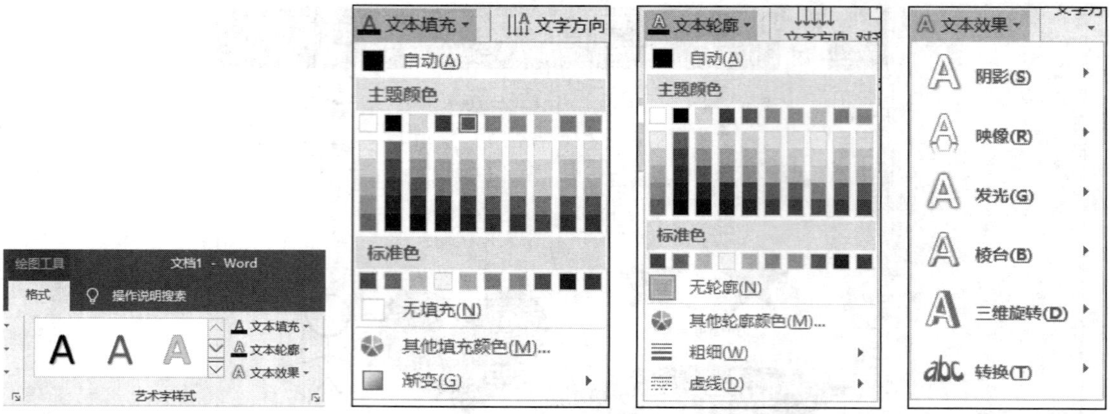

图 5-52　“艺术字样式”工具组及其中按钮的下拉菜单

微课 5.5.4

5.5.4　文本框

Word 2016 中的文本框是一种特殊的图形对象，其中可以容纳文字、表格及图片，同时文本框又具有图形的特征，能够设置文本框的边框及填充效果，使文档的编排更生动、灵活。

1. 绘制文本框

单击“插入”选项卡“文本”工具组中的“文本框”按钮，在弹出的下拉菜单中可以选择一种内置的文本框样式。内置文本框样式中包含文本框的边框和底纹格式，以及框内文本的字体、字号等格式。选择“文本框”下拉菜单中的“绘制文本框”或“绘制竖排文本框”命令后，鼠标指针变成十字形，在文档中按住鼠标左键拖动画出所需文本框即可。

绘制文本框后，即可在文本框中录入文字，插入表格或图片等对象，这些对象的格式设置与文本框外相同对象的格式设置类似。

2. 文本框的格式设置

选中文本框后，功能区出现“绘图工具→格式”选项卡。对文本框的格式设置，包括形状填充、形状轮廓、形状效果、文字环绕方式、对齐、组合等操作都与前述的图形、图片相同。如果仅需要一些可以随意移动的文字，可以将这些文字放在文本框中，调整文本框的大小和位置，并将文本框的填充和轮廓颜色都设为“无”即可，比如设置文档中插图下方的标题。

3. 文本框的移动、复制、删除

通常用拖动的方法移动文本框，但要注意必须把鼠标指针移到文本框的边框上才能拖动文本框。拖动时，文本框中的对象随文本框的移动而移动。直接拖动文本框为移动文本框，按住 Ctrl 键再拖动文本框为复制文本框。单击文本框的边框后按 Delete 键，则将文本框及其中所包含的对象一并删除。

4. 文本框内文字的方向、对齐及创建链接

将插入点置于文本框中，单击“绘图工具→格式”选项卡“文本”工具组中的“文字方向”按钮，在其下拉菜单中可以修改当前文本框中的文字方向。单击“对齐文本”下拉菜单中的选项，可以修改当前文本框中文本的垂直对齐方式。若文本框中的内容较多显示不完，可以将显示不完的内容链接到另一个文本框，具体操作是：将插入点置于前一文本框中，单击“创建链接”按钮后，鼠标指针变成杯子形状，移到另一个空白文本框中再单击，则前一文本框中显示不完的内容会转到当前空白文本框中继续显示。

合理使用图形、图片、艺术字和文本框，可以实现特殊效果，如图 5-53 所示。

图 5-53　图形、图片、艺术字和文本框组合的特殊效果

微课 5.5.5

5.5.5　SmartArt 图形

SmartArt 图形是一种文字图形化的表现方式，它可以帮助用户制作层次分明、结构清晰、外形美观的专业设计师水平的文档插图。

1. 插入 SmartArt 图形

将插入点置于要插入 SmartArt 图形的位置，单击“插入”选项卡“插图”工具组中的“SmartArt”按钮，弹出如图 5-54 所示的“选择 SmartArt 图形”对话框。在该对话框的图形列表中选择一种图形形式，单击“确定”按钮即可在文档中插入所选的 SmartArt 图形。此时根据提示在相应文本框中录入文本或插入图片即可。

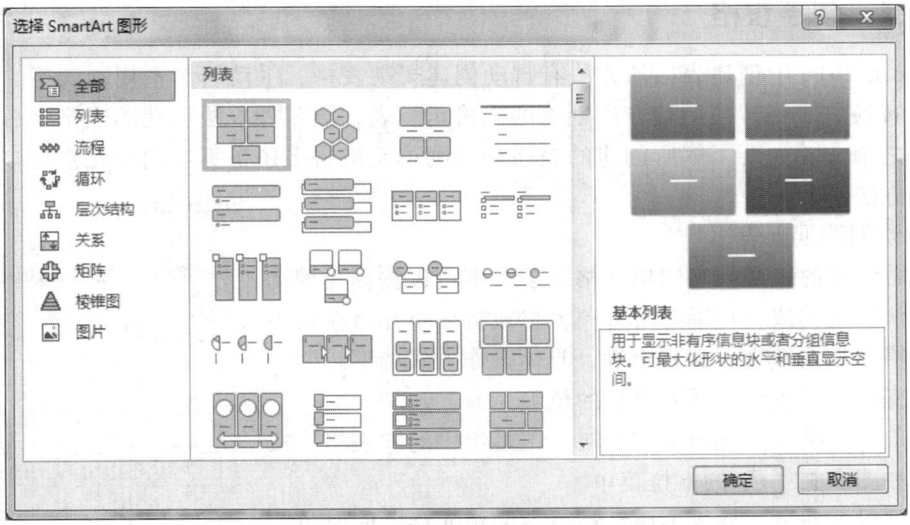

图 5-54　“选择 SmartArt 图形”对话框

2. 设置 SmartArt 图形的格式

选中 SmartArt 图形后，功能区出现“SmartArt 工具→设计”选项卡和“SmartArt 工具→格式”选项卡，分别如图 5-55 和图 5-56 所示。

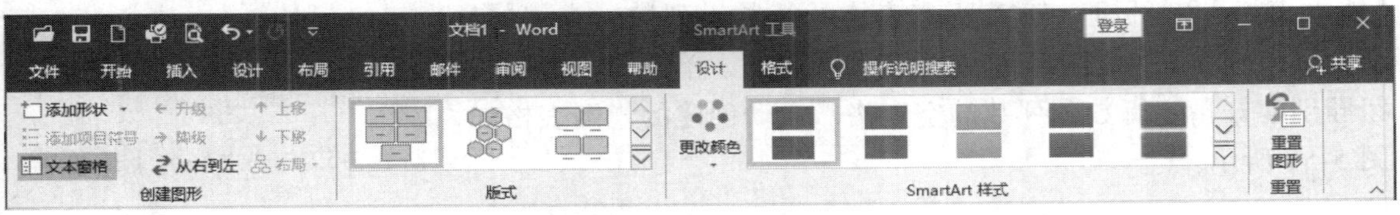

图 5-55　“SmartArt 工具→设计”选项卡

图 5-56 “SmartArt 工具→格式”选项卡

“SmartArt 工具→设计”选项卡“创建图形”工具组中的按钮用于在图形中添加形状或修改图形中项目的先后顺序及前后级别；“版式”工具组用于更改 SmartArt 图形的版式；“SmartArt 样式”工具组用于更改 SmartArt 图形的样式及颜色。

“SmartArt 工具→格式”选项卡用于更改图形中任意一项文本、图片或图形的形状、填充、轮廓及效果等。

5.6 表格处理

表格具有直观、简洁的特点。在生活中我们经常用到表格，如各种报名表、课程表、成绩表、简历表、统计表等。利用 Word 2016 提供的表格处理功能，不仅能快速地创建表格，还可以方便地对表格进行编辑、排版、简单计算等。

5.6.1 创建表格

微课 5.6.1

在 Word 2016 中创建表格的方法有自动创建规则表格、手动绘制不规则表格和将文本转换成表格，前两种方法创建的表格是空表，第三种方法创建的表格中有内容。在创建表格之前，首先要了解所创建的表格是规则单元格居多还是不规则单元格居多，从而选择合适的方法。

1. 自动创建规则表格

若所需创建的表格中规则单元格居多，则可以按创建规则表格的方法快速完成，再通过合并单元格或拆分单元格获得不规则单元格，如成绩表、课程表等，具体操作方法如下。

（1）将插入点置于要插入表格的位置。

（2）单击“插入”选项卡“表格”工具组中的“表格”按钮，弹出如图 5-57 所示的下拉菜单。

（3）用鼠标拖过“插入表格”栏下方的单元格，同时单元格上方显示表格的大小（列数 × 行数），表格大小合适后单击，就在插入点位置创建好一个规则的空表格。此处最大可创建 10 列 ×8 行的表格。若所需表格规模更大，则选择“表格”下拉菜单中的“插入表格”命令，弹出如图 5-58 所示的“插入表格”对话框，输入所需表格的行数、列数，在“‘自动调整’操作”栏选择表格列宽的设置选项，单击“确定”按钮即创建好指定行数和列数的空表格。自动创建的规则表格如图 5-59 所示。

图 5-57 “表格”下拉菜单

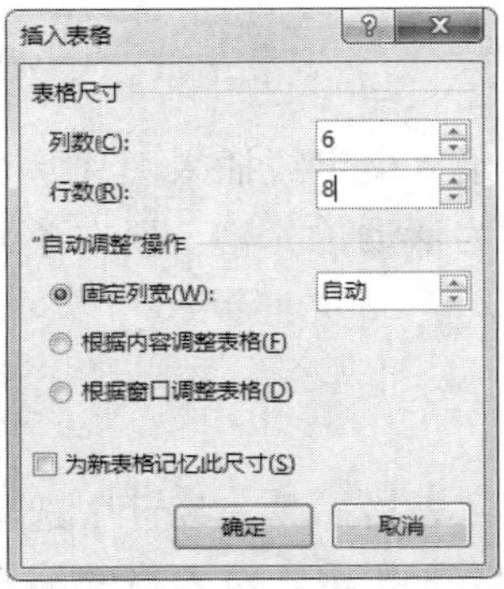

图 5-58　“插入表格”对话框

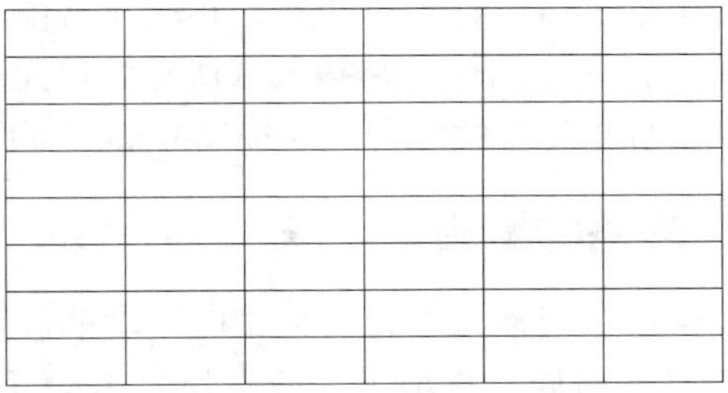

图 5-59　自动创建的规则表格

2. 手动绘制不规则表格

若所需创建的表格中不规则单元格居多，则可以用手动绘制的方法创建表格，具体操作方法如下。

（1）单击“插入”选项卡“表格”工具组中的“表格”按钮，在弹出的下拉菜单中选择“绘制表格”命令，鼠标指针在文档中变成笔形。

（2）在文档中要插入表格的位置按住鼠标左键绘制表格。绘制表格遵循的原则是：“先外后里，先长后短”，即先画出表格的外框，再画内部线条，在画内部线条的时候先画长线条，再画短线条。

（3）表格绘制过程中可以单击“表格工具→布局”选项卡“绘图”工具组中的“橡皮擦”按钮，鼠标指针变为橡皮擦形状，选中表格的多余线条进行擦除。单击“绘制表格”按钮，则可继续绘制表格。绘制结束后按 Esc 键即可。手动绘制的不规则表格如图 5-60 所示。

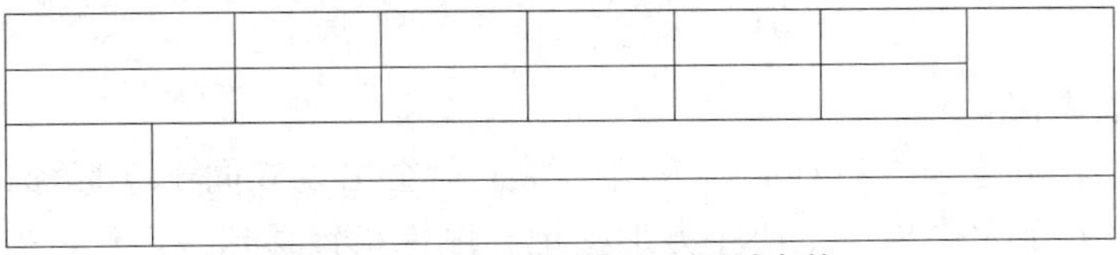

图 5-60　手动绘制的不规则表格

注意：通常创建规则表格的速度更快，若不规则表格中的规则单元格居多，可以先按规则表格创建，再通过合并单元格、拆分单元格、改变单元格大小等方法将其改为不规则表格。

3. 将文本转换成表格

Word 2016 可以将有固定分隔符的文本转换成表格，如图 5-61 所示，具体操作方法如下。

姓名	数字	英语	计算机
曾　天	95	88	93
王志平	88	94	90
吴晓辉	85	88	93
张　竟	76	80	85
李丽萍	69	75	70
张欢欢	70	73	68

姓名	数学	英语	计算机
曾　天	95	88	93
王志平	88	94	90
吴晓辉	85	88	93
张　竟	76	80	85
李丽萍	69	75	70
张欢欢	70	73	68

图 5-61　将文本转换成表格

（1）选定有固定分隔符的文本（此处为用制表符分隔）。

（2）单击“插入”选项卡“表格”工具组中的“表格”按钮，在弹出的下拉菜单中选择“文本转换成表格”命令。

（3）在弹出的“将文字转换成表格”对话框中设置表格的列数，其中行数通常由选中的文本决定；设置表格的列宽为“固定列宽”“根据内容调整表格”或“根据窗口调整表格”；

设置文本分隔符等。设置好后单击“确定”按钮即可。

4. 在表格中输入文本

表格中的单个小格子称为单元格，在单元格中可以录入文字或插入图片。在表格中录入内容之前先确定插入点的位置，插入点所在的单元格称为活动单元格。要在单元格中移动插入点，可以在目标单元格中单击，或按 Tab 键或方向键。

5.6.2 表格的编辑

微课 5.6.2

创建好表格后，当插入点在表格中时，功能区显示“表格工具→设计”选项卡和“表格工具→布局”选项卡，分别如图 5-62 和图 5-63 所示。对表格的编辑、排版等大部分操作都可以通过这两个选项卡中的按钮来完成。

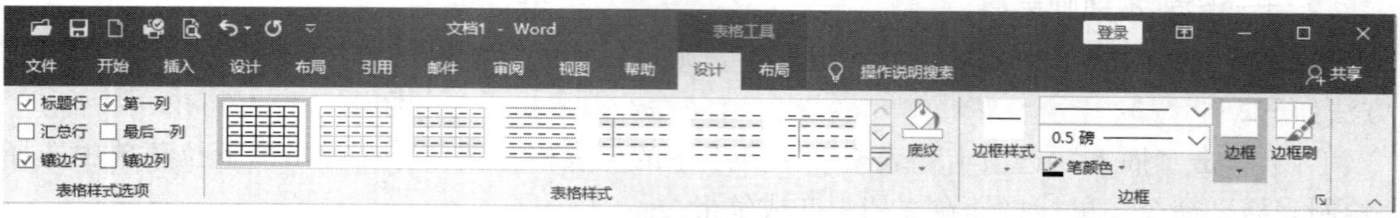

图 5-62　“表格工具→设计”选项卡

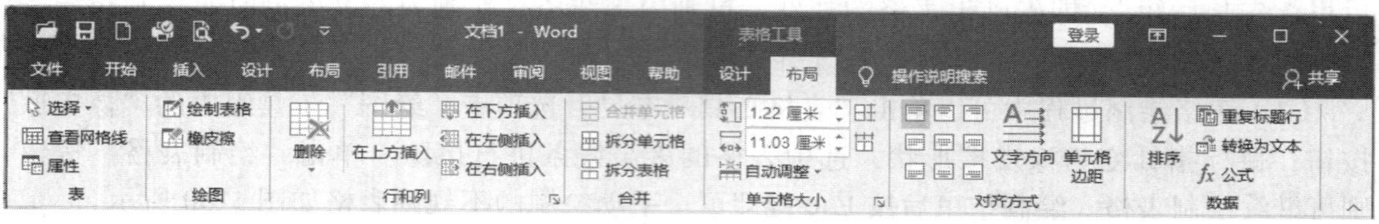

图 5-63　“表格工具→布局”选项卡

1. 移动或缩放表格

当鼠标指针在表格范围内活动时，表格的左上角会出现双向十字形标记，拖动该标记可以移动表格；表格右下角会出现空心小方形标记，鼠标指针移到该标记上时会变成双向箭头，拖动鼠标，可以对表格进行整体缩放。

2. 表格的选取

在对表格进行编辑、排版前，首先要选取编辑、排版的对象，可以是一个单元格、一个区域、整行、整列或全表。表格的选取方法有以下两种。

1）通过菜单命令选取

（1）将插入点置于选取区域中。

（2）单击“表格工具→布局”选项卡“表”工具组中的“选择”按钮。

（3）在弹出的下拉菜单中根据需要选择“选择单元格”“选择列”“选择行”或“选择表格”命令。

2）通过鼠标或键盘选取

（1）选取一个或多个单元格：将鼠标指针移到单元格内部靠近左边框的位置，鼠标指针变成向右上的实心箭头，单击即选中当前单元格，拖动鼠标可选取多个单元格。

（2）选取一行或多行：将鼠标指针移到表格左边框外侧，鼠标指针变成向右上的空心箭头，单击可选取箭头所指的一行，拖动鼠标可选取多行。

（3）选取一列或多列：将鼠标指针移到表格上边框外侧，鼠标指针变成向下的实心箭头，单击可选取箭头所指的一列，拖动鼠标可选取多列。

（4）选取连续区域：将插入点置于连续区域的左上角单元格，按住 Shift 键再单击连续区域的右下角单元格；或用鼠标左键从连续区域的左上角单元格拖动到连续区域的右下角单元格。

（5）选取不连续区域：选取第一个区域后，按住 Ctrl 键再选取其他不连续的区域。

（6）选取下一个单元格的内容：按 Tab 键。

（7）选取上一个单元格的内容：按 Shift+Tab 快捷键。

3. 调整行高 / 列宽

单元格内容在单元格内部右缩进处会自动换行，若行高不够则会自动增加行高，以适应单元格内容。用户也可根据需要自行调整表格的行高和列宽。调整表格行高 / 列宽的方法有鼠标拖动法和菜单命令法等。

1）鼠标拖动直观调整行高 / 列宽

将鼠标指针移到需要调整行的下框线或列的右框线上，当鼠标指针变成双向箭头时拖动表格框线至合适位置后松开鼠标即可。此时若需要微调，可按住 Alt 键再拖动表格框线。

2）精确设置行高 / 列宽

（1）选中需要调整的行或列。

（2）在“表格工具→布局”选项卡“单元格大小”工具组的“高度”、“宽度”数值框中分别输入所需行高和列宽的数值及单位；或单击“表格工具→布局”选项卡“单元格大小”工具组中右下角的对话框启动器按钮，打开“表格属性”对话框，在其中的“行”或“列”选项卡中勾选“指定高度”或“指定宽度”复选框，再在其后的数值框中输入数值及单位，单击“确定”按钮，如图 5-64 所示。

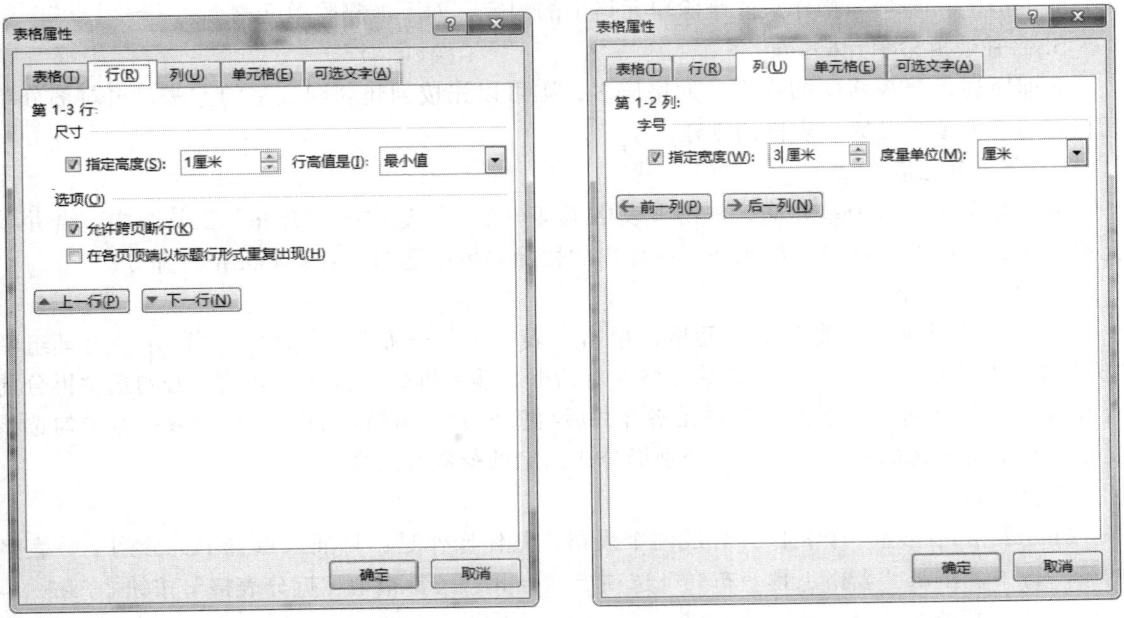

图 5-64　在“表格属性”对话框中设置行高 / 列宽

3）自动调整列宽

选中列后，单击“表格工具→布局”选项卡“单元格大小”工具组中的“自动调整”按钮，在弹出的下拉菜单中选择“根据内容自动调整表格”或“根据窗口自动调整表格”命令，就可以根据内容或窗口自动调整列宽。

4）平均分布各行 / 各列

选中表格中相邻的多行或多列后，若需要在不改变表格高度或宽度的情况下将其调整为相同的行高或列宽，则可以单击“表格工具→布局”选项卡“单元格大小”工具组中的“分布行”按钮或“分布列”按钮。

4. 插入或删除行 / 列 / 单元格 / 表格

1）插入一个空行

将插入点置于表格右外边框后的段落标记处，按回车键，则在当前行的下面插入一个空行；或将插入点置于表格的右下角的单元格中，按 Tab 键，则在表格末尾增加一个空行。

2）插入多个空行 / 列

选中与插入行 / 列等数量的行 / 列，单击“表格工具→布局”选项卡“行和列”工具组中的“在上方插入”或“在下方插入”，“在左侧插入”或“在右侧插入”按钮，即可在指定位置插入与选取行 / 列数相等的行 / 列。

3）删除行 / 列 / 表格

选取要删除的行、列或表格，按 Ctrl+X 快捷键（剪切）或按 Backspace 键，或单击“表格工具→布局”选项卡“行和列”工具组中的“删除”按钮，在弹出的下拉菜单中根据需要选择“删除行”“删除列”或“删除表格”命令即可。

4）插入或删除单元格

与插入行 / 列的操作类似，若选择插入单元格，则会弹出“插入单元格”对话框，选中“活动单元格右移”或“活动单元格下移”单选按钮；若选择删除单元格，则应在“删除单元格”对话框中选中“右侧单元格左移”或“下方单元格上移”单选按钮。删除单元格不能用“剪切”操作，“剪切”操作只能删除单元格中的内容，而不能删除单元格。

5. 合并或拆分单元格

如前所述，若表格中的规则单元格居多，则可以先按创建规则表格的方法，再对部分单元格进行合并或拆分完成表格的创建。

1）合并单元格

选中要合并的多个单元格，单击“表格工具→布局”选项卡“合并”工具组中“合并单元格”按钮；或右击选中的单元格，在弹出的快捷菜单中选择“合并单元格”命令。

2）拆分单元格

选中要拆分的一个或多个单元格，单击“表格工具→布局”选项卡“合并”工具组中“拆分单元格”按钮，打开“拆分单元格”对话框，输入拆分的行数和列数，若勾选“拆分前合并单元格”复选框，则将所选单元格合并后再拆分成一组指定的行数和列数；若未勾选该复选框，则将所选的每一个单元格分别拆分成指定的行数和列数。

6. 拆分表格

拆分表格是指将一个表格拆分成两个表格，具体操作是：将插入点置于拆分到下一表格的第一行中，单击“表格工具→布局”选项卡“合并”工具组中“拆分表格”按钮。

7. 绘制斜线表头

1）手动绘制

单击“表格工具→布局”选项卡“绘图”工具组中“绘制表格”按钮，在需要斜线表头的单元格中从一角到对角画出线条即可。

2）利用菜单命令处理

将插入点置于需要斜线表头的单元格中，单击“表格工具→设计”选项卡“边框”工具组中“边框”下拉按钮，在弹出的下拉菜单中选择“斜下框线”或“斜上框线”命令。

绘制了斜线表头的单元格实际上仍是一个单元格，若要在斜线两边输入表头内容，则在表头中按回车键，产生两个段落标记，一个左对齐，一个右对齐，输入相应的文本即可，如图 5-65 所示。

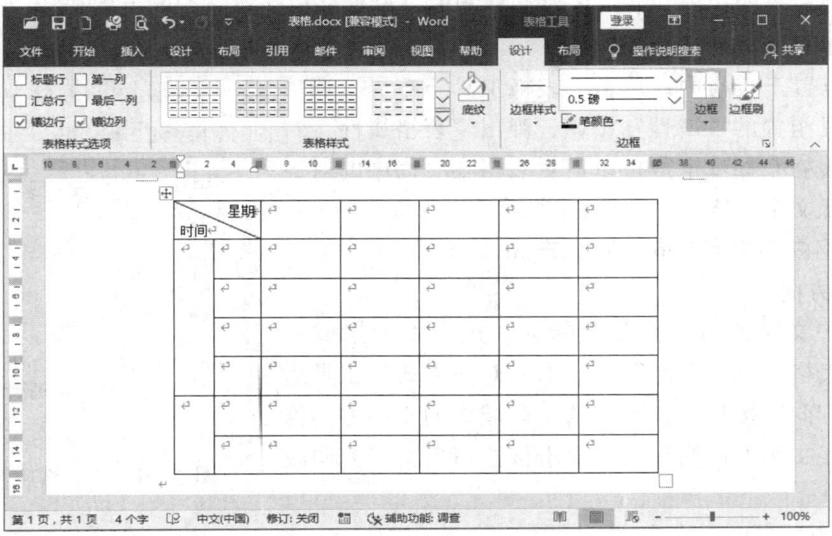

图 5-65　斜线表头示例

8. 重复标题行

Word 2016 提供了“重复标题行”功能，适用于表格跨页后在除第一页外的其他页中显示表格的标题，具体操作方法如下。

（1）选中表格中第一页的一行或多行标题行。

（2）单击“表格工具→布局”选项卡“数据”工具组中“重复标题行”按钮。

若要取消重复的标题行，则选中表格首页中的标题行，功能区中“重复标题行”按钮呈选中状态，再次单击该按钮即可。

5.6.3　表格的排版

微课 5.6.3

为了使所制作的表格更美观，还需要对表格进行排版。表格内文本的排版，包括文本的字体、字号、字形、颜色及段落的缩进、行距等，这些与段落中普通文本的排版相同，在此单独介绍表格专有的格式设置。

1. 表格自动套用格式

将插入点置于表格中，单击“表格工具→设计”选项卡“表格样式”工具组中“样式”列表中的一种，或单击“样式”列表右下角的“其他”按钮，完全展开“样式”列表，选择一种样式，可以快速将所选表格样式应用于当前表格。

2. 表格的边框和底纹

1）使用工具栏设置

在“表格工具→设计”选项卡“边框”工具组中设置表格框线的线型、粗细及颜色，此时鼠标指针变成笔形，可以在表格中原框线上画出新的框线。若表格框线比较多，则可以先选中表格或单元格，单击“边框”按钮，在弹出的下拉菜单中单击设置要应用的位置。设置底纹时，单击“表格工具→设计”选项卡“表格样式”工具组中的“底纹”按钮，在弹出的色板中选择底纹颜色即可。

2）使用“边框和底纹”对话框设置

选中单元格或表格，单击“表格工具→设计”选项卡“边框”工具组的“边框”按钮，在弹出的下拉菜单中选择“边框和底纹”命令，弹出“边框和底纹”对话框。该对话框和之前设置文本或段落的边框、底纹的对话框相同，设置好后注意应用的范围选择“表格”。

3. 表格的对齐方式与文字环绕

将插入点置于表格中，单击“表格工具→布局”选项卡“表”工具组中的“属性”按钮，弹出“表格属性”对话框。在“表格”选项卡内可以设置表格在页面中的对齐方式以及有无文字环绕，如图 5-66 所示。

图 5-66 “表格属性”对话框

4. 单元格内的文字方向与对齐方式

1）文字方向

单元格中文字的方向默认是横向。选中单元格或表格，单击“表格工具→布局”选项卡“对齐方式”工具组中的“文字方向”按钮，可以将选中区域内的文字方向修改为纵向；若文字方向为纵向，单击该按钮后文字方向改为横向。

2）对齐方式

选中单元格或表格，单击“表格工具→布局”选项卡“对齐方式”工具组中的对齐方式按钮（上、中、下、左、中、右组合成 9 种对齐方式），按钮所在位置就是文本在单元格中的位置。尽量不要用空格或按回车键调整文本在单元格中的对齐方式，否则单元格大小一改变，文本又不能对齐了。

经过编辑、排版的课程表示例如图 5-67 所示。

课程表

星期/时间		星期一	星期二	星期三	星期四	星期五
上午	1	德育活动	数学	语文	体育	语文
	2	数学	生命安全	数学	语文	数学
	3	体育	品德	语文	数学	体育
	4	语文	语文	体育	环境健康	生命安全
下午	5	语文	音乐	美术	美术	音乐
	6	品德	书法	阳光俱乐部	兴趣特长	班会

图 5-67 课程表示例

5.6.4 表格的排序和计算

微课 5.6.4

在 Word 2016 中对诸如成绩表之类的二维表，还可以进行排序和计算等操作。二维表是一种规则表格，表格的第一行也称为标题行，其中每个单元格是每一列的标题；表中的列称为字段，除第一个单元格中是文本类型的字段名外，其余单元格的数据含义和类型应相同；表格中除了首行外，其余行称为记录，是对应字段名的一组相关数据，对表格进行排序和计算时应保证记录行中数据的完整性。

1. 排序

排序是以指定的关键字为依据调整各行的先后顺序。例如，对图 5-68 所示的表格进行排序的操作方法如下。

姓名	高等数学	大学英语	计算机基础	总分	平均分
曾　天	95	85	93		
王志平	88	94	90		
吴晓辉	85	88	93		
张　竟	76	80	85		
李丽萍	69	75	70		
张欢欢	70	73	68		

图 5-68　排序前的成绩表

（1）单击表格中的任意位置，将插入点置于表格中。

（2）单击“表格工具→布局”选项卡“数据”工具组中的“排序”按钮。

（3）在弹出的“排序”对话框中选中“有标题行”单选按钮，并设置各排序关键字（最多可以有三个关键字，在主要关键字的值相同的情况下再按次要关键字值排序，以此类推），如图 5-69 所示。

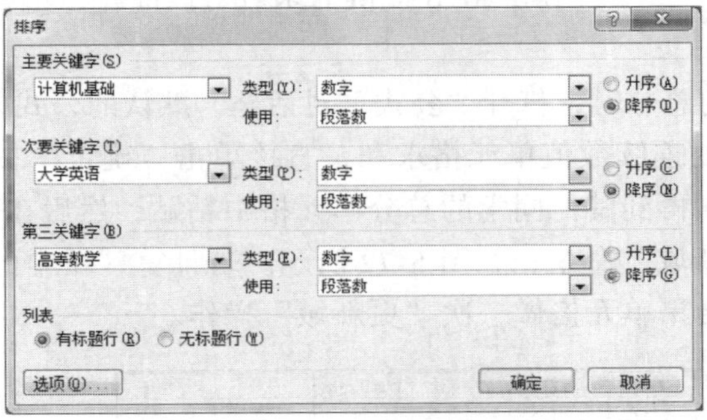

图 5-69　“排序”对话框

（4）单击“确定”按钮，得到如图 5-70 所示的排序结果。

姓名	高等数学	大学英语	计算机基础	总分	平均分
吴晓辉	85	88	93		
曾　天	95	85	93		
王志平	88	94	90		
张　竟	76	80	85		
李丽萍	69	75	70		
张欢欢	70	73	68		

图 5-70　排序后的成绩表

2. 计算

在 Word 2016 中，利用“公式”功能，可以对二维表进行简单的加、减、乘、除运算，以及利用求和、平均值、最大值、最小值等函数进行简单的统计等。

1）单元格地址及其引用

在表格中利用函数进行运算时，若参数中参与计算的区域是和结果单元格相邻的单元格，可以用 left、above、right 等分别表示左侧、上方、右侧连续的数值单元格区域。若参与计算的区域不是和结果单元格相邻的区域，则要用单元格地址对其进行引用。在 Word 2016 中规定，表格的列从第一列开始依次用 A、B、C、D 等英文字母编号，行则从第一行开始依次用 1、2、3、4 等数字编号，一个单元格的地址用它所在“列号行号”表示。例如，图 5-68 中曾天同学的高等数学成绩所在单元格的地址表示为“B2”，张欢欢同学的总分所在单元格的地址表示为“E7”等。若表示一个连续的区域，则用英文的冒号连接该区域的起、止单元格地址，如王志平同学的各课程成绩的单元格区域表示为“B3:D3”。若要表示多个不连续的单元格区域，则用英文逗号连接各个单元格区域的引用。

2）采用普通公式计算

例如，对图 5-68 所示的成绩表计算每个同学的总分和平均分，操作方法如下。

（1）将插入点置于放置结果的单元格中，如 E2 单元格中。

（2）单击“表格工具→布局”选项卡“数据”工具组中的“公式”按钮。

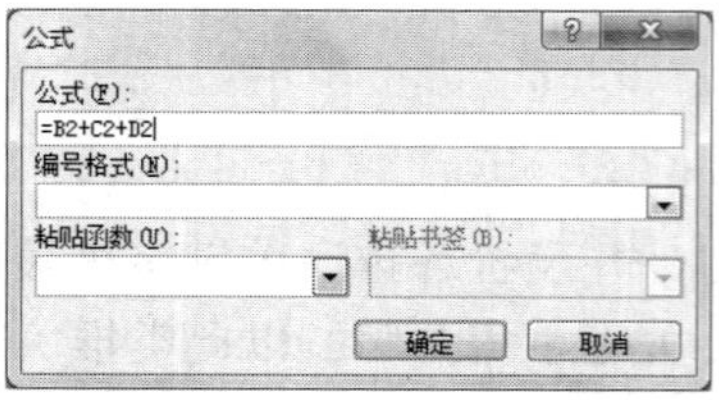

图 5-71 “公式”对话框

（3）在弹出的“公式”对话框中录入以“=”号开头的公式，单击“确定”按钮，如图 5-71 所示。

（4）要计算曾天同学的平均分，则将插入点置于 F2 单元格中，打开“公式”对话框，在其“公式”文本框中录入“=E2/3”或“=(B2+C2+D2)/3”。按照此方法依次计算其他同学的总分和平均分。用这种方法计算起来比较麻烦，Word 2016 提供的函数可以简化以上操作。

3）采用函数计算

在计算第一个同学的总分时，打开“公式”对话框，默认的公式内容为“=SUM(LEFT)”，表示对当前单元格左边的连续数值单元格求和，直接单击“确定”按钮即可。选中第一个同学的总分单元格后复制，再到其他同学的总分单元格中粘贴，然后在各粘贴的单元格上右击，选择快捷菜单中的“更新域”命令，如图 5-72 所示。若计算区域中的数据有变动，计算结果不会自动更新，需要对结果单元格做一次“更新域”操作。

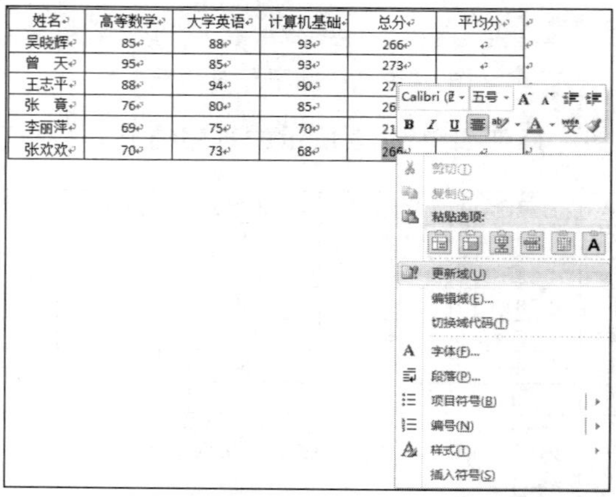

图 5-72 用 SUM 函数快速计算总分

计算平均分时，将插入点置于第一个同学的平均分单元格中，打开“公式”对话框，在“公式”文本框中录入公式“=AVERAGE(B2:D2)”，单击“确定”按钮，而不能用“=AVERAGE(LEFT)”，因为平均分中不能包含左边的总分单元格。下一个同学的平均分单元格的公式应该是“=AVERAGE(B3:D3)”，而不能用复制、粘贴、更新域的方法来计算，其中缘由请读者自行思考。

5.7 Word 2016 的高级应用

5.7.1 样式

微课 5.7.1

样式是多种字符段落格式的集合。利用样式，可以在文档中重复地快速设置固定的格式。

1. 应用样式

Word 2016 中提供了很多内置的标准样式供用户使用。当前文档的可用样式在“开始”选项卡“样式”工具组的“样式列表”中，单击列表右下角的“其他”按钮，展开所有样式，如图 5-73 所示。

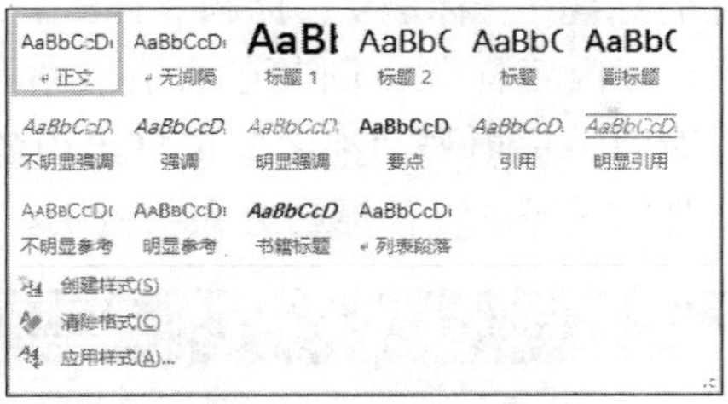

图 5-73　样式列表

若需要对当前段落应用其中一种样式，则将插入点置于段落中，单击样式列表中的所选样式即可。

2. 创建新样式

若当前样式列表中没有用户需要的样式，而且在文档中会多次用到这种样式，可以在第一处设置好其格式后将其创建为一种新的样式。之后就可以像使用系统内置样式一样使用这种新样式了。创建新样式的方法如下。

（1）设置好一处要重复使用的格式。

（2）选中设好格式的文本或将插入点置于设好格式的文本中间，单击样式列表右下角的“其他”按钮，弹出如图 5-73 所示的样式列表。

（3）选择样式列表下方的“创建样式”命令，弹出如图 5-74 所示的对话框，输入新的样式名称。若还需对当前格式进行修改，则单击该对话框中的“修改”按钮，弹出如图 5-75 所示的对话框，逐一设置其字符格式、段落格式等。设置好后单击“确定”按钮。

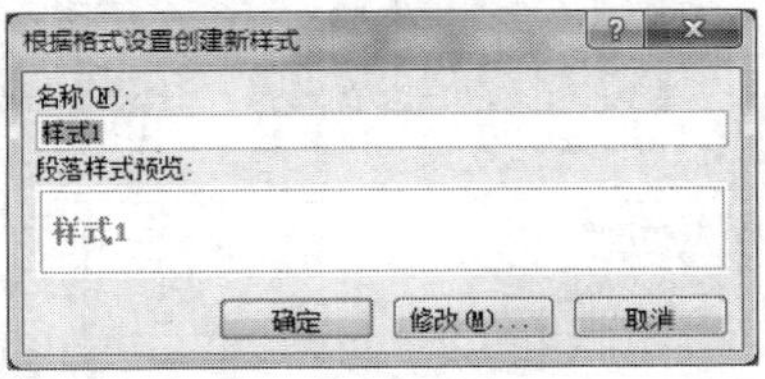

图 5-74　创建新样式

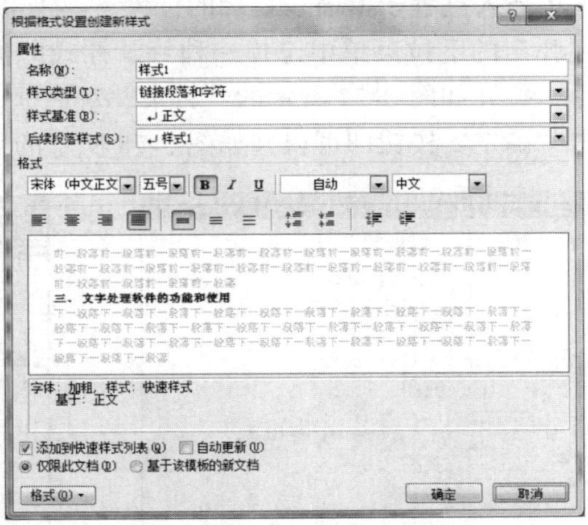

图 5-75　修改新样式

5.7.2　目录

如果所处理的文档比较大，一般要在正文开始前编制目录，这样有助于作者对文档整体结构的有效把握和调整，也便于阅读者通过目录了解文档的整体结

微课 5.7.2

构。在阅读电子文档时，还可以通过目录快速跳转到指定的标题处。

编制目录的过程包含以下几个步骤。

（1）按默认格式录入各标题和正文。

（2）设置各标题和正文的字符格式和段落格式，并设置文档的分节符和插入页码。对于不同级别的标题，可以使用内置的标题 1、标题 2、标题 3 样式，或创建新样式以便重复使用。

（3）若使用标题 1、标题 2 等内置样式，则其已含有相应的大纲级别，可跳过这一步。若未使用标题样式，则单击“视图”选项卡“视图”工具组中的“大纲”按钮，功能区显示“大纲显示”选项卡，在大纲视图下设置各标题的大纲级别，如图 5-76 所示。

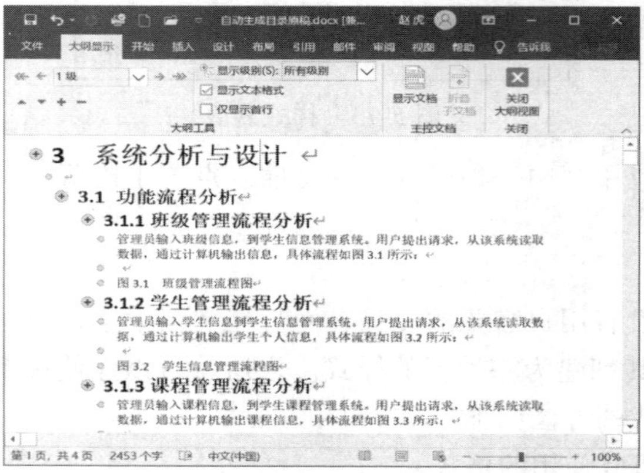

图 5-76 在“大纲”视图下设置各标题的大纲级别

具体操作方法是将插入点置于标题上，单击“大纲显示”选项卡“大纲工具”工具组中的“大纲级别”下拉列表，选择相应数值设置各标题的级别。一般章标题为 1 级，节标题为 2 级，小节标题为 3 级，以此类推。

（4）在文档正文前插入空页。

（5）将插入点置于要插入目录的位置，单击“引用”选项卡“目录”工具组中的“目录”按钮，在弹出的下拉菜单中选择一种目录样式即生成目录；或选择下拉菜单中的“自定义目录”命令，打开如图 5-77 所示的“目录”对话框，在“目录”选项卡中设置目录的显示级别等，单击“确定”按钮即可得到如图 5-78 所示的目录。

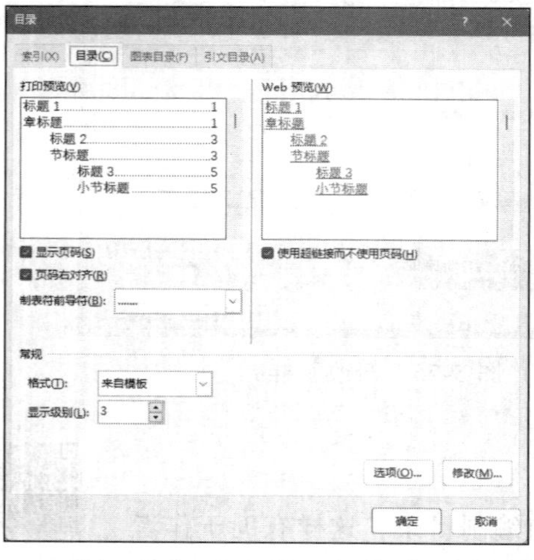

图 5-77 “目录”对话框

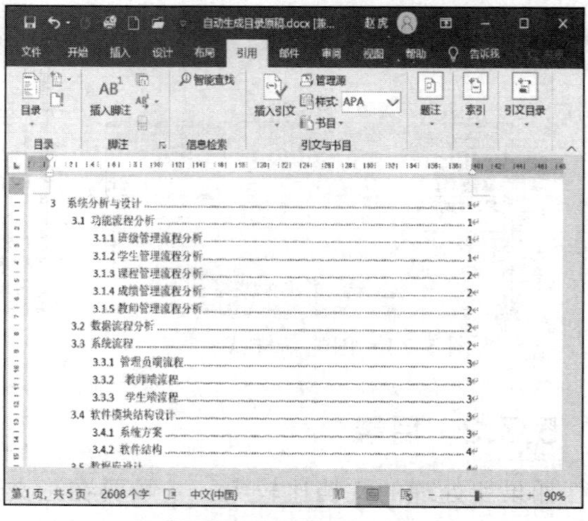

图 5-78 “目录”效果

5.7.3　邮件合并

微课 5.7.3

在日常工作中，经常需要处理大量的诸如获奖证书、录取通知书或邀请函之类的文档，这些文档的主体结构相同，只有少量数据不同，此时可以使用 Word 2016 提供的邮件合并功能提升工作效率。

利用邮件合并功能处理文档，通常包含以下几个步骤。

1. 创建主文档

录入并排版邮件中相同部分的内容，有变化的数据在主文档中留空，将文档以指定文件名保存。例如，创建的主文档如图 5-79 所示，并以“请柬 .docx”为文件名保存。

2. 创建并打开数据源

利用 Word 2016 表格或 Excel 表格创建二维表，其中包含在主文档中需要变化的数据，并以独立文件的形式保存。如用 Word 创建如图 5-80 所示的表格，并以“通讯录 .docx”为文件名保存。在主文档中单击“邮件”选项卡“开始邮件合并”工具组的“选择收件人”按钮，在弹出的下拉菜单中选择“使用现有列表”命令。在打开的“选择数据源”对话框中找到“通讯录 .docx”文件，并单击“打开”按钮。

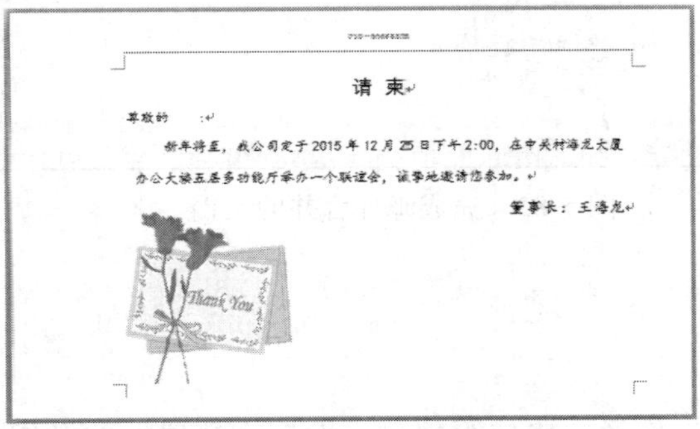

图 5-79　“邮件合并”主文档

姓名	职务	单位
王选	董事长	方正公司
李鹏	总经理	同方公司
江汉民	财务总监	万邦达公司

图 5-80　“邮件合并”数据源

3. 插入合并域

打开数据源后，“邮件”选项卡“编写和插入域”工具组的按钮变为可用状态。将插入点置于主文档中需要变化的数据位置，单击该工具组中的“插入合并域”按钮，在弹出的下拉菜单中可以看到数据源的字段名列表，选择相应的域插入主文档的合适位置。如在“请柬 .docx”主文档的“尊敬的”后面插入“姓名”域，如图 5-81 所示。

图 5-81　在主文档中插入合并域

4. 预览或完成邮件合并

插入合并域后，在主文档中单击“邮件”选项卡“预览结果”工具组中的“预览结果”

按钮，可预览合并后的结果，并且可以单击旁边的“上一记录”或“下一记录”按钮检查其他记录的预览结果。

预览满意后可以单击“邮件”选项卡“完成”工具组中的“完成并合并”按钮，在弹出的下拉菜单中选择“编辑单个文档”命令，在打开的“合并到新文档”对话框中选择合并记录，如图 5-82 所示。单击“确定”按钮后，生成一个新的文档，即邮件合并后的结果，如图 5-83 所示。

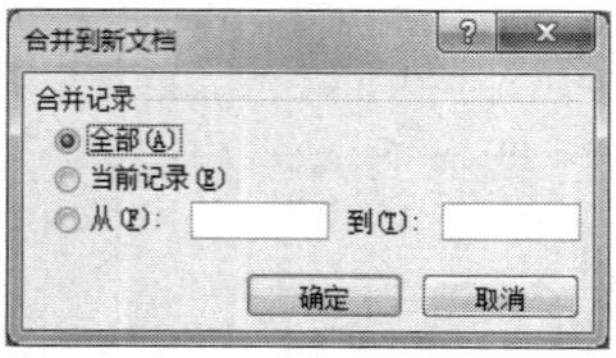

图 5-82　“合并到新文档对话框”

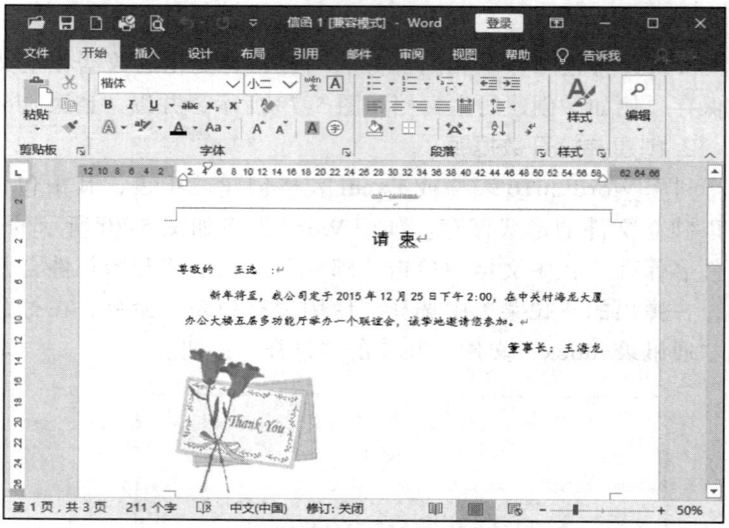

图 5-83　完成邮件合并的文档

5.7.4　文档属性和域

1. 文档属性

文档属性用于记录文档的标题、主题、作者、单位等信息。设置文档属性的操作是选择“文件”选项卡中的“信息”命令，在“信息”界面右侧选择“属性”→“高级属性”命令，打开当前文件的“属性”对话框，在“摘要”选项卡中设置标题、主题、作者、单位等属性，如图 5-84 所示。

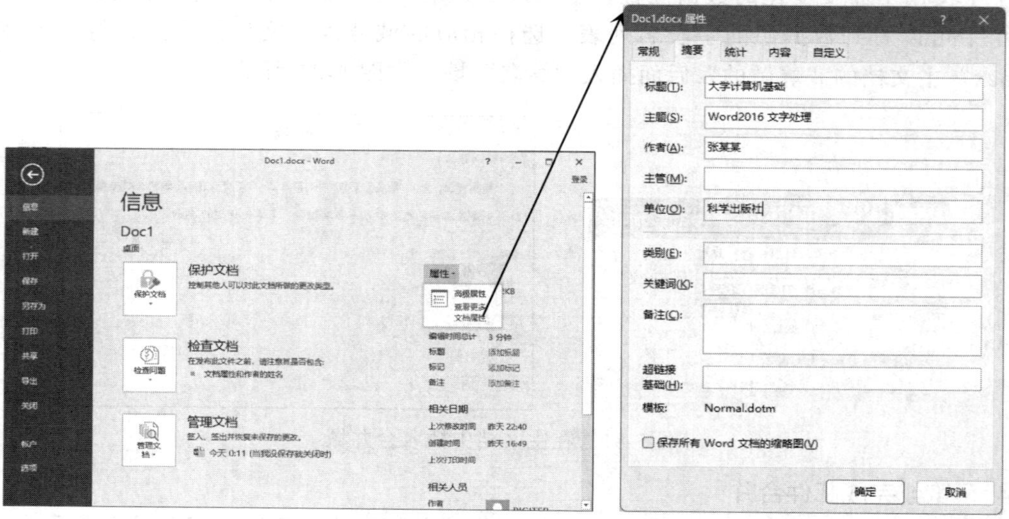

图 5-84　设置文档属性

可以在页眉 / 页脚上插入文档属性。具体操作是进入页眉 / 页脚的编辑状态，单击“页眉和页脚工具→设计”选项卡“插入”工具组中的“文档部件”按钮，在弹出的下拉菜单中选择“文档属性”命令，再选择其子菜单中相应的属性项目即可，如图 5-85 所示。该属性与前述设置的文档属性的内容同步。

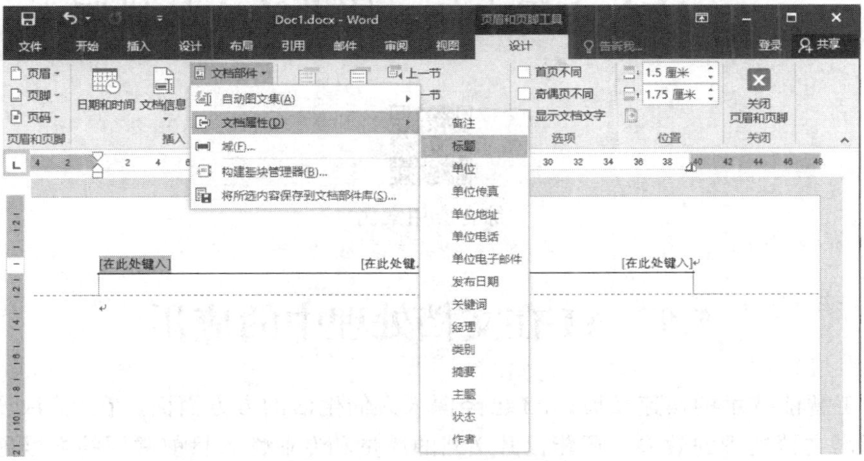

图 5-85　在页眉中插入文档属性

2. 域

域是 Microsoft Word 中的一个强大功能，使用域，用户可以在文档中插入自动更新的元素，如页码、页数、日期、时间、目录、公式等。这些域既可以根据文档的变化自动更新，也可以确保信息的准确性和一致性。前面介绍的插入的可自动更新的日期与时间、页码、页数、文档属性、目录、表格公式等，其本质都是域。域文本和普通文本的区别是，选中所有文本后，域文本会自带更深颜色的底纹。可以根据需要自己插入域和编辑域代码。

1）插入域

（1）将光标移至需要插入域的位置。

（2）按下 Ctrl+F9 快捷键，Word 中会出现一对大括号 {}（注意：代表域的大括号不能手动输入）。

（3）在大括号内输入域的代码，例如 DATE 表示插入当前日期。英文域代码不区分大小写。

（4）按下 Alt+F9 快捷键，关闭域代码，或在域上右击，在弹出的快捷菜单中选择“切换域代码”命令，显示域的结果。若结果不正确，可以再按 Alt+F9 快捷键，或选择快捷菜单中的“切换域代码”命令显示域代码，重新编辑。

2）更新域

如果修改了域代码或需要刷新域以显示最新内容，可以选中域并按下 F9 功能键。也可以在域上右击，在弹出的快捷菜单中选择“更新域”命令。

3）常用域介绍

（1）DATE 域：用于插入当前日期。更新后，显示插入域时的日期。

代码示例：{ DATE }

（2）TIME 域：用于插入当前时间。更新后，将显示插入域时的时间。

代码示例：{ TIME }

（3）PAGE 域：用于显示当前页码。该域通常用于页眉或页脚中。

代码示例：{ PAGE }

（4）NUMPAGES 域：用于显示文档的总页数。该域通常用于页眉或页脚中，通常配合节使用。

代码示例：{ NUMPAGES }

5.8 综合应用案例：毕业论文的排版

综合应用案例

5.9 AI 在文档处理中的应用

随着人工智能技术的快速发展，AI 已经深入人们生活的方方面面。在文档处理领域，AI 不仅能够提高文档处理的效率，还能提升文档的质量和专业性。目前常用的文档处理 AI 软件多种多样，以下是几款备受瞩目的软件。

（1）文心一言：百度推出的 AI 工具，擅长自然语言理解和生成。在文档处理、翻译、AI 绘画等方面有全面提升，能够撰写不同类型的文本，还提供文本润色和摘要提取服务，支持多语言翻译。

（2）豆包：多功能 AI 工具和免费 AI 聊天机器人程序，具备文案创作、PDF 问答、长文本分析、学习辅助、图像生成、信息搜索与整合、AI 智能体等功能，能够理解用户需求并提供个性化服务。

（3）Kimi：由北京月之暗面科技有限公司开发的智能助手，基于大语言模型（LLM）技术，专注于长文本处理和智能搜索，旨在为用户提供高效的信息处理和内容生成服务。支持长文本处理，如快速总结、分析和解读长文档，也能实现 AI 生成文章、AI 生成 PPT 等功能。

（4）秘塔 AI 搜索：AI 搜索软件，提供上下文智能理解、专业领域识别、AI 语义优化等功能。支持实时语音翻译和多语言文档翻译，翻译的准确度高，专业领域的适应性强。

（5）笔灵 AI：一款全能型 AI 创作工具，能够一键生成工作计划及营销方案等真实案例的写作内容。它支持多场景全覆盖 AI 创作型内容生成，包括 AI 文案撰写、AI 文档续写、DeepSeek 对话等功能。

（6）DeepSeek：AI 对话助手，使用开源的 DeepSeek-V3 大模型。支持文字输入和文件上传，能够理解并解析自然语言，快速响应并给出详细答复。此外，还能根据指令自动生成创意文案，撰写各类文章和报告。

以上这些文档处理 AI 软件各具特色，用户可以根据自己的需求和偏好选择合适的软件。本节以文心一言为例简要介绍 AI 软件在文档处理中的应用。文心一言支持网页端操作和客户端操作，此处仅介绍网页端操作。

5.9.1 文心一言的基础功能

文心一言是百度公司在 2023 年推出的人工智能产品，它是一款基于大语言模型的生成式 AI 产品，能够与用户对话互动、回答问题、协助创作文本等，为用户提供了一种全新的智能交互体验。

（1）理解能力：听得懂潜台词、复杂句式、专业术语。

（2）生成能力：能快速生成文本、代码、图片、图表、视频。

（3）逻辑能力：能解决复杂的逻辑难题、困难的数学计算、重要的职业 / 生活决策。

（4）记忆能力：多轮对话后，会记得对话里的重点，帮助用户步步精进，解决复杂任务。

5.9.2　文心一言的应用场景

（1）生活场景：解答生活疑问、提供娱乐内容、陪伴聊天等。

（2）工作场景：帮助撰写报告、生成方案、进行复杂的逻辑运算等。

（3）学习场景：提供学习资料、解答疑难问题、辅助编程等。

（4）娱乐场景：创作诗歌、绘画、生成有趣的内容等。

文心一言可以是用户工作、学习、生活、娱乐中省时提效的好帮手；可以是用户闲暇时刻娱乐打趣的好伙伴；也可以是用户需要倾诉陪伴时的好朋友。在人生旅途经历的每个阶段、面对的各种场景中，文心一言能 24 小时在线，伴用户左右。

下面总结一下文心一言的五大应用场景，如图 5-86 所示。

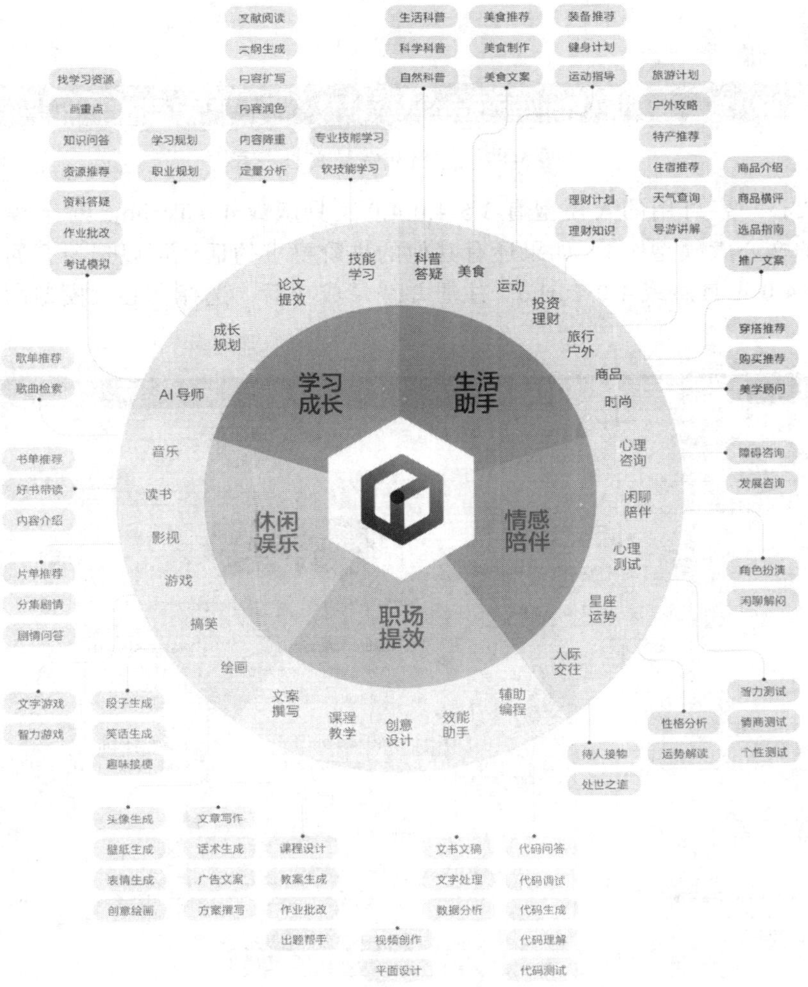

图 5-86　文心一言的五大应用场景

5.9.3 文心一言的工作界面

打开网页版文心一言，网址是 https://yiyan.baidu.com。新用户首次使用时需要注册账号，如图 5-87 所示。

图 5-87　注册或登录文心一言

目前，文心一言可用的大模型有 3.5/4.0/4.0 工具版或 4.0 Turbo。对于普通用户，可以先使用免费的文心大模型 3.5，如果还有其他的进阶要求的话，可以选择开通会员，使用文心大模型 4.0/4.0 工具版或 4.0 Turbo。注册并登录成功后，选择文心大模型的版本的界面如图 5-88 所示。

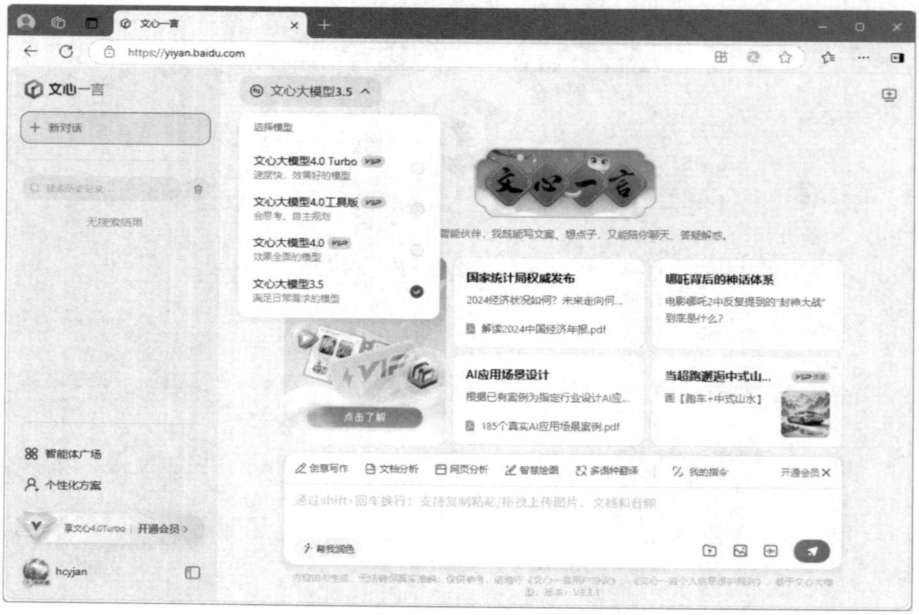

图 5-88　选择文心大模型的版本

选择大模型后，默认进入一个新的对话界面，可以在下方的文本框内输入文本与文心大模型对话。对话框上方有多种场景供选择，如创意写作、文档分析、网页分析、智慧绘图、多语种翻译等，如图 5-89、图 5-90、图 5-91 所示。

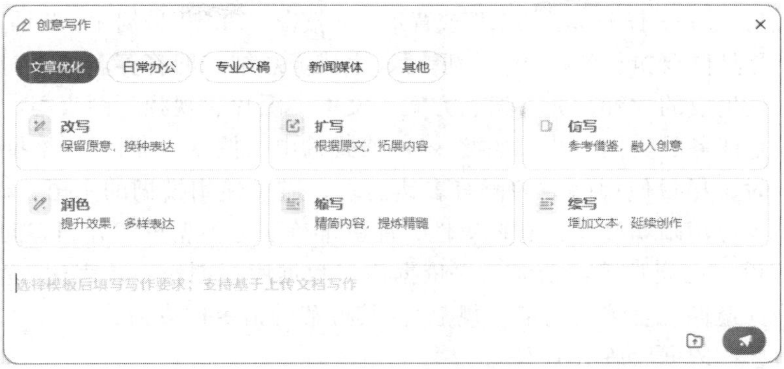

图 5-89 “创意写作”场景

图 5-90 “文档分析”场景

图 5-91 “智慧绘图”场景

在对话过程中可以就一件事情创建一个对话，文心一言的记忆能力能够使得其在多轮对话中记住用户提供的信息，帮助用户解决复杂任务。这种能力使得文心一言能够在连续的对话中保持上下文的一致性，确保信息的连贯性和准确性。例如，在多轮对话中，文心一言能够记住用户之前提到的信息，并在后续对话中加以利用，从而提供更加精准的回答和建议。单击导航栏中的“新对话”按钮，可以开启新一轮的对话，前一轮对话会保留在导航栏中，方便用户后续查看。

5.9.4 文心一言的指令

用户通过输入指令与文心一言进行对话互动、提出问题或要求，从而获取信息、知识和灵感。指令通常包括参考信息、动作、目标和要求。

（1）参考信息：是完成任务所需的知识或背景，如报告、知识、数据库、对话上下文等。

（2）动作：是具体要执行的任务，如撰写、生成、总结、回答等。

（3）目标：是生成的内容，如答案、方案、文本、图片、视频、图表等。

（4）要求：是任务的具体细节，如按 ×× 格式输出、按 ×× 语言风格撰写等。

在输入指令时，尽量使用简洁的语言表达需求，避免使用模糊的术语，确保模型能够准确理解任务。指令应清晰明确且具有针对性，能够准确引导模型理解并回答问题。例如，“请以唐代诗人的身份，在观赏黄山云海后，依据唐诗数据库，创作一首表达人生失意感慨的七言绝句，同时确保遵循七言绝句的格律规范”。其拆解的指令构成为：

（1）参考信息：依据唐诗数据库。

（2）动作：创作。

（3）目标：七言绝句。

（4）要求：以唐代诗人的身份创作；确保遵循七言绝句的格律规范。

5.9.5 文心一言的应用实例

【例 5.1】作为大一新生，你面对新的学习环境，很迷茫，想要根据自己的专业制订大学学习规划。

用户可以在文心一言对话框中输入如图 5-92 所示的文字。

我是计算机科学与技术专业大一的学生，请帮我制订一份大学学习规划，要求有毕业找工作和考研两套方案。

图 5-92　例 5.1 的提问

文心一言的回答如图 5-93 所示。

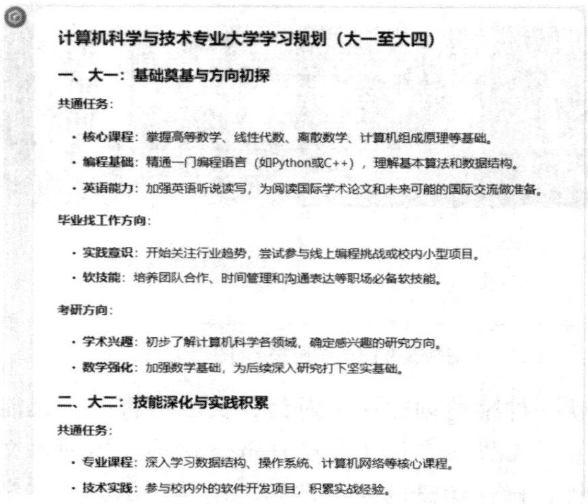
计算机科学与技术专业大学学习规划（大一至大四）

一、大一：基础奠基与方向初探

共通任务：

- **核心课程**：掌握高等数学、线性代数、离散数学、计算机组成原理等基础。
- **编程基础**：精通一门编程语言（如Python或C++），理解基本算法和数据结构。
- **英语能力**：加强英语听说读写，为阅读国际学术论文和未来可能的国际交流做准备。

毕业找工作方向：

- **实践意识**：开始关注行业趋势，尝试参与线上编程挑战或校内小型项目。
- **软技能**：培养团队合作、时间管理和沟通表达等职场必备软技能。

考研方向：

- **学术兴趣**：初步了解计算机科学各领域，确定感兴趣的研究方向。
- **数学强化**：加强数学基础，为后续深入研究打下坚实基础。

二、大二：技能深化与实践积累

共通任务：

- **专业课程**：深入学习数据结构、操作系统、计算机网络等核心课程。
- **技术实践**：参与校内外的软件开发项目，积累实战经验。

图 5-93　例 5.1 的回答

【例 5.2】期末考试结束后，你想要和 3 个好朋友去大理旅游，预算共 4000 元，4 天时间，想要一份旅游攻略。

用户可以在文心一言对话框中输入如图 5-94 所示的文字。

我是一名大学生，想要6月底和3个好朋友去大理旅游，预算共4000元，4天时间，请制作一份吃住行的旅游攻略。

图 5-94　例 5.2 的提问

文心一言的回答如图 5-95 所示。

参考 4 条网页信息源

大理4日游攻略（4人共4000元预算）

一、行程规划

Day 1：抵达大理，办理入住，游览洱海生态廊道，晚上逛大理古城。

Day 2：上午乘坐索道上苍山，下午前往喜洲古镇。

Day 3：游览崇圣寺三塔文化旅游区，下午前往磻溪村看日落（可调整为早上看日出，根据个人行程安排）。

Day 4：在洱海附近自由活动，如乘船游览、放风筝等，下午准备返程。

二、交通

由于是大理市内游，主要交通费用为往返大理的交通费以及市内的公共交通费或租车费。

1. **往返大理**：建议选择火车作为进出大理的交通工具，硬座或硬卧以节约费用。4人往返费用预计为800~1200元（此为估算值，需根据实际情况调整）。
2. **市内交通**：大理市内公共交通较为便利，可选择公交车或打车。公交车票价一般为2元/次，打车费用根据路程远近而定。4天时间内，预计市内交通费用为200元。

交通费用总计：约1000~1400元。

图 5-95　例 5.2 的回答

【**例 5.3**】请你以高中生身份写一篇 2025 年春晚的观后感。
用户可以在文心一言对话框中输入如图 5-96 所示的文字。

我是一名高中生，请根据2025年春晚，写一篇500字的文言文形式的观后感。

图 5-96　例 5.3 的提问

文心一言的回答如图 5-97 所示。

春晚观后感

岁次乙巳，除夕之夜，余观春晚，心潮难平，遂略陈鄙见。

是夜，华灯璀璨，笙歌鼎沸，万民同乐，共赏此视听盛宴。春晚以"巳巳如意，生生不息"为题，寓吉庆祥和之意，展华夏文明之韵。

开场歌舞《迎福》，群英荟萃，非遗之艺，琳琅满目。李子柒以巧手织梦，融合科技之光，传统工艺焕然新生，令人叹为观止。继而《盛世欢歌》，欢歌笑语，翩跹起舞，尽显新时代之繁荣。曲终《春风又绿江南岸》，旋律悠扬，歌词隽永，唱尽人间温情，余音绕梁，三日不绝。

戏曲节目《梨园春韵》，京剧、越剧、黄梅戏等竞相绽放，古韵悠长，余音袅袅。灯光与背景大屏交相辉映，传统戏曲与现代科技完美融合，令人耳目一新。舞蹈《喜上枝头》，舞者身姿曼妙，宛如画中仙子，翩然起舞，尽显古典美学之精髓。

语言类节目，幽默诙谐，寓教于乐。小品《小明一家》，述人间烟火，传亲情之暖。而《金龟婿》等，以讽刺之笔，针砭时弊，引人深思。

科技之光，亦是春晚之亮点。虚拟现实、人工智能等前沿科技，融入晚会，为晚会增添无限可能。节目《未来之光》，虚拟与现实交织，令人仿佛置身未来之世界，感叹科技之神奇。

此番春晚，余观之甚悦。既领略传统文化之博大精深，又感科技之日新月异。愿吾辈青年，承先贤之志，继往开来，共筑华夏之辉煌。吾辈当自强不息，不负韶华，为中华之崛起而读书。

图 5-97　例 5.3 的回答

虽然文心一言可以快速生成文本内容，但最终还需要人工进行审核和调整，注意审核内容的质量，避免出现语法错误、语义不明等问题。在使用文心一言生成文本内容时，可以结合个人的写作风格和习惯，适当地对文本进行个性化修改和调整，使其更符合自己的表达习惯。虽然文心一言可以提供快速的文本生成功能，但最终的创作还需要给出个人的创意并独立思考。读者可以在实践中探索更多的 AI 软件应用技巧。

习　题　5

一、单项选择题

1. 中文 Word 2016 是（　　）。

A. 字处理软件　　B. 系统软件　　C. 硬件　　D. 操作系统

2. 在 Word 2016 中，保存文档后其扩展名默认为（　　）。

A. .dosx　　B. .docx　　C. .html　　D. .txt

3. 在 Word 2016 的文档窗口中进行最小化操作（　　）。

A. 会将指定的文档关闭

B. 会关闭文档及其窗口

C. 文档的窗口和文档都没关闭

D. 会将指定的文档从外存中读入，并显示出来

4. 若想在快速访问工具栏上添加按钮，应当使用（　　）。

A. “文件”选项卡中的命令　　B. “开始”选项卡中的命令

C. “插入”选项卡中的命令　　D. “设计”选项卡中的命令

5. 快速访问工具栏中按钮的功能是（　　）。

A. 撤销上次操作　　B. 加粗

C. 设置下画线　　D. 改变所选内容的字体颜色

6. 用 Word 2016 进行编辑时，要将选定区域的内容放到剪贴板上，则单击功能区中的（　　）按钮。

A. 剪切或替换　　B. 剪切或清除　　C. 剪切或复制　　D. 剪切或粘贴

7. 在 Word 2016 主窗口的右上角，可以同时显示的按钮是（　　）。

A. 最小化、还原和最大化　　B. 还原、最大化和关闭

C. 最小化、还原和关闭　　D. 还原和最大化

8. 新建 Word 2016 文档的快捷键是（　　）。

A. Ctrl+N　　B. Ctrl+O　　C. Ctrl+C　　D. Ctrl+S

9. 设置字符格式的操作是（　　）。

A. 单击“开始”选项卡中的相关命令

B. 单击“布局”选项卡中的相关命令

C. 单击“插入”选项卡“字体”工具组中的按钮

D. 单击“视图”选项卡“段落”工具组中的按钮

10. 在使用 Word 2016 进行文字编辑时，下列叙述中错误的是（　　）。

A. Word 2016 可将正在编辑的文档另存为一个纯文本（TXT）文件

B. 选择“文件”选项卡中的“打开”命令可以打开一个已存在的 Word 2016 文档

C. 打印预览时，打印机必须是已经开启的

D. Word 2016 允许同时打开多个文档

11.Word 2016 中的缩进不包括（　　）。

A. 左缩进　　B. 右缩进　　C. 首行缩进　　D. 居中缩进

12. 在 Word 2016 中，（　　）是默认的视图方式。

A. 阅读视图　　B. 页面视图　　C. 大纲视图　　D. Web 版式视图

13. 下列视图模式中，不属于 Word 2016 的视图模式是（　　）。

A. 大纲视图　　B. 页面视图　　C. 阅读视图　　D. 放映视图

14. 以下关于 Word 2016 中“格式刷”功能的说法中，不正确的有（　　）。

A. 使用格式刷可以复制一个位置的格式，然后将其应用到另一个位置

B. 单击“格式刷”按钮，可以进行一次格式复制

C. 使用“格式刷”功能只能复制字符格式

D. 双击“格式刷”按钮，可以进行多次格式复制

15. 使图片按比例缩放应（　　）。

A. 拖动图片中间的句柄　　B. 拖动图片四角的句柄

C. 拖动图片边框线　　D. 拖动边框线的句柄

16. 能显示页眉和页脚的视图模式是（　　）。

A. 普通视图　　B. 页面视图　　C. 大纲视图　　D. 全屏幕视图

17. 在 Word 2016 中，如果要使图片周围环绕文字应选择（　　）操作。

A. “绘图工具”选项卡“环绕文字”下拉菜单中的“四周型”命令

B. “图片工具”选项卡“环绕文字”下拉菜单中的“四周型”命令

C. “开始”选项卡“环绕文字”下拉菜单中的“四周型”命令

D. “插入”选项卡“位置”下拉菜单中的“环绕文字”命令

18. 将插入点定位于句子“飞流直下三千尺”中的“直”与“下”之间，按一下 Delete 键，则该句子(　　)。

A. 变为“飞流下三千尺”　　B. 变为“飞流直三千尺”

C. 整句被删除　　D. 不变

19. 在 Word 2016 中，对表格添加边框应单击（　　）操作。

A. “表格工具→布局”选项卡“绘图”工具组中的“绘制表格”按钮

B. “表格工具→设计”选项卡“边框”工具组中的“边框”按钮

C. “插入”选项卡“表格”工具组中的“边框”按钮

D. “插入”选项卡“插图”工具组中的“形状”按钮

20. 要删除表格中的单元格，正确的是（　　）。

A. 选中要删除的单元格，按 Delete 键

B. 选中要删除的单元格，按 Backspace 键

C. 选中要删除的单元格，按 Shift+Delete 键

D. 选中要删除的单元格，按 Ctrl+Delete 键

21. 下列关于中文 Word 2016 的特点的描述中，正确的是（　　）。

A. 一定要通过单击“打印预览”按钮才能看到打印出来的效果

B. 不能进行图文混排

C. 可以检查文中的英文拼写及语法错误

D. 无法检查文中的英文拼写及语法错误

22. 在 Word 2016 中，调整文本行间距应单击（　　）。

A. “开始”选项卡“字体”工具组中的“行和段落间距”按钮

B. “插入”选项卡“段落”工具组中的“行和段落间距”按钮

C. “视图”选项卡“显示”工具组中的“标尺”按钮

D. “开始”选项卡“段落”工具组中的“行和段落间距”按钮

23.Word 2016 的页边距可以通过（　　）设置。

A. “引用”选项卡中的“标尺”按钮

B. “开始”选项卡中的“段落”工具组

C. “布局”选项卡中的“页面设置”工具组

D. “文件”选项卡中的“选项”命令

24. 下面对 Word 2016 编辑功能的描述中错误的是（　　）。

A. Word 2016 可以开启多个文档编辑窗口

B. Word 2016 可以将多种格式的系统时期、时间插入到插入点处

C. Word 2016 可以插入多种类型的图形文件

D. 使用“编辑”选项卡中的“复制”命令可将已选中的对象复制到插入点处

25.Word 2016 在编辑完一个文档后，要想知道它打印后的结果，可使用（　　）功能。

A. 打印预览　　B. 模拟打印　　C. 提前打印　　D. 屏幕打印

26. 在 Word 2016 中，将表格数据排序应单击（　　）。

A. “表格工具→布局”选项卡中的“排序”按钮

B. “表格工具→设计”选项卡中的“排序”按钮

C. “表格工具→布局”选项卡中的“公式”按钮

D. “表格工具→设计”选项卡中的“公式”按钮

27. 在 Word 2016 中，若要删除表格中的某单元格所在行，则应选中“删除单元格”对话框中的（　　）单选按钮。

A. 右侧单元格左移　　B. 下方单元格上移

C. 删除整行　　D. 删除整列

28. 在 Word 2016 中要对某一单元格进行拆分，应单击（　　）。

A. “表格工具→布局”选项卡中的“拆分单元格”按钮

B. “表格工具→设计”选项卡中的“拆分单元格”按钮

C. “表格工具→布局”选项卡中的“拆分表格”按钮

D. “表格工具→设计”选项卡中的“拆分表格”按钮

29. 如果用户想保存一个正在编辑的文档，但希望以不同文件名存储，可选择（　　）命令。

A. 保存　　B. 另存为　　C. 比较　　D. 限制编辑

30. 下列有关 Word 2016 表格功能的说法中，不正确的是（　　）。

A. 可以通过“表格工具”选项卡中的按钮将表格转换成文本

B. 表格的单元格中可以插入表格

C. 表格中可以插入图片

D. 不能设置表格的边框线

31. 在 Word 2016 中，如果在输入的文字或标点下面出现红色或蓝色的波浪线，表示（　　），可单击“审阅”选项卡中的“拼写和语法”按钮来检查。

A. 拼写或语法错误　　B. 句法错误　　C. 系统错误　　D. 其他错误

32. 在 Word 2016 中，可以单击（　　）选项卡中的“翻译”按钮将文档内容翻译成其他语言。

A. 开始　　B. 布局　　C. 引用　　D. 审阅

33. 在 Word 2016 中，可以单击（　　）选项卡对不同版本的文档进行比较和合并。

A. 布局　　B. 审阅　　C. 引用　　D. 视图

34. 在 Word 2016 中，可以单击（　　）选项卡中的“新建批注”按钮对所选内容添加批注。

A. 设计　　B. 布局　　C. 引用　　D. 审阅

35. 在 Word 2016 中，单击“审阅”选项卡中的“翻译”按钮不可以（　　）。

A. 翻译文档　　B. 翻译所选文字　　C. 翻译屏幕提示　　D. 翻译批注

36. 在 Word 2016 的“页面设置”对话框中，可以设置的内容是（　　）。

A. 打印份数　　B. 打印的页数　　C. 打印机属性　　D. 页边距

37. 在 Word 2016 中，不能插入一个分页符的方法是（　　）。

A. 按 Ctrl+Enter 快捷键

B. 单击“插入”选项卡中“符号”工具组中的“分隔符”按钮

C. 单击“插入”选项卡中“页面”工具组中的“分页”按钮

D. 单击“布局”选项卡中“页面设置”工具组中的“分隔符”按钮

38. 在 Word 2016 的打印设置中，不可以进行的操作是（　　）。

A. 打印到邮件　　B. 手动双面打印

C. 按纸型缩放打印　　D. 设置打印页码

39. 以下关于 Word 2016 的“打印预览”窗口，说法错误的是（　　）。

A. 它是一种对文档打印前进行预览的窗口

B. 可以填入表格

C. 可以设置页边距

D. 不显示选项卡和功能按钮

40. 在 Word 2016 中，想打印 1、3、8、9、10 页，应在“打印范围”文本框中输入（　　）。

A. 1, 3, 8-10　　B. 1、3、8-10　　C. 1-3-8-10　　D. 1、3、8、9、10

二、操作题

1. 对“文档 1.docx”中的文字进行编辑、排版和保存，具体要求如下。

习题 1

【文档 1 开始】

多媒体系统的特征

多媒体电脑是指能对多种媒体进行综合处理的电脑，它除了有传统的电脑配置之外，还必须增加大容量存储器、声音、图像等媒体的输入输出接口和设备，以及相应的多媒体处理软件。多媒体电脑是典型的多媒体系统。因为多媒体系统强调以下三大特征：集成性、交互性和数字化特征。

交互性是指人能方便地与系统进行交流，以便对系统的多媒体处理功能进行控制。

集成性是指可对文字、图形、图像、声音、视频、动画等信息媒体进行综合处理，达到各媒体的协调一致。

数字化特征是指各种媒体的信息，都以数字的形式进行存储和处理，而不是传统的模拟信号方式。

【文档 1 结束】

（1）将文中所有“电脑”替换为“计算机”；将标题文字（“多媒体系统的特征”）设置为三号、蓝色、楷体、居中；并将正文第 2 段文字（“交互性是……进行控制。”）移至第 3 段文字（“集成性是……协调一致。”）之后（但不与第 3 段合并）。

（2）将正文各段文字（“多媒体计算机……模拟信号方式。”）设置为小四、宋体；各段落左右各缩进 1 字符，段前间距为 0.5 行。

（3）将正文第 1 段（“多媒体计算机……和数字化特征。”）首字下沉两行，距正文 0.2 厘米，为正文后三段添加项目符号“●”。

（4）在文档的最后新起一页，制作一个 3 行 4 列的表格，表格列宽 2 厘米、行高 0.8 厘米；在第 1 行第 1 列单元格中添加一条左上至右下的对角线、将第 2、3 行的第 4 列单元格均匀拆分为两列，将第 3 行的第 2、3 列单元格合并。

（5）设置表格外框线为 1.5 磅红色双窄线，内框线（包括绘制的对角线）为 0.5 磅红色单实线；为表格第 1 行添加黄色底纹。

2. 对“文档 2.docx”的文字进行编辑、排版和保存，具体要求如下。

习题 2

【文档 2 开始】

过采样技术

数据采集技术的工程实际应用问题，归结起来主要有两点：一是要求更高的采样率，以满足对高频信号的采样要求；二是要求更大的采样动态范围，以满足对微弱信号的采样要求。

为了解决这两类问题，新的采样方式应运而生。最具有代表性的是过采样技术和欠采样技术。

若 fc 为原始模拟信号中最高频率分量，fs 为采样频率，则当 fs>2fc 时，称为过采样。过采样技术是一种用高采样率换取高量化位数，即以速率换取分辨率的采样方案。用过采样技术，可以提高信噪比，并便于使用数字滤波技术提高有效分辨率。过采样技术是某些 A/D 转换器（如 Σ-Δ 型 A/D 转换器）得以工作的基础。

采样方式分类

定时采样	定时采样（等间隔采样）
	定点采样（变步长采样）
等效采样	时序变换采样（步进、不退、差频）
	随机变换采样

【文档 2 结束】

（1）将标题文字（“过采样技术”）设置为二号、红色、黑体、加粗、居中。

（2）将正文各段落（“数据采集技术……工作的基础。”）的中文文字设置为五号、宋体，西文文字设置为五号、Arial 字体；各段落首行缩进 2 字符；将正文第 3 段（“若……工作的基础。”）中出现的所有“fc”和“fs”中的“c”和“s”设置为下标形式，将 f 设置为斜体。

（3）在页面底端（页脚）居中位置插入页码，并设置起始页码为“Ⅲ”。

（4）将文中后 4 行文字转换为一个 4 行 2 列的表格。设置表格居中，表格第 1 列的列宽为 2.5 厘米，第 2 列的列宽为 7.5 厘米，行高为 0.7 厘米，表格的所有文字居中。

（5）将表格第 1、2 行的第 1 列，第 3、4 行的第 1 列分别进行单元格合并；设置表格的所有框线为 1 磅蓝色单实线。

3. 对“文档 3.docx”中的文字进行编辑、排版和保存，具体要求如下。

【文档 3 开始】

PART 系统的运作基础——Extranet 技术

习题 3

波音公司在其已搭建的 Intranet（内联网）基础上，进一步利用 Internet 技术扩展而成自己的 Extranet（外联网）。这一举措把 Intranet 的潜在利用价值充分挖掘出来，为 PART 系统的良好运作奠定了必不可少的技术基础。

Intranet 把公司内部的服务器、终端相连接，形成数据库和应用程序的共享，并运用防火墙技术起到保护作用，把这些公司内部的敏感信息与外部的公众用户相隔离。可以说，Intranet 在网络上形成了一个虚拟的公司，它把雇员与雇员、雇员与公司之间的距离缩短为零，每个雇员都可以在自己的权力范围内了解公司的实际运作情况。公司的采购、库存、发货等工作得以更高效地进行。除此之外，雇员还可以共享软件应用、技术支持，在内部网上获得公司培训，或是加强彼此之间的沟通联系，增进团队精神。

某企业第一季度销售业绩统计表

	一月份	二月份	三月份	季度合计
部门 A	12 000	8 000	11 000	
部门 B	20 000	9 000	18 000	
部门 C	11 000	8 500	15 000	
部门 D	14 000	9 500	12 700	

【文档 3 结束】

（1）将标题文字（“PART 系统的运作基础——Extranet 技术”）设置为楷体、三号、加粗、居中并添加红色底纹。

（2）设置正文各段落（“波音公司在其已搭建的……增进团队精神。”）左右各缩进 0.5 厘米，首行缩进 2 字符，行距设置为 1.25 倍，并将所有“Intranet”加蓝色波浪线。

（3）将正文第 2 段（“Intranet 把公司内部的服务器……增进团队精神。”）分为等宽的两栏，栏宽为 19 字符，栏中间加分隔线。

（4）先将文中后 5 行文字的字号设置为小五，然后转换成一个 5 行 5 列的表格，选择“根据内容调整表格”命令。计算“季度合计”列的值；设置表格居中，行高为 0.8 厘米，表格中所有文字靠上居中。

（5）设置表格外框线为 3 磅单实线，内框线为 1 磅单实线，但第 1 行的下框线为 3 磅单实线。

第 6 章　电子表格处理软件 Excel 2016

Microsoft Excel 是 Microsoft Office 办公自动化软件中一个常用的电子表格处理软件。相较于 Word 处理表格的能力，Excel 的优势在于方便和强大的数据计算和数据分析能力。如果说 Word 是“文档处理之王”，Excel 则是“数据处理大师”。本章主要介绍 Excel 2016 的基本概念和表格的创建、编辑、格式设置，表格数据的计算和分析等基本操作。

6.1　Excel 2016 概述

6.1.1　Excel 的功能与 Excel 2016 的新特点

1. Excel 的功能

使用 Excel 可以方便快捷地创建数据表格，用公式或函数对数据进行计算，用排序、筛选等操作进行数据分析，以及根据数据建立各种统计图表等。因此，Excel 在金融、财务、单据报表、市场分析、统计、工资管理、工程预算、文秘处理、办公自动化等方面得到广泛应用。

（1）方便快捷的表格制作。利用 Excel，用户可以方便、快捷地建立数据表格，输入和编辑工作表中的数据，方便、灵活地操作和使用工作表以及对工作表进行多种格式化设置。

（2）强大的数据计算能力。Excel 提供了简单易学的公式输入方式和丰富的函数，用户利用自定义的公式和 Excel 提供的各类函数可以进行各种复杂的计算。

（3）快速的数据分析操作。Excel 将数据表和数据库操作融为一体，用户利用 Excel 提供的数据分析命令，可以对以二维表形式存在的数据清单进行排序、筛选、分类汇总等操作。

（4）丰富的图表表现。Excel 提供了丰富的图表类型，用户可以轻松建立和编辑出与工作表对应的各种类型的统计图表，并可以对图表进行精美的修饰。

（5）数据共享。Excel 提供了数据共享功能，用户可以实现与其他用户共享同一个工作簿文件。

2. Excel 2016 的新特点

（1）更丰富的主题可供选择。Excel 2016 提供了更加丰富的 Office 主题，Excel 2016 的主题不再是 Excel 2013 版本中单调的灰白色，有更多主题颜色供用户选择。

（2）新增“请告诉我”功能助手。在 Excel 2016 中可以通过“请告诉我”（“告诉我你想做什么”）功能快速检索 Excel 功能按钮，用户不用再到选项卡中寻找某个命令，在输入框里输入任意关键字，“请告诉我”功能都能提供相应的操作选项。单击“请告诉我”组合框，在弹出的下拉列表中可以选择最近使用的搜索。

（3）新增了图表。Excel 2016 新增的图表类型有瀑布图、直方图、排列图、箱形图、树状图和旭日图，在财务、统计方面有更好的应用体验。

（4）新增了预测功能。Excel 2016 在“数据”选项卡中新增了“预测工作表”按钮和几个预测函数。如果有基于历史时间的数据，可以将其用于创建预测数据。创建预测数据时，将创建一个新工作表，其中包含历史值和预测值，以及显示这些值的图表。预测函数可以帮助用户预测将来的销售额、库存需求或消费趋势之类的信息。

（5）新增了智能查找功能。在“审阅”选项卡中，Excel 2016 新加入了“智能查找”功能。遇到不懂的问题，也可以在 Excel 中右击，选择快捷菜单中的“智能查找”命令。

（6）新增了快速分析功能。选取两个及以上的连续单元格区域，在右下角会弹出“快速分析”浮动工具栏，可以对选中的数据区域快速、方便地做诸如条件格式、图表、汇总、表格、迷你图等数据分析。

6.1.2　Excel 2016 的启动和退出

1. 启动 Excel 2016 的常用方法

（1）通过“开始”菜单启动。单击屏幕下方的“开始”按钮，打开“开始”菜单，单击“所有应用”→ Microsoft Office → Microsoft Excel 2016 命令即可。

（2）通过快捷方式启动。如果在桌面上有 Excel 2016 的快捷方式，则可以双击启动 Excel；如果在任务栏上有 Excel 2016 的快捷方式，则可以单击启动 Excel。

（3）通过已有文件启动。双击磁盘上已有的 Excel 2016 文件，在打开该文件的同时就启动了 Excel 2016。

2. 关闭 Excel 2016 的常用方法

（1）单击 Excel 2016 窗口右上角的“关闭”按钮，关闭当前窗口。

（2）在任务栏的窗口图标上右击，在弹出的快捷菜单中选择“关闭窗口”命令，关闭当前窗口。

（3）按 Alt+F4 快捷键，关闭当前活动窗口。

（4）单击“文件”选项卡中的“关闭”命令，关闭当前窗口。

6.1.3　Excel 2016 的窗口及组成

微课 6.1.3

1. Excel 2016 窗口

Excel 2016 窗口的风格和 Word 2016 窗口的风格相似。其中标题栏、选项卡栏以及选项卡中的部分按钮在使用上都是相似的。针对 Excel 2016 中表格的操作对象，部分选项卡及选项卡中的按钮与 Word 2016 不一样。成功启动 Excel 2016 后，其窗口及组成如图 6-1 所示。

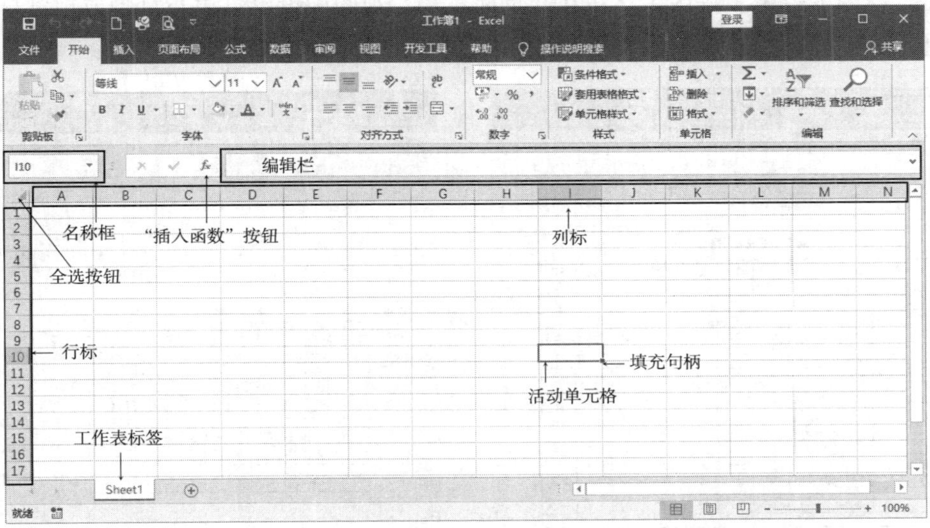

图 6-1　Excel 2016 窗口及组成

Excel 2016 窗口与 Word 2016 窗口的最大区别在于工作区不同。Excel 2016 的工作区是现成的规则表格，用户可以直接在任意一个单元格中录入数据。

（1）名称框。名称框用于显示当前活动单元格的名字。选取连续区域时，名称框中显示起始单元格的名字；选取不连续区域时，其中显示最后一块区域的起始单元格的名字。另外，还可以用名称框为单元格区域命名。

（2）编辑栏。编辑栏用于录入或编辑单元格数据。若单元格数据由于宽度不够不能完全显示，在编辑栏中可以看到完整的数据；若单元格中显示公式的计算结果，在编辑栏中可以查看公式内容。编辑栏左边有三个按钮 × ✓ fx ，分别是“取消”“输入”“插入函数”按钮。

（3）工作表标签。新建的 Excel 2016 文件默认有一张工作表，标签名为 Sheet1。单击 Sheet1 标签后的“新工作表”按钮 ⊕，可以插入新工作表。在工作表标签上右击，在弹出的快捷菜单中选择编辑工作表的命令，如插入、删除、重命名、移动或复制等。

2. 工作簿、工作表和单元格

（1）工作簿。一个工作簿就是一个 Excel 2016 默认类型的文件，其扩展名是 .xlsx。对于新建的工作簿，默认的文件名是“工作簿 1.xlsx”。

（2）工作表。工作表是构成工作簿的基本单位。一个工作簿默认有一张工作表，也可以根据需要改变新建的工作簿的默认工作表数。工作表标签上的名字可以修改，工作表的数量也可以增减。一个工作簿最多可以有 255 张工作表，最少有一张工作表。

（3）单元格。单元格是构成工作表的基本单位。一张工作表有 1 048 576 行 ×16 384 列个单元格，用阿拉伯数字 1 ~ 1048576 编行号，用大写英文字母 A ~ XFD 编列号。单元格的名字也称单元格的地址，是单元格在工作表中的坐标，由单元格所在的“列号行号”组成，如 A1、D5 等。每个单元格中可以容纳 32 767 个字符或汉字。

工作簿、工作表和单元格之间的关系可以理解为记账本、记账本中的纸张和纸张中的单元格之间的关系，一个工作簿就相当于一个记账本。

3. Excel 2016 的视图

Excel 2016 为用户提供了三种视图模式：“普通”视图、“页面布局”视图、“分页预览”视图，如图 6-2 所示，可以通过单击窗口右下角的视图按钮 进行切换。用户一般在“普通”视图下编辑、排版表格；在“页面布局”视图中设置页眉与页脚或预览打印效果；在“分页预览”视图中查看或调整打印区域，插入或删除分页符。

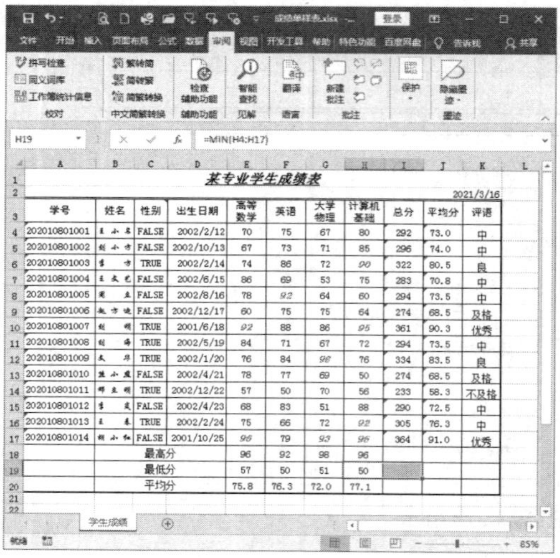

（a）“普通”视图

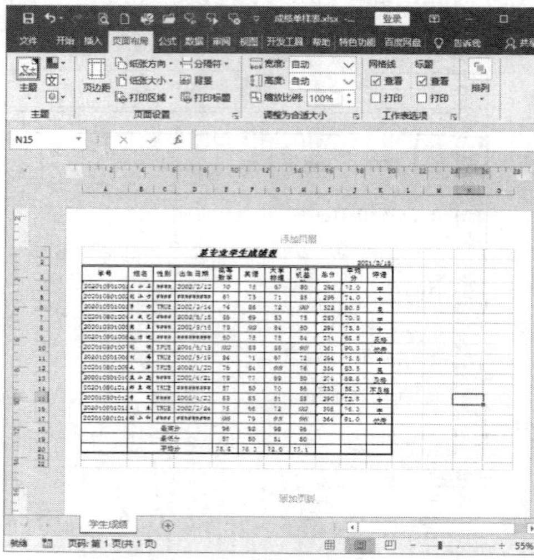

（b）“页面布局”视图

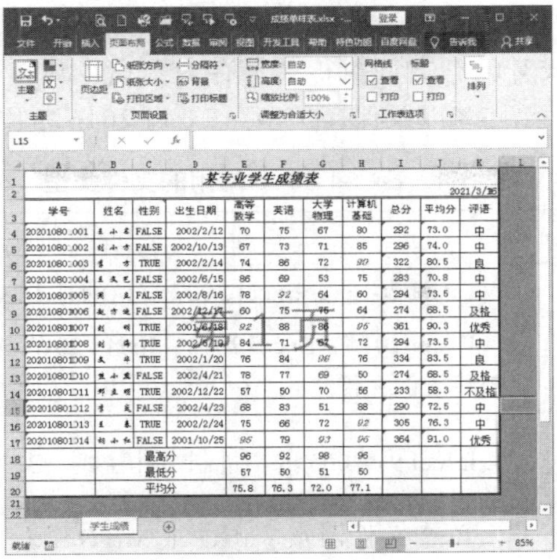

（c）“分页预览”视图

图 6-2　Excel 2016 的三种视图模式

6.2　工作簿和工作表的基本操作

微课 6.2

6.2.1　工作簿的基本操作

工作簿的新建、打开、关闭、保存、另存为、自动保存、加密保护等基本操作和 Word 文档的相似，具体可参考第 5 章的相应内容。

1. 新建工作簿

依次单击“开始”按钮→“所有应用”→Microsoft Office→Microsoft Excel 2016 命令，启动 Excel 程序的同时新建一个空白的工作簿。在已经启动 Excel 的情况下，新建工作簿的方法有以下几种。

（1）单击快速访问工具栏中的“新建”按钮。

（2）按 Ctrl+N 快捷键。

（3）单击“文件”选项卡中的“新建”命令，选择 Excel 2016 提供的模板，可以快速创建专业的工作簿，如图 6-3 所示。

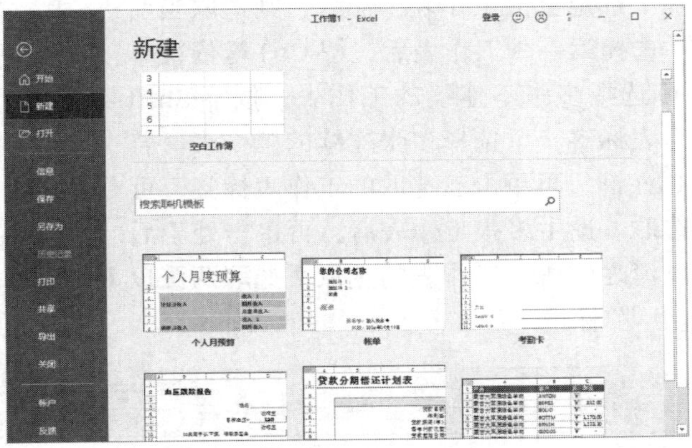

图 6-3　使用模板创建专业的工作簿

2. 保存工作簿

在第一次保存新文件或对已有文件执行“另存为”命令时，会打开“另存为”对话框，可以设置文件的保存位置、文件名以及保存类型。Excel 2016 常用的文件类型如表 6-1 所示。

表 6-1　Excel 2016 常用的文件类型

文件类型	扩展名	说　明
Excel 工作簿	.xlsx	Excel 2016 和 Excel 2007 默认的基于 XML 的文件格式
Excel 启用宏的工作簿	.xlsm	Excel 2016、Excel 2013、Excel 2010 和 Excel 2007 的基于 XML 和启用宏的文件格式
Excel 97-2003 工作簿	.xls	Excel 97-2003 的二进制文件格式（BIFF8）
单个文件网页	.mht、.mhtml	单个文件网页（MHT 或 MHTML）。此文件格式集成了嵌入图形、小程序、链接文档以及在文档中引用的其他支持项目。注意：Excel 2007 不支持此格式
网页	.htm、.html	用超文本标记语言（HTML）制作的文件。注意：如果从其他程序复制文本，Excel 将不考虑文本的固有格式而以 HTML 格式粘贴文本
Excel 模板	.xltx	Excel 2016 和 Excel 2007 的 Excel 模板默认的文件格式
文本文件（以制表符分隔）	.txt	以制表符分隔的文本格式
PDF	.pdf	可移植文档格式（PDF）。此文件格式保留源文档格式并允许文件共享。对于要使用专业印刷方法进行复制的文档，PDF 格式也很有用。注意：Excel 2007 不支持此格式

6.2.2　工作表的基本操作

工作表的大部分操作都可以通过在工作表标签上右击，弹出如图 6-4 所示的快捷菜单，选择其中的相应命令来完成。

1. 选择工作表

单击工作表标签，可以选择一张工作表，被选中的工作表标签高亮显示（见图 6-5）。在任意一个工作表标签上右击，在弹出的快捷菜单中选择“选定全部工作表”命令，则选取当前工作簿的全部工作表。选择第一张工作表后，按 Ctrl 键依次单击其他工作表标签，可选择多张不连续的工作表；按下 Shift 键再单击最后一个工作表标签，可选择多张连续的工作表。若选中多张工作表后按 Ctrl 键，再单击已选取的工作表标签，可以取消对应工作表的选取。选中多张工作表后，再单击处于后方的工作表标签，则取消之前所有工作表的选取。选取两张以上的工作表后，在标题栏的工作簿名字后会出现“[组]”标记。

图 6-4　工作表标签的快捷菜单

图 6-5　工作表标签

2. 设置新建工作簿时默认包含的工作表数

一般情况下，新建工作簿时默认的工作表数量是一张。可以设置默认工作表数，单击“文件”选项卡的“选项”命令，打开如图 6-6 所示的“Excel 选项”对话框，单击“常规”选项卡，在右窗格“新建工作簿时”栏下方的“包含的工作表数”数值框中输入从 1 到 255 的整数即可。

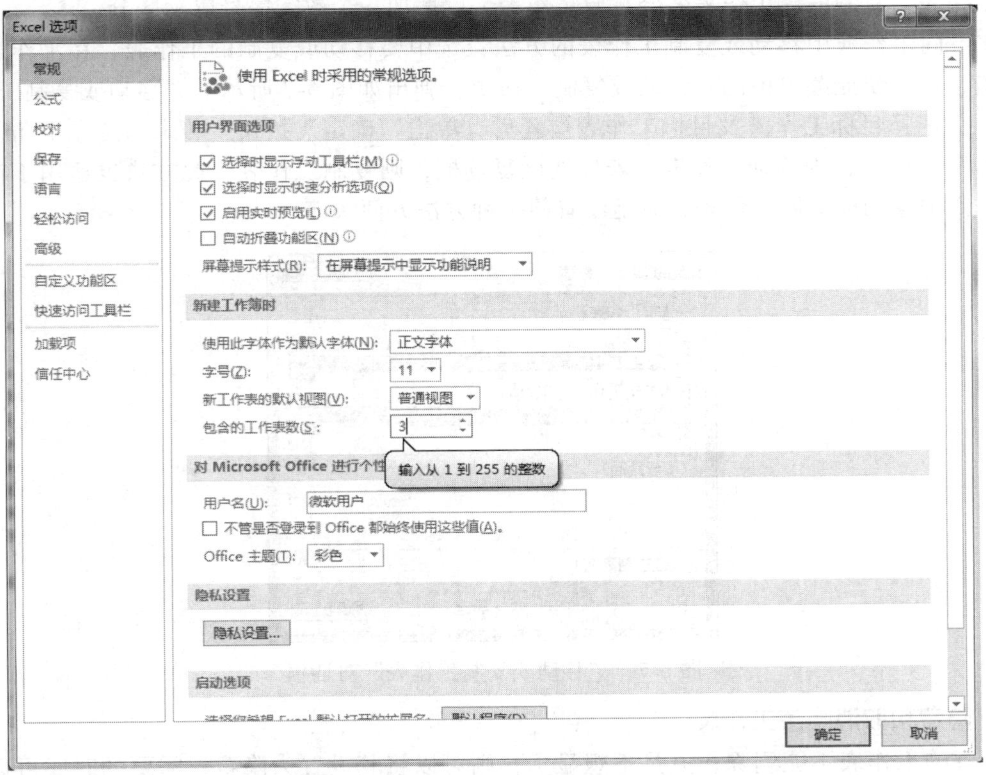

图 6-6 设置默认包含的工作表数

3. 插入新工作表

单击最后一个工作表标签右边的“新工作表”按钮 ⊕，可以在最后一个工作表标签的右边插入一张空白工作表；或者在已有工作表标签上右击，在弹出的快捷菜单中选择“插入”命令，在打开的“插入”对话框中选择“工作表”选项，单击“确定”按钮，即可在当前工作表之前插入一张工作表。若此时选中的是多张连续的工作表，则在选中的工作表中处于最前方的工作表之前插入与选中工作表数量相同的新工作表。

4. 删除工作表

选取一张或多张工作表后，在选中的工作表标签上右击，在弹出的快捷菜单中选择“删除”命令即可删除选中的工作表。

注意：若要删除的工作表中有数据，会弹出警告对话框，提示“Microsoft Excel 将永久删除此工作表。是否继续？”，提醒用户删除的工作表中的数据不能通过“撤销”命令恢复。

5. 重命名工作表

默认的工作表名是 Sheet1、Sheet2 等，不方便标识工作表中的内容，可以将工作表名改为与工作表数据相关的名称。

（1）在工作表标签上右击，在弹出的快捷菜单中选择“重命名”命令，输入新名字即可。

（2）双击要更名的工作表标签，删除原有的名字，输入新的工作表名即可。

注意： 在给工作表重命名时，同一个工作簿中不允许有相同名字的工作表。

6. 移动或复制工作表

在同一个工作簿中移动或复制工作表的方法：选择一张或多张工作表，拖动其工作表标签到需要的位置松开鼠标，即可移动工作表到指定的位置；若在拖动的同时按住 Ctrl 键，则复制工作表，复制的新工作表名会在原工作表名后增加一个数字序号以示区分。

在不同工作簿中移动或复制工作表的方法：选中要移动或复制的工作表，在工作表标签上右击，选择快捷菜单中的“移动或复制”命令，弹出如图 6-7 所示的“移动或复制工作表”对话框，选择目标工作簿及目标工作表位置后，单击“确定”按钮。若未勾选左下角的“建立副本”复选框，则移动工作表；若勾选该复选框，则复制工作表。此方法也适用于在同一个工作簿中移动或复制工作表，只是没有前一种方法方便快捷。

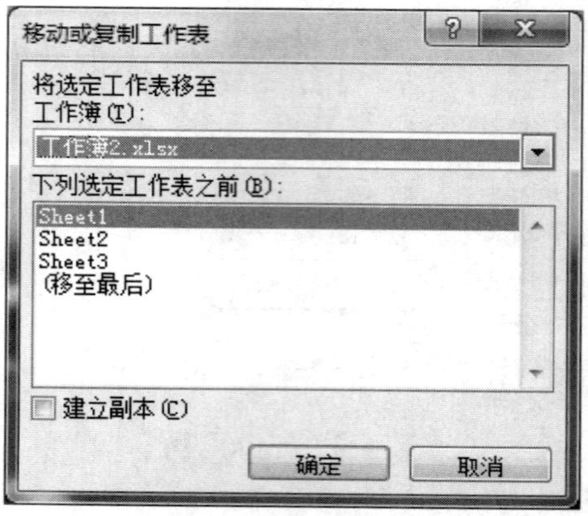

图 6-7 “移动或复制工作表”对话框

7. 隐藏和取消隐藏工作表

若有的工作表不能删除，只是不想显示，则可以将其设置为隐藏，需要的时候可以取消隐藏。具体操作是选中需要隐藏的工作表，在其标签上右击，在弹出的快捷菜单中选择“隐藏”命令。若当前工作簿中有隐藏的工作表，则在任意工作表标签上右击，在弹出的快捷菜单中选择“取消隐藏”命令，并在打开的对话框中选择要取消隐藏的工作表，该工作表即可恢复显示。

8. 修改工作表标签颜色

若需要让工作表标签醒目，则可以给工作表标签设置颜色。具体操作是选中一张或多张工作表，在其标签上右击，在弹出的快捷菜单中选择“工作表标签颜色”命令，单击需要的颜色即可。若要取消标签颜色，则在“工作表标签颜色”子菜单中选择“无颜色”选项。

9. 拆分和冻结工作表窗格

1）拆分窗格

工作表窗口可以拆分成两个或四个窗格，拆分后每个窗格的内容都可以滚动，方便查看一个大表格不同位置的内容，如图 6-8 所示。拆分窗格的操作方法如下。

选中工作表中要拆分的行或列或某个单元格，单击“视图”选项卡“窗口”工具组中的“拆分”按钮，拆分线条会出现在选中行的上方、选中列的左侧或在选中单元格的左侧和上方。

将拆分线拖出窗口区域或双击拆分线或再次单击“拆分”按钮，可以取消窗格的拆分。

2）冻结窗格

工作表较大时，在向下或向右滚动浏览时，工作表的前几行或前几列数据也会随之滚动。冻结窗格操作，可以将某些行或列固定在工作区中，方便查看大表格比较靠后数据的列名或行名。冻结窗格的操作方法如下。

如果只固定首行或首列，可以将要固定的首行或首列调至工作区的最顶端或最左端，再单击“视图”选项卡“窗口”工具组中的“冻结窗格”按钮，在弹出的下拉菜单中选择“冻结首行”或“冻结首列”命令。若要冻结多行或多列，则选取要冻结行的下一行或要冻结列的右一列，再单击“冻结窗格”按钮，在其下拉菜单中选择“冻结窗格”命令。若要将行和列一起冻结，则选中不冻结区域左上角的单元格，再单击“冻结窗格”按钮的下拉菜单中的“冻结窗格”命令。冻结窗格的效果如图 6-9 所示。

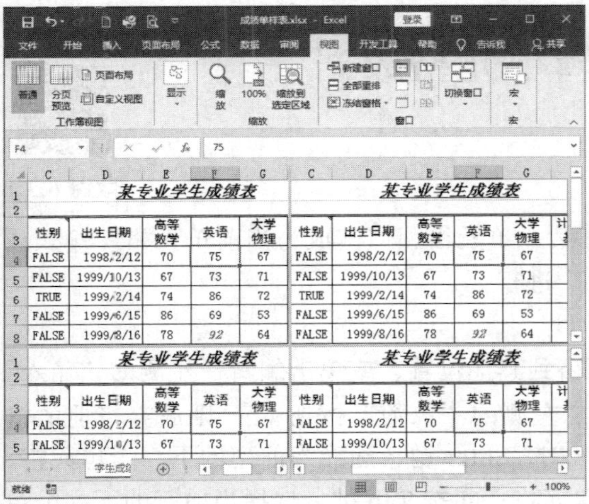

图 6-8　拆分窗格的效果

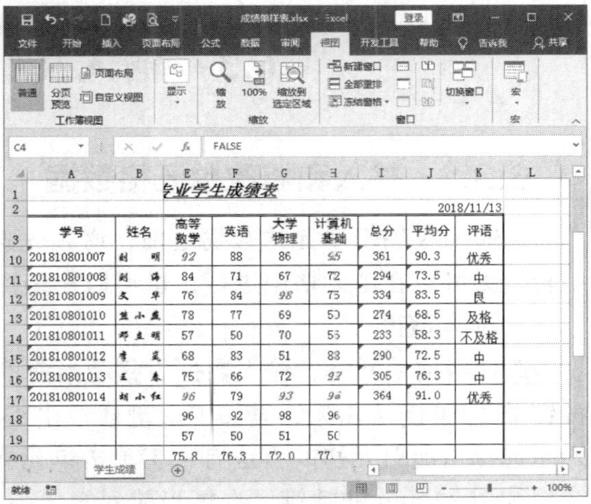

图 6-9　冻结窗格的效果

冻结线条为单实线。冻结的行固定在工作表顶端，其余行可以滚动；冻结的列固定在工作表的左侧，其余列可以滚动。

在已经冻结的工作表中单击“视图”选项卡“窗口”工具组中的“冻结窗格”按钮，在弹出的下拉菜单中选择“取消冻结窗格”命令，可以取消窗格的冻结。

10. 保护工作簿和工作表

保护工作簿是指固定工作簿的工作表结构或窗口大小。保护工作簿后，不能对其中任意一张工作表进行移动、复制、删除、重命名等操作，也不能插入新的工作表。操作方法为：单击“审阅”选项卡“保护”工具组中的“保护工作簿”按钮，打开如图 6-10 所示的“保护结构和窗口”对话框，勾选保护工作簿“结构”或“窗口”复选框，可以设置密码或不设置密码，单击“确定”按钮。再次单击“保护工作簿”按钮，若工作簿有密码，则弹出“撤销工作簿保护”对话框，输入密码，可取消保护；若无密码，则直接取消保护。

保护工作表，可限定用户在工作表上能做的操作。选择要保护的工作表，单击“审阅”选项卡“保护”工具组中的“保护工作表”按钮，弹出如图 6-11 所示的“保护工作表”对话框，在其中设置“允许此工作表的所有用户进行”的操作及“取消工作表保护时使用的密码”，单击“确定”按钮即可。若在“允许此工作表的所有用户进行”列表框里不勾选任何复选框，则用户在此工作表中只能浏览，不能选取单元格，不能对工作表进行任何编辑操作。在已保护的工作表中单击“撤销工作表保护”按钮，输入密码并确定后即可取消对工作表的保护。

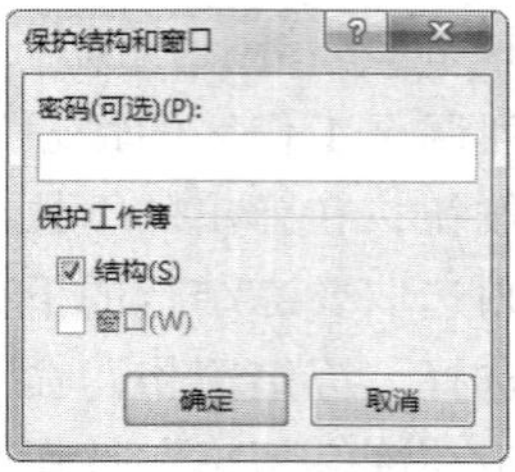

图 6-10 “保护结构和窗口”对话框

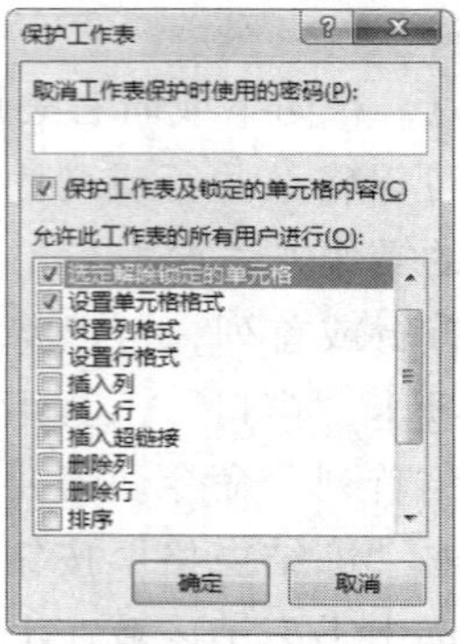

图 6-11 “保护工作表”对话框

6.3 输入和编辑单元格数据

微课 6.3.1

6.3.1 输入和修改单元格数据

在输入或编辑单元格数据之前，必须先选择某个单元格，使其成为当前单元格。输入或编辑数据可以在单元格中进行，也可以在编辑栏中进行。

1. 输入数据

选择当前单元格，输入数据后移动当前单元格到其他位置，或单击编辑栏左侧的“输入”按钮 ✔ 即可确认输入，若按 Esc 键或单击编辑栏左侧的“取消”按钮 ✖，则放弃当前的输入。选择当前单元格的方法有：①单击单元格；②按 Enter 键，选择当前列的下一个单元格；③按 Shift+Enter 快捷键，选择当前列的上一个单元格；④按 Tab 键，选择当前行的下一个单元格；⑤按 Shift+Tab 快捷键，选择当前行的前一个单元格；⑥按方向键，向箭头所指方向移动一个单元格；⑦按 Ctrl+方向键，将活动单元格移到工作表的方向键所指的首 / 末行或首 / 末列。

在 Excel 单元格中可以输入数值型、文本型、日期时间型、逻辑型等多种类型的数据以及公式。图 6-12 所示的 4 种类型的数据是未设置任何格式的。若在单元格中输入的是公式，则在编辑栏中显示公式的内容，在单元格中显示公式的计算结果。

数值型	文本型	日期时间型	逻辑型
1	星期	2000/1/1	TRUE
1.5	abc	17:37	FALSE
113,456.00	A1	1月1日	

图 6-12 单元格中数据的类型

1）数值型数据

数值型数据一般是由数字（0 ~ 9）、小数点（.）、千位分隔符（,）、正 / 负号（+/–）、斜线（/）、百分号（%）、货币符号（$、¥）、科学计数符号（E、e）等组成的合法的数值，其特点是可以进行算术运算。输入数值数据时，默认为常规表示法，在单元格中靠右对齐。整数或小数一般可以直接在单元格内输入，但要注意以下特殊情况。

（1）输入负数：在数字前加负号或用英文小括号将数字括起来，例如输入 –5 或 (5)，在单元格中显示 –5。

（2）输入分数：先输入数字 0 和一个空格，再输入分子、斜线（/）、分母，例如输入

0 1/2，在单元格内显示 1/2。

（3）输入超过单元格宽度或整数部分有 12 位及 12 位以上的数字，数值在单元格内会自动转换为用科学记数法表示。若在单元格内显示一串“#”号，此时数据无误，增加单元格宽度即可正常显示数据。

2）文本型数据

文本型数据由汉字、字母、数字、特殊符号、空格等组合而成。文本型数据的特点是可以进行字符运算，不能进行算术运算（除了数字串以外）。文本型数据在单元格中默认左对齐。

（1）当文本型数据超过所在单元格宽度时，若右侧单元格为空，则超出部分延伸到右侧单元格显示；若右侧单元格有内容，则超出部分隐藏。

（2）若输入邮政编码、电话号码、学号、身份证号码等无须进行算术运算的数字串，由于位数过多，有的会变为用科学记数法表示，不能正常显示，此时应将这类数据处理为数字文本。具体有以下两种方法。

①在数字串前加一个英文单引号（’），再输入数字串。

②先将单元格类型设置为文本（在 6.4.3 节中介绍），再输入数字文本。

3）日期时间型数据

在单元格中输入 Excel 可识别的日期或时间数据时，单元格的格式自动转换为相应的“日期”或“时间”格式。Excel 可识别的日期可用“/”“-”或汉字“年月日”分隔年、月、日，用“:”分隔时、分、秒，输入日期时间组合时在日期和时间之间用空格分隔。在 Excel 系统内部，日期是用 1900 年 1 月 1 日起至该日期的天数存储的，例如 1900/1/10 在系统内部存储为 10，1900/12/31 在系统内部存储为 366。日期时间数据也可以进行算术运算，其在单元格中默认右对齐。

（1）若输入类似分数“1/2”的数据，在单元格中会自动转换为“1 月 2 日”；若输入“15/2”，则转换为“2 月 15 日”。

（2）要输入当前的系统日期，则按 Ctrl+; 快捷键；要输入当前的系统时间，则按 Ctrl+Shift+; 快捷键。

（3）若在单元格中首次输入日期或时间，则该单元格就显示为日期或时间格式，再次输入数字仍显示为日期或时间，只有将单元格格式转换为“常规”才能正常显示该数字。

（4）若输入的日期或时间为 Excel 不能识别的格式，则输入的内容被视为文本。

4）逻辑型数据

Excel 的逻辑型数据只有两个：TRUE（真）和 FALSE（假）。在进行算术运算时，TRUE 按整数 1 处理，FALSE 按整数 0 处理。逻辑型数据会自动转换为大写字母，其在单元格中默认居中对齐。

5）公式

在单元格中输入公式，必须以等号“=”或加号“+”开头，其后由运算符、常量、单元格名称、区域名称、函数等组成，后面会详细介绍公式的使用方法。

6）批注

批注是为单元格添加注释。为一个单元格添加了批注后，会在单元格右上角出现一个红色三角形标记，当鼠标指针移到该单元格上时，显示批注信息。

（1）添加批注。选取要添加批注的单元格，单击“审阅”选项卡“批注”工具组中的“新建批注”按钮（或右击该单元格，在弹出的快捷菜单中选择“插入批注”命令），在弹出的批注框中输入批注内容，完成后单击批注框外的任意位置，即可确认并退出批注的编辑，如图 6-13 所示。

（2）编辑 / 删除批注。选取有批注的单元格并右击，在快捷菜单中选择“编辑批注”或“删除批注”命令，即可对批注的信息进行编辑或删除。

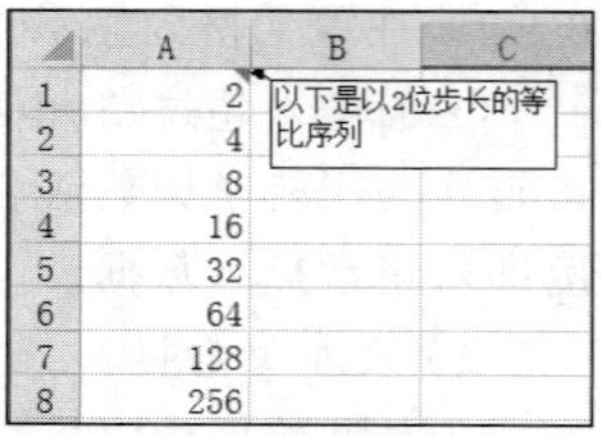

图 6-13　批注的示例

2. 修改数据

若单元格中有数据，只是要修改部分数据，则需要在将光标置于单元格中再进行修改。修改单元格中数据的方法如下。

（1）双击单元格，将光标置于单元格中再进行修改。

（2）按 F2 功能键，将光标置于单元格数据末尾，再调整光标位置进行修改。

（3）选择当前单元格后，在编辑栏中进行修改。

6.3.2　编辑单元格

微课 6.3.2

用户要了解鼠标指针在工作表中的不同形状来判断可以进行什么操作。鼠标指针在工作表中的形状有以下几种。

（1）空心十字形：鼠标指针在工作区中的标准形状，此时按下鼠标左键拖动，选取从起点到终点的矩形区域。

（2）实心十字形：鼠标指针移至当前单元格右下角或选中区域右下角的填充句柄时的形状，此时为操作填充句柄的状态。

（3）空心箭头下带双向十字形箭头：鼠标指针处于当前单元格或选中区域的边框时的形状，此时可移动或复制该单元格或选中的区域。

（4）“I”形：当光标置于单元格中时的鼠标指针形状，此时可编辑单元格内的数据。

（5）向下或向右实心箭头：当鼠标指针置于列标或行标上时的形状，此时单击可选中整列或整行单元格。

（6）双向箭头：当鼠标指针移到行标或列标分隔线上时的形状，此时可调整行高或列宽。

因此，若要完成选取单元格的操作，应在鼠标指针呈空心十字形的状态下进行。编辑单元格的操作有插入或删除行 / 列 / 单元格、移动或复制行 / 列 / 单元格、查找与替换、撤销与恢复等。

1. 选取单元格区域

（1）选取连续区域：若要选取较小区域，则直接拖动鼠标从起始单元格至结尾单元格；若要选取较大区域，则单击起始单元格，按住 Shift 键再单击结尾单元格。

（2）选取不连续区域：选取第一个区域后，按住 Ctrl 键再依次选取其他不连续区域。

（3）选取整行 / 列或多行 / 列：将鼠标指针移至行标或列标上，单击选取整行或整列，此时在行标或列标上按住鼠标左键拖动，可选取多行或多列。同时也可借助 Shift 或 Ctrl 键分别选取连续或不连续的多行或多列。

（4）选取当前单元格至数据区域边缘：按 Ctrl+Shift+方向键，选取从当前单元格开始至方向键所指方向的数据区域的边缘。若方向键所指方向无数据，则选至工作表的边缘。

（5）全选数据区域：按 Ctrl+A 快捷键，若当前单元格在数据区域中，则选中全部连续的数据区域；若当前单元格在数据区域外，则选中整张工作表。

（6）全选工作表：单击工作区左上角的“全选”按钮。

2. 插入或删除行 / 列 / 单元格

在工作表选取整行或整列后，在选中区域右击，在弹出的快捷菜单中选择“插入”命令，则在选中行的上方插入选取行数的空行，或在选中列的左侧插入选取列数的空列；若选择快捷菜单中的“删除”命令，则删除所选取的整行或整列单元格的数据及单元格。

注意：插入或删除整行、整列或单元格后，单元格及其中的数据都会消失，但整张工作表的行数和列数不会发生变化。在 Excel 中还有一种删除功能是“清除”，清除的对象可以是单元格中的“格式”“内容”“批注”“超链接”中的一项或全部。清除对象后，单元格还在。单击“开始”选项卡“编辑”工具组中的“清除”按钮，在弹出的下拉菜单中选择要清除的对象。若选中单元格后按 Delete 键，表示清除的对象是内容。

若选取的是单元格区域，右击后在打开的快捷菜单中选择“插入”或“删除”命令，则弹出如图 6-14 所示的对话框。

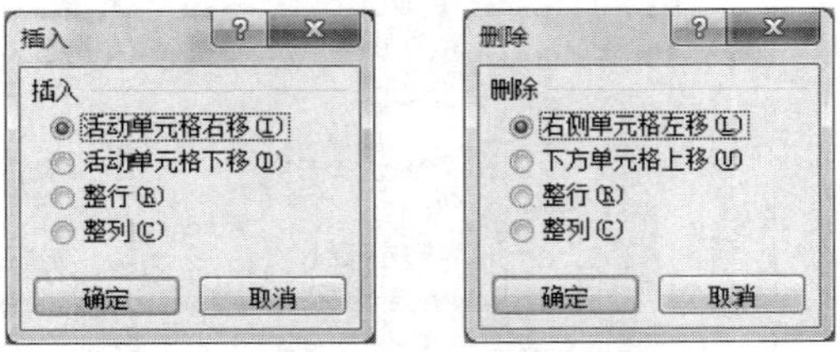

图 6-14　“插入”或“删除”对话框

3. 移动或复制行 / 列 / 单元格

近距离地移动或复制，可以通过拖动鼠标的方法快速地完成。选取要移动或复制的行 / 列 / 单元格，将鼠标指针置于选中区域的边框上，当鼠标指针变为十字形箭头时，按住鼠标左键拖动到目标位置即完成移动；若在拖动的同时按住 Ctrl 键，则为复制操作。

若要远距离移动或复制，或在不同工作表、工作簿之间移动或复制，则需要用到剪贴板。选取要移动或复制的区域，若要移动，则右击后选择快捷菜单中的“剪切”命令，或单击功能区中的“剪切”按钮（快捷键为 Ctrl+X）；若要复制，则右击后选择快捷菜单中的“复制”命令，或单击功能区中的“复制”按钮（快捷键为 Ctrl+C），单击目标位置的起始单元格再右击，选择快捷菜单中的“粘贴”命令，或单击功能区中的“粘贴”按钮（快捷键为 Ctrl+V），则将原区域的格式和内容粘贴到目标区域。

此处需要注意的是：

（1）剪切或复制后，选中区域周围会有一个跑动的虚框，若该虚框存在，则可以进行粘贴，若按了 Esc 键或做了其他编辑单元格的操作后该虚框消失，则不能再进行粘贴操作。

（2）若要移动或复制整行或整列到已有数据的表格中，则先选中整行或整列进行剪切或复制操作，再选中目标行的下方一行或目标列的右边一列并右击，选择快捷菜单中的“插入剪切的单元格”或“插入复制的单元格”命令。

（3）若用剪贴板移动或复制，在粘贴到目标位置后右下角会出现“粘贴选项”按钮，单击后弹出的下拉菜单如图 6-15 所示。若要保留数值而不要格式，则单击其中的“值”按钮；若需要转置，则单击其中的“转置”按钮。

（4）单击“开始”选项卡“剪贴板”工具组右下角的对话框启动器按钮，打开“剪贴板”任务窗格，其中可保留 Windows 中最近 24 次放入剪贴板的内容，如图 6-16 所示。单击相应的项目，可以将其内容粘贴到活动单元格中。

（5）剪切或复制后，单击“开始”选项卡“剪贴板”工

图 6-15　“粘贴选项”下拉菜单

具组中的“粘贴”按钮，选择下拉菜单中的“选择性粘贴”命令，打开如图 6-17 所示的“选择性粘贴”对话框，可以进一步选择粘贴原单元格的其他属性或粘贴时进行运算。

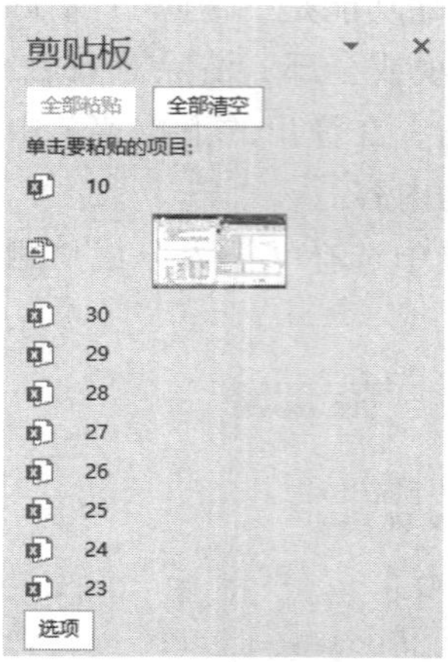

图 6-16 Excel“剪贴板”中的内容

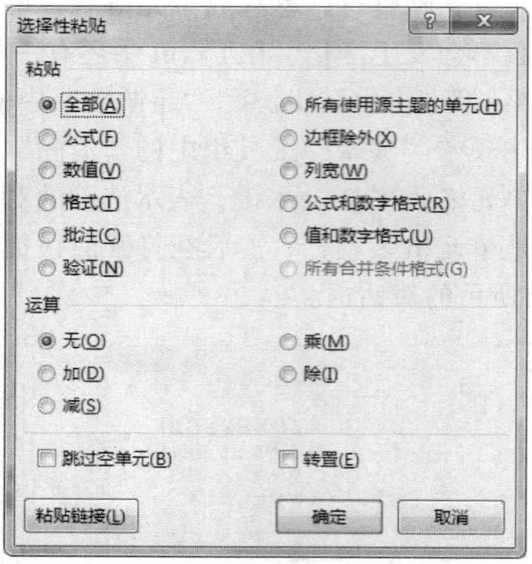

图 6-17 “选择性粘贴”对话框

4. 隐藏和取消隐藏行 / 列

若部分行或列暂时不需要但又不能删除，则可以将其暂时隐藏起来。具体操作是：选中要隐藏的行 / 列并右击，在弹出的快捷菜单中选择“隐藏”命令。若工作表中有隐藏的行 / 列，则其行 / 列编号不连续。选中已隐藏行 / 列的相邻行 / 列并右击，在弹出的快捷菜单中选择“取消隐藏”命令，即可恢复已隐藏行 / 列的显示。

5. 查找与替换

单击“开始”选项卡“编辑”工具组中的“查找和选择”按钮，在弹出的下拉菜单中选择“查找”或“替换”命令，打开“查找和替换”对话框，输入要查找或替换的内容，再单击相应按钮即可完成查找或替换操作，如图 6-18 所示。

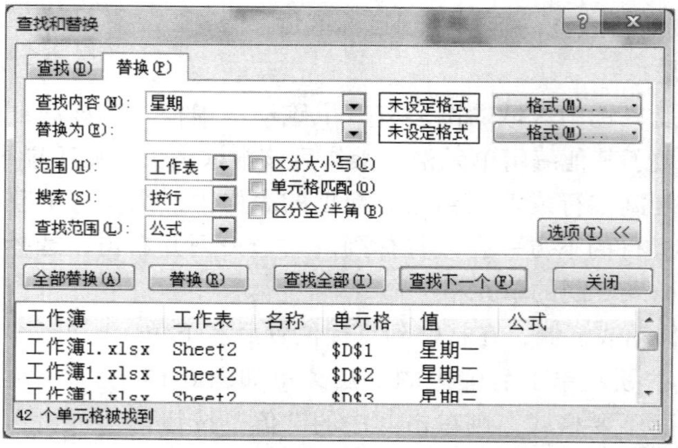

图 6-18 “查找和替换”对话框

6. 撤销与恢复

在 Excel 中，一般情况下可以通过单击快速访问工具栏中的“撤销”按钮（快捷键为 Ctrl+Z）撤销之前的操作，撤销后“恢复”按钮（快捷键为 Ctrl+Y）可用。但是如果做了删除工作表的操作，则该步骤及之前的操作不可再撤销。

6.3.3 快速输入有规律的数据

Excel 的优势之一是能够快速输入相同数据，或输入序列等有规律的数据。

微课 6.3.3

1. 快速输入相同数据

选取要输入相同数据的区域（连续或不连续均可），输入数据后按 Ctrl+Enter 快捷键，结果如图 6-19 所示。

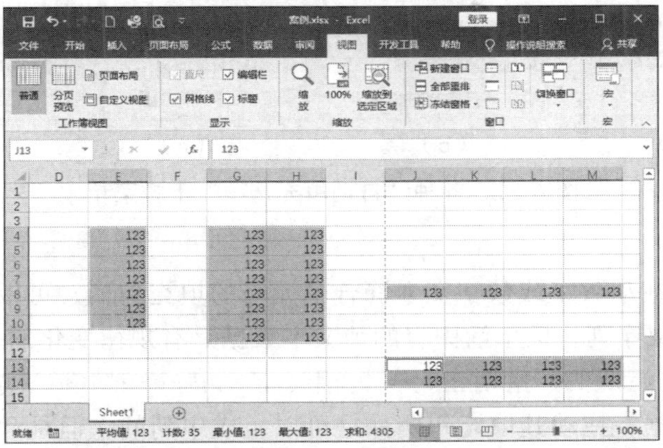

图 6-19　快速输入相同数据

2. 使用填充句柄

在 Excel 中填充句柄是一个非常实用的工具。将鼠标指针移到当前单元格或选取区域的右下角的填充句柄上，当鼠标指针变为实心十字形时，按住鼠标左键向相邻单元格拖动。

（1）若起始单元格是数字，拖动填充句柄默认为复制单元格；若按下 Ctrl 键再拖动填充句柄，则默认为填充序列，向上和向左填充为填充递减序列，向下和向右填充为填充递增序列，如图 6-20（a）、（b）列所示。

（2）若输入序列的前两个数字，选中这两个单元格，拖动填充句柄，则生成以这两个单元格数据的差值为步长的等差序列，如图 6-20（c）列所示。若按下 Ctrl 键再拖动填充句柄，则反复填充起始的两个数字。

（3）若起始单元格是字符，拖动填充句柄默认为复制单元格，如图 6-20（d）列所示。

（4）若起始单元格是字符和数字，拖动填充句柄默认为字符不变，数字递增，如图 6-20（e）、（f）列所示；若按住 Ctrl 键再拖动填充句柄，则默认为复制单元格。

（5）若起始单元格是自定义序列中的某个值，拖动填充句柄则默认为填充自定义序列，如图 6-20（g）列所示；若按住 Ctrl 键拖动填充句柄，则默认为复制单元格。

（6）若起始单元格为公式，拖动填充句柄为复制公式的内容。

1	1001	5	abc	a1	1班	星期一
1	1002	10	abc	a2	2班	星期二
1	1003	15	abc	a3	3班	星期三
1	1004	20	abc	a4	4班	星期四
1	1005	25	abc	a5	5班	星期五
1	1006	30	abc	a6	6班	星期六
1	1007	35	abc	a7	7班	星期日
1	1008	40	abc	a8	8班	星期一
1	1009	45	abc	a9	9班	星期二
(a)	(b)	(c)	(d)	(e)	(f)	(g)

图 6-20　使用填充句柄进行自动填充

以上操作在拖动填充句柄到结尾单元格时，均会弹出“自动填充选项”按钮，单击该按钮，则打开如图 6-21 所示的下拉菜单，其中图 6-21（a）为纯文本的自动填充选项，图 6-21（b）为数字和数字文本混合的自动填充选项，图 6-21（c）为星期序列的自动填充选项，图 6-21（d）为日期序列的自动填充选项。

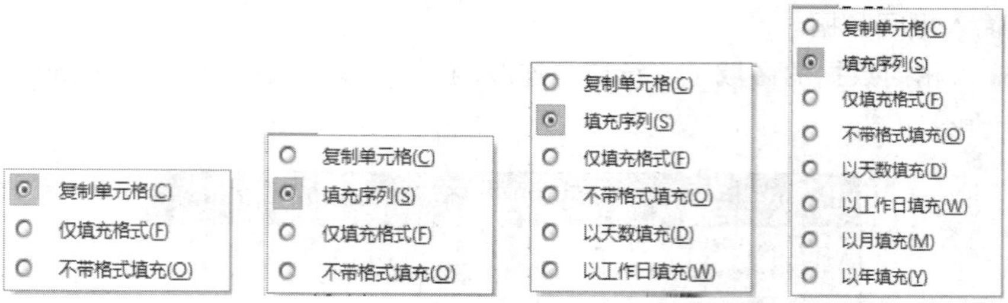

（a）（b）（c）（d）

图 6-21 各种“自动填充选项”下拉菜单

3. 自定义序列

在 Excel 2016 中拖动数字或数字文本混合单元格的填充句柄，可以生成序列，而拖动纯文本单元格则不能生成序列。但生活中有的纯文本数据是有规律变化的，例如“一月、二月、三月……”“星期一、星期二、星期三……”“甲、乙、丙……”等。实际上我们在单元格中输入以上任意一个数据，拖动其填充句柄都是可以生成序列的，但是和纯数字序列可以一直递增或递减不一样，这种序列会在填充到最后一个值后再次从第一个值开始填充，这是因为它们在 Excel 系统中是默认的自定义序列。若有其他有规律的文本，确定后续经常使用，则可以将其设置为自定义序列，再次使用时直接拖动填充句柄即可。

例如，某个表格中经常要使用中国新一线城市名：成都、杭州、重庆、武汉、苏州、天津、南京、西安、郑州、长沙、沈阳、青岛、宁波、东莞和无锡。把它们定义为自定义序列的方法是：单击“文件”选项卡中的“选项”命令，打开“Excel 选项”对话框，选择其中的“高级”选项卡，单击“常规”栏中的“编辑自定义列表”按钮，打开“自定义序列”对话框。选择“自定义序列”列表框中的“新序列”选项，在右侧“输入序列”文本框中依次输入以英文逗号分隔的城市名或者将各城市名按一纵列输入，然后单击“添加”按钮，即可在“自定义序列”列表框中看到新增的序列，如图 6-22 所示。

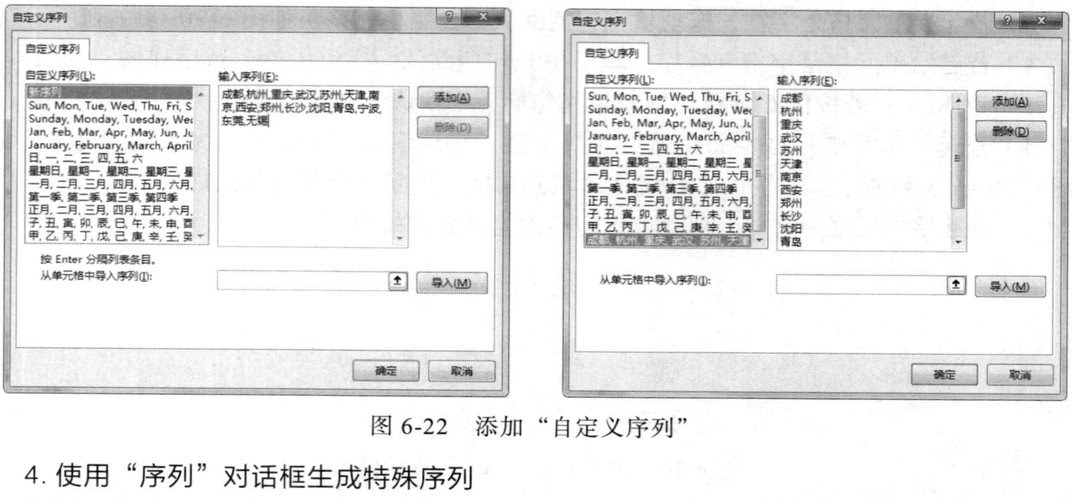

图 6-22 添加“自定义序列”

4. 使用“序列”对话框生成特殊序列

使用“序列”对话框可以生成等差、等比序列，或按日、工作日、月、年填充的日期序列。其操作方法是先输入序列的初始值，将其选为当前单元格，单击“开始”选项卡“编辑”

工具组中的“填充”按钮，选择下拉菜单中的“序列”命令，打开“序列”对话框，进行相应设置后单击“确定”按钮，如图 6-23 所示。若先选取同行或同列的待填充区域，则不需输入“终止值”，会自动按规律填充所选区域。

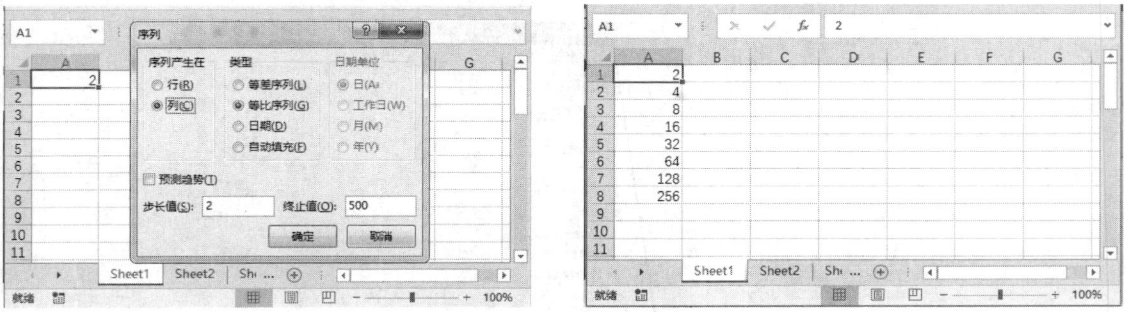

图 6-23　用“序列”对话框生成等比序列

6.4　格式化工作表

微课 6.4

录入工作表数据后，为了使表格更加美观，需要对工作表进行格式化设置。设置工作表的格式主要使用“开始”选项卡中的相应按钮或者在“设置单元格格式”对话框中操作，可以实现对表格数据的字符、数字、对齐方式、边框、底纹等格式的设置，以及对单元格的行高、列宽、条件格式和套用表格格式等的设置。

6.4.1　设置字符格式

Excel 2016 的字符格式没有 Word 丰富，只提供了基本的“字体”“字号”“字形”“颜色”等选项，相应格式与 Word 相似。可以使用的工具有“开始”选项卡的“字体”工具组或“设置单元格格式”对话框的“字体”选项卡，如图 6-24 所示。打开“设置单元格格式”对话框的方法为：单击“开始”选项卡中“字体”“对齐方式”或“数字”工具组右下角的对话框启动器按钮，或者在要设置格式的区域右击，在弹出的快捷菜单中选择“设置单元格格式”命令。

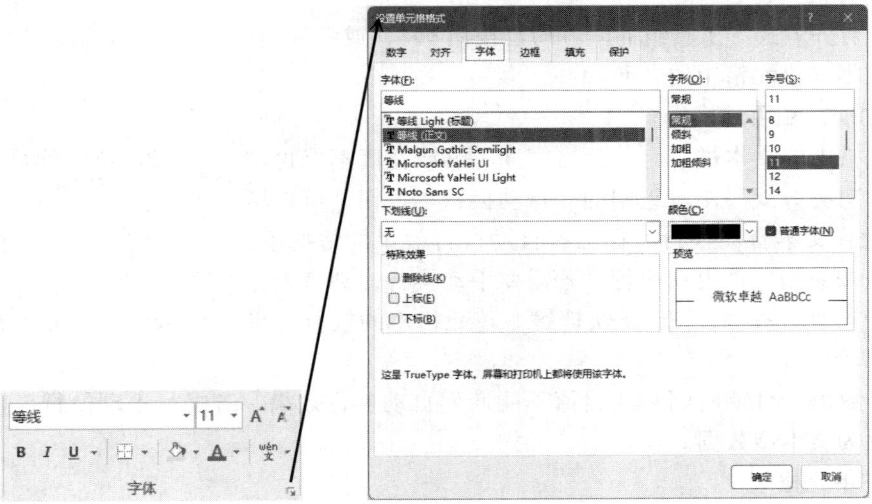

图 6-24　设置字符格式的工具

6.4.2 设置对齐方式

若对默认的对齐方式不满意，可以单击“开始”选项卡中“对齐方式”工具组的按钮，或在“设置单元格格式”对话框的“对齐”选项卡中完成设置，如图 6-25 所示。

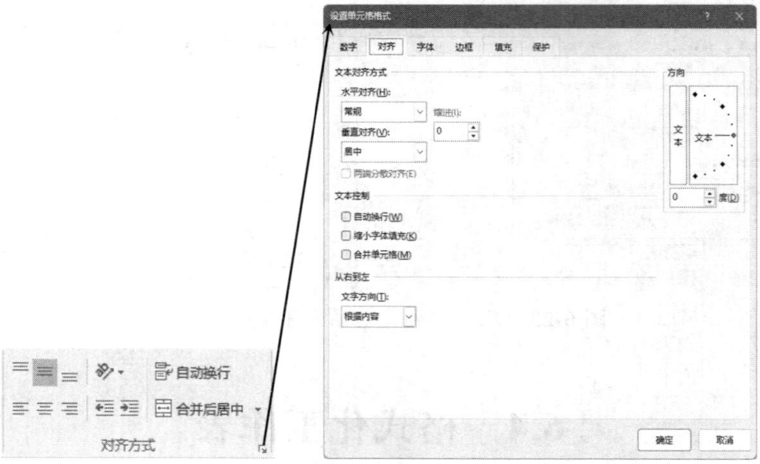

图 6-25　设置对齐方式的工具

1. 水平对齐方式

水平对齐方式常用的有“左对齐”“居中”“右对齐”，而在图 6-25 的“水平对齐”下拉列表中，全部的水平对齐方式有常规、靠左（缩进）、居中、靠右（缩进）、填充、两端对齐、跨列居中、分散对齐（缩进）。当设置带有“（缩进）”的对齐方式时，可以单击功能区的“减少缩进量”按钮或“增加缩进量”按钮，或在图 6-25 的“缩进”数值框中设置具体的缩进值，这里的缩进指的是单元格边框与其中文字的间距。

2. 垂直对齐方式

垂直对齐方式常用的有“顶端对齐”“垂直居中”“底端对齐”，而在图 6-25 的“垂直对齐”下拉列表中，全部的垂直对齐方式有靠上、居中、靠下、两端对齐、分散对齐，两端对齐的效果同靠上，分散对齐的效果同居中。

3. 文本方向

单击“对齐方式”工具组的“方向”按钮，或者利用图 6-25 中右侧的“方向”工具，可以设置数据在单元格中的方向。

4. 自动换行和手动换行

若单元格中的文本过多，单元格宽度不够或宽度不能再增加，单击“对齐方式”工具组中的“自动换行”按钮，可以增大行高，设置文本自动换行。在已有自动换行效果的情况下，再次单击该按钮则取消自动换行。若需要手动换行，则将光标置于需要换行处并按 Alt+Enter 快捷键。单元格中的换行效果如图 6-26 所示。

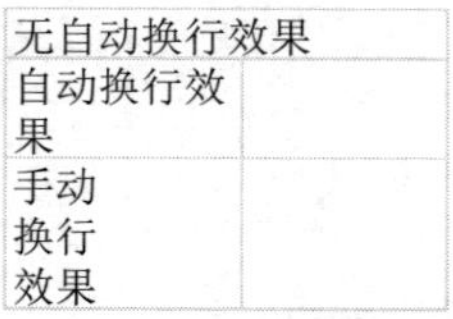

图 6-26　单元格中的换行效果

注意：数值、日期时间和逻辑值不能产生自动换行效果，若强行手动换行，则会将数值型数据修改为文本型数据。

5. 合并单元格

选取多个单元格后，单击“对齐方式”工具组的“合并后居中”按钮，可以将多个单元格合并为一个大单元格，且数据在单元格中水平居中对齐且垂直底端对齐，此功能通常用在处于多列表格上方的标题中。单击“合并后居中”按钮，弹出下拉菜单，其中的“跨越合并”命令可将选中的多行多列单元格的各行合并为一个大单元格，“合并单元格”命令可将多个单元格合并但不居中。如果合并的多个单元格中两个以上的单元格中有数据，则合并后只保留左上角单元格中的数据，并弹出警告框予以提示。再次单击‘合并后居中”按钮可取消合并单元格。

6.4.3　设置数字格式

按默认格式直接输入单元格中的数据，一般为“常规”格式，用户也可以根据需要修改单元格的数字格式。各种格式的数据可以相互转换，但要注意系统是否能识别。要确认当前的单元格是哪种数字格式，可以在“开始”选项卡“数字”工具组中的“数字格式”框中查看，打开“数字格式”下拉菜单，可将当前格式修改为其他数字格式。该工具组中的“会计数字格式”、“百分比样式”%、“千位分隔符样式”，、“增加小数位数”和“减少小数位数”等按钮是只针对数值数据设置的格式，如图 6-27（a）所示。

若需要设置其他格式，如日期、时间、分数、科学记数、特殊、自定义等，可以在“设置单元格格式”对话框中的“数字”选项卡中完成，如图 6-27（b）所示。

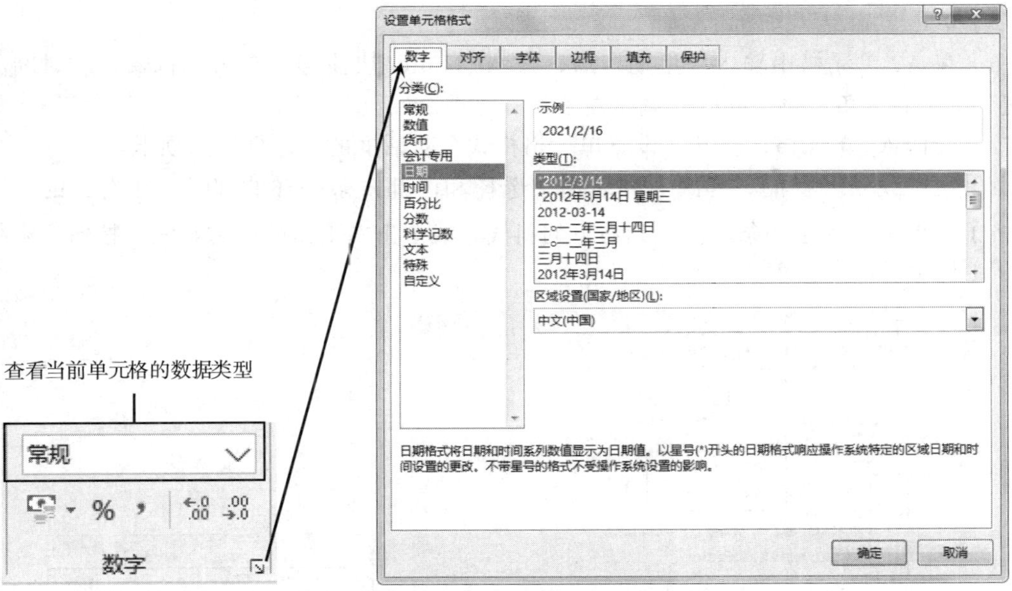

（a）　　（b）

图 6-27　设置单元格的数字格式

相同数据的带格式显示和常规格式显示的对比如图 6-28 所示。虽然它们的显示效果不同，但在系统中存储的值是相同的。

格式类型	带格式数据	常规格式数据
文本格式	123	123
数字格式	123.00	123
货币格式	¥123.00	123
百分比格式	15.00%	0.15
短日期格式	1900/1/16	16
长日期格式	2019年1月16日	43481

图 6-28　带格式数据和常规格式数据显示效果的对比

6.4.4 设置边框和底纹

默认情况下，工作表中自带的灰色单元格框线是网格线，打印的时候并不显示。为了使打印出来的表格更加美观，可以为表格添加边框和底纹。

选取要设置边框或底纹的单元格区域，单击“开始”选项卡“字体”工具组中的“边框”按钮 ，在弹出的下拉菜单中设置边框，单击“填充颜色”按钮 ，弹出色板，可以设置底纹。

若要在同一个区域设置多种样式的边框或底纹，以上方法就不方便了，可以通过“设置单元格格式”对话框中的“边框”选项卡和“填充”选项卡，设置多种样式的边框和底纹。在“填充”选项卡中还可以给单元格设置更丰富的渐变色底纹，或者在底纹上增加图案效果。

设置边框的步骤如下（见图 6-29）。

（1）选中要设置边框的区域（A2:F9 单元格）。

（2）打开“设置单元格格式”对话框，选择“边框”选项卡。

（3）在“线条”栏的“样式”列表框中选择一条粗线，单击“预置”栏下方的“外边框”按钮。

（4）选择“线条”栏的“样式”列表框中的一条细线，单击“预置”栏下方的“内部”按钮。

（5）单击“确定”按钮。

（6）在 A2 单元格中输入“星期”后，按 Alt+Enter 快捷键，在第二行输入“时间”。将“星期”调至右上角，将“时间”调至左下角。

（7）选择 A2 单元格，打开“设置单元格格式”对话框的“边框”选项卡。

（8）在“线条”栏的“样式”列表框中选择和内部线条一样的细线，在右边的“边框”栏的格子里单击，产生一条从左上到右下的斜线，或单击右下角的“右斜线”按钮 。

（9）单击“确定”按钮。

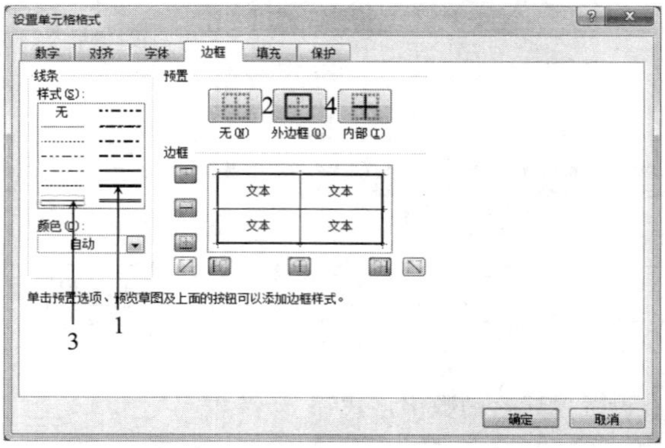

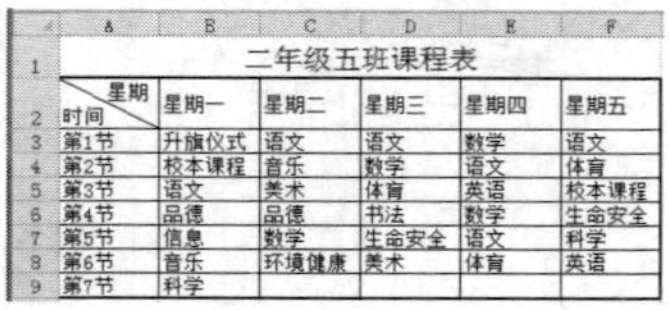

	A	B	C	D	E	F
1	二年级五班课程表					
2	星期 时间	星期一	星期二	星期三	星期四	星期五
3	第1节	升旗仪式	语文	语文	数学	语文
4	第2节	校本课程	音乐	数学	语文	体育
5	第3节	语文	美术	体育	英语	校本课程
6	第4节	品德	品德	书法	数学	生命安全
7	第5节	信息	数学	生命安全	语文	科学
8	第6节	音乐	环境健康	美术	体育	英语
9	第7节	科学				

图 6-29 设置单元格边框

设置底纹的步骤如下（见图 6-30）。

（1）选中要设置底纹的区域（A2:F9 单元格）。

（2）打开“设置单元格格式”对话框，选择“填充”选项卡。

（3）在“背景色”栏中选择一种颜色。

（4）单击“图案样式”下拉按钮，在弹出的图案样式列表中选择“6.25% 灰色”。

（5）单击“确定”按钮。

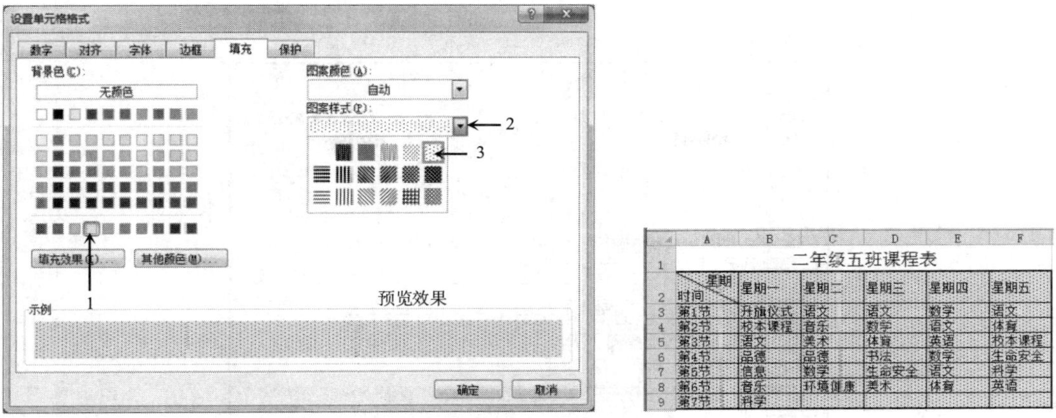

图 6-30　设置单元格底纹

6.4.5　设置行高和列宽

Excel 2016 工作表中默认的单元格行高是 14.25，列宽是 8.38，各行各列的高度和宽度是一样的。一般情况下，单元格中输入的内容超过默认的行高或列宽的容纳极限时，Excel 2016 会自动加大行高或列宽。在实际工作中，可能出现由于同一行或同一列的数据高宽不一，影响表格外观的情况，可根据需要自行设置。行高或列宽只能整行或整列地调整，不能只调整其中个别单元格的高度或宽度。设置行高或列宽有以下几种情况。

1. 用鼠标调整行高和列宽

将鼠标指针移到当前行与下一行的行标分隔线上或当前列与下一列的列标分隔线上，当鼠标指针变成横线带双向箭头或竖线带双向箭头时，拖动鼠标到合适的位置，即可调整当前的行高或列宽。拖动鼠标时可以参考在鼠标指针旁边出现的数值。若此时选中的是多行或多列，则可以同时将多行或多列调整为相同的高度或宽度。

2. 用菜单调整行高和列宽

选取要调整的行或列（可以是多行或多列），在选中区域上右击，在弹出的快捷菜单中选择“行高”或“列宽”命令，输入相应的数值确认即可。或者单击“开始”选项卡“单元格”工具组中的“格式”按钮，在弹出的下拉菜单中选择“行高”或“列宽”命令，输入需要的数值确认即可。

3. 调整为最适合的行高或列宽

若同一行或同一列中各单元格的数据高度与宽度参差不齐，则在调整的时候容易顾此失彼，因此可以使用调整为最适合的高度或宽度的功能，使所有的数据都能在单元格中完全显示。具体的操作是：选取要调整的行或列，将鼠标指针移到所选中行标的下分隔线上或所选中列标的右分隔线上，当鼠标指针变为双向箭头时双击；或者单击“开始”选项卡“单元格”工具组中的“格式”按钮，在弹出的下拉菜单中选择“自动调整行高”或“自动调整列宽”命令。

6.4.6　套用表格格式

Excel 提供了非常丰富的表格样式来方便用户快速设置表格格式。具体操作是：选取要设置表格格式的区域，单击“开始”选项卡“样式”工具组中的“套用表格格式”按钮，弹出如图 6-31 所示的“套用表格样式”列表，选择其中一种样式，在弹出的“创建表”对话框中单击“确定”按钮。

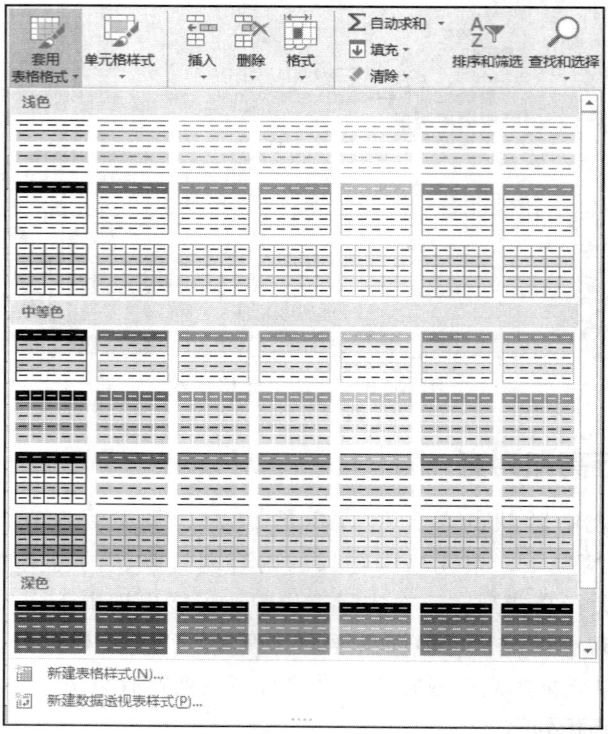

图 6-31　“套用表格格式”列表

6.4.7　条件格式

条件格式是指在工作表区域中满足指定条件的单元格才具有的格式，设置条件格式可将特定数据突出显示，以方便区分和查看。选取需要设置条件格式的单元格区域，单击“开始”选项卡“样式”工具组中的“条件格式”按钮，弹出“条件格式”下拉菜单，如图 6-32 所示。

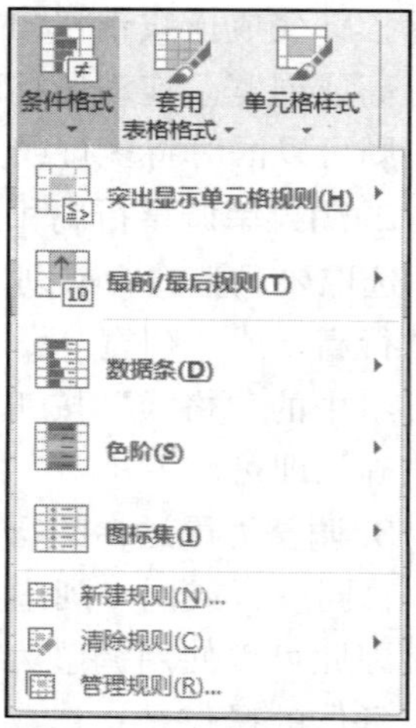

图 6-32　“条件格式”下拉菜单

（1）突出显示单元格规则：包含“大于”“小于”“介于”“等于”“文本包含”“发生日期”“重复值”等命令，可对数值、文本、日期等数据设置条件。

（2）最前 / 最后规则：包含“前 10 项”“前 10%”“最后 10 项”“最后 10%”“高于平均值”“低于平均值”等命令，一般针对数值或日期时间数据设置条件。

（3）数据条、色阶、图标集：通常针对数值或日期设置条件格式，以带颜色的数据条或不同的色阶或不同的图标来区分数据的大小。

（4）新建规则：在打开的“新建格式规则”对话框中自行设置规则类型、编辑规则、设置格式等。

（5）清除规则：可清除所选单元格的规则或清除整个工作表的规则。

（6）管理规则：在打开的“条件格式规则管理器”对话框中，可以查看当前工作簿中各工作表中的条件格式，并可以新建规则、编辑已有规则或删除规则。

在同一个区域可以设置多个条件格式，对于满足条件的单元格数据，不可以通过“设置单元格格式”对话框或功能区中的相关按钮修改其格式，未满足条件的单元格数据被修改为满足条件的数据时，所在单元格会自动应用所属区域的条件格式，而之前满足条件的单元格数据被修改为不满足条件的数据时，所在单元格则自动取消条件格式。

例如，将成绩值区域中大于或等于 90 分的成绩值设置为加粗、倾斜并添加黄色底纹，如图 6-33 所示。

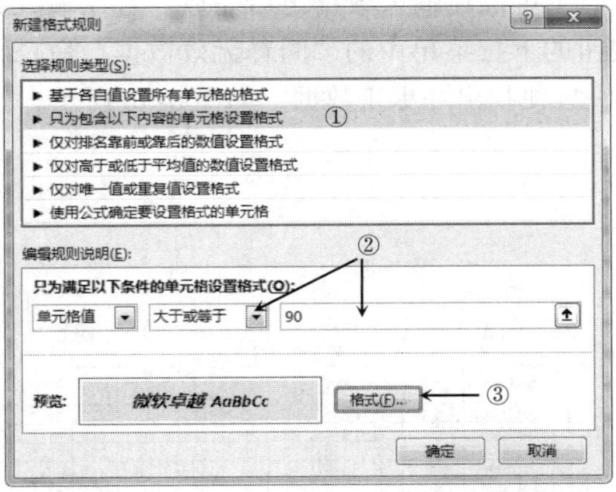

学号	姓名	性别	高等数学	英语	大学物理	计算机基础
201810500001	王小名	女	70	75	67	80
201810500002	刘小方	女	67	73	71	85
201810500003	李方	男	74	86	72	***90***
201810500004	王文艺	女	86	69	53	75
201810500005	周立	女	78	***92***	64	60
201810500006	赵方迪	女	60	75	75	64
201810500007	刘明	男	***92***	88	86	***95***
201810500008	刘海	男	84	71	67	72
201810500009	文华	男	76	84	***98***	76
201810500010	熊小燕	女	78	77	69	50
201810500011	邓立明	男	57	50	70	56
201810500012	李岚	女	68	83	51	88
201810500013	王春	男	75	66	72	***92***
201810500014	胡小红	女	***96***	79	***93***	***96***

图 6-33　“条件格式”的规则设置及效果

6.4.8　数据有效性

通常在单元格中可以输入任何数据，但有时候为了防止在单元格区域中输入错误的数据，可以限定输入数据的类型或范围，该功能通过数据有效性来实现。

例如，输入百分制成绩时，要求限制数据的输入范围是 0 ~ 100。具体操作是：选取成绩值区域，单击“数据”选项卡“数据工具”工具组中的“数据验证”按钮，选择下拉菜单中的“数据验证”命令，打开“数据验证”对话框，在其中的“设置”选项卡的“允许”下拉列表中选择“小数”，在“数据”下拉列表中选择“介于”，并设置“最小值”为 0，“最大值”为 100。还可以在“输入信息”选项卡中设置选定单元格时显示的输入信息，或在“出错警告”选项卡中设置在单元格中输入错误数据时给出的错误原因信息等，如图 6-34 所示。

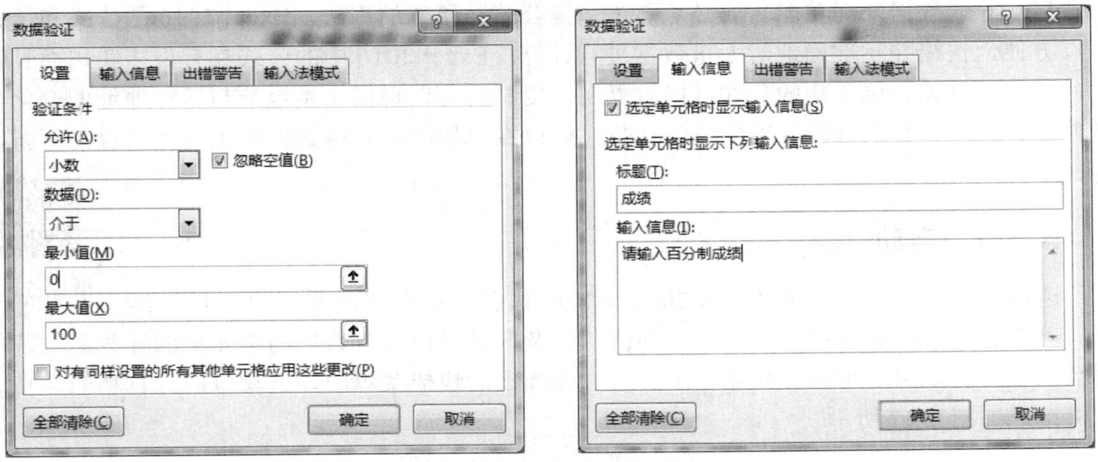

图 6-34　设置“数据验证”示例 1

如果要求在文本单元格中只能输入限定的某几种文本，则可以在“数据验证”对话框中设置“允许”为“序列”，将允许输入的具体数据输入“来源”文本框中，多个数据之间用英文逗号分隔。例如，限制“性别”列只能输入“男”或“女”，选中输入性别值的区域后，设置“数据验证”对话框，如图 6-35 所示。在单元格中输入数据的时候可以通过单击单元格中提供的下拉按钮，在弹出的下拉列表中选择值，可以提高输入效率和数据的规范性。

数据验证的设置可以在输入数据之前完成，也可以在输入数据之后完成。若在输入数据之后设置数据验证，可以选择“数据验证”按钮的下拉菜单中的“圈释无效数据”命令，将工作表中的无效数据用醒目的红色圆圈圈起来，方便找出并更正数据，如图 6-36 所示。

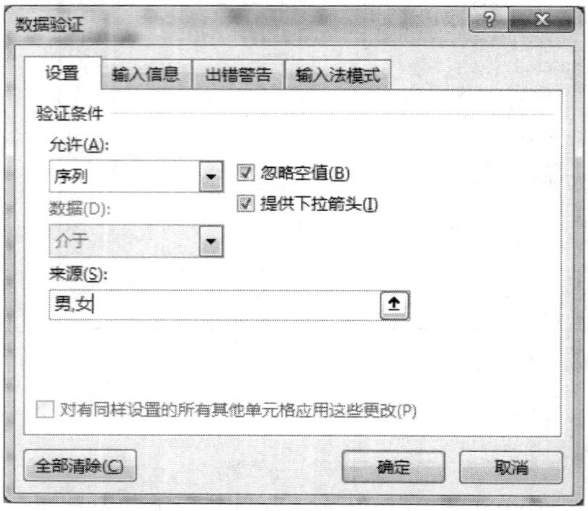

图 6-35　设置“数据验证”示例 2

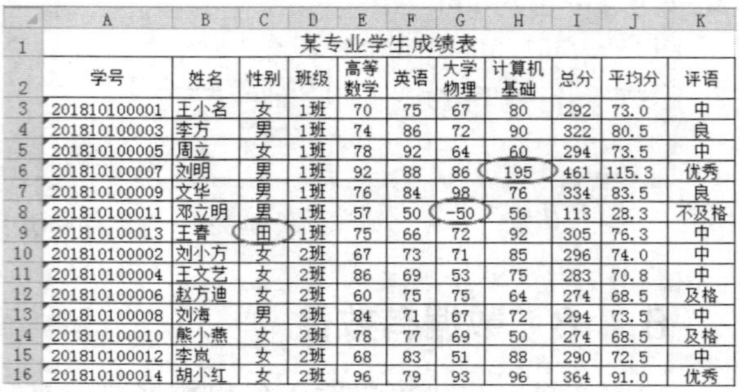

	A	B	C	D	E	F	G	H	I	J	K
1	某专业学生成绩表										
2	学号	姓名	性别	班级	高等数学	英语	大学物理	计算机基础	总分	平均分	评语
3	201810100001	王小名	女	1班	70	75	67	80	292	73.0	中
4	201810100003	李方	男	1班	74	86	72	90	322	80.5	良
5	201810100005	周立	女	1班	78	92	64	60	294	73.5	中
6	201810100007	刘明	男	1班	92	88	86	195	461	115.3	优秀
7	201810100009	文华	男	1班	76	84	98	76	334	83.5	良
8	201810100011	邓立明	男	1班	57	50	-50	56	113	28.3	不及格
9	201810100013	王春	田	1班	75	66	72	92	305	76.3	中
10	201810100002	刘小方	女	2班	67	73	71	85	296	74.0	中
11	201810100004	王文艺	女	2班	86	69	53	75	283	70.8	中
12	201810100006	赵方迪	女	2班	60	75	75	64	274	68.5	及格
13	201810100008	刘海	男	2班	84	71	67	72	294	73.5	中
14	201810100010	熊小燕	女	2班	78	77	69	50	274	68.5	及格
15	201810100012	李岚	女	2班	68	83	51	88	290	72.5	中
16	201810100014	胡小红	女	2班	96	79	93	96	364	91.0	优秀

图 6-36　圈释无效数据

若要取消数据验证的设置，则选中已设置数据验证的区域，在“数据验证”对话框的“设置”选项卡中单击“全部清除”按钮，再单击“确定”按钮即可。

6.5　公式与函数

Excel 2016 最大的特色不是建立和修饰表格，而是对数据进行处理。想要灵活使用 Excel 2016 的数据处理功能，就必须熟练掌握公式与函数的用法。Excel 2016 的公式和函数可以方便、快捷并且准确地对大量数据进行计算。Excel 2016 中的公式具有很多实用而且强大的特性。例如，单元格的公式可以被复制，复制后可以根据初始地址与目标地址的变化自动修改公式，以达到智能计算的目的；公式可以在引用的单元格数据发生变化后自动更新计算结果等。

6.5.1　自动计算

微课 6.5.1

选取单元格区域后，在 Excel 2016 窗口的状态栏中会实时显示自动计算结果，其中包括数值数据的平均值和求和值，以及区域中所有有数据的单元格的计数值。若还需要其他计算结果，可以在状态栏上右击，在弹出的快捷菜单中勾选相应的计算功能，自动计算结果如图 6-37 所示。

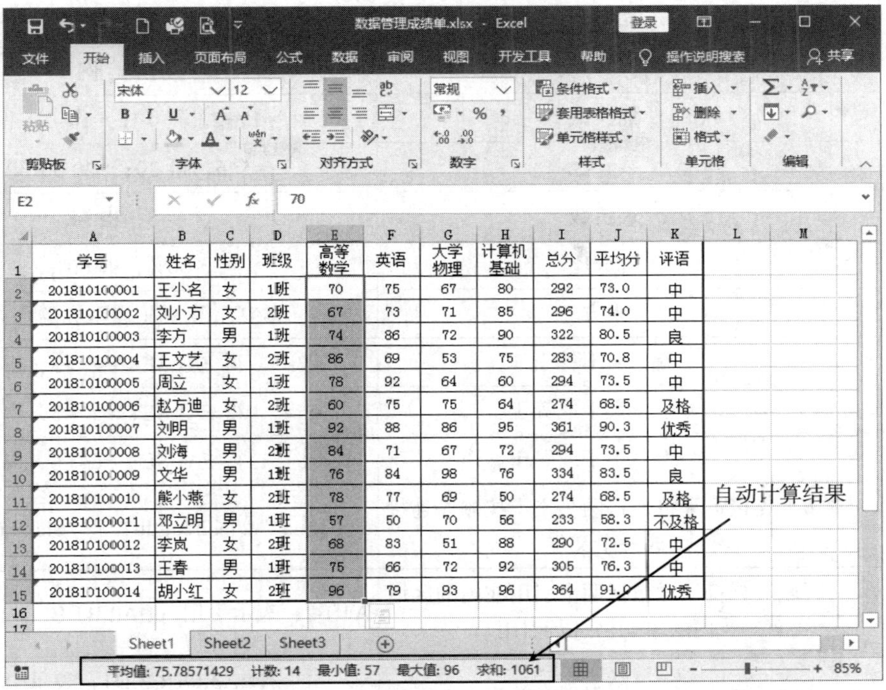

图 6-37　状态栏显示自动计算结果

6.5.2　利用公式计算

微课 6.5.2

1. 公式的形式

公式就是 Excel 2016 工作表的计算式，也叫作等式。公式单元格区别于普通单元格的是，其内容必须以英文半角的加号或等号开头，其后跟表达式；输入的公式经确认无误后，在单元格中显示公式的计算结果，在编辑栏中显示公式的内容。

公式的一般形式是“= 表达式”或“+ 表达式”(多用前者)。其特点如下。

(1) 表达式由运算符、常量、单元格地址、区域名称、函数、括号等组成。

(2) 在公式中，除了汉字以外的其他符号一律用英文半角输入法输入，否则公式会出错。Excel 2016 有时会智能识别公式中的部分中文符号，但建议养成良好的公式输入习惯。

2. 运算符

运算符是指对公式中的元素进行运算的特殊符号，它是连接运算式中各个元素的纽带，是确定运算类型的关键，是反映用户运算意图的核心符号。因此，运算符的正确应用非常重要。

在 Excel 2016 公式中，运算符可以分为以下 4 种类型。

(1) 算术运算符：用于连接数字或数值类型的单元格地址，构成算术表达式，其结果是数值型数据。

(2) 比较运算符：用于比较两个值，并产生逻辑结果 TRUE (真) 或 FALSE (假)。

(3) 文本运算符：用于将两个文本按顺序组合成一个文本。

(4) 引用运算符：用于将单元格区域中的数据合并计算。

在 Excel 2016 公式中可以使用的运算符如表 6-2 所示。

表 6-2　Excel 2016 公式中的运算符

运算符		含　义	示　例
算术运算符	+、-	加、减	=12+2，得 14；=10-3，得 7
	*、/	乘、除	=5*6，得 30；=20/5，得 4
	-	求负数	=-8，得 -8
	%	百分比	=60%，得 60%
	^	乘方	=6^2，得 36（表示 6 的平方）
比较运算符	=、<>	等于、不等于	=2=3，得 FALSE；=2<>3，得 TRUE
	>、>=	大于、大于或等于	=5>5，得 FALSE；=5>=5，得 TRUE
	<、<=	小于、小于或等于	=6<6，得 FALSE；=6<=6，得 TRUE
文本运算符	&	文本连接运算符，将两个文本按顺序连接成一个文本	="Sichuan"&" Chengdu"，得 "Sichuan Chengdu"
引用运算符	:	区域运算符，对包括两个引用在内的区域内的单元格进行引用	A1:B2，表示引用 A1,A2,B1,B2 共 4 个单元格
	,	联合运算符，将多个引用合并为一个引用	A1:A3,C1:C3,D1，表示引用 A1,A2,A3,C1,C2,C3,D1 共 7 个单元格
	空格	交叉运算符，产生同时属于两个引用中的单元格区域的引用	A1:B2 A2:B3，表示引用两个区域间的交叉区域，即 A2,B2 共 2 个单元格

注意： 表 6-2 中的运算符有的是由两个符号组成的，使用时两个符号不能用空格分开。

3. 单元格地址与引用

在用公式或函数对单元格中的数据进行计算时，常常需要引用单元格的地址（也称单元格名称）。单元格地址相当于公式中的变量，而单元格中输入的数据相当于变量的值。在公式中引用单元格地址，便于在单元格数据发生变化时自动更新公式的计算结果，同时在数据清单的同一列或同一行中便于复制，以使用相同的公式。单元格地址的引用有相对地址引用、绝对地址引用和混合地址引用。

1）相对地址引用

相对地址引用是指在公式中直接引用单元格地址，如 A5、B2:B10 等。图 6-38 所示的“某企业年度产品销售情况表”中，每种产品的销售额 = 单价 × 销售数量。因为这种二维表在同一列中的计算公式通常是一样的，因此计算 A12 产品的销售额时，在 D3 单元格中编辑公式“=B3*C3”。在将 D3 单元格中的公式复制到 D4 到 D5 单元格中时，目标单元格相对于原单元格作了什么样行、列的相对变化，公式中引用的单元格地址也作同样的行、列变化。比如将 D3 单元格中的公式复制到 D4 单元格，行数加 1，因此在 D3 单元格中引用的相对地址 B3 和 C3 也作行数加 1 的变化，从而变成“=B4*C4”，刚好是 B32 产品的销售数量和单价的乘积。要计算其他产品的销售额，则在同一列上复制公式，拖动 D3 单元格的填充句柄到 D5 单元格即可。

在公式中引用单元格地址不需要手动输入，可以先在单元格中输入等号“=”，再用鼠标单击要引用的单元格，若引用的是单元格区域，则按下鼠标左键从第一个单元格拖动到末尾单元格，其地址便加入公式中了。

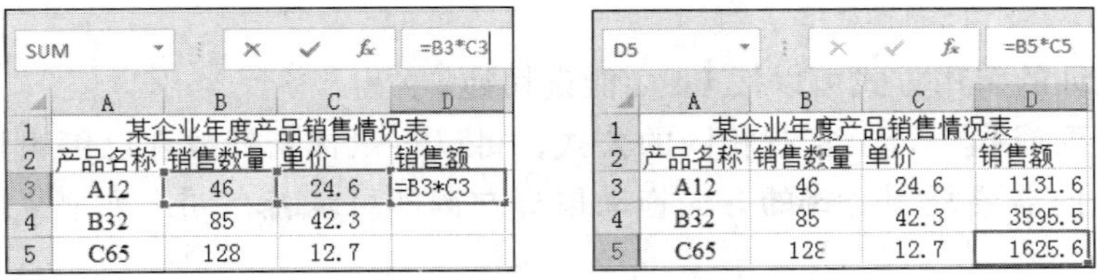

图 6-38 相对地址引用示例

思考：若 D5 单元格中的公式是“=B3+C4”，将 D5 单元格复制到 E6 单元格后，E6 单元格中的公式会变成什么？

2）绝对地址引用

绝对地址引用是指在公式中引用单元格地址的列号和行号前加上符号“$”，如 $A$5、$B$2:$B$10 等，表示将 $ 后的行号或列号固定起来。含有绝对地址引用的公式被复制到其他位置时，引用的地址不会发生变化。例如图 6-38 所示的表格中，若在 D3 单元格中输入的公式是“=$B$3*$C$3”，将 D3 单元格复制到 D4 到 D5 单元格中时，其公式都是“=$B$3*$C$3”。

在如图 6-39 所示的“企业产品投诉情况表”中，计算各产品的投诉量所占比例 = 投诉量 / 总计，投诉量会随产品的不同而变化，总计不变，因此 C3 单元格中的公式应为“=B3/$B$6”，B3 单元格为相对地址引用，$B$6 为绝对地址引用。将该公式复制到 C5 单元格中时会变成“=B5/$B$6”，B3 单元格变成了 B5 单元格，发生了相对变化，$B$6 因为是绝对地址引用，所以不变。

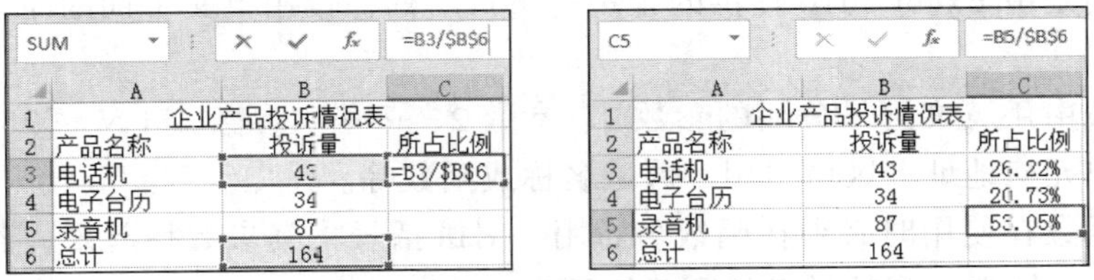

图 6-39 绝对地址引用示例

3）混合地址引用

混合地址引用是指在公式中引用的单元格地址，只在列号或行号的其中之一前加上符号“$”，如 $A5、A$5、B$2:B$10、$B2:$B10 等，$ 只固定其后的行号或列号，没有固定的一方可以相对变化。例如，图 6-39 所示的“企业产品投诉情况表”中，在计算各产品投诉量所占比例的时候，因其公式只在同列上复制，总计单元格地址可以改为只固定行的混合地址引用，即 C3 单元格中的公式可以改为“=B3/B$6”。

在如图 6-40 所示的“某蔬菜基地无公害蔬菜产量情况表”中，计算每种蔬菜所占百分比 = 产量 / 总计。其中各种蔬菜的产量不同，而总计不变，同时因为 B4 单元格的公式要在同一行上复制，所以在公式中引用的总计单元格地址 F3 既可以使用绝对引用，也可以使用只固定列的混合引用。所以 B4 单元格的公式为“=B3/$F$3”或者“=B3/$F3”，结果相同。

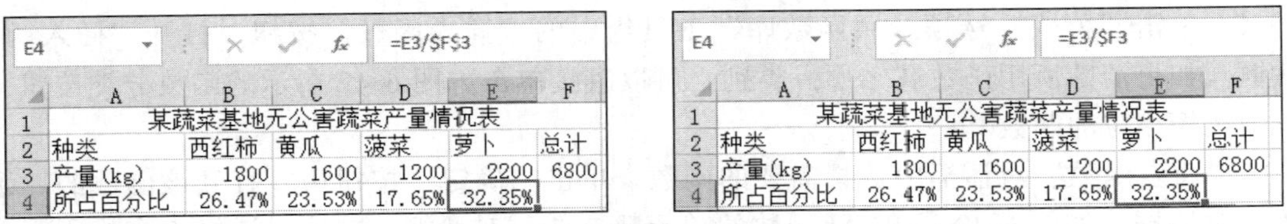

图 6-40 绝对地址引用和混合地址引用示例

注意：

（1）各种地址的引用方式可以按 F4 功能键切换。

（2）在同一列或同一行上复制相同的公式，可以将鼠标指针放在已编辑好公式的单元格的填充句柄上，向需要复制公式的方向拖动鼠标左键即可。若在同一列上复制公式，可以双击填充句柄。

（3）复制含有引用的公式的数据清单到其他位置时，若将公式及公式中的引用一起复制，则公式无误；若只复制公式，则在目标位置的公式中，非绝对引用的地址会发生相对变化，此时可以在粘贴公式数据到目标位置时右击，在弹出的快捷菜单的“粘贴选项”栏中单击“值”按钮，只粘贴公式的计算结果。

6.5.3 函数的应用

微课 6.5.3

Excel 2016 提供了大量的函数以简化普通公式的计算。例如，在 F3 单元格中计算 B3:E3 单元格区域的和，可以用普通公式“=B3+C3+D3+E3”，也可以用函数公式“=SUM(B3:E3)”[这里的 SUM() 是求和函数]。Excel 2016 提供的函数类型有数学与三角函数、日期与时间函数、财务函数、统计函数、查找与引用函数、数据库函数、文本函数、工程函数、逻辑函数和信息函数等。本节介绍部分常用函数的使用。

1. 函数的使用形式

函数的使用一般由函数名和函数参数组成，形式为：函数名 (参数表)。

（1）函数名是由 Excel 2016 提供的合法的字符序列，常用英文单词的简写形式表示，不区分大小写。

（2）参数表由用英文逗号分隔的参数 1、参数 2、……、参数 N（$N \leqslant 255$）构成，参数可以是常数、单元格地址、区域引用、区域名称或函数等。

（3）每个函数在使用时必须在函数名后用一对圆括号将其参数括起来。若一个函数的参数是另一个函数，则要注意括号必须配对使用。

（4）函数可以在一个公式中单独使用，也可以作为普通公式的一个操作数使用。

2. 插入函数

选择编辑函数公式的单元格，在其中插入函数有以下几种方法。

（1）单击编辑栏左侧的“插入函数”按钮，打开如图 6-41 所示的“插入函数”对话框。

（2）单击“开始”选项卡“编辑”工具组中“自动求和”下拉按钮，在弹出的下拉菜单中有常用的“求和”（SUM）、“平均值”（AVERAGE）、“计数”（COUNT）、“最大值”（MAX）、“最小值”（MIN）函数，也可以选择“其他函数”命令，打开如图 6-41 所示的“插入函数”对话框。

（3）在单元格中输入等号“=”，此时名称框变成函数名 SUM，单击右侧的下拉按钮，可以在列表中选择其他函数，或者选择“其他函数”命令，打开如图 6-41 所示的“插入函数”对话框。

（4）单击“公式”选项卡“函数库”工具组中的“插入函数”按钮，打开“插入函数”对话框。如果清楚所用函数属于哪一类别，可以直接单击如图 6-42 所示的函数分类按钮，在列表中选择相应的函数。

在“插入函数”对话框中选择需要的函数，单击“确定”按钮后，打开该函数的“函数参数”对话框，如图 6-43 是 SUM 函数的“函数参数”对话框。在该对话框中有对所用函数的介绍以及各参数的提示，若不熟悉函数的用法，可以根据提示编辑各参数，若参数编辑正确，可以在该对话框左下角看到该函数的计算结果。若在参数中需要引用单元格地址或区域，可以将光标置于相应的参数文本框中，在工作表中选择要引用的单元格地址或区域。

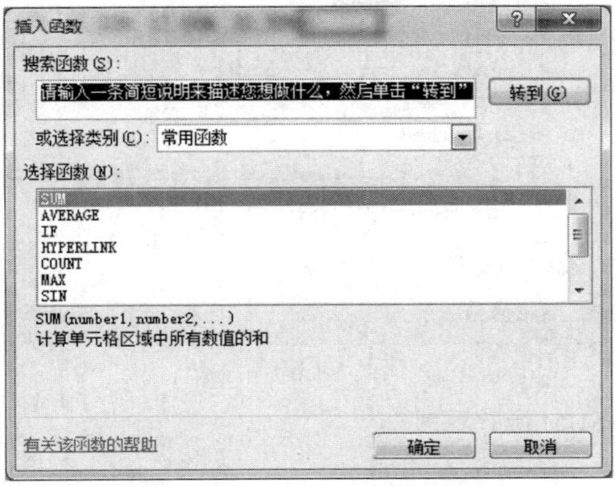

图 6-41　“插入函数”对话框

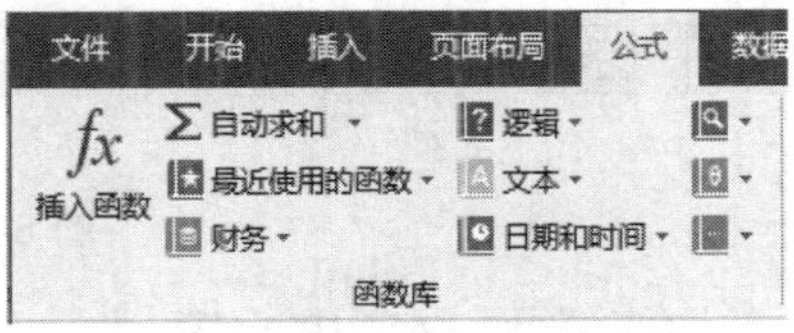

图 6-42　“函数库”工具组

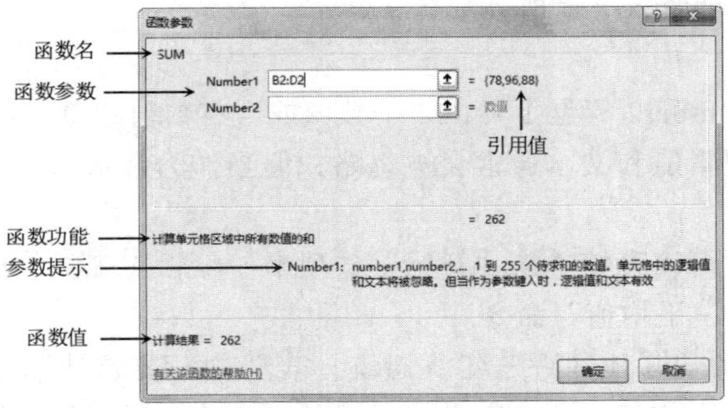

图 6-43　“函数参数”对话框

如果熟悉函数的名字及各参数的用法，还可以在单元格中直接编辑函数，编辑完成后按 Enter 键确认。

修改函数通常是在编辑栏中进行的。当光标处于编辑栏或单元格内某个函数中时，单击编辑栏左侧的“插入函数”按钮，可以打开当前函数的“函数参数”对话框。

3. 常用函数介绍

1）求和函数：SUM

用法：SUM(Number1, Number2, ...)。

功能：计算单元格区域中所有数值的和。

说明：

（1）Number1、Number2 等是 1 ~ 255 个数值或含有数值的单元格引用。

（2）单元格中的逻辑值和文本通常会被忽略，但当作为常量参数输入时，逻辑值和数字文本会被求和。

（3）使用该函数时，可以直接单击“开始”选项卡“编辑”工具组中的“自动求和”按钮。

在图 6-44（a）的“某单位人员工资情况表”中，计算工资合计 = 基本工资 + 岗位补贴 + 绩效工资，前两项的单元格连续，第三项的单元格不连续，因此在 SUM 函数中第一个参数可以是区域引用，第二个参数可以单独引用。在 G3 单元格中编辑 SUM 函数的参数如图 6-44（b）所示。

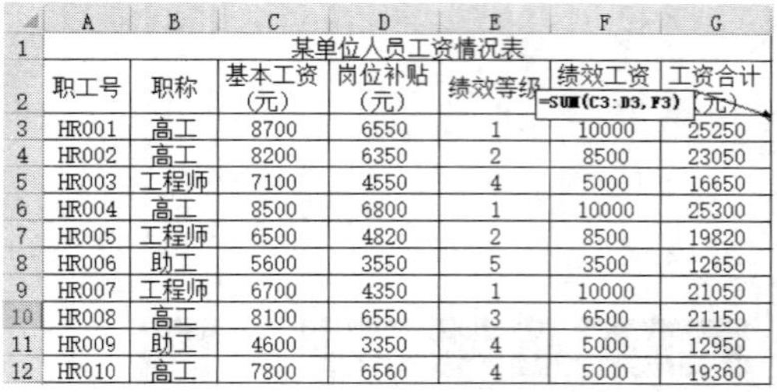

	A	B	C	D	E	F	G
1	某单位人员工资情况表						
2	职工号	职称	基本工资（元）	岗位补贴（元）	绩效等级	绩效工资	工资合计（元）
3	HR001	高工	8700	6550	1	10000	25250
4	HR002	高工	8200	6350	2	8500	23050
5	HR003	工程师	7100	4550	4	5000	16650
6	HR004	高工	8500	6800	1	10000	25300
7	HR005	工程师	6500	4820	2	8500	19820
8	HR006	助工	5600	3550	5	3500	12650
9	HR007	工程师	6700	4350	1	10000	21050
10	HR008	高工	8100	6550	3	6500	21150
11	HR009	助工	4600	3350	4	5000	12950
12	HR010	高工	7800	6560	4	5000	19360

（a）

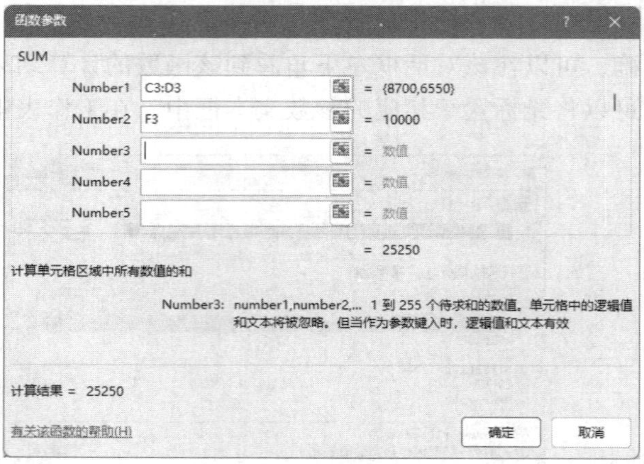

（b）

图 6-44 SUM 函数示例

2）平均值函数：AVERAGE

用法：AVERAGE(Number1, Number2, ...)。

功能：求所有参数的算术平均值。

说明：

（1）Number1、Number2 等是 1 ~ 255 个数值或含有数值的单元格引用。

（2）单元格中的逻辑值和文本通常会被忽略，但当作为常量参数输入时，逻辑值和数字文本会被计算。

（3）使用该函数时可以直接单击“开始”选项卡“编辑”工具组中“自动求和”下拉按钮，在下拉菜单中选择“平均值”命令。

在如图 6-45 所示的“某地区近三年气温统计表”中，要求计算近三年平均高温的平均值、近三年平均低温的平均值、近三年平均高温的最高值、近三年平均低温的最低值，分别使用了 AVERAGE、MAX、MIN 函数。由于计算的单元格不连续，因此各单元格的引用参数间用英文逗号分隔，各计算公式如图 6-45 所示。

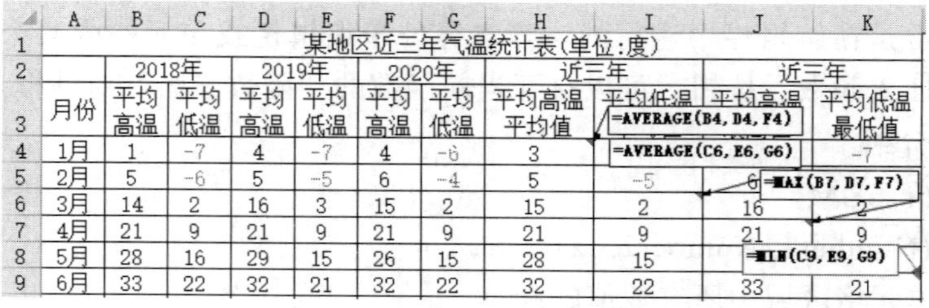

	A	B	C	D	E	F	G	H	I	J	K
1	某地区近三年气温统计表(单位:度)										
2		2018年		2019年		2020年		近三年		近三年	
3	月份	平均高温	平均低温	平均高温	平均低温	平均高温	平均低温	平均高温平均值	平均低温	平均高温	平均低温最低值
4	1月	1	-7	4	-7	4	-6	3			-7
5	2月	5	-6	5	-5	6	-4	5	-5	6	
6	3月	14	2	16	3	15	2	15	2	16	2
7	4月	21	9	21	9	21	9	21	9	21	9
8	5月	28	16	29	15	26	15	28	15		
9	6月	33	22	32	21	32	22	32	22	33	21

图 6-45 AVERAGE、MAX、MIN 函数示例

3）计数函数：COUNT

用法：COUNT(Value1, Value2, ...)。

功能：计算参数中包含的数值型数据的个数。

说明：

（1）Value1、Value2 等是 1 ~ 255 个数值或含有数值的单元格引用。

（2）单元格中的逻辑值和文本通常会被忽略，但当作为常量参数输入时，逻辑值和数字文本会被计数。

（3）使用该函数时，可以直接单击“开始”选项卡“编辑”工具组中“自动求和”下拉按钮，在下拉菜单中选择“计数”命令。

4）最大值函数：MAX

用法：MAX(Number1, Number2, ...)。

功能：返回一组数值中的最大值。

说明：

（1）Number1、Number2 等是 1 ~ 255 个数值或含有数值的单元格引用。

（2）空单元格及单元格中的逻辑值和文本通常会被忽略，但当作为常量参数输入时，逻辑值和数字文本会被计算。

（3）使用该函数时可以直接单击“开始”选项卡“编辑”工具组中“自动求和”下拉按钮，在下拉菜单中选择“最大值”命令。

5）最小值函数：MIN

用法：MIN(Number1, Number2, ...)。

功能：返回一组数值中的最小值。

说明：

（1）Number1、Number2 等是 1 ~ 255 个数值或含有数值的单元格引用。

（2）空单元格及单元格中的逻辑值和文本通过会被忽略，但当作为常量参数输入时，逻辑值和数字文本会被计算，如图 6-46 所示。

	A	B	C	D	E	F
1	数值	数值	逻辑值	数字文本	函数值	函数内容
2	2	4	TRUE	8	6	SUM(A2:D2)
3	2	4	TRUE	8	15	SUM(A3:D3,TRUE,"8")
4	2	4	TRUE	8	3	AVERAGE(A4:D4)
5	2	4	TRUE	8	3.75	AVERAGE(A5:D5,TRUE,"8")
6	2	4	TRUE	8	2	COUNT(A6:D6)
7	2	4	TRUE	8	4	COUNT(A7:D7,TRUE,"8")
8	2	4	TRUE	8	4	MAX(A8:D8)
9	2	4	TRUE	8	8	MAX(A9:D9,TRUE,"8")
10	2	4	TRUE	8	2	MIN(A10:D10)
11	2	4	TRUE	8	1	MIN(A11:D11,TRUE,"8")

图 6-46　几个基础常用函数的应用举例

（3）使用该函数时可以直接单击“开始”选项卡“编辑”工具组中“自动求和”下拉按钮，在下拉菜单中选择“最小值”命令。

6）逻辑或函数：OR

用法：OR(Logical1,[Logical2], ...)

功能：检测多个条件中是否至少有一个为真。如果任意一个参数的逻辑值为 TRUE，则 OR 函数返回 TRUE；只有当所有参数的逻辑值均为 FALSE 时，才返回 FALSE。

说明：

（1）Logical1、Logical2 等是 1 ~ 255 个条件，其中 Logical1 是必需的，Logical2 及之后的其他条件可选，各条件的计算结果为 TRUE 或 FALSE。

（2）如果数组或引用参数中包含文本或空白单元格，这些值将被忽略。

（3）如果提供的条件的计算结果不是逻辑值而是数值，则零值被当作 FALSE，其余非零值被当作 TRUE 参与计算。

7）逻辑与函数：AND

用法：AND(Logical1,［Logical2］, ...)

功能：检测所有的条件是不是真（TRUE），所有参数的逻辑值为真则返回 TRUE，否则返回 FALSE。

说明：

（1）Logical1、Logical2 等是 1 ~ 255 个条件，其中 Logical1 是必需的，Logical2 及之后的其他条件可选，各条件的计算结果为 TRUE 或 FALSE。

（2）如果数组或引用参数中包含文本或空白单元格，这些值将被忽略。

（3）如果提供的条件的计算结果不是逻辑值而是数值，则零值被当作 FALSE，其余非零值被当作 TRUE 参与计算。

8）绝对值函数：ABS

用法：ABS(Number)。

功能：返回给定数值的绝对值。

说明：Number 是要求绝对值的实数或表达式。

如图 6-47 所示，在“某种放射性元素衰变的测试结果”表中，计算实测值与预测值之间误差的绝对值。

D8 =ABS(B8-C8)

	A	B	C	D	E
1	某种放射性元素衰变的测试结果				
2	时间（小时）	实测值	预测值	误差（绝对值）	预测准确度
3	0	16.5	20.5	4	
4	3	19.4	21.9	2.5	
5	7	25.5	25.1	0.4	
6	10	27.2	25.8	1.4	
7	12	38.3	40	1.7	
8	15	42.4	46.8	4.4	

图 6-47　ABS 函数示例

9）条件函数：IF

用法：IF(Logical_test, Value_if_true, Value_if_false)。

功能：判断单元格是否满足某个条件，如果满足则返回一个值，如果不满足则返回另一个值。

说明：

（1）Logical_test 表示判断的条件，可以是任何能被计算为 TRUE 或 FALSE 的数值或表达式。

（2）Value_if_true 是当 Logical_test 为 TRUE 时的返回值，即条件满足时的函数值。如果忽略该参数，则返回 TRUE，但逗号不能省略。

（3）Value_if_false 是当 Logical_test 为 FALSE 时的返回值，即条件不满足时的函数值。如果忽略该参数，则返回 FALSE，但逗号不能省略。

（4）当 Value_if_true 或 Value_if_false 参数是一个 IF 函数时，称为 IF 函数嵌套，可以实现复杂的多条件判断，该函数最多可嵌套 7 层。

如图 6-48 所示，在“某种放射性元素衰变的测试结果”表中，用 IF 函数实现根据“误差（绝对值）”列评估“预测准确度”列。评估规则为：“误差”低于或等于“实测值”10% 的，“预测准确度”为“高”；“误差”大于“实测值”10% 的，“预测准确度”为“低”。

E8 =IF(D8>B8*10%,"低","高")

	A	B	C	D	E
1	某种放射性元素衰变的测试结果				
2	时间（小时）	实测值	预测值	误差（绝对值）	预测准确度
3	0	16.5	20.5	4	低
4	3	19.4	21.9	2.5	低
5	7	25.5	25.1	0.4	高
6	10	27.2	25.8	1.4	高
7	12	38.3	40	1.7	高
8	15	42.4	46.8	4.4	低

图 6-48 IF 函数示例

如果 IF 函数在 Logical_test 参数位置嵌套 AND 函数或 OR 函数，那么可以设置复杂条件，若要实现三个及以上的条件判断，则要在参数 Value_if_true 或参数 Value_if_false 处嵌套 IF 函数。图 6-49 所示的“销售订单”表中，计算销售表现的要求是：如果该产品销售额所占百分比大于 5% 或者数量所占百分比大于 10%，则在相应单元格内填入“优”；如果销售额所占百分比小于 0.1%，则在相应单元格内填入“差”；否则填入“中等”。

J3 =IF(OR(F3/$F$73>5%,D3/$D$73>10%),"优",IF(F3/$F$73<0.1%,"差","中等"))

	A	B	C	D	E	F	G	H	I	J
1	销售订单									
2	序号	结算单日期	名称	数量	单价	销售额	供货商	部门	关键字	销售表现
3	1	2017-12-19	金士顿（Kingston）128GB 80MB/s TF Class10 UHS-I高速存储卡	3	438	1314	A企业	北京A2大学	金士顿	中等
4	2	2017-12-15	KINGSTON 金士顿 DT 100G3 32GB USB3.0 U盘	48	155	7440	B企业	北京A2大学	金士顿	中等
5	3	2017-12-8	惠普 原厂耗材-CE742A	1	1699	1699	C企业	北京A21研究所	惠普	中等
6	4	2017-12-6	TP-LINK交换设备TL-SG1008+	2	250	500	D企业	北京A3大学	TP-LINK	中等
7	5	2017-11-15	希捷（Seagate） 6TB3.5寸NAS级SATA	4	2950	11800	C企业	北京A5中心	希捷	中等
8	6	2017-11-17	KINGSTON 金士顿 DT 100G3 32GB USB3.0 U盘	5	155	775	B企业	北京A12学区	金士顿	中等
9	7	2017-11-14	莱盛（Laser）LS-88A 硒鼓	2	159	318	E企业	北京A24学院	莱盛光标	差
10	8	2017-11-13	神龙灭火器-手提式灭火器MFZ/ABC5	30	117	3510	D企业	北京A18办公室	神龙	中等
11	9	2017-11-3	西部数据（WDC 2TB 2.5英寸 移动硬盘 WDBYFT0020BBK-CESN	2	689	1378	C企业	北京A10管理处	西部数据	中等
12	10	2017-11-2	惠普 原厂耗材 78A	4	499	1996	A企业	北京A20大队	惠普	中等
73	合计			1671		392948.43				

图 6-49 “销售订单”表

分析该计算，如果先判断销售表现为“优”，条件是“产品销售额所占百分比大于 5%”，或者“数量所占百分比大于 10%”，则要求两个或多个条件满足其中之一，可以用一个 OR 函数计算。此处条件 1 所用百分比为当前行的销售额除以下方的销售额合计的结果，条件 2 所用百分比为当前行的数量除以下方的数量合计的结果。考虑到该公式要往下复制，各行销售额和数量要相对变化，单元格地址使用相对引用；销售额合计和数量合计固定不变，单元格地址采用绝对引用。若不满足“优”，则销售表现还有“差”和“中等”，所以要在 Value_if_false 参数中嵌套一个 IF 函数。具体的操作步骤如下。

（1）用英文输入法在第一条记录的“销售表现”单元格 J3 中输入：=IF，在下方的列表中双击 IF 函数，单击编辑栏左侧的“插入函数”按钮，弹出 IF 函数的“函数参数”对话框。在第一个参数 Logical_text 后的文本框中输入：OR()，单击编辑栏中“OR()”的任意位置，切换到 OR 函数的“函数参数”对话框，将光标置于 Logical1 后的文本框中，单击第一条记录的销售额单元格 F3，输入除号，单击销售额合计单元格 F73，按 F4 功能键，将 F73 切换为绝对引用，再输入：>5%，用同样的方法输入条件 2，如图 6-50 所示，输入完不要单击“确定”按钮。

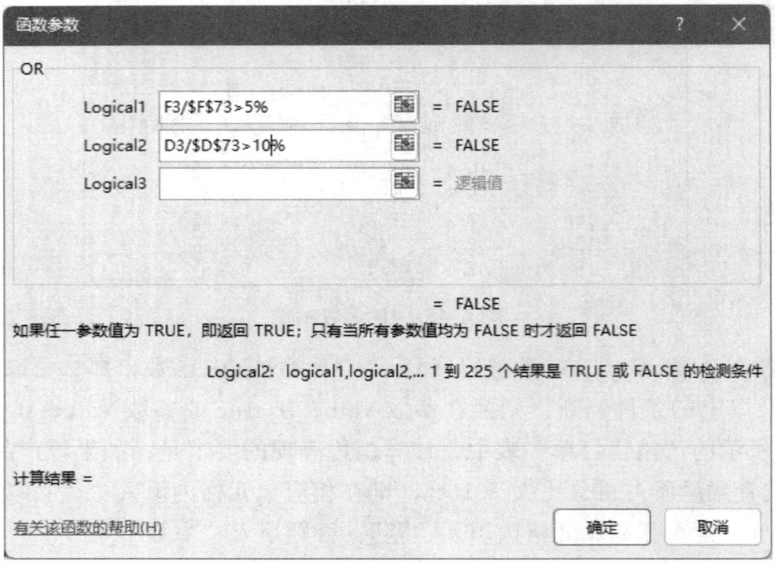

图 6-50　OR 函数的“函数参数”对话框

（2）单击编辑栏中 IF 的任意位置，切换到 IF 函数的“函数参数”对话框，在 Value_if_true 参数中输入：优，单击 Value_if_false 参数，上方的文本“优”会自动加上英文的双引号。

（3）在 Value_if_false 参数中输入：IF()，单击编辑栏中新 IF 函数的任意位置，切换到新 IF 函数的“函数参数”对话框。在 Logical_test 参数中设置销售表现为“差”的条件，单击 F3 单元格，输入除号，单击销售额合计单元格 F73，按 F4 功能键，将 F73 切换为绝对引用，输入 <0.1%；在 Value_if_True 参数中输入：差；在 Value_if_False 参数中输入：中等，单击其他文本框，文本“中等”会自动加上英文双引号，如图 6-51 所示。

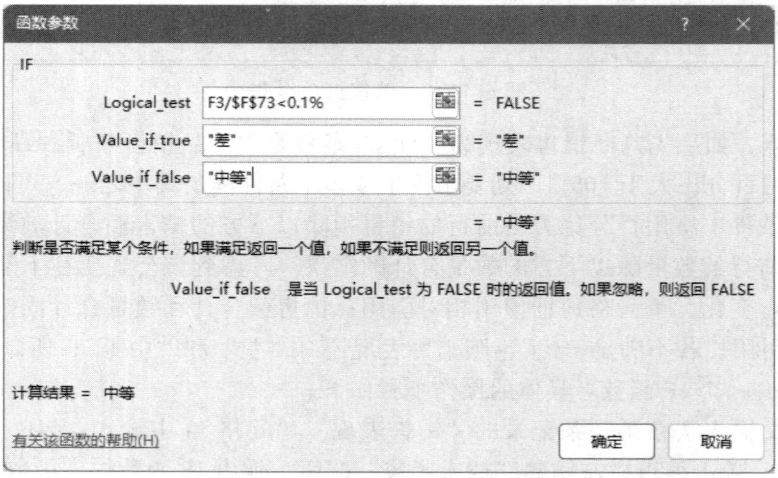

图 6-51　嵌套 IF 函数的“函数参数”对话框

（4）单击编辑栏中第一个 IF 的任意位置，第一个 IF 函数的完整“函数参数”如图 6-52 所示。若所有参数都编辑正确，则在对话框的左下角显示计算结果。检查无误后单击“确定”按钮。双击 J3 单元格的填充句柄或拖动填充句柄复制该公式到表格末行。

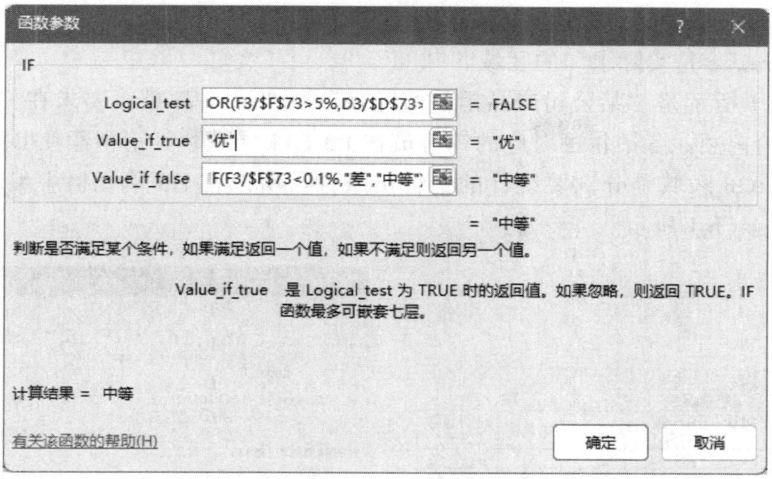

图 6-52 IF 函数的完整“函数参数”对话框

10）条件计数函数：COUNTIF

用法：COUNTIF(Range, Criteria)。

功能：计算某个区域中满足给定条件的单元格数目。

说明：

（1）Range 是要按条件计数的区域。

（2）Criteria 是以数字、表达式或文本形式定义的条件。

图 6-53 所示是“某单位人员情况表”和“职称统计表”，用 COUNTIF() 函数在 G3:G5 区域内统计各职称的人数。计数区域是“某单位人员情况表”里的“职称”列 D3:D12 区域，条件分别为高工（F3 单元格）、工程师（F4 单元格）、助工（F5 单元格），所以在 G3 单元格中编辑公式为：=COUNTIF($D$3:$D$12,F3)，Range 参数 $D$3:$D$12 的绝对引用表示始终在该区域内统计，Criteria 参数 F3 为相对引用，表示往下复制条件会变成 F4、F5 单元格的值。

G5 =COUNTIF($D$3:$D$12,F5)

	A	B	C	D	E	F	G
1	某单位人员情况表					职称统计表	
2	职工号	性别	年龄	职称		职称	人数
3	E001	男	34	工程师		高工	3
4	E002	男	35	高工		工程师	5
5	E003	女	26	助工		助工	2
6	E004	男	29	工程师			
7	E005	男	31	工程师			
8	E006	女	36	工程师			
9	E007	男	50	高工			
10	E008	男	42	高工			
11	E009	女	34	工程师			
12	E010	女	28	助工			

图 6-53 COUNTIF 函数示例

11）条件求和函数：SUMIF

用法：SUMIF(Range, Criteria, Sum_range)。

功能：对满足条件的单元格求和。

说明：

（1）Range 是要判断是否满足某一条件的区域。

（2）Criteria 是以数字、表达式或文本形式定义的条件。

（3）Sum_range 是实际求和的区域。

图 6-54（a）所示是“某公司产品销售情况表”及“统计表 1”，要求在 H3:H8 区域统计各销售员的总销售额。各销售额对应的销售员在 E3:E11 区域，其销售额在 D3:D11 区域，在统计表 1 中 G3:G8 区域是分别要统计的销售员条件。所以在 H3 单元格中编辑 SUMIF 函数的参数如图 6-54（b）所示。

	A	B	C	D	E	F	G	H
1	某公司产品销售情况表						统计表1	
2	产品类别	产品单价（元）	销售数量（个）	销售额（万元）	销售员		销售员	总销售额（万元）
3	A	673	1332	¥89.64	S1		S1	¥119.82
4	B	261	1156	¥30.17	S1		S2	¥93.41
5	A	673	1388	¥93.41	S2		S3	¥163.67
6	A	673	2432	¥163.67	S3		S4	¥279.69
7	A	673	2679	¥180.30	S4		S5	¥144.47
8	B	261	2451	¥63.97	S5		S6	¥49.38
9	C	322	2500	¥80.50	S5		平均值	¥141.74
10	B	261	1892	¥49.38	S6			
11	D	452	2199	¥99.39	S4			

（a）

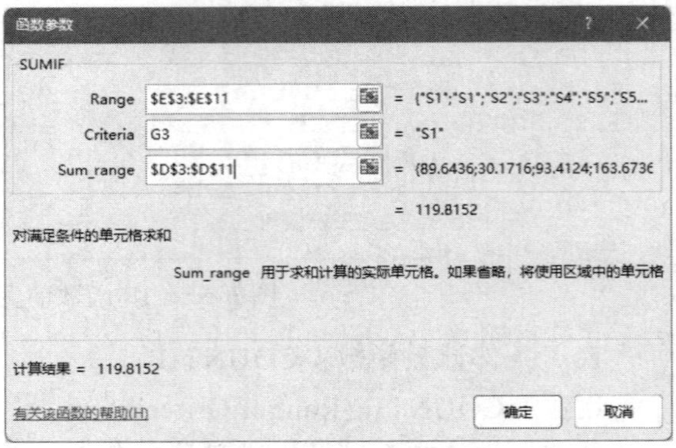

（b）

图 6-54 SUMIF 函数示例

注意：

（1）SUMIF() 函数中的参数 Range 是要判断是否满足某一条件的单元格区域，往往和参数 Criteria 配合使用；参数 Sum_range 是实际求和的区域，其中往往是数值数据。计算时在参数 Range 范围内找到满足参数 Criteria 条件的单元格所在的行，再在该行上找到参数 Sum_range 对应的值进行求和。

（2）两个区域的行范围必须相同，若要复制该公式，参数 Range 和参数 Sum_range 需要为绝对引用。

12）条件求平均值函数：AVERAGEIF

用法：AVERAGEIF(Range, Criteria, Average_range)。

功能：对满足条件的单元格求平均值。

说明：

（1）Range 是要判断是否满足某一条件的单元格区域。

（2）Criteria 是以数字、表达式或文本形式定义的条件。

（3）Average_range 是实际要求平均值的区域。

图 6-55（a）所示为“某单位人员工资情况表”，要求在“统计表 1”的 J6:J8 区域中统计各职称人员的平均工资，即要在“职称”列 B3:B16 区域分别找出高工（I6 单元格）、工程师（I7 单元格）、助工 I8（单元格），再将其所在行的工资合计数据求平均值，用到带条件求平均值函数 AVERAGEIF。在 J6 单元格中编辑公式：=AVERAGEIF($B$3:$B$16,I6,$G$3:$G$16)，“函数参数”对话框如图 6-55（b）所示。

注意：

（1）AVERAGEIF() 函数中的参数 Range 是要判断是否满足某一条件的单元格区域，往往和参数 Criteria 配合使用；参数 Average_range 是实际要求平均值的区域，对象往往是数值数据。计算时在参数 Range 范围内找到满足参数 Criteria 条件的单元格所在的行，再在该行上找到参数 Average_range 对应的值并求平均值。

（2）两个区域的行范围必须相同，若要复制该公式，参数 Range 和参数 Average_range 需要为绝对引用。

（a）

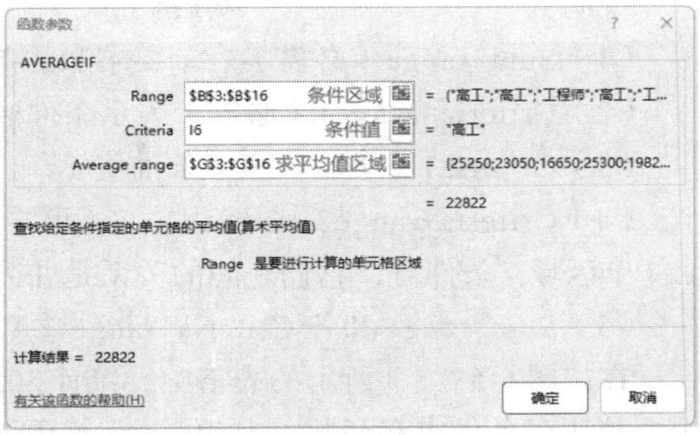

（b）

图 6-55　AVERAGEIF 函数示例

13）多条件计数函数：COUNTIFS

用法：COUNTIFS(Criteria_range1, Criteria1,［Criteria_range2, Criteria2］...)。

功能：在指定范围内对满足多个条件的单元格计数。

说明：

（1）Criteria_range 是要进行统计的条件区域，Criteria 是条件值。

（2）条件区域和条件值两个参数成对出现，在该函数的"函数参数"对话框中最后的数字序号相同的为一对，COUNTIFS 函数支持对最多 127 对条件进行统计。各对条件的关系是并列的，无先后顺序。

（3）每个 Criteria_range 参数的区域必须具有相同的行。

在图 6-56（a）所示的"学生成绩统计表"中，利用 COUNTIFS 函数分别计算各班平均成绩大于或等于 80 分的学生人数，并置于"统计表 2"的 I12:I14 单元格区域的相应位置。在 I12 单元格中统计"班级"列（B3:B14 区域）中等于"一班"（H12 单元格），同时"平均成绩"列（F3:F14 区域）中大于或等于 80 分的人数。注意：两个条件区域相同，为 3 行到 14 行，条件值 1 可相对引用 H12 单元格，往下复制变成"二班""三班"，条件值 2 ">=80" 没有可引用的单元格，则用常量表示，需要加英文双引号，"函数参数"对话框如图 6-56（b）所示。

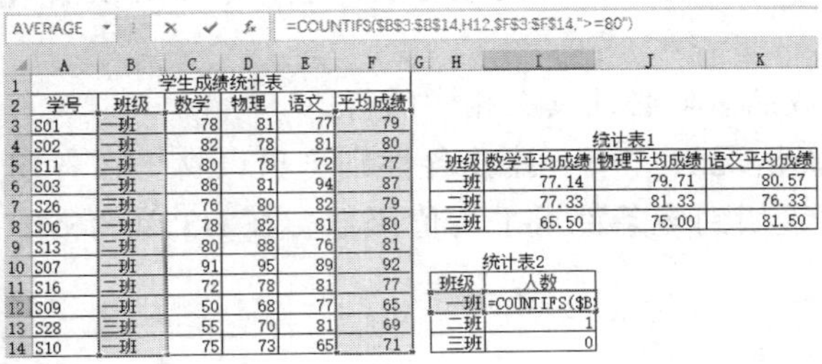

（a）

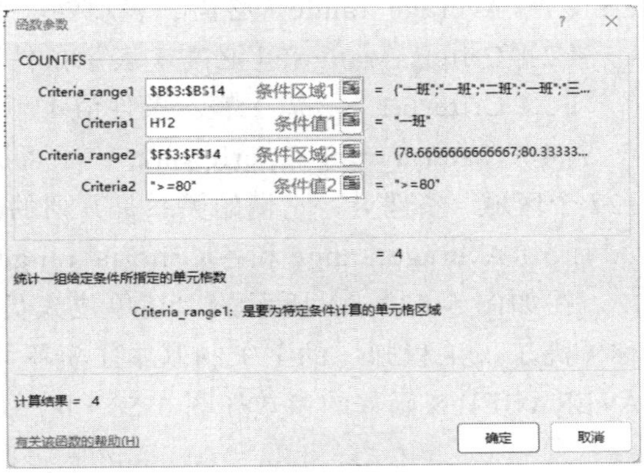

（b）

图 6-56　COUNTIFS 函数示例

14）多条件求和函数：SUMIFS

用法：SUMIFS(Sum_range,Criteria_range1, Criteria1,［Criteria_range2, Criteria2］, ...)。

功能：在指定范围内对满足多个条件的数据求和。

说明：

（1）Sum_range（必需）表示要求和的单元格区域。

（2）Criteria_range1（必需）表示条件区域 1。

（3）Criteria1（必需）表示条件值 1。

（4）Criteria_range2, criteria2, ...（可选）表示其他的条件区域和条件值，最多可以输入 127 个区域 - 条件对，它们之间的关系是并列的。

（5）Sum_range 和各 Criteria_range 参数的区域必须具有相同的行。

在如图 6-57(a) 所示的表格中，统计 2024 年 10 月 1 日至 2024 年 10 月 7 日之间的销售额，需要使用多条件求和函数，在 D6 单元格中编辑的函数参数如图 6-57（b）所示。

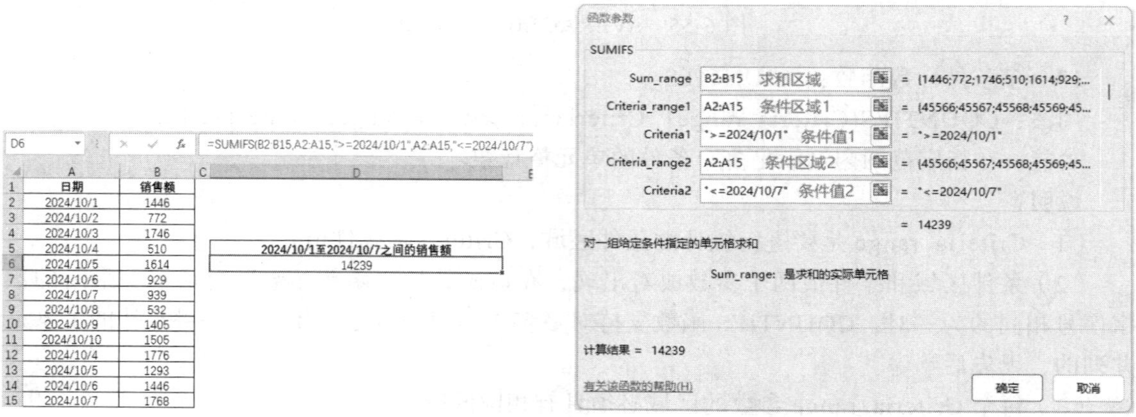

（a）　　　　（b）

图 6-57　SUMIFS 函数示例

15）多条件求平均值函数：AVERAGEIFS

用法：AVERAGEIFS（Criteria_range1, Criteria1,［Criteria_range2, Criteria2］...）。

功能：在指定范围内对满足多个条件的数据求平均值。

说明：

（1）Average_range（必需）表示要求平均值的单元格区域。

（2）Criteria_range1（必需）表示条件区域 1。

（3）Criteria1（必需）表示条件值 1。

（4）Criteria_range2, criteria2, …（可选）表示其他的条件区域和条件值，最多可以输入 127 个区域 - 条件对，它们的关系是并列的。

（5）Average_range 和各 Criteria_range 参数的区域必须具有相同的行。

在如图 6-58（a）所示的“某单位人员工资情况表”中，计算各性别（男、女）在各职称（高工、工程师、助工）的基本工资平均值，用到多条件求平均值函数，在 H3 单元格中 AVERAGEIFS 函数的参数如图 6-58（b）所示。

	A	B	C	D	E	F	G	H
1	某单位人员工资情况表							
2	职工号	性别	职称	基本工资（元）		性别	职称	基本工资平均值（元）
3	HR001	女	高工	8700		女	高工	8400.0
4	HR002	男	高工	8200		女	工程师	6100.0
5	HR003	男	工程师	7100		女	助工	5100.0
6	HR004	男	高工	8500		男	高工	8350.0
7	HR005	男	工程师	6500		男	工程师	6766.7
8	HR006	女	助工	5600		男	助工	5100.0
9	HR007	男	工程师	6700				
10	HR008	女	高工	8100				
11	HR009	女	助工	4600				
12	HR019	男	助工	5100				
13	HR014	女	工程师	5100				

（a）

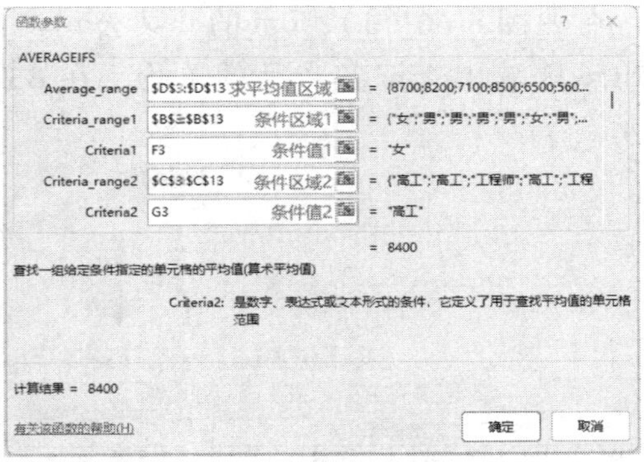

（b）

图 6-58　AVERAGEIFS 函数示例

16）查询函数：VLOOKUP

用法：VLOOKUP(Lookup_value, Table_array, Col_index_num, Range_lookup)。

功能：在指定区域的首列搜索指定的值，确定查询的值在区域中的行序号，再返回该行上指定列的值。

说明：

（1）Lookup_value 是需要查询的值，即“找什么”。

（2）Table_array 是需要在其中搜索数据的信息表，即“在哪儿找”，其首列要包含参数 Lookup_value 的值，末列至少包含返回值。

（3）Col_index_num 为整数，含义是在参数 Table_array 中找到指定行后返回的列序号，从参数 Table_array 的首列为 1 开始往后数。

（4）Range_lookup 表示查找方式，0 表示精确查找，非 0 表示模糊查找。

VLOOKUP 函数的实际用法通常是：=VLOOKUP［找什么，在哪儿找，找到后返回所在行第几列的值，精确查找（0）或模糊查找（1）］。

精确查找是指在参数 Table_array 的首列查询到和参数 Lookup_value 完全相同的值，则表示查找成功，否则查找失败；模糊查找通常用在查找值是数值型的情况中，当在参数 Table_array 的首列查询不到和参数 Lookup_value 完全相同的值时，定位在参数 Table_array 的首列中小于查询值的最大值所在行上。如图 6-59 所示，根据 B 列的 KPI 值查询 C 列的奖励值，F2:F5 区域给的是区间范围，无法查找，因此在 E 列建立辅助列，给出 F 列中各区间范围的最小值，参数 Table_array 为 E2:G5 区域。例如查询貂蝉的奖励值，其 KPI 值为 82，在参数 Table_array 的首列 E2:E5 区域中找不到 82，而小于 82 的有 -10000、60、70，其最大值为 70，因此定位在值为 70 的行上，返回其后第 3 列的值为 1200。在 C2 单元格中编辑公式为：=VLOOKUP(B2,$E$2:$G$5,3,1)。

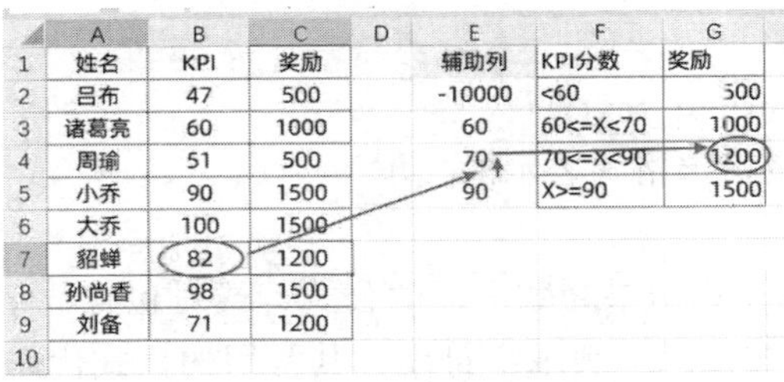

	A	B	C	D	E	F	G
1	姓名	KPI	奖励		辅助列	KPI分数	奖励
2	吕布	47	500		-10000	<60	500
3	诸葛亮	60	1000		60	60<=X<70	1000
4	周瑜	51	500		70	70<=X<90	1200
5	小乔	90	1500		90	X>=90	1500
6	大乔	100	1500				
7	貂蝉	82	1200				
8	孙尚香	98	1500				
9	刘备	71	1200				
10							

图 6-59　VLOOKUP 函数模糊查找示例

在如图 6-60（a）所示的“某公司产品销售情况表”中，根据 A 列中的产品类别在 G3:H6 区域中查询各产品的单价，在 B3 单元格中 VLOOKUP 函数的参数如图 6-60（b）所示。

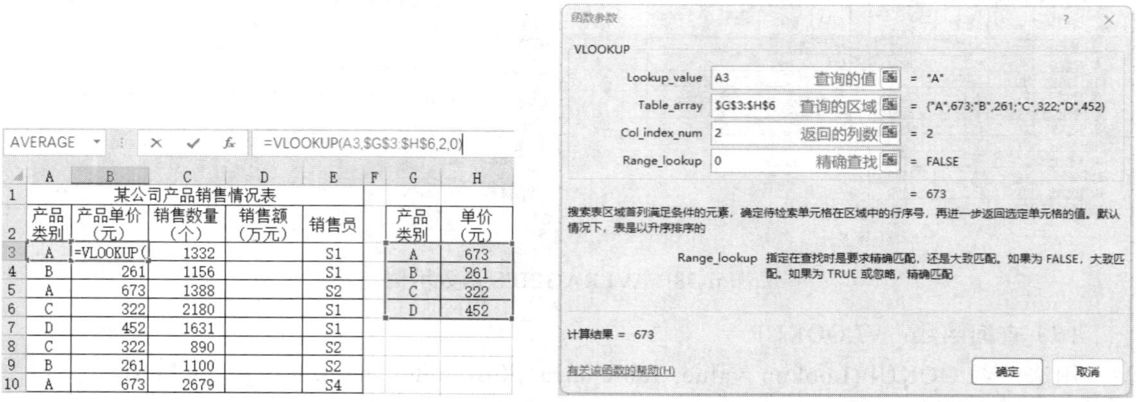

（a）　　　　（b）

图 6-60　VLOOKUP 函数精确查找示例 1

在如图 6-61（a）所示的“产品销售情况表”中，计算类别（C 列）和单价（E 列），I3:K15 区域有产品型号、单价、类别对照表，B 列为产品型号。在 C3 单元格中要根据所在行左侧的产品型号（B3 单元格）在 I3:K15 区域中查询，找到后返回第 3 列为“类别”，返回第 2 列为“单价”。注意 B 列中各产品型号均在 I3:K15 区域中查询，所以 I3:K15 区域要采用绝对引用。C3 单元格的 VLOOKUP 函数的“函数参数”对话框如图 6-61（b）所示，在 E3 单元格中编辑公式为：=VLOOKUP(B3,$I$3:$K$15,2,0)。

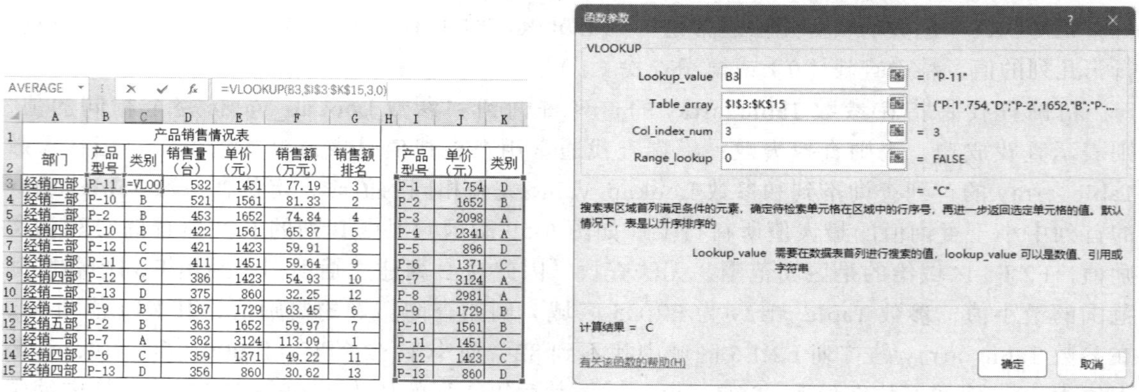

（a）　　　　（b）

图 6-61　VLOOKUP 函数精确查找示例 2

17）文本函数：TEXT

用法：TEXT(Value, Format_text)。

功能：将数值转换为按指定格式表示的文本。

说明：

（1）Value 为数值，或计算结果为数字值的公式，或对包含数字值的单元格的引用。

（2）Format_text 为格式代码，表示字符串，其常用的格式代码如表 6-3 所示。

表 6-3　TEXT 函数的 Format_text 常用的格式代码

数值	格式代码	文本结果	含　义
20250101	"0000-00-00"	2025-01-01	按所示形式拆分整数，表示为日期文本
20250101	"0000 年 00 月 00 日 "	2025 年 01 月 01 日	按所示形式拆分整数，表示为日期文本
12.345	"0.00"	12.35	整数部分全显示，小数部分保留 2 位，对第 3 位四舍五入后的文本
2025/2/1	"YY"	25	提取日期中的年数，显示为 2 位数字的文本
2025/2/1	"YYYY"	2025	提取日期中的年数，显示为 4 位数字的文本
2025/2/1	"M"	2	提取日期中的月数字，显示为不带前导 0 的数字文本
2025/2/1	"MM"	02	提取日期中的月数字，显示为带前导 0 的数字文本
2025/2/1	"MMM"	Feb	提取日期中的月数字，显示为英文月单词的前 3 个字母的简写形式
2025/2/1	"MMMM"	February	提取日期中的月数字，显示为英文月单词
2025/2/1	"D"	1	提取日期中的日数字，显示为不带前导 0 的数字文本
2025/2/1	"DD"	01	提取日期中的日数字，显示为带前导 0 的数字文本
2025/2/1	"DDD"	Sat	提取日期中的日数字，显示为英文星期单词的前 3 个字母的简写形式
2025/2/1	"DDDD"	Saturday	提取日期中的日数字，显示为英文星期单词

18）排名函数：RANK

用法：RANK(Number, Ref, Order)。

功能：计算并返回某数字在一列数字中相对于其他数值的大小排名。

说明：

（1）Number 是要查找排名的数字。

（2）Ref 是一组数或对一个数据列表的引用，即 Number 中要排名的序列，非数字值将被忽略。

（3）Order 为排名次序。Order 为 0 或忽略值，则降序排列；Order 为非零值，则升序排列。

RANK 函数是 Excel 2016 兼容 Excel 2007 及早期版本的函数。在 Excel 2016 中，RANK.EQ 和 RANK.AVG 两个函数的用法与 RANK 函数的用法相同，RANK.EQ 函数的功能和 RANK 函数相同，在遇到有相同排名时取最佳值；RANK.AVG 函数在遇到相同排名时取排名的平均值。

在如图 6-62 所示的“学生竞赛成绩统计表”中，展示了根据总成绩分别用 RANK、RANK.EQ、RANK.AVG 函数计算各同学的排名的情况，每一行上三个函数的参数相同。

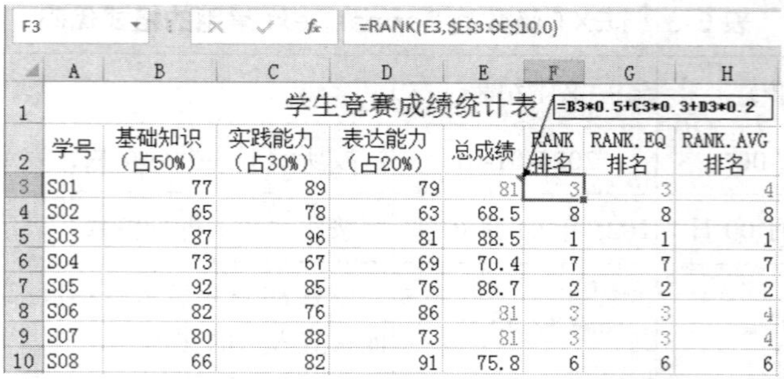

F3 =RANK(E3,$E$3:$E$10,0)

	A	B	C	D	E	F	G	H
1	学生竞赛成绩统计表					=B3*0.5+C3*0.3+D3*0.2		
2	学号	基础知识（占50%）	实践能力（占30%）	表达能力（占20%）	总成绩	RANK排名	RANK.EQ排名	RANK.AVG排名
3	S01	77	89	79	81	3	3	4
4	S02	65	78	63	68.5	8	8	8
5	S03	87	96	81	88.5	1	1	1
6	S04	73	67	69	70.4	7	7	7
7	S05	92	85	76	86.7	2	2	2
8	S06	82	76	86	81	3	3	4
9	S07	80	88	73	81	3	3	4
10	S08	66	82	91	75.8	6	6	6

图 6-62　三个排名函数的示例效果

注意： 因为各项成绩都是在 E3:E10 单元格区域内排名，所以 Ref 参数为绝对引用。

6.5.4　公式中的常见错误

在单元格中输入或编辑公式后，有时会出现以“#”号开头的错误信息。公式中的常见错误值及可能原因如表 6-4 所示。

表 6-4　公式中的常见错误值及可能原因

序号	错误值	可能原因
1	####	列宽不够，或使用了负的日期或时间
2	#VALUE!	参数或操作数类型错误。可能公式需要数字或逻辑值，却输入了文本，如 =12+"abc"
3	#NAME!	使用了 Excel 不能识别的文本。可能发生以下情况： （1）公式中的名称或函数名拼写错误，如 =SUN(A3:C3) （2）公式中区域引用错误，如 =SUM(A3B3) （3）公式中输入的文本没有加双引号，如 =Sichuan&Chengdu
4	#NUM!	在公式或函数中某个数值有问题。可能公式产生的结果太大或太小，即超出 -10^{307} ~ 10^{307} 的范围
5	#REF!	单元格引用无效。复制公式后，可能地址相对变化的区域不存在。如 D1 单元格里的公式为 =SUM(A1:C1)，将 D1 单元格里的公式复制到 C2 单元格，D1 单元格中相对地址引用的区域要加 1 行，减 1 列，因为单元格是从第 1 列开始的，再减 1 列就不存在了
6	#NULL!	试图为两个并不相交的区域指定交叉点。可能使用了不正确的区域运算符或不正确的单元格引用。如 =SUM(A1:A3 B1:B3)，两个区域间并无交叉部分
7	#DIV/0	在做除法运算时，除数为 0，如 =3/0

6.6　数据管理和分析

Excel 2016 提供了强大的数据库管理功能，用于对数据表（二维表）进行排序、筛选、分类汇总、建立数据透视表等数据管理和分析操作。数据管理和分析的数据对象叫作数据清单，它类似于数据库中的数据表，也叫作二维表。数据清单的相关概念如下。

（1）字段名：也称列名，位于数据清单的第一行上，一般为文本类型。

（2）字段值：字段名以下的一列数据。要求除了字段名以外，同一列中字段值的含义和类型相同。

（3）字段：数据清单中的一列数据，含字段名和字段值。

（4）记录：数据清单中除了字段名所在行以外其下的各行数据，是各个字段值的集合。通常一条记录是一组相关数据的集合，在进行后面的数据管理操作时，要保证同一条记录数据的完整性（也就是保证运算后的记录数据还在同一行上）。

6.6.1 建立数据清单

微课 6.6.1

在进行数据管理和分析之前，首先要建立数据清单。为了方便操作和防止相互干扰，通常在一张工作表上建立一个数据清单。在创建数据清单时还要注意以下问题。

（1）允许从工作表的任意一个单元格开始创建数据清单。

（2）数据清单的第一行必须是字段名所在行。

（3）同一个数据清单中不允许有整行或整列的空白。

（4）允许记录的个别字段值为空。

1. 建立数据清单的字段结构

在工作表的同一行上连续的单元格内输入字段名，字段名的多少决定了数据清单的宽度。

2. 输入和编辑数据清单的记录数据

在字段名下方逐行输入记录数据，也可以逐列输入字段数据，只要保证同一条记录数据在同一行上即可。

数据清单的编辑同前述单元格的编辑。

6.6.2 排序

微课 6.6.2

排序是以数据清单中的记录行为单位，按照一定的规则上下调整记录行的位置，便于浏览或为进一步处理数据做准备（如分类汇总）。对数据清单的排序包括单个关键字排序和多个关键字排序两种。

1. 单个关键字排序

单个关键字排序是以某一个字段值为依据进行排序。操作方法：将活动单元格置于关键字段的任意一个单元格上，单击“开始”选项卡“编辑”工具组的“排序和筛选”按钮，在弹出的下拉菜单中选择“升序”或“降序”命令；或者单击如图 6-63 所示的“数据”选项卡“排序和筛选”工具组中的“升序”按钮 AZ↓或“降序”按钮 ZA↓。

图 6-63 “数据”选项卡

例如“某专业学生成绩表”要按班级升序排列，则选取班级列中任意一个单元格，再单击“升序”按钮，排序结果如图 6-64 所示。

某专业学生成绩表										
学号	姓名	性别	班级	高等数学	英语	大学物理	计算机基础	总分	平均分	评语
201810100001	王小名	女	1班	70	75	67	80	292	73.0	中
201810100003	李方	男	1班	74	86	72	90	322	80.5	良
201810100005	周立	女	1班	78	92	64	60	294	73.5	中
201810100007	刘明	男	1班	92	88	86	95	361	90.3	优秀
201810100009	文华	男	1班	76	84	98	76	334	83.5	良
201810100011	邓立明	男	1班	57	50	70	56	233	58.3	不及格
201810100013	王春	男	1班	75	66	72	92	305	76.3	中
201810100002	刘小方	女	2班	67	73	71	85	296	74.0	中
201810100004	王文艺	女	2班	86	69	53	75	283	70.8	中
201810100006	赵方迪	女	2班	60	75	75	64	274	68.5	及格
201810100008	刘海	男	2班	84	71	67	72	294	73.5	中
201810100010	熊小燕	女	2班	78	77	69	50	274	68.5	及格
201810100012	李岚	女	2班	68	83	51	88	290	72.5	中
201810100014	胡小红	女	2班	96	79	93	96	364	91.0	优秀

图 6-64　单个关键字排序结果

2. 多个关键字排序

多个关键字排序是指在排序过程中，根据多个关键字进行排序。在排序的时候，若第一个关键字的值相同，可按第二个关键字的值排序，若第二个关键字的值也相同，可按第三个关键字的值排序，以此类推。多个关键字排序需要使用“排序”对话框，操作步骤如下。

（1）选择排序区域。单击数据清单中任意一个单元格，表示对数据清单全表排序，若只对数据清单中部分记录排序，则选中要参与排序的记录行。

（2）打开如图 6-65 所示的“排序”对话框。单击“开始”选项卡“编辑”工具组的“排序和筛选”按钮，在弹出的下拉菜单中选择“自定义排序”命令；或者单击“数据”选项卡“排序和筛选”工具组中的“排序”按钮。

（3）设置排序关键字。在“排序”对话框右上角有一个“数据包含标题”复选框，若排序区域包含字段名行，则勾选它，表示可以用字段名作为各排序关键字；若只对数据清单中不含字段名行的部分区域排序，则不勾选它，表示排序关键字只能是列 A、列 B 等。此处选择“主要关键字”为“班级”，“排序依据”默认为“单元格值”，“次序”为“升序”；单击左上角的“添加条件”按钮，设置“次要关键字”为“总分”，“排序依据”为“单元格值”，“次序”为“降序”；再单击“添加条件”按钮，设置第二“次要关键字”（第三个关键字）为“学号”，“排序依据”为“单元格值”，“次序”为“升序”。

（4）单击“确定”按钮。此时弹出如图 6-66 所示的“排序提醒”对话框，这是因为数据清单里的“学号”字段是数字文本。可做的选择有选中“将任何类似数字的内容排序”单选按钮，意思是如果排序的内容是文本型数字，也当作数字一样排序；选中“分别将数字和以文本形式存储的数字排序”单选按钮，意思是文本型数字与数字型数字分开排序，文本型数字大于任何数字型数字，如 "1">100。此处选中第一个单选按钮，排序结果如图 6-67 所示。

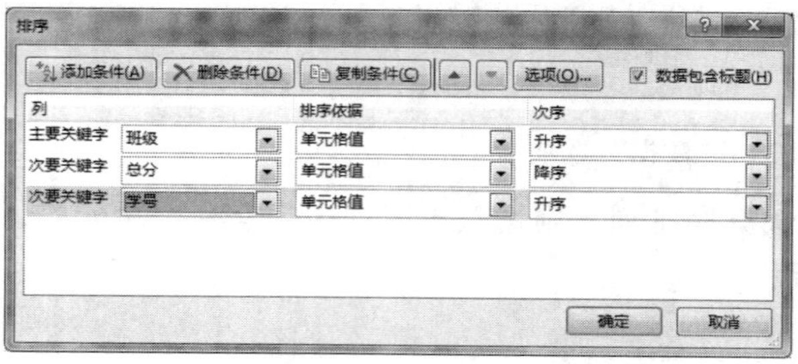

图 6-65　“排序”对话框

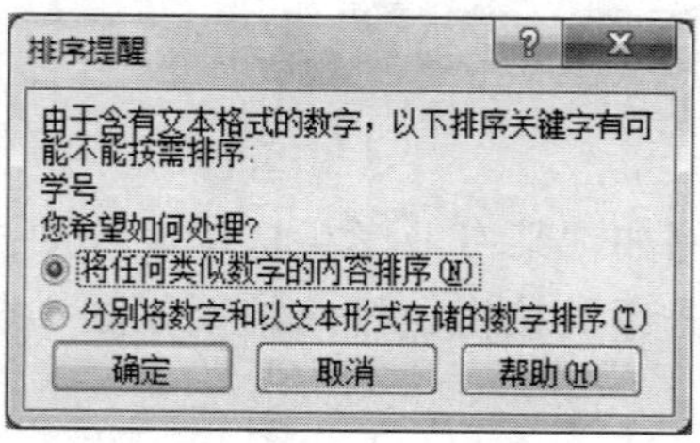

图 6-66　“排序提醒”对话框

	A	B	C	D	E	F	G	H	I	J	K
1	某专业学生成绩表										
2	学号	姓名	性别	班级	高等数学	英语	大学物理	计算机基础	总分	平均分	评语
3	201810100007	刘明	男	1班	92	88	86	95	361	90.3	优秀
4	201810100009	文华	男	1班	76	84	98	76	334	83.5	良
5	201810100003	李方	男	1班	74	86	72	90	322	80.5	良
6	201810100013	王春	男	1班	75	66	72	92	305	76.3	中
7	201810100005	周立	女	1班	78	92	64	60	294	73.5	中
8	201810100001	王小名	女	1班	70	75	67	80	292	73.0	中
9	201810100011	邓立明	男	1班	57	50	70	56	233	58.3	不及格
10	201810100014	胡小红	女	2班	96	79	93	96	364	91.0	优秀
11	201810100002	刘小方	女	2班	67	73	71	85	296	74.0	中
12	201810100008	刘海	男	2班	84	71	67	72	294	73.5	中
13	201810100012	李岚	女	2班	68	83	51	88	290	72.5	中
14	201810100004	王文艺	女	2班	86	69	53	75	283	70.8	中
15	201810100006	赵方迪	女	2班	60	75	75	64	274	68.5	及格
16	201810100010	熊小燕	女	2班	78	77	69	50	274	68.5	及格

图 6-67　多个关键字排序结果

6.6.3　筛选

微课 6.6.3

筛选是指在大量的数据清单中快速找出具有特定条件的记录。筛选后的数据清单只显示符合条件的记录，不符合条件的记录暂时隐藏，以便于浏览特定条件的记录。

筛选有自动筛选和高级筛选两种方式。

1. 自动筛选

先选中数据清单（将活动单元格置于数据清单中），再单击“数据”选项卡“排序和筛选”工具组中的“筛选”按钮。此时，在每个字段名的单元格右侧都会出现一个黑色倒三角形的筛选按钮▾。再次单击“筛选”按钮，则取消所有筛选条件及筛选按钮。

1）自动筛选数据

若要对哪个字段设置筛选条件，则单击该字段名旁边的筛选按钮，在弹出的下拉菜单中设置筛选条件。如果要在“某专业学生成绩表”中查询 1 班男同学的成绩，则单击“班级”字段名的筛选按钮，在弹出的下拉菜单中仅勾选“1 班”复选框，单击“确定”按钮后，“2 班”的记录被隐藏；再单击“性别”字段名的筛选按钮，在弹出的下拉菜单中仅勾选“男”复选框，单击“确定”按钮后，“性别”值为“女”的记录被隐藏。自动筛选结果如图 6-68 所示。

	A	B	C	D	E	F	G	H	I	J	K
1	某专业学生成绩表										
2	学号	姓名	性别	班级	高等数学	英语	大学物理	计算机基础	总分	平均分	评语
5	201810100003	李方	男	1班	74	86	72	90	322	80.5	良
9	201810100007	刘明	男	1班	92	88	86	95	361	90.3	优秀
11	201810100009	文华	男	1班	76	84	98	76	334	83.5	良
13	201810100011	邓立明	男	1班	57	50	70	56	233	58.3	不及格
15	201810100013	王春	男	1班	75	66	72	92	305	76.3	中

就绪　在 14 条记录中找到 5 个

图 6-68　自动筛选结果

通过图 6-68 的行号可以看出，不符合条件的记录被隐藏了。在对多个字段设置筛选条件时，各筛选字段的条件需要同时满足。若筛选出来的结果中记录行比较多，在窗口底部的状态栏中会有统计数据。此时若要取消筛选，将所有记录全部显示出来，则单击“数据”选项卡“排序和筛选”工具组中的“清除”按钮即可。

2）自定义自动筛选

可以在“自定义自动筛选方式”对话框中定义更复杂的筛选条件。当字段值是文本、数字或日期类型时，单击相应字段的筛选按钮，在弹出的下拉菜单中会分别出现“文本筛选”“数字筛选”或“日期筛选”命令，单击其子菜单中相应的筛选条件后，打开“自定义自动筛选条件”对话框。在该对话框中最多可以设置同一个字段的两个条件，两个条件之间可以是“与”或“或”的关系，还可以使用通配符“?”代替任意单个字符，用“*”代替任意多个字符。

如要在“某专业学生成绩表”中找出所有姓“王”和姓“李”的同学的记录，可以单击“姓名”字段名的筛选按钮，在弹出的下拉菜单中选择“文本筛选”命令，再选择其子菜单中的“开头是”命令，在打开的“自定义自动筛选条件”对话框中设置条件，如图 6-69 所示。这里要将两个条件之间的关系改为“或”。单击“确定”按钮后的筛选结果如图 6-70 所示。

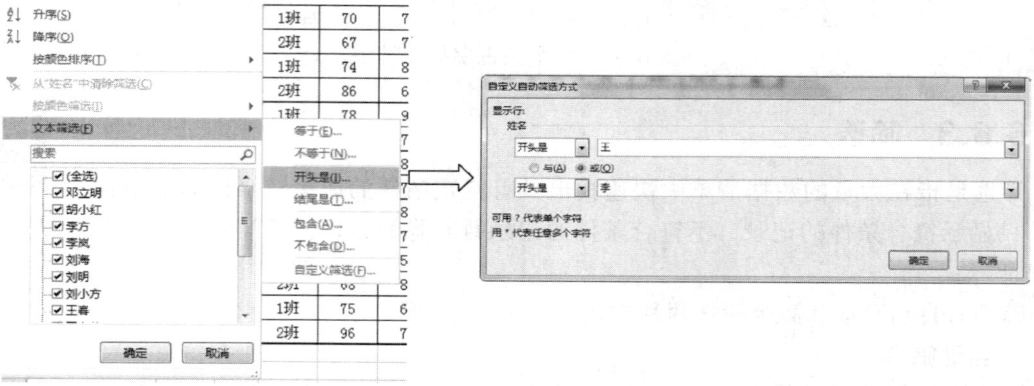

图 6-69　自定义文本筛选

	A	B	C	D	E	F	G	H	I	J	K
1	学号	姓名	性别	班级	高等数学	英语	大学物理	计算机基础	总分	平均分	评语
2	201810100001	王小名	女	1班	70	75	67	80	292	73.0	中
4	201810100003	李方	男	1班	74	86	72	90	322	80.5	良
5	201810100004	王文艺	女	2班	86	69	53	75	283	70.8	中
13	201810100012	李岚	女	2班	68	83	51	88	290	72.5	中
14	201810100013	王春	男	1班	75	66	72	92	305	76.3	中

图 6-70　自定义文本筛选结果

如果要在“某专业学生成绩表”中找出所有平均成绩大于或等于 70 分且小于 80 分的记录，需要单击“平均分”字段名的筛选按钮，在弹出的下拉菜单中选择“数字筛选”命令，再选择其子菜单中的“介于”命令，在弹出的“自定义自动筛选方式”对话框中设置筛选条件，如图 6-71 所示。单击“确定”按钮后的筛选结果如图 6-72 所示。

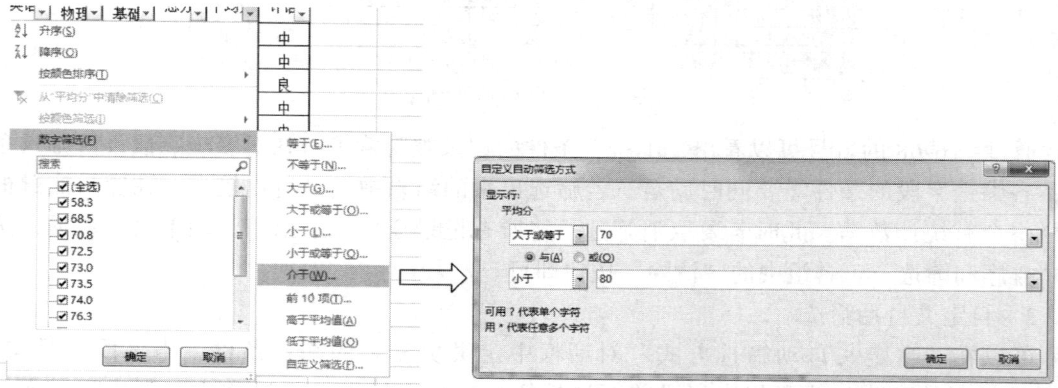

图 6-71　自定义数字筛选

	A	B	C	D	E	F	G	H	I	J	K
1	学号	姓名	性别	班级	高等数学	英语	大学物理	计算机基础	总分	平均分	评语
2	201810100001	王小名	女	1班	70	75	67	80	292	73.0	中
3	201810100002	刘小方	女	2班	67	73	71	85	296	74.0	中
5	201810100004	王文艺	女	2班	86	69	53	75	283	70.8	中
6	201810100005	周立	女	1班	78	92	64	60	294	73.5	中
9	201810100008	刘海	男	2班	84	71	67	72	294	73.5	中
13	201810100012	李岚	女	2班	68	83	51	88	290	72.5	中
14	201810100013	王春	男	1班	75	66	72	92	305	76.3	中

图 6-72 自定义数字筛选结果

2. 高级筛选

自动筛选虽然比较方便、快捷，但是有一些弊端。比如筛选结果只能在原表显示，若要将筛选结果另作他用，需要将结果复制到其他位置；多个字段的筛选条件之间只能是同时满足的关系，若只满足其中之一则不行。高级筛选可以实现自动筛选的功能，同时可以实现自动筛选不能实现的功能。

高级筛选的操作步骤如下。

（1）建立筛选条件。通常，在数据清单上方或下方与数据清单空出一行以上的空白处建立筛选条件。在筛选条件区域的首行输入或复制数据清单的字段名，在要设置条件的字段下方的单元格中输入条件值。各条件值若在同一行上，则相关条件之间是"与"的关系；若不在同一行上，则相关条件之间是"或"的关系。

（2）进行高级筛选。选择数据清单，单击"数据"选项卡"排序和筛选"工具组中的"高级"按钮，打开如图 6-73 所示的"高级筛选"对话框，设置"列表区域""条件区域"的内容。筛选方式有"在原有区域显示筛选结果"，结果同自动筛选，以及"将筛选结果复制到其他位置"，则指定复制到的目标区域左上角的单元格即可。单击"确定"按钮完成筛选。

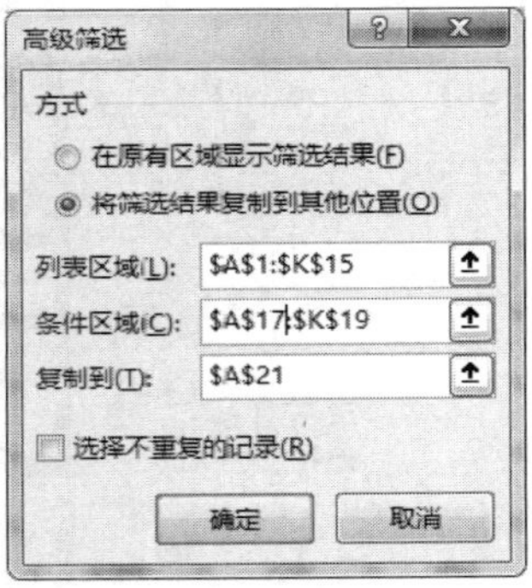

图 6-73 "高级筛选"对话框

例如要在"某专业学生成绩表"中找出四门课程中有一科成绩是 90 分及以上的同学的记录，用高级筛选功能设置的条件区域及筛选结果如图 6-74 所示。条件区域可以是设有条件的字段，也可以是数据清单的全部字段。若是后者，则无值的字段表示不限制条件。

	A	B	C	D	E	F	G	H	I	J	K
1	某专业学生成绩表										
2	学号	姓名	性别	班级	高等数学	英语	大学物理	计算机基础	总分	平均分	评语
3	201810100001	王小名	女	1班	70	75	67	80	292	73.0	中
4	201810100002	刘小方	女	2班	67	73	71	85	296	74.0	中
5	201810100003	李方	男	1班	74	86	72	90	322	80.5	良
6	201810100004	王文艺	女	2班	86	69	53	75	283	70.8	中
7	201810100005	周立	女	1班	78	92	64	60	294	73.5	中
8	201810100006	赵方迪	女	2班	60	75	75	64	274	68.5	及格
9	201810100007	刘明	男	1班	92	88	86	95	361	90.3	优秀
10	201810100008	刘海	男	2班	84	71	67	72	294	73.5	中
11	201810100009	文华	男	1班	76	84	98	76	334	83.5	良
12	201810100010	熊小燕	女	2班	78	77	69	50	274	68.5	及格
13	201810100011	邓立明	男	1班	57	50	70	56	233	58.3	不及格
14	201810100012	李岚	女	2班	68	83	51	88	290	72.5	中
15	201810100013	王春	男	1班	75	66	72	92	305	76.3	中
16	201810100014	胡小红	女	2班	96	79	93	96	364	91.0	优秀
17											
18	学号	姓名	性别	班级	高等数学	英语	大学物理	计算机基础	总分	平均分	评语
19					>=90						
20						>=90					
21							>=90				
22								>=90			
23											
24	学号	姓名	性别	班级	高等数学	英语	大学物理	计算机基础	总分	平均分	评语
25	201810100003	李方	男	1班	74	86	72	90	322	80.5	良
26	201810100005	周立	女	1班	78	92	64	60	294	73.5	中
27	201810100007	刘明	男	1班	92	88	86	95	361	90.3	优秀
28	201810100009	文华	男	1班	76	84	98	76	334	83.5	良
29	201810100013	王春	男	1班	75	66	72	92	305	76.3	中
30	201810100014	胡小红	女	2班	96	79	93	96	364	91.0	优秀

数据清单（第 2～16 行）
条件区域（第 18～22 行）
筛选结果（第 24～30 行）

图 6-74 "高级筛选"示例 1

若需要对同一个字段设置复杂的条件，则可以在条件区域的字段名行上多次使用同一个字段名，在其下方设置条件。例如想要找出“某专业学生成绩表”中平均分大于或等于 70 分且小于 80 分的记录，高级筛选的条件区域及筛选结果如图 6-75 所示。

平均分	平均分
>=70	<80

（a）

学号	姓名	性别	班级	高等数学	英语	大学物理	计算机基础	总分	平均分	评语
201810100001	王小名	女	1班	70	75	67	80	292	73.0	中
201810100002	刘小方	女	2班	67	73	71	85	296	74.0	中
201810100004	王文艺	女	2班	86	69	53	75	283	70.8	中
201810100005	周立	女	1班	78	92	64	60	294	73.5	中
201810100008	刘海	男	2班	84	71	67	72	294	73.5	中
201810100012	李岚	女	2班	68	83	51	88	290	72.5	中
201810100013	王春	男	1班	75	66	72	92	305	76.3	中

（b）

图 6-75　“高级筛选”示例 2

如果原始数据清单中字段过多，只想筛选出记录的部分字段，则可以将需要的字段列在将结果复制到的目标位置的同一行上，在“高级筛选”对话框中筛选方式选中“将结果复制到其他位置”单选按钮，再在“复制到”文本框中选中需要提取的结果字段名行，再单击“确定”按钮。例如想要找出“某专业学生成绩表”中平均分大于或等于 80 分的记录，只需要其姓名和各科成绩以及平均分，可设置如图 6-76（a）所示的筛选条件，“高级筛选”对话框及筛选结果分别如图 6-76（b）、（c）所示。

	A
18	平均分
19	>=80

（a）

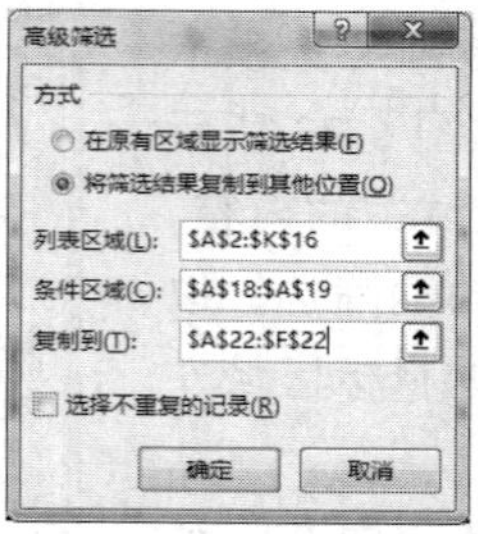

（b）

	A	B	C	D	E	F
22	姓名	高等数学	英语	大学物理	计算机基础	平均分
23	李方	74	86	72	90	80.5
24	刘明	92	88	86	95	90.3
25	文华	76	84	98	76	83.5
26	胡小红	96	79	93	96	91.0

（c）

图 6-76　“高级筛选”示例 3

6.6.4 分类汇总

数据的分类汇总可以实现按照某个字段值进行分类，以选定的汇总方式对数据清单进行统计汇总。其特点是“单个关键字分类，多种方式汇总”。分类汇总包含两部分操作。

微课 6.6.4

（1）分类：将分类字段值相同的记录集中分类，可用单个关键字排序实现。

（2）汇总：对每个类别的指定数据进行计算，如求和、求平均值等，用分类汇总实现。

例如，对“某专业学生成绩表”分班统计各科成绩的平均分，其操作步骤如下。

（1）对数据清单按“班级”排序。

（2）选择数据清单，单击“数据”选项卡“分级显示”工具组中的“分类汇总”按钮，打开“分类汇总”对话框。

（3）在“分类汇总”对话框中设置“分类字段”为刚排序的字段“班级”，“汇总方式”为“平均值”，在“选定汇总项”列表框中仅勾选“高等数学”“英语”“大学物理”“计算机基础”复选框，勾选“汇总数据显示在数据下方”复选框，如图 6-77（a）所示。“每组数据分页”复选框是打印时设置每类数据单独占一页。

（4）单击“确定”按钮后，再调整部分列宽及汇总数据的显示方式，结果如图 6-77（b）所示。完成分类汇总后，数据清单所在的工作表左侧出现分级显示按钮，单击顶部的“1”按钮只显示总计汇总数据，单击“2”按钮可显示各分类汇总数据，单击“3”按钮可显示所有的明细数据，单击各“减号”按钮或“加号”按钮可折叠或展开下一级数据。

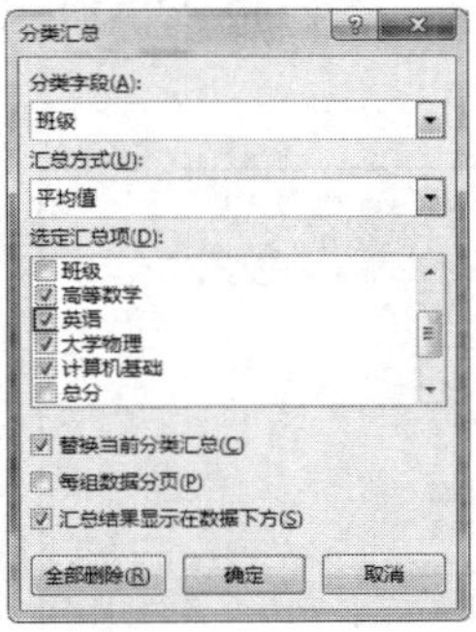

（a）

	A	B	C	D	E	F	G	H	I	J	K
2	201810100001	王小名	女	1班	70	75	67	80	292	73.0	中
3	201810100003	李方	男	1班	74	86	72	90	322	80.5	良
4	201810100005	周立	女	1班	78	92	64	60	294	73.5	中
5	201810100007	刘明	男	1班	92	88	86	95	361	90.3	优秀
6	201810100009	文华	男	1班	76	84	98	76	334	83.5	良
7	201810100011	邓立明	男	1班	57	50	70	56	233	58.3	不及格
8	201810100013	王春	男	1班	75	66	72	92	305	76.3	中
9				1班 平均值	74.57	77.29	75.57	78.43			
10	201810100002	刘小方	女	2班	67	73	71	85	296	74.0	中
11	201810100004	王文艺	女	2班	86	69	53	75	283	70.8	中
12	201810100006	赵方迪	女	2班	60	75	75	64	274	68.5	及格
13	201810100008	刘海	男	2班	84	71	67	72	294	73.5	中
14	201810100010	熊小燕	女	2班	78	77	69	50	274	68.5	及格
15	201810100012	李岚	女	2班	68	83	51	88	290	72.5	中
16	201810100014	胡小红	女	2班	96	79	93	96	364	91.0	优秀
17				2班 平均值	77.00	75.29	68.43	75.71			
18				总计平均值	75.79	76.29	72.00	77.07			
19											

（b）

图 6-77　“分类汇总”示例 1

在已经按“班级”分类的情况下，还可以继续统计各班各课程的最高分、最低分以及各班人数等，分类字段还是“班级”，结果如图 6-78 所示。执行一次分类汇总就完成一次统计。若要保留所有的分类汇总结果，需要在第二次及以后的“分类汇总”对话框中取消勾选“替换当前分类汇总”复选框。

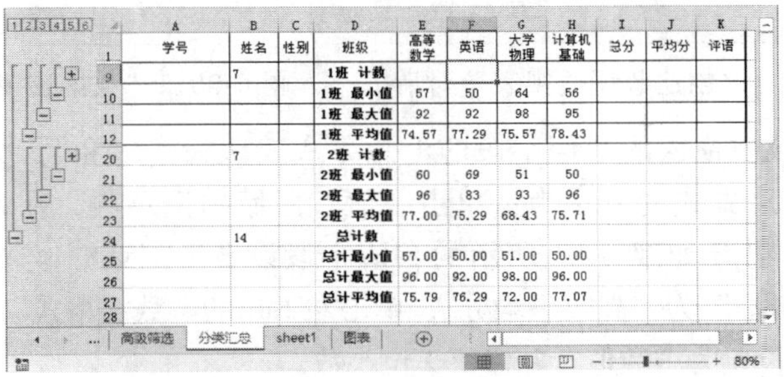

	A	B	C	D	E	F	G	H	I	J	K
1	学号	姓名	性别	班级	高等数学	英语	大学物理	计算机基础	总分	平均分	评语
9		7		1班 计数							
10				1班 最小值	57	50	64	56			
11				1班 最大值	92	92	98	95			
12				1班 平均值	74.57	77.29	75.57	78.43			
20		7		2班 计数							
21				2班 最小值	60	69	51	50			
22				2班 最大值	96	83	93	96			
23				2班 平均值	77.00	75.29	68.43	75.71			
24		14		总计数							
25				总计最小值	57.00	50.00	51.00	50.00			
26				总计最大值	96.00	92.00	98.00	96.00			
27				总计平均值	75.79	76.29	72.00	77.07			
28											

图 6-78　“分类汇总”示例 2

若分类汇总错误或要还原数据清单，则可以在“分类汇总”对话框中单击“全部删除”按钮，取消所有分类汇总。

6.6.5　数据透视表

微课 6.6.5

数据透视表是 Excel 2016 中非常重要的一项数据分析功能，它可以对数据清单快速实现多个关键字分类、多种方式汇总、修改布局、大量数据的比较等操作，以快速查看和比较源数据中的各种统计结果。数据透视表是一种交互式报表，结合了数据排序、筛选、分类汇总等数据分析的特点。数据透视表操作可以不对源数据区域进行排序，具有“多个关键字分类，多种方式汇总”的特点。例如在“某专业学生成绩表”中按“班级”和“性别”统计“高等数学”的最高分、最低分和平均分，具体操作如下。

（1）选择数据清单，单击“插入”选项卡“表格”工具组中的“数据透视表”按钮。

（2）在打开的“创建数据透视表”对话框中，Excel 2016 通常会自动检测到列表区域，若不正确则重新选取。“选择放置数据透视表的位置”可以是“新工作表”或“现有工作表”

的指定“位置”。此处选中“现有工作表”单选按钮，并将光标置于“位置”文本框中，单击工作表中的 A20 单元格，如图 6-79 所示。

（3）单击“确定”按钮，在弹出的“数据透视表字段”任务窗格中对各字段进行布局，将分类字段拖入“列”和“行”区域，将汇总字段拖入“值”区域。此处将“班级”字段拖入“行”区域，将“性别”字段拖入“列”区域，将“高等数学”字段拖入“值”区域，如图 6-80 所示。

图 6-79 “创建数据透视表”对话框

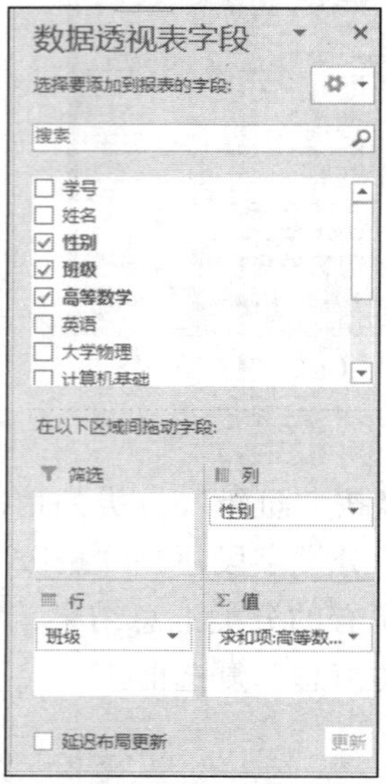

图 6-80 “数据透视表字段”任务窗格

（4）在“值”区域中拖入的数值字段的汇总方式默认为“求和”，文本字段的汇总方式默认为“计数”。修改汇总方式的方法为：单击“值”区域的汇总项，在弹出的快捷菜单中选择“值字段设置”命令，打开如图 6-81 所示的“值字段设置”对话框，选择“汇总方式”为“平均值”，修改“自定义名称”为“高数平均分”，单击左下角的“数字格式”按钮，在弹出的“设置单元格格式”对话框中设置为“数值”并保留 2 位小数。

（5）将“高等数学”字段拖入“值”区域，修改其汇总方式为“最大值”，修改其“自定义名称”为“高数最高分”。此时在“列”区域中增加了一项“数值”，汇总数据在列方向上展开，若要改为在行方向上展开，则将“列”区域中出现的“数值”项拖入“行”区域即可。

（6）以此类推，添加其他的汇总项，最终结果如图 6-82 所示。

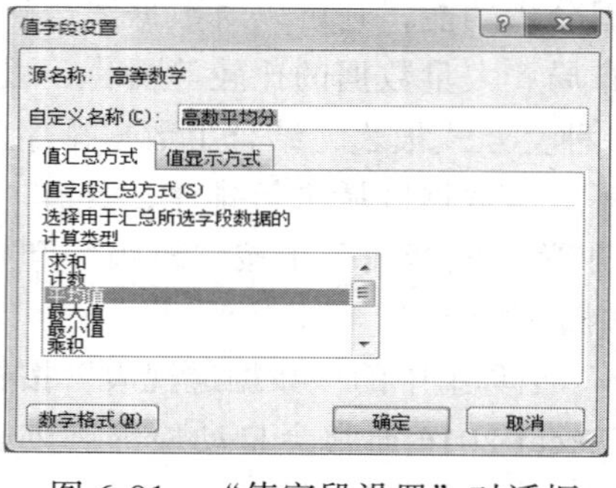

图 6-81 “值字段设置”对话框

20		列标签		
21	行标签	男	女	总计
22	1班			
23	高数平均分	74.80	74.00	74.57
24	高数最高分	92	78	92
25	高数最低分	57	70	57
26	2班			
27	高数平均分	84.00	75.83	77.00
28	高数最高分	84	96	96
29	高数最低分	84	60	60
30	**高数平均分汇总**	**76.33**	**75.38**	**75.79**
31	**高数最高分汇总**	**92**	**96**	**96**
32	**高数最低分汇总**	**57**	**60**	**57**

图 6-82 数据透视表的结果

若要在数据透视表中删除字段或调整字段的位置，均可以在“数据透视表字段”任务窗格中拖动调整相应字段的位置。

6.7　数据图表化

微课 6.7

图表是 Excel 2016 中重要的数据分析工具，运用图表可以更清晰、直观地表现工作表中的数据，方便观察数据的变化趋势或对数据进行对比和分析。图表是对工作表中全部或部分数据的另一种表现形式，它是以工作表的数据为依据创建的一种图形。没有工作表中的数据，图表就没有实际意义，所以创建图表的前提是工作表中已经创建数据，且准确无误。

一个工作表中可以有多个图表。图表因工作表中数据的不同而形状各异；图表不是“死”的图形，它会根据工作表中数据的变化自动进行调整。

6.7.1　图表的基本概念

1. 图表的类型

Excel 2016 中提供了丰富的图表类型，可以根据需要选择不同的图表类型来表现数据。其中主图类型有 15 种，每种主图类型又分为多种子图类型，总共有 59 种子图类型，可以满足用户的不同需求。常用的图表类型介绍如下。

（1）柱形图：用于显示一段时间内的数据变化或显示各项之间的比较情况。在柱形图中，通常沿水平轴组织类别，而沿垂直轴组织数值。

（2）折线图：可显示随时间变化的连续数据，适用于显示在相等时间间隔下数据的变化趋势。在折线图中，类别数据沿水平轴均匀分布，所有值数据沿垂直轴均匀分布。

（3）饼图：显示一个数据系列中各项的大小与各项在总和中所占的比例。饼图中的数据点显示为占整个饼图的百分比。

（4）条形图：显示各个项目之间的比较情况。

（5）面积图：强调数量随时间变化的程度，也可用于引起人们对总值趋势的注意。

（6）*XY* 散点图：显示若干数据系列中各数值之间的关系，或者将两组数绘制为 (x, y) 坐标的一个系列。

（7）股价图：经常用来显示股价的波动。

（8）曲面图：显示两组数据之间的最佳组合。

对于大多数 Excel 2016 图表，如柱形图和条形图，可以将工作表的多行或多列数据绘制在图表中。而有些图表类型，如饼图，除了行 / 列标题外，只能对某一列或某一行数据作图。

2. 图表的构成

Excel 2016 的图表主要由图表标题、图表区、绘图区、数值轴、分类轴、数据系列、网格线和图例等几部分组成。

（1）图表标题：一般位于图表的顶端，常常用来直观表示图表的名称，用户可设置是否显示及显示位置。

（2）图表区：图表边框以内的区域，所有的图表元素都在该区域内。

（3）绘图区：绘制图表的具体区域，即不包括图表标题、图例等标签的绘图区域。

（4）数值轴与数值轴标题：数值轴是根据工作表中数据的大小来自定义数据的单位长度，它是用来表示数值大小的坐标轴，根据图表类型可以放在水平轴或垂直轴上。可显示或取消显示数值轴标题。

（5）分类（类别）轴与分类轴标题：分类轴用来表示图表中需要比较的各个对象，根据图表类型可以放在水平轴或垂直轴上。可显示或取消显示分类轴标题。

（6）数据系列：是一组有关联的数据，来自数据清单中的一行或一列，分类轴上的每个分类都对应着一个或者多个数据，不同分类上颜色相同的数据便构成了一个数据系列。

（7）网格线：是在绘图区中对齐数据的线条，包括主要网格线和次要网格线。

（8）图例：是为表示图表中各个数据系列的名称或者分类而指定的图案或颜色。

3. 图表的位置

按照存放位置的不同，可以将图表分为嵌入式图表和独立式图表两类。

（1）嵌入式图表：是指图表作为一个可以活动的对象，通常与其相关的数据存放在同一个工作表中。

（2）独立式图表：是指图表以一个工作表的形式存在于工作簿中。

6.7.2 创建图表

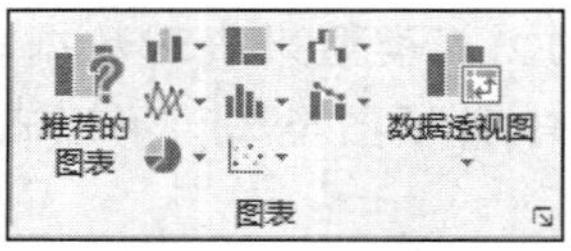

图 6-83 “图表”工具组

创建图表通常使用的方法是：单击“插入”选项卡的“图表”工具组中相应的图表类型按钮，如图 6-83 所示，在其下拉菜单中选择需要的子图类型；或单击“图表”工具组右下角的对话框启动器按钮，打开如图 6-84 所示的“插入图表”对话框，在其中选择需要的图表类型。需要注意的是，由于图表子类型众多，若对图表类型不熟悉，在选择图表时可以将鼠标指针移至图表上稍作停留，根据系统提示的图表名进行选择。

创建图表的具体操作方法如下。

（1）选取数据清单中制作图表的数据源。这一步很关键。通常选取数值数据作为绘制图表的数据系列，同时选取相应列的列标题，相应行左侧要选取一列文本数据作为行标题。若它们是一块连续的区域，则直接选取；若它们是不连续的区域，则先选取第一块区域，按住 Ctrl 键再选取第二块及以后的区域，各个不连续区域的行标范围必须相同。

（2）选择图表类型并确认。图 6-85 所示是用“某地区经济增长指数对比表”中 A2:F5 单元格区域中的数据创建的“簇状柱形图”。

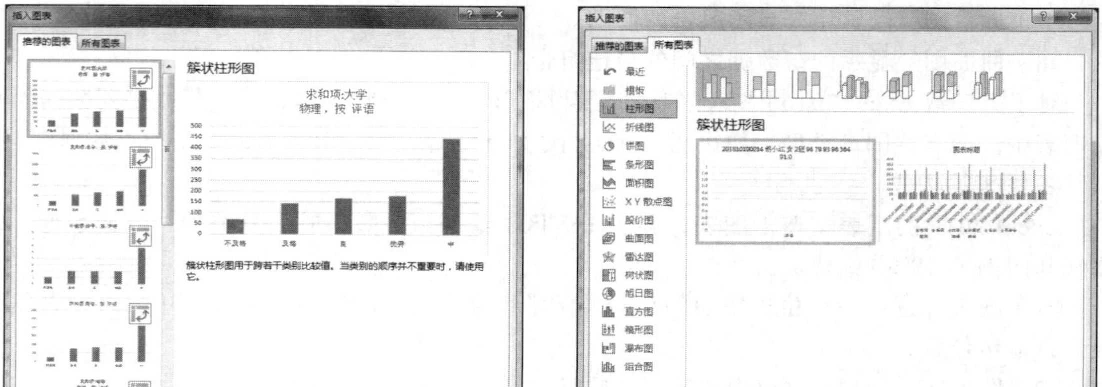

（a）“推荐的图表”选项卡　　（b）“所有图表”选项卡

图 6-84 “插入图表”对话框

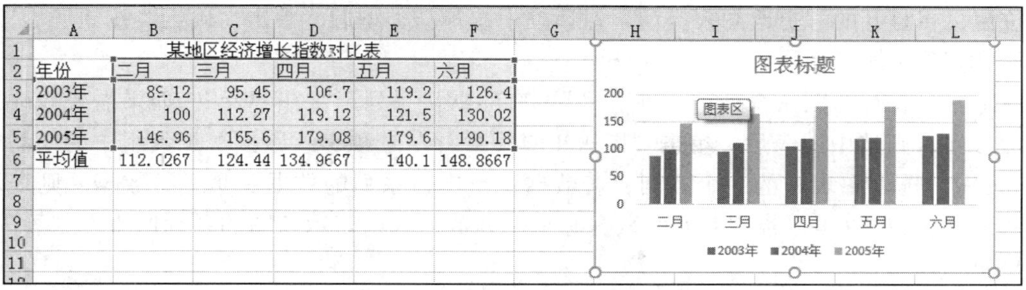

图 6-85　创建图表示例 1

图 6-86 所示是用“论文优秀支持率调查表”中“学生”和“优秀支持率”两列数据创建的“分离型三维饼图”。

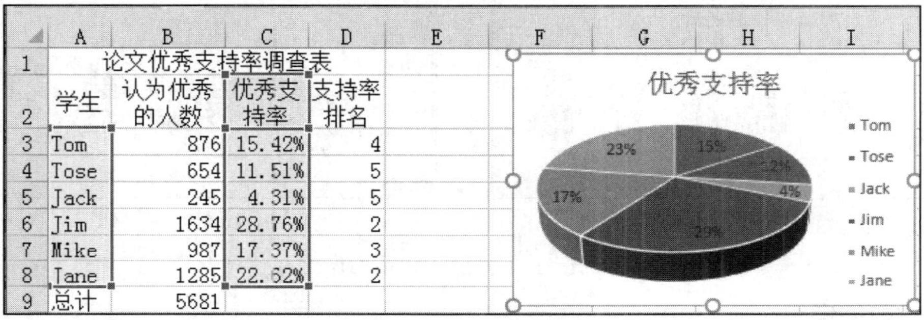

图 6-86　创建图表示例 2

6.7.3　编辑和修改图表

图表创建完成后，如果对创建图表的数据源进行了修改，图表的信息也将随之变化。如果数据源没有变化，也可以对图表的各组成部分进行修改。

选中一个图表后，功能区会出现如图 6-87 所示的“图表工具→设计”和“图表工具→格式”两个选项卡，其中的按钮可用于编辑和修改图表，也可以选中图表中的组成部分并右击，利用弹出的快捷菜单中的命令来编辑和修改图表。

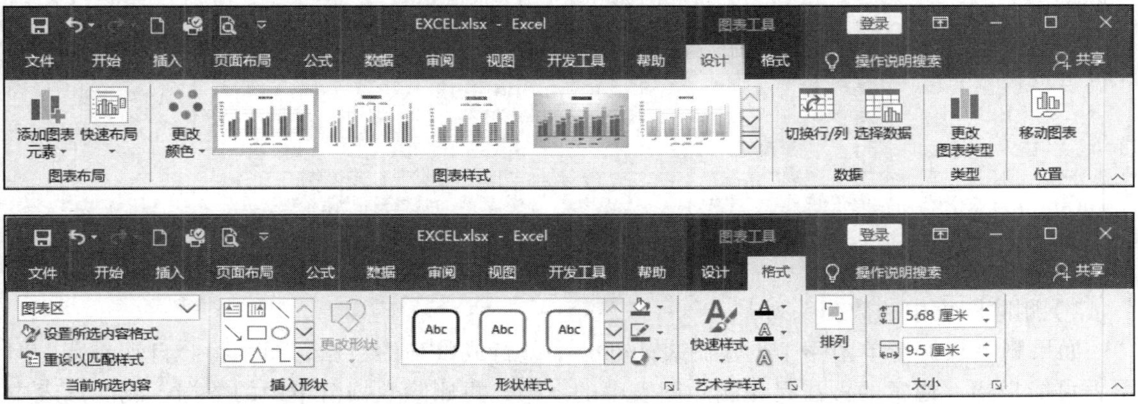

图 6-87　“图表工具→设计”和“图表工具→格式”选项卡

1. 修改图表类型

选中图表的图表区，单击“图表工具→设计”选项卡“类型”工具组中的“更改图表类型”按钮，在打开的“更改图表类型”对话框中选择新类型后，单击“确定”按钮。

2. 切换行 / 列

创建的图表有的默认系列产生在“列”，有的默认系列产生在“行”。如果需要修改系列产生的方向，则选中图表后，单击“图表工具→设计”选项卡“数据”工具组中的“切换行 / 列”按钮。选中图表中的一个系列，若数据清单中该系列的数据源是一行数据，则表示该图的系列产生在“行”；若该系列的数据源是一列数据，则表示该图的系列产生在“列”，如图 6-88 所示。

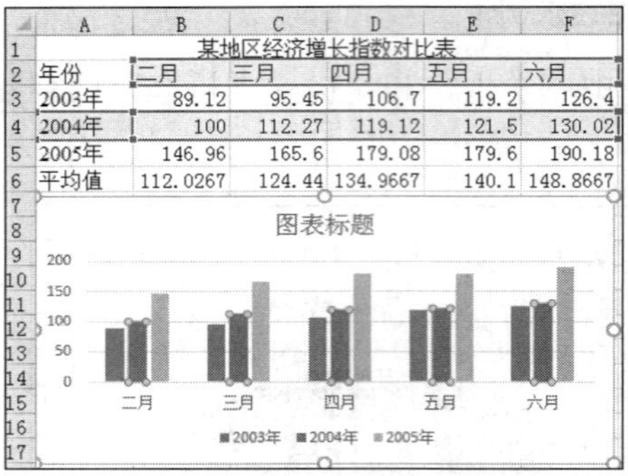

（a）系列产生在“行”

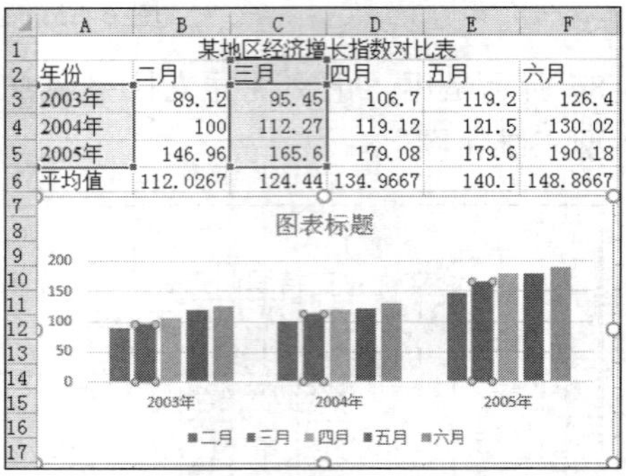

（b）系列产生在“列”

图 6-88 系列产生在“行”和系列产生在“列”

3. 修改数据源

1）向图表中添加数据

选中图表后，单击“图表工具→设计”选项卡“数据”工具组中的“选择数据”按钮，打开“选择数据源”对话框，如图 6-89 所示。删除该对话框中“图表数据区域”文本框中的已有数据，重新在数据清单中选择所需的数据区域，单击“确定”按钮即可向图表中添加数据。

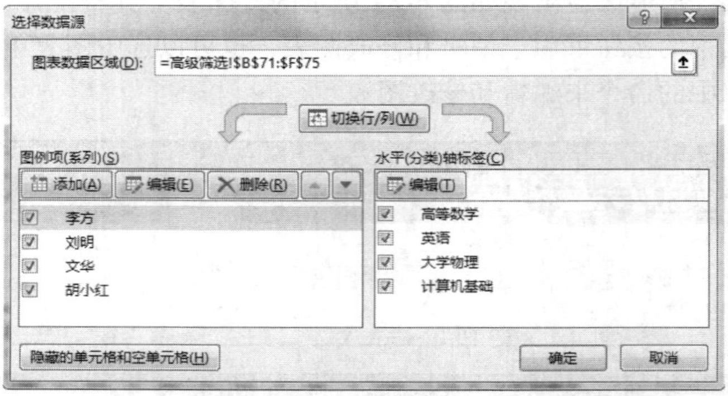

图 6-89 “选择数据源”对话框

2）删除图表中的数据系列

如果删除数据清单中用于创建图表的部分中整行或整列的数据，图表将会自动更新，但图表可能报错。通常的做法是先删除图表中的系列，再删除数据清单中的数据。删除图表中的数据时，在图表中选择要删除的图表系列，按 Delete 键即可。

4. 移动图表位置

单击“图表工具→设计”选项卡“位置”工具组中的“移动图表”按钮，打开如图 6-90

所示的“移动图表”对话框，选择放置图表的位置为“新工作表”，则将图表改为独立式图表；选中“对象位于”单选按钮，并指定某张工作表，则将图表改为存放在指定工作表中的嵌入式图表。

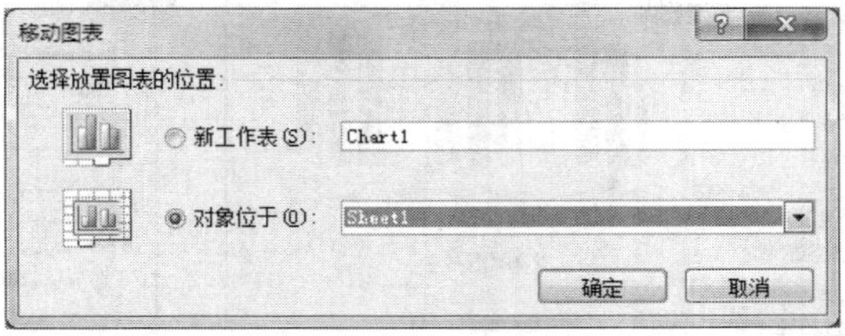

图 6-90　“移动图表”对话框

5. 设置图表标签

选中图表后，在图表的右上角会出现三个浮动按钮，单击最上面的“图表元素”按钮，在展开的图表元素列表中可以看到有的元素前的方框中有√标记，表示该元素在该图表中显示了，再单击该方框，取消其中的√标记，则关闭该元素的显示；在无√标记的方框中单击，出现√标记，就可以添加该元素。若要对添加的元素作进一步的设置，需将鼠标指针移到该元素上，单击其后出现的黑色三角形按钮，在展开的子菜单中选择相应项目；或选择“更多选项”命令，在工作区右边出现的任务窗格中进行设置，如图 6-91 所示。

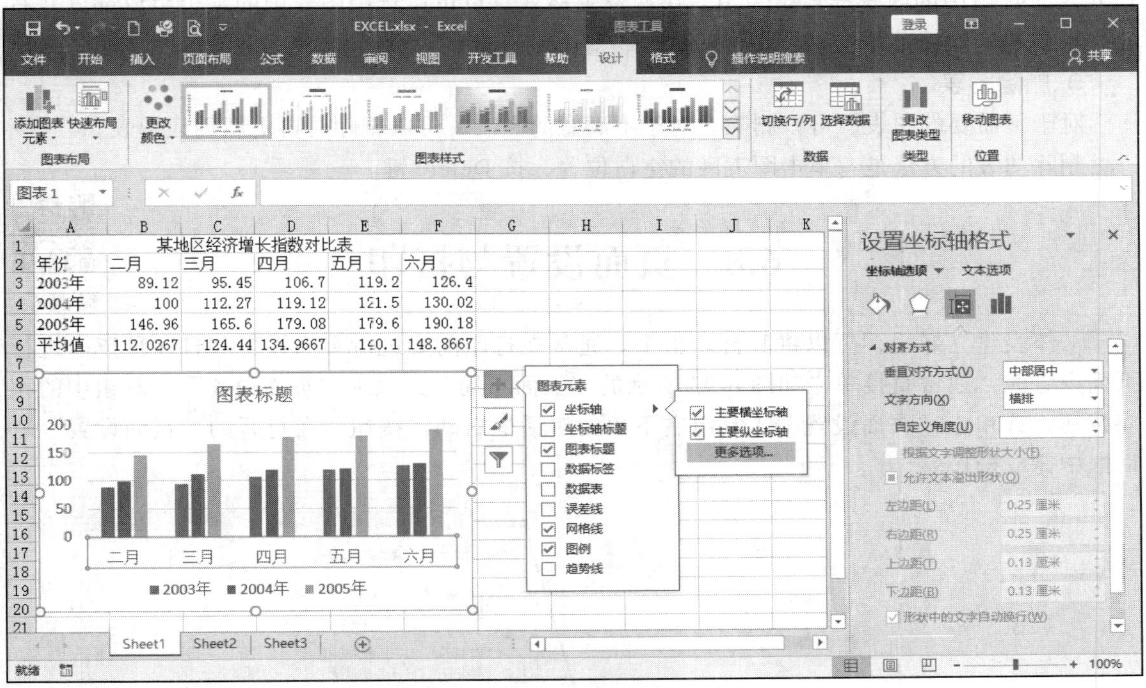

图 6-91　设置图表元素

6. 设置坐标轴刻度

选中图表的数值轴并右击，在弹出的快捷菜单中选择“设置坐标轴格式”命令，在弹出的任务窗格的“坐标轴选项”栏中设置刻度边界的最小值、最大值，大单位、小单位等。修改刻度值后，刻度值后的“自动”按钮会变成“重置”按钮，单击“重置”按钮，则还原为自动刻度值，如图 6-92 所示。

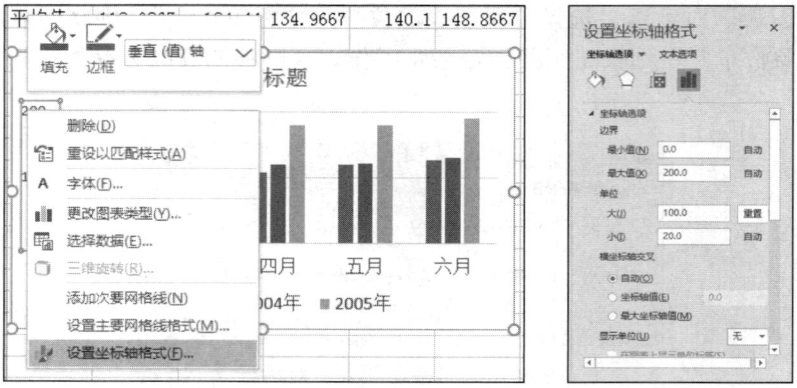

图 6-92　设置坐标轴刻度示例

7. 改变图表尺寸

对于嵌入式图表，可以改变其尺寸。选中图表后，按住鼠标左键拖动图表区的空白位置，可以在工作表内移动图表。选中图表后，在图表四周会出现 8 个控制点，拖动任意一个控制点可改变图表尺寸。

8. 设置图表格式

若对图表或图表中某部分的格式不满意，可以使用“图表工具→设计”选项卡中“图表样式”工具组中的内置样式，为图表快速设置格式。也可以选中图表中的某个组成部分并右击，在弹出的快捷菜单中选择相应的命令，对图表进行编辑和修改。

9. 删除图表

对于不需要的图表，可以删除。对于不满意的图表，可以删除后再重新创建图表。

删除图表的方法是：单击图表区的空白位置，按 Delete 键。

6.8　页面设置与打印

微课 6.8

工作表建立好后，可以将其打印出来。通常在打印前要进行页面设置和打印预览。进行页面设置时，通常直接单击如图 6-93 所示的“页面布局”选项卡“页面设置”工具组中的相应按钮，或单击“页面设置”工具组右下角的对话框启动器按钮，在打开的“页面设置”对话框中完成操作。

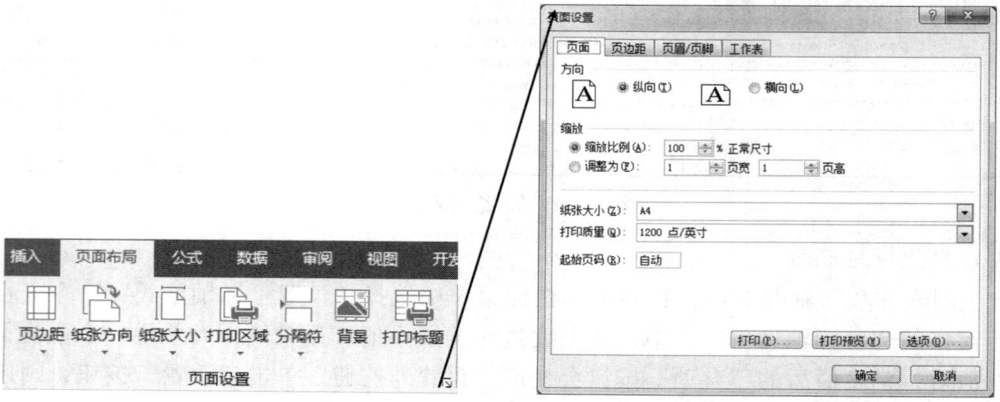

图 6-93　“页面设置”工具组及“页面设置”对话框

6.8.1 打印区域

1. 设置和取消打印区域

制作好的工作表可以全部打印，也可以只打印部分区域，默认打印有数据的全部区域。若只想打印部分区域，可选中要打印的区域，单击“页面设置”工具组中的“打印区域”按钮，在其下拉菜单中选择“设置打印区域”命令。若要取消打印区域的设置，则可选择该下拉菜单中的“取消打印区域”命令。

2. 调整分页

将工作区显示视图调为“分页预览”，此时打印区域为用蓝色方框框起来的部分，并且在打印区域中央有灰色文字“第 ? 页”的标记。其中的蓝色虚线，表示系统识别的分页线。若要调整分页范围，可以将鼠标指针移至该线条上，按住鼠标左键并拖动到需要的位置。若要另外插入分页符，可以选中要分页的行或列并右击，在弹出的快捷菜单中选择“插入分页符”命令。调整过的分页线或手动插入的分页线为蓝色实线。选中蓝色分页线下方或右侧的任意一个单元格并右击，选择快捷菜单中的“删除分页符”命令，可以删除分页线。

也可以在“普通”视图下单击“页面布局”选项卡“页面设置”二具组中的“分隔符”按钮，在其下拉菜单中选择“插入分页符”“删除分页符”“重设所有分页符”命令，完成插入、删除分页符。

“某专业学生成绩表”默认的分页效果和插入分页符分班打印为两页的分页预览效果如图 6-94 所示。

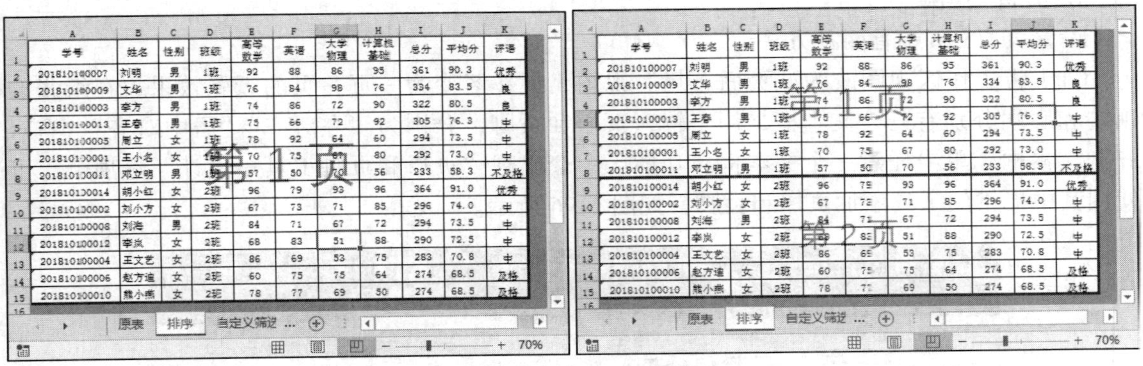

图 6-94 插入分页符的分页预览效果

6.8.2 页面设置

Excel 2016 的页面设置同 Word 的页面设置相似。在“页面布局”选项卡“页面设置”工具组中有常用的页面设置按钮，用于设置页边距、纸张方向、纸张大小、打印区域、分隔符、背景、打印标题等。若要设置精确数值，通常需要在“页面设置”对话框中完成。

1. 设置页边距

在“页面设置”工具组中“页边距”按钮的下拉菜单中有系统内置的“常规”“宽”“窄”3 种页边距设置。通过它们可以一次性设置好上、下、左、右页边距。若要设置自定义的页边距，通常在“页面设置”对话框的“页边距”选项卡中进行，如图 6-95 所示。在其中设置自定义的上、下、左、右的页边距，“页眉”“页脚”的边距（单位：厘米），以及所打印的表格在页面上的“居中方式”。

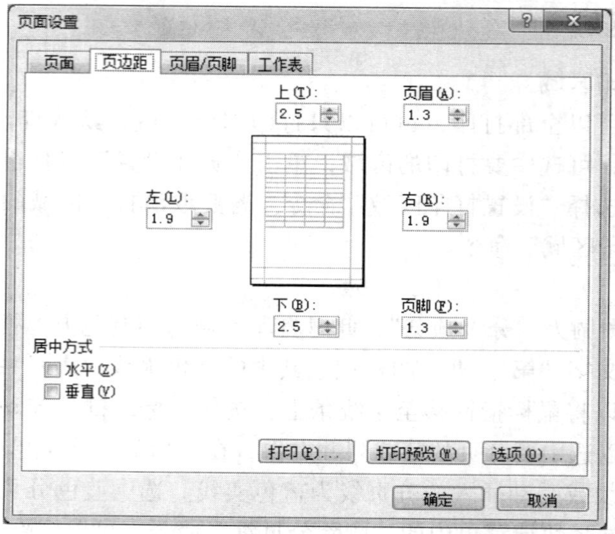

图 6-95 “页边距”选项卡

2. 纸张方向和纸张大小

纸张方向有“横向”和“纵向”。纸张大小默认为 A4 纸（21 厘米 ×29.7 厘米），可改为其他标准纸型，在 Excel 2016 中无法自定义纸张大小。可以单击“页面设置”工具组“纸张方向”或“纸张大小”按钮进行设置，或在“页面设置”对话框的“页面”选项卡中设置。

3. 页眉 / 页脚

设置页眉 / 页脚有两种方法。

（1）将工作区视图改为“页面布局”视图，工作区变为一页一页的纸张效果，在纸张的顶端和底端分别有三个文本框，用于输入页眉和页脚，分别为“左对齐”“居中对齐”“右对齐”文本框。单击任意一个文本框，功能区中会出现“页眉和页脚工具→设计”选项卡，可使用其中提供的工具添加页眉和页脚，如图 6-96 所示。

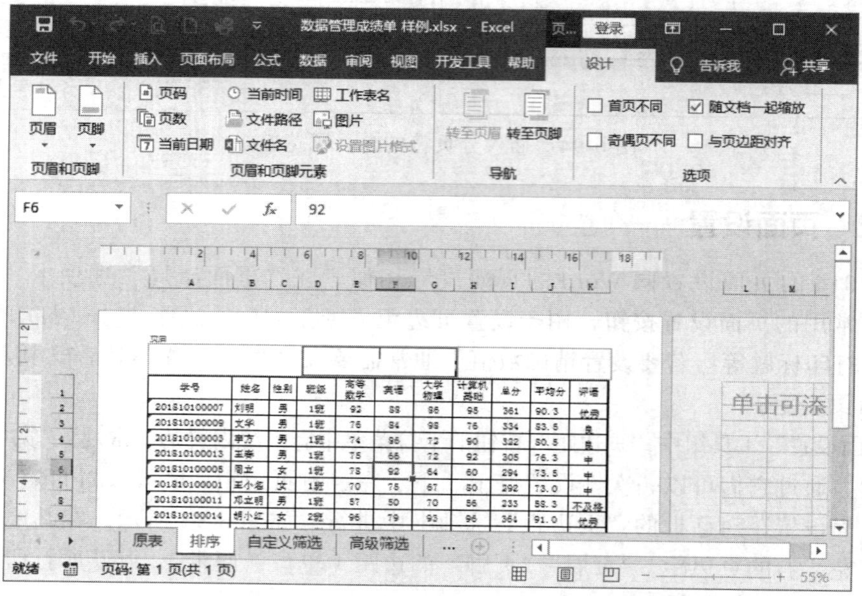

图 6-96 利用“页面布局”视图设置页眉 / 页脚

（2）打开“页面设置”对话框的“页眉 / 页脚”选项卡。可以使用“页眉”或“页脚”下拉列表中的选项设置系统预设的页眉 / 页脚，也可以单击“自定义页眉”或“自定义页脚”按钮，打开“页眉”或“页脚”对话框，在其中设置页眉 / 页脚，如图 6-97 所示。

图 6-97　利用“页面设置”对话框设置页眉 / 页脚

4. 打印标题

若表格需要分多页打印，那么标题行或表头只在第一页上有。因为其他页的数据没有表头，所以不方便查看数据。可以重复打印标题。单击“页面设置”工具组中的“打印标题”按钮，在打开的“页面设置”对话框的“工作表”选项卡中，可以设置“顶端标题行”或“从左侧重复的列数”，将光标置于其后的文本框中，选取工作表中要打印的标题行或标题列后，单击“确定”按钮，如图 6-98 所示。重复的标题行或标题列可以是多行或多列。

图 6-98　“打印标题”的设置

6.8.3 打印预览和打印

“页面布局”视图是 Excel 2016 中“所见即所得”的视图，可以在其中预览打印效果。也可以单击“文件”选项卡中的“打印”命令，在右侧窗格预览打印效果以及打印设置，如图 6-99 所示。若效果满意，则可以打印；若效果不满意，则回到工作表中继续调整并再次预览打印效果，直到满意为止。

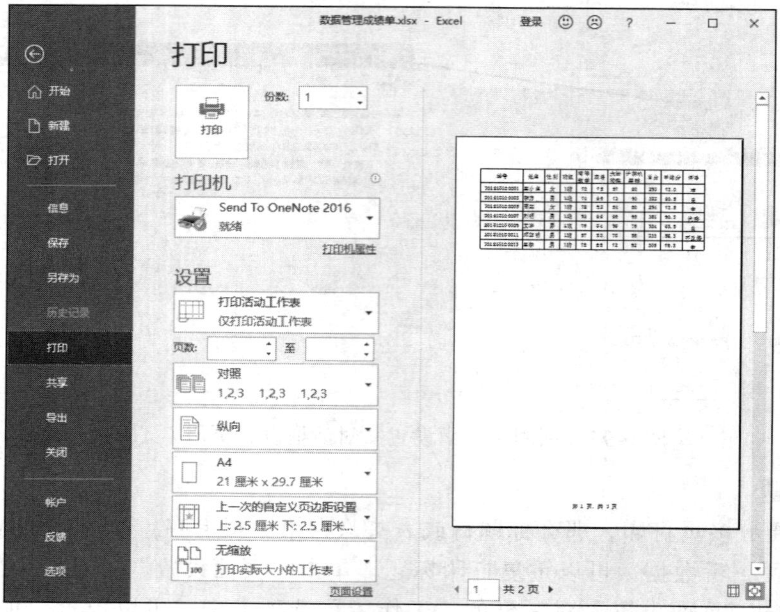

图 6-99 打印预览效果

若经常打印或进行打印预览，则可以在 Excel 2016 窗口的标题栏左侧的快速访问工具栏中添加“打印预览”和“快速打印”按钮。

6.9 Excel 与 AI 工具结合的案例及相关 AI 工具介绍

6.9.1 AI 在 Excel 数据处理方面的应用

AI 在 Excel 数据处理方面的应用非常广泛，主要包括以下几个方面。

1. 数据清洗与预处理

（1）批量处理与清洗数据。AI 可以自动筛选、清洗和格式化数据，例如，智能识别并进行删除重复项、空值填充或替换、数据类型转换等操作，使得数据更加规范和准确。这极大地减轻了用户烦琐的重复工作的负担。

（2）自动填充功能。AI 可以根据已有的数据模式预测和填充表格中的空白单元格，这在处理大型数据集时尤为有用，能显著减少手动输入数据和查找所需信息的时间。

2. 数据分析与计算

（1）自动统计分析。AI 能够根据用户需求自动进行数据分析和计算，生成各种统计图表和报告。例如，AI 可以快速计算出数据的平均值、中位数、众数等统计量，或者进行方差分析、回归分析等高级统计分析。

（2）数据聚合与分组。AI 可以将数据按部门、产品等进行聚合和分组，方便用户进行各种对比分析，有助于用户更好地理解数据的内在规律和趋势。

（3）批量计算。AI 可以按照用户设定的公式进行批量计算，并输出计算结果。这在进行大规模数据处理时非常高效，可以大大提高用户的工作效率。

3. 数据可视化与报表生成

（1）数据可视化图表。AI 可以根据用户的需求生成直观的可视化图表，如折线图、柱形图、饼图等。这些图表可以更清晰地展示数据变化趋势，有助于用户更好地理解和使用数据。

（2）报表自动生成。AI 还可以根据用户的需求自动生成报表，包括销售报表、财务报表等。这些报表不仅格式规范，而且内容准确，为用户提供了极大的便利。

4. 智能辅助与自动化

（1）智能编写公式。AI 可以自动编写复杂的 Excel 函数和公式，帮助用户快速处理复杂数据。例如，用户只需简单描述目标需求，AI 就能为其自动生成相应的公式。

（2）OCR（光学字符阅读器）技术。通过使用 OCR 技术，AI 可以将纸质文档中的表格转换为可编辑的电子文档，这极大地减少了手工输入的工作量，并提高了数据的准确性和可访问性。

5. 其他高级功能

（1）公式释义与改错。AI 不仅能为用户解释公式的含义和用途，还能在公式出现错误时帮助用户找出错误原因并提出修正建议。

（2）智能数据转换。当用户需要按照某种规则将一列数据转换为另一种样式时，AI 可以为用户设计一个高效的转换公式，完成所有数据的批量转换。

以上大部分应用通常在专业的场景下用专业的 AI 软件实现，此处介绍几款适用于普通用户进行 Excel 数据处理的 AI 软件。

6.9.2　Excel 数据处理的 AI 工具介绍

【例 6.1】 有如图 6-100 所示的 Excel 表格，用 AI 辅助填充右侧表格。

	A	B	C	D	E	F	G	H
1	某单位人员工资情况表							
2	职工号	性别	职称	基本工资（元）		性别	职称	基本工资平均值（元）
3	HR001	女	高工	8700		女	高工	
4	HR002	男	高工	8200		女	工程师	
5	HR003	男	工程师	7100		女	助工	
6	HR004	男	高工	8500		男	高工	
7	HR005	男	工程师	6500		男	工程师	
8	HR006	女	助工	5600		男	助工	
9	HR007	男	工程师	6700				
10	HR008	女	高工	8100				
11	HR009	女	助工	4600				
12	HR019	男	助工	5100				
13	HR014	女	工程师	6100				

图 6-100　用 AI 计算的数据表

1. 文心一言

在文心一言的对话框中输入问题，尽量描述得清晰、准确。

> 在Excel的某单位人员工资情况表中，A3:A13是职工号，B3:B13是性别，C3:C13是职称，D3:D13是基本工资，统计表中F3:F8是性别，G3:G8是职称，现在要在H3:H8中计算各性别各职称的基本工资平均值，请给出公式

文心大模型 3.5 给出的回答是：

要在Excel中计算各性别各职称的基本工资平均值，可以使用AVERAGEIFS函数。这个函数允许你根据一个或多个条件来计算平均值。 假设你的数据如下： • A3:A13是职工号 • B3:B13是性别 • C3:C13是职称 • D3:D13是基本工资 • F3:F8是性别（用于筛选） • G3:G8是职称（用于筛选） • H3:H8是要计算的结果 在H3单元格中输入以下公式，然后向下拖动填充到H8单元格： =AVERAGEIFS(D3:D13, B3:B13, F3, C3:C13, G3) 这个公式的意思是： • D3:D13是要计算平均值的范围（基本工资）。 • B3:B13是第一个条件范围（性别）。 • F3是第一个条件（当前行的性别）。 • C3:C13是第二个条件范围（职称）。 • G3是第二个条件（当前行的职称）。 这样，Excel会根据F列和G列中的性别和职称条件，在D列中计算基本工资的平均值。
注意： AVERAGEIFS函数在Excel 2007及更高版本中可用。 如果你的Excel版本较旧，可能需要使用数组公式或其他方法来实现相同的功能。

上述给出的解答公式在H3单元格中正确，但由于相关区域没有采用绝对引用，所以复制后其他行的计算结果错误。

2. WPS AI

WPS AI是WPS软件中自带的一个AI工具。在WPS中打开上述表格文件，如图6-101所示。

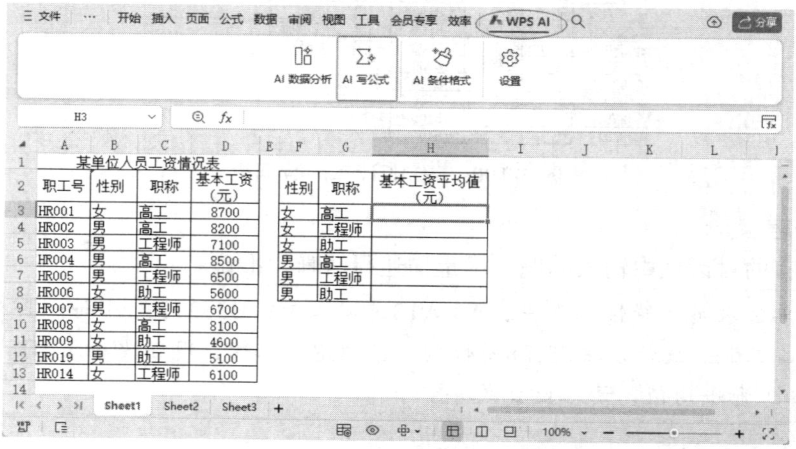

图6-101 在WPS中打开表格文件

单击“WPS AI”选项卡中的“AI 写公式”按钮，弹出如图 6-102 所示的 WPS AI 对话框，在其中输入同样的问题描述。

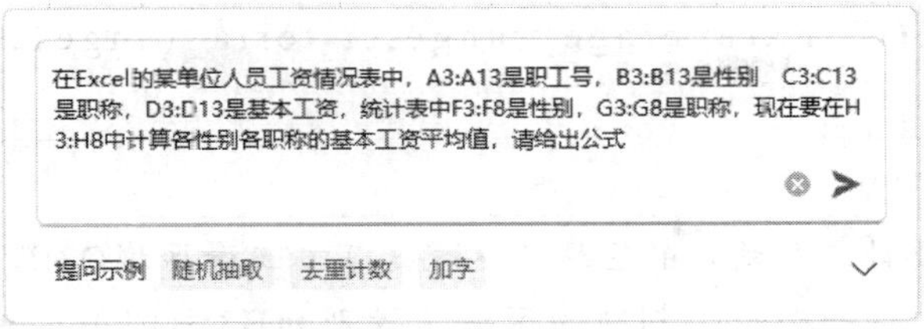

图 6-102　WPS AI 对话框

WPS AI 给出的回答同文心一言相似，如图 6-103 所示。如果满意，则单击左上角的“完成”按钮，即可将公式填入 H3 单元格；若公式不正确，则单击“弃用”按钮。该公式同样不能以直接复制的方式适用于其他行。

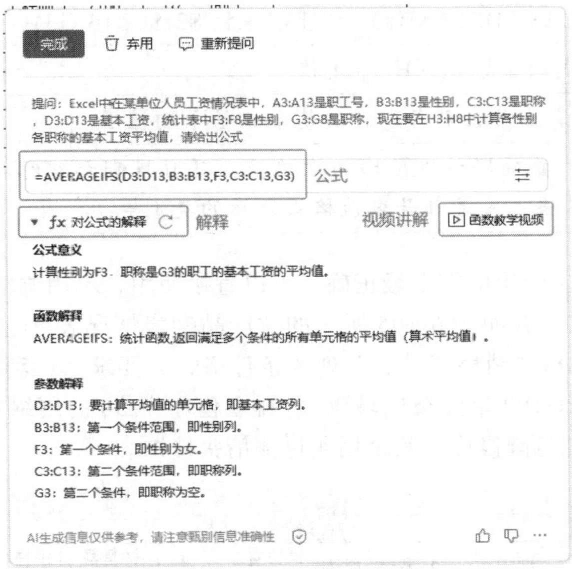

图 6-103　WPS 的“AI 写公式”界面

3. 腾讯元宝

腾讯元宝是一款由腾讯公司开发的基于自研的混元大模型的 AI 助手软件。首次使用腾讯元宝，用户需要用 QQ、微信或手机号码登录。其后的操作界面与文心一言的界面相似。

在对话框中输入同样的问题描述，如图 6-104 所示。

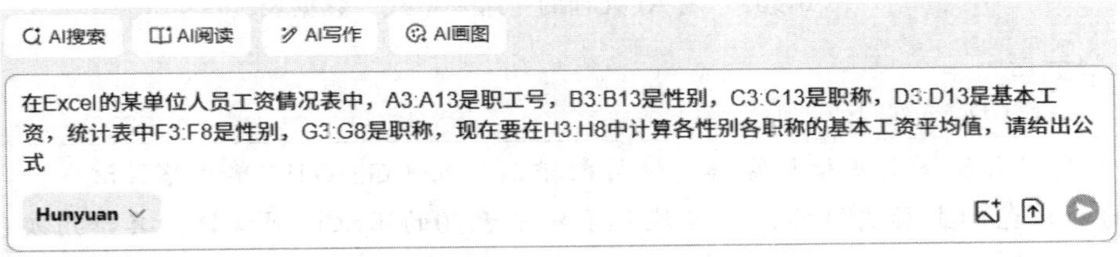

图 6-104　“腾讯元宝”对话框

腾讯元宝给出的回答如下：

1.在Excel中可以使用AVERAGEIFS函数来解决这个问题。AVERAGEIFS函数用于在满足多个条件的基础上求平均值。

公式语法：AVERAGEIFS(average_range,criteria_range1,criteria1,criteria_range2,criteria2,...)

其中：

- average_range是要计算平均值的区域（这里是基本工资区域D3:D13）。
- criteria_range1是第一个条件判断的区域（性别列B3:B13），criteria1是第一个条件（对应F3:F8中的性别值）。
- criteria_range2是第二个条件判断的区域（职称列C3:C13），criteria2是第二个条件（对应G3:G8中的职称值）。

在H3单元格中输入公式（假设数据如上）：

- =AVERAGEIFS($D$3:$D$13,$B$3:$B$13,F3,$C$3:$C$13,G3)

然后将H3单元格的公式向下填充到H8单元格：

- 这样就可以分别计算出各性别各职称的基本工资平均值了。

注意：在使用公式时，要确保数据区域的准确性，并且性别和职称在各自列中的数据格式要一致（例如都是文本格式或者都是数值格式表示的类别等）。

对比来看，腾讯元宝给出的答案最正确，可以直接使用，不用调整。

【例 6.2】条件格式。有如图 6-105 所示的“产品销售情况表”（为方便排版，8 ~ 99 行隐藏了），要求用 AI 处理“销售额排名”列的条件格式，要求为：利用条件格式图标集修饰“销售额排名”列（G3:G102 单元格区域），将排名值小于 30 的用绿色向上箭头修饰，排名值大于或等于 70 的用红色圆修饰，其余用灰色侧箭头修饰。

	A	B	C	D	E	F	G
1	产品销售情况表						
2	部门	产品型号	类别	销售量（台）	单价（元）	销售额（万元）	销售额排名
3	经销四部	P-15	C	532	1231	65.49	14
4	经销二部	P-16	B	521	1566	81.59	5
5	经销一部	P-2	B	453	1652	74.84	8
6	经销四部	P-10	B	422	1561	65.87	13
7	经销三部	P-14	D	421	369	15.53	85
100	经销五部	P-7	A	108	3124	33.74	50
101	经销一部	P-5	D	101	896	9.05	95
102	经销五部	P-5	D	100	896	8.96	96

图 6-105　用 AI 处理的“条件格式”数据表

1. 文心一言

在文心一言中输入如下问题：

在Excel中利用条件格式图标集修饰“销售额排名”列（G3:G102单元格区域），将排名值小于30的用绿色向上箭头修饰，排名值大于或等于70的用红色圆修饰，其余用灰色侧箭头修饰，怎么操作？

文心一言回答：

在Excel中，可以利用条件格式图标集来修饰“销售额排名”列（G3:G102单元格区域），并根据排名值应用不同的图标。以下是详细步骤。

1.选中目标区域：

- 打开Excel工作表，确保已选中G3:G102单元格区域，这是需要应用条件格式的“销售额排名”列。

2.打开条件格式：

- 在Excel的菜单栏中，单击“开始”选项卡。
- 在“样式”组中，单击“条件格式”按钮。
- 从下拉菜单中选择“图标集”，然后选择“其他规则”。

3.设置图标集规则：

- 在弹出的“新建格式规则”对话框中，选择“基于各自值设置所有单元格的格式”。
- 在“格式样式”中选择“图标集”。
- 在“图标样式”下，选择一个包含绿色向上箭头、红色圆和灰色侧箭头的图标集（通常这是默认的三向箭头图标集）。

4.编辑规则：

- 对于“绿色向上箭头”（代表排名值小于30）：
  - □ 在“值”和“类型”下，选择“数字”。
  - □ 在“格式值是”中输入“<30”。
  - □ 选择绿色向上箭头作为图标。
- 对于“红色圆”（代表排名值大于或等于70）：
  - □ 单击“添加”按钮来添加另一条规则。
  - □ 在“格式值是”中输入“>=70”。
  - □ 选择红色圆作为图标。
- 对于“灰色侧箭头”（代表其余情况）：
  - □ 默认情况下，其余的值会自动应用灰色侧箭头，但为了确保准确性，可以添加一条规则来明确这一点。
  - □ 再次单击“添加”按钮。
  - □ 在“格式值是”中输入一个范围，例如“>=30”且“<70”（或者留空，让Excel自动将其视为其他情况）。
  - □ 选择灰色侧箭头作为图标。

5.确认并应用规则：

- 检查所有规则是否正确设置。
- 单击“确定”按钮来应用这些规则。

现在，G3:G102单元格区域中的“销售额排名”列将根据排名值显示不同的图标：排名值小于30的用绿色向上箭头修饰，排名值大于或等于70的用红色圆修饰，其余用灰色侧箭头修饰。请注意，这些步骤可能因Excel版本的不同而略有差异，但总体流程是相似的。如果在操作过程中遇到问题，可以查阅Excel的帮助文档或在线教程。

这个解答中操作不正确。

2. WPS AI

在 WPS 窗口中打开表格所在的文件，选中 G3:G102 区域，单击“WPS AI”选项卡的“AI 条件格式”按钮，在弹出的“AI 条件格式”对话框中输入同样的问题，答案和预期相去甚远，如图 6-106 所示。

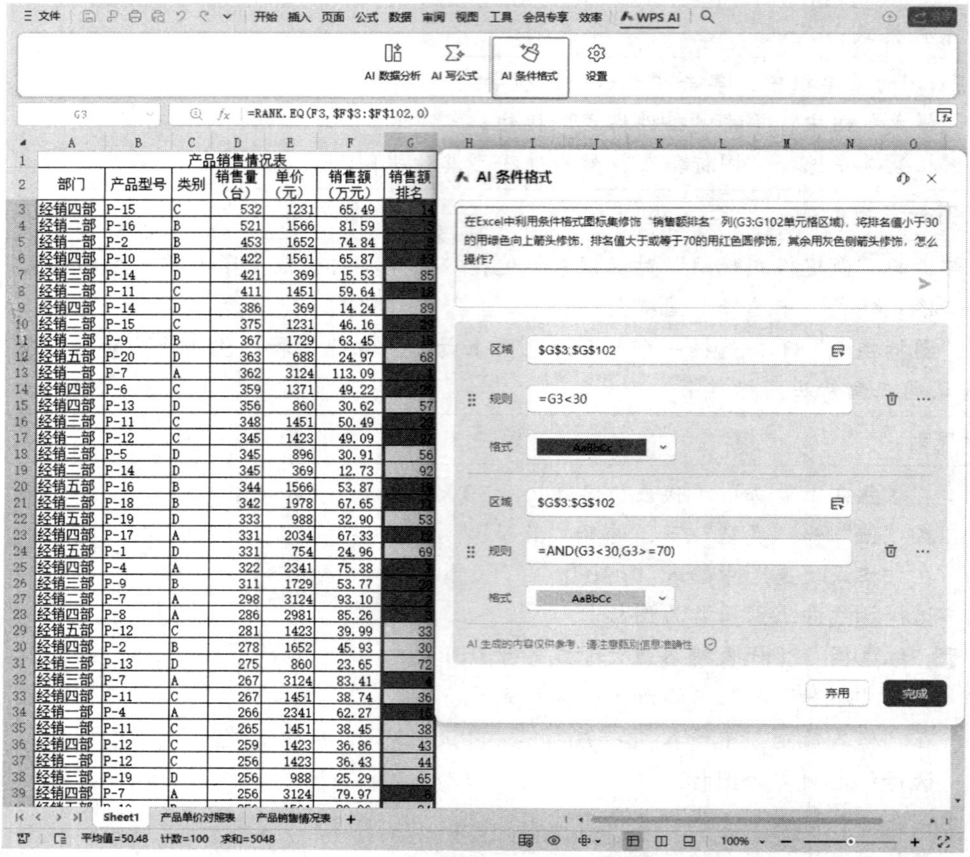

图 6-106　WPS AI 条件格式的应用案例

3. 腾讯元宝

输入如上的问题，得到的答案如下：

> 要在Excel 2016中利用条件格式图标集修饰“销售额排名”列（G3:G102单元格区域），可以按照以下步骤操作：
>
> 1.选中目标单元格区域：
>
> - 选中 G3:G102 单元格区域，这是我们要应用条件格式的范围。
>
> 2.打开条件格式设置：
>
> - 在 Excel 的“开始”选项卡中，找到并单击“条件格式”按钮。
>
> 3.选择图标集：
>
> - 在下拉菜单中，选择“图标集”选项。这将允许我们根据条件为单元格添加图标。
>
> 4.设置条件格式规则：
>
> - 排名值小于 30 的用绿色向上箭头修饰：
>   - □ 在“条件格式”菜单中，选择“新建规则”。

- □ 在“新建格式规则”对话框中，选择“使用公式确定要设置的单元格格式”。
- □ 输入公式：=G3<30，表示排名值小于 30 的单元格。
- □ 单击“格式”按钮，选择填充颜色为绿色，并选择向上的箭头图标。
- □ 单击“确定”按钮保存规则。

- 排名值大于或等于 70 的用红色圆修饰：
  - □ 再次选择“新建规则”。
  - □ 输入公式：=G3>=70，表示排名值大于或等于 70 的单元格。
  - □ 单击“格式”按钮，选择填充颜色为红色，并选择红色的圆圈图标。
  - □ 单击“确定”按钮保存规则。
- 其余用灰色侧箭头修饰：
  - □ 再次选择“新建规则”。
  - □ 输入公式：=AND(G3>=30, G3<70)，表示排名值在 30 到 70 之间的单元格。
  - □ 单击“格式”按钮，选择填充颜色为灰色，并选择灰色的侧箭头图标。
  - □ 单击“确定”按钮保存规则。

5.应用并检查效果：

- 确保所有规则都已正确设置后，单击“确定”按钮应用条件格式。
- 检查 G3:G102 单元格区域，确认排名值小于 30 的单元格显示绿色向上箭头，排名值大于或等于 70 的单元格显示红色圆圈，其余单元格显示灰色侧箭头。

这也将操作复杂化了，而且也得不到我们想要的结果。

对于例 6.2 的操作要求，不用 AI，在 Excel 2016 窗口中选中 G3:G102 区域，单击“开始”选项卡“样式”工具组中的“条件格式”按钮，在下拉菜单中选择“图标集”命令，再选择子菜单中的“其他规则”命令，弹出“新建格式规则”对话框，参照如图 6-107 所示进行设置即可。

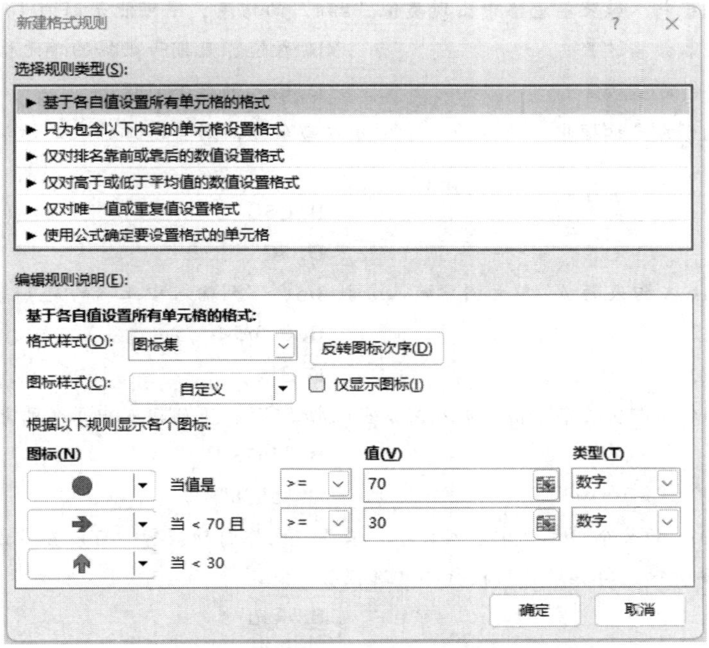

图 6-107　条件格式的设置

综上所述，我们在工作、学习过程中遇到问题可以多参考几个 AI 软件的答案，而且要自己判断答案正确与否，不能一味地照搬。

习 题 6

一、单项选择题

1. 在 Excel 2016 中保存工作簿时默认的文件扩展名是（　　）。

A. .docx　　B. .xls

C. .xlsx　　D. .xltx

2. 打开一个 Excel 2016 工作簿，一般是指（　　）。

A. 为指定工作簿开设一个新的、空的文档窗口

B. 把工作簿的内容从外存读入内存，并显示出来

C. 把工作簿的内容从内存中读出，并显示出来

D. 显示并打印指定工作簿的内容

3. 在 Excel 2016 中，一行与一列相交构成一个（　　）。

A. 单元格　　B. 工作表

C. 区域　　D. 窗口

4. 一个工作簿中最多可以含有（　　）张工作表。

A. 3　　B. 127

C. 16　　D. 255

5. 在 Excel 2016 中可以创建多个工作表，每个表由多行多列组成，表的最小单位是（　　）。

A. 字符　　B. 单元格

C. 工作簿　　D. 工作表

6. 在 Excel 2016 中，如果单元格中出现类似“###”的信息，很可能是因为（　　）。

A. 输入的文本数据过长　　B. 数值、日期等数据的单元格宽度不够

C. 单元格被锁定　　D. 输入的数据有误

7. 在 Excel 2016 的名称框中，输入（　　）并按回车键，则当前工作表的活动单元格将为第 3 行第 5 列的单元格。

A. 3E　　B. C5

C. E3　　D. 5C

8. 在 Excel 2016 工作表的 A3 单元格中输入分数 3/5，下列输入中正确的是（　　）。

A. (-)3/5　　B. 0, 3/5

C. 0 3/5　　D. 3/5

9. 在 Excel 2016 工作表的单元格中输入文本型数据 5678，下列输入中正确的是（　　）。

A. '5678　　B. "5678

C. '5678'　　D. "5678"

10. 在 Excel 2016 的某个单元格中输入文字，若要使文字自动换行，可以在“设置单元格格式”对话框的（　　）选项卡中，勾选“自动换行”复选框。

A. 数字　　B. 填充

C. 对齐　　D. 保护

11. 在 Excel 2016 中，如果要在单元格中输入硬回车，需按（　　）快捷键。

A. Ctrl+Enter　　B. Alt+Enter

C. Tab+Enter　　D. Shift+Enter

12. 在 Excel 2016 中，单元格右上角有一个红色三角形，意味着该单元格（　　）。

A. 被选中　　B. 被关联

C. 被保护　　D. 被插入了批注

13. 在 Excel 2016 中，输入当前系统日期使用的快捷键是（　　）。

A. Alt+;　　B. Shift+;

C. Ctrl+;　　D. Ctrl+Shift+;

14. 在 Excel 2016 中，在某工作表的 A6 单元格中已输入了数据“12 月”，拖动该单元格的填充句柄往下填充，则在 A7、A8、A9 单元格中依次填入的内容是（　　）。

A. 13 月、14 月、15 月　　B. 12 月、12 月、12 月

C. 11 月、10 月、9 月　　D. 1 月、2 月、3 月

15. 在 Excel 2016 中，选中 A1:F5 单元格区域，要将 100 填充到 A1:F5 单元格区域，则输入整数 100 后，应按（　　）快捷键结束输入。

A. Shift+Enter　　B. Alt+Enter

C. Ctrl+Enter　　D. Tab+Enter

16. 在 Excel 2016 中，选择 B2:C6 单元格区域，不能使用的方法是（　　）。

A. 按 Ctrl+Shift+End 快捷键

B. 选择 B2 单元格，按住 Shift 键，单击 C6 单元格

C. 选择 B2 单元格，按住鼠标左键，拖动鼠标到 C6 单元格

D. 在名称框中输入 B2:C6 后，按回车键

17. 在 Excel 2016 中，A2:B5 单元格区域包含（　　）个单元格。

A. 7　　B. 4

C. 8　　D. 5

18. 在工作簿中要选择两个不相邻的工作表，应该按住（　　）键，依次单击两个工作表标签。

A. Ctrl　　B. Tab

C. Shift　　D. Alt

19. 在 Excel 2016 中，选定一个具有格式和数据的单元格，再按 Delete 键，删除的是（　　）。

A. 单元格所在的行　　B. 单元格的内容

C. 单元格所在的列　　D. 单元格的格式

20. 在 Excel 2016 中，保护工作簿窗口后，以下不正确的是（　　）。

A. 禁止最小化工作簿窗口　　B. 禁止放大工作簿窗口

C. 禁止移动工作簿窗口　　D. 禁止隐藏工作簿窗口

21. 关于 Excel 2016 中的公式，正确的说法是（　　）。

A. 公式中不能引用单元格区域　　B. 公式中不能引用单元格

C. 公式不能复制　　D. 公式的开头是“=”

22. A1 单元格中为数值 5，在 B1 单元格输入公式：=IF(A1>0,"TRUE","FALSE")，B1 单元格中显示（　　）。

A. TRUE　　B. 5

C. 1　　D. FALSE

23. 下列 Excel 2016 的表示中，属于绝对地址引用的是（　　）。

A. \$G\$5　　B. E8

C. C\$　　D. \$A2

24. 在 Excel 2016 中，计算一个项目的总价值，如果 A5 单元格中是单价，C5 单元格中是数量，则计算公式是（　　）。

A. =A5×C5　　B. A5*C5

C. =A5*C5　　D. +A5×C5

25. 以下错误的 Excel 2016 公式的形式是（　　）。

A. =SUM(B2:\$E2)*F2　　B. =SUM(B2:2E)*F2

C. =SUM(B2:E2)*F\$2　　D. =SUM(B2:E2)*\$F\$2

26. 在 Excel 2016 中，如果单元格中出现“#DIV/0!”的信息，则表示（　　）。

A. 没有可用数值　　B. 单元格引用无效

C. 公式中出现被零除的现象　　D. 结果太长，单元格容纳不下

27. 假设在A3单元格中存有一公式“=SUM(B\$2:C\$4)”，将其复制到B8单元格后，公式变为(　　)。

A. =SUM(C\$2:D\$4)　　B. =SUM(C\$7:D\$9)

C. =SUM(D\$2:E\$4)　　D. =SUM(B\$2:C\$4)

28. Excel 2016 中有多个常用的简单函数，其中 AVERAGE(区域) 函数的功能是（　　）。

A. 求区域内所有数的和　　B. 求区域内所有数的平均值

C. 求区域内所有数的最大值　　D. 求区域内所有数据的个数

29. 在 B5 单元格中输入函数 SUM，计算 A1:A2 单元格区域的数据之和，不正确的方法是（　　）。

A. 直接在 B5 单元格中输入 =SUM(A1:A2)，然后单击“输入”按钮

B. 单击“公式”选项卡“函数库”工具组中的“自动求和”下拉菜单的“求和”按钮，然后在函数参数中输入 A1:A2，再按回车键

C. 直接在 A1 单元格中输入 =SUM(A1,A2)，然后单击“输入”按钮

D. 选定 B5 单元格，然后单击“开始”选项卡“编辑”工具组中的“自动求和”下拉菜单的“求和”命令，然后选择 A1:A2 单元格区域，再单击“输入”按钮

30. 在一工作表中筛选出某项的正确操作方法是（　　）。

A. 按 Ctrl+F 快捷键，在“查找和替换”对话框的“查找内容”文本框中输入要查找的项，单击“查找下一个”按钮

B. 按 Ctrl+F 快捷键，在“查找和替换”对话框的“查找内容”文本框中输入要查找的项，单击“关闭”按钮

C. 单击数据表中的任一单元格，单击“数据”选项卡的“排序和筛选”工具组中的“筛选”按钮，单击想查找列的向下箭头，在下拉菜单中选择筛选项

D. 单击数据表外的任一单元格，单击“数据”选项卡的“排序和筛选”工具组中的“筛选”按钮，单击想查找列的向下箭头，在下拉菜单中选择筛选项

31. 在 Excel 2016 中，若在 A1 单元格中输入“四川”，在 B1 单元格中输入“成都”，在 C1 单元格中输入“=A1+B1”，则 C1 单元格中显示（　　）。

A. “四川成都”　　B. 四川 + 成都

C. 四川成都　　D. #VALUE!

32. 在 Excel 2016 中，若在 A1 单元格中输入“1”，在 B1 单元格中输入“2”，在 C1 单元格中

输入“=A1&B1”，则 C1 单元格中显示（　　）。

A. 12　　B. #N/A

C. 1&2　　D. 3

33. 在 Excel 2016 中，数据透视表的数值区域默认的字段汇总方式是（　　）。

A. 求和　　B. 最大值

C. 平均值　　D. 乘积

34. 在 Excel 2016 中，可以通过（　　）选项卡的“数据透视表”命令创建数据透视表。

A. 数据　　B. 插入

C. 审阅　　D. 开始

35. 在创建数据透视表时，对源数据表的要求是（　　）。

A. 在同一列中既可以有文本，也可以有数字

B. 在数据表中无空行和空列

C. 可以没有列标题

D. 在数据表中可以有空行，但不能有空列

36. 在创建数据透视表时，存放数据透视表的位置（　　）。

A. 可以是新工作表，也可以是现有工作表

B. 只能是新工作表

C. 其他三个选项都是错误的

D. 只能是现有工作表

37. 为了实现多字段的分类汇总，Excel 2016 提供的工具是（　　）。

A. 数据地图　　B. 数据列表

C. 数据分析　　D. 数据透视表

38. 对于 Excel 的高级筛选功能，以下说法正确的是（　　）。

A. 高级筛选之前，通常需要在工作表中设置条件区域

B. 利用“数据”选项卡的“排序和筛选”工具组内的“筛选”命令，可以进行高级筛选

C. 高级筛选之前，必须对数据进行排序

D. 高级筛选就是自定义筛选

39. 在图表中要显示图表标题，在选中图表的“图表区”时，可以（　　）。

A. 在图表区右击，在快捷菜单中选择“设置图表标题”命令，显示图表标题

B. 单击“图表工具→格式”选项卡下的“标签”工具组中的“图表区”右侧的下拉按钮，在下拉列表中选择“图表标题”的显示位置

C. 用鼠标定位，直接输入

D. 单击“图表工具→格式”选项卡下的“文本填充”命令

40. 在 Excel 2016 中，关于工作表及为其建立的嵌入式图表的说法，正确的是（　　）。

A. 其他三项说法都不正确

B. 删除工作表中的数据，图表中的数据系列不会删除

C. 增加工作表中的数据，图表中的数据系列不会增加

D. 修改工作表中的数据，图表中的数据系列不会修改

二、操作题

1. 新建 Excel1.xlsx 工作簿，在 Sheet1 工作表中建立如题图 6-1 所示的表格，完成以下操作。

	A	B	C	D	E	F
1	某地区经济增长指数对比表					
2	年份	二月	三月	四月	五月	六月
3	2003年	89.12	95.45	106.7	119.2	126.4
4	2004年	100	112.27	119.12	121.5	130.02
5	2005年	146.96	165.6	179.08	179.6	190.18
6	平均值					

题图 6-1

（1）将 Sheet1 工作表的 A1:F1 单元格区域合并为一个单元格，内容水平居中；用公式计算三年各月经济增长指数的平均值，设置单元格格式为数值型（小数点后保留 2 位有效数字），将 A2:F6 单元格区域的全部框线设置为双线样式，颜色为蓝色，将工作表命名为“经济增长指数对比表”。

（2）选取 A2:F5 单元格区域的内容建立“带数据标记的堆积折线图”（系列产生在“行”），标题为“经济增长指数对比图”，图例位置在底部，网格线为 X 轴和 Y 轴显示主要网格线，将图表插入工作表的 A8:F18 单元格区域内，保存文件。

2. 新建 Excel2.xlsx 工作簿，在 Sheet1 工作表中建立如题图 6-2 所示的表格，完成以下操作。

	A	B	C	D	E	F
1	竞赛成绩统计表					
2	选手号	初赛成绩（占10%）	复赛成绩（占20%）	决赛成绩（占70%）	总成绩	成绩排名
3	A01	89	78	79		
4	A02	78	65	63		
5	A03	96	87	81		
6	A04	67	73	69		
7	A05	85	92	76		
8	A06	74	85	82		
9	A07	91	79	73		
10	A08	82	66	91		

题图 6-2

（1）将 Sheet1 工作表的 A1:F1 单元格区域合并为一个单元格，内容水平居中；按统计表第 2 行中每个成绩所占比例计算“总成绩”列的内容（数值型，小数点后保留 1 位有效数字），按总成绩的降序排列计算“成绩排名”列的内容（利用 RANK 函数）；利用条件格式（请用“小于”规则）将 F3:F10 单元格区域内排名前 3 位的字体颜色设置为红色。

（2）选取“选手号”列（A2:A10 单元格区域）和“总成绩”列（E2:E10 单元格区域）的内容建立“簇状柱形图”，图表标题为“竞赛成绩统计图”，图例位置在底部；将图表插入工作表的 A12:D28 单元格区域内，将工作表命名为“竞赛成绩统计表”，保存文件。

3. 新建 Excel3.xlsx 工作簿，在 Sheet1 工作表中建立如题图 6-3 所示的表格，完成以下操作。

	A	B	C	D	E
1	某学校师资情况表				
2	职称	人数	职称百分比	出国进修人数	出国进修百分比
3	教授	125		68	
4	副教授	436		156	
5	讲师	562		56	
6	助教	296		23	

题图 6-3

（1）将 Sheet1 工作表的 A1:E1 单元格区域合并为一个单元格，内容水平居中；计算各职称人数占教师总人数的百分比（百分比型，小数点后保留 2 位有效数字），计算各职称出国进修人数占该职称人数的百分比（百分比型，小数点后保留 2 位有效数字）；利用条件格式“数据条”下的“蓝色数据条”渐变填充修饰 C3:C6 和 E3:E6 单元格区域。

（2）选择“职称”“职称百分比”“出国进修百分比”三列数据区域的内容建立“簇状柱形图”，图表标题为“师资情况统计图”，图例位置靠上；将图表插入工作表的A8:E24单元格区域，将工作表命名为“师资情况统计表”，保存文件。

4. 新建Excel4.xlsx工作簿，在Sheet1工作表中建立如题图6-4所示的表格，完成以下操作。

	A	B	C	D	E	F	G
1	某单位人员情况表						
2	职工号	性别	年龄	职称			
3	E001	男	34	工程师			
4	E002	男	45	高工		职称	人数
5	E003	女	26	助工		高工	
6	E004	男	29	工程师		工程师	
7	E005	男	31	工程师		助工	
8	E006	女	36	工程师			
9	E007	男	50	高工			
10	E008	男	42	高工			
11	E009	女	34	工程师			
12	E010	女	28	助工			
13		平均年龄					

题图 6-4

（1）将Sheet1工作表的A1:D1单元格区域合并为一个单元格，内容水平居中；计算职工的平均年龄并填入C13单元格内（数值型，小数点后保留1位有效数字）；计算职称为高工、工程师和助工的人数并填入G5:G7单元格区域（利用COUNTIF函数）。

（2）选取“职称”列（F4:F7单元格区域）和“人数”列（G4:G7单元格区域）的内容建立“三维簇状柱形图”，图表标题为“职称情况统计图”，删除图例；将图表插入工作表的A15:G28单元格区域内，将工作表命名为“职称情况统计表”，保存文件。

5. 新建Excel5.xlsx工作簿，在Sheet1工作表中建立如题图6-5所示的表格，完成以下操作。

	A	B	C	D	E	F	G	H
1	产品销售情况表							
2	分店名称	季度	产品型号	产品名称	单价（元）	数量	销售额（万元）	销售排名
3	第1分店	1	D01	电冰箱	2750	35	9.63	14
4	第1分店	1	K01	空调	2340	43	10.06	13
5	第1分店	1	S01	手机	1380	87	12.01	9
6	第1分店	2	D01	电冰箱	2750	45	12.38	8
7	第1分店	2	K01	空调	2340	79	18.49	2
8	第1分店	2	S01	手机	1380	91	12.56	7
9	第2分店	1	D01	电冰箱	2750	65	17.88	4
10	第2分店	1	K01	空调	2340	33	7.72	17
11	第2分店	1	S01	手机	1380	65	8.97	16
12	第2分店	2	D01	电冰箱	2750	72	19.80	1
13	第2分店	2	K01	空调	2340	54	12.64	6
14	第2分店	2	S01	手机	1380	73	10.07	12
15	第3分店	1	D01	电冰箱	2750	66	18.15	3
16	第3分店	1	K01	空调	2340	39	9.13	15
17	第3分店	1	S01	手机	1380	84	11.59	11
18	第3分店	2	D01	电冰箱	2750	46	12.65	5
19	第3分店	2	K01	空调	2340	51	11.93	10
20	第3分店	2	S01	手机	1380	35	4.83	18

题图 6-5

（1）对Sheet1工作表内数据清单的内容，按主要关键字“产品名称”升序和次要关键字“分店名称”升序进行排列。

（2）对排序后的数据进行分类汇总，分类字段为“产品名称”，汇总方式为“求和”，汇总项为“销售额”，汇总结果显示在数据下方，工作表名不变，保存工作簿。

6. 新建Excel6.xlsx工作簿，在Sheet1工作表中建立如题图6-6所示的表格，完成以下操作。

对工作表“选修课程成绩单”内的数据清单进行高级筛选，条件为“系别为信息并且成绩大于70分”（在数据表前插入三行，将前两行作为条件区域），筛选后的结果显示在原有区域，工作表名不变，保存文件。

7. 新建Excel7.xlsx工作簿，在Sheet1工作表中建立如题图6-7所示的表格，完成以下操作。

对工作表“图书销售情况表”内的数据清单建立数据透视表，行标签为“经销部门”，列标签为“图书类别”，求和项为“数量（册）”，并置于现有工作表的H2:L7单元格区域，工作表名不变，保存工作簿。

	A	B	C	D	E
1	系别	学号	姓名	课程名称	成绩
2	信息	991021	李新	多媒体技术	74
3	计算机	992032	王文辉	人工智能	87
4	自动控制	993023	张磊	计算机图形学	65
5	经济	995034	郝心怡	多媒体技术	86
6	信息	991076	王力	计算机图形学	91
7	数学	994056	孙英	多媒体技术	77
8	自动控制	993021	张在旭	计算机图形学	60
9	计算机	992089	金翔	多媒体技术	73
10	计算机	992005	扬海东	人工智能	90
11	自动控制	993082	黄立	计算机图形学	85
12	信息	991062	王春晓	多媒体技术	78
13	经济	995022	陈松	人工智能	69
14	数学	994034	姚林	多媒体技术	89
15	信息	991025	张雨涵	计算机图形学	62
16	自动控制	993026	钱民	多媒体技术	66
17	数学	994086	高晓东	人工智能	78
18	经济	995014	张平	多媒体技术	80
19	自动控制	993053	李英	计算机图形学	93
20	数学	994027	黄红	人工智能	68
21	信息	991021	李新	人工智能	87
22	自动控制	993023	张磊	多媒体技术	75
23	信息	991076	王力	多媒体技术	81
24	自动控制	993021	张在旭	人工智能	75
25	计算机	992005	扬海东	计算机图形学	67
26	经济	995022	陈松	计算机图形学	71
27	信息	991025	张雨涵	多媒体技术	68
28	数学	994086	高晓东	多媒体技术	76
29	自动控制	993053	李英	人工智能	79
30	计算机	992032	王文辉	计算机图形学	79

选修课程成绩单 Sheet2 Sheet3

题图 6-6

	A	B	C	D	E	F
1	某图书销售公司销售情况表					
2	经销部门	图书类别	季度	数量(册)	销售额(元)	销售量排名
3	第1分部	社科类	2	435	21750	5
4	第2分部	计算机类	2	256	17920	15
5	第2分部	社科类	1	167	8350	24
6	第1分部	计算机类	4	187	13090	23
7	第2分部	计算机类	4	196	13720	22
8	第2分部	社科类	4	219	10950	18
9	第2分部	计算机类	3	234	16380	16
10	第2分部	计算机类	1	206	14420	21
11	第2分部	社科类	2	211	10550	20
12	第2分部	少儿类	1	221	6630	17
13	第1分部	计算机类	3	323	22610	12
14	第1分部	社科类	3	324	16200	11
15	第1分部	少儿类	4	342	10260	10
16	第1分部	社科类	4	287	14350	14
17	第2分部	社科类	3	218	10900	19
18	第2分部	少儿类	2	312	9360	13
19	第1分部	计算机类	1	345	24150	9
20	第1分部	少儿类	3	365	10950	8
21	第1分部	计算机类	2	412	28840	7
22	第2分部	少儿类	4	421	12630	6
23	第2分部	少儿类	3	543	16290	4
24	第1分部	社科类	1	569	28450	3
25	第1分部	少儿类	2	654	19620	2
26	第1分部	少儿类	1	765	22950	1

图书销售情况表 Sheet2 Sheet3

题图 6-7

第 7 章　演示文稿制作软件 PowerPoint 2016

7.1　PowerPoint 2016 概述

7.1.1　PowerPoint 2016 简介

PowerPoint 2016 是微软公司开发的专门用于制作和演示多媒体电子幻灯片的软件。与 Windows 及其所支持的各种应用软件一样，PowerPoint 2016 也经历了多种不同的版本升级。与以往的旧版本相比，PowerPoint 2016 具有新颖而崭新的外观，重新设置了用户界面，从而使创建、演示和共享演示文稿更方便、快捷。PowerPoint 2016 同时继承了 Windows 操作系统友好的图形用户界面、“所见即所得”的幻灯片编辑方式，让用户能够轻松、快捷地制作出各式各样的幻灯片。

7.1.2　PowerPoint 2016 的启动与退出

微课 7.1.2

1. PowerPoint 2016 常用的启动方法

（1）通过“开始”菜单启动。单击“开始”按钮，选择“开始”菜单中的“所有应用”→ Microsoft Office → Microsoft PowerPoint 2016”命令，即可启动 PowerPoint 2016。

（2）通过快捷方式启动。双击桌面的 PowerPoint 快捷方式，即可启动 PowerPoint 2016。

（3）通过 PowerPoint 演示文稿启动。双击桌面、文件夹中任意的 PowerPoint 演示文稿，即可启动 PowerPoint 2016。

2. PowerPoint 2016 常用的退出方法

（1）选择“文件”选项卡中的“关闭”命令。

（2）单击 PowerPoint 2016 标题栏右上角的“关闭”按钮。

（3）按 Alt+F4 快捷键。

7.1.3　PowerPoint 2016 的工作界面

微课 7.1.3

PowerPoint 2016 提供了非常简洁的界面，让用户创建、修改、播放和共享演示文稿更加方便、快捷。PowerPoint 2016 窗口如图 7-1 所示，其主要由标题栏、选项卡、幻灯片窗格、备注窗格、状态栏等组成。

1. 标题栏

标题栏位于 PowerPoint 窗口的上端，最左端为快速访问工具栏，默认情况下会显示“保存”按钮、“撤销键入”按钮、“重复键入”按钮、“从头开始”按钮、“打印预览和打印”按钮以及“自定义快速访问工具栏”按钮。单击“自定义快速访问工具栏”按钮，用户可以根据需要自行设置更多的快速访问功能。

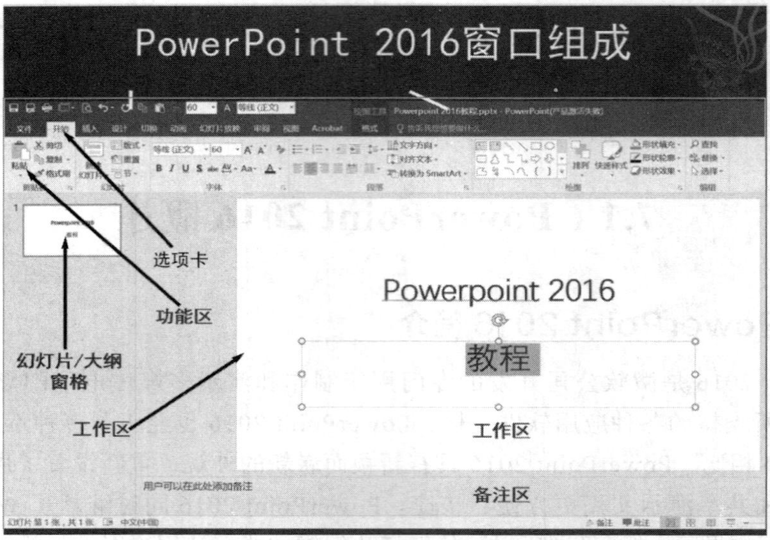

图 7-1　PowerPoint 2016 窗口

2. 选项卡与功能区

PowerPoint 2016 窗口用选项卡和功能区取代了传统的菜单栏和工具栏，选项卡主要有“文件”“开始”“插入”“设计”“切换”“动画”“幻灯片放映”“审阅”“视图”“帮助”，每个选项卡都包含不同的功能区，用户在幻灯片中进行的所有操作均可以通过功能区内的各个按钮实现。需要注意的是，当选中某对象时，PowerPoint 2016 会出现属于该对象的上下文选项卡和功能区。

3. 大纲窗格

单击右下角的“普通视图”按钮，用户可以在此窗口的左侧窗格中以大纲的形式列出各张幻灯片的文本内容。

4. 幻灯片窗格

此处可显示整个演示文稿中幻灯片的编号及缩略图，用户可以在该区域对幻灯片进行各种编辑操作。

5. 备注窗格

在该窗格内可以添加幻灯片的备注信息。在普通视图下，在备注窗格中只能添加文本内容，这些内容在幻灯片播放时不会显示。单击状态栏的“备注”按钮，可以关闭或打开备注窗格。

6. 状态栏

状态栏位于窗口底部，主要用于显示演示文稿中所选幻灯片及幻灯片总张数、幻灯片采用的模板类型、视图切换按钮以及页面显示比例等。

7.1.4 PowerPoint 2016 的视图模式

微课 7.1.4

视图是为了方便用户操作所提供的不同的工作环境。PowerPoint 2016 提供了 5 种视图，分别是普通视图、幻灯片浏览视图、阅读视图、大纲视图和备注页视图。

打开“视图”选项卡，在“演示文稿视图”工具组中单击相应的视图按钮，或单击窗口右下角的视图按钮，可以将当前操作界面切换至对应的视图模式。其中▣按钮表示普通视图，⊞按钮表示幻灯片浏览视图，▤按钮表示阅读视图。

1. 普通视图

普通视图是默认的视图模式，它综合展示了演示文稿的多种关键元素，包括幻灯片的缩略图、大纲内容以及当前正在编辑的幻灯片的详细视图。这种视图模式为用户提供了全方位的操作界面，方便用户在制作、编辑和查看演示文稿时进行各种操作。普通视图有三个工作区域，左侧为幻灯片缩略图，右侧为幻灯片编辑窗格，底部为备注窗格，如图 7-2 所示。

图 7-2　普通视图

2. 大纲视图

在大纲视图下，大纲窗格是用于显示演示文稿中幻灯片的文字内容，以大纲形式呈现的区域。它按照幻灯片的顺序主要展示幻灯片中的标题、正文等文本信息，通常以缩进的形式来区分不同级别的标题和正文，不显示图片、图表等非文本元素。通过大纲窗格，用户可以清晰地查看演示文稿的整体文字结构和逻辑关系，方便对文字内容进行编辑、整理和组织。大纲视图的左窗格用于显示幻灯片中的文本信息，右侧为幻灯片编辑窗格，底部为备注窗格，如图 7-3 所示。

3. 幻灯片浏览视图

幻灯片浏览视图是一种以缩略图形式集中展示演示文稿中所有幻灯片的视图模式。在这种视图下，用户可以在一个屏幕上同时看到多张幻灯片的概览，每张幻灯片以较小的缩略图形式呈现，如图 7-4 所示，从而方便用户对演示文稿的整体结构和布局进行快速查看、浏览和管理。在该视图下无法对幻灯片进行编辑。

4. 阅读视图

阅读视图旨在提供一种类似于阅读书籍或文档的体验，让用户能够更加舒适、便捷地浏览演示文稿的内容。在这种视图下，演示文稿的幻灯片会以全屏或较大尺寸的方式展示，突出显示幻灯片中的文字、图片、图表等元素，使用户能够专注于内容本身，而不受其他编辑工具和界面元素的干扰。阅读视图中只显示标题栏、阅读区和状态栏，便于用户查看演示文稿，而不是放映演示文稿，如图 7-5 所示。

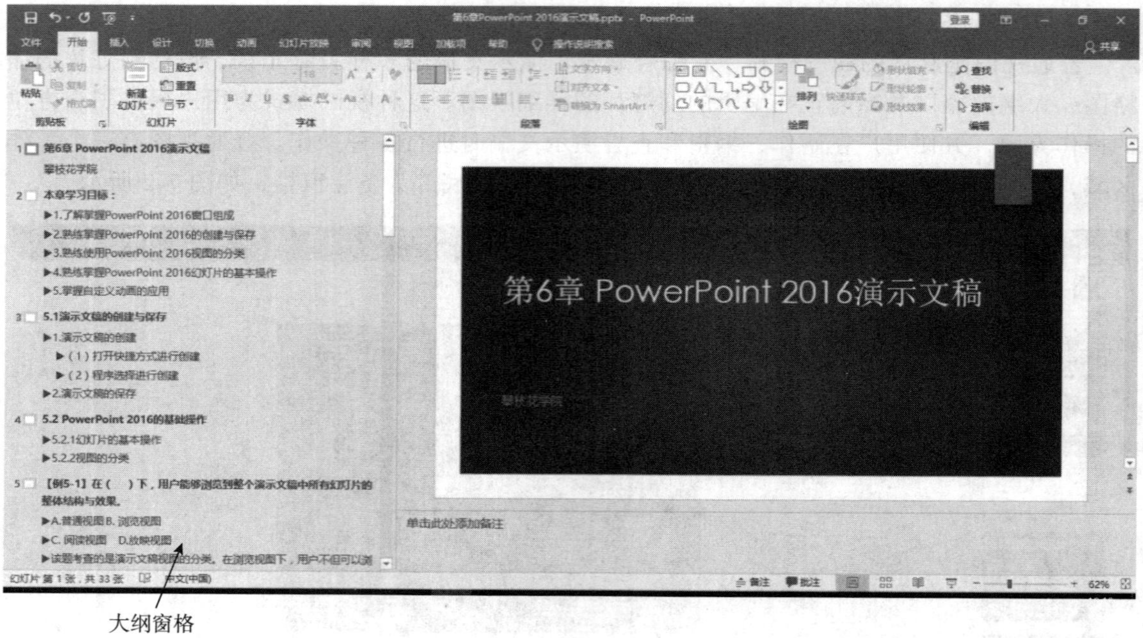

图 7-3　大纲视图

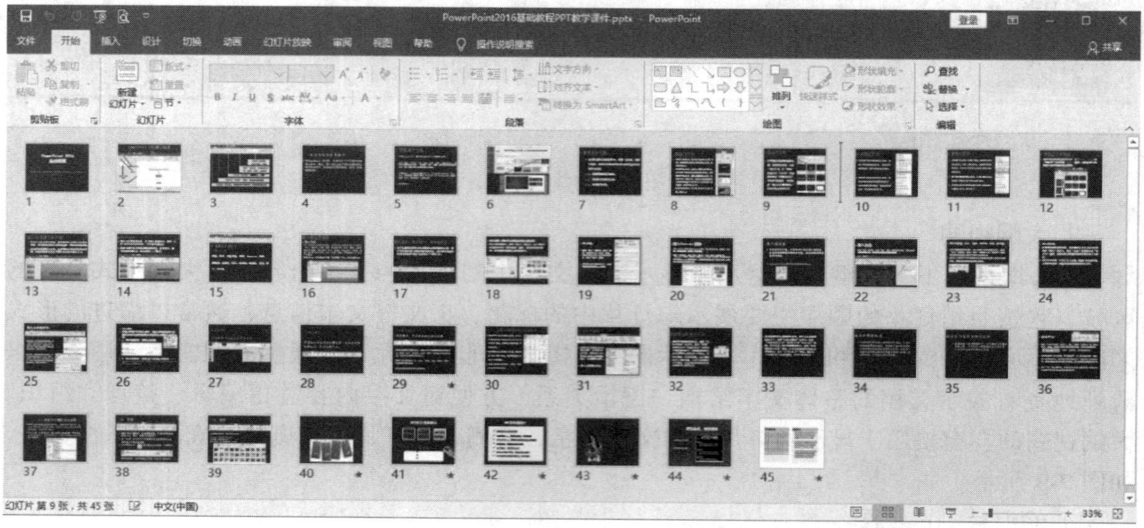

图 7-4　幻灯片浏览视图

5. 备注页视图

备注页是专门为演讲者本人提供有关演示文稿注释资料的工具，备注页视图将幻灯片的缩略图与对应的备注文本同时展示在一个页面上，为用户提供了同时查看幻灯片内容和备注信息的界面，如图 7-6 所示。这种视图模式主要用于对幻灯片的备注进行详细编辑、整理和查看，帮助用户更好地准备演讲内容、记录重要信息或提供额外的说明。在备注页视图中，用户可以拖动滚动条显示不同的幻灯片，以编辑不同幻灯片的备注页。

图 7-5　阅读视图

图 7-6　备注页视图

7.1.5　PowerPoint 2016 中的基本概念

1. 演示文稿

演示文稿就是 PowerPoint 文件，由若干张幻灯片组成，每张幻灯片都是演示文稿中既相互独立又相互联系的内容，每张幻灯片可以包含文字、图片、图表、图形、音频、视频等多种元素，这些幻灯片按照一定的顺序排列，通过软件（如 PowerPoint 2016）进行制作和编辑，用于在会议、演讲、培训、教学、汇报等各种场合向观众展示内容。默认的演示文稿文件名为“演示文稿 1”，其扩展名为 .pptx（2007 之前版本扩展名为 .ppt），也称为 PPT 文档。

2. 幻灯片

创建演示文稿实际上是创建一张张幻灯片，幻灯片是一张单独的页面，用于展示特定的信息、图像、图表、文本等内容。它就像演示文稿这本“书”中的一张张“纸”，每张幻灯片都承载着演示文稿中的一部分信息，通过一系列幻灯片的有序排列和切换，向观众传达完整的主题内容。

3. 对象

对象是指在演示文稿中可以被单独选择、编辑和操作的各种元素。这些元素有文本框、图片、图表、图形、表格、音频、视频等多种类型，它们是构成幻灯片内容的基本部分，通过不同对象的组合和设计，可以创建出丰富多样的幻灯片效果。

4. 版式

版式是幻灯片设计的基础框架，它规定了文本、图片、图表、图形等对象在幻灯片上的位置和相互关系。一个良好的版式能够使幻灯片看起来整洁、美观、专业，并且能够有效地突出重点内容，引导观众的视线和注意力，帮助观众更好地理解和吸收信息。PowerPoint 2016 提供了 11 种版式供用户使用。单击“开始”选项卡“幻灯片”工具组中的“版式”按钮，即可打开版式列表。

5. 主题

主题是指演示文稿的整体风格和视觉呈现的统一方案，包括主题颜色、主题字体、主题效果以及主题背景等多个方面。主题为演示文稿提供了一套预设的设计规范，确保演示文稿中的所有幻灯片在视觉上保持一致性和专业性，同时传达出特定的氛围和风格，以符合演示文稿的目的和受众的期望。使用主题的步骤是：单击“设计”选项卡“主题”工具组中的“其他”按钮，在主题列表中列出了多种主题的缩略图，单击选中的主题。

6. 母版

母版是演示文稿中用于定义幻灯片整体布局、设计元素和格式的模板。它包含一系列预设的设计元素，如背景、颜色方案、字体样式、占位符位置等，这些元素将应用于演示文稿中的所有幻灯片或特定类型的幻灯片，确保一致性。通过使用母版，用户可以确保演示文稿中的幻灯片在视觉上保持一致，同时节省设计和编辑时间，提高设计效率。

7. 占位符

占位符是幻灯片母版或版式中预设的区域，用于指示特定类型的内容（如文本、图片、图表等）在幻灯片上的位置。占位符通常具有默认的格式设置，如字体、字号、对齐方式、大小和位置等，这些设置为内容的添加提供了统一的规范，确保幻灯片内容的布局和外观保持一致性和专业性。占位符有文本占位符、图片占位符、图表占位符、图形占位符等多种类型。

7.2 PowerPoint 2016 的基本操作

7.2.1 新建演示文稿

微课 7.2.1

1. 创建空白演示文稿

（1）启动 PowerPoint 2016。可以单击“开始”按钮启动 PowerPoint 2016，也可以通过双击桌面的快捷方式图标启动 PowerPoint 2016。

（2）创建空白演示文稿。选择“文件”选项卡的“新建”命令，在右侧窗格中选择“空白演示文稿”，如图 7-7 所示，即可创建空白演示文稿。

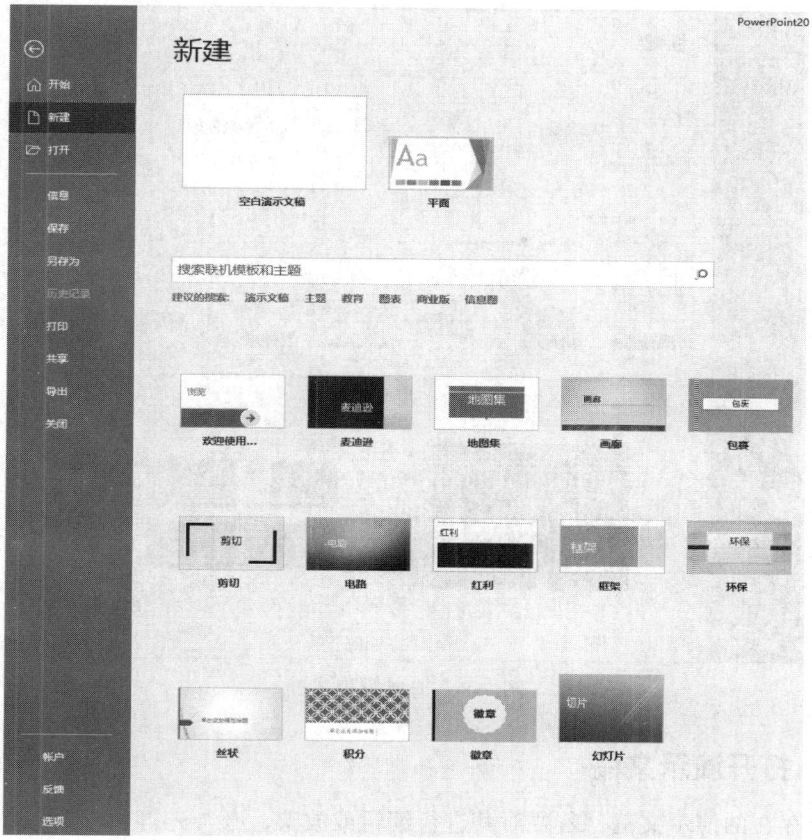

图 7-7　创建空白演示文稿

2. 使用模板创建演示文稿

模板是 PowerPoint 2016 中预先定义好内容和格式的一种演示文稿，它决定了演示文稿的基本结构和设置，其中包括幻灯片的背景、图案，文字的颜色、大小等。PowerPoint 2016 提供了许多精美的模板，用户可以使用模板来创建演示文稿。

打开如图 7-8 所示的界面后，选择所需的模板，在弹出的对话框中单击“创建”按钮，就可以基于所选模板创建一个演示文稿文件。在图 7-8 中，也可以使用搜索框查找更多模板和主题。

3. 使用主题创建演示文稿

主题是主题颜色、主题字体和主题效果三者的组合。主题可以作为一套独立的选择方案应用于文件中。PowerPoint 2016 提供了多种主题，使用预先设计的主题，可以轻松快捷地更改演示文稿的整体外观。操作步骤为：选择“文件”选项卡的“新建”命令，然后选择“主题”选项，选择所需的主题，最后在弹出的对话框中单击“创建”按钮。

4. 根据演示文稿新建演示文稿

根据演示文稿新建演示文稿就是利用已经创建好的演示文稿创建新的演示文稿，新的演示文稿与现有的演示文稿在风格和内容上相同，用户只需要在原有的设计基础上做部分修改即可，可以大大提高工作效率。

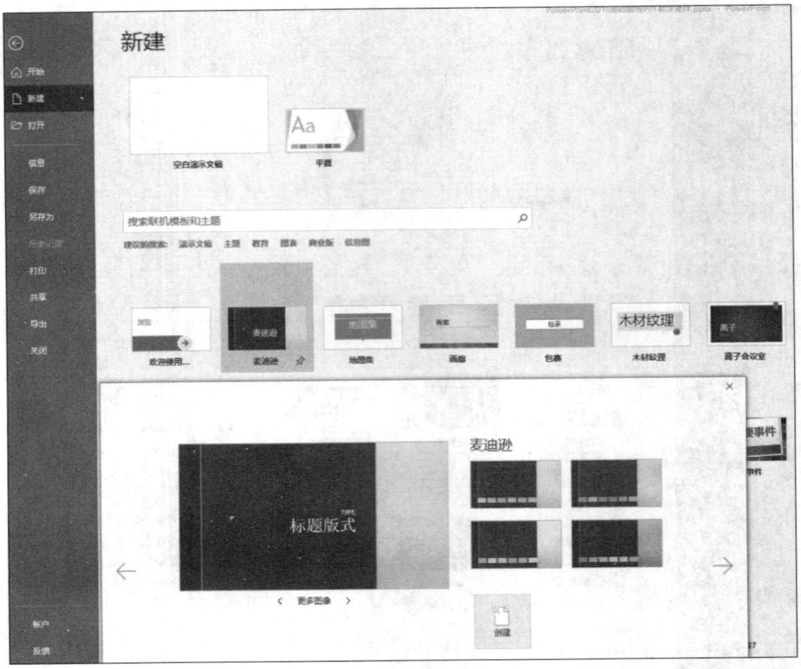

图 7-8　选择模板界面

7.2.2　打开演示文稿

微课 7.2.2

对于已经存在的演示文稿，若要对其进行编辑或放映，必须先打开它。

1. 以一般方式打开演示文稿

单击“文件”选项卡，选择“打开”命令，弹出“打开”窗口，单击“浏览”按钮，弹出“打开”对话框，在左侧窗格中选择存放目标演示文稿的文件夹，在右侧窗格中选择要打开的演示文稿或直接在“文件名”文本框中输入要打开的演示文稿文件名，然后单击“打开”按钮即可打开该演示文稿；在“打开”窗口中选择“最近”命令，在右窗格中会显示最近打开的演示文稿或文件夹；使用 OneDrive 可以从任何位置访问用户的个人文件并与任何人共享；选择“这台电脑”选项，单击最上方的文件夹地址，其后续操作和单击“浏览”按钮相似，此处不再赘述。

2. 以副本方式打开演示文稿

将演示文稿以副本方式打开，对副本的修改不会影响原演示文稿。具体操作与一般方式一样，不同的是不直接单击“打开”对话框中的“打开”按钮，而是单击“打开”下拉按钮，从下拉列表中选择“以副本方式打开”选项，这样打开的是演示文稿副本，在标题栏的演示文稿文件名前出现“副本（1）”字样，此时进行的编辑与原演示文稿无关。

3. 以只读方式打开演示文稿

以只读方式打开的演示文稿，只能浏览，不允许修改。若对其进行修改，则不能用原文件名保存，只能以其他文件名保存。以只读方式打开的操作方法与以副本方式打开的类似，不同的是在“打开”按钮的下拉列表中选择“以只读方式打开”选项。在标题栏的演示文稿文件名后出现“只读”字样。

4. 打开最近使用过的演示文稿

选择“文件”选项卡的“打开”命令，在右窗格中单击“最近”按钮，在列表中单击要打开的演示文稿。这样，可以免除查找演示文稿文件路径的麻烦，实现快速打开演示文稿。

5. 双击打开演示文稿文件

以上 4 种方式是在 PowerPoint 2016 已经启动的情况下打开演示文稿，在没有启动 PowerPoint 2016 的情况下，也可以快速启动 PowerPoint 2016 并打开指定的演示文稿。在文件资源管理器中或在桌面上，找到目标演示文稿文件并双击它，即可启动 PowerPoint 2016 并打开该演示文稿。

6. 一次打开多个演示文稿

如果希望同时打开多个演示文稿，单击“文件”选项卡，选择“打开”命令，在右窗格中单击“浏览”按钮，在弹出的“打开”对话框中找到目标演示文稿所在文件夹，按住 Ctrl 键单击想要打开的多个演示文稿，然后单击“打开”按钮，即可同时打开选择的多个演示文稿。

7.2.3 编辑演示文稿

微课 7.2.3

在已经创建好的演示文稿上，用户可以根据自己的需要对演示文稿的内容进行编辑，主要是对幻灯片的操作，包括幻灯片的选定、插入、编辑、删除、移动、复制、显示与隐藏等。

1. 幻灯片的选定

在普通视图和幻灯片浏览视图中，选定幻灯片的操作方法如下。

（1）选定单张幻灯片：直接单击要选定的幻灯片的缩略图。

（2）选定连续的多张幻灯片：按住 Shift 键，分别单击要选定的始末幻灯片的缩略图。

（3）选定不连续的多张幻灯片：按住 Ctrl 键，分别单击要选定的幻灯片的缩略图。

（4）选定所有的幻灯片：单击任意一张幻灯片的缩略图，然后按 Ctrl+A 快捷键。

2. 幻灯片的插入

在演示文稿中插入幻灯片时，首先确定要插入新幻灯片的位置，其次确定新插入的幻灯片的版式，操作方法如下。

（1）在普通视图或幻灯片浏览视图中，单击某张幻灯片的缩略图或在两张幻灯片的空白处单击，确定插入幻灯片的位置。

（2）单击“开始”选项卡的“幻灯片”工具组中的“新建幻灯片”按钮，或按 Ctrl+M 快捷键，均可在当前幻灯片之后或两张幻灯片之间插入一张与原版式相同的幻灯片。

若需要插入不同版式的幻灯片，则单击“新建幻灯片”下拉按钮，在弹出的下拉菜单中选择一种版式，即可在选定幻灯片之后或两张幻灯片之间插入该版式的幻灯片。

3. 幻灯片的编辑

编辑幻灯片是演示文稿制作过程中不可或缺的环节。用户可以对幻灯片中的文本、图片、图表、图形等元素进行添加、删除、修改和格式化等一系列操作，确保幻灯片内容准确、清晰、美观，并符合演示文稿的整体风格和目的。幻灯片的编辑主要是添加对象，设计幻灯片的背景、格式、动画等。

4. 幻灯片的删除

在演示文稿中删除多余幻灯片是清除大量冗余信息的有效方法。删除幻灯片的方法主要有：选中需要删除的幻灯片，直接按 Delete 键或 Backspace 键；右击需要删除的幻灯片，从弹出的快捷菜单中选择“删除幻灯片”命令；选中幻灯片后，在“开始”选项卡的“剪贴板”工具组中单击“剪切”按钮。

5. 幻灯片的移动

移动幻灯片的方法有两种。

（1）选中需要移动的幻灯片，在“开始”选项卡的“剪贴板”工具组中单击“剪切”按钮，在需要移动到的目标位置单击，然后在“开始”选项卡的“剪贴板”工具组中单击“粘贴”按钮。

（2）通过鼠标拖动实现，即选定要移动幻灯片的缩略图，按住鼠标左键拖动，在目标位置释放鼠标左键，则将幻灯片移动到新位置。

6. 幻灯片的复制

在制作演示文稿时，有时会需要两张内容基本相同的幻灯片。此时，可以利用幻灯片的复制功能，复制出一张幻灯片，然后对其进行适当修改。复制幻灯片的方法如下：首先选定要复制的一张或多张幻灯片的缩略图，进行“复制”操作，在目标位置再进行“粘贴”操作（按 Ctrl+C 快捷键对选中的对象进行复制，在目标位置按 Ctrl+V 快捷键完成粘贴操作）。

7. 幻灯片的显示与隐藏

在演示文稿的播放过程中，若不播放某些幻灯片，可将这些幻灯片隐藏。隐藏后的幻灯片并没有被删除，只是在播放时不显示。隐藏幻灯片的具体操作如下。

（1）在幻灯片浏览视图或普通视图下，选定要隐藏的幻灯片的缩略图。

（2）单击“幻灯片放映”选项卡的“设置”工具组中的“隐藏幻灯片”按钮，或右击要隐藏的幻灯片，在弹出的快捷菜单中选择“隐藏幻灯片”命令，则选定的幻灯片序号上出现一条灰色的对角线并且缩略图变暗，表示被隐藏，如图 7-9 所示。隐藏的幻灯片在播放演示文稿时不显示，但其仍然存在于此演示文稿中。

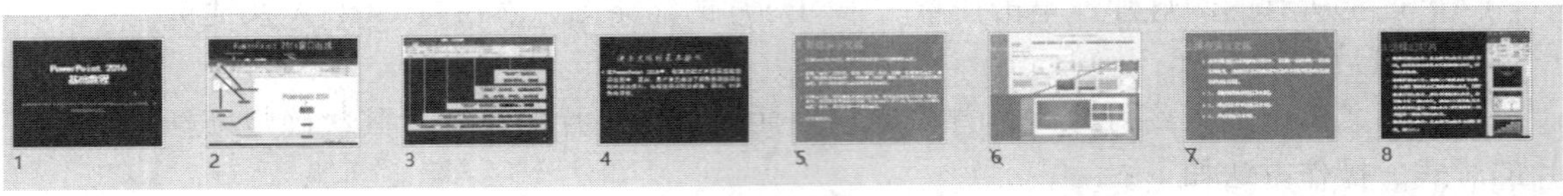

图 7-9　隐藏幻灯片

若要取消对幻灯片的隐藏，则先选定隐藏的幻灯片，再次单击“隐藏幻灯片”按钮。

7.2.4 保存演示文稿

微课 7.2.4

在保存演示文稿时，PowerPoint 2016 提供了多种文件格式，常用的是 .pptx、.ppt、.potx、.ppsx 格式。其中，.pptx 是 PowerPoint 2016 的演示文稿类型，也是 PowerPoint 2016 默认的文件保存类型；.ppt 是 PowerPoint 97-2003 的文件保存类型；.potx 是 PowerPoint 2016 中模板的文件格式，用户可以创建个性化的 PowerPoint 2016 模板；.ppsx 格式一般用于需要自动放映的情况下，在“文件资源管理器”窗口中双击文件名即可播放此类演示文稿。首次保存演示文稿的方法如下。

1. 保存在原位置

（1）演示文稿制作完成后，通常保存演示文稿的方法是单击快速访问工具栏的“保存”按钮（也可以选择“文件”选项卡的“保存”命令），若是第一次保存文件，将出现“另存为”窗口，否则不会出现该窗口，直接按原路径及文件名存盘。

（2）在“另存为”窗口中单击“浏览”按钮，弹出“另存为”对话框，在左侧窗格中选择保存位置（文件夹），如图 7-10 所示，在“文件名”文本框中输入演示文稿文件名，在“保存类型”下拉列表中选择“PowerPoint 演示文稿（*.pptx）”，也可以根据需要选择“PowerPoint 97-2003 演示文稿（*.ppt）”。

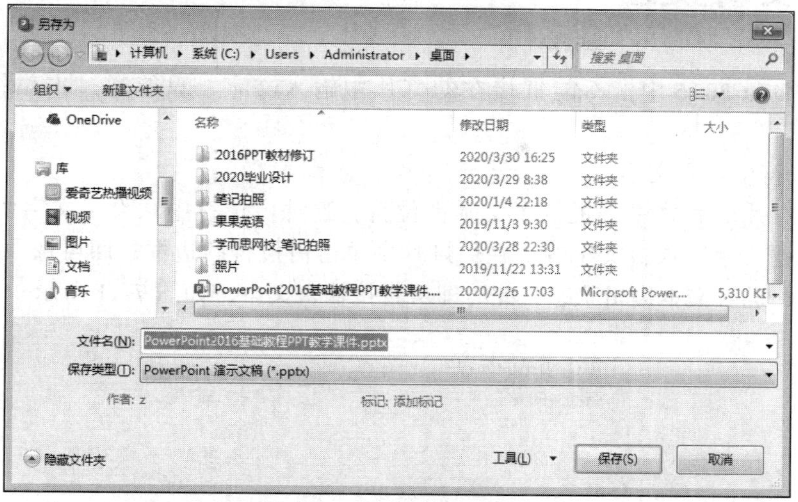

图 7-10　保存演示文稿

（3）单击“保存”按钮。

2. 保存在其他位置或换名保存

对已存在的演示文稿，若希望将其存放在另一位置，则选择“文件”选项卡的“另存为”命令，出现“另存为”窗口，单击“最近”按钮，可将其存放在最近保存的位置；也可单击“浏览”按钮，打开“另存为”对话框，然后选择保存位置，再单击“保存”按钮。这样，演示文稿用原名保存在另一指定位置。若需要换名保存，则在“另存为”对话框的“文件名”文本框中输入新文件名，再单击“保存”按钮，这样原演示文稿在原位置将有两个不同文件名的文件。

3. 自动保存

自动保存是指在编辑演示文稿的过程中，每隔一段时间自动保存文件。自动保存可以避免因计算机意外断电或死机所带来的损失。若设置了自动保存，遇到意外而重新启动计算机后，PowerPoint 2016 会自动恢复最后一次保存的内容，减少损失。

选择“文件”选项卡的“选项”命令，弹出“PowerPoint 选项”对话框，单击“保存”选项卡，勾选“保存演示文稿”栏中“保存自动恢复信息时间间隔”复选框，然后在其右侧数值框中输入时间（如 10 分钟），表示每隔指定时间就自动保存一次。在“默认本地文件位置”文本框中设定存放演示文稿的默认文件夹，以后保存时不必指定路径就能存入该文件夹，以节约时间。

提示： 对于需要经常播放的演示文稿，可以将其保存为 .ppsx 类型的文件并放在桌面上，以便直接打开演示文稿进行放映，而不用启动 PowerPoint。

7.3　幻灯片对象的插入

幻灯片内所有的元素都称为对象。每张幻灯片内部可以放入不同的对象，幻灯片内可以放入的对象类型有文本、图像、插图、表格、符号、媒体、超链接等。用户可以根据需要添加合适的对象以表现不同的演示内容。

7.3.1 文本的处理

微课 7.3.1

1. 添加文本

在 PowerPoint 2016 中，不能直接在幻灯片中输入文字，只能通过占位符或文本框来添加。

1）在占位符中输入文本

大多数幻灯片的版式中都提供了文本占位符，这种占位符中预设了文字的属性和样式，供用户添加标题文字、项目文字等。在幻灯片中单击占位符的边框，即可选中该占位符；在占位符中单击，进入文本编辑状态，此时即可直接输入文本，如图 7-11 所示。

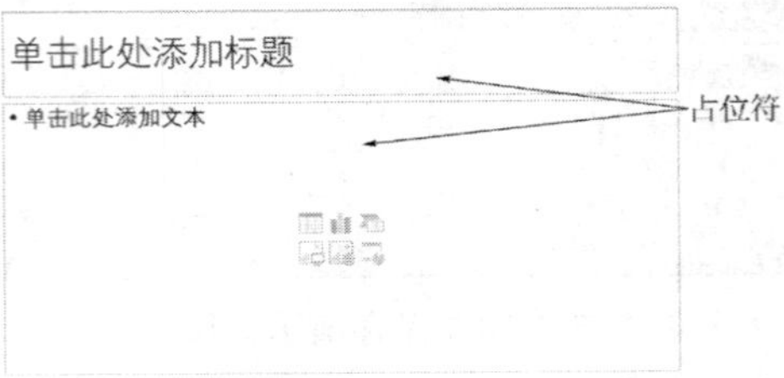

图 7-11　占位符

2）使用文本框

文本框是一种可移动、可调整大小的容器，它与文本占位符非常相似。使用文本框可以在幻灯片中放置多个文字块，使文字按照不同的方向排列；也可以突破幻灯片版式的制约，达到在幻灯片的任意位置添加文字信息的目的。

PowerPoint 2016 提供了两种形式的文本框：横排文本框和竖排文本框，它们分别用来放置水平方向的文字和竖直方向的文字。

2. 艺术字的插入与编辑

艺术字是一种特殊的图形文字，常被用来表现幻灯片的标题。用户既可以像对普通文字一样设置其字号、加粗、倾斜等效果，也可以像对图形对象那样设置它的边框、填充等属性，还可以对其进行调整大小、旋转，添加阴影、三维效果等操作。

单击“插入”选项卡“文本”工具组中的“艺术字”按钮，在弹出的下拉列表中选择所需的样式，即可在幻灯片中插入艺术字，如图 7-12 所示。

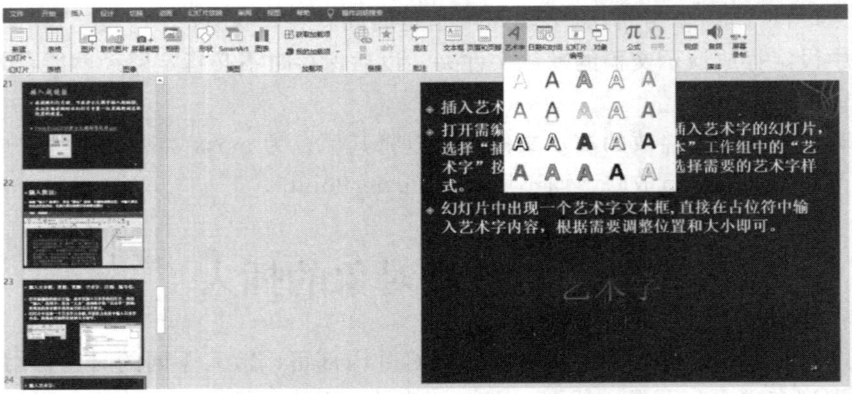

图 7-12　插入艺术字

7.3.2　插入图形对象

微课 7.3.2

向幻灯片中插入图形对象，主要是指插入联机图片、屏幕截图、形状、SmartArt 图形和图片等，其插入方法主要有两种：一是利用图形占位符；二是利用“插入”选项卡的按钮。

1. 利用图形占位符

在“版式”下拉列表中选择一种带有图形占位符的版式，并将其应用到当前幻灯片中。单击“图像”工具组中的任意一个按钮，即可在占位符中插入相应的对象。例如，单击“联机图片”按钮，弹出“联机图片”对话框，在“必应搜索”文本框中搜索某一种类型的图片，如图 7-13 所示，在搜索列表框中单击需要插入的图片，即将该图片插入当前幻灯片的占位符中。

图 7-13　插入联机图片

插入图片后，功能区内会出现用于图片编辑的“图片工具→格式”选项卡，如图 7-14 所示，用户可以使用该选项卡中的各种按钮对图片进行编辑与修改。具体方法与 Word 中的图片处理方法一样，此处不再赘述。

图 7-14　“图片工具→格式”选项卡

2. 利用“插入”选项卡的按钮

单击“插入”选项卡的“图片”按钮、“联机图片”按钮、“形状”按钮、“SmartArt”按钮，在幻灯片中相应位置拖动，确定对象的合适大小，即可插入相应的对象。

向幻灯片中插入对象的方法不是唯一的，也可以用其他方法完成。向幻灯片中插入各种对象的操作与 Word 中的操作相似，可仿照 Word 中的操作向幻灯片中插入对象。

另外，对幻灯片中的文本框、表格、图形等对象，同样可以进行编辑、格式化，其操作与 Word 中的操作相同。

7.3.3　插入超链接

微课 7.3.3

PowerPoint 2016 中的超链接与网页中的超链接类似。利用超链接可以链接到同一演示文稿的某张幻灯片，或者链接到其他 Word 文档、电子邮件地址、网页等。播放时，单击某个链接，可跳转到指定的目标位置。利用超链接，还可以改变幻灯片的放映顺序，增强演示文稿放映时的灵活性。超链接只有在幻灯片放映时才起作用，在其他视图下不起作用。

设置超链接的对象，可以是文本、图片、形状、表格或图片等。如果文本位于某个图形中，还可以为文本和图形分别设置超链接。为幻灯片中的对象设置超链接有两种方法。

（1）在选定的对象上右击，在弹出的快捷菜单中选择“超链接”命令，或单击“插入”选项卡“链接”工具组中的“超链接”按钮，都将弹出“插入超链接”对话框，如图 7-15 所示，根据需要选择链接到的目标位置。

图 7-15　“插入超链接”对话框

（2）单击“插入”选项卡“插图”工具组中的“形状”按钮，在弹出的下拉菜单中单击“动作”按钮，在幻灯片上合适的位置，按住鼠标左键拖动，直到动作按钮的大小符合要求，松开鼠标左键。PowerPoint 2016 自动打开“操作设置”对话框，如图 7-16 所示。

图 7-16　“操作设置”对话框

7.3.4　插入视频与音频

微课 7.3.4

作为一个优秀的多媒体演示文稿制作软件，Power Point 2016 允许用户方便地插入影片和声音等多媒体对象，极大地增强了演示文稿的感染力，从而令一些抽象的课堂教学中用的演示文稿变得更为具体生动、声情并茂。

1. 视频的插入与编辑

（1）在演示文稿中添加视频。PowerPoint 2016 支持 AVI、WMV、MPEG、ASF 格式的

视频文件，可以在“插入”选项卡的“媒体”工具组中单击“视频”按钮，然后根据需要选择下拉菜单中的命令，如图 7-17 所示。例如，若要添加本地计算机上的视频，则选择“PC 上的视频”命令，弹出“插入视频文件”对话框，然后选择要插入的视频文件。

（2）单击“插入”按钮，插入视频文件。在幻灯片中，用户可拖动视频文件四周的控制点来调整视频播放窗口的大小；单击“播放”按钮可预览视频。选中幻灯片中的视频播放窗口，打开“视频工具→播放”选项卡，在该选项卡中可以对视频文件的各项参数进行设置，如图 7-18 所示。

图 7-17　“视频”下拉菜单

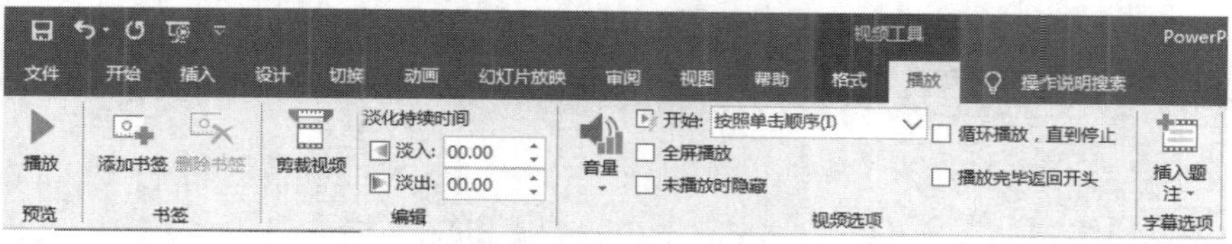

图 7-18　“视频工具→播放”选项卡

2. 音频的插入与编辑

为演示文稿添加声音，可以大大增强演示文稿的效果。在“插入”选项卡的“媒体”工具组中单击“音频”按钮，选择下拉菜单中相应的命令即可，如图 7-19 所示。可以通过两种方式插入音频文件：PC 上的音频和录制音频。

PC 上的音频是指计算机内已有的音频文件，可以直接将其添加到演示文稿内。演示文稿支持 .mp3、.wma、.wav、.mid 等格式的声音文件。在“插入”选项卡中单击“音频”按钮，在下拉菜单中选择“PC 上的音频”命令，单击需要的音频文件，再单击“插入”按钮即可。

图 7-19　“音频”下拉菜单

插入音频之后，可以对音频文件进行修改。首先在幻灯片中选取已添加的音频文件，功能区会出现“音频工具→格式”和“音频工具→播放”选项卡，通过“音频工具→播放”选项卡可以设置声音的播放形式，并且可以裁剪声音，如图 7-20 所示。

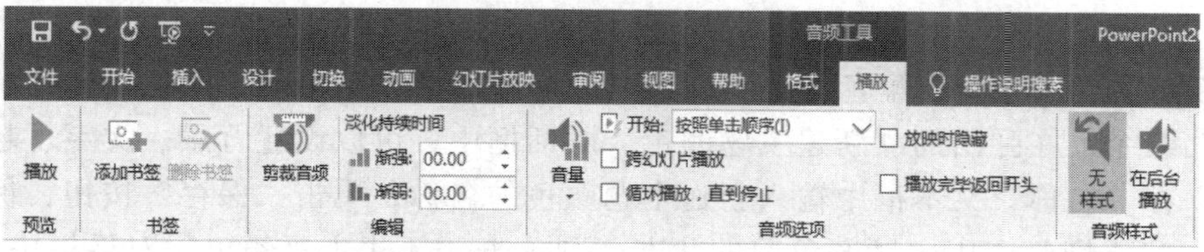

图 7-20　“音频工具→播放”选项卡

7.4　演示文稿的修饰与美化

演示文稿中背景、标题样式、文本样式、布局、色彩搭配等方面的设置，直接决定了整个演示文稿的设计风格。演示文稿的修饰与美化主要包括幻灯片主题的设计、背景设置及母版的设计。

微课 7.4　应用主题

1. 利用主题修饰演示文稿

主题是演示文稿的一种外观设计方案，其中包含幻灯片的背景颜色、背景图案等格式。应用主题可以快速地创建或改变演示文稿的外观。利用主题修饰演示文稿的方法如下。

（1）选定要使用主题的一张或多张幻灯片，单击“设计”选项卡“主题”工具组中的“其他”按钮，在其下拉列表中选择所需的主题样式，如图 7-21 所示，即可将该主题应用到整个演示文稿的所有幻灯片中。

（2）若希望主题只应用于当前幻灯片，则在“主题”下拉列表中右击某一主题样式，在弹出的快捷菜单中选择“应用于选定幻灯片”命令，如图 7-22 所示，按照此方法可在一个演示文稿中应用多个主题。添加新幻灯片时，所添加的幻灯片会自动应用前一张幻灯片的主题。

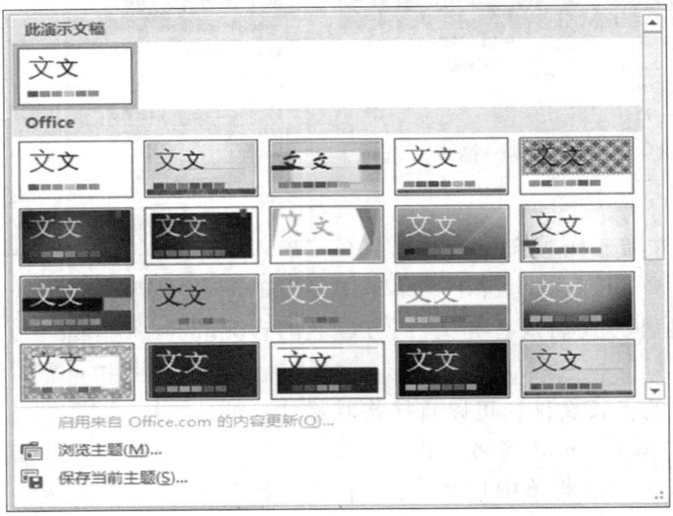

图 7-21　幻灯片的主题列表

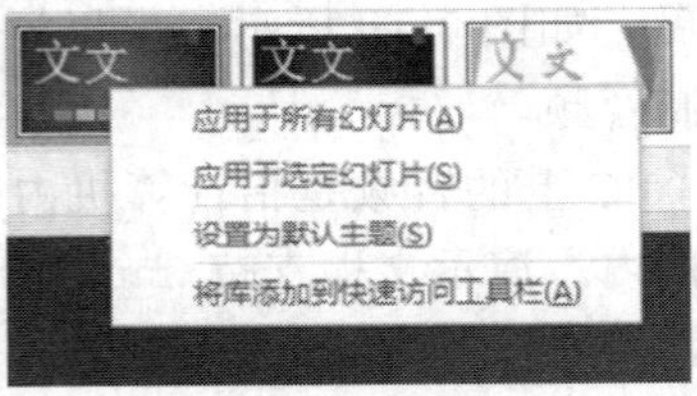

图 7-22　右键快捷菜单

2. 利用配色方案修饰演示文稿

若对幻灯片主题颜色不满意，可以使用配色方案对其进行修改，以满足用户需求。

（1）使用主题颜色。单击“设计”选项卡“变体”工具组中的“其他”按钮，在下拉菜单中选择“颜色”子菜单，从中选择一种主题颜色，即可将该主题颜色应用到演示文稿中。

（2）新建主题颜色。若配色方案不能满足用户的需求，则单击“颜色”子菜单中的“自定义颜色”命令，在弹出的“新建主题颜色”对话框中，可以设置背景、文字、超链接等项目的颜色；在“名称”文本框中输入新建主题颜色的名称，单击“保存”按钮，保存新建的主题颜色。若要恢复应用主题颜色前的状态，则单击“新建主题颜色”对话框中的“重置”按钮，如图 7-23 所示。

3. 利用背景修饰演示文稿

微课 7.4
设置背景

在 PowerPoint 2016 中，背景主要用于更改幻灯片的外观，用户不仅可以使用内置的背景样式，也可以自定义背景样式。

选定要设置背景的幻灯片，单击“设计”选项卡“自定义”工具组中的“设置背景格式”按钮，弹出“设置背景格式”任务窗格，在任务窗格的“填充”栏中选择“纯色填充”“渐变填充”“图片或纹理填充”“图案填充”中的一项，为幻灯片设置不同的背景效果，如图 7-24 所示。

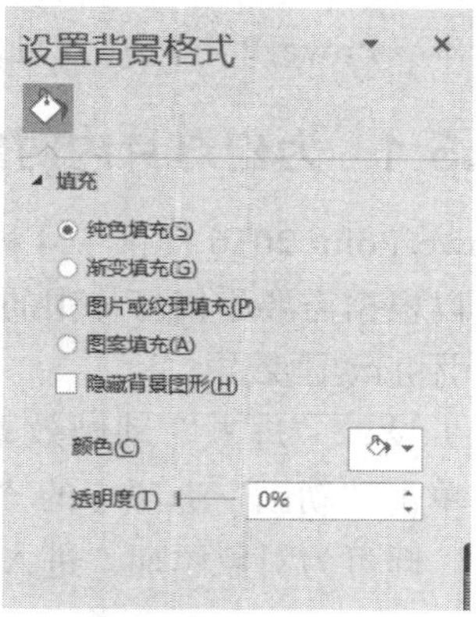

图 7-23　“新建主题颜色”对话框　　图 7-24　“设置背景格式”任务窗格

4. 利用母版修饰演示文稿

PowerPoint 2016 提供了三种类型的母版：幻灯片母版、讲义母版及备注母版，分别用于控制幻灯片、讲义、备注的整体格式。由于讲义母版和备注母版的操作方法比较简单，且不常用，本节主要介绍幻灯片母版的使用方法。

微课 7.4
母版的设置

单击“视图”选项卡“母版视图”工具组中的“幻灯片母版”按钮，进入幻灯片母版的编辑状态，左上角有数字标识的幻灯片就是母版，下面是与母版相关的幻灯片版式。当插入新幻灯片母版时，系统会根据母版的个数自动以数字命名，如 2、3、4 等。

在幻灯片母版中，可以编辑母版、版式，设置幻灯片方向及主题、字体、颜色、效果、背景样式等格式。每个区域中的文字只起提示作用，并不真正显示。不必在各区域中输入具体文字，只需设置其格式即可。在幻灯片母版视图中，可以修改每张幻灯片中都要出现的字体格式、项目符号、背景及图片等，其修改方法与修改一般幻灯片的方法相同，只是母版幻灯片的修改会影响所有幻灯片，如图 7-25 所示。

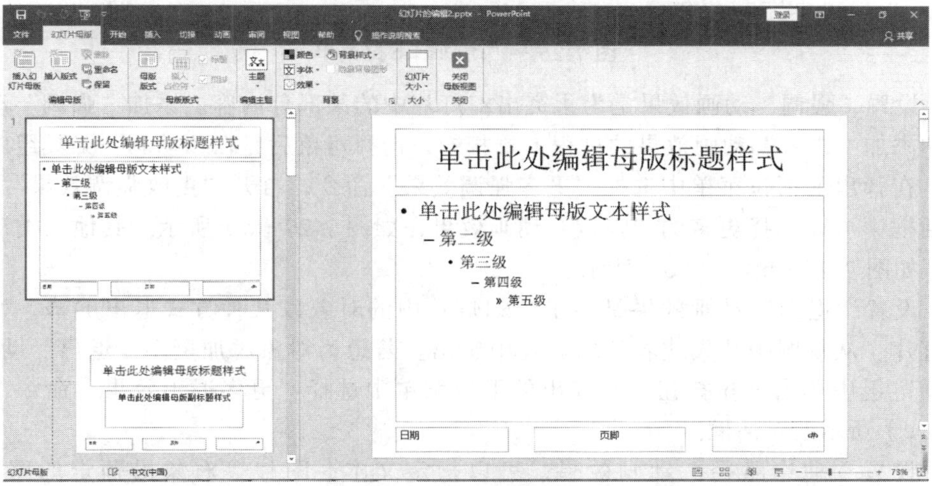

图 7-25　幻灯片母版视图

7.5 动画制作

制作幻灯片，不仅需要将幻灯片的内容设计得精美，还需要设计幻灯片的动画。比起之前的版本，PowerPoint 2016 可以设置功能更强的动画效果。

7.5.1 为幻灯片内对象添加动画

PowerPoint 2016 提供了 4 种类型的动画效果：进入、强调、退出和动作路径。用户可以根据需要为幻灯片中的文本、图形、图片等对象设置不同的动画效果。

微课 7.5.1

1. 添加动画效果

（1）设置“进入”动画效果是为了使文本或其他对象以某种形式进入放映屏幕。选中对象后，单击“动画”选项卡的“动画”工具组中的下拉按钮，在弹出的下拉菜单中选择一种进入效果，即可为对象添加“进入”动画效果（同理也可添加其他动画效果），如图 7-26 所示。

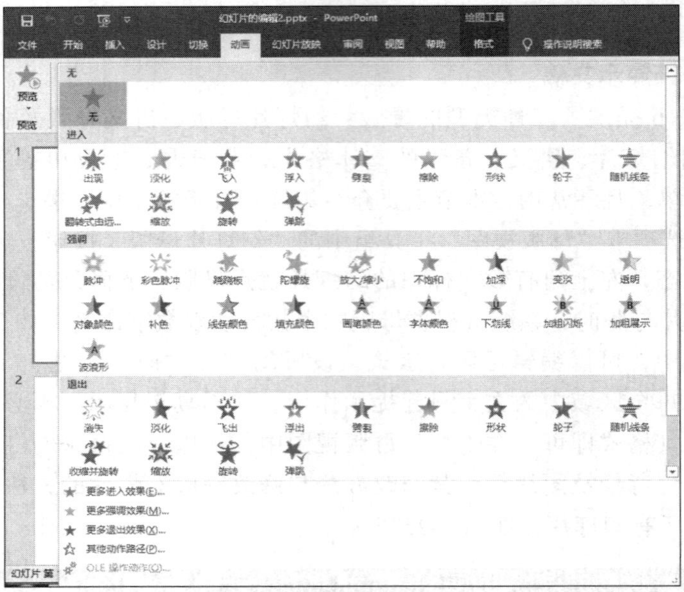

图 7-26　“动画”下拉菜单

（2）设置“强调”动画效果是为了突出幻灯片中的某部分内容。添加“强调”动画效果的过程和添加“进入”动画效果的过程大致相同，选择对象后，在“动画”工具组中单击下拉按钮，在弹出的下拉菜单中选择“更多强调效果”命令，打开“更改强调效果”对话框，在该对话框中可以选择更多的“强调”动画效果，如图 7-27（a）所示。其他三类动画效果的对话框如图 7-27（b）~（d）所示。

（3）设置“退出”动画效果是为了让幻灯片中的对象以某种方式退出屏幕，如让对象飞出幻灯片、从视图中消失或者从幻灯片中旋出。若想为对象添加更多“退出”动画效果，在“动画”组中单击下拉按钮，在弹出的下拉菜单中选择“更多退出效果”命令，弹出如图 7-27（c）所示的对话框。

（4）设置“动作路径”动画效果，可以指定文本、图片等对象沿预定的路径运动。PowerPoint 2016 中的“动作路径”动画效果不仅提供了大量预设路径，还可以由用户自定义路径，在图 7-26 所示的下拉菜单中选择“其他动作路径”命令，可以为对象添加更多动作路径，如图 7-27（d）所示。

（a）　　（b）　　（c）　　（d）

图 7-27　更改动画效果的对话框

为了达到更好的视觉效果，可以对同一个对象设置多个动画效果，具体的操作方法是先为该对象添加一种动画效果后，在“动画”选项卡的“高级动画”工具组中单击“添加动画”按钮，在其下拉菜单中选择新的动画效果。

2. 设置动画参数

为对象添加动画效果后，该对象就应用了默认的动画参数。这些动画参数主要包括动画的开始方式、持续时间、延时方案、变化方向以及重复次数等。用户可以根据需要对这些参数进行设置，选中该对象左上角对应的数字，单击“动画”工具组右下角的对话框启动器按钮，大多数参数可以在弹出的对话框的“效果”选项卡中设置，如图 7-28 所示。

3. 设置动画播放次序

为对象添加动画效果后，对象旁边出现该动画的播放序号。一般该序号与设置动画的顺序一致，即按设置动画的顺序播放动画。对多个对象设置动画效果后，如果对原有播放顺序不满意，可以调整对象动画的播放顺序。

单击“动画”选项卡“高级动画”工具组中“动画窗格”按钮，调出“动画窗格”任务窗格，该任务窗格显示所有动画对象，左侧的数字表示对象动画的播放序号，与幻灯片中动画对象旁边显示的序号一致。选择动画对象，并单击“动画窗格”任务窗格中的▲或▼按钮，即可改变该动画对象的播放顺序，如图 7-29 所示。

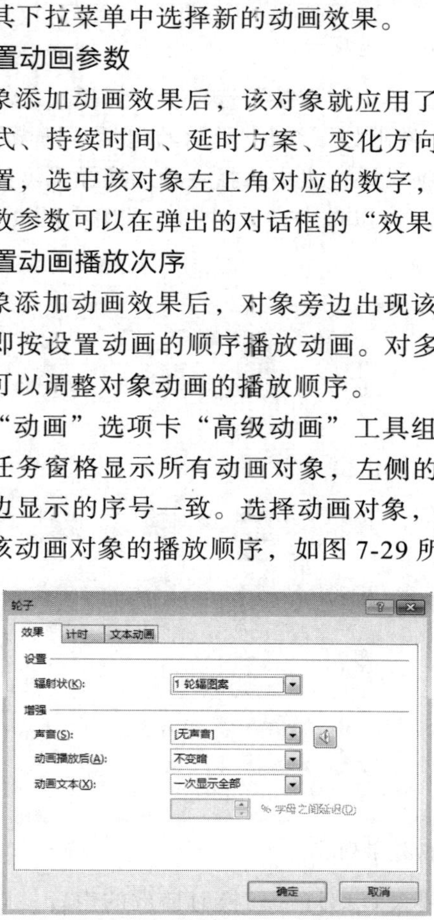

图 7-28　“效果”选项卡

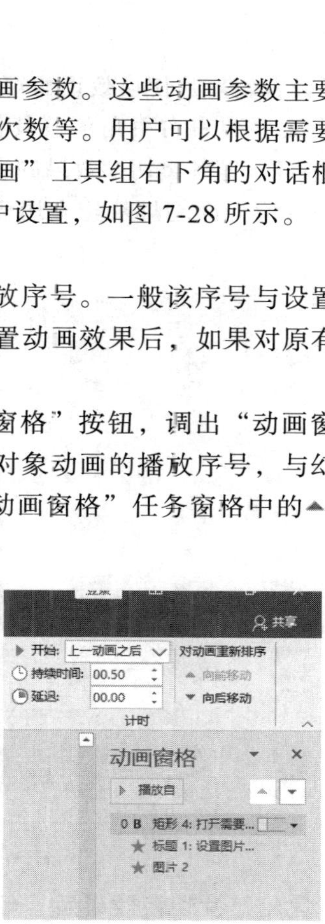

图 7-29　“动画窗格”任务窗格

4. 预览动画效果

动画设置完成后，可以预览动画的播放效果。单击“动画”选项卡“预览”工具组中的“预览”按钮或单击“动画窗格”任务窗格上方的“播放自”按钮，即可预览动画效果。

5. 动画刷

单击“动画”选项卡“高级动画”工具组中的“动画刷”按钮，可以快速地将动画效果从一个对象复制到另一个对象上，其使用方法与 Word 中格式刷的使用方法相同。

7.5.2 幻灯片切换效果

微课 7.5.2

幻灯片的切换效果是指在多张幻灯片之间以各种方式变换幻灯片。系统提供了多种切换样式，例如，可以使幻灯片从右上部覆盖或者自左侧擦除等。幻灯片的切换效果不仅使幻灯片的过渡衔接更为自然，而且能吸引观众的注意力。幻灯片的切换包括幻灯片切换效果（如“覆盖”）和切换属性（效果选项、换片方式、持续时间和声音效果），如图 7-30 所示。

图 7-30 “切换”选项卡

选择要设置幻灯片切换效果的幻灯片（组），单击“切换”选项卡“切换到此幻灯片”工具组中切换效果列表右下角的“其他”按钮，弹出如图 7-31 所示的包括“细微型”“华丽型”“动态内容”等各类切换效果的列表，在切换效果列表中选择一种切换样式（如“覆盖”）即可。如果希望全部幻灯片均采用该切换效果，可以单击“计时”工具组中的“全部应用”按钮。

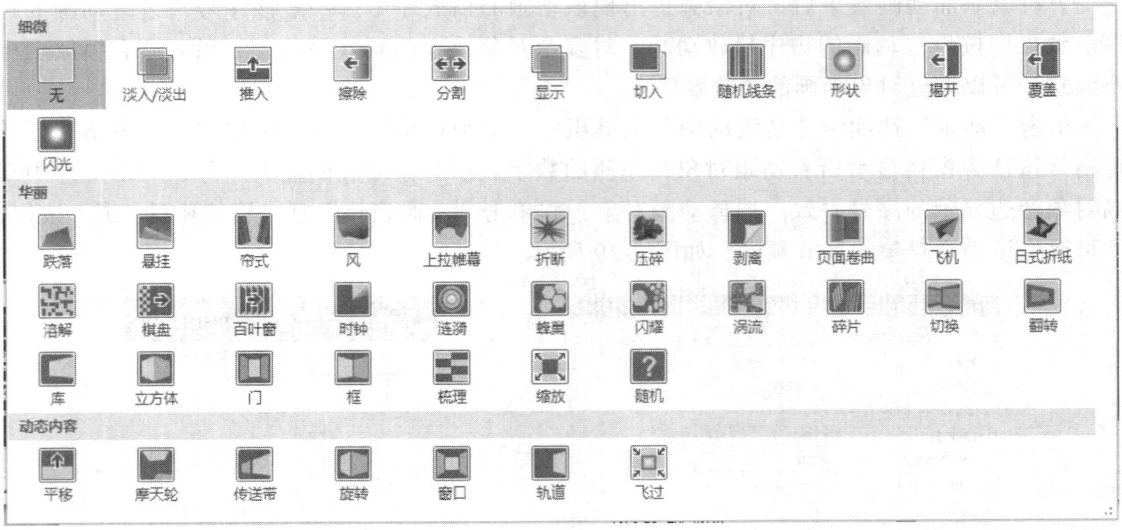

图 7-31 切换效果列表

在设置完幻灯片切换效果后，可以根据需要设置幻灯片切换时播放的声音，以及该切换效果在播放时所用时间，可以根据需要在“持续时间”数值框中填写时间。幻灯片之间默认的切换方式为单击鼠标时切换幻灯片，若需要设置幻灯片自动切换，则需勾选“设置自动换片时间”复选框，在其后的数值框中填入换片时间。

7.6　放映演示文稿

微课 7.6

完成演示文稿的制作后，剩下的工作是放映演示文稿。在不同场合下为幻灯片选择合适的放映方式是十分重要的。

7.6.1　启动幻灯片放映

如果需要将已制作完成的演示文稿文件从头开始放映，可以直接按 F5 功能键，或者在“幻灯片放映”选项卡“开始放映幻灯片”工具组中单击“从头开始”按钮，如图 7-32 所示。

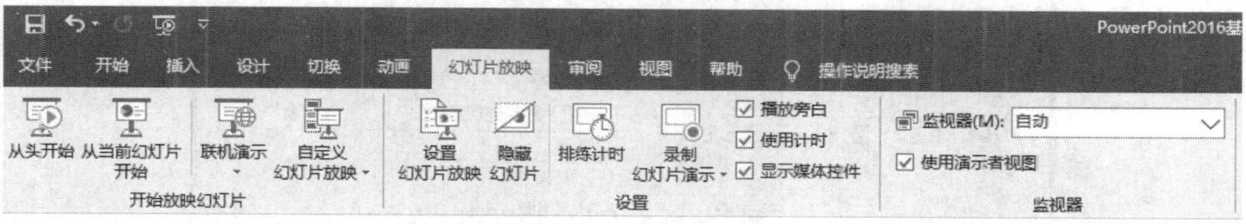

图 7-32　“幻灯片放映”选项卡

若需从当前幻灯片开始放映，则单击演示文稿窗口右下角的按钮，或按 Shift+F5 快捷键，或单击“幻灯片放映”选项卡“开始放映幻灯片”工具组中的“从当前幻灯片开始”按钮，如图 7-32 所示。

7.6.2　自定义放映

如果需要根据观众的不同有选择地放映幻灯片，可以通过自定义放映方式来实现。

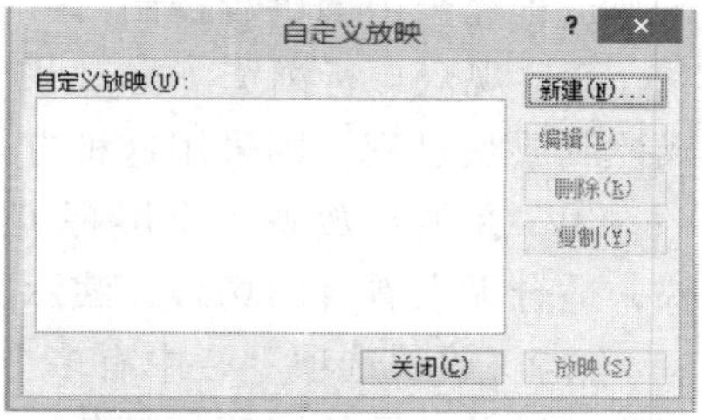

图 7-33　“自定义放映”对话框

单击“幻灯片放映”选项卡“开始放映幻灯片”工具组中的“自定义幻灯片放映”按钮，打开“自定义放映”对话框（见图 7-33），单击其中的“新建”按钮，打开“定义自定义放映”对话框（见图 7-34）。输入一个放映方案名称，然后在左侧的列表框中勾选需要放映的幻灯片，单击“添加”按钮，将其添加到右侧的列表框中，最后单击“确定”按钮。以后需要按某种方案放映时，再次打开“自定义放映”对话框，选择一种放映方案，单击“放映”按钮就可以了。

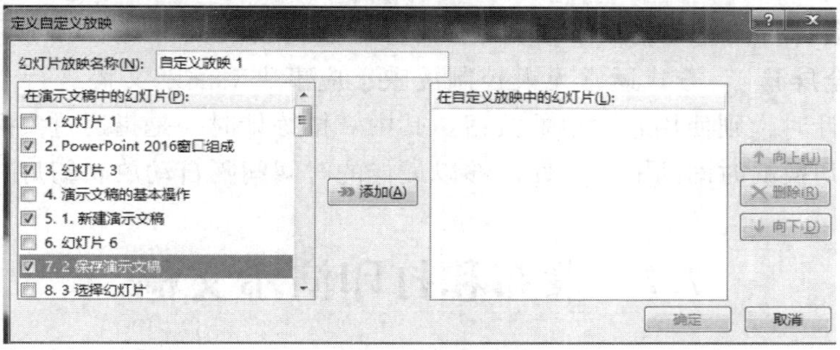

图 7-34　“定义自定义放映”对话框

7.6.3 设置幻灯片放映方式

演示文稿制作完成后，有的由演讲者播放，有的让观众自行播放。设置幻灯片放映方式的操作如下：单击“幻灯片放映”选项卡“设置”工具组中的“设置幻灯片放映”按钮，弹出“设置放映方式”对话框，如图 7-35 所示。

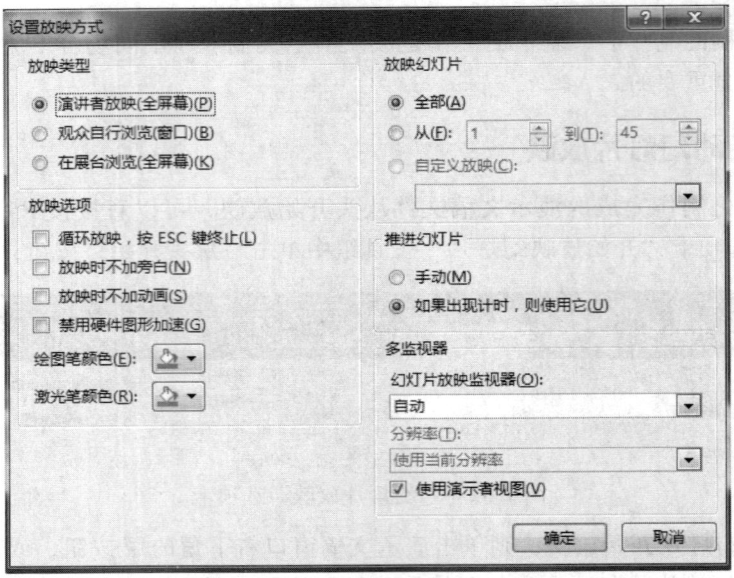

图 7-35　“设置放映方式”对话框

（1）在“设置放映方式”对话框的“放映类型”栏中有三种放映方式。

①“演讲者放映（全屏幕）”是常用的方式，这种放映方式适合会议或教学等场合使用，放映进程完全由演讲者控制。

②“观众自行浏览（窗口）”是以窗口形式显示演示文稿，在展览会上如果允许观众交互式控制放映过程，则采用这种方式较适宜。

③“在展台放映（全屏幕）”是以全屏形式显示演示文稿，这种放映方式采用全屏幕放映，适合无人看管的场合，演示文稿自动循环放映，观众只能观看不能控制。

（2）“放映选项”栏中有多个复选框，可用来选取放映时是否循环播放，是否播放旁白和声音，以及设置绘图笔的颜色。

（3）“放映幻灯片”栏用于设置哪些幻灯片将会播放，可以是全部幻灯片，也可以是某一部分幻灯片，或者是自定义放映的幻灯片。

（4）“推进幻灯片”栏用于指定幻灯片的切换方式。幻灯片放映时，“演讲者放映（全屏幕）”和“观众自行浏览（窗口）”方式强调自行控制放映，所以采用“手动”换片方式；“在展台浏览（全屏幕）”方式通常无人控制放映，应事先对演示文稿进行“排练计时”，并选中“如果出现计时，则使用它”单选按钮。其中“排练计时”是指通过实际放映演示文稿，自动记录幻灯片切换的时间间隔，以便能够以最佳的时间间隔自动放映幻灯片。

7.7 发布和打印演示文稿

制作完成的演示文稿有可能会在其他计算机上演示，如果该计算机上没有安装

PowerPoint，则无法放映演示文稿。为此，可以利用演示文稿打包功能，将演示文稿打包到文件夹或 CD 中，甚至可以把 PowerPoint 播放器和演示文稿一起打包。这样，即使计算机上没有安装 PowerPoint，也能正常放映演示文稿。另外，将演示文稿转换为放映格式，也可以在没有安装 PowerPoint 的计算机上正常放映它。

7.7.1 演示文稿的打包

微课 7.7.1

1. CD 数据包的发布

演示文稿可以打包到 CD 中（必须有刻录机和空白 CD），也可以打包到磁盘的文件夹中。

将制作好的演示文稿打包，并存放到磁盘的某个文件夹中，操作方法如下。

（1）打开要打包的演示文稿。

（2）选择“文件”选项卡中的“导出”命令，在右窗格中选择“将演示文稿打包成 CD”命令，然后单击“打包成 CD”按钮（见图 7-36），出现“打包成 CD”对话框（见图 7-37）。

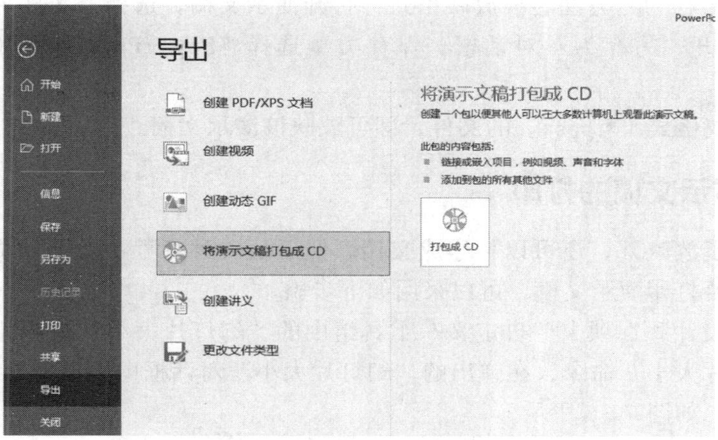

图 7-36 选择“将演示文稿打包成 CD”命令

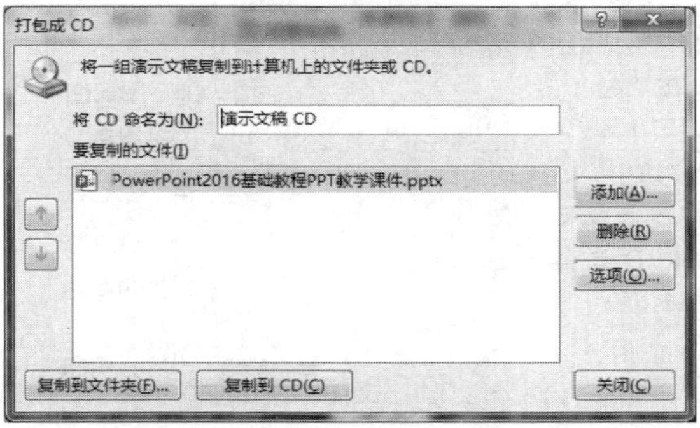

图 7-37 “打包成 CD”对话框

（3）在“打包成 CD”对话框中，若希望将其他演示文稿也一起打包，则单击“添加”按钮，出现“添加文件”对话框，从中选择要打包的文件，单击“添加”按钮。

（4）默认情况下，打包时应该包含与演示文稿有关的链接文件和嵌入的 TrueType 字体。若想改变这些设置，可以单击“选项”按钮，在弹出的“选项”对话框中设置。

（5）在“打包成 CD”对话框中单击“复制到文件夹”按钮，打开“复制到文件夹”对话框，输入文件夹名称和位置，单击“确定”按钮，则系统开始打包并将文件存放到指定的文件夹中。

如果已经安装光盘刻录设备，也可以将演示文稿打包到 CD，方法是：在光驱中放入空白光盘，在“打包成 CD”对话框中单击“复制到 CD”按钮，打开“正在将文件复制到 CD”对话框，提示复制的进度。完成后询问“是否要将同样的文件复制到另一张 CD 中？”，回答“是”，则继续复制另一张光盘，回答“否”，则终止复制。

2. 将演示文稿转换为直接放映格式

将演示文稿转换为放映格式后，可以在没有安装 PowerPoint 的计算机上直接放映演示文稿。

（1）打开演示文稿，选择“文件”选项卡中的“导出”命令。

（2）选择“更改文件类型”子菜单的“PowerPoint 放映（*.ppsx）”命令，打开“另存为”对话框，其中自动选择保存类型为“PowerPoint 放映（*.ppsx）”，选择存放位置并设置文件名，单击“保存”按钮，则将演示文稿另存为“PowerPoint 放映（*.ppsx）”类型的文件。也可以用“另存为”方法转换放映格式：打开演示文稿，选择“文件”选项卡中的“另存为”命令，打开“另存为”对话框，保存类型选择“PowerPoint 放映（*.ppsx）”，单击“保存”按钮。

（3）双击放映格式（*.ppsx）的文件，即可放映该演示文稿。

微课 7.7.2

7.7.2 演示文稿的打印

演示文稿除了放映外，还可以打印成文档，便于演讲时参考、现场分发给观众、传递交流和存档。若需要打印演示文稿，可以采用如下步骤。

（1）单击“设计”选项卡“自定义”工具组中的“幻灯片大小”按钮，在下拉菜单中选择“自定义幻灯片大小”命令，在弹出的“幻灯片大小”对话框中根据需要设置幻灯片大小、编号及打印方向，如图 7-38 所示。

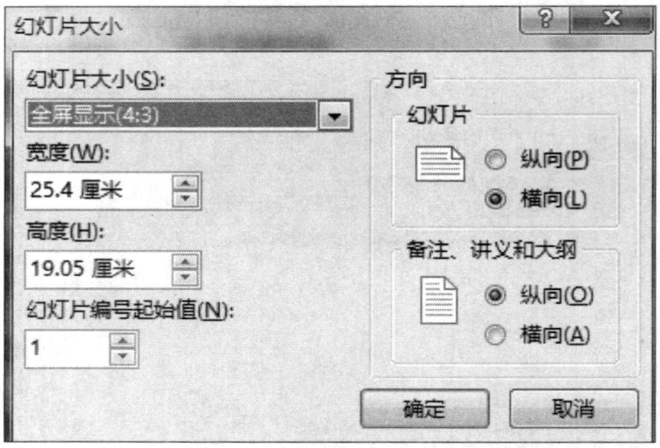

图 7-38 “幻灯片大小”对话框

（2）选择“文件”选项卡中的“打印”命令，打开“打印”窗口，如图 7-39 所示。

（3）在“打印”窗口中，分别设置打印的份数、打印机的类型、打印的范围等，在右侧窗格预览打印效果。选择打印版式时，可以打印整页幻灯片、讲义、大纲或备注页等。通常选择“讲义”方式，一页最多可以打印 9 张幻灯片。

（4）设置完之后，单击“打印”按钮，即可开始打印。

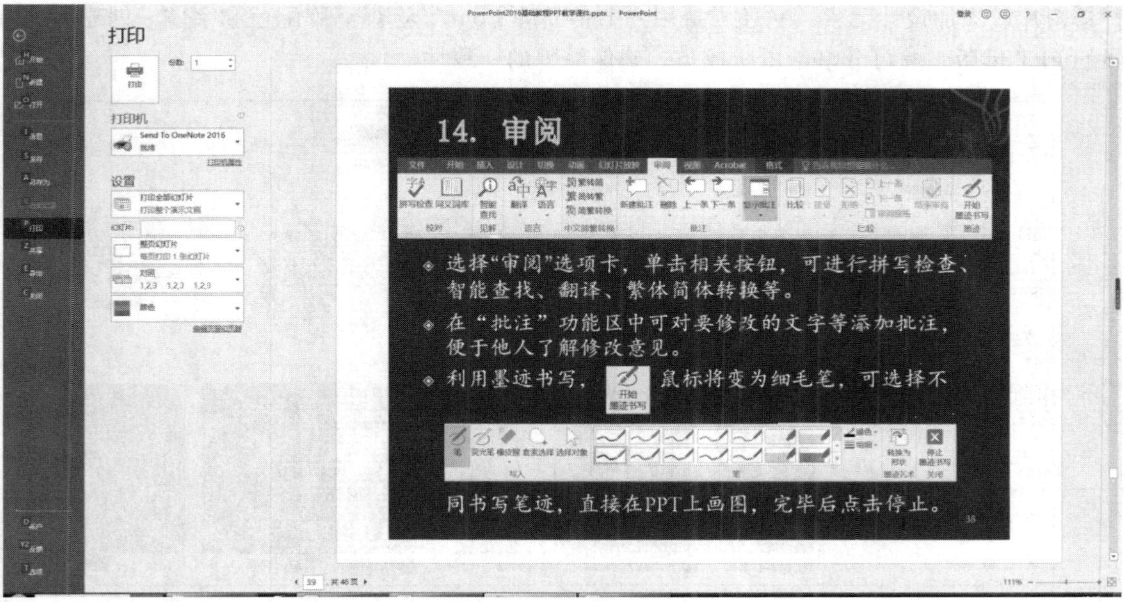

图 7-39　“打印”窗口

7.8　PPT 与 AI 工具结合的案例及相关 AI 工具介绍

7.8.1　PPT 与 AI 工具

在当今快节奏的工作环境下，制作一份既专业又吸引人的 PPT 演示文稿，对于提升工作效率和演讲效果至关重要。随着 AI 技术的飞速发展，AI 的普及不仅提高了工作效率，还革新了传统的工作方式。对于需要频繁制作演示文稿的专业人士来说，AI 的出现大大简化了 PPT 制作的流程，使得烦琐的内容整理和设计布局变得轻松快捷。现在可以利用 AI 工具快速生成高质量的 PPT，极大地减轻了制作者的负担。本节将通过图文并茂的方式，详细介绍如何使用 AI 工具快速生成 PPT，让制作演示文稿更加高效、专业。

7.8.2　选择合适的 AI 工具

市面上有众多的 AI 演示文稿生成工具。本节介绍几款拥有丰富的模板库和强大的 AI 功能且操作界面简洁直观的 AI 工具，如 Canva 可画、Kimi、文心一言、讯飞智文等。以上几种 AI 工具各有优势，用户可根据自己的喜好选择。

1. Canva 可画

Canva 可画是一款来自澳大利亚的在线平面设计工具，其以简单易用、丰富的模板和强大的功能而受到全球用户的广泛欢迎。使用 Canva 可画制作 PPT 具有诸多显著优势。

（1）丰富的模板资源。Canva 可画提供了超过 10 000 个的高质量的 PPT 模板，涵盖商务、教育、创意展示等多种场景。这些模板设计现代、风格多样，且每种模板通常包含多种幻灯片布局，能够满足不同主题和行业的需求，如图 7-40 所示。

（2）强大的自定义功能。Canva 可画的 PPT 模板完全可自定义。用户可以通过拖曳操作轻松调整字体、颜色、布局，可添加文本、图片、素材等设计元素（见图 7-41），甚至替换背景图片或添加设计元素。它还支持用户上传品牌 Logo、选择品牌配色和字体，创建品牌专属的 PPT 母版，并可分享给团队成员，确保品牌的一致性。

图 7-40　Canva 可画模板

图 7-41　自定义 PPT 模板

（3）文档自动转换 PPT。Canva 可画采用拖放式编辑器，可以把冗长的文档转换成生动形象的 PPT，用户无须专业设计技能即可快速上手，如图 7-42 所示。文件上传成功后，会显示在文件库中，用户可以在设计中随时使用这些文件。例如上传“英语四、六级学习经验分享”文件，打开文件后单击“AI 转换”按钮就可以直接把文件转换成 PPT 了，此时生成 PPT 的格式不止一种。在如图 7-43 所示的“选择一个设计”界面中，选择一种模板样式，单击“创建我的演示文稿”按钮，进入编辑界面。即使是没有设计基础的初学者，也能通过简单的操作创建出专业的 PPT。

（4）强大的协作功能。Canva 可画支持多人实时协作，团队成员可以同时编辑同一个 PPT，并通过邮件或复制链接的方式，设置权限范围，让更多的人参与 PPT 的编辑，如图 7-44 所示。其他人员可以通过这个链接打开文档和用户一起编辑，如果用户对团队里某个小伙伴做的东西有修改意见的话，用户只需要右击对应素材，然后在弹出的下拉菜单中选择

"评论"命令，输入评论后就可以把修改意见告知对方，这样就不用怕因为风格不统一或观点交换不及时，导致最后做出来的 PPT 不理想，如图 7-45 所示。

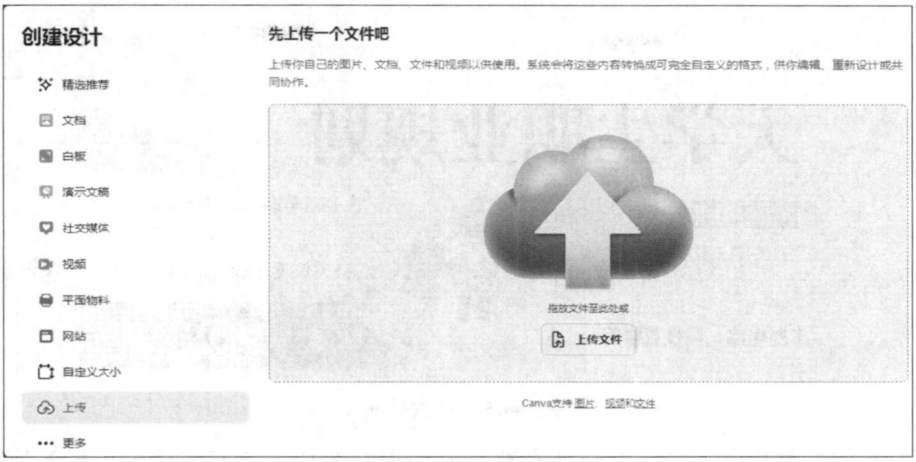

图 7-42　在拖放式编辑器中上传文件

图 7-43　选择模板样式后将文档转换成 PPT

图 7-44　分享设计

图 7-45　在线沟通

（5）丰富的素材库。Canva 可画拥有数千万张正版图片、数万张插画、数万种图表和上百种中英文字体，用户可以根据需要选择和编辑这些素材，在编辑器中简单拖曳就可以增删素材。此外，它还支持上传本地图片和素材，进一步丰富设计内容。

（6）灵活的导出选项。完成设计后，用户可以将 PPT 导出为多种格式，如 PPTX、PNG、PDF 等，或者将 PPT 下载到本地，如图 7-46 所示。还可以将 PPT 导出为滚动视图的网站形式，外部人员获得链接后登录即可访问。如果用户需要对导出的 PPT 进一步进行编辑或添加动画效果，可以使用 PowerPoint 打开并编辑幻灯片。

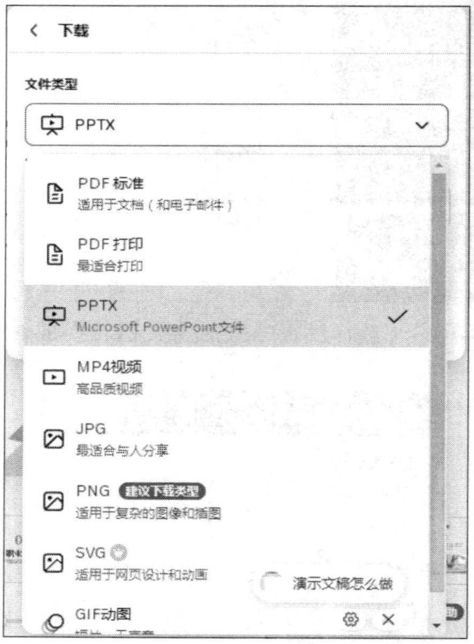

图 7-46　下载 PPT

（7）AI 工具支持。Canva 可画的 AI 工具集（如 AI 写作、AI 生图）可以大幅简化 PPT 设计流程，其中，在 AI 写作中，用户只需输入简单的主题或关键词，即可生成完整的句子、段落、大纲甚至初稿，用户可以快速完成文案的撰写与编辑，如图 7-47 所示。AI 生图是一种利用 AI 技术将文字描述转化为图像的创新工具，例如输入“大学生在图书馆看书”，系统就会生成相应的图片，如图 7-48 所示。

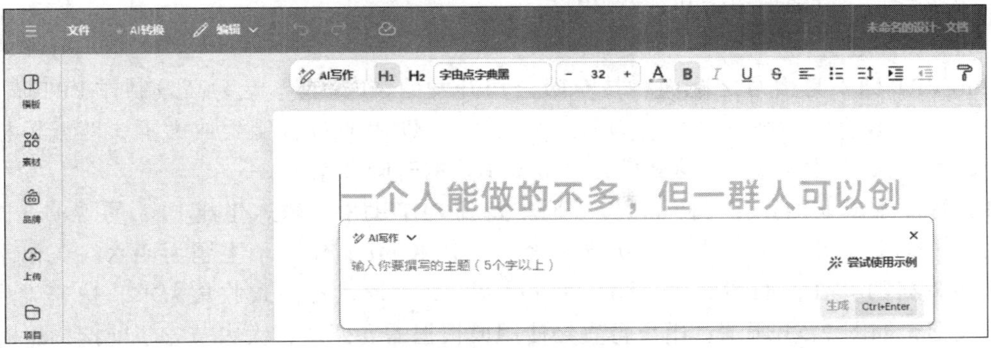

图 7-47　AI 写作

图 7-48　AI 生图

（8）演示模式优化。在演示 PPT 时，Canva 可画提供了“演示者视图”界面，支持将演示文稿投屏展示，同时在演示者的设备上显示当前页面的备注，还可以录制演示过程以便后续使用，如图 7-49 所示。

图 7-49　“演示者视图”界面

（9）跨平台使用。Canva 可画支持在网页端、移动端和桌面端应用，用户可以在不同设备上登录账号，随时随地编辑和查看 PPT。

2. Kimi

Kimi PPT 助手是由月之暗面科技有限公司开发的 AI 工具，专为高效制作 PPT 而设计，并广泛应用于教育、商务、科研等领域。Kimi PPT 助手通过智能生成大纲、匹配模板和素材，帮助用户快速制作高质量的 PPT，以节省用户的时间和精力。

（1）智能生成大纲。在"Kimi+"界面中找到 PPT 助手，输入生成 PPT 的需求，比如大三学生要给学弟学妹分享英语四六级学习经验，让 Kimi 制作一个主题为四六级英语学习高效方法和策略的 PPT，如图 7-50 所示。Kimi PPT 助手通过提问式收集需求，快速生成结构清晰的大纲，如图 7-51 所示，用户可直接使用或根据需要调整，大大节省了前期构思时间。

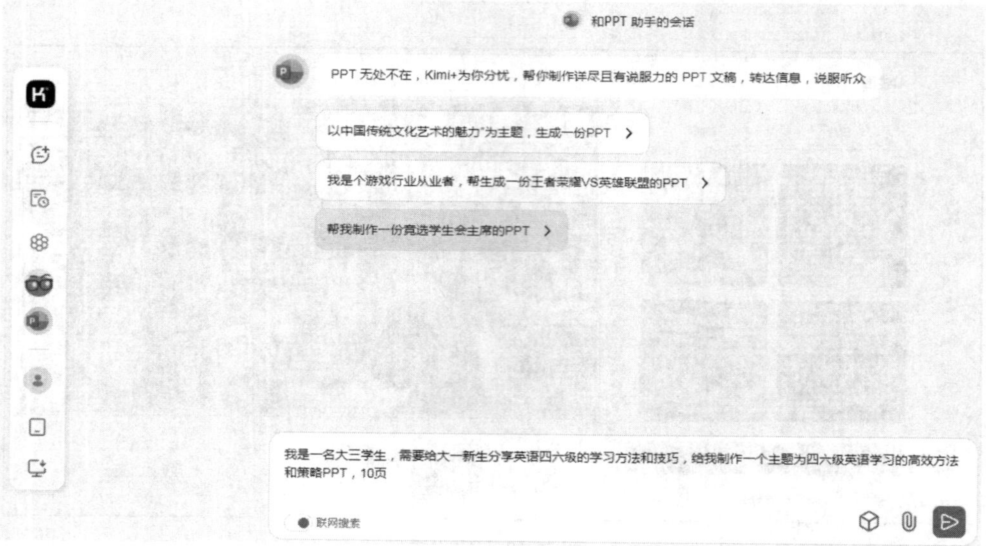

图 7-50　PPT 助手会话界面

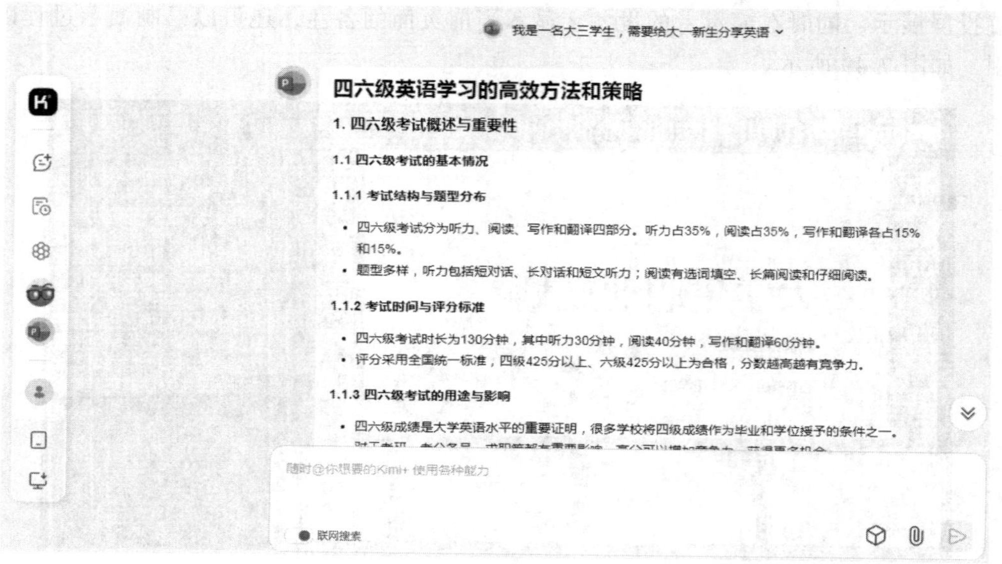

图 7-51　Kimi 生成的 PPT 大纲

（2）一键生成 PPT。用户确定大纲无误后，单击“一键生成 PPT”按钮，如图 7-52 所示。选择适合的模板和素材，即可快速生成完整的 PPT 初稿（见图 7-53），整个过程仅需 1 ~ 2 分钟，如果不满意，还可以单击“去编辑”按钮进行修改。

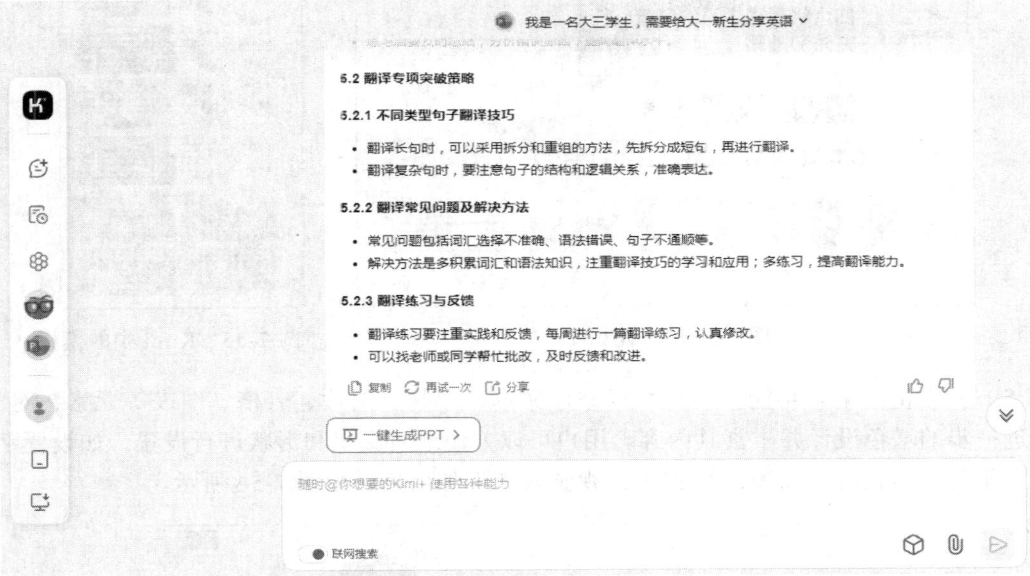

图 7-52　单击“一键生成 PPT”按钮

图 7-53　生成完整的 PPT 初稿

（3）多格式文档导入与输出。用户还可以上传参考资料，Kimi 支持多格式文档导入，如 Word 文档、PDF 等格式的文件。上传文件后，Kimi 会整合其中的内容，进一步完善大纲，确保 PPT 内容的全面性和准确性，并依据相应内容转换为 PPT。完成编辑后的 PPT 能够以 PPT、图片、PDF 等多种格式下载，满足用户不同的使用需求和应用场景，如图 7-54 所示。

（4）支持丰富的模板与素材库。Kimi 拥有海量的 PPT 模板，涵盖教育、商务、科技、医疗等各种行业和场景，满足不同用户的需求，如图 7-55 所示。Kimi 还可以根据用户输入的关键词，智能推荐相关的模板和素材，以提高制作效率。

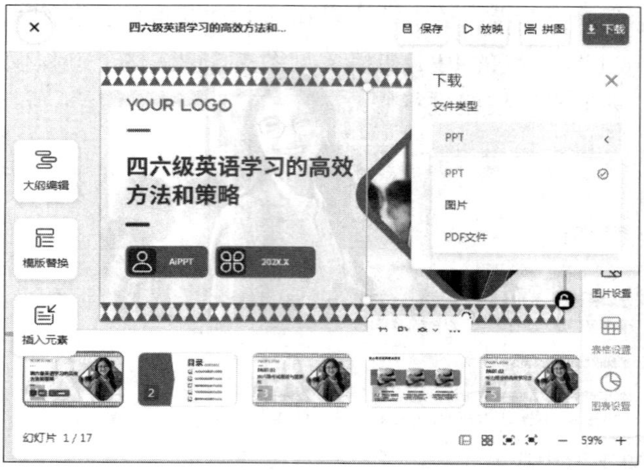

图 7-54　下载 PPT

图 7-55　Kimi 中的模板

（5）多样化的编辑功能。用户可以添加文本、形状、图片、表格、图表等元素，对 PPT 进行进一步的增色设计并丰富其内容。用户可以方便地对文字和形状进行设置，如设置字体、大小、颜色、形状的样式等，使 PPT 的视觉效果更加出色，如图 7-56 所示。

图 7-56　编辑 PPT

（6）智能化推荐与优化。Kimi PPT 助手能够根据用户输入的内容，智能推荐合适的模板和素材，确保 PPT 的整体风格和内容相匹配。在用户制作 PPT 的过程中，Kimi 还会提供实时的优化建议，帮助用户提升 PPT 的质量。

（7）多平台支持。Kimi PPT 助手支持多种操作系统和设备，用户可以在笔记本计算机、平板计算机等设备上随时随地使用它，方便快捷。

3. 文心一言

文心一言是百度开发的大语言模型，它在生成式 AI 领域具有强大的功能。除了撰写文章和用于翻译外，文心一言还可以制作高质量的 PPT，使演讲和演示更加引人入胜。文心一言会根据用户输入的主题和要求生成PPT大纲，包括目录、简要介绍、主题分析、重点内容等，如图 7-57 所示。它还可以生成幻灯片的文本内容，包括标题、正文、要点以及图片说明，如果用户不满意，还可以重新生成。用户可以根据需要对生成的大纲进行调整，如添加文本、编辑图片、优化布局等，确保幻灯片内容清晰、简洁、生动。用户根据生成的内容选择合适的幻灯片模板制作PPT时，文心一言还可以提供创意设计建议，例如配色方案、字体和布局，以增强 PPT 的视觉效果。用户预览 PPT，确保内容和视觉效果符合预期后，可以导出 PPT 文件，保存为所需的格式，操作与 Kimi 类似，此处不再赘述。

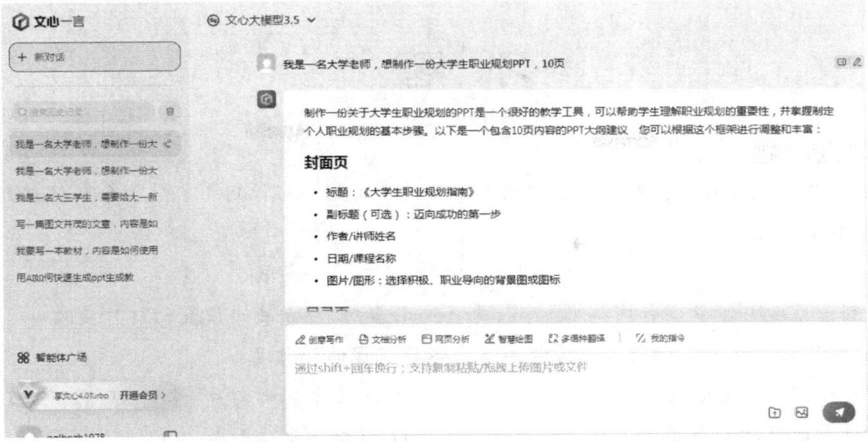

图 7-57　利用文心一言生成 PPT 大纲

4. 讯飞智文

讯飞智文是由科大讯飞推出的一款基于 AI 技术的智能文档创作平台，其 2.0 版本在 2024 年 8 月发布，该版本进一步优化了内容处理能力和编辑自由度。讯飞智文平台不仅提升了用户创作文档的效率，还通过 AI 技术丰富了用户创作 PPT 的体验。首先，讯飞智文具备 PPT 文本生成大模型，能够实时联网抓取最新资讯，确保内容的时效性和准确性。用户只需输入主题，系统便能自动生成内容丰富、结构合理的 PPT 文本。例如，当用户需要制作关于巴黎奥运会中国运动员荣誉时刻分享报告时，只需简单地输入“巴黎奥运会中国运动员荣誉时刻”，系统便会自动搜索相关资讯，生成包含详细赛事分析和评论的高质量文本。讯飞智文真正做到“一键生成 PPT”，而不是仅提供一个简单的提要大纲，其生成的 PPT 如图 7-58 所示。其次，讯飞智文 2.0 还支持用户一键配图和上传本地图片，根据文本内容自动生成相关图片，极大地丰富了 PPT 的视觉效果。在视觉呈现方面，讯飞智文 2.0 提供了灵活的在线编辑模块。用户可以根据个人喜好调整元素位置、大小、字体、色彩配置等。讯飞智文 2.0 支持几十种动画特效的切换，确保演示文稿具备强大的吸引力和专业性。再次，利用智文 Ai 撰写助手，用户可对文档中的文案进一步美化、扩写或者精简，使其更规整，更具有吸引力。此外，智文 2.0 的模板库也得到了大幅扩展，从 20 种配色模板升级至 100 多种行业模板，覆盖商务、教育、科技、艺术等多个领域，以满足不同用户的需求。

图 7-58　利用讯飞智文一键生成 PPT

习 题 7

一、单项选择题

1. 在 PowerPoint 2016 中，对于已创建的多媒体演示文档，可以用（　　）命令转移到其他未安装 PowerPoint 的机器上放映。

A. 文件→导出　　B. 文件→发送

C. 复制　　D. 幻灯片放映→设置幻灯片放映

2. 在 PowerPoint 2016 的幻灯片浏览视图下，不能完成的操作是（　　）。

A. 调整个别幻灯片位置　　B. 删除个别幻灯片

C. 编辑个别幻灯片内容　　D. 复制个别幻灯片

3. 在 PowerPoint 2016 中，（　　）不能控制幻灯片的外观保持一致。

A. 母版　　B. 模板

C. 背景　　D. 幻灯片视图

4. 在 PowerPoint 2016 中，在幻灯片母版中插入的对象，只能在（　　）中修改。

A. 幻灯片视图　　B. 幻灯片母版

C. 讲义母版　　D. 大纲视图

5. 在 PowerPoint 2016 中，在空白幻灯片中不可以直接插入（　　）。

A. 文本框　　B. 文字

C. 艺术字　　D. Word 表格

6. 在 PowerPoint 2016 中，关于幻灯片页面版式的叙述中，不正确的是（　　）。

A. 幻灯片上的对象大小可以改变

B. 一旦选定幻灯片应用的模板，就不可以改变

C. 同一演示文稿中允许使用多种母版格式

D. 同一演示文稿中不同幻灯片的配色方案可以不同

7. 在演示文稿中，在插入超链接中所链接的目标时，不能是（　　）。

A. 另一个演示文稿

B. 同一演示文稿的某一张幻灯片

C. 其他应用程序的文档

D. 幻灯片中的某个对象

8. 下列不能在放映幻灯片时进行控制的放映方式是（　　）。

A. 演讲者放映　　B. 观众自行浏览

C. 演讲者自行浏览　　D. 在展台浏览

9. 在演示文稿中只播放几张不连续的幻灯片，应在（　　）中设置。

A. “幻灯片放映”选项卡的“设置幻灯片放映”

B. “幻灯片放映”选项卡的“自定义幻灯片放映”

C. “幻灯片放映”选项卡的“广播幻灯片”

D. “幻灯片放映”选项卡的“录制演示文稿”

10. 应当使用（　　）设置从一张幻灯片淡出转到下一张。

A. 自动内容步骤　　B. “幻灯片切换”命令

C. “淡出”按钮　　D. “幻灯片定时”功能

11. 在 PowerPoint 2016 中，可以创建某些（　　），在幻灯片放映时单击它们，就可以跳转到特定的幻灯片或运行一个嵌入的演示文稿。

A. 按钮　　B. 过程　　C. 替换　　D. 粘贴

12. 在 PowerPoint 2016 中，幻灯片（　　）是一张特殊的幻灯片，包含已设定格式的占位符，这些占位符是为标题、主要文本和所有幻灯片中出现的背景项目而设置的。

A. 模板　　B. 母版　　C. 版式　　D. 样式

13. 在 PowerPoint 2016 的插入图片操作中，插入的图片必须满足一定的格式要求。下列选项中，不属于图片格式的文件名后缀是（　　）。

A. .bmp　　B. .wmf　　C. .jpg　　D. .mps

14. 下列关于幻灯片主题的说法中错误的是（　　）。

A. 可以应用于所有幻灯片　　B. 可以应用于指定幻灯片

C. 可以对已使用的主题进行更改　　D. 可以选择“文件→选项”命令进行更改

15. 要从第 4 张幻灯片转跳到第 10 张幻灯片，可以（　　）。

A. 添加动画　　B. 添加超链接

C. 添加幻灯片切换效果　　D. 添加排练计时

二、填空题

1. 将文本添加到幻灯片最简易的方式是直接将文本输入幻灯片的占位符中。要在占位符外的其他地方添加文字，可以在幻灯片中插入____________。

2. 在 PowerPoint 2016 中，____________视图模式可以实现在其他视图中能实现的一切编辑功能。

3. 用 PowerPoint 2016 应用程序创建的用于演示的文件称为____________，其扩展名为____________；模板文件的扩展名为____________。

4. 用 PowerPoint 2016 制作好幻灯片后，可以根据需要使用三和不同的方式放映幻灯片，这三种放映方式是____________、____________、____________。

5. 在 PowerPoint 2016 中，可以创建某些____________，在幻灯片放映时单击它们，就可以跳转到特定的幻灯片或运行一个嵌入的演示文稿。

6. 在____________视图中，可以方便地给幻灯片添加切换效果。

7. 在 PowerPoint 2016 中，为了使每张幻灯片中都出现相同的图片，最快速的方法是在____________中插入该图片。

8. 在 PowerPoint 2016 中，如果要终止幻灯片的放映，可直接按____________键。

9. 在打印演示文稿时，在一页纸上能包括几张幻灯片缩略图的打印版式称为____________。

10. 在 PowerPoint 2016 中，为每张幻灯片设置放映时的切换方式，应使用____________选项卡设置幻灯片的切换效果。

第 8 章　计算机网络基础

在全面进入信息时代的 21 世纪，计算机网络如同无形的桥梁，连接着全球各地的人们与信息资源。目前，人们可以在家中通过互联网观看来自世界各地的直播，或者与远方的朋友实时视频聊天。这一切的背后都离不开计算机网络的支持。作为大学生，了解计算机网络的基础知识不仅有助于未来的学术研究，而且有助于更好地适应数字化生活。随着人工智能技术的进步，网络与人工智能技术的结合正在为各行各业带来前所未有的变革。本章的重点是介绍网络与 Internet 的基本原理及应用。

8.1　计算机网络基础知识

8.1.1　计算机网络的定义

什么是计算机网络？随着计算机技术和通信技术的发展，计算机网络的定义和术语也在不断地演变。关于计算机网络，全世界没有一个标准统一的定义，但计算机网络的定义中应包含以下三个方面。

（1）功能独立的计算机。

（2）互连设备。

（3）网络软件。

现在，人们比较一致地将计算机网络定义为：将不同地理位置的、具有独立功能的多个计算机系统，利用通信设备和线路互相连接起来，以功能完善的网络软件（网络操作系统、网络通信协议及信息交换方式等）实现网络资源共享的系统。

为了更好地理解计算机网络，我们需要从三个基本要素入手。

（1）多台独立的计算机。就像一个班级里有多个学生一样，一个计算机网络至少需要两台或更多的独立计算机来构成。每台计算机都能独立运行自己的任务。

（2）互连设备。这些计算机通过路由器、交换机等设备相互连接，就像教室里的学生们通过桌子和椅子形成一个整体的学习环境一样。

（3）网络协议。为了让这些计算机能够顺利地“交谈”，它们必须遵循一套共同的规则，这就是网络协议。例如，TCP/IP（transmission control protocol/internet protocol，传输控制协议 / 互联网协议）就是互联网中常用的协议之一。

8.1.2　计算机网络的功能组成

计算机网络的基本功能是资源共享与数据通信，因此，在逻辑功能上形成了与之相应的两部分：资源子网和通信子网，如图 8-1 所示。计算机网络中实现网络通信功能的设备和软件的集合称为通信子网。通信子网是信息传输的主体，主要由通信线路和交换节点组成。网络上的计算机称为主机，主机通过通信子网连接。通信子网负责整个网络的通信任务，把数据从一台主机传输到另一台主机，最终将数据传送给目的主机。

计算机网络中实现资源共享功能的设备及其软件的集合称为资源子网。资源子网是各种网络资源的集合，是资源共享的主体。资源子网主要由计算机系统、终端、终端控制器、联网外部设备、各种软件资源和数据资源等组成。资源子网负责全网的数据处理业务，向网络用户提供各种网络资源和网络服务。

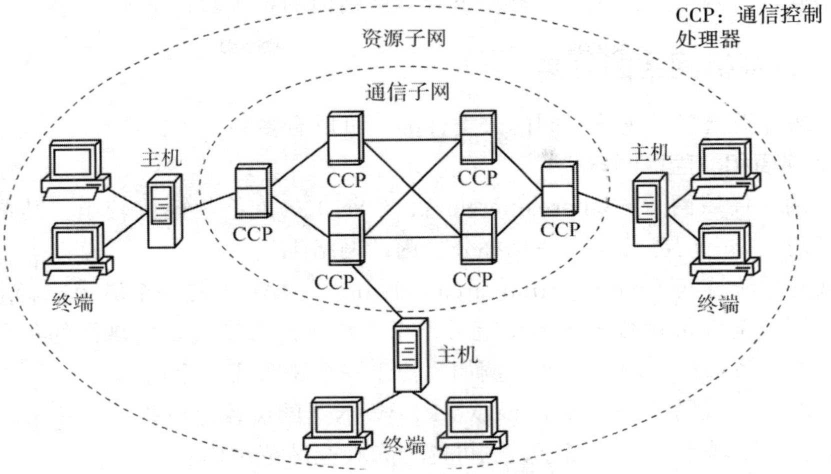

图 8-1　通信子网与资源子网示意图

8.1.3　计算机网络的构成

计算机网络主要由多台计算机及通信设备构成，下面介绍其物理设备。

（1）各种类型的计算机。采用适当技术，可将各种类型的计算机连接在同一个网络上。这些机器既可以是巨型机，也可以是微型机，既可以是台式机，也可以是掌上计算机。不同的机器在网络中承担着不同的任务。

网络中的某些计算机称为服务器，是网络的核心。服务器上运行的一般是多用户多任务操作系统，如 UNIX、NetWare、Windows NT 等。服务器的主要任务是为网络上的其他机器提供服务，如打印服务器主要接收网络用户的打印请求，并管理这些打印队列及控制打印输出。此外，还有文件服务器、通信服务器等。与服务器相对应，其他的网络计算机称作网络工作站，简称工作站，一些场合下也称为客户机（相对于服务的提供者——服务器而言）。

（2）网络适配器。网络适配器又称网卡，它提供通信网络与计算机相连的接口。

（3）网络传输介质。计算机网络传输介质有双绞线、同轴电缆、光纤等，以及微波、无线电波等无线介质。一般来说，局部范围的中高速局域网中使用双绞线、同轴电缆等，在对网络速度要求很高的场合下，如召开视频会议时，也会采用光纤作为网络传输介质。在远距离传输中使用光纤作为网络传输介质或使用卫星通信线路，在有移动节点的网络中采用无线通信方式。

（4）共享的外部设备。共享的外部设备指连接在网络中的一台计算机（一般为服务器）上的供整个网络使用的外部硬件设备，如打印机、绘图仪等。

（5）局部网络通信设备。网卡和传输介质将多台计算机连接起来后，通常网络中还需要用到其他一些专用的通信设备，如集线器（hub）可将一路信号再生放大为多路信号，中继器（repeater）可对因传输距离超出范围而衰减的信号进行放大。

（6）网络互连设备。将电话线与计算机连接的调制解调器、将光纤与计算机连接的光调制解调器等，都属于网络互连设备。

当多个独立的网络需要连接成为一个新的网络时，也需要用到网络互连设备，如网桥

（bridge）、路由器（router）等。Internet（因特网）就是一个通过许多网络互连设备连接起来的庞大的网际网。

（7）网络软件。网络软件在网络环境下管理网络内的各种软件资源。

8.1.4 计算机网络的分类

计算机网络种类繁多，按照不同的分类标准，可以有多种分类方法。

1. 按网络规模和覆盖范围分类

（1）局域网。局域网（local area network，LAN）的网络规模比较小，其覆盖范围一般在方圆一千米内，如一间办公室、一栋办公楼内的网络等。

（2）城域网。城域网（metropolitan area network，MAN）是一个城市或者地区的主干网络，也叫区域网，范围可达数十千米至上百千米。城域网可以说是局域网的集合，它所连接的计算机或其他设备都位于同一地区，例如，位于一个城市或一个城镇。

（3）广域网。广域网（wide area network，WAN）的覆盖范围很大，一般从几千米到几千千米，可能在一个城市、一个国家，也可能分布在全球范围内。

2. 按照网络的使用对象分类

（1）公用网。公用网一般是由国家电信部门建立的、面向社会和大众提供有偿服务的网络。

（2）专用网。专用网是组织、系统或部门根据实际需要而建立的，只为网络拥有者提供服务的网络。例如，公安、军队、电力等系统都有自己的专用网。

3. 按网络传输技术分类

按网络传输技术可将网络分为广播网络和点对点网络。

（1）广播网络。广播网络中的所有计算机共享一个公共通信信道。当网络中的一台计算机向另一台计算机发送信息时，发送的信息中含有目的地址和源地址，这一信息被广播到网络中的每一台计算机。网络中的每台计算机接收信息后，检查信息中包含的目的地址，若目的地址为本机地址，则接收该信息，否则丢弃该信息。

（2）点对点网络。在点对点网络中，每条物理线路连接一对计算机。一台计算机向另一台计算机发送信息时，如果两台计算机之间没有用直接的物理线路连接，信息就要通过一些中间计算机接收、存储、转发，直至最终到达目的计算机。

4. 按传输介质分类

传输介质是数据传输系统中发送者和接收者之间的物理路径。

（1）有线网络。有线网络是采用同轴电缆、双绞线、光纤等物理介质来传输数据的网络。

（2）无线网络。无线网络是采用微波、无线电波和红外线等无线介质传输数据的网络。

5. 按照数据交换方式分类

按照数据交换方式分类，计算机网络分为直接交换网、存储转发交换网和混合交换网。

6. 按网络操作系统分类

按照网络中使用的操作系统，可将计算机网络分为 Novell 网、Windows 网、UNIX 网和 Linux 网等。

7. 按照网络的传输速率分类

按照网络的传输速率，可将计算机网络分为低速网、中速网、高速网、千兆以太网、万兆以太网等。

8.1.5 计算机网络的拓扑结构

网络中各台计算机的连接形式和连接方法称为网络的拓扑结构。网络的拓扑结构对整个网络的设计、功能、可靠性和费用等方面有着重要的影响。网络拓扑结构主要有以下几种（见图 8-2）。

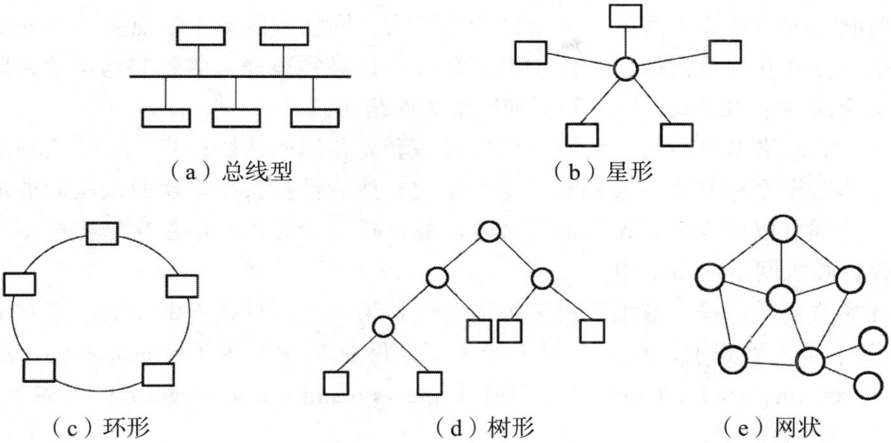

图 8-2 计算机网络拓扑结构的类型

（1）总线型网络拓扑结构。

描述：所有设备通过一根主干电缆（总线）连接在一起。

优点：简单易实现，成本低。

缺点：单点故障可能导致整个网络瘫痪。

应用场景：适用于小型办公室或家庭网络。

（2）星形网络拓扑结构。

描述：所有设备通过独立的线路连接到一个中心节点（如交换机）。

优点：易于管理和扩展，单个设备的故障不影响其他设备。

缺点：中心节点的故障会导致整个网络瘫痪。

应用场景：广泛应用于企业局域网。

（3）环形网络拓扑结构。

描述：每个设备仅连接两个相邻设备，形成一个闭合的环。

优点：数据传输路径明确，延迟较低。

缺点：任意一点故障都会影响整个网络。

应用场景：FDDI（fiber distributed data interface，光纤分布式数据接口）网络。

（4）树形网络拓扑结构。

描述：结合了总线型和星形网络拓扑结构的特点，形成层次化结构。

优点：易于扩展和管理。

缺点：对根节点的依赖性大。

应用场景：大型企业网络。

（5）网状网络拓扑结构。

描述：每个设备与其他多个设备直接相连，形成复杂的网络结构。

优点：高可靠性和冗余性。

缺点：成本高，配置复杂。

应用场景：广域网和互联网骨干网。

8.1.6 计算机网络体系结构与网络协议

1. 计算机网络体系结构的基本概念

一个功能完善的计算机网络是一个复杂的结构，网络上的多个节点间不断地交换数据信息和控制信息，在交换信息时，网络中的每个节点都必须遵守一些事先约定的共同规则。为网络数据交换而制定的规则、约定和标准统称为网络协议。

一个完善的网络需要一系列网络协议构成一套完备的网络协议集。大多数网络在设计时将网络划分为若干个相互联系又各自独立的层次，然后针对每个层次及层次间的关系制定相应的协议。这样可以减少协议设计的复杂性。像这样的计算机网络层次结构模型及各层协议的集合称为计算机网络体系结构。

网络技术的发展过程中曾出现过多种网络体系结构。信息技术的发展在客观上提出了网络体系结构标准化的需求，在此背景下产生了国际标准化组织（International Organization for Standardization，ISO）的开放系统互连（open system interconnection，OSI）参考模型。

2. OSI 参考模型

国际标准化组织于 1981 年提出了一个网络体系结构的 OSI 参考模型。这里的“开放”指世界上任意两个地方的任意两个系统，只要同时遵循 OSI 标准，就可以进行通信。

OSI 参考模型采用了三级抽象，即体系结构、服务定义和协议规格说明。体系结构部分定义 OSI 参考模型的层次结构、各层关系及各层可能的服务；服务定义部分详细说明了各层所提供的功能；协议规格说明部分的各种协议精确定义了每一层在通信中发送控制信息及解释信息的过程。

OSI 参考模型将网络划分为 7 个层次，如图 8-3 所示。

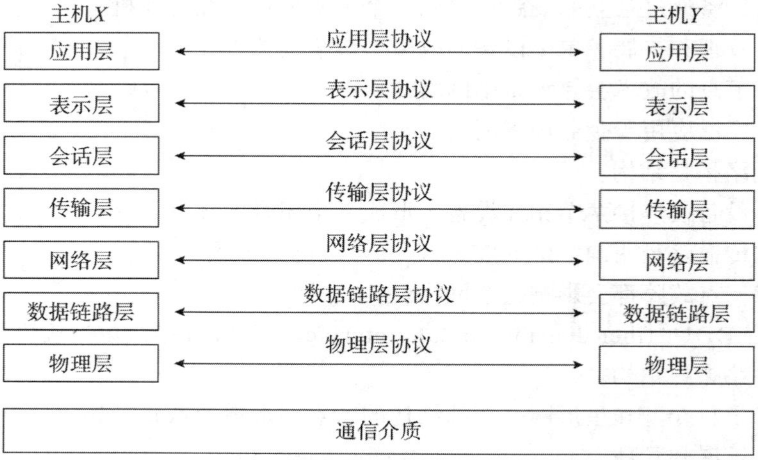

图 8-3 OSI 参考模型

（1）物理层（physical layer）。物理层是 OSI 参考模型的最底层，主要功能是利用物理传输介质为数据链路层提供连接，以透明地传输比特流。

（2）数据链路层（data link layer）。数据链路层在通信的实体间建立数据链路连接，传送以帧为单位的数据，并采用相应的方法使有差错的物理线路变成无差错的数据链路。

（3）网络层（network layer）。网络层的功能是进行路由选择、阻塞控制与网络互连等。

（4）传输层（transport layer）。传输层的功能是向用户提供可靠的端到端服务，透明地传送报文，传输层是关键的一层。

（5）会话层（session layer）。会话层的功能是组织两个会话进程间的通信，并管理数据的交换。

（6）表示层（presentation layer）。表示层主要用于处理两个通信系统中交换信息的表示方式，它包括数据格式变换、数据加密、数据压缩与恢复等功能。

（7）应用层（application layer）。应用层是 OSI 参考模型中的最高层，应用层确定进程之间通信的性质，以满足用户的需要。应用层在提供应用进程所需要的信息交换和远程操作的同时，还要作为应用进程的用户代理，来完成一些进行信息交换所必需的功能。

3. TCP/IP 参考模型

OSI 参考模型的初衷是为网络体系结构与协议的发展提供一个国际标准，但事实上这一目标并没有达到。而 Internet 的飞速发展使 Internet 所遵循的 TCP/IP 参考模型得到了广泛的应用。因此，提到网络体系结构，不能不提到 TCP/IP 参考模型。

TCP/IP 是一个协议集，其中最重要的是 TCP 与 IP，因此通常将诸多协议统称为 TCP/IP 协议集，或干脆叫作 TCP/IP 协议。TCP/IP 参考模型是一个开放模型，能很好地适应世界范围内数据通信的需要，它具有如下 4 个特点。

（1）开放的协议标准，可以免费使用，并且独立于特定的计算机硬件与操作系统。

（2）独立于特定的网络硬件，可以运行在局域网、广域网中，更适用于网络互连。

（3）统一的网络地址分配方案，使网络中的每台主机在网络中都具有唯一的地址。

（4）标准化的高层协议，可以提供多种可靠的用户服务。

TCP/IP 参考模型分为 4 层。其中 TCP/IP 参考模型的应用层与 OSI 参考模型的应用层对应，TCP/IP 参考模型的传输层与 OSI 参考模型的传输层对应，TCP/IP 参考模型的网络层与 OSI 参考模型的网络层对应，TCP/IP 参考模型的网络接口层与 OSI 参考模型的物理层和数据链路层对应。TCP/IP 参考模型中没有 OSI 参考模型中的表示层和会话层。TCP/IP 参考模型与 OSI 参考模型的比较如图 8-4 所示。

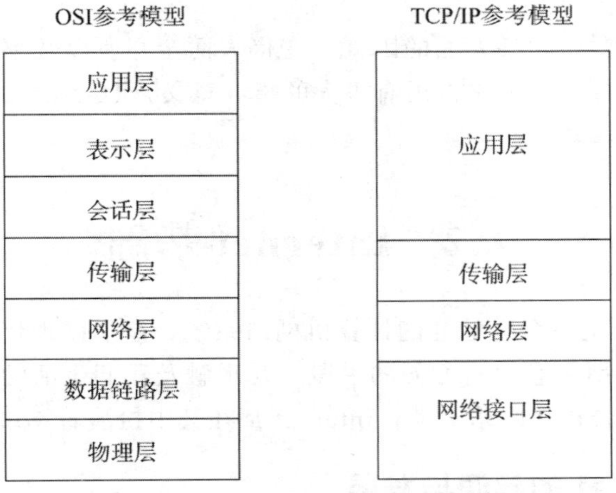

图 8-4　TCP/IP 参考模型与 OSI 参考模型的比较

（1）应用层是 TCP/IP 参考模型的最高层，它向用户提供一些常用的应用程序，如电子邮件等。应用层包括所有的高层协议，并且总是不断有新的协议加入。应用层的协议主要有：

网络终端协议（Telnet），用于实现互联网中的远程登录功能；文件传输协议（FTP），用于实现互联网中交互式文件传输功能；简单电子邮件协议（SMTP），实现互联网中电子邮件发送功能；域名服务（DNS），用于实现网络设备名字到IP地址映射的网络服务；网络文件系统（NFS），用于网络中不同主机间的文件系统共享。

（2）传输层也叫TCP层，主要功能是负责应用进程之间的端对端通信。传输层定义了两种协议：传输控制协议（TCP）与用户数据报协议（UDP）。

TCP是一种可靠的面向连接的协议，主要功能是保证信息无差错地传输到目的主机。UDP是一种不可靠的无连接协议，与TCP不同的是，它不进行分组顺序的检查和差错控制，而是把这些工作交给上一层（应用层）完成。

（3）网络层也叫IP层，负责处理互联网中计算机之间的通信，向传输层提供统一的数据包。它的主要功能有以下三个方面：处理来自传输层的分组发送请求；处理接收的数据包；处理互连的路径。

（4）网络接口层的主要功能是接收网络层的IP数据报，通过网络向外发送，或接收处理从网络上来的物理帧，抽出IP数据报，向网络层发送。该层是主机与网络的实际连接层。

4. OSI参考模型与TCP/IP参考模型的区别

OSI参考模型与TCP/IP参考模型都采用了层次结构的概念，但是两者在层次划分、使用协议上有很大的区别。在OSI参考模型问世之初，因为含有大量的研究成果，所以很多人认为它将在全世界迅速风行。但事实上这一局面并没有出现。一个重要的因素是协议自身存在不足。OSI参考模型的会话层在大多数应用中很少用到，而表示层几乎是全空的。在数据链路层与网络层之间有很多的子层插入，每个子层都有不同的功能。OSI参考模型把“服务”与“协议”的定义结合起来，使参考模型变得格外复杂，实现起来很困难。同时寻址、流控制与差错控制在每一层中都重复出现，降低了整个系统的效率。关于数据安全性、加密与网络管理等方面的问题在设计初期也被忽略了。

TCP/IP参考模型也有自身的缺陷。它在服务、接口与协议的区别方面不清楚，没能将功能与实现方法区别开。TCP/IP参考模型的网络接口层本身并不是实际的一层，它定义了网络层与数据链路层的接口。网络层次结构中物理层与数据链路层的划分是必要的和合理的，但TCP/IP参考模型将它们合并在一起了。

OSI参考模型由于要照顾各方面的因素，变得大而全，所以效率很低，但它的很多研究成果、方法以及提出的概念对网络发展有很大的指导意义。TCP/IP参考模型应用广泛，但它对参考模型的研究却很薄弱。

8.2 Internet基础

Internet（互联网）是一个全球性的计算机网络系统，是借助现代通信和计算机技术实现全球信息传递的一种快捷、有效、方便的手段，几乎触及我们生活的每一个角落。今天，无论是在线学习、远程办公还是娱乐活动，Internet都在其中扮演着不可或缺的角色。

8.2.1 Internet的起源与发展

1. 最初的ARPANET与Internet这一名称的由来

20世纪60年代，美国军方为寻求将其所属各军方网络互相连接的方法，由美国国防部下属的高级计划研究局（Advanced Research Project Ageny，ARPA）出资赞助大学的研究人员开展网络互联技术的研究。研究人员最初在四所大学之间组建了一个实验性的网络，称为 ARPANET（阿帕网）。随后，深入研究导致了 TCP/IP 协议的出现与发展。为了推广 TCP/IP 协议，在美国军方的赞助下，加州大学伯克利分校将 TCP/IP 协议嵌入当时很多大学使用的网络操作系统 BSD UNIX 中，促成了 TCP/IP 协议的研究开发与推广应用。

1983 年初，美国军方正式将其所有军事基地的各子网都连接到 ARPANET 上，并全部采用 TCP/IP 协议。这标志着 Internet 的正式诞生。

作为 Internet 的第一代主干网，ARPANET 今天已经退役，但它的技术对网络技术的发展产生了重要的影响。

2. 20 世纪 80 年代中期的 NSFNET

20 世纪 80 年代，美国国家科学基金会（National Science Foundation，NSF）认识到为使美国在未来的竞争中保持不败，必须将网络扩充到每一位科学家和工程人员。最初 NSF 想利用已有的 ARPANET 来达到这一目的，但却发现与军方打交道是一件令人头疼的事。于是 NSF 说服美国国会，获得资金组建了一个从开始就使用 TCP/IP 协议的网络 NSFNET。NSFNET 取代 ARPANET，于 1988 年正式成为 Internet 的主干网。

NSFNET 采取的是一种层次结构，分为主干网、地区网与校园网。各主机联入校园网，校园网联入地区网，地区网联入主干网。NSFNET 扩大了网络的容量，入网者主要是大学和科研机构。它与 ARPANET 一样，都是由美国政府出资的，不允许商业机构将其用于商业用途。

3. 20 世纪 90 年代，商业机构介入 Internet，带来 Internet 的第二次飞跃

自 Internet 问世后，每年加入 Internet 的计算机的数量呈指数级增长。NSFNET 出现了网络负荷过重的问题。NSF 意识到美国政府无力承担组建一个新的更大容量的网络的全部费用，NSF 鼓励 MERIT、MCI 与 IBM 三家商业公司接管 NSFNET。

三家公司组建了一个非营利性的公司 ANS，并在 1990 年接管了 NSFNET。到 1991 年底，NSFNET 的全部主干网都与 ANS 提供的新的主干网连通，构成了 ANSNET。与此同时，很多商业机构也开始运行它们的商业网络并连接到主干网上。

Internet 的商业化，开拓了其在通信、资料检索、客户服务等方面的巨大潜力，导致了 Internet 新的飞跃，使其最终走向全球。

从 Internet 的发展历程可以看到，Internet 是千万个可单独运作的子网以 TCP/IP 协议互联起来形成的，各个子网属于不同的组织或机构，而整个 Internet 不属于任何国家、政府或机构。

8.2.2 我国 Internet 的发展

Internet 在我国的发展经历了两个阶段：第一阶段是 1987—1993 年，这一阶段实际上只是少数高等院校、研究机构提供了 Internet 的电子邮件服务，还谈不上是真正的 Internet；第二阶段从 1994 年开始，这一阶段我国实现了和 Internet 的 TCP/IP 连接，从而开通了 Internet 的全功能服务。根据国务院的规定，我国有权直接与国际 Internet 连接的网络有 4 个：中国科技网、中国教育和科研计算机网、中国公用计算机互联网、中国金桥信息网。

中国科技网（China Science and Technology Network，CSTNet），包括中国科学院北京地区已经入网的 30 多个研究所和全国 24 个城市的各学术机构，并连接了中国科学院以外的一批科研院所和科技单位，是一个面向科技用户、科技管理部门及与科技有关的政府部门的全国性网络。

中国教育和科研计算机网（China Education and Research Network，CERNet），是一个全国性的教育和科研计算机网络，把全国大部分高等学校和中学连接起来，推动这些学校校园网的建设和信息资源的交流共享，从而极大地改善了我国大学教育和科研的基础环境，推动了我国教育和科研事业的发展。CERNet 由三级组成：主干网、地区网、校园网。其网控中心设在清华大学。地区网络中心分别设在北京、上海、南京、西安、广州、武汉、沈阳、成都。

中国公用计算机互联网（ChinaNet）是由原邮电部组织建设和管理的中国第一个商业化运营的全国性公用计算机互联网，主要用于民用和商用。该网络目前已覆盖了全国除港澳台之外的 31 个省（自治区、直辖市）。

中国金桥信息网（China Golden Bridge Network，ChinaGBN）由原电子工业部归口管理，是以卫星综合数字业务网（ISBN）为基础，以光纤、微波、无线移动等方式形成天地一体的网络结构。它是一个把国务院、各部委专用网络与各省（自治区、直辖市）、大中型企业以及国家重点工程连接的国家经济信息网。

8.2.3 Internet 的基本概念

1. 互联网协议（Internet Protocol，IP）

IP 是 Internet 中最重要的协议，对应于 TCP/IP 参考模型的网络层。IP 详细定义了 IP 数据报（datagram）的组成格式。数据报由数据报正文和报头两部分组成，报头包括发送主机的网络地址、接收主机的网络地址、数据报的报头校验和、数据报的长度等。

IP 的主要功能包括数据报的传输、路由选择和拥塞控制。

IP 用统一的 IP 数据报格式在帧格式不同的物理网络之间传递数据，数据报的传递采用一种“无连接”方式，这里的无连接指两台主机在通信之前不需要建立确定的连接。一台主机发出一个数据报，如果目的主机是同一子网内的一台计算机，那么它将直接被送到那台计算机上，如果这个数据报是送往子网外的另一台主机的，该数据报被送往子网中一台称为路由器的计算机，然后被路由器送到 Internet 上进行传递。

IP 数据报在 Internet 上的传输过程有点类似于邮局送信的过程。邮局在处理信件时，如果信件是发往本邮局辖区的，就直接将信件送给收信人；如果信件是送往外地的，邮局只需要根据规则把信件送到邮递路径上相邻的下一家邮局，而不需要知道信件送到收信人手上的全部过程。信件通过一系列邮局的传送被送到收件人所在地的邮局，最后送到收件人手中。路由器就类似于一系列邮局。

路由器是 Internet 中负责进行路由选择的专用计算机。路由选择也称为“寻径”，就是在网络中找到一条最合适的传输路径，将分组从发送端的子网送往接收端的子网的过程。路由器接收到一个分组后，取出其中报头部分的有关目的地址的信息，根据目的地址将数据报转发到合适路径上的下一个路由器，如果这个路由器和目的子网直接相连，那么这个数据报就直接被送到目的主机。就像邮局处理信件一样，路由器并不关心数据报送往目的主机的整个路径，而只是把数据报转发到当前路径的下一站。

2. IP 地址

Internet 上的所有计算机都必须有一个 Internet 上唯一的编号，作为其在 Internet 上的标识，这个编号称为 IP 地址。每个数据报中包含发送方的 IP 地址和接收方的 IP 地址。

IP 地址是一个 32 位的二进制数，即 4 字节，为方便起见，通常将其表示为 $w.x.y.z$ 的形式。其中 w、x、y、z 分别为一个 0 ~ 255 的十进制整数，对应二进制表示法中的 1 字节。这样的表示法称为点分十进制表示法。

例如，某台机器的 IP 地址为 11001010 01110010 01000000 00000010，写成点分十进制表示形式是 202. 114. 64. 2。

Internet 的结构模式如图 8-5 所示，整个 Internet 由很多独立的网络互联而成，每个独立的网络就是一个子网，包含若干台计算机。根据这个模式，Internet 的设计人员用两级层次模式构造 IP 地址，类似电话号码。电话号码的前面一部分是区号，后面一部分是某部电话的客户号，如 0812-6122334，0812 是攀枝花市的区号，6122334 是一个单独的客户号码。IP 地址的 32 个二进制位也被分为两个部分，即网络地址和主机地址，网络地址就像电话号码的区号，标明主机所在的子网，主机地址用于在子网内部区分具体的主机。

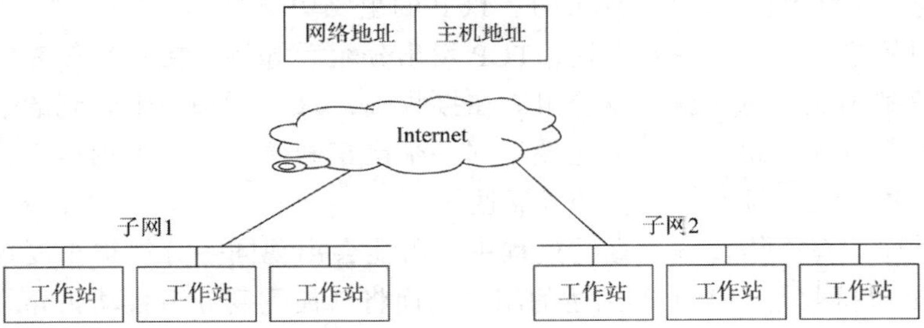

图 8-5 Internet 的结构模式

简单地说，IP 地址的取得方式是大的组织先向 Internet 的 NIC（network informationcenter，网络信息中心）申请若干 IP 地址，然后将其向下级组织分配，下级组织再向更下一级的组织分配 IP 地址。各子网的网络管理员将取得的 IP 地址指定给子网中的各台计算机。

3. IP 的寻址规则

（1）网络寻址规则：网络地址必须唯一；网络标识不能以数字 127 开头；网络标识的第一个字节不能为 255，因为 255 被作为广播地址；网络标识的第一个字节不能为 0，0 表示该地址是本地主机，不能传送。

（2）主机寻址规则：主机标识在同一网络内必须是唯一的；主机标识的各个位不能都为 1，如果所有位都为 1，则该地址是广播地址，而非主机的地址；主机标识的各个位不能都为 0，如果各个位都为 0，则表示“只有这个网络”，而这个网络上没有任何主机。

4. IP 地址的分类

最初设计互联网时，为了便于寻址以及层次化构造网络，每个 IP 地址包括两个标识码（ID），即网络 ID 和主机 ID。同一个物理网络上的所有主机都使用同一个网络 ID，网络上的每一个主机（包括网络上的工作站、服务器和路由器等）都有一个主机 ID 与其对应。Internet 委员会定义了 5 种 IP 地址类型以适合不同容量的网络，即 A 类至 E 类。

其中，A、B、C 三类地址（见表 8-1）由 Internet NIC 在全球范围内统一分配，D、E 类地址为特殊地址。

表 8-1 IP 地址的 A、B、C 三类地址

网络类别	最大网络数	IP 地址范围	最大主机数	私有 IP 地址范围
A	126（2^7-2）	1.0.0.0 ~ 126.255.255.255	16 777 214	10.0.0.0 ~ 10.255.255.255
B	16 384（2^{14}）	128.0.0.0 ~ 191.255.255.255	65 534	172.16.0.0 ~ 172.31.255.255
C	2 097 152（2^{21}）	192.0.0.0 ~ 223.255.255.255	254	192.168.0.0 ~ 192.168.255.255

D 类 IP 地址在历史上被叫作多播地址，即组播地址。在以太网中，多播地址命名了一组应该在这个网络中接收到一个分组的站点。多播地址的最高位必须是“1110”，其范围是 224.0.0.0 ~ 239.255.255.255。

E 类 IP 地址是以“11110”开头，此类地址都保留下来将来再用或供实验使用。

5. TCP

IP 只负责产生符合 IP 格式的数据报并进行路由选择，然后将数据报向外发送，它并不关心数据报能否正常到达目的计算机。因为网络拥塞和其他种种可能的网络故障，数据报在传输时可能损坏或丢失，有时接收方可能会接收到一个数据报的多个副本或者数据报到达目的计算机的顺序颠倒。

数据传输的可靠性是由 TCP 来提供的。TCP 的主要功能如下。

（1）传输中的差错控制。在发送端，TCP 发出分组后等待从接收端传来的确认信息，如果超时，没有收到确认信息，就重发分组。在接收端，TCP 对每一个收到的分组进行完整性检测，若分组完整且无差错，就向发送端返回一个已正确接收该分组的信息，否则丢弃该分组。TCP 用这样的方式保证数据传输的可靠性。

（2）分组排序。在网络传输数据的过程中，可能会出现同一分组被重复传输的情况，这时接收端的 TCP 只接收第一个正确到达的副本，而将其他重复分组自动丢弃。TCP 接收到所有分组后，再按其原来的顺序组装成一条完整信息。

（3）流量控制。若网络因繁忙导致频繁超时，TCP 采用合适的机制来控制向外发送的数据量。

6. Internet 主机的域名

IP 地址的定义严格且易于划分子网，但它记忆起来十分不方便。因此，有必要给每台主机取一个便于记忆的名字，这个名字就是域名地址，如主机 210.41.128.161 的域名地址是 www.pzhu.edu.cn。

（1）域名地址的构成。一个完整的域名地址由若干部分组成，各部分之间用小数点隔开，每部分有一定的含义，且从右到左各部分之间大致是上层与下层的包含关系，域名地址通常不超过 5 级。

例如，域名地址 dns.pzhu.edu.cn，代表中国（cn）教育和科研计算机网（edu）上攀枝花学院校园网（pzhu）内的域名服务器（dns）。

为了表示主机所属机构的性质，Internet 管理机构（IAB）给出了 7 个组织性顶级域名，美国之外其他国家的互联网管理机构还使用 ISO 规定的国别代码作为域名后缀来表示主机所属的国家。表 8-2 给出了标识机构性质的组织性顶级域名的标准。

表 8-2 组织性顶级域名的标准

标识	组　织	标识	组　织
com	商业机构	mil	军事机构
edu	教育机构	net	网络服务提供者
gov	政府机构	org	非营利组织
int	国际机构（主要指北大西洋公约组织）		

我们见到的许多域名地址中从右往左数的第二部分才是表 8-2 中给出的标识机构性质的部分。域名地址的右边第一部分是域名的国别代码，表 8-3 给出了部分地理性顶级域名的标准。

表 8-3 地理性顶级域名的标准（部分）

代码	国家或地区	代码	国家或地区
au	澳大利亚	be	比利时
fl	芬兰	de	德国
ie	爱尔兰	it	意大利
nl	荷兰	ru	俄罗斯
es	西班牙	ch	瑞士
uk	英国	sg	新加坡
ca	加拿大	in	印度
fr	法国	jp	日本
cn	中国	us	美国

（2）IP 地址与域名服务器之间的对应关系。Internet 上 IP 地址是唯一的，一个 IP 地址对应着唯一的一台主机。相应地，给定一个域名地址也能找到一个唯一对应的 IP 地址。一个域名对应一个 IP 地址，但一个 IP 地址可以对应多个域名，即允许多个域名解析到同一个 IP 地址，相当于在一台服务器上部署了多个网站。

8.2.4 Internet 服务概述

加入 Internet，到底能做什么？简单地说，使用 Internet 就是使用 Internet 所提供的各种服务。通过这些服务，用户可以获得分布于 Internet 上的各种资源，这些资源来自包括自然科学、社会科学、技术科学、农业、气象、医学、军事等在内的各个领域。同时，用户也可以通过使用 Internet 提供的服务将自己的信息发布出去，这些信息也成为 Internet 上的资源。

Internet 上的常用服务主要有远程登录、电子邮件、文件传输、World Wide Web（WWW，万维网）、网络新闻服务等。

（1）远程登录（telnet）用来将一台计算机连接到远程计算机上，使之相当于远程计算机的一个终端。如果将一台计算机登录到远程的超级计算机上，则在本地机上需花长时间完成的计算工作在远程机上可以很快完成。

（2）电子邮件（E-mail）是在 Internet 上发送和接收邮件。用户先向 Internet 服务提供商申请一个电子邮件地址，再使用一个合适的电子邮件客户程序，就可以向其他电子信箱发 E-mail，也可接收到来自他人的 E-mail。

（3）文件传输（FTP）可以在两台远程计算机之间传输文件。网络上存在着大量的共享文件，获得这些文件的主要方式是使用 FTP。

（4）World Wide Web 将文本、图像、文件和其他资源以超文本的形式提供给访问者。这是 Internet 上最方便和最受欢迎的信息浏览方式。

（5)Internet 新闻使用户可以在全球范围内就某一共同感兴趣的问题与许多人交流、讨论。每一个新闻组都有自己的主题，新闻组的成员向组内发送一条新闻后，组中的每个成员都会收到这一新闻，其他成员可能会针对这一新闻发表赞同或反对的观点，或者提起新的话题。

（6）电子公告板系统（BBS）是 Internet 提供的一种信息服务，为用户提供一个公用环境，以寄存函件、读取通告、参与讨论和交流信息。

（7）信息查找服务，Gopher 是 Internet 上一种综合性的信息查询系统，它给用户提供具有层次结构的菜单和文件目录，每个菜单都指向特定信息。用户选择菜单后，服务器将提供新的菜单，逐步指引用户轻松地找到自己需要的信息资源。

（8）商业应用是一种不受时间与空间限制的交流方式，是一个促进销售、扩大市场、推广技术、提供服务的非常有效的方法。

（9）网络电话又称为 VoIP 电话，用户可以通过互联网直接拨打对方的固定电话和手机，包括国内长途和国际长途，而且其资费是传统电话费用的 10% ~ 20%。从宏观上讲，网络电话可以分为软件电话和硬件电话。软件电话就是在计算机上下载软件，然后购买网络电话卡，通过耳麦实现和对方（固定电话或手机）进行通话；硬件电话比较适合公司、话吧等使用，首先需要一个语音网关，网关一边接到路由器上，另一边接到普通的话机上，然后普通话机即可直接通过网络自由呼出了。

（10）虚拟现实系统是一种可以创建和体验虚拟世界的计算机系统。它由计算机生成，通过视觉、听觉、触觉等作用于使用者，使之产生如临其境的交互式视景。

（11）视频会议是指位于两个或多个地点的人们，通过通信设备和网络，进行面对面交谈的会议。根据参会地点数目的不同，视频会议可分为点对点会议和多点会议。在日常生活中，若用户对谈话内容的安全性、会议质量、会议规模没有要求，可以采用如腾讯 QQ 这样的视频软件进行视频聊天。而政府机关、企事业单位的商务视频会议，要求有稳定安全的网络、可靠的会议质量、正式的会议环境等条件，则需要使用专业的视频会议设备，组建专门的视频会议系统。由于这样的视频会议系统都要用电视来显示，因此也被称为电视会议、视讯会议。使用视频会议系统，参会者可以听到其他会场的声音，看到其他会场现场参会人的形象、动作和表情，还可以发送电子演示内容，使与会者有如临其境的感觉。

8.2.5 Internet 接入技术

1. 拨号上网

通过电话拨号上网的数据传输速率最高为 56 kbit/s，主机通过调制解调器连接普通电话线就可以上网。

2. 综合业务数字网（integrated service digital network，ISDN）

ISDN 采用数字传输和数字交换技术，将电话、传真、数据、图像等多种业务在一个统一的数字网络中进行传输和处理。

3. 数字用户线（xdigital subscriber line，xDSL）

（1）ADSL：非对称数字用户线。

（2）HDSL：高比特率数字用户线。

（3）SDSL：对称数字用户线。

（4）RADSL：速率自适应数字用户线。

（5）VDSL：甚高比特率数字用户线。

（6）IDSL：综合业务数字网数字用户线，是一种基于 ISDN 技术的数字用户线。

4. 电缆调制解调器（cable modem，CN）

电缆调制解调器是利用现有的有线电视网，提供高速数据传送的设备，其特点如下。

（1）传输速率快。

（2）成本低廉。电缆调制解调器利用了现有的有线电视（cable television，CATV）网络。

（3）上网无须拨号，也就是可以时刻连接在互联网上。

（4）支持宽带多媒体应用，包括视频会议、远程教学、视频点播、音乐点播等。

5. 数字数据网（digital data network，DDN）

数字数据网利用光纤、数字微波或卫星等数字传输信道提供永久性或半永久性的连接线路，以连接到互联网，提供高质量的数据传输通道，传送各种业务数据，其传输速率为 64 kbit/s ~ 2 Mbit/s。

6. 无线 Internet

无线 Internet 是新兴的网络技术，其主导思想是把无线设备的方便性和移动性与存取 Internet 大量信息的能力结合起来。

8.2.6 Internet 的常用术语

World Wide Web，简称 WWW、Web、W3、万维网等，是 Internet 上最方便和最受用户欢迎的信息浏览方式。它是一个基于超文本（hypertext）的信息发布工具，为用户提供了一种友好、方便而功能强大的查询工具。

1. 超文本和链接的概念

超文本是一种通过文本之间的链接将多个分立的文本组合起来的格式。在浏览超文本时，用户看到的是文本信息本身，同时文本中含有一些"热点"，选中这些"热点"就可以浏览到其他的超文本。这样的"热点"就是超文本中的链接。

2. Web 页面

阅读超文本不能使用普通的文本编辑程序，而要在专门的程序（如 Internet Explorer）中进行。World Wide Web 中，浏览环境下的超文本就是通常所说的 Web 页面。

3. 统一资源定位符

统一资源定位符（uniform resource locator，URL）是指向 Internet 上的 Web 页面等其他资源的一个地址。

例如，http://www.pzhu.edu.cn 是攀枝花学院主页的 URL，其中"http"代表超文本传输协议（hypertext transfer protocol），"://"是分隔符，"www.pzhu.edu.cn"是攀枝花学院 Web 服务器的域名地址。

4. 超文本标记语言

超文本是用超文本标记语言（hyper text markup language，HTML）实现的，HTML 文档本身只是一个文本文件，只有在专门阅读超文本的程序中才会显示成超文本格式。

例如，有如下 HTML 文档：

```
<HTML>
    <HEAD>
        <TITLE> 这是一个关于 HTML 的例子 </TITLE>
    </HEAD>
    <BODY> 这是一个简单的例子 </BODY>
</HTML>
```

形如 <HTML>、<TITLE> 等的内容称为 HTML 标记。从例子中可以看到，整个 HTML 文档是包含在 <HTML> 与 </HTML> 标记对中的，整个文档分为头部和主体两部分，分别包含在标记对 <HEAD> </HEAD> 与 <BODY> </BODY> 中。HTML 中还有许多其他标记（对），HTML 正是用这些标记（对）来定义文字的显示、图像的显示、链接等多种格式的。

5. Web 的工作原理

Web 服务采用客户－服务器模式，Internet 中的一些计算机专门发布 Web 信息，这些计算机上运行的是 WWW 服务程序，用 HTML 写出的 HTML 文档都存放在这些计算机上，这些计算机称为 Web 服务器。同时，在用户的客户机上，运行专门进行 Web 页面浏览的客户程序。客户程序向服务程序发出请求，服务程序响应客户程序的请求，把 Internet 上的 HTML 文档传送到客户机，客户程序以 Web 页面的格式显示文档。

6. 文件传输协议

文件传输协议（FTP）是 Internet 用户在计算机之间传输文件所使用的协议，用于文件的下载和上传。FTP 规定了在 Internet 上怎样传输文件，通常由专门的 FTP 程序来具体实现。FTP 是获取 Internet 资源的常用工具之一，用户可以通过实名或不记名（匿名）的连接方式对远程服务器进行访问，查看和索取所需要的文件，也可以将本地主机或其他站点的文件传输到远程主机上。

8.3 电子邮件的使用

电子邮件的使用

8.4 互联网发展概述

互联网发展概述

习 题 8

一、单项选择题

1. 就计算机网络分类而言，下列说法中规范的是（　　）。

A. 计算机网络可分为光缆网、无线网、局域网

B. 计算机网络可分为公用网、专用网、远程网

C. 计算机网络可分为数字网、模拟网、通用网

D. 计算机网络可分为局域网、广域网、城域网

2. 下列各项中，不能作为 IP 地址的是（　　）。

A. 202.96.0.1　　B. 202.110.7.12

C. 112.256.23.8　　D. 159.226.1.18

3. 局域网主要的网络拓扑结构是（　　）。

A. 星形、环形、树形和关联型　　B. 总线型、星形、树状和关联型

C. 总线型、星形、树形和环形　　D. 总线型、星形、环形、树形和网状

4. 在下列四项中，不属于OSI参考模型的7个层次的是（　　）。

A. 会话层　　B. 数据链路层

C. 用户层　　D. 应用层

5. 域名是Internet服务提供商（ISP）的计算机名，域名中的后缀.gov表示机构所属类型为（　　）。

A. 军事机构　　B. 政府机构　　C. 教育机构　　D. 商业公司

6.TCP/IP是一种（　　）。

A. 网络操作系统　　B. 网络地址

C. 网络通信协议　　D. 网络部件

7.HTTP是一种（　　）。

A. 网址　　B. 高级语言　　C. 域名　　D. 超文本传输协议

8. IP地址分为（　　）类。

A. 3　　B. 4　　C. 5　　D. 6

二、填空题

1. 计算机网络按网络的覆盖范围可分为局域网、____________和____________。

2. 计算机网络系统由通信子网和____________组成。

3. 局域网中，光纤分布式数据接口（FDDI）采用____________作为传输介质。

4. 构建局域网时，目前可利用双绞线、____________、光纤等多种传输介质。

5. TCP/IP传输层提供的服务分为两大类，它们是____________服务和____________服务。

6. 发送邮件采用____________协议；浏览万维网采用____________协议；传输文件采用____________协议。（可填写协议的英文缩写）

7. IP地址由____________标识和____________标识构成。

8. IP的主要功能包括数据报的传输、路由选择和____________。

9. 互联网发展趋势的主要特征是____________、____________、____________、____________、____________。

第 9 章　多媒体技术基础

9.1　多媒体的基本概念

“多媒体”一词来源于 20 世纪 80 年代初产生的英文单词 multimedia，多媒体技术融合了电子信息技术、计算机系统、通信技术、计算机处理技术、编码技术、计算机软硬件系统、网络技术以及超媒体技术等。

在计算机领域中，媒体的定义有两种，第一种是指信息的载体，如文本、图形、图像、音频、视频和动画等；第二种是指存储信息的实体，如纸张、磁带、硬盘和光盘等各种存储设备。CCITT（国际电话与电报咨询委员会）将媒体分为感觉媒体、表示媒体、显示媒体、存储媒体和传输媒体。

（1）感觉媒体是指能直接使人产生感觉的一类媒体，该类媒体能直接作用于人的感官，如听觉、视觉、触觉和嗅觉等。目前，计算机可处理文字、图形、图像、动画和视频等视觉媒体，各种声音的听觉媒体，以及计算机识别和处理的触觉媒体。

（2）表示媒体是通过各种编码表示的另一种感觉媒体，是为加工、处理和传输感觉媒体而人为研究、构造出来的一种媒体。例如，人们生活中经常使用的二维码和条形码，以及在计算机中使用的文本编码、图形和图像编码、音频编码、动画和视频编码等。

（3）显示媒体是获得和显示感觉媒体的计算机输入和输出设备，是为实现感觉媒体与通信的电信号转换而使用的一类媒体，如用于输入设备的键盘、鼠标、话筒、扫描仪等，以及用于输出设备的显示器、打印机和音箱等。

（4）存储媒体是存放表示媒体的设备，用以计算机处理、加工和调用，这类媒体主要是指计算机的外部存储设备，如内存、硬盘、光盘、软盘、闪存和磁带等。

（5）传输媒体是用以完成数据传输的物理载体，即传输数据的物理设备，如双绞线、同轴电缆、光纤等。

多媒体表示多种媒体的集合，属于超媒体（hypermedia）的一个分支。多媒体技术是利用各种技术综合处理文本、图形、图像、声音、视频、动画等多种媒体，建立多种信息之间的逻辑连接，最后集成为完整的多媒体系统的技术。

多媒体技术的非线性特征，打破了传统的线性信息的呈现模式，让用户能根据自身需求自由探索和组合信息。而人工智能在其中扮演着至关重要的角色。从内容创作角度看，人工智能可以协助创作者快速生成非线性的多媒体内容架构。例如，利用自然语言处理（natural language processing，NLP）技术，创作者输入一个主题，人工智能便能通过分析海量文本数据，为其提供多种非线性的故事脉络和情节走向，帮助创作者突破思维定式，以全新的视角组织文字、图像、音频、视频等素材，创作出更具创意和交互性的作品。

9.2 多媒体技术的研究内容

9.2.1 多媒体数字化技术

多媒体数字化技术是多媒体技术研究中最基础的内容。最初获得的多媒体信息如文字、图形和图像、视频和动画等大都属于模拟数据，为实现在计算机内部的存储和处理，需要进行数字化处理。不同媒体信息的数字化依赖于媒体信息采集卡。音频信息数字化是通过滤波器以及模 / 数（A/D）转换器完成的；视频信息数字化是通过彩色解码电路分解电视信号为模拟彩色分量信号，并由 A/D 转换器转为数字格式完成的。

9.2.2 多媒体数据库技术

在大数据时代，多媒体数据库技术成为有吸引力的技术之一，可通过以下 5 种方式实现。

1. 扩充关系型数据库

对关系型数据库进行扩充，可以形成扩充关系型数据库。为了描述图形、图像、声音、视频和动画等复杂数据类型的逻辑，在扩充关系型数据库中引入抽象数据类型（abstract data type，ADT），使传统的关系型数据库管理系统具有一定的管理多媒体数据的能力。为了在记录和表之间建立层次关系，在扩充关系型数据库中引入了嵌套表的概念。

2. 基于超媒体的数据模型

这种数据模型通过超媒体能有效表示和管理各种多媒体信息，其基本思想是采用非线性的网状技术组织和表示块状信息，进一步使用节点和链结构完成多媒体数据的组织。

3. 面向对象的数据模型

在计算机建模方法中，面向对象的数据模型具有抽象、封装、继承的特点，特别适合基于内容和结构的多媒体表示的建模。面向对象方法本身具有持续性，能有效解决多媒体数据的版本控制问题。

4. 分布式多媒体数据库

这种数据库的数据分布存储在多个节点上，可提高系统的存储容量、处理能力和可靠性，能够更好地应对大规模多媒体数据的存储和管理需求，支持数据的并行处理和分布式查询，适用于大型多媒体应用系统和云计算环境。HDFS 是 Hadoop 生态系统中的分布式文件系统，常用于存储大规模的多媒体数据，为后续的处理和分析提供了基础。

5. 基于内容的多媒体数据库

这种数据库能够根据多媒体数据的内容特征进行检索和管理，通过提取图像、音频、视频等数据的颜色、纹理、形状、旋律、节奏等特征，建立索引和特征库，实现基于内容的快速准确检索，而不仅仅依赖于传统的关键词检索。QBIC（query by image content，基于图像内容的查询）是较为典型的基于内容的图像数据库系统，它可以根据用户输入的图像特征或示例图像，在数据库中快速检索出相似的图像。Virage 公司提供了一套基于内容的多媒体检索工具和开发平台，支持对多种多媒体数据的内容检索。

9.2.3 多媒体人机交互技术

使用传统计算机时需要用户主动适应计算机。随着计算机技术和智能设备的快速发展，人的视觉、听觉、触觉、嗅觉、形体、手势或口令等都可以参与计算机操作，提升了计算机使用的便捷性和智能性。人机界面又称用户界面，是人与计算机之间传递信息的主要途径，是用户使用计算机的基础环境。人机界面主要包含以下几类。

1. 三维用户界面

三维人机交互技术采用六自由度的输入设备，六自由度包括沿 *X*、*Y*、*Z* 轴平移和绕 *X*、*Y*、*Z* 轴旋转。而传统桌面型图形界面交互设备，如鼠标和触摸屏等，只有两个自由度（沿平面的 *X*、*Y* 轴平移）。目前，三维交互设备仍处于摸索阶段，尚未达到二维图形界面交互设备（如鼠标）的主流地位。

2. 多通道交互界面

多通道交互界面是人机交互的一种新范式。为了提高人机交互的自然性和高效性，通过使用视线跟踪、语音识别、感觉反馈等新交互技术的多交互通道，多通道交互界面允许用户利用自身的内在感觉和认知技能，以并行、非精确的方式与计算机系统进行交互。与传统的图形用户界面相比，多通道交互界面能将互补的通道进行整合，克服原有交互方式的缺陷。

3. 基于手势的人机交互界面

基于手势的人机交互界面是更符合人类行为习惯的人机接口，具有交流自然和直观的特点，受到了用户更为广泛的关注。

但因为计算机缺乏仿生的眼睛和耳朵，没有语言能力和四肢，更没有从外界获取信息所需的触觉、味觉和嗅觉，限制了人和计算机间的信息交流，所以人机交互技术多年来并未有重大技术突破。

9.2.4 多媒体数据传输技术

1. 流媒体技术

流媒体技术是采用流式传输的方式，把网络服务器上连续的影像和声音信息，让浏览者一边下载一边播放，不需要等待整个文件下载完成的技术。流媒体的流式传输可采用两种方法：实时流式传输和顺序流式传输。当多媒体文件为实时广播时，流式传输媒体服务器采用实时流式传输。而使用 HTTP 服务器的多媒体文件则采用顺序流式传输。常见的流媒体播放方式包括以下 4 种。

（1）单播。单播是一台服务器发出的多媒体数据包只能被一个客户端接收的发送方式。

（2）组播。组播是构建具有组播能力的网络，允许服务器一次将数据包复制到多个通道上的发送方式。

（3）点播。点播是用户通过选择内容项目来实现客户端连接，属于客户端与服务器间的一种主动连接方式。在播放过程中，用户可以根据需要选择停止、后退、快进或暂停。

（4）广播。广播指的是用户被动接收服务器端的数据，而不能控制媒体流的播放。

2. P2P 技术

P2P（peer-to-peer，对等网格）是一种对等网络结构，节点之间地位平等，每个节点设备都具备提供和处理信息的能力。每台计算机都可以与其他计算机直接通信，不需要连接到服务器上再进行浏览与下载。P2P 与传统客户 - 服务器网络结构的本质区别是，整个网络不存在中心服务器。P2P 技术降低了服务器的作用，任意两台计算机既互为服务器，又互为客户机。

9.3 多媒体技术的主要特征

1. 集成性

集成性包括多媒体设备集成和多媒体信息集成两层含义。多媒体的集成性能够实现信息的多通道统一访问和存储。在多媒体内容创作中，人工智能可以辅助进行内容的集成和编辑。例如，通过图像识别和视频分析技术，人工智能可以自动识别出不同媒体素材中的关键元素，并根据一定的规则和算法将它们进行合理的组合和编排，实现多媒体内容的自动化集成。

2. 控制性

多媒体技术是以计算机为中心，综合处理和控制多媒体信息，并按用户的要求以多种媒体形式表现出来的技术。借助自然语言处理技术，人工智能赋予了多媒体设备“听懂”人类语言的能力，用户只需说出指令，像“播放周杰伦的经典歌曲串烧”，多媒体系统就能精准执行，实现对内容的快速调取与播放控制。计算机视觉技术让基于手势、动作的控制成为现实，用户在智能电视前挥一挥手就能切换频道，极大地简化了操作流程。

3. 交互性

交互性是多媒体技术最大的特点。传统媒体只能单向、被动传播信息，多媒体技术则可以实现用户对信息的主动选择和控制。交互性增加了对信息的理解，形成人与机器间互动的操作环境，增强了体验感。人工智能极大地提升了多媒体交互的智能化水平。例如，语音识别和自然语言处理技术让用户可以通过自然语言与多媒体设备或系统进行交互，无须执行复杂的操作指令，人工智能系统就能理解用户的意图并做出相应的响应。

4. 非线性

相对于传统的采用章节结构方式获取知识的方式，多媒体技术借助超文本链接技术，使人们表达思想的方式具有充分的自由度和灵活性。在用户体验方面，人工智能通过对用户行为和偏好的深度分析，实现个性化的非线性内容推荐。比如，在数字图书馆中，人工智能可以根据用户之前阅读的书籍类型、查阅的资料主题，为用户推荐相关但又独特的知识分支，用户无须按照固定的目录顺序查找，就能快速获取自己需要的信息，极大地提升了信息获取效率和用户体验。

5. 实时性

当用户发出操作指令时，相应的多媒体信息都能够得到实时执行。该要求主要针对声音和视频类的媒体，因为它们要求很强的时间性。在实时多媒体应用中，人工智能技术用于实现实时的内容分析和处理。例如，在视频直播场景中，人工智能可以实时进行图像识别和内容审核，自动检测和过滤掉违规或不适当的内容。

6. 数字化

多媒体信息都以数字形式进行存储、处理和传输。文本可以用 ASCII 码或 Unicode 码等字符编码表示，图像可以用像素点的颜色值和坐标等数字信息来描述，音频则通过对声音信号的采样和量化转换为数字数据，视频是由一系列的图像帧按照一定的时间顺序组成的，也以数字形式存储和传输。

数字化的多媒体数据便于计算机进行各种处理操作，如编辑、压缩、加密、特效添加等。例如，可以使用图像编辑软件对数字化的图像进行裁剪、调色、添加滤镜等操作，使用视频编辑软件对视频进行剪辑、合成、添加字幕等处理，而且处理后的效果可以方便地保存和传播。

9.4 多媒体技术的应用

1. 教育

多媒体在教育方面应用广泛。多媒体教室是多媒体应用的重要场所，除了包含计算机教室的基本功能外，还能实现远程电视教学和电视电话会议。此外，计算机辅助教学借助课件形式实现，有利于教学方式的改进以及课堂教学内容的延伸，能够使学生轻松愉快地学到更多知识。当前，教学过程的核心从教师转变为学生，教学模型从传统的被动学习转变为主动学习，利用视觉、听觉及触觉三方面的反馈来增强学生对知识的理解，增加学习过程的互动性，提升学生的学习兴趣。

2. 商业和公共场所

多媒体网页以其有声有画的互动性吸引着更多顾客，能够向顾客提供商品的更多消息。酒店的查询机能够显示附近的超市、餐饮、航班时刻表，还可提供自主房间订购和退房功能。而装修和建筑领域利用多媒体技术提供满足用户要求的三维立体效果图，能够提高客户满意度，同时节省人力和财力成本。同时，多媒体终端更多地出现在火车站、飞机场、码头、图书馆、KTV 等娱乐场所和博物馆等公共领域，为人们提供更多的向导和帮助。

3. 办公

多媒体在办公方面也得到了广泛的应用。一段包含图片和动画的多媒体影音文件能够激发员工的兴趣，提高办公效率。借助语音识别系统，可将人的声音转换成相应的文字，或者通过语音合成技术将文字转换成语音，适用于长篇文稿的校对。借助图像识别技术，可实现手写汉字的识别与输入，实现办公自动化。

4. 基于人工智能技术的多媒体内容分析

利用人工智能技术可以对多媒体内容进行自动分析和理解，例如图像识别、视频内容分析等，实现对图片中的物体、场景的识别和分类，对视频中的人物、事件的检测和理解，从而为多媒体内容的管理、检索和推荐提供支持。

5. 基于人工智能技术的多媒体生成

基于人工智能技术能够生成多媒体内容，如通过文本到图像、文本到视频的技术，根据给定的文本描述自动生成相应的图像或视频；还可以利用语音合成技术将文本转换为自然流畅的语音，实现有声读物、语音助手等应用。

6. 基于人工智能技术的多媒体交互

人工智能技术的广泛应用使多媒体交互更加智能和自然，如语音交互技术让用户可以通过语音指令与多媒体设备进行交互，实现播放音乐、查询信息等操作；手势识别技术则允许用户通过手势来控制多媒体内容的展示和操作。

9.5 多媒体技术的发展趋势

计算机技术、通信技术等相关技术的发展为多媒体技术提供了更快的发展通道。多媒体技术的发展趋势总结如下。

（1）计算机图形学从二维图形发展到复杂的、高质量的三维图形，其在娱乐、电影和计算机游戏中将得到广泛的应用。

（2）自然语言处理与图像理解都将涉及智能化，而智能化的目标就是实现人与计算机的自然交互。

（3）多媒体技术将计算机视觉技术和图形学技术结合起来，实现增强现实技术，可以将视频会议系统的现场图像和计算机生成的图像叠加在一起，极大地提高多媒体的应用范围。

（4）多媒体通信网络环境的建立将使多媒体从单机、单点向分布、协同的方向发展。

（5）虚拟现实技术将得到进一步应用，虚拟现实与可视化技术相互补充，并与语音、图像识别、智能接口等技术结合，可以建立更高层次的虚拟现实系统。

（6）人工智能与多媒体深度融合。通过机器学习和深度学习，计算机能自动进行多媒体内容创作，如 AI 绘画、AI 作曲、自动视频剪辑等，降低创作门槛和成本。计算机还可实现智能分析与理解，使计算机理解多媒体内容的语义，进行精准分类、标注和检索。此外，计算机基于用户行为和偏好分析，提供个性化的多媒体内容推荐，如音乐软件推荐符合用户口味的新歌，视频平台推送用户感兴趣的视频等。

（7）5G 与多媒体协同发展。5G 的高速率可支持 4K、8K 甚至更高清晰度的视频实时传输与播放，推动超高清视频产业的发展。低延迟特性使实时互动多媒体应用更流畅，如实时云游戏、远程医疗中的高清实时视频会诊等，还能促进车联网中多媒体信息的快速传输，提升用户的驾驶体验和安全性。

综上所述，多媒体技术总的发展趋势是建立更系统、更完善的交互性，为人们的未来生活创造出在功能、空间、时间上更大的便捷性。

9.6 图像的基础知识

9.6.1 位图和矢量图

1. 位图

位图由像素点组成，通过多个二进制位来指定像素的颜色、亮度和属性。位图处理，如照片处理，本质上是对像素的处理，而不是对图像形状的处理。位图能表示色彩丰富的图像，这是因为可以进行阴影和颜色等细微层次的处理。位图的品质与分辨率紧密相关，如果显示的图像分辨率过低，可能会因为丢失细节而呈现锯齿态。位图的获取可通过照相机、摄像机等完成。

2. 矢量图

矢量图是与位图相对应的一种图形，由计算机软件精确定义的直线、曲线和多边形等几何图形组成。本质上，矢量图是用数据的方法来描述一幅图，描述的对象包括一幅图中所包含的位置、颜色、大小、形状、轮廓和其他一些特性。对矢量图进行编辑，如移动、放大、缩小线条等，不会降低图形的质量。矢量图与分辨率无关，打印时可以任意设置分辨率，不影响其最后的图形质量。

3. 位图与矢量图的对比

矢量图通过软件绘制，而位图通过设备捕捉。

位图文件一般较大，与图像的尺寸和颜色有关。矢量图与图像本身的复杂程度有关，一般较小。

位图文件是点阵数据，矢量图的内容由图形指令组成。

位图的显示速度与图像文件的大小有关，矢量图的显示速度与其复杂程度有关。

位图表现力丰富，但编辑复杂。矢量图易于编辑，适合绘制和创建，但表现力受限。

位图常用来表示自然界的真实景物。矢量图实际上是对图像的抽象，主要是由点、线、面或简单的立体图形等组成的，与自然界的真实景物相差很大。

位图和矢量图有较大区别，通过计算机技术可以在两者之间相互转换：利用光栅化技术可将矢量图转换为位图；利用与跟踪技术相似的算法可将位图转换为矢量图。

9.6.2 色彩及空间表示

1. 色彩

色彩的三个基本要素是亮度、色调、饱和度。其中，色调与光波的波长有关，饱和度、亮度与光波的幅度有关。本质上来说，利用色彩三要素的组合能够构造出任意一种彩色光。

1）亮度

亮度是光作用于人眼而产生的明亮程度的感觉，是发射光或物体反射光的明亮程度的度量，它与被观察物体的发光强度有关。

2）色调

色调反映颜色的种类，它是一定波长的光使观察者产生的颜色感觉，每种波长的光代表不同的色调。色调决定颜色的基本特性，如通常所说的红、橙、黄、绿、青、蓝、紫等都是指色调。图像要求有统一的色调，否则难以表现图像主题。物体的色调是指该物体在日光照射下所反射的各光谱成分作用于人眼的综合效果，对于透射物体，色调则是透过该物体的光谱综合作用的结果。

3）饱和度

饱和度是颜色纯度的度量，反映颜色的深浅程度。对于同一色调的彩色光，饱和度越高，则对应的颜色越鲜明或者越纯。例如，红色和粉红色虽有相同的主波长，但粉红色混合了更多的白色，因此显得不太饱和。此外，饱和度还与亮度有关。在饱和的彩色光中增加白光的成分，相当于增加了光能，彩色光变得更亮了，但对应的饱和度却降低了。若在彩色光中增加黑色光的成分，相当于降低了光能，因而其变得更暗，其饱和度也降低了。色彩的饱和度低，其色感比较柔和协调，但混色太杂则容易让人感觉浑浊，色调显得灰暗。而饱和度太高的色彩容易让人感到单调、刺眼。

2. 颜色模型

在多媒体系统中有多种颜色模型，不同的场景应用不同的颜色模型，如计算机显示时采用 RGB 颜色模型；彩色印刷时采用 CMYK 颜色模型；彩色电视中使用 YUV 颜色模型。

1）RGB 颜色模型

自然界的各种颜色光都可由红（R）、绿（G）、蓝（B）三种颜色按一定比例混合而成，其他颜色是由这三种基准颜色按照比例组合而成的，这就是基本的三原色（RGB）原理。例如，电视机和计算机都是通过 RGB 颜色模型合成的。任意颜色和三种基准颜色的关系可以如下表示：

颜色 =（R）红色百分比 +（G）绿色百分比 +（B）蓝色百分比

当三种基准颜色按照相同比例组合时，可以得到白色；红、绿两种颜色均为 50% 时，显示为黄色；红、蓝两种颜色均为 50% 时，显示为品红；绿、蓝两种颜色均为 50% 时，显示为青色。

红色（50%）+ 绿色（50%）+ 蓝色（0%）= 黄色

红色（50%）+ 蓝色（50%）+ 绿色（0%）= 品红

绿色（50%）+ 蓝色（50%）+ 红色（0%）= 青色

红色（1/3）+ 绿色（1/3）+ 蓝色（1/3）= 白色

2）CMYK 颜色模型

CMYK 颜色模型是印刷机或彩色打印机使用的一种颜色模式，CMYK 分别代表青（cyan）、品红（magenta）、黄（yellow）和黑（black）4 种颜色，通过 4 种颜色的组合，可以产生可见光谱中绝大部分的颜色。CMYK 颜色模型通过吸收特定光波而反射其他光波的油墨或颜料来实现，这种模型的创建基础不是靠增加光线，而是依赖减去光线。图像在计算机中用 RGB 颜色模型或其他颜色模型表示，最后在打印时都要转换成 CMYK 颜色模式。

3）YUV 颜色模型

在彩色电视系统中采用 YUV 颜色模型表示彩色图像。YUV 特别适用于 PAL 和 SECAM 彩色电视制式。在 YUV 颜色模型中，Y 是亮度信号，U 和 V 则是两个色差信号，分别传送红基色分量和蓝基色分量与亮度分量的差值信号。

4）HSB 颜色模型

HSB 颜色模型是基于人对颜色的心理感受的一种颜色模式。从心理学的角度出发，颜色包含三个要素：色泽、饱和度和亮度，简称 HSB，可由底与底对接的两个圆锥模型表示。其中，径向表示颜色的饱和度，自内向外逐渐变高；轴向表示颜色的亮度，自上而下由白变黑；圆周方向则表示色调的变化。

9.6.3 图像的基本属性

1. 图像分辨率

图像分辨率是度量图像像素密度的方法，其数值大小决定着图像的质量高低。图像包含的像素数量越大，则该图像的分辨率越高，和原始图像越接近。图像的像素数量取决于图像采集时所定义的参数，一旦生成图像，其参数将不能更改。

2. 图像深度

图像深度是记录每个像素点所需要的位数，决定了彩色图像中颜色数量的丰富程度，或者灰度图像中的灰度等级，用位表示。当图像达到 24 位时，能够表现约 1 677 万种颜色。此外，每个像素点的图像深度的分配还与图像所用的色彩空间相关。

3. 真彩色、伪彩色与直接色

一幅彩色图像的每个像素值中的 R、G、B 基色分量直接决定显示设备的基色强度，这样产生的彩色称为真彩色。把像素值当作彩色查找表项的入口地址，查找一个显示图像时使用的 R、G、B 强度值，用查找出的 R、G、B 强度值产生的彩色称为伪彩色。把像素值的 R、G、B 分量作为单独的索引值，通过相应的彩色变换表找出 R、G、B 各自的基色强度，用这个强度值产生的彩色称为直接色。

4. 图像文件大小

图像文件大小是指在磁盘上存储整幅图像的字节数，反映了图像所需存储空间的大小。矢量图文件大小由图形的复杂程度直接决定。位图文件大小主要使用图像分辨率和图像深度计算：

位图文件大小 = 图像分辨率 × 图像深度 /8

位图分辨率越高，意味着该图像具有越多的像素，则文件越大；图像深度越深，意味着每个像素的亮度和颜色的位数越多，则文件越大。

图像文件越大，信息越多，品质越高，但也需要越多的磁盘存储空间，会增加文件在网络上的传输成本。因此，需要在图像品质和文件大小之间进行权衡。

9.6.4 图像文件格式

1. BMP 图像文件

BMP 格式的图像文件是微软公司针对 Windows 环境设置的标准图像格式，扩展名为 .bmp，属于设备无关的位图格式。该类图像文件一般未经压缩，因此图像文件较大，不适合在网络上传输，其在文件大小不受限的场景中应用广泛。

2. GIF 图像文件

GIF 是 Compu Serve 公司开发的位图文件，文件扩展名为 .gif。相比于 BMP 图像文件，GIF 文件采用 LZW 压缩算法存储图像数据，文件较小，特别适合在网络上传播。用户也可以为 GIF 图像设置背景透明属性，在 GIF 文件中存放多张图像并能制作动态图像。该类图像的最大缺点是存储的色彩最高仅为 256 种。

3. PNG 图像文件

PNG 图像为位图，用来存储灰度图时图像深度为 16 位，彩色图的图像深度可达到 48 位，有效地解决了 GIF 图像文件的颜色深度不足的问题。该类图像文件使用无损数据压缩算法，提供了更好的压缩质量，但不能用于制作动画图像。

4. TIFF 图像文件

TIFF 是一种通用的位映射图像文件格式，由 Aldus 和 Microsoft 公司联合开发，采用了多种压缩编码方法，主要用于扫描仪和桌上出版系统，是扫描仪的输出文件所采用的主要格式，几乎适用于所有图像编辑软件。

5. WMF 图像文件

WMF 图像文件属于 Microsoft Windows 文件，具有文件短小、图案造型化的特点，存在的问题是图像比较粗糙，仅能在 Microsoft Office 中进行编辑。

6. JPEG 图像文件

JPEG 图像文件的结构和编码方式比较复杂，采用有损压缩方式去除冗余的图像和彩色数据，在获得极高压缩比的同时展现了丰富和生动的图像效果，适合在 Internet 上传输。

7. EPS 图像文件

EPS 图像文件是用 PostScript 语言描述的 ASCII 图形文件，最高能表示 32 位图像，打印质量高。

9.6.5 图像数字化技术

图像数字化是进行数字图像处理的前提。图像数字化需实现图像的电子化，将模拟图像转变成电子信号，随后将其转换为数字图像。图像数字化过程经历采样、量化与编码三个步骤。

1. 采样

采样是按照指定的时间间隔，采集模拟信号的过程，是用多少点来描述一幅图像的问题，通过图像分辨率反映采样结果的质量。一幅图像经采样后形成有限个像素点的集合。例如，一幅 640 × 480 分辨率的图像，表示这幅图像是由 640 × 480 = 307 200 个像素点组成的。采样的时间间隔称为采样周期，反映了采样点之间的时间间隔。采样频率是采样周期的倒数，决定了采样后的图像能否真实地反映原图像。采样频率越高，图像的质量越高，得到的图像样本越逼真，但生成的数据量也越大。

2. 量化

量化是使用指定范围的数值表示图像采样后的每一个点。量化位数越大，表示图像可以包含更多的颜色，能够产生更为细致的图像效果，但随之也会占用更多的存储空间。经过采样和量化得到的空间上表现为离散分布的有限个像素，灰度取值上表现为有限个离散的可能值的一幅图像，该图像称为数字图像。只要水平和垂直方向的采样点足够多，量化位数足够大，数字图像的质量就足够接近原始的模拟图像。

3. 编码

编码是将量化的离散信号转换为用二进制数码表示的形式。

9.6.6　图像获取方法

（1）借助鼠标或光笔绘制图形或图像。光笔是一种特殊的与显示屏配合使用的输入设备，可以像使用铅笔绘图一样绘制图形或图像。

（2）用数字照相机或摄像机采集画面，并通过软件将其转换为位图。

（3）用图形扫描仪将杂志、画报或书籍中的图像扫描到计算机中，并存储为位图。

（4）按 Print Screen 键将屏幕图像放置到剪贴板中，再将剪贴板中的图像粘贴到需要的文件中，可以完成显示屏图像的采集；还可以通过抓图工具来采集屏幕上的图像。

9.6.7　图像制作和编辑工具

1. 图像制作和编辑工具简介

图像制作和编辑工具有 Photoshop、CorelDRAW 和 Illustrator 等。

（1）CorelDRAW。CorelDRAW 是由加拿大 Corel 公司（2022 年更名为 Alludo）开发的图形图像软件，其拥有非凡的设计能力，被广泛应用于商标设计、标志制作、模型绘制、插图描画、排版等诸多领域。

（2）Fireworks。Fireworks 是由美国 Macromedia 公司（2005 年被 Adobe 公司收购）开发的专业图形图像设计软件，结合了矢量绘图和位图处理功能，还具有 Web 设计功能。Fireworks 与 Dreamweaver 和 Flash 是网页制作的梦幻组合。

（3）Illustrator。Illustrator 是由美国 Adobe 公司开发的图片处理工具，被广泛应用于印刷出版、海报与书籍排版、专业插画制作、多媒体图像处理和互联网页面制作等场景中。

2. Photoshop 图像处理工具

Adobe Photoshop，简称 PS，是由 Adobe 公司开发的图像处理软件，主要处理以像素构成的数字图像，在图形、图像、文字、视频、出版等各方面都有涉及。

1）界面组成

Photoshop 2019 界面由菜单栏、工具箱、工具选项栏等组成。

（1）菜单栏：共分为 9 类，其中通过“图像”菜单能够设置图像的颜色、大小、颜色模式和转换等。

（2）工具箱：包含 50 多种工具。其中，选取工具包括矩形选取工具、套索工具、魔棒工具、移动工具、剪切工具等；绘图工具包括画笔工具、铅笔工具、橡皮擦工具、背景橡皮擦工具、魔术橡皮擦工具、渐变工具、油漆桶工具；修图工具包括仿制图章工具、图案图章工具、修复画笔工具、修补工具、模糊工具、锐化工具、涂抹工具、减淡工具、加深工具、海绵工具；其他工具还有裁切工具、注释工具、语音注释工具、度量工具、抓手工具等。

（3）工具选项栏：用于显示和设置工具箱中所选工具的控制参数。

（4）图像窗口：用于显示、编辑和处理图像的区域。每幅图像都具有单独的图像窗口。

（5）浮动面板：能够控制各种工具的参数设置，完成颜色的选择和图像的编辑等功能。

（6）状态栏：提供当前操作的基本状态信息。

2）文件操作

（1）新建文件：选择“文件”→“新建”命令，打开“新建”对话框，设置文件的名称、大小、色彩模式等。

（2）打开文件：选择“文件”→“打开”命令，打开“打开”对话框，选择所需文件后打开它。双击 Photoshop 2019 界面中的空白部分，也可以打开“打开”对话框。Photoshop 2019 允许一次打开多个文件进行处理。

（3）存储文件：①在编辑文件的过程中，针对因意外、死机、程序非法操作、断电等造成文件丢失的问题，经常保存文件是一个很好的解决措施，选择“文件”→“保存”命令实现；②在编辑文件的过程中，如果想存储图像又不想覆盖掉原有的文件，则选择“文件”→“另存为”命令，在弹出的对话框中修改文件名后单击“确定”按钮。

9.7 声音的基础知识

9.7.1 声音的基本概念

1. 声音的定义

声音是由空气的振动产生的，其强度与振动的幅度有关，用随时间变化的连续的波形表示。声音按照表达形式可分为语音信号和非语音信号。语音是人们为了表达思想而产生的声音，包含丰富的语言内涵，是人类进行信息交流所特有的形式，是语言的物质载体，是社会交际的工具符号。非语音信号包括音乐和自然界的其他声音，具有信息量低和识别简单的特点。自然界的其他声音也称为效果声，如风声、雷雨声、鸡鸣声、狗吠声等。

2. 声音信号的三要素

（1）声调。声调是人们对声音频率的感觉。声调的高低取决于声音的频率，频率越高，声调越高，反之则声调越低。人能够发出的声音的频率范围为 80 Hz ~ 3.4 kHz。人耳对声音的频率的敏感程度有很大差别，能感知声音的频率范围为 20 Hz ~ 20 kHz，其对频率范围在 2 ~ 4 kHz 的中频段声音最为敏感。

（2）声强。声强主要反映声音的强弱，也称为声音的响度或强度，常用音量来描述，单位为分贝（dB）。声强与声波的振幅成正比，振幅越大，声强越大。只有在声强适中时，人耳对声音细节的分辨才最灵敏。唱盘、激光数字唱盘以及其他形式的声音载体中的声强是一定的，通过播放设备的音量控制可以改变声强。

（3）音色。音色是人的听觉感受到的声音的特色，又称音品。人们依据音色来辨别声源的种类，这是因为来源于乐器、人类和各种生物的声音具有不同的音色。音色的不同主要是因为声音的频谱不同，声音的频谱即基音和各次谐音的组成，其和波形、声压及声音的时间特性也有关系。其中，基音和谐音是构成声音音色的重要因素。纯音不存在音色问题，仅复音的音色不同，大自然中大部分的声音都属于复音。

9.7.2　音频信号数字化技术

1. 模拟音频和数字音频

1）模拟音频

声音是由振动产生的，这种振动经过话筒的转换，可以形成与声音同波形的电信号，该信号具有在时间和幅度上连续的特点，称为模拟音频信号。模拟音频信号有频率和幅度两个重要参数。其中，频率大小反映了声调的高低；幅度大小反映了声音的强弱。模拟音频信号的计量和描述方式通常采用十进制方式。

2）数字音频

在时间上和幅值上都离散的音频信号称为数字音频信号，采用二进制方式描述。其中，“1”表示有脉冲或电源接通，“0”表示无脉冲或电源断开。可通过音频卡的 A/D 转换器对模拟音频信号进行采样和量化处理，实现数字音频信号的转换，如图 9-1 所示。

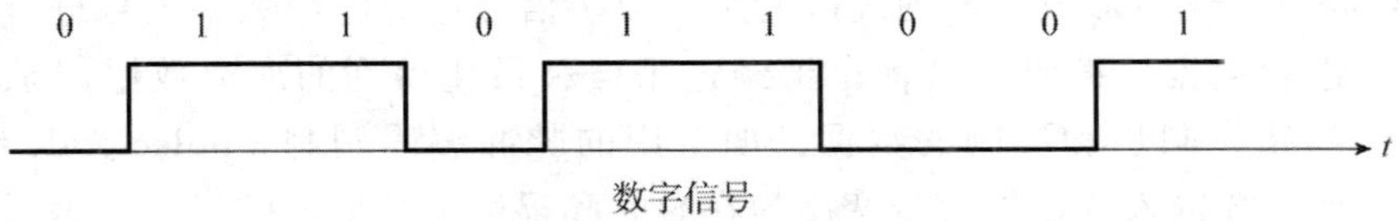

图 9-1　数字音频信号

2. 数字音频的特点

（1）数字音频易处理。可通过计算机的音频编辑软件对数字音频信号进行各种特效处理及非线性编辑。

（2）数字音频易保存。数字化光盘能够长时间保存数字音频文件，且不存在机械磨损的问题。

（3）数字化音频信息方便用大规模集成电路存储和处理，降低了硬件成本。

（4）数字信号的脉冲离散序列不依赖信号的幅值大小，且对硬件一致性和稳定性的要求较少，有效地提高了音频数据的可靠性。

3. 模拟音频信号的数字化

由于数字化音频信号具有众多优点，专业化声音录制、编辑大多使用数字化处理方式。为此，需要将实际的模拟音频信号转变成计算机中二进制的数字音频信号。该转换需要经历采样、量化和编码三个阶段。

1）采样

采样是每隔一定时间在模拟音频信号的波形上取一个幅度值，把时间上连续的信号变成时间上离散的信号。采样的时间间隔称为采样周期，用 T_s 表示。采样频率是指计算机每秒钟采集多少个声音样本，用 f_s 表示。T_s 和 f_s 的关系如下：

$$f_s=1/T_s$$

声音的采样频率越高，采样精度越高，声音信号具有越高的保真度，越接近真实信号，但过高的采样频率会增加数据量。采样频率及其对应的音质（音频质量）如表 9-1 所示。

表 9-1 采样频率及其对应的音质

采样频率	11.025 kHz	22.05 kHz	44.1 kHz
每秒采样数	11 025	22 050	44 100
音质	低	中	高

采样频率的选择与声音本身的频率必须满足一定的关系。根据奈奎斯特理论，只有采样频率高于声音信号最高频率的两倍，才能将数字音频信号表示的声音还原到原始的模拟音频信号表示的声音的质量。

2）量化

采样把模拟音频信号按时间分成了若干等份，还需进一步确定某一瞬间声波幅度的电压值。人们把对声波幅度的数字化表示称为量化。量化的过程采取二进制方式，以 8 位（bit）的方式划分纵轴为多个量化等级，将采样后的信号按整个声波的幅度划分为有限数量区段的集合。量化过程中信息丢失越少，量化精度越高，但过高的量化精度，需要更多的数据位数，这将增加数据存储所需空间以及处理所需时间。

3）编码

模拟信号经过量化后形成一系列离散的脉冲数字信号。对脉冲数字信号进行编码生成计算机内部的二进制数据。编码的过程是把经过采样和量化得到的离散数据记录下来，同时加入一些用于纠错、同步和控制的数据，如常用的脉冲编码调制（pulse code modulation，PCM）编码，把连续输入的模拟信号变换为在时间和幅度上都离散的量。经编码形成的数字音频信号，将以文件形式保存在计算机的存储介质中。

9.7.3 音频相关技术

1. 音频压缩技术

音频压缩技术是在不损失有用信息或所引入损失可忽略的条件下，对数字音频信号运用适当的数字信号处理技术，降低其码率，也称为压缩编码。音频压缩技术根据压缩质量分为无损压缩及有损压缩两大类。按照压缩方案的不同，音频压缩技术分为时域压缩技术、变换压缩技术、自带压缩技术以及多种技术相互融合的混合压缩技术等。其中，时域压缩技术多用于语音压缩和低码率应用的场合，这些技术主要包括 PCM、ADPCM（自适应差分脉冲编码调制）、LPC（线性预测编码）、CELP（码激励线性预测）技术。

2. 语音识别技术

语音识别是多媒体技术语音信号处理的一个重要研究方向，是模式识别的一个分支。它以语音为研究对象，目的是使机器具有人的听觉功能，能够听懂人类的语言。虽然不同种类的语音识别系统具体的实现细节不同，但所采用的技术基本相似，涉及的领域包括信号处理、模式识别、概率论和信息论、发声机理和听觉机理、人工智能等。具体来说，语音识别过程包括特征提取、模式匹配和模型训练及语音识别单元选取三个方面，其处理流程如图 9-2 所示。

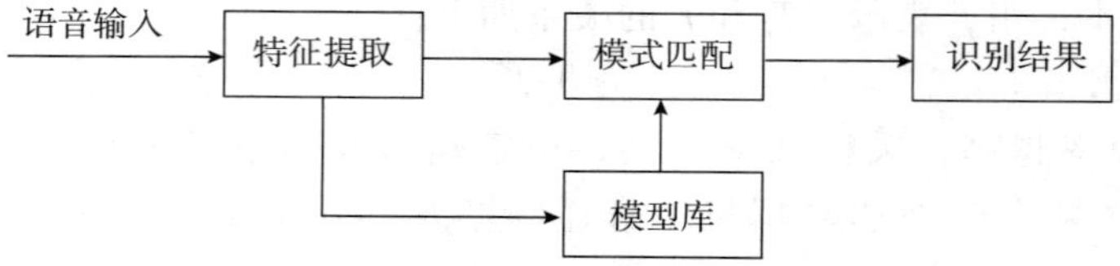

图 9-2 语音识别的处理流程

（1）特征提取。语音信号中含有丰富的信息，称为语音信号的声学特征。特征提取是指对语音信号进行分析处理，去除语音识别过程中无关紧要的冗余信息，获得影响语音识别的关键信息。

（2）模式匹配和模型训练。模式匹配是选择模型库中的某一特定模型与未知模式取得最佳匹配。模型训练是从大量现有的已知模式中获取表征该未知模式本质特征的模型参数。语音识别技术使用的模式匹配和模型训练技术主要有动态时间归正技术、隐马尔可夫模型和人工神经网络。

（3）语音识别单元选取。选择语音识别单元是语音识别技术研究的基础。语音识别单元包括单词、音节和音素三种类型。其中，单词单元广泛应用于中小词汇量语种的语音识别系统中；音节单元多应用于汉语语音识别中；音素单元多用于英语语音识别的研究中，目前其也越来越多地应用于中大词汇量的汉语语音识别系统中。

语音识别系统可分为针对特定人和非特定人的语音识别系统。特定人语音识别系统对讲话者用特定单词组成的词汇表训练后才能被识别，如手机中的语音拨号。非特定人语音识别系统不需要任何来自用户的训练，即不依赖个人的语音签名，可识别任何用户的语音，如IBM的Via Voice系统可用于声控打字和语音导航，只要对着微机讲话，每分钟可输入150个汉字，该速度是键盘输入速度的2倍，是普通手写输入速度的6倍，系统识别率可达95%以上。

3. 语音合成技术

语音合成技术建立在语言产生模型的基础之上，是通过机械、电子的方法产生人造语音的技术，能将任意文字信息实时转化为标准流畅的语音并朗读出来，相当于给机器装上了“嘴巴”。它涉及声学、语言学、数字信号处理、计算机科学等。早期语音合成技术的研究主要采用参数合成方法，随着计算机技术的发展又出现了波形拼接的合成方法。波形拼接技术的发展与语音的编码、解码技术的发展密不可分，其中LPC技术的发展对波形拼接技术产生了巨大的影响。波形拼接技术的合成基元是语音的波形数据，其中保存了语音的全部信息，因而对于单个合成基元来说能够获得很高的自然度。

4. 立体音效技术

立体声是有方向感、展开感的声音，是由直达声、混响声和有效反射声相互作用的结果，主要分为以下几种。

（1）扩展式立体声。它使用声音延迟技术对传统的立体声进行加工处理，扩宽了音场的位置，使声音延展到音箱以外的空间，让人们感觉到3D声音效果。

（2）环绕立体声。它使用音频压缩技术把多通道音源编码成一段程序，再以一组多扬声器系统进行解码，实现多区域的环绕效果。环绕立体声属于被动播放音轨的技术，最适用于播放电影。

（3）交互式3D音效。交互式3D音效是最接近实际生活的3D音效，通常应用于3D游戏。它能够最大限度地复制人耳在真实世界中听到的声音，并使用一定的算法进行播放，使整个三维空间的所有地方都产生声音，并且随着听者的移动而做出相应的变化。

9.7.4 音频文件格式

1. WAV音频文件

WAV音频文件又称波形文件，是Microsoft公司的音频文件格式。该类音频文件源于对声音模拟波形的采样，对应各采样点以 8 位或 16 位量化数表示，这些采样点的值用二进制表示。WAV 文件大小的表示如下：

$$\text{WAV 文件大小} = \text{采样频率} \times \text{量化数} \times \text{声道数} / 8$$

例如，采样频率为 11.025 kHz，量化数为 8 位，存在左右声道时，每秒钟立体声文件大小为 11 025 × 8 × 2 / 8 = 22 050（B）。对于该格式的音频文件，当频率高、采样字节长、机器速度快时，该格式记录的音频文件能够取得和原声一致的效果，但存在的问题是音频文件太大。

2. MPEG-1 Layer 3 音频文件

MPEG-1 音频分三层，第三层协议称为 MPEG-1 Layer 3，简称 MP3。MP3 目前已经成为广泛流传的音频压缩技术，压缩比可达 10∶1 ～ 12∶1，如一小时的 CD 音质的 WAV 文件未经压缩需占用 600 MB 左右的存储空间，而通过 MP3 压缩编码可降低到 60 MB 且保证音频质量不失真。因为 MP3 音频文件的压缩比高，其在网络可视电话通信方面应用广泛，但其音质不如 CD 唱片。

3. WMA 音频文件

WMA 是 Microsoft 公司开发的 Windows 媒体格式，具有压缩比高和音质好的特点，其压缩比和保真度可以达到 MP3 音频格式的水平，但相同音质的 WMA 音频文件的大小仅有 MP3 音频文件的一半。WMA 音频文件更适合在网络中进行传输。

4. MIDI 音频文件

MIDI 是音乐与计算机结合的产物，扩展名为 .mid，为数字式音乐的国际标准，定义了把各种乐器设备连接到计算机接口的标准。MIDI 能指挥各音乐设备运转，能够模仿原始乐器的各种演奏技巧，甚至模仿原始乐器无法演奏的效果。由于 MIDI 格式具有数字形式的特点，文件存储所需空间小，特别适用于长时间音乐的存储。相同音质的音频文件，MIDI 格式要小于 WAV 格式，如 30 分钟的立体声音乐，WAV 格式的文件需要 30 MB 存储空间，而 MIDI 格式的文件仅需 200 KB 存储空间。

5. Real Audio 音频文件

Real Audio 音频是 RealNetworks 推出的一种音乐压缩格式，文件的扩展名为 .RA。它是为了解决网络传输带宽资源而设计的，因此其追求的主要目标是压缩比和容错性，其次才是音质。Real Audio 音频文件的压缩比可达到 96∶1。它的最大特点是在网上比较流行，可以实现网上实时回访。

9.7.5 音频质量评价

1. 音频带宽的度量

音频的质量由带宽的范围进行度量。如图 9-3 所示，可以看出音频质量等级由高到低依次是激光数字唱盘、FM（频率调制）广播、AM（振幅调制）广播和数字电话。

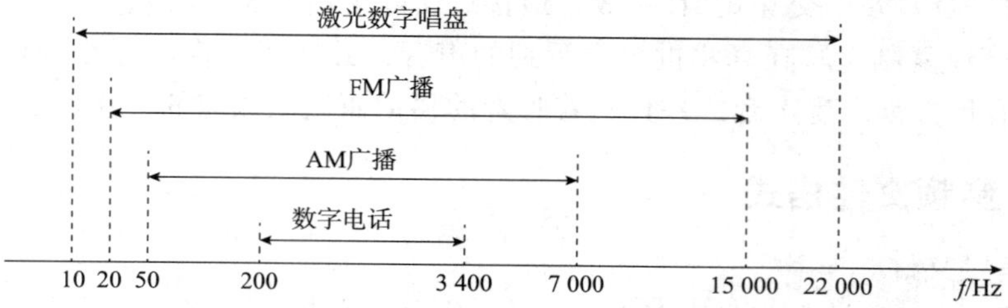

图 9-3 音频带宽度量

2. 声音客观质量的度量

声音客观质量的度量可采用信噪比（signal to noise ratio，SNR），该参数定义为最大不失真声音信号强度与同时发出的噪声强度之间的比值，通常用 S/N 表示，以分贝（dB）为单位。信噪比越高，音频信号质量越好。

3. 声音主观质量的度量

相比于声音客观质量的度量，人们的主观感觉如听觉、视觉等对音频质量的评价更具有决定意义。对声音主观质量的度量标准采用 5 分制，分别是优（excellent）、良（good）、中（fair）、差（poor）以及劣（bad）。声音主观质量的度量存在的问题是通常情况下难以获得可靠的主观度量值，一般获得的度量值是一个相对值。

9.7.6　音频制作和编辑软件

常见的音频制作和编辑软件有 Windows 的录音机、作曲大师 2001、MIDI 音乐制作大师、Sibelius、Wave Studio、Soun Edit、Cakewalk 和 Adobe Audition 等。其中，Adobe Audition 是由 Adobe 公司开发制作的一款专业的音频编辑和混合软件，供音频和视频制作等专业技术人员使用，可提供先进的音频混合、编辑、控制和效果处理功能，其运行界面如图 9-4 所示。

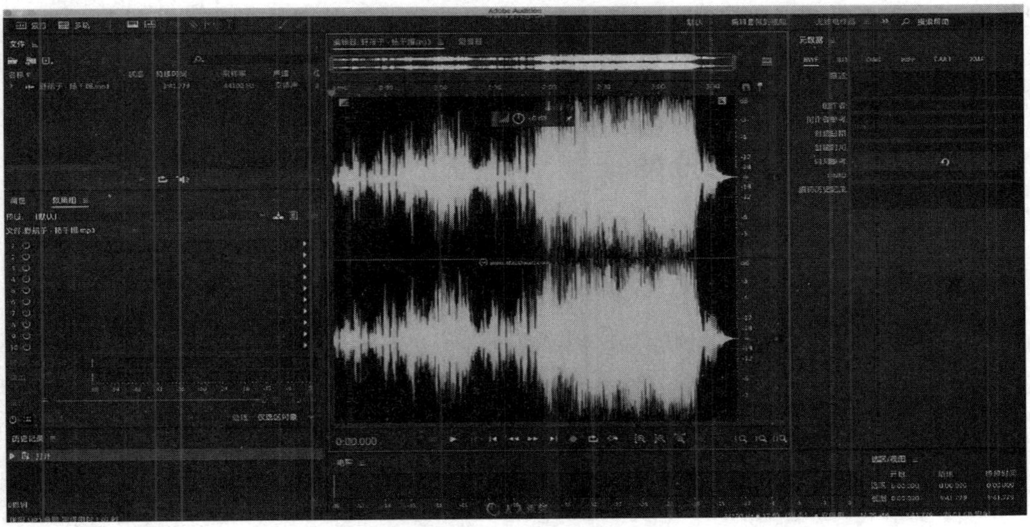

图 9-4　Adobe Audition 运行界面

Adobe Audition 的主要功能包括以下几个方面。

（1）基本的编辑操作：能够完成音频文件的裁剪、复制、粘贴、删除等操作，方便用户对音频内容进行整理和修改。例如，在制作广播节目时，可通过裁剪去除多余的空白片段或错误部分，通过复制和粘贴来重复一些需要强调的音频内容。

（2）多轨编辑操作：允许用户在多个音轨上同时编辑不同的音频素材，方便进行音频的混合、叠加和排列。在音乐制作过程中，可将不同的人声、乐器等元素分别放置在不同音轨上进行独立编辑和调整，进而混合成一个完整的音频作品。

（3）均衡处理：通过对音频频率均衡曲线的调整，可以提升或衰减不同频段的音量，从而增强音频的音色和音质。可以突出声音的某些特征，如增强低音使音乐更有节奏感，或提升高音让声音更清晰明亮。

（4）压缩与限制：通过压缩音频动态范围，可以缩减音量较大的部分和音量较小的部分之间的差距，让音频的整体音量更加平衡和稳定。其常用于控制音频的峰值音量，确保音频在不同播放设备上都能保持合适的音量水平。

（5）降噪处理：通过特定的算法分析音频中的噪声特征，通过降噪处理提高音频的纯净度，使音频更加清晰干净。其对于录制过程中产生的环境噪声、底噪等有很好的抑制作用。

（6）支持多种录音设备：可连接麦克风等外部音频设备进行录音，并且能够对录音设备的参数进行详细设置，如采样率、位深度等，以满足不同的录音需求。无论是录制人声、乐器演奏还是其他声音，其都能提供高质量的录音效果。

（7）支持多种格式：支持导入和导出多种音频格式，如常见的MP3、WAV、AIFF、FLAC等格式，方便用户在不同的设备和软件之间进行音频文件的交换和共享。无论需要将音频转换为适合网络传播的MP3格式，还是用于专业音频制作的WAV格式，其都能轻松实现。

9.8 动画和视频的基础知识

动画和视频具有时序性与丰富的信息内涵，在多媒体技术应用中充当着重要的角色，常用于描述事物的发展过程。只要将多幅稍有变化的静止图像顺序地快速播放，且每两幅图像出现的时间小于人眼视觉暂留时间，静止图像就会带给人连续动作的感觉，达到动画和视频效果。动画和视频都可以产生AVI、MOV和GIF等格式的文件。动画一般是由绘制的画面组成的，而视频是由摄像机摄制的画面组成的。

9.8.1 动画和视频的分类

1. 动画的分类

按照动画处理方式，可将动画分为造型动画（Cast-based animation）和帧动画（frame animation）。造型动画属于计算机三维动画。造型动画的处理比较复杂，首先需要对每一个活动物件的属性（包括位置、形状、大小和颜色等）进行设计，然后由这些活动的物件组成完整的动画。帧动画是由一帧帧图像组成的二维动画，有两种生成方式：第一种方式需要首先制作一帧帧图像，然后通过计算机将它们按照一定的顺序组合在一起形成动画；第二种方式需要首先制作两幅关键帧，它们的位置、形状、大小或颜色等属性不同，然后通过插值计算自动生成两幅关键帧图像之间所有的过渡图像来形成动画。

2. 视频的分类

视频是指将一系列静态图像以电信号的方式加以捕捉、记录、处理、存储、传输与重现的连续动态影像技术。按其制作方式，视频可以分为实拍视频、动画视频和混合视频。以下是三种视频的特点。

（1）实拍视频：通过各种摄影设备拍摄现实场景、人物、事件等，以获取原始视频素材，经过后期的视频剪辑、调色等生成最终的视频作品。如电影、电视剧、纪录片等大多属于实拍视频。

（2）动画视频：利用绘画、计算机软件等工具制作虚拟的角色和场景，通过逐帧拍摄或计算机生成的方式形成动态画面。如《玩具总动员》《哪吒》等电影，都属于动画视频。

（3）混合视频：将实拍视频与动画视频相结合，在实拍画面中加入动画元素，或者以动画的形式呈现部分内容。如《奇幻森林》等影片中的动物角色就是通过计算机动画制作的，而森林场景属于实拍效果。

9.8.2 视频文件格式

1. AVI 视频文件

AVI（audio video interleaved，音频视频交错格式）是 Microsoft 公司开发的一种多媒体容器格式，在 Microsoft Windows 平台得到广泛使用。它对视频文件采用一种有损压缩方式，压缩比较高，尽管其画面质量不是太好，但其应用范围仍然非常广泛，主要用在多媒体光盘中，用来保存电视、电影等各种影像信息。

2. MPEG 视频文件

MPEG（Moving Picture Experts Group，动态图像专家组）是专门用于制定数字视频和音频压缩标准的动态图像专家组，其制定的压缩标准有 MPEG-1、MPEG-2、MPEG-4、MPEG-7 等。其中，MPEG-4 格式对应常见的 MP4 视频文件，主要用于视频电话、光盘、语音发送以及电视广播等场合。

3. MOV 视频文件

MOV 即 QuickTime 影片格式，它是 Apple 公司开发的一种音频、视频文件格式，用于存储常用的数字媒体类型，并能被众多的多媒体编辑及视频处理软件支持。

4. RMVB 视频文件

RMVB 视频文件是 RealNetworks 公司开发的 Real Media 多媒体数字容器格式的可变比特率扩展版本。与上一代的 RM 格式相比，其画面要清晰很多，这是因为其降低了静态画面的比特率。

9.8.3 视频压缩技术

视频压缩的目的是在尽可能保证视频播放品质的前提下减小视频的数据率。根据视频编码数据在解码后与编码前的数据是否一致，视频压缩方法分为有损压缩和无损压缩。其中，无损压缩是指解码后的数据与编码前的数据完全一致，没有任何失真，如 RLE（run length encoding，行程长度编码）。有损压缩是指解码后的数据与原始数据有一定程度的偏差或失真，但一般不影响听觉或视觉效果，如 PCM。另外，根据压缩算法原理的不同，压缩算法可分为预测编码、变换编码、信息熵编码、矢量量化编码、模型法编码、子带编码和混合编码等。

评价视频压缩算法的指标包括压缩比、算法的复杂性、运算速度和失真度。视频压缩比是指压缩后的数据量与压缩前的数据量的比值。

9.8.4 模拟视频信号数字化技术

模拟视频信号数字化是指在一定的时间内以一定速度对模拟视频信号进行采样、量化、编码，将模拟视频信号转换为相应的数字视频信号。模拟视频信号是在空间上和灰度上都连续的信号，它的数字化过程与音频信号存在差异。

（1）采样。采样是在空间上将信号数字化，用空间上部分点的灰度值表示图像。选取的这些点称为采样点。与音频信号在时域上对幅度值进行采样的方法不同，视频信号是对表示图像的函数进行采样。把图像分成若干帧的过程，实际上是在时间方向上进行抽样；把图像分成若干行的过程，实际上是在垂直方向上进行抽样。

（2）量化。量化是在灰度上将信号数字化，将像素灰度转化成离散的整数值。一幅数字图像中不同灰度值的个数称为灰度级。

（3）编码。量化的数据经编码后就成为数字视频信号，之后将其以文件形式保存在计算机的存储介质中。

9.8.5 视频获取

普通摄像机摄制的视频信号是模拟视频信号，NTSC、PAL 和 SECAM 制式的电视信号均为模拟视频信号。HDTV 制式的电视信号和用数字摄像机摄制的视频信号是数字视频信号。数字视频信号还可以通过对模拟视频信号进行数字化获得。视频数据是相当大的，在计算机中存储时需要将这些数据按照一定的压缩方法进行压缩。常用的压缩方法有无损压缩和有损压缩。一般视频信号通常采用 MPEG 格式压缩，压缩比可达 100 :1 以上。

9.8.6 动画与视频制作和编辑软件

1. 动画制作和编辑软件

常见的动画制作和编辑软件有 Flash、Ulead GIF Animator、Ulead COOL 3D、3ds max 和 Maya 等。

（1）Flash。Flash 是由美国 Adobe 公司推出的交互式矢量图和 Web 动画的标准，不但可以制作 .swf 格式的动画，还可以制作 .swf 格式的图形。这种格式的文件很小，适用于制作网页。

（2）Ulead COOL 3D。Ulead COOL 3D 是美国 Ulead 公司开发的制作三维文字和图形动画的软件，具有界面简洁、容易操作的特点，已被越来越多的用户所接受。

（3）3ds max。3ds max 是 Discreet 公司开发的基于 PC 系统的三维动画渲染和制作软件，被广泛应用于广告设计、装潢装饰设计、动画制作、建筑设计、多媒体设计和工业设计等立体设计领域，是目前国内外市场上使用广泛、功能完善的三维图形设计工具之一。

（4）Maya。Maya 是美国 Autodesk 公司出品的世界顶级的三维动画软件，其中不仅包括一般三维视觉效果制作的功能，而且与最先进的建模、数字化布料模拟、毛发渲染、运动匹配技术相结合，具有易学易用、制作效率极高、渲染真实感强的特点。Maya 主要用于制作专业的影视广告、角色动画、电影特技等。目前市场上的数字和三维制作工具中，Maya 是首选。

2. 视频制作和编辑软件

常见的视频制作工具有 Ulead Media Studio Pro、会声会影、Adobe Premiere Pro、Video For Windows 和 QuickTime 等。

（1）Ulead Media Studio Pro。它是 Ulead 公司开发的一款视频制作软件，提供了囊括影片捕捉、剪辑、绘图、动画及音频编辑五大模块的强大功能。

（2）会声会影。它是加拿大 Corel 公司制作的一款功能强大的视频编辑软件，具有图像抓取和编辑功能，并提供了一百多种编辑功能与效果，可导出多种常见的视频格式，可以直接制作成 DVD 和 VCD。

（3）Adobe Premiere Pro。它是 Adobe 公司开发的视频编辑软件，目前这款软件广泛应用于广告制作和电视节目制作中，具有如下功能。

① 能够实时采集视频信号，采集精度取决于视频卡和计算机的功能，主要视频格式为 AVI。

② 能够自定义使用特殊的 DV 设备和格式。

③ 能够综合多种媒体数据为一个视频文件。

④ 具有多种活动图像特技处理功能。

⑤ 能够配音或叠加文字和图像。

⑥ 能够提供多样的网页输出选项和网页标记功能。

9.8.7　动画和视频播放工具

多媒体播放器是能够播放不同编码格式音频、视频文件的软件，分为运行在计算机上用来播放本地存储的音频、视频文件的播放器，以及播放基于 Web 的音频流、视频流的播放器。

1. QuickTime

QuickTime 是一款拥有强大多媒体技术的内置媒体播放器，能以多样的文件格式观看互联网视频、高清电影预告片和个人媒体作品，拥有简洁的设计和易用的控制选项，采用 H.264 先进视频压缩技术，以更少的带宽和存储空间呈现绚丽、清晰的视频画面。

2. Windows Media Player

Windows Media Player 是微软公司开发的一款免费的播放器，除了支持 Windows 环境下的几乎所有音频、视频格式外，在其最新的版本中还提供了将录制的电视节目转换为便携式设备能够浏览的文件格式的能力。

3. RealPlayer

RealPlayer 是用于网上收听、收看实时音频、视频和 Flash 动画的最佳工具，用户不必下载音频或视频内容，只要线路允许，就能完全实现网络在线播放。其对流媒体的支持功能与 QuickTime、Windows Media Player 类似，几乎支持所有主流的音频、视频格式，包括 WMV、AVI、MP3、MP4 以及 MOV 格式。

9.8.8　制作多媒体素材的 AI 工具

1. 图像类

图像类 AI 工具能提供与设计主题相匹配的图标、字体和配色方案，帮助设计师选择最具视觉吸引力的元素，提升设计的整体效果。图像类 AI 工具还可自动生成和优化排版与布局，确保设计元素的对齐、比例和空间合理，使作品更加美观和易读。可智能生成图片的工具包括 Graphic Designer GPT、Kimi、豆包等。以下以豆包为例介绍如何通过 AI 工具生成一张图像。

（1）打开豆包官网：在浏览器中输入 https://www.doubao.com/chat/，进入豆包的官方网站。

（2）注册或登录：如果用户已有账号，则直接登录；如果用户没有账号，则按照提示进行注册。

（3）进入图像生成页面：登录后，单击界面左侧导航栏中的“图像生成”按钮，进入如图 9-5 所示的豆包的图像生成界面。

图 9-5　豆包的图像生成界面

在输入框中输入对想要生成的图像的描述，例如输入文字“中心是一座繁华的现代化城市，高楼大厦鳞次栉比，玻璃幕墙在阳光下闪闪发光。城市的街道整洁干净，车水马龙，人们脸上洋溢着幸福的笑容。在城市的上空，一架飞机划过蓝天，留下一道白色的轨迹，象征着中国在国际舞台上不断腾飞。”

单击“风格”按钮，根据所提供的选项，结合生成图像的应用需求，选择合适的图像艺术风格，如“中国风”。

单击“比例”按钮，根据所提供的选项，结合生成图像的应用需求，选择图像的大小比例，如“16∶9 桌面壁纸，风景”。

确认文字描述和风格后，单击右下角的“发送”按钮，系统会根据上述文字描述生成一组图像，如图 9-6（a）所示，用户可从中选取最符合要求的一张图像，如图 9-6（b）所示。

（a）　　　　（b）

图 9-6　豆包的图像选取及智能编辑界面

生成图像后，图像会显示在界面上，单击右上角的“下载原图”按钮，将图像保存到设备中。

（4）智能编辑。

①区域重绘：在生成的图像上选择细节区域，通过新的提示词进行重新绘制。

②扩图：对当前图像进行延伸拓展，豆包会自动按照图像内容进行扩充，进而改变图像的比例。

③擦除：如果图像中有不需要的元素，可以使用“擦除”功能进行处理。

2. 视频类

（1）万兴天幕音视频多媒体大模型。该大模型可以根据视频内容和用户需求，自动剪辑和拼接视频片段，生成流畅的影片。该大模型还内置丰富的特效和滤镜，支持一键应用，可以轻松实现专业级的视频效果。另外，其提供背景音乐推荐、音效添加和音频降噪等功能，可以优化视频的音频质量。

（2）Pika。Pika 支持用户通过输入详细的文本描述或脚本生成视频，AI 算法会据此自动生成相应的视觉场景和动态画面。也支持上传静态图像作为素材，并将这些图像转化为动态视频，还提供视频元素编辑、样式转换等技术支持。

习　题　9

一、单项选择题

1. 媒体中的（　　）是为了加工、处理和传输感觉媒体而人为构造出来的一种媒体，如文字、音频、图像和视频等。

A. 感觉媒体　　B. 表示媒体
C. 显示媒体　　D. 存储媒体

2. 一幅 320×240 像素的真彩色图像，未压缩的图像数据量是（　　）。

A. 225 KB　　B. 230.4 KB
C. 900 KB　　D. 921.6 KB

3. 以下几种软件中不能播放视频文件的是（　　）。

A. Windows Media Player　　B. Flash MX 2004
C. Adobe Photoshop　　D. RealPlayer

4. 截取模拟信号振幅值的过程称为（　　）。

A. 采样　　B. 量化　　C. 压缩　　D. 编码

5. 图像分辨率是指（　　）。

A. 屏幕上能够显示的像素数目　　B. 用像素表示的数字化图像的实际大小
C. 用厘米表示的图像的实际尺寸大小　　D. 图像所包含的颜色数

6. 下列采集的波形声音中质量最好的是（　　）。

A. 单声道、8 位量化、22.05 kHz 采样频率
B. 双声道、8 位量化、44.1 kHz 采样频率
C. 单声道、16 位量化、22.051 kHz 采样频率
D. 双声道、16 位量化、44.1 kHz 采样频率

7. 颜色的三个基本特征量中与波长有关的是（　　）。

A. 亮度　　B. 色调
C. 饱和度　　D. 色度

8. 对于图像、声音和视频影像，数据（　　）。

A. 不允许在压缩和解压缩过程中丢失信息
B. 允许在压缩和解压缩过程中丢失信息
C. 只能是有损压缩
D. 只能是无损压缩

9. 计算机内的音频必须是（　　）。

A. 模拟形式　　B. 连续形式
C. 断续形式　　D. 数字形式

10. 以下关于多媒体技术的描述中，正确的是（　　）。

A. 多媒体技术中的媒体概念特指音频和视频
B. 多媒体技术就是能用来观看的数字电影技术
C. 多媒体技术是指将多种媒体进行组合而成的媒体应用系统

D. 多媒体技术中的媒体概念不包括文本

11.Photoshop 是目前使用最广泛的专业（　　）处理软件。

A. 动画　　B. 图像

C. 音频　　D. 多媒体

12. 人工智能在多媒体用户体验方面的作用主要体现在（　　）。

A. 加快多媒体内容的下载速度　　B. 实现个性化的非线性内容推荐

C. 提高多媒体设备的生产效率　　D. 增加多媒体文件的存储容量

13. 关于多媒体技术与人工智能的关系，以下说法中错误的是（　　）。

A. 人工智能优化了多媒体内容的存储和检索

B. 多媒体技术的非线性特征与人工智能无关

C. 人工智能提升了多媒体交互的智能化水平

D. 多媒体技术为人工智能提供了丰富的数据资源

二、简答题

1. 什么是矢量图？什么是位图？它们的区别有哪些？

2. 多媒体技术的主要特征有哪些？

3. 简述模拟音频信号的采样、量化和编码过程。

4. 什么是流媒体？流媒体的流式传输采用哪些方法？分别应用于什么场景？

5. 简述音频质量评价的方法。

6. 视频和动画制作及编辑软件有哪些？

7. 简述多媒体技术的非线性特征。

第 10 章　大数据与云计算

数据技术的发展伴随着数据应用需求的演变，影响着数据投入生产的方式和规模，数据在相应技术和产业背景的演变中逐渐成为促进生产的关键要素。大数据时代是指信息量爆炸性增长和信息处理能力显著提升的时代。在这个时代，数据已经成为一种重要的战略资源，对社会、经济和科技发展产生了深远的影响，其具体表现在以下几个方面。

（1）数据量的激增。随着信息技术的广泛应用，人们在生产、生活和工作中产生了大量的数据。例如，每天产生的互联网数据量是以 PB（1 PB=1 024 TB）为单位计量的。

（2）数据类型的多样化。传统的数据类型主要以结构化数据为主，例如数据库中的数据。而现在的数据类型更加多样化，还包括非结构化数据和半结构化数据，例如文本、图片、视频和音频等。

（3）数据处理能力的提高。随着计算机技术的发展，数据处理能力得到了大幅提升。传统的计算方法无法有效处理大规模数据，而现在的大数据处理技术能够在可接受的时间内完成对大规模数据的处理和分析。

图 10-1　大数据时代

大数据时代的到来，对各个领域都产生了重大影响（见图 10-1）。在科学研究方面，大数据为科学研究提供了新的方法和工具，使得科学家能够开展更加深入和全面的研究；在商业领域，大数据帮助企业提高运营效率，降低生产成本，提高市场竞争力；在政府管理方面，大数据为政府提供决策支持，提高公共服务水平。研究大数据技术，对于推动社会、经济和科技发展具有重要意义。

10.1　大数据概述

10.1.1　大数据的定义

大数据（big data）就是指规模巨大、复杂多样的数据集合，其无法用传统的数据处理工具进行捕捉、管理、处理和分析。简单来说，大数据就是规模巨大、类型繁多、处理速度要求高的数据集合，它不仅仅是规模巨大，更重要的是其背后的价值挖掘与智能决策能力，它是需要运用新的处理模式才能具有更强的决策力、洞察发现力和流程优化能力的海量、高增长率和多样化的信息资产。传统数据和大数据的区别如表 10-1 所示。

表 10-1　传统数据和大数据的区别

比较项目	传统数据	大数据
数据规模	PB 以下	PB 以上（含）
增长速度	数据量稳定，增长缓慢	持续实时生产数据，增速快
多样化	主要为结构化数据	包括结构化数据、半结构化数据、非结构化数据
数据来源	集中式	分布式
应用场景	统计和报表	数据挖掘、数据分析

总的来说，大数据所涉及的数据规模巨大到无法通过人工或计算机在可容忍的时间下使用常规软件工具完成存储、管理和处理任务并解释成人们能解读的形式的信息。

10.1.2 大数据的特征

大数据的来源非常广泛，可以来自社交媒体、物联网设备、企业系统、传感器等。随着技术的发展和互联网的普及，数据的生成速度越来越快，呈现出指数级的增长趋势。这就要求大数据技术能够实时或近实时地进行数据处理和分析，以确保及时获得准确的见解。大数据不仅包括结构化数据（如关系数据库中的表数据），还包括半结构化和非结构化数据（如文档、视频、图片、音频等）。在许多应用场景中，大数据的实时性要求非常高。例如，在金融交易、在线广告、网络安全等领域，需要实时地处理和分析数据，以做出及时的决策或响应。

大数据的特征主要体现在数据体量巨大、数据类型繁多、处理速度快、价值密度低以及真实性高等方面，如图 10-2 所示和表 10-2 所示。这些特征使得大数据在经济社会发展中具有广泛的应用价值和潜力。

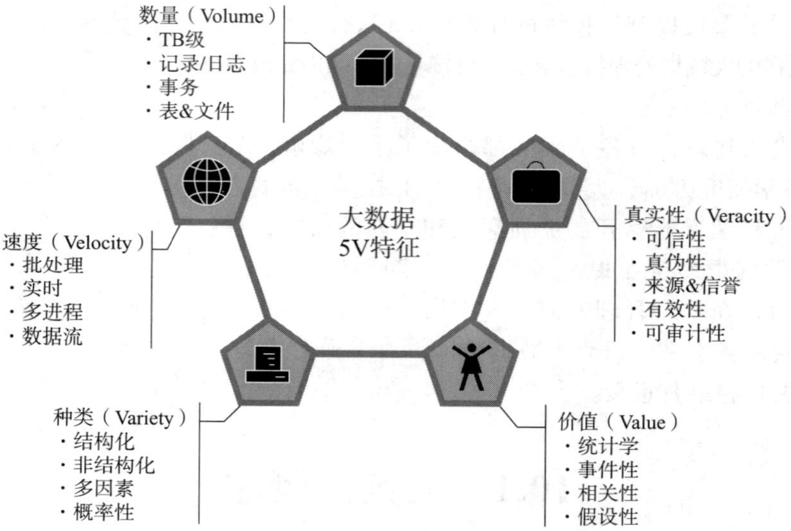

图 10-2 大数据的 5V 特征

表 10-2 大数据的特征说明

特征	说明
数量	数据的大小决定所考虑的数据的价值和潜在的信息
种类	指数据类型的多样性
速度	指获得数据的速度
价值	指合理运用大数据，以低成本创造高价值
真实性	指数据的质量

10.1.3 大数据的类型

大数据的世界如同一座丰富的矿藏，数据类型繁多，各具特色。大数据的分类方式多种多样，但一般来说，可以从以下几个维度进行分类。

1. 结构化数据

简单来说，结构化数据就是数据库，结合到典型场景中更容易理解，比如企业ERP、财务系统，医疗HIS数据库，教育一卡通，政府行政审批，其他核心数据库等。结构化数据基本需求包括高速存储应用需求、数据备份需求、数据共享需求以及数据容灾需求。结构化数据的标记方式有如下几种。

（1）使用HTML代码标记。HTML代码标记的方式主要有三种：微数据和RDFa。但对于一些外贸交易网站来说，标记是以微数据为主，偶尔也会用到微格式。

（2）使用微数据标记。使用微数据标记的话，有两种代码格式，参见http://data-vocabulary.org/和http://schema.org/。data-vocabulary标记只支持谷歌搜索，而schema标记同时支持谷歌、雅虎、必应等搜索。

2. 半结构化数据

和普通纯文本相比，半结构化数据具有一定的结构性，OEM（object exchange model，对象交换模型）是一种典型的半结构化数据模型。半结构化数据的特点是结构与数据交融，结构难以纳入描述框架，不易清晰理解与把握，数据变化通常会导致结构模式变化，整体上具有动态的结构模式。其优点是能够灵活扩展，其局限性是数据质量难以保证、一致性难以维护。半结构化数据模型在数据库系统中有着独特的地位。

（1）它是一种适合数据库集成的数据模型，也就是说，适合描述包含在两个或多个数据库（这些数据库含有不同模式的相似数据）中的数据。

（2）它是一种标记服务的基础模型，用于在Web上共享信息。

3. 非结构化数据

非结构化数据是指数据结构不规则或不完整，没有预定义的数据模型，不方便用数据库的二维逻辑表来表现的数据，如所有格式的办公文档、文本、图片，以及HTML文本、各类报表、图像和音频/视频信息等。

计算机信息化系统中的数据分为结构化数据和非结构化数据。非结构化数据的格式非常多样，标准也是多样性的，而且在技术上非结构化信息比结构化信息更难标准化和难以理解。所以，其存储、检索、发布以及利用需要更加智能化的信息技术（information technology，IT），比如海量存储、智能检索、知识挖掘、内容保护、信息的增值开发利用等。

企业中80%的数据都是非结构化数据，这些数据每年都增长60%。在以云计算为代表的技术创新大幕的衬托下，这些原本看起来很难收集和使用的数据开始容易被利用起来了，通过各行各业的不断创新，大数据会逐步为人类创造更多的价值。

10.2 大数据的发展历程和发展趋势

10.2.1 大数据的发展历程

阿尔文·托夫勒（Alvin Toffler）在1980年的著作《第三次浪潮》中预言了数据的重要性，指出数据就是财富，首次使用了大数据一词，并认为大数据将是“第三次浪潮的华彩乐章”。

进入20世纪90年代，随着互联网的诞生和爆发，信息化逐渐深入，数据量急剧增加，对IT系统形成了压力。1997年，迈克尔·考克斯（Michael Cox）和戴维·埃尔斯沃思（David Ellsworth）在IEEE会议上发表论文，提出了大数据的三个主要特征：体积（数据的大小）、速度（数据增长的速度）和多样性（数据类型和数据来源的数量）。2001 年，数据和分析专家道格·莱尼（Dong Lenney）进一步发展了这一概念，建立了今天仍在使用的描述大数据的三个组成部分：体积、速度和多样性。

在 21 世纪，大数据的应用范围不断扩大，涉及结构化、半结构化和非结构化数据的大集合。大数据技术通过获取、存储、分析，从大容量数据中挖掘价值，成为推动企业和社会发展、转型、创新的新型生产要素。大数据的应用场景包括自动驾驶汽车、智慧工厂、智慧城市等，这些领域每天产生大量数据，需要通过大数据技术进行高效管理和分析。

大数据的发展历程如图 10-3 所示。

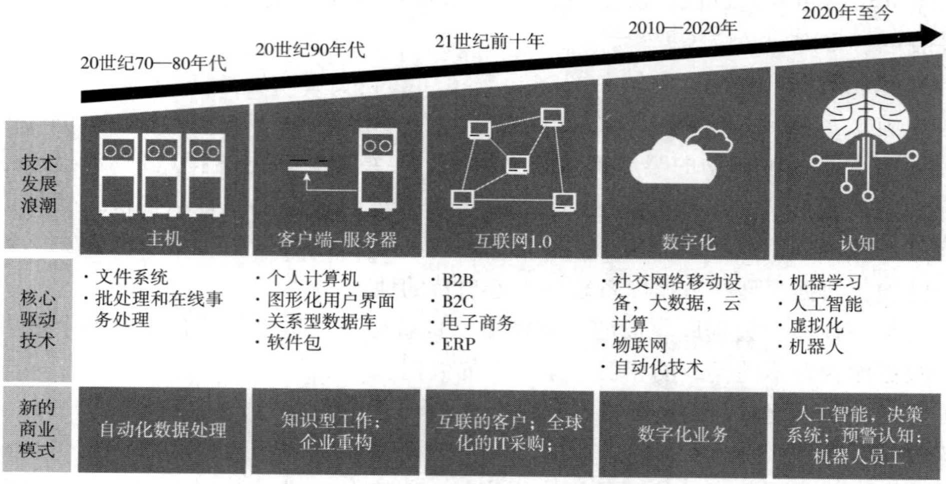

图 10-3　大数据的发展历程

（1）萌芽期（20 世纪 70—80 年代）。Web 2.0 应用迅猛发展，非结构化数据大量产生，传统处理方法难以应对，带动了大数据技术的快速突破。在这个阶段，大数据术语被提出，相关技术概念得到一定程度的传播，但大数据并没有得到实质性发展。虽然这一时期数据挖掘理论和数据库技术逐步成熟，一些商业智能工具和知识管理技术如数据仓库、专家系统、知识管理系统等开始被应用，但它们主要是利用企业、机构的内部数据进行统计、分析。

（2）成长期（20 世纪 90 年代）。大数据解决方案逐渐走向成熟，形成了并行计算与分布式系统两大核心技术。这一时期，数据仓库和商业智能系统的出现为处理大规模数据奠定了基础。随着互联网的普及和信息交流的频繁，数据量开始呈现爆炸式增长。进入 90 年代后，随着互联网的诞生和爆发，信息革命进入了全新的阶段。越来越多的人开始购买计算机，访问互联网。也有越来越多的科研机构和企业开始上线 IT 系统，推动自身的信息化转型。随着信息化的逐渐深入，人们开始发现，研究、生产和业务环节产生的数据越来越多，逐渐对 IT 系统形成了压力。数据规模不断膨胀，人类的存储技术和计算技术已然跟不上数据增长的步伐。业界意识到，数据的价值是无法估量的，而我们必须拥有更强大的技术，去挖掘数据中的这些价值。

（3）爆发期。进入 21 世纪，随着云计算、社交媒体和物联网的兴起，数据的来源更加广泛，包括传感器、移动设备、社交网络等。大数据解决方案逐渐走向成熟，形成了并行计算与分布式系统两大核心技术。大数据技术开始广泛应用于各个领域，为企业提供更多的价值。

（4）大规模应用期。在这个阶段，大数据应用渗透到各行各业，企业依赖数据进行决策，信息社会的智能化程度大幅提高。同时，出现跨行业、跨领域的数据整合，甚至是全社会的数据整合，人们开始从各种各样的数据中寻找对于社会治理、产业发展更有价值的应用。

经过以上四个阶段，大数据从一种概念逐渐发展成为现代社会不可或缺的技术力量，对现代决策过程产生了深远影响。它不仅改变了人们处理和分析信息的方式，也为决策分析提供了重要的参考依据。大数据相关的技术，在这一阶段发生了一些变化。

更值得一提的是，人工智能的崛起，让数据的价值再次爆发，如图 10-4 所示。大数据为人工智能提供了丰富的数据资源，而人工智能则通过先进的算法和技术从大数据中提取价值。在应用大数据的过程中，人们也在想办法解决大数据所带来的挑战。

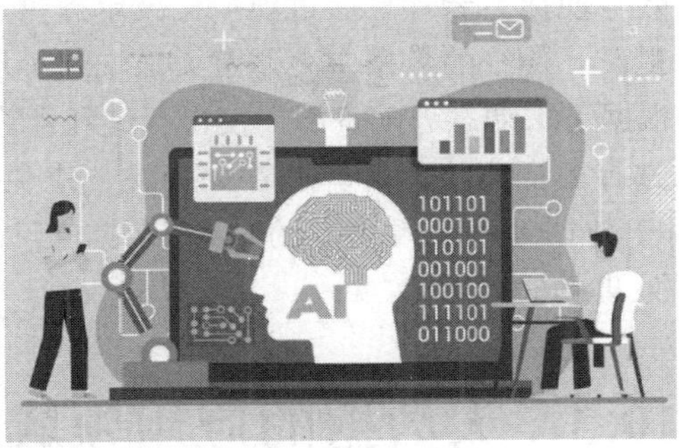

图 10-4　人工智能崛起

四十多年的时间里，大数据从无到有，从弱到强，已经充分证明了自己的价值，成为数字社会的重要组成部分。未来，随着数字技术的不断进步，尤其是人工智能的不断发展，大数据的应用将更加广泛和深入，为各行业带来更多机遇和挑战。真正的数据白金时代，正在加速向我们走来。

10.2.2　大数据的发展趋势

（1）数据的资源化。资源化是指大数据已成为企业和社会关注的重要战略资源，并已成为大家争相抢夺的新焦点。因而，企业必须要提前制订大数据营销战略计划，抢占市场先机。

（2）与云计算的深度结合。大数据离不开云处理，云处理为大数据提供了弹性可拓展的基础设备，是产生大数据的平台之一。自 2013 年开始，大数据技术已开始和云计算技术紧密结合，预计未来两者关系将更为密切。除此之外，物联网、移动互联网等新兴计算形态，也将共同助力大数据革命，让大数据营销发挥出更大的影响力。

（3）科学理论的突破。就像计算机和互联网一样，大数据很有可能是新一轮的技术革命。随着大数据的快速发展兴起的数据挖掘、机器学习和人工智能等相关技术，可能会改变数据世界里的很多算法和基础理论，实现科学技术上的突破。

（4）数据科学和数据联盟的成立。未来，数据科学将成为一门专门的学科，被越来越多的人所认知。各大高校将设立专门的数据科学类专业，也会催生一批与之相关的新的就业岗位。与此同时，基于数据这个基础平台，也将建立起跨领域的数据共享平台，之后，数据共享将扩展到企业层面，并且成为未来产业的核心一环。

（5）数据泄露泛滥。所有企业，无论规模大小，都需要重新审视当前对数据安全的定义。企业需要从新的角度来确保自身以及客户的数据安全，所有数据在创建之初就需要获得安全保障，而并非在数据保存的最后一个环节才设置安全保障，仅仅加强后者的安全措施已被证明于事无补。

（6）数据管理成为核心竞争力，直接影响财务表现。当数据资产是企业核心资产的概念深入人心之后，企业对于数据管理有了更清晰的界定，将数据管理作为企业核心竞争力，战略性规划与运用数据资产成为企业数据管理的核心。数据资产管理效率与主营业务收入增长率、销售收入增长率呈显著正相关。

（7）数据质量是商业智能（BI）成功的关键。采用自助式BI工具进行大数据处理的企业将会脱颖而出。其中要面临的一个挑战是，很多数据源会带来大量低质量数据。想要成功，企业需要理解原始数据与数据分析之间的差距，从而消除低质量数据并通过BI工具获得更佳决策。

（8）数据生态系统复合化程度加强。大数据与云计算虽然是不同的技术领域，但二者的融合使得数据处理变得更为高效与便捷。云计算通过虚拟化技术提供了按需分配的计算资源，使大数据处理的效率得到显著提升。传统的数据中心通常无法快速扩展，面对海量数据时往往力不从心。而云计算平台能够根据需求动态分配资源，使得存储和计算能力无限接近于无上限。

企业可以根据实际需求选择不同规格的计算和存储资源，避免了传统IT架构中资源闲置和设备更新的高昂成本。对于数据处理量不稳定的企业来说，云计算提供的资源灵活性不仅节省了投入，也提升了数据处理的时效性。

10.3 大数据的应用领域

大数据在多个领域都有广泛应用，主要包括金融、教育、媒体、医疗、农业等领域，如图10-5所示。随着技术的日益发展，大数据的应用将进一步扩展和深化，为社会发展和进步带来更多机遇和挑战。

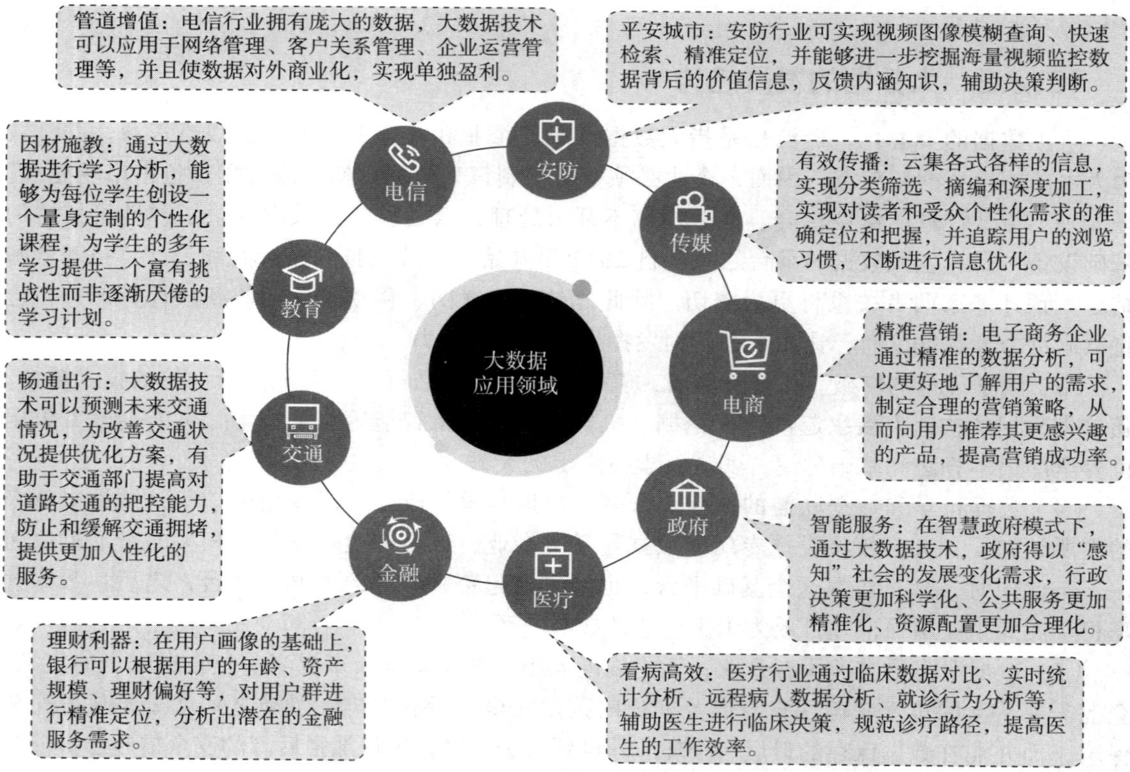

图10-5 大数据应用领域

1. 大数据在金融行业的应用

在金融领域，大数据的应用非常广泛。金融机构利用大数据技术进行风险评估、信用评分和反欺诈检测，提高了金融服务的安全性和效率。

（1）交易欺诈识别。通过大数据分析，金融机构可以识别出交易欺诈行为，帮助金融机构减少损失。

（2）精准营销。通过分析客户的消费行为和偏好，金融机构可以实现精准营销，提高营销效果。

（3）信贷风险评估。通过分析客户的信用记录、收入和支出等信息，金融机构可以评估客户的信贷风险，帮助金融机构做出更好的决策。

（4）智能投顾。通过大数据分析客户的投资偏好和风险承受能力，金融机构可以为客户提供个性化的投资建议。

2. 大数据在商业智能与市场营销领域的应用

大数据在商业智能与市场营销中起着至关重要的作用。它通过收集、处理和分析海量数据，为企业提供了前所未有的洞察能力。

（1）客户细分。企业可以利用大数据分析客户的人口统计学信息（如年龄、性别、地理位置等）、消费行为（购买频率、购买金额、购买时间等）和偏好（品牌喜好、产品功能偏好等）。

（2）市场预测与趋势分析。大数据能够收集和分析市场数据，包括行业销售数据、竞争对手数据、宏观经济数据等。通过对这些数据的挖掘，企业可以预测市场的需求变化和趋势。

（3）营销活动效果评估。在开展营销活动后，企业可以利用大数据分析营销活动的效果。通过跟踪广告投放后的点击率、转化率、用户留存率等指标，企业可以评估不同营销渠道（如社交媒体广告、搜索引擎营销、线下活动等）的有效性。

3. 大数据在医疗领域的应用

医疗领域是大数据应用的另一个重要领域。大数据技术可以帮助医疗机构进行疾病预测、优化诊疗路径、提高工作效率。

（1）分析电子病历。医生共享电子病历有助于收集和分析数据，寻找能够降低医疗成本的方法。医生和医疗服务提供商之间共享患者数据，能够减少重复检查，改善患者体验。

（2）健康风险预测。通过分析大量的健康数据，相关人员可以预测人群的慢性病风险，帮助医疗机构和个人采取相应的预防和干预措施，提高健康管理的效果。

（3）辅助诊断决策。通过学习海量教材、临床指南、药典及三甲医院优质病例，相关人员可以打造遵循医学的临床辅助决策系统，用以提升医疗质量，降低医疗风险。

（4）互联网医院。互联网医院是指利用互联网技术，为患者提供在线咨询、预约挂号、远程诊疗等医疗服务的平台。互联网医院可以通过大数据分析，为患者提供个性化的医疗建议和服务。

4. 大数据在零售行业的应用

大数据在零售领域的应用为零售商带来了许多机会和好处。通过营销策略优化、库存管理优化、供应链管理优化、客户体验改进和销售趋势预测等，零售商可以提高业务的效率和竞争力，更好地满足消费者的需求。

（1）个性化推荐。零售商通过分析顾客的购买历史、浏览行为和偏好，利用大数据技术进行个性化推荐，提高销售转化率和顾客满意度。

（2）库存管理。通过分析销售数据和供应链数据，零售商可以预测产品需求和库存水平，优化库存管理，减少产品过剩和缺货情况。

（3）客户细分。通过分析顾客的购买行为和消费习惯，零售商可以将顾客分为不同的细分群体，为每个群体提供个性化的营销策略和服务。

（4）价格优化。通过分析市场竞争和顾客需求，零售商可以优化定价策略，实现最佳的价格和利润平衡。

（5）供应链优化。通过分析供应链数据，零售商可以优化供应链流程和物流配送方案，从而提高供应链的效率和可靠性。

5. 大数据在交通运输领域的应用

大数据在交通运输领域中的应用对于优化交通系统运行、提高交通管理效率、改善交通服务质量等都有着重要的作用。

（1）交通流量预测与管理。交通管理部门通过收集道路传感器数据（如车流量、车速、交通拥堵情况等）、气象数据和节假日等社会活动数据，利用大数据技术预测交通流量。

（2）交通事故分析。通过对交通事故发生的时间、地点、原因等数据的分析，大数据算法可以找出交通事故发生的规律和趋势，为交通管理部门提供针对性的解决方案。

（3）智能物流。在物流和供应链领域，大数据被用于优化配送路线、库存管理和供应商选择等。物流企业通过收集货物运输数据（如货物重量、体积、运输距离等）、车辆数据（如车辆载重、油耗等）和交通数据，利用大数据算法规划最优的配送路线，降低运输成本。

（4）智能驾驶。利用大数据技术，实现了对车辆运行状态和周围环境的实时监控和分析。通过对车辆周围的环境进行大数据分析，驾驶员可以实现车辆的自动行驶和避免交通事故。

6. 大数据在工业制造领域的应用

工业大数据的应用非常广泛，它带来了工业企业创新和变革的新时代。通过互联网、移动物联网等带来的低成本感知、高速移动连接、分布式计算和高级分析，工业大数据正在深入融合到全球工业系统中，给全球工业带来深刻的变革，创新企业的研发、生产、运营、营销和管理方式。工业大数据的典型应用包括产品创新、产品故障诊断与预测、工业生产线物联网分析、工业企业供应链优化和产品精准营销等诸多方面。

（1）产品质量控制。制造企业通过收集生产线上的传感器传输的数据（如温度、压力、振动等）、产品检测数据（如尺寸精度、外观缺陷等）和生产工艺数据，利用大数据分析技术监控产品质量。

（2）供应链优化与预测性维护。在供应链方面，企业利用大数据分析原材料供应商的数据（如价格波动、供应能力等）、物流数据和市场需求数据，优化供应链布局。同时，企业通过对设备运行数据的分析，实现预测性维护。

（3）工业物联网（IIoT）应用。大数据是工业物联网的关键支撑。在智能制造环境下，大量的设备通过物联网连接，产生海量的数据。这些数据通过大数据平台进行分析处理，实现设备之间的协同优化、生产流程的智能化调整等。

7. 大数据在其他领域的应用

大数据还在其他领域有广泛应用，如在农业领域，大数据推动了智慧农业和精准农业的发展。智慧农业通过分析气候、土壤和农作物数据，优化种植和资源管理，提高农业生产效率；智能制造通过传感器数据进行预测性维护，优化生产流程；能源管理通过分析能源消耗数据，优化能源分配；智慧城市利用城市数据进行城市规划和环境监测等。

10.4 大数据面临的问题和挑战

大数据不仅改变了商业模式，也深刻影响了个人信息的收集、分析与利用方式。人们在社交媒体、移动应用、购物网站、智能设备等多渠道留下的数据，已成为企业进行精准营销、行为画像和预测性分析的宝贵资源。然而，数据泄露、信息滥用、算法歧视等隐忧也随之而来，使个人隐私与安全面临新的挑战。在强调数据驱动的今天，如何在推动社会进步和商业创新的同时，保护个人权利与自由，成了亟待解决的社会议题。

10.4.1 大数据面临的问题

大数据的价值体现在以下几个方面。

（1）为大量消费者提供产品或服务的企业可以利用大数据进行精准营销。

（2）做小而美模式的中小微企业可以利用大数据做服务转型。

（3）互联网压力之下必须转型的传统企业需要与时俱进地充分利用大数据的价值。

不过，大数据在经济发展中的巨大意义并不代表其能取代一切对于社会问题的理性思考，科学发展的逻辑不能被淹没在海量数据中。

1. 大数据的价值挖掘问题

（1）数据收集。这是大数据挖掘的第一步。数据收集涉及多个方面，包括数据源选择、数据采集技术、数据存储和管理等。不同的数据源需要采用不同的数据采集技术，如网页抓取技术、API 技术、传感器技术等。

（2）数据清洗。收集到的原始数据需要进行预处理，以提高数据质量和可用性。数据清洗包括数据去重、数据补全、数据标准化和异常值处理等步骤。

（3）数据分析与建模。这是数据价值挖掘的核心环节。可以使用统计分析、机器学习、深度学习等技术，从数据中提取有价值的信息。数据分析的步骤包括明确分析目标、数据采集、数据预处理、建立模型、模型评估和结果解释。常用的数据分析方法包括探索性数据分析（EDA）、构建数学模型（如回归模型、分类模型、聚类模型）等。

（4）数据可视化与报告。将数据分析的结果以直观的方式呈现出来，可以帮助决策者快速理解和利用数据。常用的数据可视化工具包括 Tableau、Power BI 等，可以将复杂的数据转化为易于理解的图表和仪表盘。

（5）数据驱动决策。这是数据挖掘的最终目标。通过将数据分析结果应用于实际业务决策中，企业可以基于真实数据做出更为科学、精准的战略规划，提升运营效率和市场竞争力。

2. 大数据对个人隐私的影响：机遇与隐忧并存

（1）行为画像与个性化服务。企业通过对用户浏览记录、地理位置、消费习惯的收集与分析，可提供定制化推送与优惠，但也意味着对个人行为的深度监测与挖掘。

（2）精准广告与商业价值。数据驱动营销让广告更有效率，却往往需要细化到个人级别的特征定位，会引发信息过度使用的争议；同时也让用户沦为被分析的对象，使其丧失对个人信息的部分控制权。

（3）公共服务与社会治理。政府部门利用大数据进行公共卫生监测、城市规划、治安管理等，可提升公共服务效率，但若缺乏合理制度，也可能形成对公民的过度监视。

3. 风险：在海量信息下的脆弱性

（1）数据泄露与安全漏洞。黑客攻击、内部操作失误或企业保护措施不当，都可能导致用户信息大规模泄露，给个人造成经济损失或身份盗用风险。

（2）算法歧视与偏见。数据算法用于招聘、信贷、医疗等关键领域时，若训练数据中存在歧视因素，算法也会放大这一问题，造成对特定群体的不公平结果。

（3）用户知情与同意困境。多数个人数据的收集往往默认或被隐藏在冗长的用户协议中，公众难以充分理解，甚至也无法拒绝，形同被动授权。

10.4.2 企业大数据面临的挑战

随着时间的推移，大数据使公司能够分析和获取这些数据。他们利用这些数据来做出更好的商业决策。此外，大数据正在帮助企业改善运营，提高竞争力。同时，企业也面临如下挑战。

（1）知识不足。企业在大数据等技术上浪费了大量的资源和时间。但是，他们甚至不知道这些新技术的基本知识。大多数员工也不了解大数据的真正价值。因此，他们不愿意改变现有的工作过程。这可能会对公司流程造成严重损害。有效利用大数据对任何公司来说都是一个巨大的进步。

（2）费用昂贵。大数据项目是昂贵的，如果企业使用的是本地解决方案，那么需要投资新的硬件。此外，企业还需要雇用新的开发人员和管理人员。虽然大多数框架都是免费的和开源的，但是企业仍然需要为新项目的配置、维护、设置和开发等付费。

（3）数据质量难以管理。数据集成是企业需要克服的最大挑战之一。大数据的格式将有所不同。因此，企业很难整合所有这些数据。此外，大数据并不能保证100%的准确性。企业需要确保只收集可靠的数据，有时企业可能收集到错误或重复的信息，这些数据是无用的。

（4）安全漏洞。大数据会给企业的网络带来各种安全漏洞。随着时间的推移而发展，大数据缺乏许多安全功能。企业可以通过更多地关注安全性来解决这个问题。

（5）升级。大数据最重要的特征是它会随着时间的推移而增长。这也是企业处理大数据时面临的最严峻的挑战。企业可以通过增加存储容量来提升项目功能，专注于提高计算能力。但是，在不降低系统性能的情况下进行系统升级仍然很困难。

10.5 云计算及其应用

互联网自20世纪60年代开始兴起，主要用于军方、大型企业等之间的纯文字、电子邮件传输，或为新闻集群组服务。直到20世纪90年代互联网才开始进入普通家庭。随着Web网站与电子商务的发展，网络已经成为人们的生活必需品之一。计算机依然是我们日常工作生活中的核心工具，我们用计算机处理文档、存储资料，通过电子邮件或U盘与他人分享信息。如果计算机硬盘坏了，我们会因为资料丢失而束手无策。

而在云计算时代，云会替人们做存储和计算的工作。云就是计算机集群，每个集群都包括几十万台甚至上百万台计算机。云的好处还在于其中的计算机可以随时更新。届时，只需要一台能上网的计算机，不需关心存储或计算发生在哪朵“云”上，一旦有需要，人们可以在任何地点用任何设备，如计算机、手机等，快速地计算和找到这些资料。人们再也不用担心资料丢失了。

10.5.1　云计算的概念

云计算指通过计算机网络（多指因特网）形成的计算能力极强的系统，可存储、集合相关资源并可按需配置，向用户提供个性化服务。如今，云计算被视为计算机网络领域的一次革命，由于它的出现，社会的工作方式和商业模式也在发生巨大的改变。云计算不是一种全新的网络技术，而是一种全新的网络应用概念。云计算的核心概念就是以互联网为中心，在网站上提供快速且安全的云计算服务与数据存储，让每一个使用互联网的人都可以使用网络上庞大的计算资源与数据中心，如图 10-6 所示。

图 10-6　云计算示意图

10.5.2　云计算时代的优势与特点

作为对互联网的一个比喻，云是很容易理解的。但是一旦同计算联系起来，云的意义就扩展了，而且开始变得模糊起来。有些分析师和公司把云计算仅仅定义为计算的升级版——基本上就是互联网上提供的众多虚拟服务器。另外一些人把云计算定义得更加宽泛，他们认为用户在防火墙保护之外消费的任何事物都处于云之中。云计算被人们关注是在人们考虑 IT 业到底需要什么之后，人们需要找到能够在不增加新的投资、新的人力和新的软件的情况下增加互联网的能力和容量的一种办法。而云计算正好提供了这种可能。

云计算的可贵之处在于高灵活性、可扩展性和高性价比等。与传统的网络应用模式相比，云计算具有如下优势与特点。

（1）虚拟化技术。虚拟化突破了时间、空间的界限，这是云计算最显著的特点。虚拟化技术包括应用虚拟和资源虚拟两种。众所周知，物理平台与应用部署的环境在空间上是没有任何联系的，正是通过虚拟平台对相应终端操作完成数据备份、迁移和扩展等。

（2）动态可扩展。云计算具有高效的计算能力，在原有服务器基础上增加云计算功能能够使计算速度迅速提高，动态扩展虚拟化的层次，最终达到对应用进行扩展的目的。

（3）按需部署。计算机包含许多应用、程序软件等，不同的应用对应的数据资源库不同，所以用户运行不同的应用需要较强的计算能力对资源进行部署，而云计算平台能够根据用户的需求快速配备计算能力及资源。

（4）灵活性高。目前市场上大多数 IT 资源、软硬件都支持虚拟化，比如存储网络、操作系统和软硬件开发等。虚拟化要素统一放在云系统资源虚拟池中进行管理，由此可见，云计算的兼容性非常强，不仅可以兼容低配置机器、不同厂商的硬件产品，还能够使外部设备获得更高性能计算。

（5）可靠性高。如果某台服务器发生故障，也不会影响计算与应用的正常运行，因为单点服务器出现故障时，可以通过虚拟化技术将分布在不同物理服务器上的应用进行恢复或利用动态扩展功能部署新的服务器进行计算。

（6）性价比高。将资源放在虚拟资源池中统一管理，在一定程度上优化了物理资源，用户不再需要昂贵、存储空间大的主机，可以选择相对廉价的计算机组成云，一方面降低费用，另一方面其计算性能不逊于大型主机。

（7）可扩展性。用户可以利用应用软件的快速部署条件来更为简单快捷地将自身所需的已有业务以及新业务进行扩展。在对虚拟化资源进行动态扩展的情况下，能够高效扩展应用，提高用户对云计算的操作水平。

10.5.3 云计算的各种形式

1. 云计算的完成形式

云计算是分布式处理（distributed processing）、并行处理（parallel computing）和网格计算（grid computing）的发展，或者说云计算是这些计算机科学概念的商业实现。云计算的基本原理是，使计算分布在大量的分布式计算机上，而非本地计算机或远程服务器中，企业数据中心的运行与互联网更为相似。这使得企业能够将资源切换到需要的应用上，根据需求访问计算机和存储系统。

云计算是建立在先进互联网技术基础之上的，其实现形式众多，主要通过以下形式完成。

（1）软件即服务。通常用户发出服务需求，云系统通过浏览器向用户提供资源和程序等。

（2）网络即服务。开发者能够在 API 的基础上不断改进、开发出新的应用产品，大大提高单机程序的操作性能。

（3）平台即服务。一般服务于开发环境，协助中间商对程序进行升级与研发，同时完善下载功能，用户可通过互联网下载，具有快捷、高效的特点。

（4）互联网整合。利用互联网发出指令时，也许同类服务众多，云系统会根据终端用户需求匹配相适应的服务。

（5）商业服务平台。构建商业服务平台的目的是给用户和提供商提供一个沟通平台，从而需要管理服务和软件即服务搭配使用。

（6）管理服务提供商。这种应用模式常服务于 IT 行业，服务内容有扫描邮件病毒、监控应用程序环境等。

2. 云计算的表现形式

（1）软件服务。这种云计算通过浏览器把程序传给成千上万的用户。从用户的角度来看，这样会省去在服务器和软件授权上的开支；从供应商角度来看，这样只需要维持一个程序就够了，能够降低成本。

（2）效用计算。这种云计算是为 IT 行业创造虚拟的数据中心，使其能够把内存、I/O 设备、存储和计算能力集中起来，成为一个虚拟的资源池来为整个网络提供服务。

（3）网络服务。网络服务同软件服务关系密切，网络服务提供者能够提供 API，让开发者能够开发更多基于互联网的应用，而不是提供单机程序。

（4）平台服务。平台服务是另一种软件服务，这种云计算把开发环境作为一种服务来提供。开发者可以使用中间商的设备来开发自己的程序并通过互联网将其服务器传到用户手中。

（5）管理服务提供商（MSP）。MSP 是最古老的云计算应用之一。这种云计算面向的是 IT 行业而不是终端用户，常用于邮件病毒扫描、程序监控等。

（6）商业服务平台。商业服务平台是软件服务和 MSP 的混合应用，其为用户和提供商之间的互动提供了一个平台。比如用户个人收支管理系统，能够根据用户的设置来管理其收支并协调其订购的各种服务。

（7）互联网整合。这种云计算将互联网上提供类似服务的公司整合起来，以便用户能够更方便地比较和选择自己的服务供应商。

10.5.4　云计算的应用场景

云计算的应用非常广泛，涵盖了多个领域和多种场景。

1. 云计算在企业中的应用

（1）企业 IT 基础设施。云计算可以替代传统数据中心，提供弹性、高效的计算和存储资源，显著降低 IT 成本，提升企业响应速度和系统可靠性。

（2）大数据分析。云计算为企业提供了高效的数据存储和处理能力，帮助企业快速获取洞察力和预测性分析结果，助力精准决策。

（3）移动应用。通过云存储与服务的支持，云计算可使应用数据得以安全存储与高效处理；通过弹性计算与负载均衡，云计算能确保用户访问的流畅与稳定。

（4）游戏开发。云计算为游戏开发提供了强大的计算能力、存储和带宽资源，显著提升了游戏性能与响应速度，为玩家带来更加流畅的游戏体验。

（5）云安全。云计算通过云端存储与备份、先进监控与计量机制，确保数据完整性与可用性，精准管理与保护数据。

（6）数据存储和备份。用户可以将宝贵的数据寄存于云计算平台，随时备份与恢复，确保数据安全。

（7）人工智能。云计算与人工智能的结合，满足机器学习与深度学习的运算需求，推动智能时代的飞速发展。

（8）虚拟化和云存储。云计算通过分布式虚拟化技术与云存储技术，构建高效的虚拟化环境与可靠存储模式，推动数字化转型。

2. 云计算在个人生活中的应用

（1）电子邮箱服务。云计算使得电子邮箱可以使用云端资源来检查和发送邮件，用户可以在任何地点、任何时间使用任何设备访问邮件。

（2）云游戏应用。所有游戏都在服务器端运行，用户只需通过设备连接云服务器即可享受高质量的游戏体验。

3. 云计算在特定行业中的应用

（1）在线教育。云计算可以提供在线课程、教学资源和互动平台，支持远程教育和在线学习。

（2）医疗健康。云计算可以实现医疗信息的云端存储和共享，提升医疗服务效率和患者体验。

（3）物联网。云计算可以提供物联网设备的连接、数据处理和分析能力，推动企业的智能化管理和优化。

10.6 云 存 储

云存储是在云计算概念上延伸和发展出来的一个新的概念，是指通过集群应用、网格技术及分布式文件系统等功能，将网络中大量不同类型的存储设备通过应用软件集合起来协同工作，共同对外提供数据存储和业务访问功能的系统。当云计算系统运算和处理的核心是大量数据的存储和管理时，云计算系统中就需要配置大量的存储设备，云计算系统就转变为一个云存储系统，所以云存储系统是一个以数据存储和管理为核心的云计算系统。

简单来说，云存储就是将存储资源放到云上供用户存取的一种新兴方案。用户可以在任何时间、任何地方，通过任何可联网的装置连接到云上方便地存取数据，如图 10-7 所示。

图 10-7 云存储示意图

10.6.1 云存储的组成和分类

就如同云状的广域网和互联网一样，对使用者来讲，云存储不是指某一个具体的设备，而是指一个由许许多多个存储设备和服务器构成的集合。用户使用云存储，并不是使用某一个存储设备，而是使用整个云存储系统带来的一种数据访问服务。严格来讲，云存储是一种服务。

1. 云存储的组成

云存储的核心是应用软件与存储设备相结合，通过应用软件来实现存储设备向存储服务的转变。云存储的组成如图 10-8 所示。

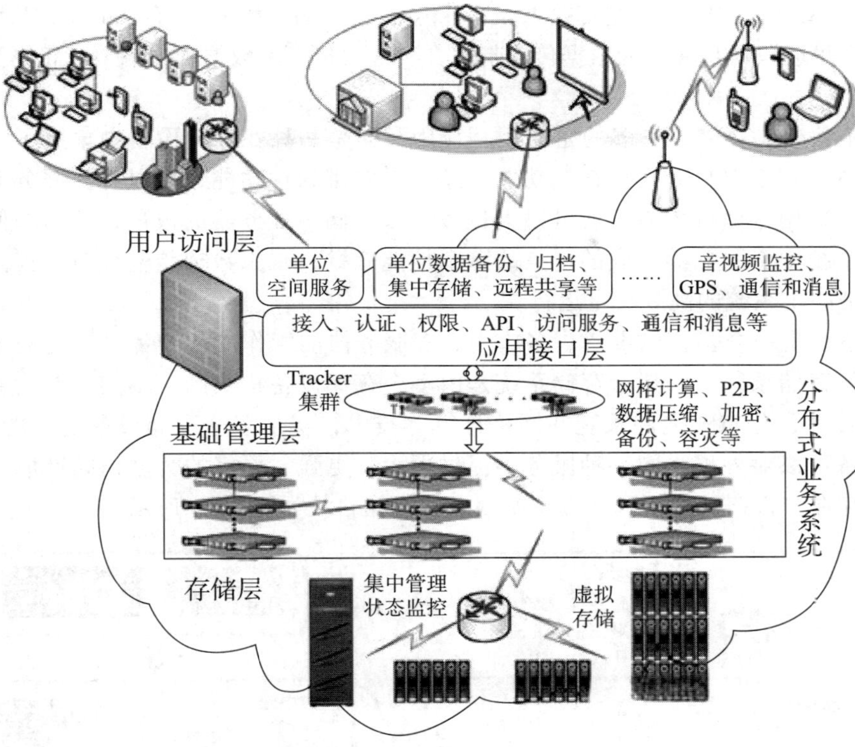

图 10-8 云存储的组成

（1）存储层。存储层是云存储的基础部分。存储设备可以是光纤通道存储设备，可以是NAS（网络附接存储）和 iSCSI（互联网小型计算机系统接口）等 IP 存储设备，也可以是SCSI（小型计算机系统接口）或 SAS（串行连接 SCSI）等 DAS（直接附接存储）设备。云存储中的存储设备往往数量庞大且分布于不同地域，彼此之间通过广域网、互联网或者光纤通道网络连接在一起。

存储设备之上是一个统一存储设备管理系统，可以实现存储设备的逻辑虚拟化管理、多链路冗余管理，以及硬件设备的状态监控和故障维护。

（2）基础管理层。基础管理层是云存储最核心的部分，也是云存储中最难以实现的部分。基础管理层通过集群、分布式文件系统和网格计算等技术，实现云存储中多个存储设备之间的协同工作，使多个存储设备可以对外提供同一种服务，并提供更大、更强、更好的数据访问性能。

CDN（内容分发网络）系统、数据加密技术保证云存储中的数据不会被未授权的用户访问，同时，通过各种数据备份和容灾技术与措施可以保证云存储中的数据不会丢失，保障云存储自身的安全和稳定。

（3）API。API 是云存储中最灵活多变的部分。不同的云存储运营单位可以根据实际业务类型，开发不同的 API，提供不同的应用服务。比如视频监控应用平台、IPTV 和视频点播应用平台、网络硬盘应用平台、远程数据备份应用平台等。

（4）用户访问层。任何一个授权用户都可以通过标准的公用 API 来登录云存储系统，享受云存储服务。云存储运营单位不同，云存储提供的访问类型和访问手段也不同。

2. 云存储的分类

真正的云存储系统将会是一个多区域分布、遍布全国甚至遍布全球的庞大公用系统，使用者需要通过 ADSL、DDN 等宽带接入设备来连接云存储系统。只有宽带网络得到充足的发展，用户才有可能获得足够大的数据传输带宽，实现大量容量数据的传输，真正享受到云存储服务。

云存储不仅仅是存储，更多的是应用。应用存储是一种在存储设备中集成了应用软件功能的存储设备，它不仅具有数据存储功能，还具有应用软件功能，可以看作服务器和存储设备的集合体。应用存储技术的发展可以大量减少云存储中服务器的数量，从而降低系统建设成本，减少系统中由服务器造成的单点故障和性能瓶颈，减少数据传输环节，提高系统性能和效率，保证整个系统的高效稳定运行。

云存储系统是一个多存储设备、多应用、多服务协同工作的集合体，任何一个单点存储系统都不是云存储系统。既然云存储系统是由多个存储设备构成的，不同存储设备之间就需要通过集群技术、分布式文件系统和网格计算等技术，实现多个存储设备之间的协同工作，多个存储设备可以对外提供同一种服务，提供更大、更强、更好的数据访问性能。如果没有这些技术的存在，云存储就不可能真正实现。云存储科技如图 10-9 所示。

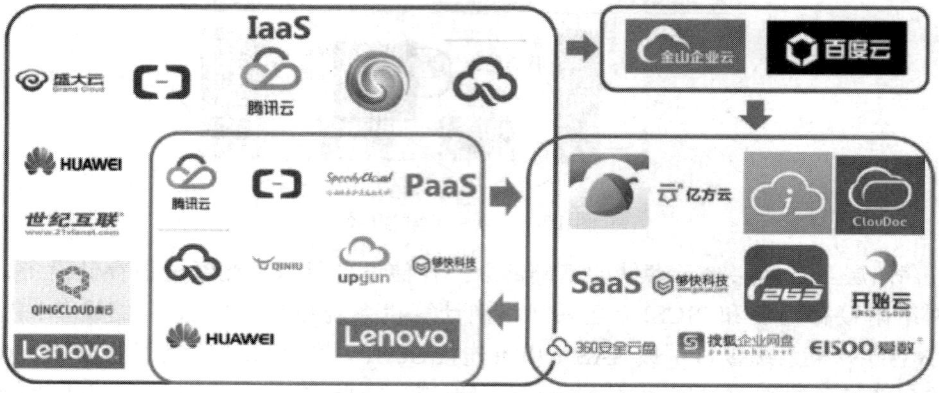

图 10-9　云存储科技

云存储的类型包括公共云存储、内部云存储与混合云存储。

1）公共云存储

像亚马逊公司的 Simple Storage Service（S3）和 Nutanix 公司提供的存储服务一样，公共云存储可以低成本提供大量的文件存储。供应商可以保持每个客户的存储、应用都是独立的、私有的。其中 Dropbox 是公共云存储发展较为突出的代表，国内比较突出的代表有搜狐企业网盘、百度网盘、乐视云盘、移动彩云、金山快盘、坚果云、华为云空间、360 云盘、新浪微盘、腾讯微云等。

公共云存储可以划出一部分用作私有云存储。一个公司可以拥有或控制基础架构，以及应用的部署，私有云存储可以部署在企业数据中心或相同地点的设施上。私有云既可以由公司自己的 IT 部门管理，也可以由服务供应商管理。

2）内部云存储

这种云存储和私有云存储比较类似，唯一的不同点是它仍然位于企业防火墙内部。可以提供私有云的平台如 Eucalyptus、3A Cloud、minicloud 安全办公私有云、联想网盘等。

3）混合云存储

这种云存储把公共云和私有云 / 内部云结合在一起，主要用于按客户要求的访问，特别是需要临时配置容量的时候。从公共云上划出一部分容量配置一种私有云或内部云，可以帮助公司应对迅速增长的负载波动或高峰时的负载需求。尽管如此，混合云存储也带来了跨公共云和私有云分配应用的复杂性。

3. 云存储的功能

通过云存储，服务器商可以服务成千上万的中小企业，并可以为不同的消费群体提供服务。它可以担负起一个初创公司拥有最新、最好的存储所需成本的一部分，帮助初创公司减少不必要的成本。相比传统的存储扩容，云存储架构采用的是并行扩容方式，当客户需要增加容量时，可按照需求采购服务器，新设备仅需安装操作系统及云存储软件后，打开电源接入网络，云存储系统便能对其进行自动识别，自动把容量加入存储池中完成扩展。

1）节约成本

从短期和长期来看，云存储最大的特点就是可以为小企业降低成本。因为如果小企业想要在他们自己的服务器上进行存储，就必须购买硬件和软件，这些软硬件资源非常昂贵。另外，企业还要聘请专业的 IT 人士，管理这些硬件和软件的维护工作，并且更新这些设备和软件总的成本非常高。若使用云存储，小企业可以减少此部分的支出。

2）更好地备份本地数据并可以异地处理日常数据

在以往的存储系统管理中，管理人员需要面对不同的存储设备，不同厂商的设备有不同的管理界面，使得管理人员要了解每个存储设备的使用状况（容量、负载等）的工作复杂而繁重。而且，传统的存储系统在硬盘或存储服务器损坏时，可能造成数据丢失，而云存储则不会，如果云存储的某个硬盘坏掉，数据会自动迁移到其他硬盘，大大减轻了管理人员的工作负担。对云存储来说，再多的存储服务器，在管理人员眼中也只是一台存储器，每台存储服务器的使用状况，通过一个统一管理界面监控，使得维护变得简单和易操作。

3）更多的访问和更好的竞争

公司员工不再需要通过本地网络访问公司信息，公司员工甚至合作商可以在任何地方访问他们需要的数据。对于很多企业来说，云存储对于小企业比大企业更有利，原因就是大企业已经花重金打造了自己的数据存储中心。

10.6.2 云存储的应用场景

云存储可以应用于很多领域，如电子商务、医疗健康、金融保险、物流运输等。以下是云存储的一些具体应用场景。

1. 云呼叫应用

云呼叫中心是基于云计算技术而搭建的呼叫中心系统，企业无须购买任何软硬件系统，只需具备人员、场地等基本条件，就可以快速拥有属于自己的呼叫中心，软硬件平台、通信资源、日常维护与服务由服务商提供，具有建设周期短、投入少、风险低、部署灵活、系统容量伸缩性强、运营维护成本低等众多特点。无论是电话营销中心、客户服务中心，企业只需按需租用服务，便可建立一套功能全面、稳定、可靠、坐席可分布全国各地的呼叫中心系统。

2. 私有云应用

私有云是将云基础设施与软硬件资源创建在防火墙内，以供机构或企业内各部门共享数据中心的资源。创建私有云，除了有硬件资源外，一般还有云设备（IaaS）软件，当前商业软件有 VMware 的 vSphere 和 Platform Computing 的 ISF，开放源代码的云设备软件主要有 Eucalyptus 和 OpenStack。

私有云计算同样包含云硬件、云平台、云服务三个层次。不同的是，云硬件是用户自己的个人计算机或服务器，而非云计算厂商的数据中心。云计算厂商构建数据中心的目的是为千百万用户提供公共云服务，因此需要拥有几十台甚至上百万台服务器。私有云计算，对个人来说只服务于亲朋好友，对企业来说只服务于本企业员工以及本企业的客户和供应商，因此个人或企业自己的个人计算机或服务器已经足够用来提供云服务。

3. 云游戏应用

云游戏是以云计算为基础的游戏方式，在云游戏的运行模式下，所有游戏都在服务器端运行，并将渲染完毕后的游戏画面压缩后通过网络传送给用户。在客户端，用户的游戏设备不需要任何高端处理器和显卡，只需要具备基本的视频解压能力就可以了。

4. 云教育应用

流媒体平台采用分布式架构部署，分为 Web 服务器、数据库服务器、直播服务器和流服务器，如果有必要可在信息中心架设采集工作站，搭建网络电视或实况直播应用，在各个学校已经部署录播系统或直播系统的教室配置流媒体功能组件，这样录播实况可以实时传送到流媒体平台管理中心的全局直播服务器上，同时学校也可以将录播的视频上传到信息中心的流存储服务器上，方便今后的检索、点播、评估等应用。

5. 云会议应用

云会议是基于云计算技术的一种高效、便捷、低成本的会议形式。使用者只需要通过互联网界面，进行简单易用的操作，便可快速高效地与全球各地的团队及客户同步共享语音、数据文件及视频，而会议中数据的传输、处理等由云会议服务商帮助使用者操作。目前国内云会议主要集中在以 SaaS 模式为主体的服务内容，包括电话、网络、视频等服务形式。

6. 云社交应用

云社交（cloud social）是一种物联网、云计算和移动互联网交互应用的虚拟社交应用模式，以建立著名的资源分享关系图谱为目的，进而开展网络社交。云社交的主要特征是把大量的社会资源统一整合和评测，构成一个资源池，向用户按需提供服务。参与分享的用户越多，云社交能够创造的利用价值就越大。

10.7 云 安 全

云存储已经成为未来存储发展的一种趋势。随着云存储技术的发展，各类搜索技术、应用技术和云存储相结合的应用，还需从安全性、便携性及数据访问等角度进行改进。从云计算诞生以来，安全性一直是企业实施云计算首要考虑的问题之一。同样的，在云存储方面，安全性仍是云存储厂商和客户首要考虑的问题。对于想要进行云存储的客户来说，安全性通常是首要的商业考虑和技术考虑。但是许多用户对云存储的安全要求高于他们自己的架构所能提供的安全水平。即便如此，面对如此高的不现实的安全要求，许多大型、可信赖的云存储厂商也在努力满足客户的要求，构建比多数企业数据中心安全得多的数据中心。用户可以发现，目前的云存储具有更少的安全漏洞和更高的安全环节，云存储所能提供的安全性水平要比用户自己的数据中心所能提供的安全水平还要高。

云安全（cloud security）是一个从云计算演变而来的新名词。云安全的策略构想是：用户越多，每个用户就越安全，因为如此庞大的用户群，足以覆盖互联网的每个角落，只要某个网站被挂马或某个新木马病毒出现，就会立刻被截获。

云安全通过网状的大量客户端对网络中软件的异常行为进行监测，获取互联网中木马、恶意程序的最新信息，推送到服务器端进行自动分析和处理，再把病毒和木马的解决方案分发到每一个客户端。

IBM对云安全的定义：云安全是一组程序和技术的集合，旨在解决企业安全所面临的外部和内部威胁。企业在实施其数字化转型策略，并将各种云端工具和服务纳入企业基础架构中时，需要云安全保障业务顺利进行。

卡巴斯基对云安全的定义：云安全是一整套技术、协议和最佳做法的总称，旨在保护云计算环境、云中运行的应用程序和云中保存的数据。要保护云服务，首先应了解要保护的确切内容，以及必须管理的系统。

1. 云安全存在的挑战

（1）缺乏可见性。由于许多云服务是在企业网络之外通过第三方访问的，因此企业往往不容易了解数据的访问方式以及访问者详情。

（2）多租户。公有云在同一环境中运行多个客户基础架构。因此，当恶意攻击者在攻击某企业时，有可能连带损害到其他企业的托管服务。

（3）访问管理和影子IT。企业可以成功管理和限制本地系统中的访问点，但在云环境中可能很难执行相同级别的限制。如果企业没有部署自带设备办公（BYOD）策略，并允许从任何设备或地理位置对云服务进行未经筛查的访问，就会比较危险。

（4）合规性。对于使用公有云或混合云部署的企业来说，合规管理常常是造成企业困惑的一大来源。数据隐私和安全性的总体问责仍然存在于企业自身，而严重依赖第三方解决方案来管理此组件可能导致成本高昂的合规问题。

（5）配置错误。企业甚至云服务供应商都有可能错误配置云基础架构，因此无意中产生的内部威胁成为云计算环境的一个严重问题。错误配置包括就地保留默认管理密码，或没有创建合适的隐私保护设置。

2. 云安全解决方案的分类

（1）身份识别和访问管理（IAM）。IAM中的这些工具和服务可支持企业部署各种依据策略驱动的执行协议，确保所有用户既可访问本地服务，也可访问基于云的服务。IAM的核心功能就是为所有用户创建数字身份，以便在所有数据交互过程中对其进行必要的主动监控和限制。

（2）数据泄露防护（DLP）。DLP提供了一套工具和服务，旨在确保受管制云数据的安全。DLP解决方案综合使用补救警报、数据加密和其他预防措施来保护所有已存储的数据，无论这些数据处于静态还是处于移动状态。

（3）信息安全和事件管理（SIEM）。SIEM提供全面的安全统筹解决方案，可在基于云的环境中自动执行威胁监视、检测和响应。SIEM使用人工智能驱动的技术，将多个平台和数字资产中的日志数据联系起来，确保IT团队能够成功应用网络安全协议，同时快速应对任何潜在的威胁。

（4）业务连续性和灾难恢复。无论企业为其本地和基于云的基础架构实施了何种预防措施，数据泄露和破坏性停运或中断仍有可能发生。企业必须能够尽快对新发现的漏洞或重要系统的宕机等做出快速反应。业务连续性和灾难恢复解决方案是云安全的基本要素，可为企业提供所需的工具、服务和协议，以加快恢复丢失的数据和回归正常业务运营。

3. 如何保障云安全

保障云安全的方法多种多样，每个企业采取的对策各有不同，这主要取决于多个变量。美国国家标准技术研究院（NIST）提出了一些最佳实践规范，用户可以遵循这些最佳实践规范，建立一个安全的、可持续发展的云计算框架。

NIST 制定了必要的步骤，供每个企业对其安全准备情况进行自我评估，并为其系统部署充足的预防和恢复安全措施。这些规范依据 NIST 的网络安全框架五大支柱而设立，即识别、保护、检测、响应和恢复。

云安全领域中另一种支持执行 NIST 网络安全框架的新兴技术是云安全态势管理（CSPM）。CSPM 解决方案旨在解决许多云环境中的一个常见缺陷，即错误配置。

企业甚至云服务供应商对云基础架构的错误配置可能会导致多个漏洞，从而显著增加企业的受攻击面。CSPM 可协助统筹和部署云安全的核心组件，从而解决这些问题。这些组件包括身份和访问管理、合规管理、流量监控、威胁监测、风险缓解和数字资产管理。

10.8 大数据与云计算的融合

随着云时代的来临，大数据也吸引了越来越多的关注。大数据通常用来形容一个公司创造的大量非结构化数据和半结构化数据，这些数据在下载到关系型数据库中用于分析时会花费过多时间和金钱。大数据分析常和云计算联系到一起，因为实时的大型数据集分析需要像 MapReduce（映射 - 化简）一样的框架来向数十台、数百台或甚至数千台计算机分配工作。

从技术上看，大数据与云计算的关系就像一枚硬币的正反面一样密不可分。大数据必然无法用单台计算机进行处理，必须采用分布式架构。大数据的特色在于对海量数据进行分布式数据挖掘。但大数据必须依托云计算的分布式处理、分布式数据库和云存储、虚拟化技术。

大数据需要特殊的技术，以有效地处理容忍经过时间内的大量数据。适用于大数据的技术包括大规模并行处理数据库、数据挖掘、分布式文件系统、分布式数据库、云计算平台、互联网和可扩展的存储系统。

云计算提供了灵活的计算资源和存储空间，而大数据带来了海量数据的采集与处理需求。两者的结合不仅帮助企业更加高效地处理数据，还推动了数据驱动型决策、智能分析和实时响应等创新应用，如图 10-10 所示。

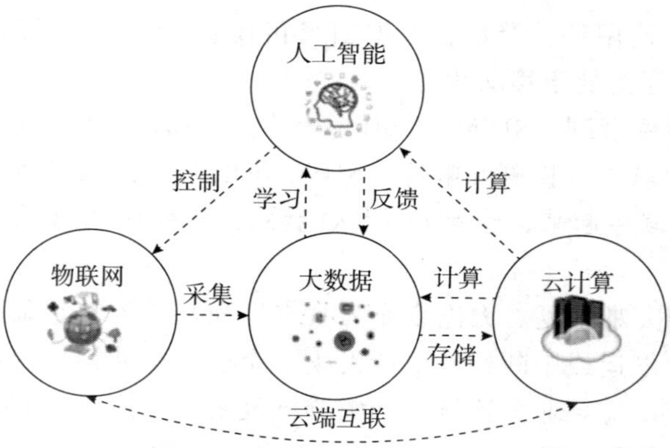

图 10-10　云计算、大数据和人工智能的关系

10.8.1 大数据与云计算的发展趋势

大数据与云计算的发展趋势主要包括以下几个方面。

（1）数据存储与处理能力的提升。云计算提供了强大的计算能力和弹性扩展的存储资源，使得大数据的处理和分析变得更加高效和便捷。云计算通过虚拟化技术提供了按需分配的计算资源，显著提升了大数据处理的效率。

（2）实时数据分析与决策支持。大数据与云计算的融合可以实现实时数据分析，为企业提供及时、准确的决策支持，帮助企业快速应对市场变化。

（3）数据安全与隐私保护的加强。云计算平台可以提供更加安全可靠的数据存储和传输服务，同时利用大数据技术实现对数据安全与隐私保护的有效监控和管理。

（4）生成式AI引领云计算新潮流。生成式AI已经成为云计算领域的重要发展方向。企业将与云服务供应商合作，共同打造专注于生成式AI的平台，涵盖从开发者工具到后端基础设施的全方位支持。

（5）云原生应用的安全备受关注。随着云计算的深入应用，云原生应用的安全问题日益凸显。企业将采用先进的安全技术和策略，确保应用的稳定运行和数据安全。

（6）高性能计算需求驱动私有化部署。随着企业对高性能计算需求的增长，越来越多的企业将选择私有化部署方式，推动托管服务和数据中心提供商的发展。

（7）边缘计算助力企业数字化转型。边缘计算作为一种新型的计算模式，将在未来迎来快速发展。企业将通过与云服务供应商和网络互联合作伙伴的合作，实现边缘端的零配置部署和零信任安全，从而加速数字化转型进程。

（8）多云策略成为企业新常态。多云策略将成为越来越多企业的选择。通过与生态伙伴的合作，企业将实现分布式云和边缘环境的无缝集成，确保应用的快速部署和高效运行。

（9）AI技术融入云端应用。随着AI技术的不断发展，越来越多的云端应用将融入AI功能，推动云计算服务的智能化。

10.8.2 云计算技术在大数据中的典型应用场景

大数据与云计算融合产生了广泛的应用场景，从互联网企业到传统行业都在积极利用这一技术提升业务效率和决策质量。以下是几个典型的应用场景。

（1）实时数据处理和分析。在许多行业中，数据实时处理能力至关重要。传统的数据处理架构通常不能满足高并发下的实时需求，而云计算平台通过分布式架构，可以快速接收和分析数据。例如，在金融行业，投资交易平台利用云计算技术实现毫秒级的数据处理，及时识别市场动态，为投资者提供精准的交易信号。

（2）海量数据存储和管理。云计算的存储系统为大数据提供了稳定、安全的存储空间。大数据分析需要处理和存储各种来源的数据，包括文本、图像、视频等，传统的本地存储无法满足这样的需求。云存储能够支持海量非结构化数据的存储，并提供容错和数据备份机制，确保数据的持久性和安全性。例如，流媒体公司使用云存储保存用户的观看数据和内容偏好，能够更好地分析用户兴趣，进行精准内容推荐。

（3）机器学习和人工智能模型的训练。大数据与云计算在人工智能和机器学习领域的结合产生了巨大的价值。模型训练需要消耗大量的计算资源，云计算的弹性资源分配让数据科学家可以快速部署和测试模型。例如，自动驾驶技术中需要处理海量的图像和视频数据，通过云计算进行分布式处理，可以显著加快模型的训练速度。同时，云计算平台提供的深度学习框架和工具也为开发者提供了极大便利。

10.8.3 大数据与云计算带来的变革

不同行业都在利用大数据与云计算的融合来提升生产效率、优化客户体验和推动创新。以下是大数据与云计算在几个典型行业中的应用实例。

（1）电商行业：精准推荐与客户行为分析。电商行业是大数据与云计算最广泛的应用领域之一。通过云计算平台，电商公司能够对用户的浏览、购买记录进行深度分析，提供个性化推荐。以亚马逊为例，其利用大数据分析用户的购买历史，并基于相似用户的行为模式，推荐相关商品，极大地提升了用户体验和销售转化率。此外，通过对购物行为和偏好的分析，电商公司还能够优化库存管理、预测消费趋势，提高整体运营效率。

（2）医疗健康：疾病预测与个性化医疗。在医疗健康领域，大数据与云计算的结合为个性化治疗和疾病预测带来了可能。医疗机构可以通过云端整合患者的健康数据，并结合机器学习模型分析这些数据，为患者提供个性化的治疗方案。大数据还可以分析庞大的病例和基因数据，帮助医生预测疾病的潜在风险。例如，在癌症研究中，数据分析可以挖掘不同基因型对治疗效果的影响，为患者量身定制精准的治疗方案。

（3）智能制造：生产优化与预测性维护。在制造行业，大数据与云计算的应用实现了从生产管理到设备维护的全面智能化。企业通过物联网设备收集工厂的各类生产数据，上传到云端并实时处理，从而获得更高的生产效率。例如，某汽车制造企业通过大数据分析其生产线的运作情况，实时监控设备状态，当设备出现异常趋势时，提前发出警报，进行预测性维护，从而减少了生产的中断时间，降低了运营成本。

10.8.4 大数据与云计算的技术挑战与发展趋势

尽管大数据与云计算的结合带来了广泛的应用场景，但其中仍存在一些技术挑战。同时，随着技术的不断发展，大数据与云计算的应用也将不断深化和创新。

（1）数据安全与隐私保护。在云计算环境中，大数据安全和隐私保护是最受关注的问题之一。用户的数据被存储在云端，这要求云服务供应商必须具备完善的安全机制。此外，隐私合规问题也是大数据应用的重要挑战，特别是在医疗和金融等对数据隐私要求高的行业。未来，数据加密、数据隔离和访问控制技术将进一步发展，以提升云端大数据应用的安全性。

（2）数据处理的低延迟需求。随着物联网的普及，实时数据处理的需求越来越高。例如，智能城市的管理需要实时处理交通数据和环境数据。为应对这一需求，边缘计算的应用正逐渐增加，边缘计算在靠近数据源的地方进行处理，可减少数据传输的延迟，从而提升实时性。未来，边缘计算与云计算的协同将进一步优化大数据处理效率。

（3）自动化与智能化技术的发展。大数据与云计算的结合将推动更多自动化和智能化技术的发展。通过机器学习和人工智能算法的支持，未来的云计算平台将能够自主分析用户需求，自动优化资源配置，提升系统效率。大数据分析和AI结合产生的智能化应用，如智能客服、自动驾驶和金融预测等，将在各行业普及，带来更为智能便捷的服务体验。

10.8.5 大数据与云计算的融合发展趋势及其深远影响

1. 大数据与云计算的融合发展趋势

大数据与云计算的融合已成为推动各行各业变革的关键力量。云计算为大数据提供了强大的计算能力和弹性扩展的存储资源，使得大数据处理和分析变得更加高效、便捷。下面将探讨大数据与云计算融合发展的趋势，并分析其对各行业产生的深远影响。

（1）基础设施层融合。大数据与云计算的基础设施层正在逐渐融合，融合后提供了高度可扩展的计算、存储和网络资源，为大数据处理提供了强大的支持。同时，大数据技术也在不断地优化和改进，以适应云计算环境的特性。这种融合使得企业能够更加灵活地部署和管理大数据应用，降低了运维成本。

（2）平台服务层融合。平台服务层提供了丰富的服务，如分布式计算框架、数据存储服务和数据分析工具等。这些服务与大数据技术紧密集成，使得开发者能够更加便捷地构建和运行大数据应用。平台服务层的融合有助于简化大数据应用的部署和管理流程，提高开发效率。

（3）应用服务层融合。在应用服务层，这一融合表现为各种行业应用解决方案的出现。这些解决方案结合了云计算的弹性和大数据的分析能力，为企业提供了更加智能化的业务支持。例如，金融行业的风险管理、医疗行业的病例分析和零售行业的客户画像等。

2. 大数据与云计算融合发展的深远影响

（1）数字化转型加速。大数据与云计算的融合发展为各行各业的数字化转型提供了有力支持。通过云计算平台，企业能够快速搭建大数据应用，实现数据的实时收集、处理和分析。这有助于企业更好地了解客户需求、优化业务流程、提高运营效率，从而在激烈的市场竞争中脱颖而出。

（2）创新驱动发展。大数据与云计算的融合发展激发了企业的创新能力。基于大数据与云计算技术，企业能够开发出更加智能化、个性化的产品和服务，满足用户的多样化需求。此外，这种融合还有助于企业挖掘潜在的商业价值，开拓新的市场空间。

（3）行业竞争格局重塑。大数据与云计算的融合发展正在重塑各行业的竞争格局。传统行业的企业需要积极拥抱这一趋势，利用大数据与云计算技术提升自身的竞争力。同时，新兴科技公司也在借助这一技术优势，迅速崛起并成为行业的领军企业。这种变革不仅加剧了行业内的竞争，也催生了新的商业模式和合作机会。

（4）社会经济影响。大数据与云计算的融合发展对社会经济产生了深远影响。首先，这种融合推动了产业结构的优化升级，促使高附加值的新兴产业逐渐成为经济增长的新动力。其次，大数据与云计算技术的广泛应用提高了全社会的生产效率和生活质量，为人们带来了更加便捷、智能的生活方式。最后，这种融合还有助于缩小数字鸿沟，促进社会公平和可持续发展。

习 题 10

一、单项选择题

1. 大数据的起源是（　　）的发展。

A. 金融　　B. 互联网　　C. 电信　　D. 公共管理

2. 大数据最明显的特点是（　　）。

A. 数据类型多样　　B. 数据规模大

C. 数据价值密度高　　D. 数据处理速度快

3. 大数据时代，数据使用的关键是（　　）。

A. 数据收集　B. 数据存储　C. 数据分析　D. 数据再利用

4. 大数据技术是由（　）公司首先提出来的。

A. 阿里巴巴　B. 百度　C. 谷歌　D. 微软

5. 数据的精细化程度是指（　），越细化的数据，价值越高。

A. 规模　B. 活性　C. 颗粒度　D. 关联性

6. 下列对大数据特点的说法中，错误的是（　）。

A. 数据规模大　B. 数据类型多　C. 处理速度快　D. 价值密度高

7. 当前社会中，最为突出的大数据环境是（　）。

A. 互联网　B. 自然环境　C. 综合国力　D. 物联网

8.（　）是信息的表现形式和载体，可以是符号、文字、数字、语音、图像、视频等。

A. 数学　B. 数字　C. 信息　D. 数据

9. 新的数据产生或现有数据内容发生显著改变或更新的阶段是指（　）阶段。

A. 数据采集　B. 数据存储　C. 数据处理　D. 数据传输

10. 数据的（　）是大数据区分于传统数据挖掘的显著特征。

A. 体量大　B. 类型繁多　C. 处理速度快　D. 价值密度低

11. 通过对数据及数据的存储介质采取相应的操作手段，使数据彻底丢失且无法通过任何手段恢复的过程是指（　）。

A. 数据采集　B. 数据交换　C. 数据处理　D. 数据销毁

12. 大数据分析最重要的应用领域是（　）。

A. 可视化分析　B. 语义引擎　C. 预测性分析能力　D. 数据质量管理

13. 云计算名称中的云，来源于（　）。

A. 云计算在某些方面像云一样不可捉摸

B. 云计算的支撑技术互联网常以一个云状图案来表示，因此提供资源的网络常被称为云

C. 云计算的规模一般像云一样广阔

D. 用户无法看到云计算中包含的资源，如同隐藏在云的后面

14.（　）不是云计算的特点。

A. 按需自助服务　B. 资源互补

C. 快速弹性伸缩　D. 广泛的网络接入

15. 以下服务中，（　）与云计算无关。

A. 百度网盘　B. 瞩目会议系统

C. 有道云笔记　D. 钱龙股票交易系统

16. 关于云计算的计量服务，以下说法中错误的是（　）。

A. 计量是计费的基础

B. 云计算中的服务都是根据使用时间进行计量的

C. 云计算系统中一般都有计费管理系统，专门用于收集和处理使用数据

D. 使用配额的计费系统，超出配额时会阻止云用户的进一步使用请求

17. 以下不属于云计算提供的服务的是（　）。

A. IaaS　B. PaaS　C. SaaS　D. RaaS

18. 以下因素中不是云计算技术诞生和发展的主要推动力的是（　）。

A. 网络带宽的提升　B. 深度学习技术的出现

C. 虚拟化技术的出现　　D. 移动互联网的发展

19. 多租户技术是云计算的重要支撑技术，以下因素中不是多租户应用的一般特点的是（　　）。

A. 使用隔离　　B. 可恢复性　　C. 可扩展性　　D. 可协同性

20. 云计算带来的好处不包括（　　）。

A. 节省成本　　B. 数据可以随时随地即时访问

C. 增强了对用户隐私的保护　　D. 提高适应能力，灵活扩展IT需求

二、简答题

1. 简述大数据的定义。
2. 大数据的5V特征是什么？
3. 简述云计算的定义和类型。

习题答案

参 考 文 献

［1］朱正国，张俊坤．大学计算机基础实训教程［M］.2 版．北京：科学出版社，2021.

［2］朱正国，何春燕．大学计算机基础［M］.2 版．北京：科学出版社，2021.

［3］朱正国．大学计算机基础实训教程［M］．北京：科学出版社，2019.

［4］朱正国，何春燕．大学计算机基础［M］．北京：科学出版社，2019.

［5］何志国，朱正国．大学计算机基础［M］．武汉：武汉大学出版社，2016.

［6］范文杰，淡艳，赵丽琴，等．大学计算机基础与应用［M］．成都：电子科技大学出版社，2024.

［7］罗军，王勇．大学计算机基础［M］．北京：清华大学出版社，2025.

［8］教育部高等学校大学计算机课程教学指导委员会．新时代大学计算机基础课程教学基本要求［M］．北京：高等教育出版社，2023.

［9］教育部高等学校大学计算机课程教学指导委员会．大学计算机基础课程教学基本要求［M］．北京：高等教育出版社，2015.

［10］教育部高等学校计算机基础课程教学指导委员会．高等学校计算机基础教学发展战略研究报告暨计算机基础课程教学基本要求［M］．北京：高等教育出版社，2009.

［11］教育部高等学校计算机基础课程教学指导委员会．高等学校计算机基础核心课程教学实施方案［M］．北京：高等教育出版社，2011.

［12］教育部高等学校文科计算机基础教学指导委员会．大学计算机教学基本要求：2008 年版［M］.5 版．北京：高等教育出版社，2008.

［13］教育部考试中心．全国计算机等级考试一级教程：计算机基础及 MSOffice 应用上机指导：2021 年版［M］．北京：高等教育出版社，2020.

［14］未来教育．全国计算机等级考试上机考试题库一级计算机基础及 MSOffice 应用［M］．北京：团结出版社，2025.

［15］匡松，陈建国，袁继敏．大学计算机基础［M］．北京：电子工业出版社，2013.

［16］匡松，董加强，秦洪英．大学计算机实践教程［M］．北京：电子工业出版社，2013.

［17］刘玉萍．大学计算机基础［M］．北京：中国铁道出版社，2008.

［18］王超．计算机应用基础教程［M］．北京：中国电力出版社，2009.

［19］王建忠．大学计算机基础［M］.3 版．北京：科学出版社，2014.

［20］王建忠，周雄．大学计算机基础实训指导［M］.3 版．北京：科学出版社，2014.

［21］胡念青，刘玉萍．大学计算机基础实验教程［M］．北京：中国铁道出版社，2008.